科学技术部科技基础性工作专项
“澜沧江中下游与大香格里拉地区综合科学考察”
(2008FY110300)
第四课题
(2008FY110304)

澜沧江流域与大香格里拉地区科学考察丛书

澜沧江流域生态本底与生态系统功能考察报告

谢高地　包维楷　张昌顺　等　编著

科学出版社
北京

内 容 简 介

本书是国家科技基础性工作专项“澜沧江中下游与大香格里拉地区科学考察”项目的主要成果之一。全面介绍了澜沧江流域生态本底与生态系统功能考察的目标、任务、过程与考察取得的成果，包括该流域生态系统分布的格局、森林生态系统结构与功能、灌丛与草地生态系统结构与功能、人工植被结构与功能、重要生态参数、生态系统服务功能，初步揭示了该流域生态本底与功能的状况和时空变化规律。这些成果可为该流域生态系统保护与合理利用提供科学数据支撑。

本书可作为生态学、地理学、自然资源管理等高校和研究机构师生的参考资料，尤其是对从事澜沧江流域生态环境研究和管理的人员具有直接参考价值。

图书在版编目(CIP)数据

澜沧江流域生态系统本底与生态系统功能考察报告 / 谢高地等编著. —北京：科学出版社，2015.6

(澜沧江流域与大香格里拉地区科学考察丛书)

ISBN 978-7-03-044709-8

Ⅰ.①澜… Ⅱ.①谢… Ⅲ.①澜沧江-流域-生态系-考察报告 Ⅳ.①X321.7

中国版本图书馆CIP数据核字（2015）第123356号

责任编辑：李 敏 王 倩 / 责任校对：钟 洋

责任印制：肖 兴 / 封面设计：李姗姗

科学出版社 出版

北京东黄城根北街16号

邮政编码：100717

http://www.sciencep.com

北京通州皇家印刷厂 印刷

科学出版社发行 各地新华书店经销

*

2015年6月第 一 版 开本：889×1194 1/16

2015年6月第一次印刷 印张：23 1/4 插页：2

字数：800 000

定价：298.00元

(如有印装质量问题，我社负责调换)

《澜沧江流域与大香格里拉地区科学考察丛书》
编　委　会

本书编写组

主　笔　谢高地　包维楷　张昌顺

副主笔　陈　龙　范　娜　李小英　方志强　成升魁

成　员　(按姓氏拼音顺序排列)

陈文辉　金艳强　李芳兰　李　娜

刘　鑫　鲁春霞　裴　厦　覃加理

王　浩　王　硕　夏　静　熊好琴

徐世芳　徐增让　许艳红　杨　光

杨　蕊　张　娴　赵崇俨　朱文武

朱亚平

“澜沧江中下游与大香格里拉地区科学考察”
项　目　组

专家顾问组

组长　王克林　研究员　中国科学院亚热带农业生态所

成员　孙鸿烈　中国科学院院士　中国科学院地理科学与资源研究所

李文华　中国工程院院士　中国科学院地理科学与资源研究所

孙九林　中国工程院院士　中国科学院地理科学与资源研究所

梅旭荣　研究员　中国农科院农业环境与可持续发展研究所

黄鼎成　研究员　中国科学院地质与地球物理研究所

尹绍亭　教授　云南大学

邱华盛　研究员　中国科学院国际合作局

王仰麟　教授　北京大学

参与单位

负责单位　中国科学院地理科学与资源研究所

协作单位　中国科学院西双版纳热带植物园

中国科学院成都山地灾害与环境研究所

中国科学院成都生物研究所

中国科学院动物研究所

中国科学院昆明动物研究所

中国科学院昆明植物研究所

云南大学

云南师范大学

云南省环境科学研究院

项 目 组

项目负责人 成升魁

课题负责人

课题 1 水资源与水环境科学考察 李丽娟

课题 2 土地利用与土地覆被变化综合考察 封志明

课题 3 生物多样性与重要生物类群变化考察 陈 进

课题 4 生态系统本底与生态系统功能考察 谢高地

课题 5 自然遗产与民族生态文化多样性考察 闵庆文

课题 6 人居环境变化与山地灾害考察 沈 镭

课题 7 综合科学考察数据集成与共享 刘高焕

课题 8 综合考察研究 成升魁

野外考察队长 沈 镭

学 术 秘 书 徐增让 刘立涛

总　　序

新中国成立后，鉴于我国广大地区特别是边远地区缺乏完整的自然条件与自然资源科学资料的状况，国务院于 1956 年决定由中国科学院组建“中国科学院自然资源综合考察委员会”（简称“综考会”），负责综合考察的组织协调与研究工作。之后四十多年间，综考会在全国范围内组织了 34 个考察队、13 个专题考察项目、6 个科学试验站的考察、研究工作，取得了丰硕的成果，培养了一支科学考察队伍，为国家经济社会建设、生态与环境保护以及资源科学的发展，做出了重要的贡献。

2000 年后，科学技术部为了进一步支持基础科学数据、资料与相关信息的收集、分类、整理、综合分析和数据共享等工作，特别设立了包括大规模科学考察在内的科技基础性工作专项。2008 年，科学技术部批准了由中国科学院地理科学与资源研究所等单位承担的“澜沧江中下游与大香格里拉地区综合科学考察”项目。项目重点考察研究了水资源与水环境、土地利用与土地覆被变化、生物多样性与生态系统功能、自然遗产与民族文化多样性、人居环境与山地灾害、资源环境信息系统开发与共享等方面。经过 5 年的不懈努力，初步揭示了该地区的资源环境状况及其变化规律，评估了人类活动对区域生态环境的影响。这些考察成果将为保障澜沧江流域与大香格里拉地区资源环境安全提供基础图件和科学数据支撑。同时，通过这次考察推进了多学科综合科学考察队伍的建设，培养和锻炼了一批中青年野外科学工作者。

该丛书是上述考察成果的总结和提炼。希望通过丛书的出版与发行，将进一步推动澜沧江流域和大香格里拉地区的深入研究，以求取得更多高水平的成果。

2013 年 10 月

总　前　言

科学技术部于2008年批准了科技基础性工作专项“澜沧江中下游与大香格里拉地区综合科学考察”项目，中国科学院地理科学与资源研究所作为项目承担单位，联合了中国科学院下属的西双版纳植物园、昆明植物研究所、成都山地灾害与环境研究所、成都生物研究所、动物研究所，以及云南大学、云南师范大学、云南环境科学研究院等8家科研院所，对该地区进行了历时5年的大规模综合科学考察。

从地理空间看，澜沧江-湄公河流域和大香格里拉地区连接在一起，形成了一个世界上生物多样性最为丰富、水资源水环境功能极为重要、地形地貌极为复杂的独特地域。该地区从世界屋脊的河源到太平洋西岸的河口，涵盖了寒带、寒温带、温带、暖温带、亚热带、热带的干冷、干热和湿热等多种气候；跨越高山峡谷、中低山宽谷、冲积平原等各种地貌类型；包括草甸、草原、灌丛、森林、湿地、农田等多种生态系统，也是世界上能矿资源、旅游资源和生物多样性最丰富的地区之一。毋庸置疑，开展这一地区的多学科综合考察，对研究流域生态系统、资源环境梯度变化规律和促进学科交叉发展具有重大的科学价值。

本项目负责人为成升魁研究员，野外考察队长为沈镭研究员。项目下设7个课题组，分别围绕水资源与水环境、土地利用与土地覆被变化、生物多样性、生态系统功能、自然遗产与民族文化多样性、人居环境与山地灾害、资源环境信息系统开发与共享等，对澜沧江中下游与大香格里拉地区展开综合科学考察和研究。各课题负责人分别是李丽娟研究员、封志明研究员、陈进研究员、谢高地研究员、闵庆文研究员、沈镭研究员和刘高焕研究员。该项目的目的是摸清该地区的本底数据、基础资料及其变化规律，为评估区域关键资源开发、人居环境变化与人类活动对生态环境的影响，保障国家与地区资源环境安全提供基础图件和科学数据，为我国科学基础数据共享平台建设提供支持，以期进一步提高跨领域科学家的协同考察能力，推进多学科综合科学考察队伍建设，造就一批优秀的野外科学工作者。

5年来，项目共组织了4次大规模的野外考察与调研，累计行程为17 600km，历时共90天，其中：第一次野外考察于2009年8月16日至9月8日完成，重点考察了大香格里拉地区，行程涵盖四川、云南2省9县近3600km，历时23天；第二次野外科学考察于2010年11月3日至11月28日完成，行程覆盖澜沧江中下游地区的云南省从西双版纳到保山市4市13县，行程4000余千米，历时26天；第三次考察于2011年9月10日至9月27日完成，考察重点是澜沧江上游及其源头地区，行程近5000km，历时18天；第四次野外考察于2013年2月24日至3月17日在境外湄公河段进行，从云南省西双版纳州的景洪市磨憨口岸出发，沿老挝、柬埔寨至越南，3月4日至6日在胡志明市参加“湄公河环境国际研讨会”之际考察了湄公河三角洲地区的胡志明市和茶荣省，3月8日自胡志明市、柬埔寨、泰国，再回到磨憨口岸，行程近5000km，历时23天。

5 年来，整个项目组累计投入 4200 多人次，完成了 4 国、40 多个县（市、区）的座谈与调研，走访了 10 多个民族、40 多家农户，完成了 2800 多份资料和 15 000 多张照片的采集，完成了 8000 条数据、3000 多张照片的编录与整理，完成了近 1000 多个定点观测、70 篇考察日志和流域内 45 个县（市、区）的县情撰写。在完成野外考察和调研的基础上，已经撰写和发表学术论文 30 多篇，培养了博士和硕士研究生共 30 多名。

在完成了上述 4 次大规模的野外考察和资料收集的基础上，项目组又完成了大量的室内分析、数据整理和报告的撰写，先后召开了 20 多次座谈会。以此为基础，各课题先后汇编成系列考察报告并陆续出版。我们希望并深信，该考察报告的出版，无论是在为今后开展本地区的深入科学研究还是在为区域社会经济发展提供基础性科技支持方面，都将是十分难得的宝贵资料和具有重要参考价值的文献。

2013 年 10 月

前　言

澜沧江流域复杂的地形地貌、多样的气候类型孕育了复杂多样的生态系统类型，是世界著名的生物多样性最丰富的区域之一，并受到全世界生态学家和地理学家的极大关注。科学技术部于2008年批准了科技基础性工作专项“澜沧江中下游与大香格里拉地区科学考察”项目，作为该项目的重要内容，中国科学院地理科学与资源研究所、中国科学院成都生物研究所联合西南林业大学，在总项目组的安排下，对该流域生态本底和生态系统服务功能进行了历时5年的综合科学考察。

澜沧江流域生态系统本底与生态系统功能综合科学考察的任务如下：①探明流域主要生态系统类型及其分布规律，揭示流域生态系统分布与海拔、坡度、坡向等因子的关系，获取流域主要生态系统分布数据；②探明流域NDVI（归一化植被指数）、LAI（叶面积指数）、NPP（净初级生产力）、NEP（净生态系统生产力）等重要生态参数的格局与变化趋势，揭示流域主要生态系统的结构与功能，获取流域主要生态系统结构与功能基础数据集合；③评估流域生态系统水源涵养、水土保持、碳蓄积等主要服务功能，进行区域生态功能区划，为区域社会经济、生态环境保护与资源可持续利用提供科技支撑。

为了完成上述考察任务，本专题考察组先后于2009年8～9月、2010年10～11月以及2011年9月对全流域进行了3次大规模综合科学考察，考察途中收集了大量森林资源清查等基础性数据。在此基础上，在资料贫乏的典型地区对其主要生态系统开展样方调查，其中对青海省杂多县和囊谦县、云南省云县和景东县，开展了典型地段典型生态系统结构与功能调查，主要内容包括样地植被类型、群落结构、地上生物量、植物多样性等内容。样方调查同时进行标本采集和土壤取样，并在整个调查过程中加强对区域生态系统类型外貌及土壤剖面特征的影像采集，共调查样方77个；同时在西藏沿途各县以及上游源区布设了50个灌草生物量样点。共计完成了8种生态系统类型的127块样地的调查，包括乔木样方73个，灌木样方367个、草本样方478个以及凋落物样方115个；采集土壤样品600多份，植物标本2000多份。在这些大规模野外样地调查与考察的基础上，本专题考察组获取了澜沧江流域典型地段主要生态系统盖度、树高、胸径、物种组成、生物量等生态系统结构与功能特征数据集，制作完成澜沧江流域生态系统分布图，定量评估了澜沧江流域碳蓄积、水源涵养、水土保持、生物多样性保育等主要服务功能，揭示了澜沧江流域NDVI、LAI、NPP、NEP等重要生态特征参数的时空变化规律。以此为基础，形成了澜沧江流域生态本底与生态系统服务功能考察报告。

报告第1章和第2章主要由谢高地、张昌顺编写，第3章主要由张昌顺、谢高地编写，第4章主要由李小英、赵崇俨、张娴、金艳强、包维楷编写，第5章主要由方志强、包维楷、刘鑫、金艳强、朱亚平编写，第6章主要由李芳兰、包维楷编写，第7章主要由范娜、谢高地、张昌顺、成升魁编写，第8章主要由陈龙、谢高地编写，第9章主要由张昌顺、陈龙编写，第10章主要由李小英、张娴编写。全书主要由谢高地、张昌顺、包维楷完成统稿。

谢高地

2014年10月

目　录

第1章 引　言

1.1 植被研究

澜沧江流域复杂的地形地貌、多样的气候类型孕育了复杂多样的植被类型，是世界著名的生物多样性最丰富的区域之一，并受到全世界生物学家的极大关注。在国内外学者的共同努力下，该流域植物研究取得了巨大的成就，但由于高原气候恶劣、交通不便、野外试验可操作性差，现有流域植被研究主要集中于中下游尤其是下游西双版纳地区植被研究，而“三江并流”以上的中上游地区植被研究不仅数量较少，而且研究深度相对较浅。在此重点介绍中上游草地、中下游森林和下游人工植被研究。

1.1.1 中上游草地生态系统研究

由于高原气候和高山峡谷阻隔，严格意义上澜沧江中上游草地生态系统研究较缺乏，其中Schweinfurth（1992）对青藏高原植被分布进行了较为深入的研究。吴宁和刘照光（1998）初步探明青藏高原东部亚高山森林草甸植被地理格局的成因。包维楷等（2001）采用样方调查方法对澜沧江中游德钦县的亚高山、高山草地群落类型、特征及放牧强度对群落物种多样性进行了深入研究，发现长期的高强度放牧虽然增加了群落类型多样性，但减少了群落内物种多样性。此后魏文超等（2004）采用常规调查方法对澜沧江上游珍稀草本桃儿七（*Sinopodophyllum hexandrum*）、星叶草（*Circaeaster agrestis*）和角盘兰（*Herminium monorchis*）及选取的几种对照草本植物进行生态位的计测和分析。此外，还有何友均等（2004）的三江源自然保护区澜沧江上游种子植物区系研究，王娟等（2008a）的纵向岭谷区澜沧江流域景观生态安全时空分异特征研究，王孙高等（2008）的澜沧江（西藏段）流域种子植物区系研究，吴玉虎（2009）的澜沧江源区种子植物区系研究，以及本课题的地形对澜沧江源区高寒草甸植物丰富度及其分布格局的影响研究（张昌顺等，2012）。由于澜沧江位于青藏高原东南部，而青藏高原对全球气候变化较敏感，在全球变化研究的带动下，众多学者对涵盖澜沧江在内的青藏高原高寒草地对气候的响应进行了大量有价值的研究（温璐等，2011；Gao et al.，2010，2009a，2009b；于海英和许建初，2009；Zhang et al.，2007）。虽然至今对澜沧江中上游草地生态系统开展了不少研究，但仍缺乏澜沧江流域草地物种分布、生态位及其与气候、地形地貌相互关系的深入研究，尤其缺乏基础植被分布格局的系统研究。

1.1.2 中下游森林生态系统研究

澜沧江中游森林植被研究主要是关于森林生物量、生产力、蓄积量及其生长环境、分布调查与研究。最早的植被调查始于20世纪60～80年代的中国科学院与其他科研机构在川西滇北地区的综合科考察，使人们开始对澜沧江流域主要森林优势种及其分布、生长状况有了初步的认识（中国科学院西部地区南水北调综合考察队和林业土壤研究所，1966）。接下来就是关于中游地区主要优势植被的深入研究，如吴兆录等对滇西北黄背栎林、油麦吊云杉林、高山松林的生产力和生物量进行了较为深入的研究（吴兆录和党承林，1994a，1994b，1994c，1994d；吴兆录等，1994）。党承林等对中游云南松林和长苞冷杉（*Abies georgei*）生物量及生产力进行了研究（党承林和谷中福，1994；党承林和吴兆录，1991a，1991b）。欧晓昆和张云春（1992）以及苏文华等（1992）分别对长穗高山栎灌丛进行了研究。此外，苏文苹等

(2007a，2007b）对云南铁杉林群落及其植物区系进行了研究。当然，也有关于澜沧江中游及其周边区域植物多样性研究（Chang-Le et al.，2007；Chaplin，2005；Yang et al.，2004a；Xu and Wilkes，2004）。同时，还有澜沧江中下游自然保护区有关植物区系、分布的研究，如《白马雪山国家级自然保护区》、《梅里雪山植被研究》、《中国云南澜沧江自然保护区科学考察研究》等。

澜沧江下游为中国保存较好的热带雨林热带季雨林地区，因该区域生物多样性极其丰富、人为干扰强度剧烈而引起广大学者的极为关注。正因此，下游植被研究不仅历史悠久，成果也最为丰富。下游西双版纳植被研究最早可追溯到20世纪30年代，王启无、吴中伦、蔡希陶、吴征镒等对澜沧江下游进行科学考察，并采集植物标本。此后，50年代中期，有中国科学院、云南大学生物系等多家单位组成的云南生物资源综合考察队对西双版纳地区植被区系进行综合考察，之后，云南大学生物系和中国科学院昆明动物研究所分别在小勐龙、大勐龙和勐仑建立工作站，对森林生态系统进行定位观测。云南省于1958年批准在西双版纳建立4个自然保护区后，云南大学生物系对这4个自然保护区植被进行调查，并将成果"云南自然保护区植被专号"发表于《云南大学学报（自然科学版)》1960年第一期。1981年云南省政府对自然保护区进行调整后，由云南省林业厅组织，对西双版纳自然保护区地理环境、植物动物等13个专题进行综合科学考察。尤其是在中国科学院西双版纳植物园前身中国科学院云南热带植物研究所成立以后，西双版纳植被研究进入了一个全面发展阶段。《西双版纳植物名录》（中国科学院云南热带植物研究所，1984)、《西双版纳热带野生花卉》（许再富和陶国达，1988)、《西双版纳自然保护区综合考察报告集》（徐永椿，1987)、《西双版纳国家级自然保护区》（王战强和熊云翔，2006）等书相继出版，还制作完成了西双版纳自然保护区1：10万森林分布图和1：5万林相图（王战强和熊云翔，2006)，极大地推动了澜沧江下游植被研究，并在植被分布（Li et al.，2012；Sawada，2007；Zhu et al.，2007；Zhu，2004)、群落生理生态（Lin et al.，2013，2012)、森林生态系统结构与功能（Yan et al.，2013；Lv et al.，2010；Shi and Zhu，2009；Cao and Zhang，1997)、植物资源开发与利用（Yi et al.，2014；Wu et al.，2001)、植物保护（刘强等，2011；Huijun et al.，2002；Hongmao et al.，2002；Xu and Liu，1994）等方面均取得了丰硕的科技成果。

1.1.3 下游人工植被生态系统研究

澜沧江流域人工植被较多，主要有橡胶林、云南松林（*Pinus yunnanensis*)、思茅松林（*P. kesiya*)、桉树林等人工林。但近年来以下游西双版纳地区橡胶林发展最快，面积最大。在此以下游橡胶林为例对人工植被研究进行介绍。研究表明，西双版纳地区从20世纪50年代开始种植橡胶林，至1998年橡胶林面积已达136 186hm^2（Guo et al.，2002)，而据第八次全国森林资源清查，仅西双版纳景洪县、勐腊县和勐海县就有橡胶林约41万hm^2，该区域橡胶林发展非常迅速，致使西双版纳地区的原始森林大量面积减少，从1952年的105万hm^{2}减至1994年的30万hm^2（张墨谦等，2007)。

在森林生态系统经营中，为追求经济效益，常常以结构简单的纯林代替结构复杂的天然次生林。由相生相克原理可知，由多种树种组成的天然次生林在很大程度上提高了系统微环境的异质性，进而有助于系统的稳定与健康发展，而纯林则更易引发地力衰退、病虫害严重等生态环境问题。研究表明，热带雨林转化成橡胶林后，其森林土壤性质、水文效应、林内小气候和生物多样性保育等均发生显著变化。Yang等（2004b）通过对比试验研究发现，与热带雨林土壤相比，虽然橡胶林在0～60 cm土层土壤有机物浓度和土壤总氮量减少量相对较少，但0～20 cm表层土壤有机物浓度和土壤总氮量浓度及储量均显著下降，其中土壤有机物浓度下降了23%～33%，且种植时间越长，下降幅度越大，而土壤总氮量减少了20.4%。李明锐等（2005）研究发现，热带雨林转化成橡胶林后，受过严重干扰的季节雨林在恢复多年后土壤中养分的转化速率与原生林接近，而林地被转化为农业或经济林用地后氮储量和氮矿化速率均显著降低。橡胶林种植会显著降低林地土壤养分，对此，Yang等（2005）也得到类似结论，发现橡胶林0～20cm土壤的可利用磷含量和总含磷量显著降低。

森林水文效应是森林生态学研究的重要内容之一，也是森林和水相互作用及其功能的综合体现。森林对大气降水的再分配是其水文效应中的重要一环，即通过对大气降水的再分配影响到森林的水量平衡，进而对森林生态系统和流域的水分循环产生深远影响。对比研究发现，热带季节雨林林冠能较好地截持丰水期的雨水，其林冠截留量、树干径流量和穿透雨量分别占林外降水的 41.43%、5.06% 和 53.51%；而橡胶林则分别为 24.68%、6.53% 和 68.79%（张一平等，2003），说明热带雨林林冠较橡胶林更能有效地截留降水，减少降水对林地土壤的溅击和地表径流对林地的冲刷，进而增强森林的蓄水能力和保土能力。除降雨外，热带地区雾同样具有十分重要的生态意义，它可减弱降温强度、削减蒸发量，进而弥补降雨量的不足、减缓干旱。此外，雾水中的养分还是雨林养分的主要来源之一，约可提供全年养分输入（雨水+雾水）的 8%～30%。刘文杰等（2003）研究发现，热带季节雨林全年林冠截留的雾水远高于人工橡胶林，平均达（89.4±13.5）mm，为全年降水量（雨水+雾水）的 4.9%±1.7%，是人工橡胶林林冠截留雾水量的 5 倍。除此以外，由于橡胶林耗水量大，致使橡胶林给周围生态系统造成缺水压力。西双版纳已有村寨因种植大面积橡胶林而出现了饮用水供应不足现象（张墨谦等，2007）。

由于将热带雨林转化成橡胶林会影响林分微环境，进而影响群落生物多样性。西双版纳热带雨林群落高度在 40 m 左右，植被垂直结构明显，可分为乔木上层、乔木中层、乔木下层、灌木层、草本和藤本植物 6 层；而橡胶林群落垂直结构简单，植物种类尤其乔木种类单一。由于森林植物是异养生物的食物基础，并为它们提供栖息、隐蔽和繁衍所需的最优良场所，所以热带雨林转化为橡胶林后，群落结构遭到破坏常导致异养生物种类和数量的锐减，甚至濒临灭绝。现有研究表明，热带雨林转化成橡胶林后，蜜蜂（杨龙龙和吴燕如，1998）、蝗虫（黄春梅和杨龙龙，1998）、蚂蟥（杨效东等，2001）、蝶类（杨大荣，1998）、蜘蛛（郑国等，2009）等生物群落结构和多样性均较热带雨林差异显著，而植物多样性不仅显著低于热带雨林（鲍雅静等，2008），还显著低于旱谷地农业生态系统（付永能等，2000）。正因此，已有学者对如何减少或消除雨林转化成橡胶林所带来的生态环境负效应展开研究（张墨谦等，2007）。本课题也将在后面的人工植被中对下游的橡胶林及中上游云南松、思茅松等人工林发展进行较为深入的探讨。

综上可知，虽然澜沧江流域植被研究成果辉煌，但主要集中于下游地区森林生态系统结构与功能、植物资源开发与利用等研究，对中上游地区植被研究依然缺乏，现有的研究主要集中于中上游地区主要优势种森林和草地生物量、生产力及群落结构研究，缺乏典型地段如源区和热带北缘与北亚热带过渡带植被群落结构与功能研究，尤其缺乏基于空间技术的流域生态系统格局及其驱动力研究。基于此，本研究采用传统样方调查技术和遥感技术相结合，深入研究江源区森林、灌丛和草地及热带-亚热带过渡带森林生态系统的结构与功能，探明区域生态系统分布格局及其变化规律，揭示流域生态系统叶面积指数（LAI）、生物量、净初级生产力（NPP）等重要生态参数的格局与变化趋势，以及主要生态系统服务功能空间分布规律，以期为区域资源开发、产业发展和生态环境保护提供科学的数据支持。

1.2　考察的目的、意义、任务与目标

1.2.1　考察目的与意义

澜沧江流域生态系统本底与生态系统功能综合科学考察的目的与意义如下。

1）探明流域主要生态系统类型及其分布规律，揭示流域生态系统分布与海拔、坡度、坡向等因子的关系，获取流域主要生态系统分布数据；

2）探明流域归一化植被指数（NDVI）、LAI、NPP、净生态系统生产力（NEP）等重要生态参数的格局与变化趋势，揭示流域主要生态系统的结构与功能，获取流域主要生态系统结构与功能基础数据集合；

3）评估流域生态系统水源涵养、水土保持、碳蓄积等主要服务功能，进行区域生态功能区划，为区域社会经济、生态环境保护与资源可持续利用提供科技支撑。

1.2.2 研究目标

开展生态系统本底与生态系统功能考察，调查典型地段主要生态系统群落结构与功能，获取物种组成、群落结构和生物量等基础资料；编制生态系统类型分布图和生态系统特征参数分布图；利用生态模型探明流域主要生态系统服务功能空间分布特征；编制考察地区生态功能区划，建立生态系统本底与生态系统功能数据集。

1.2.3 考察任务

（1）生态系统类型及其分布调查

对澜沧江下游热带雨林-热带山地常绿阔叶林、澜沧江中游季雨林及河谷萨王纳植被-暖温性中山湿性常绿阔叶林、澜沧江中游温凉性-寒温性亚高山针叶林和澜沧江上游及大香格里拉灌丛-高寒山区植被等典型生态系统，进行植物群落学样地调查；获取物种组成、群落结构和生物量等基础资料，建立生态系统特征数据集；同时利用野外考察收集的林相图、土地利用、草地分布等数据，以及研究区域已有研究成果，构建流域生态系统分布数据集，编制生态系统类型分布图。

（2）重要生态系统参数遥感调查和野外核查

实地测定生态系统参数并收集不同年代生态系统野外考察样方数据和2004年以来有关监测站的观测数据，建立基础数据集；利用全流域 Landsat TM/ETM 等影像数据，结合生态模型（GLO-PEM、TEM），反演验证流域 NDVI、LAI、NPP 等重要生态特征参数，编制典型地区生态系统特征参数分布图。

（3）生态系统功能基本状况调查

利用多元数据，根据已有科学的生态模型，探明流域生态系统主要服务功能，如水源供给、土壤保持、碳蓄积和生物多样性等服务功能空间分布特征，获取区域生态系统功能数据集，并根据自然、社会经济、气象地貌等数据开展流域生态功能区划，编制考察地区生态功能区划图。

1.3 考察方法与过程

1.3.1 考察方法

本次澜沧江流域生态系统本底与生态系统功能综合考察采用野外座谈调研和样方调查相结合的方法进行，通过对研究区各区县进行调研，收集大量有关森林、草地、湿地和农田生态系统空间分布的电子、纸质图片等基础数据，之后进行数字化，再结合现有研究成果完成研究区域生态系统分布图制作。传统样方调查主要在典型地段（江源区的杂多县和囊谦县及热带-亚热带过渡带的云县和景东县）对主要植被生态系统结构与功能进行研究，获取典型地段主要生态系统生物量、LAI、植被覆盖度等特征。同时利用生态模型、样方调查数据及文献数据等，反演与验证澜沧江流域生物量、植被覆盖度、NPP 等重要生态参数，揭示流域生态系统分布、主要生态参数和主要生态系统服务功能的变化规律，进行澜沧江流域生态功能区划，为区域资源利用、产业开发与生态保育提供数据支撑。

1.3.2 考察过程

课题组成员先后随课题组于2009年8~9月、2010年10~11月以及2011年9月对全流域进行了3次大规模综合科学考察（图1-1），考察途中收集了大量森林资源清查等基础性数据。在此基础上，在资料贫乏的典型地区对其主要生态系统开展样方调查，课题组对青海省的杂多县和囊谦县、云南省的云县和景东县，开展了典型地段典型生态系统结构与功能调查，主要调查内容包括样地基本情况（经纬度、海拔、坡度和样方面积）、植被类型、群落结构、地上生物量、植物多样性等数据。样方调查的同时进行标本采集和土壤取样，并在整个调查过程中加强对区域生态系统类型外貌及土壤剖面特征的影像采集，共调查样方 77 个；同时在西藏沿途各县以及上游源区布设了 50 个灌草生物量样点。共计完成了 8 种生态系统类型的 127 块样地的调查，包括乔木样方 73 个，灌木样方 367 个、草本样方 478 个以及凋落物样方 115 个；采集土壤样品 600 多份，植物标本 2000 多份。调查样方按生态系统类型统计结果见表 1-1。这些样地将为此后建立陆地植被生态系统类型及其分布位置、碳蓄积功能评估以及生物多样性评价提供重要数据支持，并为通过遥感影像解译获取的区域生态系统类型与空间分布图、典型地区生态系统特征参数分布图提供可靠的地面校正数据。

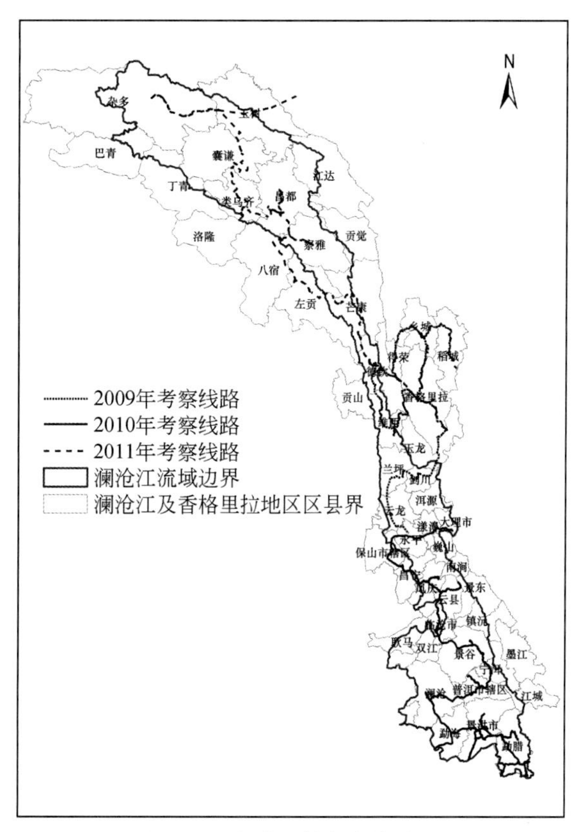

图 1-1　流域野外考察线路图

表 1-1　澜沧江流域生态系统类型样方调查汇总

生态系统类型	样地	乔木样方	灌木样方	草本样方	凋落物
亚高山常绿针叶林	7	28	140	138	—
高山灌丛	67	—	112	115	—
高山草甸	7	—	—	35	—
次生草甸	1	—	—	5	—
季雨林	5	5	15	25	15
常绿阔叶林	32	32	76	120	76
针阔混交林	1	1	3	5	3
暖性针叶林	7	7	21	35	21
总计	127	73	367	478	115

1.4 主要贡献

澜沧江流域生态系统本底与生态系统功能综合科学考察的主要贡献如下。

1）通过实地样方调查研究，获取澜沧江流域典型地段（沧江流域江源区及热带-亚热带过渡带）主要生态系统盖度、树高、胸径、物种组成、土壤性质、生物量等生态系统结构与功能特征数据集；

2）制作完成澜沧江流域生态系统分布图，揭示流域生态系统分布与地形因子的关系；

3）定量评估澜沧江流域碳蓄积、水源涵养、水土保持、生物多样性保育等主要服务功能空间格局，并探明其空间分布规律；

4）揭示澜沧江流域 NDVI、LAI、NPP、NEP 等重要生态特征参数分布与变化规律；

5）开展流域生态功能区划，为流域资源开发与生态环境保护提供基础数据；

6）出版澜沧江流域生态系统本底与生态系统功能考察报告；

7）出版澜沧江及香格里拉地区生态系统结构与功能图集。

第2章　澜沧江流域概况

2.1　流域概况

澜沧江-湄公河发源于中国青海省玉树藏族自治州杂多县西北，唐古拉山北麓查加尔玛以西4 km海拔5388m的高地，自北向南流经中国青海、西藏、云南3省（区），至南腊河口出境，之后沿缅老边境、老泰边境流经老挝南部西南角，穿过柬埔寨中部，进入越南南部，在越南胡志明市附近湄公河三角洲注入南海，从河源至河口全长约4880 km，流域总面积约81万km^2（陆德福，2004），途经两个国家首都、20个省城、100多个重镇、数以千计的村寨，是世界著名十大江河之一和亚洲流经国家最多的国际河流，素有“东方多瑙河”之称（马树洪，2008）。老挝万象以上为澜沧江-湄公河上游，地形起伏较大，河道弯曲陡峭，多险滩急流。万象至巴色为澜沧江-湄公河中游，中游地形起伏不大，河谷宽广，水流平静。巴色至金边为下游，下游地势平坦，河身宽阔，多网状汊流。金边至海口为澜沧江-湄公河三角洲河段，进入越南后，陆续分成6条支流，经多个河口入海①。国际上将中缅境内的河段称为上湄公河，缅甸以下的河段称为下湄公河。上湄公河全长2395 km，在中国境内2130 km，中缅边境31 km，缅甸境内234 km，落差约4700 m，流域总面积约19万km^2。下湄公河全长2485 km，其中在老挝、柬埔寨和越南境内分别为777 km、502 km和230 km，老泰边境976 km，落差约400 m，流域总面积61.7万km^2（陆德福，2004）。

在中国境内的河段被称为澜沧江，从源头至昌都为澜沧江上游，昌都至功果桥为澜沧江中游，功果桥至南腊河口为澜沧江下游（何大明，1995）。澜沧江流域地势北高南低，由北至南呈条带状，上下游较宽阔，中游深切，流域平均宽度约为80 km，流域内地形起伏剧烈。澜沧江上游海拔为4000～4500 m，山地海拔可达5500～6000 m，但大部分山势平缓，河谷平浅（陆德福，2004）。中游属横断山高山峡谷区，河谷深切，山高谷深，形成世界上典型的南北走向V形谷，河床坡度大，水流湍急，是全流域最狭窄的地段，最窄处仅20～25 km。下游地区从功果桥到景云桥为中山宽谷区，主河谷仍为V形谷，之后在小湾和漫湾约10 km南北间距间完成两个180°的急转弯进入中低山宽峡谷区，河谷仍以V形谷为主，且时宽时窄（何大明，1995），但地势趋势平缓，河道呈束放状。

澜沧江-湄公河地区总面积为233万km^2，区域内人口为2.43亿人，1998年，区域内人均国民生产总值为357美元，其地处东南亚、南亚和中国大西南三个经济圈的结合部，是连接东盟和中国大西南两大市场的桥梁和走廊，不仅具有十分显要的地理区位优势，还因蕴藏着丰富的水能资源、生物资源、矿产资源和旅游资源而具有极大的经济潜能。正因此，该区域成为东亚次区域经济合作的重点区域之一（丁斗，2001）。

2.2　自然概况

2.2.1　地貌

除沙漠外，澜沧江流域几乎涵盖了所有的陆地地貌类型，该流域最典型的地貌类型有高山、河谷、沼泽、冰川、盆地、高平原丘陵和冰缘等。

---

① 湄公河-澜沧江.2013. 中国数字科技馆 http://amuseum.cdstm.cn/AMuseum/shuiziyuan/water/02/w02_ b03_ 08.html.

(1) 高山

澜沧江流域平均海拔在4000m以上，江源区两岸羽状分布着众多山岭，地势平均为4000～4500m，山地可达5500～6000m，河床海拔为3150～3700m，形成深切500～1000m的V形峡谷，但除高大险峻的雪峰外，山势相对平缓，河谷平浅（陆德福，2004）。据统计，江源区就有1462座海拔5000m以上的山峰（有标高的1197座，无标高的265座），山峰密度平均为7.18 km^2/座，其中海拔大于7800m的山峰7座，这集中体现了青藏高原独特的高山地貌（青海省地方志编纂委员会，2000）。中下游纵贯横断山脉，受他念他翁山-云岭和永隆里南山-怒山夹峙，形成气势雄伟的高山峡谷相间的地貌。其间矗立着众多雪山，其中著名的有梅里雪山、白马雪山、太子雪山、哈巴雪山和苍山（马树洪，2008）。

(2) 河谷与盆地

澜沧江从源区至昌都段，干流上源扎曲在紫根寺以上，昂曲在长马西以上均为高原山地地貌，河谷平坦，河流切割微弱，山体相对高差较小，形成澜沧江源区近东西走向的宽谷湖盆，盆地内水热条件较好，牧草生长旺盛。紫根寺及长马西以下至昌都段，河流切割增强，形成深切500～1000m的V形峡谷。昌都至功果桥，澜沧江进入横断山高山峡谷区，其主要特征是深切的峡谷、两岸高山对峙。山峰高出水面达3000多米，河谷较狭窄，河川坡度大形成陡峻的坡状地形。尤其是自察雅西南的卡贡以南，峡谷为世界典型的南北走向V形谷，越南越深切，进入云南后，下切增强，峡谷与水面变窄，最窄处峡谷只有20～25 m，水面仅有20～25 m（张荣祖等，1997）。功果桥-景云桥，澜沧江进入中山宽谷区，河谷仍以V形谷为主，河流深切600～800 m，河谷底宽100～250 m，最大处达300～500 m，水面宽大多100 m左右，最宽处180m，最窄处仅60 m。景云桥以下，河谷进入以V形谷为主的中低山宽谷区，间有开敞宽槽谷，时放时束呈串珠状格局，峡谷谷地宽150～300 m，宽谷谷底宽400～500m，最宽处可达800～1200 m。沿岸有阶地分布，形成澜沧江下游诸如景洪坝、橄榄坝、勐海坝、勐满坝等的河谷平坝（何大明等，2007）。

(3) 沼泽

澜沧江流域的沼泽主要分布于源区，这些区域的典型特征为地势较平缓、径流丰沛、水流缓慢、排水不畅，其下层多为能阻隔地表水入渗的多年冻土层。研究表明，澜沧江源区沼泽面积达325km^2，约占源区总面积的3.1%，主要分布于干流扎那曲段和支流扎阿曲和阿曲上游。其中，源区最大沼泽群分布于扎阿曲和扎尕曲，总面积达104.52km^2，约占源区沼泽面积的1/3，其次为阿曲流域，面积达56.88km^2，干流扎那曲间沼泽面积仅为14.72km^2（青海省地方志编纂委员会，2000）。澜沧江流域沼泽可分为有草和无草两种类型，源区沼泽以有草沼泽为主。

(4) 冰川和冻土

澜沧江流域分布着众多冰川，其中最有名的当属梅里雪山，它是目前世界上最为壮观且稀有的低纬度低海拔季风海洋性现代冰川。此外，还有太子雪山、白马雪山和哈巴雪山等。冰川是澜沧江源区径流主要补给源，因此，源区是澜沧江冰川主要分布区，但与长江和黄河源区冰川相比，澜沧江源区冰川在数量和面积上均较小，仅有20条，面积共为124.12 km^2（冯永忠等，2007），其中以色的日冰川最大，面积达17.05km^2，该冰川是查日曲上两条小支流穷日曲和查日曲径流的主要补给源（青海省地方志编纂委员会，2000）。冰川千姿百态，在阳光下璀璨夺目，蔚为壮观。该流域的冰蚀地貌可下达至3500m附近，冰碛物可下达至3000m以下，有些冰水堆积物甚至可达澜沧江江边。冰碛物和融冻风化形成的大小不一的砾石、碎石块，常是泥石流和水石流的重要物质源。在雪线附近或雪线以下的高海拔地区，虽然没有常年积雪或发育现代冰川，却常年低温，形成高度冻土地貌。澜沧江流域多年冻土带的下线为4500～5000m，随着纬度的降低冻土地貌的海拔界限逐渐升高。考察发现，澜沧江流域冻土类型多样，其中上部主要为冻风化岩堡、岩柱等；中部以石海、石河、石川等冰冻结构、泥流阶地等为主；随着热量的增加，下部以冰丘热熔滑塌、热熔洼地等为主。

2.2.2 土壤

澜沧江发源于青藏高原，纵贯横断山区，不仅地质构造异常复杂，而且新近纪末以来的新构造运动也异常强烈，这些都显著地影响着澜沧江流域地下岩层性质，进而影响以它们作为母质而发育的土壤性质。分析发现，澜沧江流域土壤类型复杂多样，分布着 11 种土纲、29 种土类、64 种土壤亚类，其中分布面积大于 10% 的土类有高山草毡土、赤红壤、高山黑毡土和红壤，这 4 种土类分布总面积约占流域总面积的 60.73%，尤其是高山草毡土，约占流域总面积的 1/5，其次为紫色土、高山寒冻土、漂灰土、灰褐土、棕壤、暗棕壤、黄壤、砖红壤、水稻土和褐土 10 种土类，这 10 种土类的总面积约占流域总面积的 35.50%，其余 15 种土类的总面积仅约占流域总面积的 3.77%（表 2-1）。从空间分布来看，高山草毡土、高山黑毡土、灰褐土、高山寒冻土、沼泽土、漂灰土、棕壤等主要分布于中上游地区，紫色土、赤红壤、黄壤、砖红壤、黄壤、红壤等主要分布于中下游地区（图 2-1）。

表 2-1　澜沧江流域土壤和土类汇总表

土纲	土类	面积百分比/%	合计/%	土纲	土类	面积百分比/%	合计/%
半淋溶土	褐土	1.53	5.62	湖泊、水库	湖泊、水库	0.18	0.18
	灰褐土	4.04		淋溶土	暗棕壤	3.20	12.78
	燥红土	0.05			黄棕壤	0.55	
半水成土	草甸土	0.40	0.40		漂灰土	4.74	
初育土	粗骨土	0.02	7.17		棕壤	3.35	
	火山灰土	0.00			棕色针叶林土	0.94	
	石灰（岩）土	0.52		人为土	水稻土	1.77	1.77
	石质土	0.14		水成土	泥炭土	0.07	0.78
	新积土	0.00			沼泽土	0.71	
	紫色土	6.49		铁铝土	赤红壤	16.30	31.75
干旱土	灰钙土	0.01	0.01		红壤	10.29	
高山土	草毡土	21.43	39.39		黄壤	3.02	
	寒冻土	5.22			砖红壤	2.14	
	寒钙土	0.03		冰川雪被	冰川雪被	0.15	0.15
	黑毡土	12.71					

2.2.3　气候

澜沧江流域跨越多个气候带，从河源至河口，涵盖了除沙漠以外的气候环境的地表形态，包括冰川区的寒带、寒温带、温带、暖温带、亚热带、热带的干冷、干热和湿热多种气候带（郭漫，2007）。江源区（青海南部）属典型青南高原高寒气候，地势高、气温低、降水量少。据杂多县多年平均气温为-4.2～0.2℃，1 月气温-16.8～-11.2℃，7 月气温 10.6～17.1℃，气温年较差平均为 21.8～25.0℃，大于或等于 0℃的年均积温仅为 1306.3℃。年均日照时数为 2202～2480 h，年平均蒸发量为 1458.6mm，年均太阳辐射总量为 549.58～651.1 kJ/cm^2。降雨量随海拔升高而降低，且东部高于西部，南部高于北部，河谷高于其他地带。此外，源区高原气候的另一特点为风多风大，年均大于或等于 8 级以上大风日数≥6 天，沙尘暴日约 10 天，除 8 月盛行偏东风外，其余各月盛行偏西风，平均风速为 2～4m/s^2（青海省地方志编纂委员会，2000）。

澜沧江西藏地区属高原温带气候，气温由北向南递增，并有明显的垂直变化。海拔 3000 m 以下河谷，气候干热，年均气温>10℃，最热月气温>18℃；海拔 3000～3500m 地区，最热月气温平均为 15～18℃；海拔 3500～4000m 地区，年均降雨量为 400～800mm，山区潮湿，河谷干燥（陆德福，2004）。

澜沧江中游的滇西北区，为亚热带高山峡谷区，海拔大多>3000m，高山超过 5000m，峰谷相对高

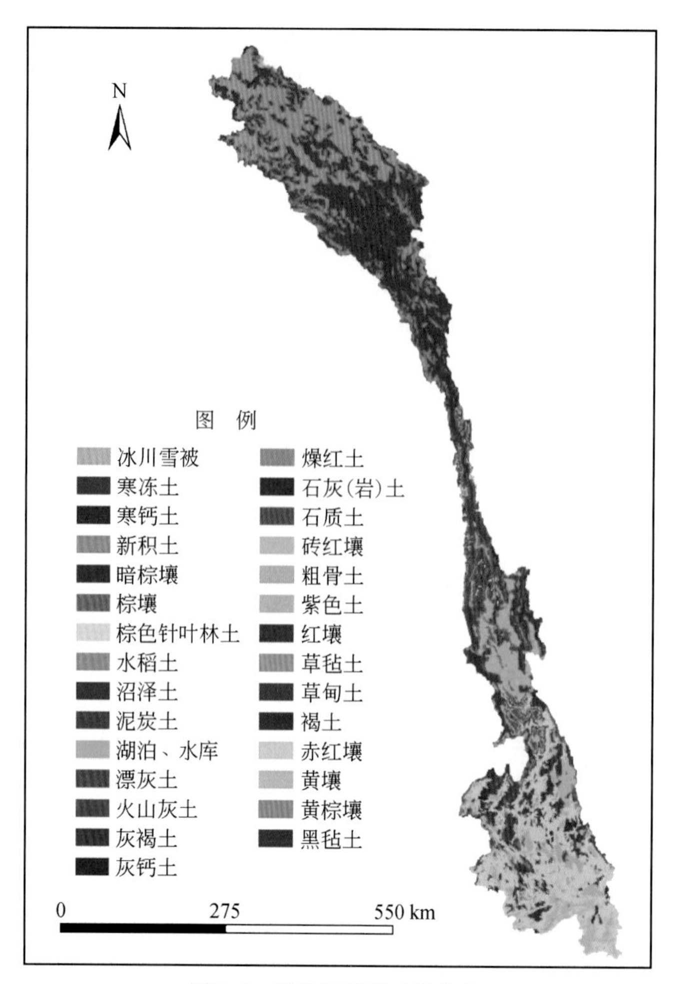

图 2-1 澜沧江流域土类分布

差>1000m。该区域气温垂直变化显著，且气温随着纬度的降低而升高，年均气温为 12～15℃，年均降雨量为 1000～2500mm。下游滇西南丘陵和盆地交错区，气候由亚热带过渡到南亚热带气候，气温和降雨量由北至南均递增，年均气温为 15～22℃，年均降雨量为 1000～3000mm（陆德福，2004）。

受西南季风气候的影响，全流域干湿季分明，一般 5～10 月为雨季，11 月至次年 4 月为旱季，≥85% 的降水量集中在雨季，其中又以 6～8 月最为集中，此 3 月的总降水量占全年降水量的 60% 以上。暴雨多发生在 7～8 月，主要发生在中游，且中游暴雨强度较大（陆德福，2004）。

2.2.4 水文

流域径流补给整体以降水为主，地下水和融雪补给为辅，但时空差异明显。上游河段是以地下水-融水补给为主的河流，其中春季以冰雪融水补给为主，夏季、秋季、冬季则以雨水和地下水补给为主，二者平均约占年河川径流量的一半。上游地区径流年际变化较小，年内变化与气温变化有显著的相关性（何大明，1995）。随着降雨量的增加，中游地区河川径流补给以降水和地下水混合补给为主，但因两岸海拔 5500～6000m 的山地终年积雪，两岸短小的支流仍以冰雪融水补给为主。自此以下，在进入下湄公河低地之前，河川径流补给基本上以降水补给为主。中游地区水文特征具有明显的承上启下特征，其径流最大水月出现较上游晚 1 个月，而最小水月则较上游地区晚而较下游地区早。径流年内分配不均匀系数（0.31～0.32）小于上游地区（0.33）却大于下游地区，但年际不均匀变化却强于上下游地区（何大明，1995）。因下游地区属热带和亚热带气候，受西南季风影响，降水充沛，河川径流补给以降水为主，地下水补给为辅，其中降水补给量占年径流量的60%以上，其次为地下水补给（陆德福，2004）。

2.2.5 植被与生物多样性

澜沧江流域几乎涵盖了中国所有的气候类型，气候多变，且垂直变化明显。地形地貌的复杂性和多样的气候类型造就了澜沧江流域丰富多彩的植被类型和可供众多生物繁衍生息的生境，致使澜沧江流域成为世界生物多样性最为丰富的地区之一。澜沧江流域几乎涵盖了中国所有的陆地植被类型，这些植被类型不仅具有明显的纬度地带性，还具有显著的垂直地带性分布规律。从南至北依次分布着热带雨林、热带季雨林、热性针叶林、亚热带常绿阔叶林、落叶阔叶林、暖性针叶林、温凉性针叶林、温寒性针叶林、常绿硬叶阔叶林、高寒灌丛、亚高山草甸、高山草甸、高寒草甸、高寒草原、垫状植被、稀疏植被和沼泽。此外，在澜沧江河谷两岸还分布着干旱河谷稀树灌草丛以及人工植被，如橡胶林和龙眼、荔枝等果树林。鉴于第3章专门介绍澜沧江流域植被生态系统分布，第4~6章分别又研究该区域森林、灌丛、草地及人工植被结构与功能特征，在此就不展开叙述。

关于生物多样性，虽然目前还没有整个流域详细的研究报道，但澜沧江流域是目前世界上生物多样性最为丰富的地区是毋庸置疑的。澜沧江流域近乎涵盖了中国内地所有的地形地貌、植被，由此可知，澜沧江流域生态系统和景观的多样性异常丰富。物种多样性方面，仅占国土面积0.026%的西双版纳自然保护区，其哺乳动物、鸟类、两栖动物、蕨类植物、裸子植物和被子植物分别占全国总种数的20%、36%、15%、10%、7%和11%，且至今仍不断有新物种被发现。此外，根据1988年国务院发布的《国家重点保护野生动物名录》和1999年国家林业局和农业部发布的《国家重点保护野生植物名录》，西双版纳自然保护区重点保护的动、植物分别占总种数的28.6%和10.3%。西双版纳自然保护区丰富的物种多样性说明，澜沧江流域是中国不可多得的动植物种质资源的基因库，其主要表现在植物的古老孑遗种和特有种，如莲座蕨（*Angiopteris* spp.）、鸡毛松（*Podocarpus imbricatus*）、竹柏（*Podocarpus nagi*）等，以及丰富的野生近缘或原始的栽培植物，如野荔枝、林生芒果、野生稻等（西双版纳国家级自然保护区管理局和云南省林业调查规划设计院，2006）。

2.2.6 珍稀濒危物种

澜沧江流域有“植物王国”、“动物王国”之美誉。复杂多变的地形地貌、气候和丰富多样的自然环境类型，为动植物的繁衍生息提供了理想栖息地，使该地区成为当今世界生物多样性最丰富、最集中的地区之一。该区域珍稀濒危生物和特有的动植物丰富。在此仅介绍源区、中游白马雪山和下游西双版纳地区的珍稀濒危物种情况。

1）源区：据三江源自然保护区科学考察发现，三江源就有40余种受中国和国际贸易公约保护的珍稀濒危植物，主要有膜荚黄芪（*Astragalus membranaceus*）、桃儿七（*Sinopodophyllum hexandrum*）、红花绿绒蒿（*Meconopsis punicea*）、三蕊草（*Sinochasea trigyna*）、麦吊云杉（*Picea brachytyla*）、草麻黄（*Ephedra sinica*）、中麻黄（*Ephedra intermedin*）、蜻蜓兰（*Tulotis asiatica*）等。珍稀濒危鸟类有金雕（*Aquila chrysaetos*）、玉带海雕（*Haliaeetus leucoryphus*）、胡兀鹫（*Gypaetus barbatus*）、大天鹅（*Cygnus cygnus*）、雀鹰（*Accipiter nisus*）等40种，约占国家Ⅰ和Ⅱ级保护动物的鸟类种数（238种）的16.81%。珍稀濒危兽类有：豺（*Cuon alpinus*）、棕熊（*Ursus arctos*）、黑熊（*Selenarctos thibetanus*）、石貂（*Martes foina*）、水獭（*Lutra lutra*）、藏野驴（*Equus kiang*）、兔狲（*Felis manul*）、金钱豹（*Panthera pardus*）、雪豹（*Uncia uncia*）、马鹿（*Cervus elaphus*）、藏羚羊（*Pantholops hodgsoni*）、野牦牛（*Bos mutus*）等20余种，占总数的1/4以上（李迪强和李建文，2002）。

2）澜沧江中游主要为高山峡谷地貌，复杂的地形地貌和多样的气候造就了丰富的物种多样性。中游的白马雪山珍稀濒危物种丰富，其中有玉龙蕨（*Sorolepidium glaciale*）、独叶草（*Kingdonia uniflora*）、云南红豆杉（*Taxus yunnanensis*）、光叶珙桐（*Davidia involuclata*）4 种Ⅰ级保护野生植物和虫草（*Cordyceps sinensis*）、松口蘑（*Tricholoma matsutake*）、金铁锁（*Psammosilene tunicoides*）、澜沧黄杉（*Pseudotsuga forrestii*）等9 种Ⅱ级保护野生植物；此外，属国家Ⅲ级保护野生植物中还有长苞冷杉、短柄乌头（*Aconitum brachypodum*）、华榛（*Corylus chinensis*）等 11 种国家珍稀濒危保护植物；珍稀濒危保护哺乳动物 23 种，主要有滇金丝猴（*Rhinopithecus bieti*）、雪豹（*Uncia uncia*）、云豹（*Neofelis nebulosa*）、棕熊（*Ursus arctos*）、高山麝（*Moschus chrysogaster*）、穿山甲（*Malayan pangolin*）、小熊猫（*Ailurus fulgens*）等，其中不少还是横断山区-青藏高原特有种，如雪豹、棕熊、高山麝等；有绿孔雀（*Pavo muticus*）、黑鹳（*Ciconia nigra*）、金雕等国家Ⅰ级重点保护鸟类 8 种，藏马鸡（*Crossoptilon crossoptilon*）、勺鸡（*Satyra macrolopha*）、白腹黑啄木鸟（*Picus javensis*）等 20 种国家Ⅱ级重点保护鸟类；有德钦蝠蛾（*Hepialus deqinensis*）、白马蝠蛾（*H. baimaensis*）、爱柯绢蝶（*Parnassius acco*）、四川绢蝶（*Parnassius szechenyii*）等珍稀昆虫 16 种（云南省林业厅等，2003）。

3）澜沧江下游的西双版纳素有“动植物王国”的美誉，仅西双版纳自然保护区就有望天树（*parashorea chinensis*）、篦齿苏铁（*Cycas pectinata*）、云南苏铁（*Cycas siamensis*）、藤枣（*Eleutharrhena macrocarpa*）、云南穗花杉（*Amentotaxusyunnanensis*）、长叶竹柏（*Podocarpus fleuryi*）、鸡毛松（*Podocarpus imbricatus*）、土沉香（*Aquilaria sinensis*）、千果榄仁（*Terminalia myriocarpa*）、红椿（*Toona ciliata*）等国家珍稀濒危植物 56 种；有蜂猴（*Nycticebus coucang*）、熊猴（*Macaca assamensis*）、白颊长臂猿（*Nomascus leucogenys*）、狼（*Canis lupus*）、黑熊（*Selenarctos thibetanus*）、斑灵狸（*Prionodon pardicolor*）、熊狸（*Arctictis binturong*）、金猫（*Catopuma temminckii*）等 19 种濒危野生哺乳动物。濒危鸟类——双角犀鸟（*Buceros bicornis*）及大绿蛙（*Large Odorous*）、黑带蛙（*Rana nigrovittata*）、版纳鱼螈（*Ichthyophis bannanicus*）、黑耳蛙（*Rana sanguinea*）等珍稀濒危两栖动物以及平胸龟（*Platysternonmegalep*）、飞蜥（*Agama agama*）、金花蛇（*Chrysopelea ornata*）、陆龟（*Manouria impressa*）、闪鳞蛇（*Xenopeltis unicolor*）等珍稀濒危爬行动物（西双版纳国家级自然保护区管理局和云南省林业调查规划设计院，2006）。

2.3 资源概况

2.3.1 生物资源

澜沧江流域生物资源丰富，尤其以青藏高原东南部到云南边境的澜沧江流域中下游植物种类繁多，其中木本植物超过 5000 种，能组成森林的约 2000 种，其中有团花树、三尖杉、油杉、藏柏、八宝树、云南石梓、柚木、云南松、红豆杉等许多珍贵而优良的树种；主要经济林木，如核桃、油茶、油桐、乌桕、香果、漆树、茶、肉桂、八角、花椒、板栗、柿子、柑橘等；主要热带经济林木有藤条、油棕、橡胶、咖啡、椰子、肉豆蔻、望天树、菠萝蜜、槟榔、风吹楠、芒果、龙血树等。另外，药用植物也高达 2000 多种，如三七、贝母、虫草、雪莲、当归、茯苓、天麻、岩内菜、藏红花等都是可提供重要配方的珍贵原料；观赏植物也超过了 2000 种，如山茶、杜鹃、报春、龙胆、百合、木兰、兰花、绿绒蒿等，这些植物在国内外颇有名气；菌类等 150 多种，其中松茸、鸡棕、金木耳等 20 多个珍贵菌种；还有各种香料植物 300 余种（郭漫，2007）。

野生动物资源的种类也数不胜数，已知昆虫种类就达 12 万多种。已知脊椎动物种类约 1800 种（包括淡水鱼类 432 种、两栖类 112 种、爬行类 152 种、鸟类 802 种、哺乳类 300 余种），其中有蜂猴、滇金丝猴、亚洲象、野牛、长臂猿、灰叶猴、印文虎、南亚虎、西鸟、金钱豹、云豹、百尾梢红稚等 51 种国家一类保护动物；有熊、熊猴、猕猴、穿山甲、麝、小熊猫、绿孔雀、蟒蛇等 155 种国家二类保护动物；在鱼类中有 290 种是在中国仅见于云南的特有种类；其他主要动物有牦牛、藏羚、岩羊、黄羊、猞猁、野猪、狸、野兔、獭、獾、藏马鸡等，以及多种灵长类、鹿类、龟类等（郭漫，2007）。

据统计，在全中国2.6万多种高等植物中，云南省就有1.3万多种，而仅在澜沧江下游的西双版纳就有5000多种，总数超过了中国高等植物总数的1/6，云南省的1/3。这些植物既有西双版纳地区的特有种，又有古老残遗种，以及重要的经济作物和现代栽培植物的近缘种，不少被列入了国家保护植物，如国家一级重点保护植物中国最高植物——望天树。在列入国家重点保护的335种陆栖类脊椎动物中，西双版纳就有129种，约占总数的38.5%。中国绝大多数灵长类和灵猫类动物都集中分布在澜沧江下游的西双版纳地区，其中陆地上最大的动物亚洲象和已知最小的偶蹄类动物鼷鹿，以及白颊长臂猿、印支虎等都是国家一级重点保护动物。这里的鸟类有427种，占全国鸟类总数的1/3以上（郭漫，2007）。

2.3.2 水资源

澜沧江-湄公河流域沿岸多高大、南北走向山脉，独特的地理条件阻挡迫使主要降水天气系统——西南季风的暖湿气流抬升、降温、降压，产生大量降水，致使澜沧江-湄公河流域水资源巨大。澜沧江-湄公河年均径流量为4750亿m^3，丰水年和枯水年分别为5225亿m^3和4275亿m^3，分别为正常年的110%和90%（马树洪，2008）。沿途6个国家对湄公河水量贡献大小依次为老挝、泰国、中国、柬埔寨、越南和缅甸，中国澜沧江年径流量约占湄公河总径流量的16%，约为760亿m^3（何大明，1995）。澜沧江流域单位面积拥有水量下游丰于上游、迎风坡丰于背风坡；高山峡谷区的谷地带均属少水区，下游低山宽谷区是最大丰水区，也是澜沧江流域单位面积产水量最大区。就省份而言，云南省贡献最大，多年平均径流量达513亿m^3，约占澜沧江水量的67.5%，其次为西藏，年径流量为245.6亿m^3，约占澜沧江水量的32.3%（何大明，1995）。

江河水能储量不仅取决于流量，还受到落差影响，澜沧江流域落差达3453.6 m。经专家考察和勘测发现，澜沧江水能不仅巨大，而且集中。其中，全流域水能理论储量、可开发的水电装机容量和年发电量分别为3656.38万kW·h、2348.3万kW·h和1263.97亿kW·h，其中69.74%的水能储量、83.81%的可开发水电装机容量和84.10%的年发电量集中分布于云南段。此外，澜沧江流域具备十分优越和理想的水电开发技术和经济指标。例如，干流河床稳定且深而窄，谷地和隘口众多，沿岸植被繁茂，沙石和木材丰富等。支流除具有干流的特点外，还具备高落差、大比降、水能集中等特点。加之澜沧江沿岸大多不发达，人口稀少、村庄不多，工矿企业基本没有，且澜沧江流域多为V形谷，沿岸耕地较少等，均有利于流域水能资源开发。

2.3.3 气候资源

气候资源为可再生资源，是人类未来理想的资源。广义的气候资源泛指一定区域内存在于大气圈中的光照、热量、降水、风能等可为人类直接或间接利用创造财富的自然物质和能量，它是人类社会赖以生存和发展的基础，现已被广泛应用于国计民生的方方面面。由于澜沧江复杂的地形地貌和丰富的气候类型，致使澜沧江流域气候资源非常丰富。源区和高海拔山地光照、热量和降雨一般较少，但风大，而中下游地区及干旱河谷地区光照和热量充足，此外，中下游地区降雨量较大，致使澜沧江流域的风能主要集中于源区及中上游的山地隘口等高海拔地区；光照和热量资源主要分布于中下游热带、亚热带及中游干旱河谷地区；降雨资源主要集中于中下游地区，尤其是中下游的迎风坡面及下游热带雨林地区。

2.3.4 旅游资源

澜沧江-湄公河发源于雪域高原，纵贯“黄金半岛”注入中国南海，素有“黄金水道”之称，沿岸地区被誉为“超级天然公园”，是全球生物多样性最为丰富的地区之一，也是旅游资源丰富和集中的地区

(马树洪，2008)。

从自然景观来看，澜沧江沿岸涵盖了除沙漠以外的其他生态系统景观，可供集中开发利用的风光旅游景区举不胜举，主要如下。

(1) 世界自然遗产——三江并流自然景观

“三江并流”指发源于青藏高原的金沙江、澜沧江和怒江在云南省境内自北向南并行奔流形成世界上罕见的“江水并流而不交汇”的奇特自然地理景观。其间涵盖了云南省丽江市、迪庆藏族自治州、怒江傈僳族自治州的9个自然保护区和10个风景名胜区，总面积达1.70万km^2。“三江并流”景区内高山雪峰横亘、山高谷深，从海拔760 m的怒江干热河谷到6740 m的卡瓦格博峰，涵盖了高山峡谷、雪峰冰川、高原湿地、森林草甸、淡水湖泊、稀有动物、珍贵植物等奇观异景。景区有海拔5000m以上、造型迥异的雪山118座。梅里雪山是目前世界上最为壮观且稀有的低纬度低海拔季风海洋性现代冰川，其覆盖着万年冰川的主峰——卡瓦格博峰，被誉为“雪山之神”，是尚未被征服的“处女峰”。此外，还有太子雪山、白马雪山和哈巴雪山等，与雪山相伴的是静立的原始森林和星罗棋布的冰蚀湖泊。而丽江老君山还分布着中国面积最大、发育最完整的丹霞地貌奇观，它镶嵌在莽莽原始森林的万绿丛中，璀璨夺目。此外，因“三江并流”地区未受第四纪冰期的影响，该区域成为欧亚大陆生物物种南来北往的主要通道和避难所，是欧亚大陆生物群落最富集的地区，被誉为“世界生物基因库”(杨帆，2006)。

(2) 大理苍山洱海风景名胜区

大理苍山洱海风景名胜区由气势恢弘的苍山、秀丽的高原明珠洱海及山海之间自然与人文完美结合的田园风光构成，以山、溪、云、海四大景观驰名。其中，延绵50km的苍山向来以雪、云、泉著称，巍峨峻峭的十九峰屹立其间，千嶂叠翠，云雾变幻多姿，不少山顶冰渍湖泊点缀，峰顶银色的积雪，不断融为溪水，从十九峰之间奔泻而下，形成18道溪流注入洱海，滋润着山麓坝子里的土地。南北长40 km、面积约240 km^2的高原湖泊——洱海内有“三岛”、“四洲”、“五湖”、“九曲”之胜。更重要的是，从洱海蒸发产生的云雾到雪山之顶遇冷形成雪降落，这样不断循环造就了素负盛名的大理“风花雪月”四景①。

(3) 西双版纳风景名胜区

西双版纳风景名胜区是中国第一批批准建立的国家重点风景名胜区，共有19个风景区，800多个景点，总面积为1202.13 km^2。被誉为“动植物王国”的西双版纳以丰富迷人的热带、亚热带雨林、季雨林、沟谷雨林风光、珍稀动物和绚丽多彩的民族文化，民族风情为主体。到处四季青山绿水，植被茂盛、花草繁盛，以其美丽和富饶闻名遐迩。有一树遮天和“独木成林”的热带盛景，还有许多动植物物种，如“旗舰物种”——亚洲象、抗癌药物美登木、嘉兰、治高血压的罗芙木、健胃虫的槟榔、“花中之王”依兰香等。还有橄榄坝、小白塔、仙人洞、虎跳岩等独特景观，既是动植物栖息的乐土，也是度假旅游的彩色乐园。

在人文景观方面，澜沧江-湄公河沿岸是东南亚古代文明的摇篮，全流域共居住了50余个民族，并形成了各具特色的民族文化，有多种多样的文物古迹群、宗教文化艺术建筑群、古代王朝和王宫。其中，著名的文物古迹有南诏大理国古迹、西双版纳白塔。澜沧江沿岸宗教色彩浓厚，其佛教建筑早已闻名于世，其中上游的康藏十三林是藏传佛教建筑艺术的结晶，一直是藏民的圣地。

在历史的长河中，澜沧江沿岸各族人民创造了光辉灿烂的民族文化，各民族的生活方式、宗教信仰、文学艺术、传统节日和民俗习惯各异，形成了一个多姿多彩的民族世界，有着众多优美的民间故事、神话传说及迥异的民族节日(丁斗，2001)。这些得天独厚、风格各异的自然和人文景观，为澜沧江-湄公河沿岸开展多项目、多领域和多渠道的综合国际旅游业务奠定了基础。

---

① http://scenic.cthy.com/scenic-10256/Attractions/12679.html.

2.3.5　土地资源

按行政边界分，澜沧江流域行政区县的土地总面积约 16.6 万 km^2，包括林地，草地，耕地，水域，城镇、工矿、居民用地和未利用地 6 种土地利用类型。对 2000 年澜沧江流域土地利用分析发现（表 2-2），澜沧江流域主要的土地利用类型为草地和林地，面积分别为 59 569km^2 和 78 022km^2，分别约占流域行政区县总面积的 35.86% 和 46.97%，二者之和约占总面积的 80% 以上。其次为耕地和未利用地，面积分别为15 257km^2 和 12 390km^2，分别约占流域行政区县总面积的 9.18% 和 7.46%，城镇、工矿、居民用地最少，约为 20km^2，约占流域行政区县总面积的 1.20%。

对澜沧江流域 2000 年土地利用空间格局分析可知，草地和水域主要分布于澜沧江中上游地区，未利用地主要分布于上游地区；林地和耕地主要分布于中下游地区；城镇、工矿和居民用地在全流域只有零星分布，但中下游地区的分布密度和面积均较上游地区大（图 2-2）。

表 2-2　澜沧江流域行政区县 2000 年土地利用统计

一级用地类型	二级用地类型	面积/km^2	一级用地类型	二级用地类型	面积/km^2
林地	灌木林地	10 757	耕地	旱地	12 176
	疏林地	13 353		水田	3 081
	有林地	53 912	水域	湖泊	289
未利用地	戈壁	5		水库坑塘	76
	裸岩石质地	6 667		永久性冰川雪地	485
	其他	5 710	草地	低覆盖度草地	424
	沼泽地	8		高覆盖度草地	54 207
城镇、工矿、居民用地	城镇用地	16		中覆盖度草地	4 938
	其他建设用地	4			

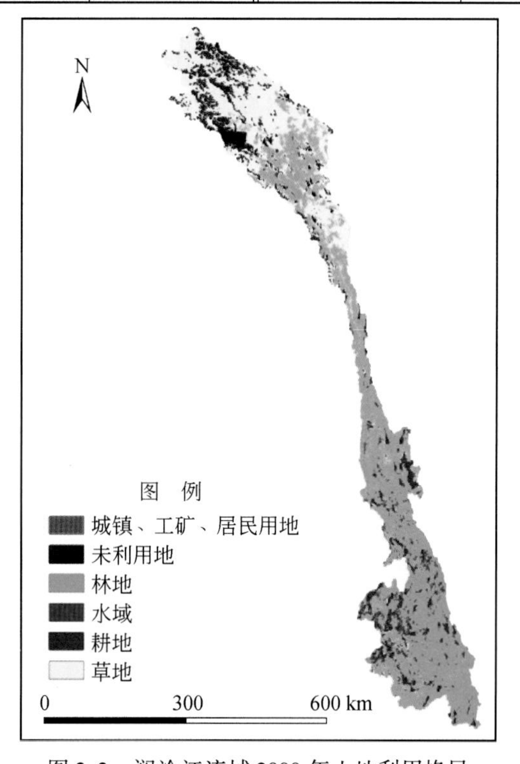

图 2-2　澜沧江流域 2000 年土地利用格局

2.3.6 矿产资源

矿藏资源已探明的金属有120余种，非金属矿产资源有150余种，其中铅锌矿保有储量居全国之首，镉、铊、锶、磷等保有储量在国内也名列前茅。有色金属有维西县的大型锑矿、兰坪县和澜沧县的大型铅锑矿、永平县的铜矿及西双版纳傣族自治州的铁矿等。

2.4 社会经济概况

2.4.1 民族与宗教

自远古时期，北方氐羌、南方百淮、东方百越就在澜沧江流域繁衍生息。澜沧江贯穿着中华文化圈和东南亚、印度文化圈，江河文化、南亚次大陆文化和海洋文化等在这里碰撞、交流、融合（王国祥，1993）。澜沧江流域聚居着藏族、傈僳族、白族、傣族、彝族、拉祜族、佤族等少数民族。少数民族人口约460万，占流域总人口的47.4%（杨忠实和文传浩，2005）。流域民族分布具有明显的地域性，藏族主要分布于澜沧江上游地区，平均海拔4000 m，处于青藏高原东南缘及横断山北部。傈僳族主要分布于海拔约3000 m的怒山、云岭之间。白族主要分布于河谷热、坝区暖、山区凉、高山寒的澜沧江中下游平坝和低山丘陵区。傣族主要分布于澜沧江下游热带地区，海拔仅1000 m左右。这4个民族分布总面积达12.2万km^2，约占流域总面积的75%（徐增让等，2014）。

澜沧江流域大部分为佛教信仰区，另有一些地方教和少数民族远古宗教分布，其中上游藏区以藏传佛教和苯教为主，寺庙众多、等级较高，著名的有黄教古刹强巴林寺、噶玛噶举派祖寺、嘎玛寺、查杰玛大殿、苯教祖寺、孜珠寺等。居民居住地以藏式建筑和藏包为主。下游南传上座部佛教，寺庙建筑具有傣式风格，佛塔、碑林众多（王灵恩等，2012）。藏族全民信教，在其宗教文化中蕴含着丰富的生态保护理念。神山是藏族群众进行修持行道的重要场所（马世雯，1994），极力保护神山是人们的虔诚行动。宗教的普遍性和世俗性使得通过宗教构建生态保护法治具有了必要性与可行性；而宗教的神圣性和组织性又为通过宗教构建生态保护法治提供了可行途径（李长友和吴文平，2011）。

2.4.2 社会与经济

澜沧江流域人口密度差异悬殊，人口密度整体随纬度的增加呈先增后减的分布格局。2010年该区域平均人口密度约为100人/km^2，分别以上游地区的昌都县、中游地区的大理市和保山市为高中心向周边逐渐降低，其中以下游地区的大理市人口密度最高，达462人/km^2，保山市次之，为193人/km^2，源区杂多县最低，仅为1.58人/km^2，约为大理市人口密度的1/300。

对2010年澜沧江流域人均GDP分析发现，该区域各区县人均GDP整体较低，不仅低于同期全国平均水平（3.26万元/人），也低于青海（2.40万元/人）、西藏（1.69万元/人）、四川（2.14万元/人）和云南（1.57万元/人）的平均水平，平均约为1.1万元/人，总体来看，澜沧江流域属于经济欠发达地区。

第3章　澜沧江流域生态系统分布格局

3.1 引　　言

3.1.1 概述

澜沧江-湄公河流域自20世纪90年代以来一直是国际社会广泛关注的热点区域。澜沧江-湄公河流域是世界上同纬度生物多样性最丰富的地区之一（Li et al.，2012）。作为该区域的核心大国，中国要把握合作开发和环境外交的主动权，迫切需要系统地掌握该区域的生态系统本底数据。虽然20世纪60~80年代，中国科学院与其他科研机构在澜沧江流域做过大范围的传统科学考察，在植被分布、生长特性、森林经营、森林区划等方面取得了大量科学成果和文献资料，使人们开始对澜沧江流域主要森林优势种及其分布、生长状况有了较为清晰的认识（中国科学院西部地区南水北调综合考察队和林业土壤研究所，1966）。此后，在自然保护区建设推动下，澜沧江流域国家级、省级等不同级别生态保护区相继建立，在此基础上对流域内的自然保护区生态系统分布格局有了深入的研究（王娟等，2010；何友均，2008；欧晓昆等，2006；王战强和熊云翔，2006；杨宇明，2004；曹善寿，2003；李玉媛，2003；云南省林业厅等，2003；西藏自治区林业勘察设计研究院，2000；西南林学院等，1995；徐永椿，1987）。也有一些涉及澜沧江流域部分区域的更大范围区域植被研究，如侯学煜在《中国植被地理及优势植物化学成分》中对中国植被水平分布和山地植被垂直分布规律进行了较为详细的介绍（侯学煜，1982），Schweinfurth（1992）对喜马拉雅植被分布进行深入研究；张新时（2007）的《中国植被地理格局与植被区划：中华人民共和国植被图集（1：100万）》，吴绍洪等（2010）关于西南纵向岭谷区植被与环境特征的空间异质性研究，欧晓昆（2010）对纵向岭谷区生态系统多样性变化与生态安全评价进行了研究。此外，也有不少关于滇西北地区及澜沧江-湄公河流域生物多样性的报道（Campbell，2012；Xu and Wikes，2004；Min et al.，2001），但至今仍缺乏澜沧江全流域的生态系统分布格局的报道，尤其缺乏基于空间技术的生态系统本底及其分布规律的研究，致使澜沧江流域已有生态系统基础数据难以满足国民经济需要和科学发展需求，有必要开展该地区生态系统本底与生态系统功能综合科学考察，以摸清该区域森林、草地、湿地等生态资源本底及其变化规律，为国家或区域可持续发展及国家环境外交提供基础数据支撑。

3.1.2 研究目的

澜沧江流域生态系统分布研究的主要目的如下：①摸清澜沧江中下游与大香格里拉地区生态系统分布格局，即探明区域主要森林、草地、农田、湿地等生态系统分布与海拔、坡度、坡向等因子的相互关系；②为深入研究流域水源涵养、水土保持、固碳释氧等重要生态系统服务功能提供基础数据支撑。

3.1.3 方法

3.1.3.1 研究方法

生态系统分布格局研究主要依据野外科学考察收集的各区县第七次森林资源清查得到的 1 : 5 万林相图，先对纸质或电子数据进行空间数字化，再根据林业小班调查表中地类、起源、优势种及优势种生理特性确定森林和灌丛四级生态系统分布。之后再结合该区域现有的植被、草地、沼泽、湖泊、冰川、森林及野外收的昌都地区土地利用等空间数据获得草地、湿地、农田和人居生态系统四级分布图，并利用这些数据完成林相图缺失区域的森林、灌丛四级分布，最终获得澜沧江及香格里拉地区生态系统分布。鉴于本章重点介绍澜沧江及香格里拉地区生态系统一级、二级和三级分布规律，在此仅介绍澜沧江和香格里拉地区生态系统三级分类型。本研究三级生态系统分类系统详见表 3-1。

表 3-1 澜沧江及香格里拉地区生态系统三级分类

澜沧江流域					
一级	二级	三级	一级	二级	三级
森林	常绿针叶林	寒温性常绿针叶林	灌丛	温性灌丛	温性落叶阔叶灌丛
		温凉性常绿针叶林		暖性灌丛	暖性常绿阔叶灌丛
		温性常绿针叶林			暖性落叶阔叶灌丛
		暖性常绿针叶林		热性灌丛	热性常绿阔叶灌丛
	落叶针叶林	寒温性落叶针叶林			热性常绿落叶阔叶灌丛
	硬叶常绿阔叶林	寒温山地硬叶常绿阔叶林			热性落叶阔叶灌丛
	针阔混交林	常绿针阔混交林		经济灌丛	常绿阔叶经济灌丛
		常绿落叶针阔混交林			落叶阔叶经济灌丛
	落叶阔叶林	温性落叶阔叶林	草地	高寒荒漠草原	高寒矮禾草荒漠草原草丛
		暖性落叶阔叶林		高寒草甸	高寒矮禾草草甸
	亚热带常绿阔叶林	亚热带季风常绿阔叶林			高寒杂类草草甸
		亚热带半湿润常绿阔叶林			高寒小莎草草甸
		亚热带中山湿性常绿阔叶林			高寒低地沼泽化小莎草草甸
	热带季雨林	热带落叶季雨林			高寒低地沼泽化大莎草草甸
		石灰山季雨林		温性草甸草原	温性山地矮禾草草甸草原
	热带雨林	热带季节雨林			温性山地中禾草草甸草原
		热带山地雨林			温性山地蒿类草甸草原
	竹林	温性竹林			温性沙地中禾草草甸
		暖性竹林		温性草原	山地杂类草草原
		热性竹林			山地中禾草草原
	经济林	常绿阔叶经济林			山地蒿类草原
		落叶阔叶经济林			平原、丘陵半灌木草原
灌丛	寒温性灌丛	高山亚高山常绿针叶灌丛		山地草甸	山地杂类草草甸
		高山亚高山落叶阔叶灌丛			山地中禾草草甸
		高山亚高山常绿硬叶阔叶灌丛			亚高山山地杂类草草甸
	暖性温性灌丛	暖性温性常绿			亚高山山地矮禾草草甸
		落叶阔叶灌丛			亚高山山地小莎草草甸

续表

澜沧江流域

一级	二级	三级	一级	二级	三级
草地	山地草甸	亚高山山地中禾草草甸	湿地	滩涂	滩涂
	暖性草丛	暖性杂类草草丛		冰雪	冰雪
		暖性中禾草草丛		水库	水库
	暖性灌草丛	暖性中禾草灌草丛		池塘	池塘
	热性草丛	热性杂类草草丛	荒漠	裸岩	裸岩
		热性矮禾草草丛		裸地	裸地
		热性中禾草草丛		沙地	沙地
	热性灌草丛	热性中禾草灌草丛	农田	水田	水田
	干热稀树灌草丛	干热稀树中禾草灌草丛		旱作	旱作
湿地	河流	河流	人居	乡村聚落	乡村聚落
	湖泊	湖泊		城镇聚落	城镇聚落
	沼泽	沼泽			

香格里拉地区

一级	二级	三级	一级	二级	三级
森林	常绿针叶林	寒温性常绿针叶林	草地	山地草甸	亚高山杂类草草甸
		暖性常绿针叶林			亚高山中禾草草甸
		温凉性常绿针叶林		温性草甸草原	山地矮草草甸草原
		温性常绿针叶林		温性草原	山地中禾草草原
	落叶针叶林	寒温性落叶针叶林		低地草甸	低地沼泽化大莎草草甸
	硬叶常绿阔叶林	寒温山地硬叶常绿阔叶林			低地沼泽化小莎草草甸
	针阔混交林	山地常绿针阔混交林		暖性灌草丛	暖性中禾草灌草丛
	落叶阔叶林	温性落叶阔叶林		暖性草丛	暖性蒿类草丛
	亚热带常绿阔叶林	中山湿性常绿阔叶林			暖性杂草草丛
灌丛	常绿竹丛	亚高山常绿竹丛			暖性中禾草草丛
	寒温性灌丛	亚高山常绿硬叶阔叶灌丛		热性灌草丛	热性中禾草灌草丛
		亚高山落叶阔叶灌丛		热性草丛	热性中禾草草丛
	河谷稀树灌丛	河谷热性常绿肉质多刺灌丛	湿地	冰雪	冰雪
	暖性阔叶灌丛	暖性常绿阔叶灌丛		河流	河流
	热性阔叶灌丛	热性常绿落叶阔叶灌丛		湖泊	湖泊
	温性阔叶灌丛	温性落叶阔叶灌丛		滩涂	滩涂
草地	高寒草甸	高寒矮草草甸		沼泽	沼泽
		高寒低地沼泽化大莎草草甸	荒漠	裸岩	裸岩
		高寒低地沼泽化小莎草草甸			
		高寒小莎草草甸	农田	旱作	旱作
		高寒杂草草甸		水田	水田
	山地草甸	山地杂类草草甸	人居	城镇聚落	城镇聚落
		山地中禾草草甸		乡村聚落	乡村聚落
		亚高山山地矮禾草草甸			
		亚高山山地小莎草草甸			

3.1.3.2 数据源

本研究用到的主要数据有：①区县1∶5万第六次全国森林资源清查的林业小班数据或林相图；②西藏、青海、四川和云南1∶10万土地利用图，此数据由中国科学院地理科学与资源研究所地球系统科学数据共享平台提供（http://www.geodata.cn/Portal/aboutWebsite/connectus.jsp）；③昌都地区各区县1∶5万土地利用数据；④1∶100万中国植被分布图，此数据从中国科学院植物研究所购买；⑤1∶100万全国草地分布图，此数据来源于中国科学院地理科学与资源研究所中国科学院资源环境科学数据中心（http://www.resdc.cn）；⑥1∶10万西南地区冰川、湖泊和沼泽分布图，此数据由国科学院地理科学与资源研究所地球系统科学数据共享平台提供；⑦全国第六次森林分布图，由中国林业科学研究院国家林业科学数据平台（http://www.forestdata.cn/）提供；⑧西藏森林分布数据。

3.2 总体分布特征

澜沧江流域分布着森林、灌丛、草地、湿地、荒漠、农田和人居共7类生态系统类型（图3-1），其中以草地生态系统面积最大，约占流域总面积的38.73%，主要分布于中上游地区，其次为森林、灌丛和农田生态系统，分别约占流域总面积的24.16%、15.42%和14.68%，其中森林、灌丛和草地主要分布于中下游地区；农田主要分布于下游地区，约占农田总面积的78.78%。湿地主要分布于上游和中游地区，尤其以上游地区沼泽湿地面积最广，约占湿地总面积的43%。荒漠主要分布于中上游地区，尤其是上游地区，约占荒漠总面积的62.3%，其次为中游地区，约占荒漠总面积的37.64%；而人居面积由上至下逐渐增加，主要分布于下游地区，约占人居总面积的75.4%（表3-2）。

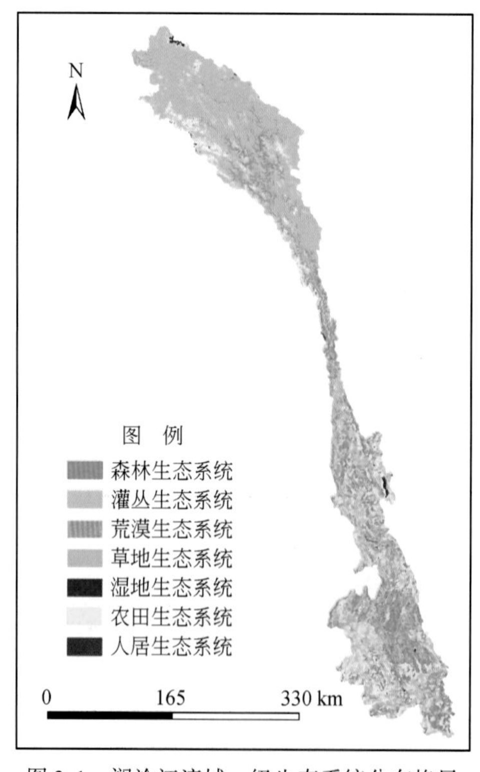

图3-1 澜沧江流域一级生态系统分布格局

表 3-2 澜沧江上、中、下游生态系统组成

类型	上游		中游		下游		合计	
	面积/km²	百分比/%	面积/km²	百分比/%	面积/km²	百分比/%	面积/km²	百分比/%
森林	1 486.47	3.70	13 056.80	32.50	25 631.50	63.80	40 174.76	24.16
灌丛	2 841.30	11.08	11 852.43	46.22	10 949.78	42.70	25 643.52	15.42
草地	36 855.84	57.21	18 856.33	29.27	8 709.86	13.52	64 422.03	38.73
湿地	702.31	42.60	537.45	32.60	408.86	24.80	1 648.61	0.99
荒漠	6 020.37	62.30	3 637.35	37.64	5.80	0.06	9 663.51	5.81
农田	126.99	0.52	5 055.06	20.70	19 238.53	78.78	24 420.57	14.68
人居	9.97	2.87	75.51	21.74	261.87	75.39	347.35	0.21
合计	48 043.25	28.89	53 070.93	31.91	65 206.2	39.20	166 320.35	100.00

注：百分比为生态系统在上、中、下游的面积百分比

对该流域一级生态系统随海拔分布分析发现（表 3-3），海拔高于 6000 m 的区域没有其他生态系统，仅有冰川湿地的分布，而森林主要分布于中海拔和亚高海拔地区，二者森林总面积约占流域森林总面积的 83%。灌丛主要分布于中海拔以上的地区，这些海拔区域灌丛面积约占流域灌丛总面积的 93%。草地主要分布于 4000 m 以上的高海拔地区，约占流域草地总面积的 74.69%，但在中海拔和亚高海拔地区也有较大面积的分布，在低海拔地区分布较少。湿地主要分布于高海拔地区，约占湿地总面积的 41.93%，其次为中海拔地区，约占湿地总面积的 31.53%。荒漠主要分布于海拔 4000m 以上的区域，约占荒漠总面积的 99.06%，农田主要分布于 1000 ~ 2000m 海拔的中海拔地区，约占农田总面积的 63.84%，其次为亚高海拔地区，约占农田生态系统的 1/5 以上。人居主要分布于海拔 2000m 以下地区，约占人居总面积的 78.93%，但在 2000 ~ 4000m 的亚高海拔地区也有较大面积分布。

表 3-3 生态系统随海拔分布规律 （单位：km²）

系统类型	低海拔≤1000 m	中海拔 1000 ~ 2000 m	亚高海拔 2000 ~ 4000 m	高海拔>4000 m
森林	3 509.46	18 863.74	14 545.95	3 255.61
灌丛	1 700.75	7 744.12	7 536.27	8 662.38
草地	1 261.26	6 709.00	8 336.12	48 115.65
湿地	211.04	519.78	226.58	691.21
荒漠	6.05	0.00	84.86	9 572.60
农田	3 346.34	15 589.78	5 410.50	73.95
人居	47.60	226.56	72.10	1.09
合计	10 082.5	49 652.98	36 212.38	70 372.49

分析澜沧江流域一级生态系统随坡度分布发现（表 3-4），澜沧江流域一级生态系统主要分布于坡度位于 5° ~ 35°的区域，约占区域总面积的 87.35%，其中森林和灌丛主要分布于坡度大于 15°的陡坡区域，分别约占森林和灌丛总面积的 70.57% 和 71.43%，其次分布于 5° ~ 15°的缓坡区域，分别约占森林和灌丛总面积的 26.18% 和 25.20%。草地主要分布于 5° ~ 15°的斜坡和 15° ~ 25°的陡坡区域，二者面积之和约占草地总面积的 67.62%，但在大于 25°的急坡区域也有较大分布，在这些区域分布着 19.29% 的草地面积。湿地主要分布于 5° ~ 15°的斜坡和 15° ~ 25°的陡坡地区，共约占湿地面积的 42.74%，但在坡度大于 25°的急坡和0° ~ 0.5°的平原地区也有大面积分布，这些区域湿地面积约占湿地总面积的 31.79%。荒漠主要分布于坡度大于 15°的区域，约占荒漠总面积的 76.36%。农田主要分布于 5° ~ 25°的区域，约占农田总面积的 73.27%，但农田在坡度大于 25°的区域也有较大分布，约占农田总面积的 13.34%，在这些区域种植作

物会造成严重的水土流失及山洪地质灾害等问题，对此应引起重视。人居主要位于坡度小于25°的区域，约占其总面积的97.08%。

澜沧江流域在平坦地区的主要生态系统为农田、湿地和草地，即下游坝子主要为农田，上游平坦地区主要为沼泽湿地和草地，微倾坡和缓坡地主要为草地，约占总面积的44.85%和49.83%。坡度大于5°的地区，生态系统类型主要为草地、森林和灌丛。同时，坡度小于25°的地区有大面积的农田分布，15°～25°的区域约有14.63%的面积为农田，说明该区域人地关系较紧张，耕地资源相对不足，优质耕地缺乏，50%以上的耕地为坡度大于15°的耕地坡。

表3-4　生态系统随坡度分布规律　（单位：km^2）

类型	0°～0.5°	0.5°～2°	2°～5°	5°～15°	15°～25°	25°～35°	35°～55°	>55°
森林	20.32	217.09	1 068.25	10 518.96	16 218.85	9 410.71	2 704.93	15.65
灌丛	17.23	166.41	680.12	6 462.65	10 302.47	6 246.62	1 757.97	10.05
草地	147.59	1 467.50	4 063.58	20 893.54	22 668.93	12 426.88	2 740.56	13.47
湿地	308.86	142.79	191.72	393.59	311.11	215.20	84.32	1.03
荒漠	17.43	101.49	248.42	1 916.95	3 135.03	3 275.65	959.89	8.66
农田	328.98	1 098.67	1 842.66	8 864.74	9 028.97	2 812.95	442.25	1.36
人居	24.20	77.79	59.58	105.29	70.37	9.54	0.59	0.00
合计	864.61	3 271.74	8 154.33	49 155.72	61 735.73	34 397.55	8 690.51	50.22

分析澜沧江流域生态系统随坡向分布发现（表3-5），除无坡向地区主要为湿地外，各种生态系统在其余坡向间分布差异较小，但以湿地和荒漠在其余坡向间面积百分比变化较大。其中，森林在其余坡向间的面积百分比介于12.12%～12.96%；灌丛在其余坡向间的面积百分比介于10.83%～13.81%；草地在其余坡向间的面积百分比介于10.55%～14.63%；湿地在其余坡向间的面积百分比介于8.59%～13.16%；荒漠在其余坡向间的面积百分比介于9.57%～15.85%；农田在其余坡向间的面积百分比介于11.37%～13.39%；人居在其余坡向间的面积百分比介于11.17%～15.03%。说明地处高山峡谷之中的澜沧江流域无坡向区域面积少，异常复杂的地形地貌孕育了澜沧江流域丰富多样的景观多样性，为众多生物提供栖息地，致使该区域物种多样性极其丰富。

澜沧江流域在无坡向地区的主要生态系统为湿地，在其余坡向区域的主要生态系统为草地、森林、灌丛和农田，这是区域物种对复杂多样的生态环境长期适应与进化的结果。

表3-5　生态系统随坡向分布规律　（单位：km^2）

类型	无坡向	北坡	东北坡	东坡	东南坡	南坡	西南坡	西坡	西北坡
森林	1.18	5 088.13	5 070.19	4 869.13	4 993.83	4 938.42	5 206.64	5 011.30	4 995.94
灌丛	1.71	3 526.78	3 541.58	3 026.79	2 776.13	2 827.96	3 208.72	3 384.56	3 349.30
草地	4.76	7 107.12	8 654.79	8 631.46	7 570.21	8 008.12	9 427.76	8 219.12	6 798.69
湿地	274.31	173.29	216.98	207.31	150.81	145.33	181.95	157.03	141.62
荒漠	1.18	1 209.25	1 531.39	1 507.58	1 034.24	925.06	1 180.81	1 163.41	1 110.61
农田	17.52	2 828.02	3 065.80	3 105.83	3 213.56	3 270.79	3 237.12	2 905.51	2 776.44
人居	2.15	41.62	52.20	50.37	42.56	39.63	40.15	39.89	38.79
合计	302.81	19 974.21	22 132.93	21 398.47	19 781.34	20 155.31	22 483.15	20 880.82	19 211.4

3.3 森林生态系统

对澜沧江流域森林生态系统分析发现（表3-6），澜沧江流域森林二级类型主要包括常绿针叶林、落叶针叶林、针阔混交林、硬叶常绿阔叶林、亚热带常绿阔叶林、温性落叶阔叶林、热带季雨林、热带雨林、竹林和经济林共10类，其中以常绿针叶林面积最大，约2.41万km^2，约占流域森林总面积的60%，其次为亚热带常绿阔叶林，约1.15万km^2，约占流域森林总面积28.69%，之后是热带雨林，约0.14万km^2，约占流域森林总面积的3.37%，落叶针叶林面积最小，仅有约25.68 km^2，不到流域森林总面积的0.06%。

表3-6 森林生态系统随海拔分布规律 （单位：km^2）

二级名称	三级名称	低海拔≤1000 m	中海拔 1000～2000 m	亚高海拔 2000～4000 m	高海拔> 4000 m
常绿针叶林	寒温性常绿针叶林	0.00	26.54	5 535.46	3 226.90
	温凉性常绿针叶林	0.00	41.19	597.98	2.05
	温性常绿针叶林	0.00	16.75	1 685.10	7.23
	暖性常绿针叶林	432.35	9 904.81	2 634.27	0.06
落叶针叶林	寒温性落叶针叶林	0.00	0.00	19.53	6.15
硬叶常绿阔叶林	寒温山地硬叶常绿阔叶林	0.00	1.15	193.77	8.35
针阔混交林	常绿针阔混交林	23.30	428.67	7.85	0.00
	常绿落叶针阔混交林	0.00	6.11	0.00	0.00
落叶阔叶林	温性落叶阔叶林	3.39	87.95	6.36	1.65
	暖性落叶阔叶林	40.19	851.14	299.91	0.00
亚热带常绿阔叶林	亚热带季风常绿阔叶林	1 299.19	4 116.09	544.24	0.00
	亚热带半湿润常绿阔叶林	32.31	602.47	429.81	0.00
	亚热带中山湿性常绿阔叶林	163.12	1 902.66	2 434.43	3.22
热带季雨林	热带落叶季雨林	31.47	22.24	0.00	0.00
	石灰山季雨林	0.00	0.26	0.00	0.00
热带雨林	热带季节雨林	813.91	160.62	0.00	0.00
	热带山地雨林	244.89	134.56	0.00	0.00
竹林	温性竹林	0.00	0.00	0.23	0.00
	暖性竹林	2.80	21.88	0.00	0.00
	热性竹林	347.02	97.14	0.00	0.00
经济林	常绿阔叶经济林	74.19	164.64	43.02	0.00
	落叶阔叶经济林	1.31	288.06	102.79	0.00

流域森林主要分布于海拔1000～4000 m的区域，该海拔梯度范围内森林总面积约占流域森林总面积的83.16%，但不同森林类型在不同海拔梯度中的分布差异明显，其中常绿针叶林在此海拔梯度面积占其总面积的83.53%，在海拔大于4000 m区域的常绿针叶林面积约占其总面积的13.4%，而在常绿针叶林中，寒温性常绿针叶林、温凉常绿性针叶林和温性常绿针叶林主要分布于2000～4000 m的区域，但寒温性常绿针叶林在海拔大于4000 m的区域也有较大分布，其在大于4000 m海拔地区的分布面积约占其总面积的36.7%，而暖性常绿针叶林则主要分布于1000～2000 m的区域，约占其总面积的76.4%，但其在大

于2000m的亚高海拔也有较大分布。落叶针叶林和硬叶常绿阔叶林主要分布于2000～4000 m的亚高海拔区域，针阔混交林主要分布于1000～2000 m的区域。亚热带常绿阔叶林主要分布于1000～2000 m的区域，其在中海拔的面积约占其总面积的57.4%，但由于干旱河谷气候，致使亚热带中山湿性常绿阔叶林在海拔大于2000 m的亚高海拔也有较大分布，同时由于河谷气候，温性落叶阔叶林在大于4000 m的区域也有少量分布，其余热带雨林、热带季雨林和竹林主要分布于海拔1000 m以下区域，但热带落叶季雨林和热带山地雨林在1000～2000 m的中海拔也有较大分布。经济林主要分布于中海拔地区，但由于干旱河谷气候，但落叶阔叶经济林在亚高海拔地区有大面积分布，而常绿阔叶经济林在低海拔和亚高海拔地区均有较大面积分布。

对流域森林随坡度分布研究发现（表3-7），不同森林类型随坡度分布差异显著，虽然流域常绿针叶林主要分布于坡度介于15°～25°的区域，但寒温性常绿针叶林在坡度大于25°的区域也有较大分布，而温凉性常绿针叶林、温性常绿针叶林和暖性常绿针叶林在5°～15°的区域均有大面积的分布，尤其是暖性常绿针叶林，其在5°～15°区域面积高达其总面积的31.2%。而寒温性落叶针叶林主要分布于25°以上的区域，这些区域的面积约占其总面积的77.8%；针阔混交林主要分布于5°～25°的区域，这些区域针阔混交林面积高达365.8 km^2，约占其总面积的78.5%。硬叶常绿阔叶林主要分布于坡度大于25°的区域，其在这些区域的分布面积约占其总面积的69.17%。虽然亚热带常绿阔叶林和温性落叶阔叶林主要分布于5°～35°区域，且它们在35°以上和2°～5°区域都有大面积的分布，但亚热带中山湿性常绿阔叶林在25°以上的区域面积大于其在5°～15°区域面积，而亚热带季风常绿阔叶林、亚热带半湿润常绿阔叶林和落叶阔叶林却刚好相反，其在5°～15°区域面积大于25°以上区域面积。热带季雨林、热带雨林和竹林主要分布于5°～15°斜坡上，该坡度范围内森林面积比例介于41.5%～56.5%，其次为15°～25°区域，此坡度范围面积比例介于27.1%～37.6%，此外竹林在2°～5°坡度还有较大面积的分布，这些可能与竹林人工种植有关。虽然经济林同样主要分布于15°～25°的区域，但其在5°～15°和25°～35°的区域也有大面积分布，这应与该区域主要为高原山地及峡谷地貌有关。

表3-7 森林生态系统随坡度分布规律 （单位：km^2）

二级名称	三级名称	0°～0.5°	0.5°～2°	2°～5°	5°～15°	15°～25°	25°～35°	35°～55°	>55°
常绿针叶林	寒温性常绿针叶林	5.41	30.62	91.50	970.58	2 537.54	3 528.50	1 612.53	12.21
	温凉性常绿针叶林	0.08	0.98	6.15	98.46	237.39	219.53	78.38	0.23
	温性常绿针叶林	0.89	10.11	43.47	429.55	695.91	427.26	101.72	0.15
	暖性常绿针叶林	6.38	73.29	402.31	4 045.87	5 769.81	2 336.13	337.22	0.50
落叶针叶林	寒温性落叶针叶林	0.00	0.02	0.11	1.03	4.54	12.52	7.45	0.00
硬叶常绿阔叶林	寒温山地硬叶常绿阔叶林	0.00	0.24	1.66	16.08	44.68	81.00	59.46	0.15
针阔混交林	常绿针阔混交林	0.15	2.40	13.69	150.96	209.23	75.35	8.00	0.04
	常绿落叶针阔混交林	0.00	0.04	0.20	2.45	3.18	0.23	0.00	0.00
落叶阔叶林	温性落叶阔叶林	0.02	0.39	2.08	28.43	49.00	17.65	1.79	0.00
	暖性落叶阔叶林	0.24	5.54	33.45	396.76	570.55	168.88	15.80	0.01
亚热带常绿阔叶林	亚热带季风常绿阔叶林	2.41	36.19	202.69	1 996.02	2 664.40	935.16	122.07	0.59
	亚热带半湿润常绿阔叶林	0.46	5.41	28.30	301.96	456.22	221.16	50.56	0.54
	亚热带中山湿性常绿阔叶林	0.92	14.61	84.16	1 045.96	1 984.40	1 096.51	275.81	1.06
热带季雨林	热带落叶季雨林	0.08	0.96	4.95	30.30	14.59	2.14	0.70	0.00
	石灰山季雨林	0.00	0.00	0.05	0.19	0.02	0.00	0.00	0.00
热带雨林	热带季节雨林	1.35	18.50	75.40	429.53	344.77	97.35	7.63	0.00
	热带山地雨林	0.42	5.28	24.95	158.29	147.34	34.24	8.75	0.19

续表

二级名称	三级名称	0°~0.5°	0.5°~2°	2°~5°	5°~15°	15°~25°	25°~35°	35°~55°	>55°
竹林	温性竹林	0.00	0.00	0.00	0.02	0.17	0.04	0.00	0.00
	暖性竹林	0.02	0.69	1.83	10.22	10.05	1.65	0.23	0.00
	热性竹林	0.61	6.74	27.05	184.60	166.31	50.94	7.94	0.00
经济林	常绿阔叶经济林	0.23	3.14	15.08	111.52	119.10	30.70	2.07	0.00
	落叶阔叶经济林	0.62	1.92	9.16	110.21	189.68	73.74	6.85	0.00

对澜沧江流域森林生态系统随坡向分布研究发现（表3-8），除无坡向地区森林分布很少外，不同森林类型在其余坡向分布差异因森林类型的不同而不同，其中以石灰山季雨林和温性竹林在其余坡向间差异最大，其余生态系统在其余坡向间分布差异较小，这一格局可能与生态系统对生境的需求和区域自然生态分布格局有关。其中石灰山季雨林主要分布在云南勐仑到勐远一带的石灰岩低山区，代表性植物有四薮木、闭花木、油朴、樟叶朴、一担柴等热带常绿树和落叶树。而温性竹林主要为亚高山箭竹林，主要分布于亚高山地区，这些区域坡向类型较少但坡度却较大，而落叶针叶林主要分布于西坡、西南坡和西北坡，在东坡分布较少；针阔混交林主要分布于东南坡、北坡、西坡、西北坡和南坡；温性落叶阔叶林主要分布于东坡、东北坡、北坡和西北坡，在南坡分布很少。

表3-8　森林生态系统随坡向分布规律　（单位：km^2）

三级名称	无坡向	北坡	东北坡	东坡	东南坡	南坡	西南坡	西坡	西北坡
寒温性常绿针叶林	0.08	1 140.29	1 186.30	1 148.68	1 053.49	954.92	1 068.05	1 138.29	1 098.81
温凉性常绿针叶林	0.00	86.99	100.27	105.23	98.47	80.44	54.25	47.21	68.35
温性常绿针叶林	0.05	196.06	178.29	172.63	201.34	221.42	252.50	256.70	230.09
暖性常绿针叶林	0.44	1 517.81	1 501.10	1 476.50	1 643.13	1 720.69	1 809.39	1 688.00	1 614.45
寒温性落叶针叶林	0.00	2.61	1.76	0.93	2.25	2.34	4.51	6.82	4.46
寒温山地硬叶常绿阔叶林	0.00	26.29	26.46	23.80	26.28	23.32	29.19	21.83	26.09
常绿针阔混交林	0.00	59.24	62.75	58.62	55.96	53.48	55.50	56.61	57.68
常绿落叶针阔混交林	0.00	1.33	0.86	0.49	0.96	0.83	0.35	0.35	0.94
温性落叶阔叶林	0.00	13.09	14.58	14.99	13.83	10.24	9.22	11.21	12.19
暖性落叶阔叶林	0.01	171.37	165.61	149.88	151.39	149.17	146.62	119.33	137.89
亚热带季风常绿阔叶林	0.28	792.30	732.90	684.46	742.84	761.77	776.66	705.19	763.13
亚热带半湿润常绿阔叶林	0.01	128.12	128.65	117.05	125.20	144.37	163.76	133.72	123.70
亚热带中山湿性常绿阔叶林	0.01	608.40	613.12	576.72	556.08	514.04	541.43	539.92	553.70
热带落叶季雨林	0.00	7.34	8.85	6.15	5.93	6.60	6.80	5.67	6.38
石灰山季雨林	0.00	0.02	0.01	0.00	0.11	0.03	0.03	0.05	0.02
热带季节雨林	0.14	143.44	147.25	125.79	110.81	109.09	111.95	109.97	116.08
热带山地雨林	0.12	54.32	56.92	51.00	45.02	38.43	37.99	45.25	50.38
温性竹林	0.00	0.00	0.00	0.00	0.00	0.00	0.06	0.15	0.02
暖性竹林	0.00	2.62	2.89	3.88	3.44	3.22	3.40	2.50	2.73
热性竹林	0.01	58.96	54.84	53.72	63.20	60.00	54.45	45.89	53.09
常绿阔叶经济林	0.01	29.19	32.09	35.50	37.36	38.05	38.33	37.65	33.66
落叶阔叶经济林	0.02	48.33	54.69	63.11	56.73	45.97	42.21	38.97	42.11

3.4 灌丛生态系统

对澜沧江流域灌丛随海拔分布研究发现（表 3-9），澜沧江流域灌丛主要有寒温性灌丛、温性灌丛、暖性温性灌丛、暖性阔叶灌丛、热性阔叶灌丛，和经济灌丛其中以高山亚高山常绿硬叶阔叶灌丛分布最广，约占灌丛总面积的 43.6%，其次为热性常绿落叶阔叶灌丛，约占灌丛总面积的 18.4%，再次为暖性常绿阔叶灌丛，约占灌丛总面积的 17.1%，面积达 4377.8 km^2，高山亚高山常绿针叶灌丛分布最少，仅 43.1 km^2，约占总面积的 0.2%。寒温性灌丛主要分布于高海拔地区，但在亚高海拔地区也有大面积的分布，在中海拔和低海拔区域分布较少或几乎没有。而暖性温性灌丛和暖性常绿阔叶灌丛主要分布于中海拔和亚高海拔地区，温性灌丛、暖性落叶灌丛主要分布于中海拔地区，但它们在低海拔地区也有一定的分布，这可能与该区域独特的干旱河谷气候有关。而 65.8% 的热性常绿落叶阔叶灌丛、81.2% 的热性落叶阔叶灌丛分布于中海拔地区，热性常绿阔叶灌丛主要分布于低海拔地区，该区域的灌丛面积约占其总面积的 69.6%，这主要与澜沧江流域高山峡谷地貌形成的干旱河谷气候有关。经济灌丛主要分布于中海拔地区，但常绿阔叶经济灌丛在亚高海拔地区也有大面积分布，而落叶阔叶灌丛在低海拔和亚高海拔地区也有较大比例的分布，这可能与该区域落叶经济灌丛较少及河谷地貌形成的干旱河谷气候有关。

表 3-9　灌丛生态系统随海拔分布规律　　（单位：km^2）

二级名称	三级名称	低海拔≤1000 m	中海拔 1000 ~ 2000 m	亚高海拔 2000 ~ 4000 m	高海拔> 4000 m
寒温性灌丛	高山亚高山常绿针叶灌丛	0.13	0.00	13.72	27.28
	高山亚高山落叶阔叶灌丛	0.00	0.00	365.32	1 165.25
	高山亚高山常绿硬叶阔叶灌丛	0.00	144.87	3 561.30	7 463.48
温性灌丛	温性落叶阔叶灌丛	1.52	5.78	0.12	0.00
暖性温性灌丛	暖性温性常绿落叶阔叶灌丛	6.13	148.27	118.36	0.00
暖性灌丛	暖性常绿阔叶灌丛	31.29	1 883.41	2 463.11	0.00
	暖性落叶阔叶灌丛	13.48	76.52	1.37	0.00
热性灌丛	热性常绿阔叶灌丛	468.32	203.02	1.07	0.00
	热性落叶阔叶灌丛	272.07	1 251.50	18.11	0.00
	热性常绿落叶阔叶灌丛	878.76	3 114.34	730.25	6.37
经济灌丛	常绿阔叶经济灌丛	23.69	901.56	261.17	0.00
	落叶阔叶经济灌丛	5.35	14.86	2.35	0.00

寒温性灌丛主要分布于坡度大于 15°的地区，78.8% 的寒温性灌丛分布于此，但也有 18.6% 的寒温性灌丛分布于 5° ~ 15°的斜坡上；寒温性灌丛以高山亚高山常绿硬叶阔叶灌丛为主，约占寒温性灌丛总面积的 87.7%，其次为高山亚高山落叶阔叶灌丛，约占总面积的 12%。不同类型的寒温性灌丛随坡度变化略有差异，但均以坡度大于 15°的坡地分布为主，这些区域分布着各种寒温性灌丛的面积比例范围为 70.1% ~79.4%。

暖性阔叶灌丛主要分布于 5° ~ 35°坡度区域，92.9% 的暖性阔叶灌丛分布于此，总面积高达4152 km^2。热性阔叶灌丛同样主要分布于 5° ~ 35°坡度区域，该区总面积约为 6308 km^2，约占热性阔叶灌丛的 90.8%，但在 2° ~ 5°和 35° ~ 55°的区域中也有较大分布。其中，以热性常绿落叶阔叶灌丛为主，面积达 4730 km^2，约占总面积的 68.1%，热性落叶阔叶灌丛次之，总面积约 1542 km^2，约占热性阔叶灌丛总面积的 22.2%（表 3-10）。经济灌丛同样主要分布 5° ~ 25°的区域，但经济灌丛在 2° ~ 5°和 25°以上的区域也有大面积的分布，说明该区域因河谷地貌坡耕地少，应注意坡地耕水土流失防治。

表 3-10　灌丛生态系统随坡度分布规律　（单位：km^2）

二级名称	三级名称	0°～0.5°	0.5°～2°	2°～5°	5°～15°	15°～25°	25°～35°	35°～55°	> 55°
寒温性灌丛	高山亚高山常绿针叶灌丛	0.01	0.11	0.76	11.43	16.42	11.20	1.20	0.00
	高山亚高山落叶阔叶灌丛	1.61	12.21	38.85	344.04	587.56	436.93	109.12	0.23
	高山亚高山常绿硬叶阔叶灌丛	8.41	66.12	200.32	2 020.70	4 096.40	3 651.23	1 122.76	3.73
温性灌丛	温性落叶阔叶灌丛	0.00	0.04	0.44	3.37	2.63	0.71	0.23	0.00
暖性温性灌丛	暖性温性常绿落叶阔叶灌丛	0.08	1.20	6.76	74.28	111.45	60.94	17.90	0.15
暖性灌丛	暖性常绿阔叶灌丛	1.53	19.83	107.01	1 151.57	1 979.26	937.30	180.23	1.09
	暖性落叶阔叶灌丛	0.03	0.42	2.16	22.82	38.19	23.34	4.30	0.11
热性灌丛	热性常绿阔叶灌丛	1.12	8.80	39.00	274.36	269.56	71.82	7.72	0.02
	热性落叶阔叶灌丛	1.04	11.94	57.37	552.15	702.11	194.20	22.86	0.03
	热性常绿落叶阔叶灌丛	2.06	30.55	161.25	1 495.78	1 989.21	759.00	287.20	4.69
经济灌丛	常绿阔叶经济灌丛	1.31	15.08	65.41	505.57	499.28	95.83	3.94	0.00
	落叶阔叶经济灌丛	0.02	0.11	0.80	6.60	10.39	4.13	0.51	0.00

同森林生态系统随坡向分布相似，除无坡向灌丛分布面积较小外，各类灌丛在其余坡向间分布虽有差异，但差异相对较小，其中以高山亚高山常绿针叶灌丛在其余坡向间分布面积比例差异最大，温性落叶阔叶灌丛次之，暖性阔叶灌丛差异最小，它们在其余坡向间面积分布比例分别为 7.1% ～23.2%、5.7% ～21.3% 和 11.0% ～13.2%。寒温性灌丛在其余坡向间分布差异相对较大些，分布面积介于 1358.05～1830.37 km^2（表 3-11）。

表 3-11　灌丛生态系统随坡向分布规律　（单位：km^2）

类型	无坡向	北坡	东北坡	东坡	东南坡	南坡	西南坡	西坡	西北坡
高山亚高山常绿针叶灌丛	0.00	5.14	4.00	3.25	2.92	4.13	7.43	9.54	4.72
高山亚高山落叶阔叶灌丛	0.02	237.81	219.90	144.98	124.64	135.36	183.54	240.56	243.76
高山亚高山常绿硬叶阔叶灌丛	1.25	1 536.64	1 555.89	1 362.09	1 148.76	1 110.73	1 359.46	1 587.40	1 507.44
温性落叶阔叶灌丛	0.00	0.70	0.86	1.14	0.83	1.20	1.58	0.69	0.42
暖性温性常绿落叶阔叶灌丛	0.00	37.69	33.60	35.36	34.85	31.73	31.01	33.85	34.68
暖性常绿阔叶灌丛	0.19	577.84	549.26	480.32	519.90	560.17	576.28	548.48	565.37
暖性落叶阔叶灌丛	0.00	10.24	13.37	9.41	8.33	11.80	15.38	13.80	9.04
热性常绿阔叶灌丛	0.04	106.39	102.08	75.35	77.95	77.99	73.51	71.94	87.16
热性落叶阔叶灌丛	0.03	218.63	218.82	173.44	175.68	183.22	199.55	179.64	192.68
热性常绿落叶阔叶灌丛	0.13	643.80	653.57	565.65	517.66	557.78	621.11	585.18	584.84
常绿阔叶经济灌丛	0.03	150.05	188.40	173.61	160.73	150.02	137.03	110.19	116.36
落叶阔叶经济灌丛	0.00	1.86	1.84	2.19	3.87	3.85	2.84	3.27	2.84

3.5 草地生态系统

澜沧江流域草地生态系统以高寒草甸为主，约占草地总面积的73.7%，热性草丛次之，干热稀树灌草丛面积最小。高寒草甸中又以高寒小莎草草甸为主，面积达40376 km^2，占草地总面积的62.7%；热性草丛以热性中草草丛面积最大，达8607 km^2，约占总草地面积的13.4%（表3-12）。

表3-12 草地生态系统随海拔分布规律 （单位：km^2）

二级名称	三级名称	低海拔≤1000 m	中海拔1000～2000 m	亚高海拔2000～4000 m	高海拔> 4000 m
高寒荒漠草原	高寒矮禾草荒漠草原草丛	0.00	0.00	0.00	3.48
高寒草甸	高寒矮禾草草甸	0.00	0.00	25.10	128.60
	高寒杂类草草甸	0.00	0.00	80.48	4 253.12
	高寒小莎草草甸	0.00	4.76	1 508.95	38 862.24
	高寒低地沼泽化小莎草草甸	0.00	0.00	11.23	40.10
	高寒低地沼泽化大莎草草甸	0.00	0.00	0.00	2 563.96
温性草甸草原	温性山地矮禾草草甸草原	0.00	18.78	863.11	6.70
	温性山地中禾草草甸草原	0.06	18.19	8.71	8.09
	温性山地蒿类草甸草原	0.00	0.00	330.11	19.52
	温性沙地中禾草草甸	0.02	0.48	2.35	0.00
温性草原	山地杂类草草原	0.00	0.00	273.33	38.33
	山地中禾草草原	0.00	0.00	539.95	108.30
	山地蒿类草原	0.00	0.00	59.84	3.01
	平原、丘陵半灌木草原	0.00	0.00	0.00	1.86
山地草甸	山地杂类草草甸	0.00	3.78	187.73	1.19
	山地中禾草草甸	0.00	7.73	170.48	0.55
	亚高山山地杂类草草甸	0.00	0.00	142.82	483.56
	亚高山山地矮禾草草甸	0.00	0.25	249.02	26.88
	亚高山山地小莎草草甸	0.00	0.00	362.72	1 085.01
	亚高山山地中禾草草甸	0.00	0.00	646.95	480.59
暖性草丛	暖性杂类草草丛	0.00	135.88	581.13	0.57
	暖性中禾草草丛	0.36	4.76	46.44	0.00
暖性灌草丛	暖性中禾草灌草丛	0.00	20.97	179.81	0.00
热性草丛	热性杂类草草丛	76.26	132.56	5.31	0.00
	热性矮禾草草丛	0.22	57.70	3.20	0.00
	热性中禾草草丛	1 134.11	5 830.01	1 642.40	0.00
热性灌草丛	热性中禾草灌草丛	25.48	326.38	414.54	0.00
干热稀树灌草丛	干热稀树中禾草灌草丛	24.77	146.77	0.44	0.00

高寒荒漠草原主要分布于高海拔地区。它发育于高山（或高原）亚寒带和寒带，湿润度0.13～0.3，年降水量100～200 mm的寒冷干旱地区，由强旱生、丛生小禾草为主，并有强旱生小半灌木参与组成的草地类型，本区中主要优势种为矮禾草。高寒草甸主要分布于>4000 m的高海拔地区，但高寒小莎草草甸、高寒杂草草甸、高寒矮草草甸和高寒低地沼泽化小莎草草甸在<4000 m的亚高海拔地区也有较大面积的分布。山地草甸随海拔分布因优势种的不同而不同，其中亚高山山地中禾草草甸、亚高山山地矮禾草草甸、山地杂类草

草甸和山地中禾草草甸主要分布于<4000 m 的区域，但亚高山山地中禾草草甸在>4000 m 的高海拔地区也有大面积的分布。而亚高山山地小莎草草甸和亚高山山地杂类草草甸主要分布于>4000 m 的高海拔地区，且它们在<4000 m 的亚高海拔地区也有较大的分布。同样，温性草甸草原、温性草原、暖性草丛和暖性灌草丛随海拔分布也呈现山地草甸类似的规律，除平原、丘陵半灌木草原主要分布于高海拔地区及温性山地中禾草草甸草原主要分布于中海拔地区外，其余温性草甸草原、温性草原、暖性草丛和暖性灌草丛主要分布于高海拔地区。热性草丛和热性灌草丛主要分布于中海拔和亚高海拔地区，这同样与区域河谷气候有关。而干热稀树灌草丛主要分布于中海拔地区，这是干热河谷地区广泛分布的植被类型（表 3-12）。

澜沧江草地生态系统随坡度分布总体呈现先增大后减小的变化态势，从 0°～5°的平原到 15°～25°范围内，草地生态系统面积随坡度的增加而增加，当坡度大于 25°后，随坡度增加而不断减少。澜沧江流域草地生态系统主要分布于 5°～15°的斜坡和 15°～25°的陡坡区域，总面积达 43563 km^2，约占总面积的 68%（表 3-13）。

澜沧江草甸生态系统随坡度分布因类型不同而不同，其中高寒矮禾草荒漠草原草丛、高寒小莎草草甸、温性沙地中禾草草甸、平原、丘陵半灌木草原、热性杂类草草丛和热性矮禾草草丛主要分布于 5°～15°的斜坡和 15°～25°的陡坡；温性山地蒿类草甸草原、山地杂类草草原、山地中禾草草原禾山地蒿类草原主要分布于 5°～15°的陡坡和 25°～35°的急坡区域；其余草地生态系统主要分布于 5°～35°的斜坡、陡坡和急坡地区。这一格局是各类草地生态系统对光、热、水、土壤肥力需求差异及该区域自然生态要素空间格局共同作用的结果（表 3-13）。

表 3-13　草地生态系统随坡度分布规律　（单位：km^2）

二级名称	三级名称	0°～0.5°	0.5°～2°	2°～5°	5°～15°	15°～25°	25°～35°	35°～55°	>55°
高寒荒漠草原	高寒矮禾草荒漠草原草丛	0.00	0.10	0.16	1.53	1.41	0.28	0.00	0.00
高寒草甸	高寒矮禾草草甸	0.06	0.41	2.23	33.16	65.96	42.68	9.16	0.06
	高寒杂类草草甸	2.18	26.15	147.01	1 253.63	1 601.03	1 054.83	247.22	1.53
	高寒小莎草草甸	74.02	801.56	2 594.56	13 866.95	14 064.43	7 627.63	1 340.72	6.07
	高寒低地沼泽化小莎草草甸	0.35	2.87	6.13	16.64	11.44	10.05	3.87	0.00
	高寒低地沼泽化大莎草草甸	46.84	485.32	745.02	879.16	261.77	116.32	29.26	0.27
温性草甸草原	温性山地矮禾草草甸草原	0.14	3.13	15.62	145.86	292.45	298.56	132.45	0.39
	温性山地中禾草草甸草原	0.04	0.38	2.08	9.32	10.23	9.78	3.22	0.00
	温性山地蒿类草甸草原	0.02	0.96	4.53	50.43	102.87	128.24	62.46	0.12
	温性沙地中禾草草甸	0.00	0.01	0.07	1.30	1.20	0.28	0.00	0.00
温性草原	山地杂类草草原	0.07	1.06	4.48	42.65	85.30	116.37	61.40	0.33
	山地中禾草草原	0.22	1.53	8.55	75.70	158.46	237.14	164.93	1.72
	山地蒿类草原	0.02	0.19	1.23	12.42	25.95	20.40	2.64	0.00
	平原、丘陵半灌木草原	0.00	0.00	0.02	0.23	0.32	0.92	0.36	0.00
山地草甸	山地杂类草草甸	0.03	0.39	2.98	43.19	77.97	52.47	15.60	0.05
	山地中禾草草甸	0.01	0.86	5.26	41.85	68.36	41.90	20.42	0.11
	亚高山山地杂类草草甸	1.03	9.66	34.22	189.65	226.91	136.19	28.64	0.06
	亚高山山地矮禾草草甸	0.06	1.51	7.31	61.32	97.60	74.93	33.38	0.03
	亚高山山地小莎草草甸	2.38	18.45	44.22	353.44	571.64	387.33	70.10	0.16
	亚高山山地中禾草草甸	12.98	45.18	71.04	374.83	346.49	215.85	60.60	0.59
暖性草丛	暖性杂类草草丛	1.55	3.02	15.09	142.39	242.03	221.64	91.71	0.11
	暖性中禾草草丛	0.02	0.58	2.40	16.50	20.32	9.69	2.04	0.00

续表

二级名称	三级名称	0°~0.5°	0.5°~2°	2°~5°	5°~15°	15°~25°	25°~35°	35°~55°	>55°
暖性灌草丛	暖性中禾草灌草丛	0.13	1.36	7.68	54.62	73.48	43.25	20.20	0.06
热性草丛	热性杂类草草丛	0.21	2.92	13.93	98.32	83.36	14.80	0.58	0.00
	热性矮禾草草丛	0.06	0.53	3.00	28.17	23.61	4.82	0.93	0.00
	热性中禾草草丛	4.23	51.74	285.55	2 775.71	3 767.24	1 410.23	310.15	1.66
热性灌草丛	热性中禾草灌草丛	0.81	5.94	30.42	259.10	321.91	124.97	23.14	0.11
干热稀树灌草丛	干热稀树中禾草灌草丛	0.11	1.68	8.80	65.48	65.21	25.30	5.39	0.00

尽管澜沧江流域草地生态系统随坡向分布因草地生态系统类型的不同而不同，但均呈现以无坡向区域面积分布最小，草地生态系统在其余坡向间面积分布比例变化幅度约为0.6%~36.2%，其中以平原、丘陵半灌木草原变化最大，其在其余坡向间面积百分比为3.2%~36.2%，其次为高寒矮禾草荒漠草原草丛，其在其余坡向间面积百分比为0.6%~28.8%，高寒小莎草草甸变化最小，其在其余坡向间面积百分比为10.2%~14.4%。其中，高寒矮禾草荒漠草原草丛、山地杂类草草甸、山地中禾草草甸和热性矮禾草草丛在南坡面积分布最大，高寒矮禾草草甸、高寒杂类草草甸、温性山地中禾草草甸草原、性沙地中禾草草甸和平原、丘陵半灌木草原在东坡面积分布最大，暖性中禾草草丛在西坡面积分布最大，热性杂类草草丛在西北坡面积分布最大，其余草地生态系统在西南坡面积分布最大（表3-14）。

表3-14　草地生态系统随坡向分布规律　（单位：km^2）

类型	无坡向	北坡	东北坡	东坡	东南坡	南坡	西南坡	西坡	西北坡
高寒矮禾草荒漠草原草丛	0.00	0.96	0.29	0.08	0.64	1.00	0.07	0.02	0.41
高寒矮禾草草甸	0.00	14.82	21.37	25.72	17.68	18.82	22.43	18.39	14.46
高寒杂类草草甸	0.10	447.69	618.05	662.33	517.26	488.95	585.62	568.75	444.85
高寒小莎草草甸	1.35	4 477.48	5 695.10	5 681.19	4 697.48	4 864.72	5 823.69	5 025.78	4 109.17
高寒低地沼泽化小莎草草甸	0.00	5.57	5.62	5.00	6.29	8.11	10.23	6.50	4.00
高寒低地沼泽化大莎草草甸	0.84	288.23	296.34	289.10	281.54	332.41	390.83	361.10	323.59
温性山地矮禾草草甸草原	0.00	96.42	122.45	135.01	135.69	106.64	101.00	98.85	92.51
温性山地中禾草草甸草原	0.00	1.97	6.56	9.20	5.84	4.30	3.13	2.51	1.55
温性山地蒿类草甸草原	0.01	22.21	29.95	41.72	44.76	54.23	67.45	57.67	31.65
温性沙地中禾草草甸	0.00	0.32	0.77	0.69	0.54	0.20	0.13	0.09	0.10
山地杂类草草原	0.00	14.41	19.39	24.76	37.73	62.43	89.09	48.37	15.48
山地中禾草草原	0.00	30.21	80.59	108.72	96.36	98.12	123.21	83.33	27.72
山地蒿类草原	0.00	4.65	2.97	5.73	10.22	11.32	12.84	9.15	5.99
平原、丘陵半灌木草原	0.00	0.10	0.24	0.67	0.38	0.14	0.19	0.07	0.06
山地杂类草草甸	0.00	15.41	21.92	24.35	27.46	32.87	29.26	25.58	15.85
山地中禾草草甸	0.00	15.18	16.74	18.39	23.33	32.83	30.93	23.33	18.03
亚高山山地杂类草草甸	0.01	53.42	75.43	91.53	83.47	80.44	93.99	88.11	59.98
亚高山山地矮禾草草甸	0.00	18.07	17.28	25.58	39.52	49.03	54.14	44.26	28.28
亚高山山地小莎草草甸	0.04	128.19	168.00	187.40	191.41	196.95	241.34	202.81	131.56

续表

类型	无坡向	北坡	东北坡	东坡	东南坡	南坡	西南坡	西坡	西北坡
亚高山山地中禾草草甸	0.19	94.66	163.66	172.59	145.90	159.30	178.32	128.41	84.50
暖性杂类草草丛	1.35	94.54	97.19	90.59	95.50	89.23	79.77	79.17	90.24
暖性中禾草草丛	0.00	4.74	8.09	6.98	5.00	5.35	8.22	8.23	4.94
暖性中禾草灌草丛	0.01	14.48	13.64	17.93	23.34	29.08	41.87	40.09	20.32
热性杂类草草丛	0.01	28.00	22.45	20.47	23.51	28.04	29.14	30.35	32.16
热性矮禾草草丛	0.00	5.47	4.89	6.12	12.20	12.99	8.02	5.73	5.68
热性中禾草草丛	0.67	1 128.39	1 042.68	876.35	925.99	1 106.89	1 257.51	1 135.61	1 132.41
热性中禾草灌草丛	0.19	81.76	75.59	81.55	101.90	113.55	116.45	106.44	88.97
干热稀树中禾草灌草丛	0.00	19.77	27.55	21.70	19.24	20.19	28.88	20.40	14.25

3.6 湿地生态系统

澜沧江流域湿地生态系统主要分布于海拔大于4000 m的高海拔地区，面积约为691 km^2，约占湿地总面积的41.9%。各种湿地不同海拔梯度间的分布面积差异显著，其中冰雪湿地、沼泽湿地和滩涂湿地主要分布于高海拔地区，而河流湿地主要分布于中海拔和低海拔地区，湖泊湿地、水库湿地和池塘湿地主要分布于1000～2000 m的中海拔地区，分别约占相应湿地总面积的74.8%、71.8%和84.2%(表3-15)。

表3-15　湿地生态系统随海拔分布规律　(单位：km^2)

类型	低海拔≤1000 m	中海拔1000～2000 m	亚高海拔2000～4000 m	高海拔>4000 m
河流	201.85	211.57	156.44	38.90
湖泊	0.07	266.80	46.44	43.19
沼泽	0.22	4.91	5.14	248.23
滩涂	3.07	1.82	9.29	14.99
冰雪	0.00	0.36	2.73	345.90
水库	5.64	28.79	5.69	0.00
池塘	0.18	5.54	0.86	0.00

澜沧江流域湿地生态系统主要分布于0°～0.5°的平原、5°～15°的斜坡和15°～25°的陡坡地区，三者总面积约为1014 km^2，约占湿地总面积的61.5%，但湿地随坡度分布因湿地类型的不同而不同，其中冰雪湿地和河流湿地主要分布于5°～15°斜坡、15°～25°的陡坡和25°～35°的急坡地区，这些区域它们的总面积分别为306 km^2和436 km^2，分别约占各自总面积的87.6%和71.6%；湖泊湿地主要分布于0°～0.5°的平原地区，约占总面积的75.5%；沼泽湿地、滩涂湿地、水库和池塘主要分布于0.5°～2°的微倾坡、2°～5°的缓坡地和5°～15°的斜坡地区，这些区域它们的总面积分别为201.3 km^2、21.4 km^2、31.0 km^2和6.0 km^2，分别约占相应湿地总面积的77.8%、73.4%、77.2%和91.6%（表3-16）。

表 3-16　湿地生态系统随坡度分布规律　　（单位：km^2）

类型	0°~0.5°	0.5°~2°	2°~5°	5°~15°	15°~25°	25°~35°	35°~55°	>55°
河流	21.37	45.98	63.19	165.03	160.45	110.57	41.97	0.21
湖泊	269.23	23.52	14.99	18.89	18.56	9.58	1.72	0.00
沼泽	10.28	56.69	81.84	62.80	16.16	15.30	15.02	0.42
滩涂	3.31	8.53	4.61	8.28	3.19	1.16	0.10	0.00
冰雪	0.21	2.07	15.28	119.39	108.23	77.97	25.43	0.41
水库	4.36	5.14	9.56	16.29	4.11	0.58	0.08	0.00
池塘	0.10	0.87	2.24	2.92	0.42	0.03	0.00	0.00

澜沧江流域湿地生态系统主要分布在无坡向、东北坡、东坡和西南坡，这 4 坡向湿地总面积为 880.6 km^2，约占湿地总面积的 53.4%，但湿地在坡向间的分布因湿地类型的不同而不同，其中冰雪湿地在无坡向地区近乎无分布或少量分布，在其他坡向间分布面积介于 34.91 ~ 56.33 km^2，以东北坡向分布面积最大，南坡向分布面积最小；河流湿地主要分布于东北坡、东坡和南坡，这些区域河流湿地面积共 276.7 km^2，约占其总面积的 45.5%；湖泊湿地主要分布于无坡向地区，约占其总面积的 73.5%；沼泽湿地主要分布于北坡、东北坡、东坡和西北坡，这些坡向分布面积共达 173.2 km^2，约占其总面积的 67.7%；滩涂湿地主要分布于东北坡、东坡、南坡和西南坡，这些坡向滩地面积共有 17.85 km^2，约占其总面积的 61.2%；水库则主要分布于东北坡、东坡、东南坡和西南坡，池塘主要分布于东北坡、东坡、东南坡和南坡（表 3-17）。

表 3-17　湿地生态系统随坡向分布规律　　（单位：km^2）

类型	无坡向	北坡	东北坡	东坡	东南坡	南坡	西南坡	西坡	西北坡
河流	8.18	62.26	88.76	94.43	65.63	68.43	93.54	76.69	50.82
湖泊	262.07	6.67	9.49	10.57	9.75	10.98	19.51	16.55	10.91
沼泽	0.19	46.32	52.11	41.27	27.32	21.07	19.37	17.39	33.45
滩涂	0.49	2.40	3.95	4.22	3.00	4.97	4.71	3.02	2.41
冰雪	0.02	50.99	56.33	50.95	39.49	34.91	38.96	38.41	38.92
水库	3.37	4.05	5.37	4.78	4.67	4.15	5.17	4.38	4.18
池塘	0.00	0.60	0.97	1.08	0.93	0.80	0.71	0.58	0.91

3.7　农田生态系统

澜沧江流域农田生态系统主要分布于海拔大于 1000m 的中海拔地区，约占农田总面积的 66.8%，其中旱作和水田分别约占总面积的 68.1% 和 59.5%，水田面积多于旱作。虽然旱作和水田主要分布于中海拔地区，但在亚高海拔和低海拔地区也有大面积的分布（表 3-18）。

表 3-18　农田生态系统随海拔分布规律　　（单位：km^2）

类型	低海拔≤1000m	中海拔 1000 ~ 2000m	亚高海拔 2000 ~ 4000m	高海拔>4000m
水田	2 060.88	7 274.54	2 877.97	14.42
旱作	1 299.88	8 315.24	2 532.53	59.53

澜沧江流域农田生态系统主要分布于5°~15°的斜坡和15°~25°的陡坡，其中水田和旱作在此坡度梯度内的面积分别占总面积的35.68%和39.78%，水田面积分别占总面积的70.6%和76.0%。此外，水田和旱地均在25°以上的急坡、缓坡和微倾坡等地区有较大面积的分布（表3-19）。

表 3-19 农田生态系统随坡度分布规律 （单位：km^2）

类型	0°~0.5°	0.5°~2°	2°~5°	5°~15°	15°~25°	25°~35°	35°~55°	>55°
水田	274.15	792.68	1 009.86	4 429.17	4 189.93	1 310.33	206.19	1.10
旱作	54.83	305.99	832.80	4 435.57	4 839.04	1 502.63	236.07	0.26

除无坡向外，澜沧江流域农田生态系统在其他坡向间差异相对较小，但差异依然明显。其中，旱地在其他坡向间分布面积介于1198.1~1822.4 km^2，面积最大的坡向替换分布面积约为面积最小坡向的1.5倍，其中在东坡、东南坡、南坡和西南坡共分布了6902.7 km^2，约占旱地总面积的56.6%；水田在其他坡向间面积差异较旱地小得多，分布面积介于1391.2~1635.6 km^2，面积最大的坡向的分布面积仅约为面积最小坡向的1.18倍（表3-20）。

表 3-20 农田生态系统随坡向分布规律 （单位：km^2）

类型	无坡向	北坡	东北坡	东坡	东南坡	南坡	西南坡	西坡	西北坡
水田	14.36	1 561.40	1 539.84	1 403.36	1 391.17	1 494.50	1 635.55	1 594.87	1 578.36
旱作	3.16	1 266.60	1 525.95	1 702.46	1 822.38	1 776.28	1 601.57	1 310.64	1 198.09

3.8 荒漠生态系统

澜沧江流域荒漠生态系统主要包括沙地荒漠、裸地荒漠和裸岩荒漠，这些荒漠主要分布于海拔大于4000 m的高海拔地区，但在2000~4000 m的亚高海拔地区也有少量分布（表3-21）。

表 3-21 荒漠生态系统随海拔分布规律 （单位：km^2）

系统类型	低海拔≤1000m	中海拔1000~2000m	亚高海拔2000~4000m	高海拔4000~6000m
裸岩	6.05	0.00	84.71	9 388.18
裸地	0.00	0.00	0.06	129.36
沙地	0.00	0.00	0.09	55.07

澜沧江流域荒漠生态系统随坡度分布因荒漠类型的不同而不同，其中沙地荒漠主要分布于0.5°~2°的微倾坡、2°~5°的缓坡地和5°~15°的斜坡，这些坡度梯度内共有沙地荒漠49.43 km^2，约占其总面积的89.6%；裸土荒漠主要分布于5°~15°的斜坡和15°~25°的陡坡，共有101.3 km^2，约占其总面积的78.3%；而裸岩荒漠主要分布于5°~15°的斜坡、15°~25°的陡坡和25°~35°的急坡，这些坡向共有裸岩面积8203.4 km^2，约占其总面积的86.5%（表3-22）。

表 3-22 荒漠生态系统随坡度分布规律 （单位：km^2）

类型	0°~0.5°	0.5°~2°	2°~5°	5°~15°	15°~25°	25°~35°	35°~55°	>55°
裸岩	13.37	75.28	219.50	1 833.37	3 103.35	3 266.67	958.83	8.56
裸地	0.61	5.15	12.55	71.59	29.70	8.68	1.06	0.10
沙地	3.45	21.06	16.37	12.00	1.98	0.30	0.00	0.00

除无坡向外，澜沧江流域荒漠生态系统在其余坡向间分布差异相对较小，但因荒漠类型的不同而不同，其中沙地荒漠在其余坡向间的分布面积介于5.13～7.86 km²，面积分布最大坡向的沙地面积是分布最小坡向的1.53倍；而裸土荒漠在其余坡向间面积变范围为10.73～21.7 km²，面积分布最大坡向的裸土面积是分布最小坡向的1.93倍；裸岩荒漠在其余坡向间的面积变化范围为898.79～1507.86 km²，面积分布最大坡向的裸岩面积是分布最小坡向的1.68倍（表3-23）。

表3-23　荒漠生态系统随坡向分布规律　（单位：km²）

类型	无坡向	北坡	东北坡	东坡	东南坡	南坡	西南坡	西坡	西北坡
裸岩	1.12	1 190.01	1 507.86	1 481.62	1 012.06	898.79	1 152.40	1 140.33	1 094.76
裸地	0.00	13.19	15.89	18.75	15.98	18.96	20.70	15.22	10.73
沙地	0.06	6.04	7.64	7.21	6.21	7.30	7.72	7.86	5.13

3.9　大香格里拉地区生态系统分布

3.9.1　整体格局

大香格里拉地区生态系统以草地生态系统面积分布最广，总面积达15 368.69 km²，约占总面积的42%，其次为森林生态系统，总面积为10 931.53 km²，约占区域总面积的30%，再次为灌丛生态系统，总面积为6053.86 km²，约占区域总面积的17%，人居生态系统面积最小，总面积仅有15.15 km²，约占区域总面积的0.04%。其中，草地生态系统又以高寒草甸和山地草甸为主，二者共占草地总面积的80%；森林生态系统则以常绿针叶林为主，约占该区域森林总面积的86%；灌丛生态系统则以寒温性灌丛为主，其面积占该区域灌丛总面积的95%以上；湿地生态系统则以沼泽湿地和河流湿地为主，二者之和约占该区域湿地总面积的73%，其次为冰雪湿地，约占湿地总面积的1/6；荒漠生态系统仅有裸岩荒漠；农田生态系统以旱作农田为主，这与该区域海拔较高、温度较低有很大关系（表3-24）。

表3-24　大香格里拉地区生态系统构成

类型	面积/km²	面积百分比/%
森林	10 931.51	29.96
常绿针叶林	9 348.03	85.51
落叶阔叶林	57.25	0.52
落叶针叶林	92.51	0.85
亚热带常绿阔叶林	387.49	3.54
硬叶常绿阔叶林	1 004.28	9.19
针阔混交林	41.95	0.38
灌丛	6 053.87	16.59
常绿竹丛	43.10	0.71
寒温性灌丛	5 753.45	95.04
河谷稀树灌丛	13.44	0.22

续表

类型	面积/km²	面积百分比/%
暖性阔叶灌丛	59.92	0.99
热性阔叶灌丛	183.84	3.04
温性阔叶灌丛	0.12	0.00
草地	15 368.69	42.12
低地草甸	14.42	0.09
高寒草甸	9422.52	61.31
暖性草丛	317.26	2.06
暖性灌草丛	931.26	6.06
热性草丛	371.81	2.42
热性灌草丛	34.50	0.22
山地草甸	2 928.78	19.06
温性草甸草原	1 346.80	8.76
温性草原	1.34	0.01
湿地	342.33	0.94
冰雪	54.48	15.91
河流	105.35	30.77
湖泊	27.12	7.92
滩涂	10.06	2.94
沼泽	145.32	42.45
荒漠	2 065.60	5.66
裸岩	2 065.60	100.00
农田	1 710.09	4.69
旱作	1 616.79	94.54
水田	93.30	5.46
人居	15.16	0.04
城镇聚落	7.70	50.80
乡村聚落	7.46	49.20
合计	36 487.25	100.00

3.9.2 生态系统随海拔分布

大香格里拉地区海拔较高，海拔范围为1496～6335 m，平均海拔约为3570 m。对该区域一级生态系统随海拔分布研究发现（表3-25），大香格里拉地区生态系统主要分布于海拔3000 m以上的地区，约占总面积的80%，其中森林主要分布于3000～4000 m的亚高海拔地区，总面积达7363.72 km²，约占森林总面积的2/3，主要为常绿针叶林和针阔混交林，其次为2000～3000 m的亚高海拔地区，约占森林总面积的 17%，主要为常绿针叶林、落叶针叶林和亚热带常绿阔叶林，硬叶常绿阔叶林主要分布于海拔 3000 ~ 4000 m的地区，落叶针叶林和亚热带常绿阔叶林主要分布于 2000 ~ 4000 m 的亚高海拔区域，这一分布规律应与该区域独特的干旱河谷气候分布有关。灌丛和草地分别主要分布于 3000 ~ 4000 m 和 >4000 m的区域，面积分别高达 2939. 41 km^2 和 7942. 40 km^2，分别约占灌丛和草地总面积的 49% 和 52%，但灌丛在 2000 ~ 3000 m 和 4000 m 以上的区域也有大面积的分布。灌丛随海拔梯度呈现有规律的分布，集中体现为随着海拔的降低，灌丛分布呈现寒温性灌丛→温性阔叶灌丛→暖性阔叶灌丛→热性阔叶灌丛的变化；而草地则在 2000 ~ 4000 m 区域也有大面积的分布，但不同草地类型随海拔变化呈现不同的分布规律，其中高寒草甸、山地草甸和温性草甸草原主要分布于 3000 m 以上的区域，而其余草地主要分布于 3000 m 以下的区域，但暖性灌草丛在 3000 ~ 4000 m 的区域也有较大分布，这与该区域特色的地形地貌形成的独特的干旱河谷气候带分布有关。湿地主要分布于海拔 4000 m 以上的地区，该区域湿地总面积达 152. 83 km^2，约占其总面积的 45%，主要为冰雪湿地和沼泽湿地，但沼泽湿地在 3000 ~ 4000 m 也有大面积的分布，4000 m 以下的地区也有大面积的滩涂、湖泊和河流分布；荒漠主要分布于海拔大于 4000 m 的区域，总面积达 1980. 90 km^2，约占荒漠总面积的 96%；农田主要分布于 2000 ~ 4000 m 的地区，该区域农田总面积约为 1548. 44 km^2，占农田生态系统总面积的 90%；而 88% 的人居生态系统面积分布于 3000 ~ 4000 m 地区，4000 m 以上的地区没有城镇和乡村聚落区分布（表 3-26）。

表 3-25 大香格里拉地区生态系统随海拔分布

类型	中海拔≤2000 m	亚高海拔 Ⅰ 2000 ~ 3000 m	亚高海拔 Ⅱ 3000 ~ 4000 m	高海拔> 4000 m
森林/km^2	88. 54	1 842. 46	7 362. 72	1 638. 65
灌丛/km^2	91. 41	1 331. 58	2 939. 41	1 691. 67
草地/km^2	106. 48	2 036. 53	5 283. 48	7 942. 40
湿地/km^2	62. 91	54. 25	72. 80	152. 83
荒漠/km^2	0. 00	1. 40	82. 41	1 980. 90
农田/km^2	151. 46	973. 84	574. 60	9. 11
人居/km^2	0. 50	1. 26	13. 40	0. 00
合计/km^2	501. 30	6 241. 32	16 328. 82	13 415. 56
百分比/%	1. 37	17. 11	44. 75	36. 77

表 3-26 大香格里拉地区二级生态系统随海拔分布 （单位：km^2）

一级名称	二级名称	中海拔≤2000 m	亚高海拔 Ⅰ 2000 ~ 3000 m	亚高海拔 Ⅱ 3000 ~ 4000 m	高海拔> 4000 m
森林	常绿针叶林	67. 96	1 538. 43	6 320. 17	1 422. 57
	针阔混交林	0. 00	4. 78	36. 59	0. 62
	落叶针叶林	0. 15	39. 66	39. 25	13. 50
	硬叶常绿阔叶林	0. 00	100. 86	715. 69	187. 77
	落叶阔叶林	0. 00	10. 52	36. 39	10. 38
	亚热带常绿阔叶林	20. 43	148. 21	214. 63	3. 82

续表

一级名称	二级名称	中海拔≤2000m	亚高海拔Ⅰ2000~3000m	亚高海拔Ⅱ3000~4000m	高海拔>4000m
灌丛	寒温性灌丛	85.27	1 121.01	2 855.54	1 691.65
	常绿竹丛	0.00	0.00	43.12	0.00
	温性阔叶灌丛	0.13	0.00	0.00	0.00
	暖性阔叶灌丛	0.44	44.98	14.56	0.00
	河谷稀树灌丛	0.00	11.57	1.83	0.02
	热性阔叶灌丛	5.57	154.01	24.36	0.00
草地	高寒草甸	1.43	159.70	2 332.75	6 928.62
	山地草甸	12.60	683.60	1 559.10	674.04
	温性草甸草原	11.02	211.47	820.59	302.79
	温性草原	0.00	1.35	0.00	0.00
	低地草甸	0.00	0.00	11.23	3.20
	暖性草丛	17.10	150.64	141.37	8.38
	暖性灌草丛	52.76	811.52	413.80	25.36
	热性灌草丛	11.57	18.25	4.63	0.00
湿地	冰雪	0.00	0.12	5.46	48.95
	沼泽	0.00	1.67	57.34	86.35
	河流	53.36	52.37	0.00	0.00
	湖泊	0.00	0.00	10.00	17.13
	滩涂	9.55	0.10	0.00	0.40
荒漠	裸岩	0.00	1.40	82.41	1 980.90
农田	旱作	101.31	940.93	564.15	9.11
	水田	50.15	32.91	10.45	0.00
人居	乡村聚落	0.50	0.46	6.46	0.00
	城镇聚落	0.00	0.80	6.93	0.00

3.9.3 生态系统随坡度分布

大香格里拉地区生态系统随坡度分布研究表明，整体呈随坡度的增加先增加后减小的分布格局（表3-27）。但生态系统面积随坡度的变化规律因类型的不同而不同，具体表现为森林、灌丛、草地、荒漠均集中分布于5°~55°的区域，且分布面积随坡度增大均呈现先增加后减小的趋势，但荒漠生态系统面积在坡度大于25°就开始下降，而森林、灌丛和草地生态系统在坡度大于35°才开始下降。湿地、农田和人居生态系统面积随坡度分布更为复杂，呈现增大→减小→增大→减小的波动变化，充分说明了该区域生态系统、地形地貌和景观的多样性。其中，湿地和农田生态系统主要分布于坡度为5°~55°的区域，而人居生态系统则集中分布于坡度小于5°的区域，约占其总面积的2/3，但在5°~15°的区域也有大面积的分布，约占其总面积的1/6。

表 3-27 大香格里拉地区生态系统随坡度分布 （单位：km^2）

类型	0°~0.5°	0.5°~2°	2°~5°	5°~15°	15°~25°	25°~35°	35°~55°	>55°
森林	2.88	40.69	174.00	1 506.63	3 131.09	4 203.41	1 865.57	8.11
灌丛	5.53	45.80	131.26	933.99	1 770.50	2 170.48	992.37	4.13
草地	33.19	245.42	674.33	3 356.44	4 451.27	4 625.32	1 970.93	11.98
湿地	25.58	47.15	29.35	59.89	63.46	65.90	50.30	1.17
荒漠	0.71	9.57	42.73	434.56	699.82	645.06	231.60	0.67
农田	22.23	83.58	79.77	321.00	453.96	512.88	234.74	0.84
人居	2.82	7.14	1.61	2.41	0.63	0.26	0.28	0.00
合计	92.94	479.35	1 133.05	6 614.92	10 570.73	12 223.31	5 345.79	26.90

深入分析发现，大香格里拉地区生态系统随坡度关系复杂（表 3-28），其中常绿针叶林、针阔混交林、落叶针叶林、硬叶常绿阔叶林、落叶阔叶林和亚热带常绿阔叶林的面积均表现为随坡度增加先增加后减少的趋势，即当坡度小于 35°时，随着坡度的增加，各类森林生态系统面积不断增大，当坡度大于 35°后各类系统面积不断减少。针阔混交林、硬叶常绿阔叶林、落叶阔叶林和亚热带常绿阔叶林集中分布于 15°~55°的区域；常绿针叶林和落叶针叶林集中分布于 5°~55°的地区，均约占各自总面积的 98%，且均以 15°~35°地区分布最广，分别约占各自总面积的 67% 和 62%。

表 3-28 大香格里拉地区二级生态系统随坡度分布 （单位：km^2）

一级名称	二级名称	0°~0.5°	0.5°~2°	2°~5°	5°~15°	15°~25°	25°~35°	35°~55°	>55°
森林	常绿针叶林	2.71	37.64	158.06	1 359.71	2 747.70	3 531.51	1 505.77	6.03
	针阔混交林	0.00	0.09	0.28	3.75	10.17	17.81	9.87	0.02
	落叶针叶林	0.02	0.19	2.05	17.26	22.72	35.01	15.30	0.02
	硬叶常绿阔叶林	0.09	1.90	9.80	92.79	256.66	436.77	205.46	0.85
	落叶阔叶林	0.01	0.05	0.14	2.09	9.54	24.28	20.77	0.42
	亚热带常绿阔叶林	0.06	0.82	3.66	31.03	84.30	158.04	108.39	0.77
灌丛	寒温性灌丛	5.30	44.28	123.44	887.28	1 703.26	2 079.33	906.88	3.69
	常绿竹丛	0.16	0.77	2.85	18.26	18.48	2.58	0.02	0.00
	温性阔叶灌丛	0.00	0.00	0.00	0.02	0.06	0.05	0.01	0.00
	暖性阔叶灌丛	0.01	0.19	1.55	13.98	17.16	19.48	7.61	0.00
	河谷稀树灌丛	0.00	0.01	0.11	0.58	1.47	4.82	6.39	0.05
	热性阔叶灌丛	0.06	0.54	3.31	13.87	30.08	64.22	71.47	0.39

续表

一级名称	二级名称	0°~0.5°	0.5°~2°	2°~5°	5°~15°	15°~25°	25°~35°	35°~55°	>55°
草地	高寒草甸	18.43	166.08	499.34	2 296.97	2 868.27	2 653.01	914.68	5.72
	山地草甸	12.53	64.52	118.57	626.71	806.07	884.77	414.73	1.45
	温性草甸草原	1.73	10.65	43.29	313.36	389.48	402.21	183.84	1.30
	温性草原	0.00	0.04	0.15	0.43	0.36	0.24	0.13	0.00
	低地草甸	0.10	0.58	1.17	5.60	5.44	1.40	0.14	0.00
	暖性草丛	0.03	0.40	1.39	20.25	73.94	138.74	82.49	0.23
	暖性灌草丛	0.36	2.83	9.80	90.31	300.10	532.27	364.76	3.02
	热性灌草丛	0.02	0.32	0.62	2.80	7.61	12.67	10.17	0.25
湿地	冰雪	0.01	0.11	0.57	6.61	13.93	17.35	15.50	0.46
	沼泽	15.92	28.12	17.83	28.06	20.35	18.91	15.73	0.45
	河流	1.58	6.39	6.85	19.99	25.06	27.00	18.60	0.26
	湖泊	6.54	9.13	2.30	3.56	3.17	2.05	0.40	0.00
	滩涂	1.53	3.40	1.81	1.68	0.95	0.60	0.08	0.00
荒漠	裸岩	0.71	9.57	42.73	434.56	699.82	645.06	231.60	0.67
农田	旱作	19.29	72.02	64.60	292.03	435.51	500.03	231.19	0.84
	水田	2.94	11.57	15.17	28.97	18.45	12.85	3.55	0.00
人居	乡村聚落	1.20	3.41	0.96	1.41	0.37	0.06	0.02	0.00
	城镇聚落	1.62	3.73	0.66	1.00	0.26	0.19	0.27	0.00

灌丛不同生态系统随坡度变化较森林复杂，虽然均呈现随坡度增加先增加后减小的分布格局，但寒温性灌丛和暖性阔叶灌丛均在坡度小于35°时随坡度增加而增加，当坡度大于35°后面积又不断减小，但常绿竹丛则在25°后就开始减小，而河谷稀树灌丛和热性阔叶灌丛则在坡度大于55°后才开始减小，这种分布格局主要与各灌丛对水分和光照热量等需求差异及大香格里拉地区生态因子随坡度分布格局有关。寒温性灌丛、暖性阔叶灌丛和热性阔叶灌丛均主要分布于5°~55°的区域，分别约占总面积的96.93%、97.08%和97.66%，但寒温性灌丛集中分布于15°~35°的区域，暖性阔叶灌丛主要分布于5°~35°的区域，而热性阔叶灌丛集中分布于25°~55°的区域。常绿竹丛集中分布于5°~25°的区域；温性阔叶灌丛集中分布于15°~35°的区域；河谷稀树灌丛则集中分布于25°~55°的区域。

同样，不同草地生态系统随坡度的变化关系复杂，虽均呈现随坡度的增加先增加后减小的趋势，但高寒草甸和温性草原均在坡度大于25°后分布面积就开始减小，低地草甸则在坡度大于15°后就开始减少，而其余草地生态系统均在坡度大于35°后才开始减小。暖性草丛、暖性灌草丛和热性灌草丛均主要分布于坡度为15°~55°的地区，分别约占各自总面积的93%、92%和88%，高寒草甸、山地草甸、温性草甸草原、温性草原、低地草甸均主要分布于坡度为5°~35°的区域，分别约占各自总面积的92.68%、93.27%、95.77%、86.23%和87.20%。

湿地生态系统随坡度变化因湿地类型的不同而不同，其中冰雪湿地主要分布于坡度15°～55°的地区；河流湿地则集中分布于5°～55°的地区，滩涂湿地分布与河流湿地分布密切相关，其主要分布于35°以下的地区；湖泊湿地集中分布于坡度小于2°的区域；而沼泽湿地在坡度小于55°的地区均有大面积分布，相比而言，其随坡度分布最为均匀。

农田生态系统中无论是旱作还是水田均集中分布于5°～35°的区域，同时荒漠生态系统也集中分布此梯度内；而无论是城镇聚落还是乡村聚落均集中分布于坡度小于2°的平坦区域。

第4章 森林生态系统结构与功能

4.1 引 言

4.1.1 研究概况

澜沧江流经青海、西藏、云南三省（区），支流较多，流域面积广大。由于受到地形、气候等因素影响，形成了特殊的地貌类型，澜沧江流域从北到南，其植被类型呈现出从寒温带到热带的特点，形成了众多的森林植被类型（朱华，2004）。朱华和蔡琳（2006；2004）使用图文方式对整个澜沧江流域河谷的植被类型进行了描述，但缺乏对流域较为详细的植被说明。现有的资料中，考虑不同行政区划及目的意义，《中国植被》（中国植被编辑委员会，1980）、《青海植被》（周兴民等，1986）、《青海森林》（青海森林编辑委员会，1993）、《西藏森林》（中国科学院青藏高原综合科学考察队，1985）、《西藏植被》（中国科学院青藏高原综合科学考察队，1988）、《云南植被》（云南植被编写组，1987）、《云南森林》（云南森林编写委员会，1986）等专著已经分别对澜沧江流域青海段、西藏段、云南段森林植被类型、群落特点及分布范围有所涉及，但很难用来代表整个流域上森林的类型及其分布状况。

澜沧江上游青海、西藏段地区特殊的高山峡谷地貌，植被类型以灌丛、草地为主（侯学煜，2011；徐新良等，2008）。相比之下，青海、西藏段森林类型比较单一，林分结构也比较简单，主要为云冷杉林、圆柏林（李国发等，2001）。这些林型均属寒温性针叶林，带有明显的高寒性质。李国发等（2001）总结了澜沧江上游流域的森林类型、组成结构和地带性分布规律，对认识该区森林植被情况有很大的帮助。而在澜沧江源区青海段的两个主要林场（白扎林场和江西林场），它们也是源区森林资源分布的集中区，何友均（2005）和邹大林（2005）通过群落分析对森林植被的类型、植物区系、结构特征等进行了研究，进一步提高了人们对该区植被的认识。已发表的文献资料主要集中于植物区系（吴玉虎，2009；王孙高等，2008）、森林经营管理（董得红，2006）、植被动态变化与保护（徐新良等，2008；张镱锂等，2007）、生态系统结构与功能（曲艺，2008；刘敏超等，2005）等。

澜沧江进入云南，地势相对降低，地貌类型多样，再加上气候条件适宜，为森林植被的多样化提供了有利条件，森林植被从北到南涵盖了寒温带到热带性质的植被类型（朱华和蔡琳，2006）。云南段上游迪庆州以北分布着寒温带性质的云冷杉林，在云南的西双版纳州南段分布着热带雨林，而在西双版纳州到迪庆州的这片亚热带区域分布着类型多样的森林植被，该区域也是生物多样性最为丰富的地区之一。已有的资料中，云南段的研究主要针对各级自然保护区展开，提供了较为翔实的考察报告资料。澜沧江云南段流经了众多自然保护区，如白马雪山国家自然保护区（云南省林业厅等，2003）、无量山国家级自然保护区（云南省林业厅等，2004）、澜沧江自然保护区（王娟等，2010）、哀牢山国家级自然保护区（哀牢山自然保护区考察团，1988）、南滚河国家级自然保护区（杨宇明和杜凡，2002）、西双版纳国家级自然保护区（西双版纳自然保护区综合考察团，1987）等，通过对各个自然保护区考察，对保护区内的森林植被类型、群落结构功能等进行了研究，积累了很多有用的数据资料。在森林类型分区上，陈宏伟等（2007）和郭立群（2004）依据森林生态系统的结构、气候等因素，结合地貌等景观要素把澜沧江云南段部分区域的森林类型划分为不同的“小区”，还探讨了林分结构特点，为森林的地理划分提供了视角。另外，现有资料更多的还是澜沧江流域云南段的植物区系（冯建孟等，2012）、植被动态变化（李立科，2011）、土地利用变化（王娟等，2008；许建初，2003；甘淑，2001）及土壤侵蚀（姚华荣和崔保山，2006；姚华荣等，2005；杨彪，1999）等研究。而从单一林型来看，周仕顺（2007）和李庆辉（2007）对澜沧江中游地区季雨林的植物区系、群落结构特征进行了研究；丁涛（2006）对澜沧江自然保护区中山湿性常绿阔叶林的群落特征进行了分析，这些资料为该区的森林类型划分提供了基础资料。

位于澜沧江流域云南段南端的西双版纳，拥有地球上同纬度保存较完好的热带森林。涉及热带森林群落结构及区系研究较早的有《云南植被》（云南植被编写组，1987）、《西双版纳自然保护区综合考察报告集》（西双版纳自然保护区综合考察团，1987），近年的中国《南滚河国家级自然保护区》（杨宇明和杜凡，2002），较统一的认识认为西双版纳的热带雨林发育在东南亚季风热带北缘山地，它在群落外貌上有明显的季节变化，其区系成分又具有热带北部边缘和过渡性质，表现为一种在水分、热量和海拔上均到了极限条件的热带雨林类型。该热带雨林既表现出向季雨林的过渡，又表现出向南亚热带或热带山地的常绿阔叶林过渡（朱华等，1998；金振洲和欧晓昆，1997；吴邦兴，1985）。该区域的热带雨林分为季节雨林和山地雨林（王卫斌等，2009；阎丽春等，2004），季节雨林是本区水平地带性植被，山地雨林既有垂直地带性植被（南部）也有水平地带性植被（北部），所有类型都是东南亚热带雨林的北缘类型。山地雨林在北部海拔较低的地区，具有南部的季节雨林向北部普洱一带季风常绿阔叶林的过渡特征；而在南部海拔较高的山地，山地雨林具有季节雨林向低山季风常绿阔叶林的过渡特征（金振洲和欧晓昆，1997），是热带山地植被垂直带上的一个代表性类型，为热带雨林向亚热带森林过渡的一种湿润性常绿阔叶林类型，兼有热带和亚热带植物成分（云南植被编写组，1987；中国植被编辑委员会，1980）。这一区域的森林结构层次复杂，物种丰富多样，群落多处于稳定发育阶段（吕晓涛等，2007；张国成等，2006；李宗善等，2004；朱华等，1998；金振洲，1997；党承林和王宝荣，1997）。

从这些资料来看，大多考虑不同研究目的，以不同的视角对澜沧江流域的不同区域森林植被类型进行了研究，但这对认识整个澜沧江流域的森林植被来说是片段化的、不完整的。即针对整个澜沧江流域的森林植被类型划分现今仍缺乏完整的、系统的资料。

本研究通过开展森林生态系统群落学调查，获取群落组成等基础资料，并结合现有的文献资料，梳理、归纳、总结出澜沧江整个流域的森林植被类型及分布状况，建立生态系统本底数据。同时，采用澜沧江云南段中游地区的调查数据，对不同森林群落的物种多样性、土壤特性、枯落物层、生物量和碳储量等进行分析，进一步探讨森林生态系统的结构与功能。这些结果最终将为澜沧江流域生态环境保护与发展提供支持。

4.1.2 数据来源

外业调查样地资料主要来源于西南林业大学课题组，分别于2010年3月和8月、2011年8月和2012年10月完成了四次野外调查，共获得61个样地实测资料。在此对四次调查情况简单介绍：2010年两次调查地点均在澜沧江中游漫湾水电站附近，3月调查地点选在澜沧江西岸临沧市云县境内，调查范围为100°32′E～100°46′E，24°37′N～24°41′N，共计17个样地；8月调查地点选在澜沧江东岸普洱地区景东县境内，调查范围为100°29′E～100°31′E，24°37′N～24°43′N，共计18个样地；2011年和2012年两次在永平县境内，调查范围为25°07′N～25°14′N，99°29′E～99°35′E，共计26个样地。

调查的主要内容为森林群落的物种组成、结构参数、土壤、枯落物等相关指标。后期在实验室中，进行了土壤、凋落物等理化指标分析。在此基础上，收集、整理了澜沧江流域范围内已有的相关文献资料，作为实测资料的补充。

4.2 森林类型

本部分的森林类型分类单位等级划分和命名结合《中国植被》（中国植被编辑委员会，1980）、《云南植被》（云南植被编写组，1987）的系统，所采用的分类单位等级如下：

植被型组
　植被型 Vegetation type
　　植被亚型 Vegetation subtype
　　　群系 Formation
　　　　群丛（群落）Association
具体的森林类型植被划分如下：

澜沧江中下游森林类植被类型

说明：I、II…… 植被型；(I)、(II) ……植被亚型；一、二……群系组；(一)、(二) ……群系。
针叶林
Ⅰ. 暖性针叶林 Warm Coniferous Forest
(Ⅰ) 暖温性针叶林
(一) 云南松林 Form. *Pinus yun-nanensis*
(二) 华山松林 Form. *Pinus ar-mandi*
(Ⅱ) 暖热性针叶林
(一) 思茅松林 Form. *Pinus kesiya* var. *langbianensis*
Ⅱ. 温性针叶林 Cool Coniferous Forest
(I) 温凉性针叶林
(一) 云南铁杉林 Form. *Tsuga dumosa*
(二) 高山松林 Form. *Pinus densata*
(Ⅱ) 寒温性针叶林
(一) 川西云杉林 Form. *Picea likiangensis* var. *balfouriana*
(二) 大果圆柏林 Form. *Sabina tibetica*
(三) 鳞皮冷杉林 Form. *Abies squamata*
(四) 长苞冷杉林 Form. *Abies georgeiar*
(五) 丽江云杉林 Form. *Picea likiangensis*
阔叶林
Ⅲ. 雨林 Rain Forest
(Ⅰ) 季节雨林
(一) 千果榄仁林 Form. *Terminalia myriocarpa*
(二) 望天树林 Form. *Parashorea chinensis*
(三) 青梅林 Form. *Vatica* sp.
(Ⅱ) 山地雨林
(一) 肉托果林 Form. *Semecarpus anacardius*
Ⅳ. 季雨林 Monsoon Forest
(I) 落叶季雨林
(一) 白花洋紫荆、火绳树林 Form. *Bauhinia variegata* var. *candida*, *Eriolaena spectabilis*
Ⅴ. 落叶阔叶林 Deciduous Broadleavs Forest
(一) 南烛林 Form. *Lyonia ovalifolia*
(二) 旱冬瓜林 Form. *Alnus nepalensis*
(三) 西南桦林 Form. *Betula alnoides*
Ⅵ. 常绿阔叶林 Evergreen Broadleavs Forest
(I) 季风常绿阔叶林
(一) 浆果楝林 Form. *Cipadessa baccifera*

（Ⅱ）半湿润常绿阔叶林
（一）元江栲林 Form. *Castanopsis orthacantha*
（二）高山栲林 Form. *Castanopsis delavayi*
（三）木荷、栲林 Form. *Schima* spp.，*Castanopsis* spp.
（四）杜鹃、石栎林 Form. *Rhododendron* spp.，*Lithocarpus* spp.
（Ⅲ）中山湿性常绿阔叶林
（一）包石栎林 Form. *Lithocarpus cleistocarpus*
（二）多穗石栎林 Form. *Lithocarpus polystachya*
（三）粗穗石砾林 Form. *Lithocarpus oblanceolatus*
（四）云南越橘、石栎林 Form. *Vaccinium duclouxii*，*Lithocarpus glaber*
（五）樟楠林 Form. *Cinnamomum mollifolium*，*Phoebe faberi*
（六）大头茶、木荷林 Form. *Gordonia axillaris*，*Schima* spp.
（Ⅳ）山顶苔藓矮林
（一）马缨花杜鹃矮林 Form. *Rhododendron delavayi*
（Ⅴ）竹林
（Ⅰ）热性竹林
（一）牡竹林 Form. *Oendrocalamus strictus*
（Ⅱ）温凉性竹林
（一）玉山竹林 Form. *Yushania* spp.
（二）箭竹林 Form. *Fargesia* spp.

4.2.1 针叶林

4.2.1.1 暖热性针叶林

由单优势种组成的热性针叶林主要有两个群系：思茅松林和翠柏林。然而，澜沧江流域内，仅见思茅松林这一群系。

思茅松林（Form. P. *kesiya* var. *langbianensis*）自然分布的范围比较集中和狭窄。《云南植被》界定其分布的地理位置为24°24′N～22°10′N，99°5′E～102°E（云南植被编写组，1987）。集中分布区为景东县、宁洱县、澜沧县。

思茅松林属暖热性针叶林，为季风常绿阔叶林的先锋森林群落或次生森林群落。在澜沧江流域内主要分布于南涧县以南沿江边的低海拔地区，海拔一般在600～1800 m，局部地区可达2300 m左右，如景东无量山国家级自然保护区内的黄草岭。垂直地带分布上，它下接干热河谷植被，上衔山地常绿阔叶林或云南松林。思茅松林有两种类型，一是思茅松纯林；二是以思茅松为优势种，伴生银木荷（*Schima argentea*）、钝叶黄檀（*Dalbergia obtusifolia*）、茶梨（*Anneslea fragrans*）、南烛（*Vaccinium bracteatum*）、毛杨梅（*Myrica esculenta*）等其他阔叶树种的针阔混交林。

a. 思茅松纯林

思茅松纯林多分布在海拔较低的区域，部分已被村庄或道路围绕，有明显的人为砍伐痕迹。以表4-1中云县蔡家山顶和景东县大王家山一带样地为例，乔木层一层，树种为思茅松一种，乔木层盖度为75%左右，成熟林密度为750～1520株/hm^2，平均树高为11～16 m，最高可达22 m，平均胸径为13～15 cm，最高可达34 cm。灌木层多由一些灌木状常绿乔木树种组成，如粗叶水锦树（*Wendlandia scabra*）、高山栲（*Castanopsis delavayi*）、壶斗石栎（*Pasania echinophora*）、钝叶黄檀、银木荷、红木荷（*Schima wallichii*），也有常见的灌木种，如羊耳菊（*Inula cappa*）、拔毒散（*Sida szechuensis*）、地桃花（*Urena lobata*）；灌木层盖度为 40% ~45%，高度高低错落，在 0.5 ~4 m。草本层盖度大，在 55% ~87%，平均高度为 0.3 ~0.8 cm。草本植物种类不多，主要有荩草（*Arthraxon hispidus*）、菜蕨（*Callipteris esculenta*）、紫茎泽兰（*Ageratina adenophora*）、莎草（*Cyperus* sp.）、糯米团（*Gonostegia hirta*）等。层间植物只见簇花清风藤（*Sabia fasciculata*）。

表 4-1　思茅松纯林样地调查表

样地号，面积，时间	样地 01，30 m×20 m，2010 年 3 月 23 日	样地 11，25 m×20 m，2010 年 8 月 19 日
调查人	李小英、覃家理、熊好琴等	李小英、覃家理、熊好琴等
地点	云县蔡家山顶部	景东县大王家山
GPS	100°27′10.3″E，24°35′40.8″N	100°28′32.5″E，24°38′20.9″N
海拔，坡向，坡位，坡度	1335 m，E，中部，18°	1340 m，SW20°，上部，35°
生境地形特点	山上缓坡平台，生境干燥	山顶陡峭，生境较湿润
土壤类型，土壤特点，地表特征	中壤土，土层厚，枯落层厚 6 cm	中壤土，土层厚，枯落层厚 3 cm
特别记录/人为影响	天然实生林	天然实生林
乔木层盖度，优势种盖度	75%，思茅松 75%	80%，思茅松 80%
灌木层盖度，优势种盖度	45%，粗叶水锦树 20%，羊耳菊 20%	40%，思茅松 20%，野坝子 10%，地桃花 10%
草本层盖度，优势种盖度	85%，荩草 45%，菜蕨 20%	55%，紫茎泽兰 20%，莎草 15%，糯米团 15%

层次	性状	中文名	拉丁名	样地 01　1 种　45 株　30 m×20 m						样地 11　1 种　76 株　25 m×20 m					
				株/从数	树高/m		胸径/cm		重要值/%	株/从数	树高/m		胸径/cm		重要值/%
					最大	平均	最大	平均			最大	平均	最大	平均	
乔木层	常绿乔木	思茅松	*Pinus kesiya* var. *langbianensis*	45	18	11.9	34	14.7	300	76	22	16.1	32	12.9	300

层次	性状	中文名	拉丁名	样地 1　30 m×20 m			样地 11　25 m×20 m		
				高度/m		多度	高度/m		多度
				最高	平均		最高	平均	
灌木层	灌木	壶斗石栎	*Pasania echinophora*	0.4	0.4	un			
	灌木	高山栲	*Castanopsis delavayi*	0.8	0.7	cop2			
	灌木或小乔木	钝叶黄檀	*Dalbergia obtusifolia*	1.5	1.5	un			
	灌木	粗叶水锦树	*Wendlandia scabra*	4	2	cop2	0.4	0.4	sp
	灌木或小乔木	红木荷	*Schima wallichii*	0.6	0.6	un			
	灌木	羊耳菊	*Inula cappa*	1.3	0.7	cop3			
	灌木	余甘子	*Phyllanthus emblica*	0.7	0.7	un	0.3	0.3	sol
	灌木	云南越橘	*Vaccinium duclouxii*	0.5	0.5	un			
	灌木	拔毒散	*Sida szechuensis*				0.2	0.2	sol
	乔木幼苗	思茅松	*Pinus kesiya* var. *langbianensis*				0.6	0.4	cop3
	灌木或小乔木	山矾	*Symplocos caudata*				1.4	1.1	sol
	半灌木	野坝子	*Rugulose elsholtzia*				2.2	2	cop1
	乔木	银木荷	*Schima argentea*				0.2	0.2	sol
	灌木	钝叶黑面神	*Breynia retusa*				0.2	0.2	sol
	灌木或小乔木	大叶紫珠	*Callicarpa macrophylla*				1.2	1.2	un

续表

层次	性状	中文名	拉丁名	样地01 30 m×20 m			样地11 25 m×20 m		
				高度/m		多度	高度/m		多度
				最高	平均		最高	平均	
灌木层	灌木或小乔木	滨盐肤木	*Rhus chinensis*				0.3	0.3	un
	灌木	地桃花	*Urena lobata*				0.9	0.7	cop1
	灌木	柃木	*Eurya japonica*				1.8	1.4	sol
	半灌木	铁马鞭	*Lespedeza pilosa*				0.8	0.7	sp
草本层	草本	金茅	*Pasania echinophora*	0.3	0.3	sp			
	草本	荩草	*Arthraxon hispidus*	0.45	0.3	cop3	0.45	0.4	sp
	草本	菜蕨	*Callipteris esculenta*	0.5	0.5	cop2	0.8	0.6	sp
	草本	莎草	*Cyperus* sp.	0.2	0.2	sp	0.8	0.6	cop1
	草本	山菅兰	*Schima wallichii*	0.5	0.5	sp			
	草本	三点金	*Desmodium triflorum*				0.4	0.3	sp
	草本	紫茎泽兰	*Ageratina adenophora*				1.5	0.8	cop2
	草本	铁线蕨	*Adiantum capillus-veneris*				0.5	0.4	sol
	草本	糯米团	*Gonostegia hirta*				0.9	0.5	cop1
	草本	臭灵丹	*Laggera pterodonta*				0.85	0.6	sp
	草本	野姜	*Zingiber striolatum*				0.65	0.4	sol
	草本	鼠尾草	*Salvia farinacea*				0.6	0.4	sol
	草本	珠光香青	*Anaphalis margaritacea*				0.6	0.4	sp
层间植物	攀援木质藤本	簇花清风藤	*Sabia fasciculata*	8	8	un			

注：un 表示个别或单株，sp 表示数量不多而分散，sol 表示数量很少而稀疏，cop1 表示数量少，cop2 表示数量多，cop3 表示数量很多，后下同

b. 思茅松针阔混交林

思茅松针阔混交林多分布在较高海拔，在 1800 ~ 2200 m，此海拔梯度内的思茅松多为成熟林，人为干扰较少，乔、灌、草三层结构植物比纯林丰富，如无量山国家级自然保护区的黄草岭一带，云县漫湾镇石栏杆山一带的调查显示（表4-2），优势树种思茅松盖度达55% ~60%，平均高度为 12 ~ 18 m，平均胸径为 16 ~ 20 cm；与思茅松混交的阔叶树种常见的有茶梨、毛杨梅、南烛，混交树种盖度在 15% 左右，平均高度为6.5 ~ 10 m，形成乔木层亚层。林下灌木常见小花越橘（*Vaccinium duclouxii*），还有茶梨、南烛、高山栲、尾叶栲（*Castanopsis megaphylla*）幼树，林下偶见思茅松小苗；灌木层盖度为 30% ~50%，平均高度为0.5 ~1.7 m。草本层盖度为35% ~50%，平均高度为0.3 ~0.6 cm，主要优势草本有紫茎泽兰（*Eupatorium adenophorum*）、野姜（*Zingiber striolatum*）、香薷（*Elsholtzia ciliata*）、三点金（*Desmodium triflorum*）、秋鼠曲（*Gnaphalium hypoleucum*）。层间植物只见攀援木质藤本白花酸藤子（*Embelia ribes*）一种。

表 4-2 思茅松混交林样地调查表

样地号，面积，时间	样地 21，20 m×20 m，2006 年 10 月 3 日	样地 08，30 m×20 m，2010 年 3 月 25 日
调查人	喻庆国、鲍文强	李小英、覃家理、熊好琴、杨蕊等
地点	无量山	漫湾镇石栏杆山
GPS	100°42′58.87″E，24°18′05.49″N	100°23′39.7″E，24°38′17.0″N
海拔，坡向，坡位，坡度	2250 m，S，中部，15°	1846 m，SW20°，上部，32°
生境地形特点	样地处于一同脊线上	山形陡峭，林内干燥
土壤特点，地表特征	红壤，土壤厚度 85 cm	红壤，土壤厚 65 cm，枯落物层厚 1 cm
特别记录/人为影响	成熟林，林下阔叶生长一般	成熟林，林下阔叶生长一般
乔木层盖度，优势种盖度	75%，思茅松 55%，毛杨梅 10%，茶梨 5%	80%，思茅松 60%，茶梨 15%
灌木层盖度，优势种盖度	30%，茶梨 10%，南烛 5%	50%，小花越橘 25%，尾叶栲 8%，南烛 8%
草本层盖度，优势种盖度	35%，紫茎泽兰 10%，野姜 10%	50%，香薷 20%，三点金 10%，秋鼠曲 10%

层次	性状	中文名	拉丁名	样地 21 1 种 97 株 20 m×20 m						样地 08 4 种 116 株 30 m×20 m					
				株/丛数	树高/m		胸径/cm		重要值/%	株/丛数	树高/m		胸径/cm		重要值/%
					最大	平均	最大	平均			最大	平均	最大	平均	
乔木层	常绿乔木	茶梨	*Anneslea fragrans*	7	23	13.7	32.9	18.6	24.12	23	14.5	6.8	14	8.7	26.38
	常绿乔木	西南木荷	*Schima wallichii*	1	12	12.	12	12	10.5						
	落叶乔木	西南花楸	*Sorbus rehderiana*	1	21	21	28	28	12.19						
	常绿乔木	高山栲	*Castanopsis delavayi*	4	12	10.1	36.7	19.7	18.64						
	常绿乔木	柃木	*Eurya japonica*	1	12	12	12	12	10.5						
	常绿乔木	毛杨梅	*Myrica esculenta*	18	24	10.3	36.7	13.2	41.17						
	常绿乔木	南烛	*Lyonia ovalifolia*	2	9	7.5	22.6	20.1	13.32	3	6.5	5.3	8.1	7.3	3.12
	落叶乔木	山鸡椒	*Litsea cubeba*	5	23	13.9	22.5	15.9	18.34						
	常绿乔木	山龙眼	*Mallotus repandus*	1	10.5	10.5	21.3	21.3	11.32						
	常绿乔木	石栎	*Lithocarpus glaber*	1	5	5	5.8	5.8	10.21						
	常绿乔木	思茅松	*Pinus kesiya* var. *langbianensis*	56	24	17.9	33.5	19.6	129.69	84	20	12.1	37	15.6	159.64
	常绿乔木	尾叶栲	*Castanopsis megaphylla*							6	7	5.4	15.5	8.1	7.83

层次	性状	中文名	拉丁名	样地 21 20 m×20 m			样地 08 30 m×20 m		
				高度/m		多度	高度/m		多度
				最高	平均		最高	平均	
灌木层	灌木	箭竹	*Fargesia spathacea*	1	0.8	sp			
	灌木或小乔木	高山栲	*Castanopsis delavayi*	0.5	0.5	sp	0.6	0.5	sol
	灌木	柃木	*Eurya japonica*	2	2	sp	0.5	0.5	un
	灌木	毛杨梅	*Myrica esculenta*	0.2	0.2	sp			
	灌木或小乔木	西南木荷	*Schima wallichii*	1	1	sp			
	灌木	南烛	*Lyonia ovalifolia*	2	1.5	sp	5.5	2.8	sp
	灌木或小乔木	茶梨	*Anneslea fragrans*	3	1.2	cop1	3.5	1.4	cop1
	灌木或小乔木	小花越橘	*Vaccinium duclouxii*				5	1.7	cop3
	小乔木	尾叶栲	*Castanopsis megaphylla*				4.5	1.5	cop1

续表

层次	性状	中文名	拉丁名	样地21 20 m×20 m			样地08 30 m×20 m		
				高度/m		多度	高度/m		多度
				最高	平均		最高	平均	
灌木层	灌木或小乔木	斑鸠菊	*Vernoniaesculenta Hemsl*				1	0.7	sp
	灌木	羊耳菊	*Inula cappa*				0.6	0.4	cop1
	小乔木	木荷	*Schima noronhae*				0.5	0.5	un
	灌木	紫金牛	*Ardisia japonica*				0.7	0.5	sp
	乔木	思茅松	*Pinus kesiya* var. langbianensis				0.4	0.3	sol
草本层	草本	菜蕨	*Callipteris esculenta*	1	1	sp			
	草本	火绒草	*Leontopodium alpinum*	0.2	0.2	sp			
	草本	南星	*arisaema intermedium*	1	1	sol			
	草本	野姜	*Zingiber striolatum*	0.3	0.3	sp			
	草本	紫茎泽兰	*Ageratina adenophora*	0.7	0.5	cop1			
	草本	莎草	*Cyperus* sp.	0.3	0.3	sp			
	草本	三点金	*Desmodium triflorum*				0.5	0.4	cop2
	草本	兔儿风	*Ainsliaea* sp.				0.9	0.5	cop1
	草本	香薷	*Elsholtzia ciliata*				0.9	0.7	cop3
	草本	秋鼠曲	*Gnaphalium hypoleucum*				0.4	0.2	cop1
层间植物	攀援木质藤本	白花酸藤子	*Embelia ribes*				1	0.8	sol

4.2.1.2 暖性针叶林

暖性针叶林广泛分布于中国亚热带、热带地区的低山、丘陵地带。在澜沧江流域上，暖性针叶林主要分布于云南亚热带地区，除了亚热带的干热河谷底部和亚高山中部以上的山地外，几乎都有分布。其分布海拔范围一般为800～2800 m，垂直梯度达2000 m。分布区年均温变化范围为10～20 ℃，最适宜温度为13～17 ℃。年降雨量变化范围为500～2000 mm，最适降雨量为700～1200 mm，其生境共同特点是雨季旱季明显，且旱季常达半年之久。

根据建群种的生态特点，结合群落结构特征、种类组成和生境，暖性针叶林可分为暖温性针叶林和暖热性针叶林两大植被亚型。暖温性针叶林是在中亚热带偏干的气候条件下发育的，以云南松（*Pinus yunnanensis*）、滇油杉（*Keteleeria evelyniana*）、华山松（*Pinus armandi*）等树种组成的单优势树种的森林植被类型，主要分布于云南亚热带北部区域，即云南中部、西部、东部及北部海拔1200～2800 m山地，分布区域内常与半湿润常绿阔叶林交错分布。

（1）云南松林（Form. *P. yunnanensis*）

云南松是中国西南地区特有的森林类型，也是云南主要森林类型之一，广泛分布于滇中高原山地，一般集中连片分布，生长较快、适应性广、天然更新能力强。在澜沧江流域主要分布于海拔1200～2800 m。往西北部，云南松逐渐被高山松（*P. densata*）取代，往南则被思茅松（*P. kesiya* var.

langbianensis）代替。如今云南松林多数是半湿润常绿阔叶林砍伐后形成的次生林，在无量山、澜沧江及永平县金光寺等自然保护区内很少，主要分布于保护区周边，且大部分为中幼龄纯林，少量为云南松与木荷的混交林。

云南松纯林群落结构较简单，林下空旷，灌木和草本较少。以无量山国家级自然保护区调查样地为例（表 4-3），乔木层以云南松为优势种，盖度为 50% ~60%，平均树高为 8 ~15 m，平均胸径为 12 ~22 cm。伴生种常见红木荷（*Schima wallichii*），低海拔还常见钝叶黄檀（*Dalbergia obtusifolia*）、黄杞（*Engelhardtia roxburghiana*）、木棉（*Bombax malabaricum*），高海拔常见滇油杉（*Keteleeria evelyniana*）、旱冬瓜（*Alnus nepalensis*）。

表 4-3　云南松林样地调查表

样地号，面积，时间				样地 40，20 m×20 m，2006 年 10 月 10 日						样地 41，20 m×20 m，2006 年 10 月 11 日					
调查人				喻庆国、张世雄						张世雄、刘云					
地点				无量山国家级自然保护区（元宝村）						无量山国家自然保护区					
海拔，坡向，坡位，坡度				1730 m，SE，中部，15°						1250 m，W，下部，21°					
生境地形特点				公路上方一平缓台						公路上方一缓坡，直线坡形					
母岩，土壤特点，地表特征				砂岩，红壤，土壤厚度中等，枯落物厚 2 cm						砂岩，红壤，土壤厚度中等，枯落物厚 5 cm					
特别记录/人为影响				林下幼树多，林内有过采伐						林下灌木层发达					
乔木层盖度，优势种盖度				60%，云南松 50%						50%，云南松 40%					
灌木层盖度，优势种盖度				45%，乌饭 15%，朝天罐 10%						60%，杭子梢 20%，余甘子 15%					
草本层盖度，优势种盖度				60%，金发草 40%						50%，金发草 25%，云香草 10%					
层次	性状	中文名	拉丁名	样地 40　4 种　61 株　20 m×20 m						样地 41　8 种　65 株　20 m×20 m					
				株/丛数	树高/m		胸径/cm		重要值/%	株/丛数	树高/m		胸径/cm		重要值/%
					最大	平均	最大	平均			最大	平均	最大	平均	
乔木层	常绿乔木	云南松	*Pinus yunnanensis*	57	15	8	22. 8	12. 2	203. 3	47	18	14. 9	35. 4	21. 6	215. 6
	常绿乔木	红木荷	*Schima wallichii*	2	20	12. 8	41. 5	26	31. 15	1	6	6	7. 2	7. 2	20. 27
	常绿乔木	滇油杉	*Keteleeria evelyniana*	1	20. 5	20. 5	47. 2	47. 2	26. 19						
	落叶乔木	旱冬瓜	*Alnus nepalensis*	1	10	10	14	14	39. 36						
	常绿乔木	钝叶黄檀	*Dalbergia obtusifolia*							6	7	5. 2	9. 2	6. 9	17. 83
	常绿乔木	黄杞	*Engelhardtia roxburghiana*							3	7	5. 2	6. 8	6. 6	12. 55
	落叶乔木	木棉	*Bombax malabaricum*							1	5	5	6. 4	6. 4	5. 4
	常绿乔木	木紫珠	*Callicarpa arborea*							1	5. 5	5. 5	6. 3	6. 3	5. 4
	落叶乔木	泡花树	*Meliosma cuneifolia*							5	7	4. 4	14. 6	9. 8	13. 62
	落叶乔木	算盘子	*Glochidion puberum*							1	7. 2	7. 2	9. 8	9. 8	9. 33

层次	性状	中文名	拉丁名	样地 40　20 m×20 m			样地 41　20 m×20 m		
				高度/m		多度	高度/m		多度
				最高	平均		最高	平均	
灌木层	小乔木	茶梨	*Anneslea fragrans*	1	1	sp			
	灌木	朝天罐	*Osbeckia opipara*	1. 5	1	sp			
	乔木	高山栲	*Castanopsis delavayi*	1	0. 8	sp			
	乔木	旱冬瓜	*Alnus nepalensis*	2. 5	2. 3	sp			

续表

层次	性状	中文名	拉丁名	样地40 20 m×20 m			样地41 20 m×20 m		
				高度/m		多度	高度/m		多度
				最高	平均		最高	平均	
灌木层	灌木	杭子稍	*Campylotropis macrocarpa*	0.5	0.5	sp	1	1	sp
	乔木	红木荷	*Schima wallichii*	1	0.7	sp			
	灌木	算盘子	*Glochidion puberum*	1	1	sp	1.5	1.2	sp
	灌木	乌饭	*Vaccinium bracteatum*	1.2	1.1	sp			
	乔木	野柿	*Diospyros kaki* var. *silvestris*	0.5	0.5	sp			
	灌木或乔木	余甘子	*Phyllanthus emblica*	4	4	sp	2.5	1.9	sp
	乔木	云南松	*Pinus yunnanensis*	2	1.5	sp			
	灌木	紫金牛	*Ardisia japonica*	1.5	1.5	sp			
	灌木	白牛胆	*Herba Inulae*				1	0.9	sp
	灌木	地桃花	*Urena lobata*				0.3	0.3	sp
	乔木	钝叶黄檀	*Dalbergia obtusifolia*				1.5	1.5	sp
	乔木	黄杞	*Engelhardtiarox-burghiana*				2	1.3	sp
	乔木	泡花树	*Meliosma cuneifolia*				1	1	sp
	乔木	青香木	*Pistacia weinmannifolia*				1.5	1	sp
	灌木	水绵树	*Wendlandia scabra*				2	1.5	sp
	灌木	虾子木	*Woodfordia fruticosa*				1.5	1.5	sp
	灌木	紫珠	*Callicarpa bodinieri*				2	2	sp
草本层	草本	狗尾草	*Setaira viridis*	0.3	0.3	sp			
	草本	荷草	*Biophytum sensitivum*	0.2	0.2	sp	0.3	0.3	sp
	草本	火绒草	*Leontopodium alpinum*	0.2	0.2	sp			
	草本	金发草	*Pogonatherum paniceum*	0.3	0.3	cop1	0.5	0.5	cop2
	草本	蕨	*Pteridium aquilinum* var. *aquilinum*	0.4	0.3	sp	1	0.6	sp
	草本	三点金	*Desmodium triflorum*	0.1	0.1	sp			
	草本	兔儿风	*Ainsliaea* sp.	0.3	0.3	sp	0.1	0.1	sp
	草本	紫茎泽兰	*Ageratina adenophora*	1	0.7	sp	1	0.8	sp
	草本	荩草	*Arthraxon hispidus*				0.3	0.2	sp
	草本	四方蒿	*Elsholtzia blanda*				1.1	1.1	sp
	草本	云香草	*Cymbopogon distans*				1	1	sp
	草本	革命草	*Alternanthera philoxeroides*				0.3	0.3	sp

续表

层次	性状	中文名	拉丁名	样地 40　20 m×20 m			样地 41　20 m×20 m		
				高度/m		多度	高度/m		多度
				最高	平均		最高	平均	
层间植物	草质藤本	宿苞豆	*Shuteria involucrata*	0.2	0.1	sp			
	草质藤本	蔓地榕	*Cissus sicyoides*				0.1	0.1	sp

灌木层植物种类不多，且数量少。云南松常分布在阳坡，其林下生境较干燥，灌木层盖度为45% ~ 60%，平均高为 0.5 ~ 4.0 m，常见种有杭子稍（*Campylotropis macrocarpa*）、余甘子（*Phyllanthus emblica*）、算盘子（*Glochidion puberum*）等，但在不同的海拔其分布也有差异，高海拔常见种类还有乌饭（*Vaccinium bracteatum*），低海拔常见还有白牛胆（*Herba Inulae*）、地桃花（*Urena lobata*）等。灌木层中常见的有高山栲、红木荷、旱冬瓜等阔叶树幼苗。

草本层植物种类也不多，盖度为 50% ~ 60%，平均高为 0.2 ~ 0.5 m，常见植物有金发草（*Pogonatherum paniceum*）、蕨（*Pteridium aquilinum* var. *aquilinum*）、兔儿风（*Ainsliaea* sp.）、紫茎泽兰（*Ageratina adenophora*）。层间植物少见，有两种草质藤本宿苞豆（*Shuteria involucrate*）和蔓地榕（*Cissus sicyoides*）。

（2）华山松林（Form. *P. armandi*）

华山松是我国亚热带西部地区的山地针叶林，分布广泛，但不连续。在整个澜沧江流域上，华山松的天然林主要分布在滇中、滇西北和滇东北中山山地，分布海拔在 2200 ~ 3400m。其分布的上限为亚高山针叶林带，下限与亚热带常绿阔叶林和云南松林交错衔接。常见于阴坡、山洼或山地上部气温较低、湿度较大的地段。土壤多为玄武岩、花岗岩、花岗片麻岩等母质上发育的棕色森林土及森林棕壤。澜沧江流域内广泛分布，但无量山国家级自然保护区仅见南涧段蛇腰箐西坡和凤凰山周围有天然林分布，澜沧江自然保护区内华山松天然群落分布于凤庆县五道河片区海拔 2550m 左右的陡坡山地，永平宝台山自然保护区主要是在金光寺洗身河沟箐两边分布小片的天然林。人工华山松林则主要分布在保护区周边交通较为方便的区域，森林被侵入的农地分隔成不连续的斑块状分布。

a. 华山松天然林

群落结构分乔、灌、草三层，乔木层主要树种为华山松，盖度为 75% ~ 90%，华山松平均树高为 7 ~ 12m，平均胸径为 9 ~ 14cm，也伴生其他阔叶树种如银木荷（*Schima argentea*）、清溪杨（*Populus rotundifolia*）、包石栎（*Lithocarpus cleistocarpus*）、云南松、米饭花（*Lyonia ovalifolia*）、多变石栎（*Lithocarpus variolosas*）、毛杨梅（*Myrica esculena*）、元江栲（*Castanopsis orthacantha*）、大白花杜鹃（*Rhododendron decorum*）等（表 4-4）。灌木层总盖度为 2% ~ 20%，平均高度为 0.5 ~ 4m，上层乔木密度越大，下层灌木的种类越少，灌木层主要有乔木树幼树，如金叶子（*Craibiodendron stellatum*）、云南松、木荷（*Schima superba*）、旱冬瓜、马缨花杜鹃（*Rhododendron delavayi*）、竹叶楠（*Phoebe faberi*）、包石栎、毛杨梅等，真正的灌木种只见厚皮香（*Ternstroemia gymnanthera*）、金丝桃（*Hypericum monogynum*）、亮毛杜鹃（*Rhododendron microphyton*）、乌饭（*Vaccinium bracteatum*）等。草本植物常见紫茎泽兰、莱蕨、露水草（*Cyanotis arachnoides*）、六叶葎（*Galium asperuloides*）、冷水花（*Pilea cadierei*）、犁头尖（*Typonium divaricatum*）、天南星（*Rhizoma arisaematis*）、茜草（*Radix rubiae*）、地刷石松（*Lycopodium complanatum*）等。层间植物少，主要有白花悬钩子（*Rubus leucanthus*）、宽序岩豆藤（*Millettia eurybotrya*）2 种木质藤本和 1 种草质藤本细齿岩爬藤（*Tetrastigma napaulense*）。

表 4-4　华山松林样地调查表

<table>
<tr><td colspan="4">样地号,面积,时间</td><td colspan="6">样地 12,30 m×15 m,2012 年 10 月 5 日</td><td colspan="6">样地 53,20 m×20 m,2006 年 10 月 14 日</td><td colspan="6">样地 16,25 m×20 m,2005 年 3 月 18 日</td></tr>
<tr><td colspan="4">调查人</td><td colspan="6">李小英、覃家理、许彦红等</td><td colspan="6">喻庆国、张世雄</td><td colspan="6">和菊、丁涛、石明等</td></tr>
<tr><td colspan="4">地点</td><td colspan="6">永平县金光寺下洗身河边</td><td colspan="6">无量山国家级自然保护区</td><td colspan="6">凤庆县五道河</td></tr>
<tr><td colspan="4">海拔,坡向,坡位,坡度</td><td colspan="6">2350 m,SE5°,下部,30°</td><td colspan="6">2320 m,SW,中部,15°</td><td colspan="6">2550 m,W,上部,40°</td></tr>
<tr><td colspan="4">生境地形特点</td><td colspan="6">沟箐边,林内阴湿</td><td colspan="6">林中小路边一山背平缓处</td><td colspan="6">林内干燥,坡面平整</td></tr>
<tr><td colspan="4">土壤特点,地表特征</td><td colspan="6">土壤厚度中等,枯落物厚 12 cm,潮湿</td><td colspan="6">土壤厚度中等,枯落物厚 8 cm,干燥</td><td colspan="6">土壤厚度中等,枯落物厚 15 cm,干燥</td></tr>
<tr><td colspan="4">特别记录/人为影响</td><td colspan="6">天然实生林,林内有砍伐痕迹</td><td colspan="6">天然实生林</td><td colspan="6">天然实生,人为影响少</td></tr>
<tr><td colspan="4">乔木层盖度,优势种盖度</td><td colspan="6">75%,银木荷 62%,华山松 37%</td><td colspan="6">90%,华山松 90%</td><td colspan="6">40%,华山松 30%</td></tr>
<tr><td colspan="4">灌木层盖度,优势种盖度</td><td colspan="6">20%,金叶子 13%,木荷 6%</td><td colspan="6">2%,金丝桃,2%</td><td colspan="6">80%,马缨花杜鹃 50%,地檀香 40%</td></tr>
<tr><td colspan="4">草本层盖度,优势种盖度</td><td colspan="6">15%,露水草 8%,菜蕨 6%</td><td colspan="6">50%,紫茎泽兰 30%,鞭打绣球 25%</td><td colspan="6">10%,紫茎泽兰 5%,地刷石松 5%</td></tr>
<tr><td rowspan="3">层次</td><td rowspan="3">性状</td><td rowspan="3">中文名</td><td rowspan="3">拉丁名</td><td colspan="6">样地 12　12 种　94 株　30 m×15 m</td><td colspan="6">样地 53　1 种　360 株　30 m×15 m</td><td colspan="6">样地 16　6 种　78 株　30 m×15 m</td></tr>
<tr><td rowspan="2">株/丛数</td><td colspan="2">树高/m</td><td colspan="2">胸径/cm</td><td rowspan="2">重要值/%</td><td rowspan="2">株/丛数</td><td colspan="2">树高/m</td><td colspan="2">胸径/cm</td><td rowspan="2">重要值/%</td><td rowspan="2">株/丛数</td><td colspan="2">树高/m</td><td colspan="2">胸径/cm</td><td rowspan="2">重要值/%</td></tr>
<tr><td>最大</td><td>平均</td><td>最大</td><td>平均</td><td>最大</td><td>平均</td><td>最大</td><td>平均</td><td>最大</td><td>平均</td><td>最大</td><td>平均</td></tr>
<tr><td rowspan="14">乔木层</td><td>常绿乔木</td><td>清溪杨</td><td>Populus rotundifolia</td><td>17</td><td>17.5</td><td>12.8</td><td>24.2</td><td>15.6</td><td>13.54</td><td></td><td></td><td></td><td></td><td></td><td></td><td></td><td></td><td></td><td></td><td></td><td></td></tr>
<tr><td>常绿乔木</td><td>包石栎</td><td>Lithocarpus cleistocarpus</td><td>7</td><td>16.5</td><td>12.1</td><td>35</td><td>16.3</td><td>10.72</td><td></td><td></td><td></td><td></td><td></td><td></td><td></td><td></td><td></td><td></td><td></td><td></td></tr>
<tr><td>常绿乔木</td><td>银木荷</td><td>Schima argentea</td><td>31</td><td>18.5</td><td>11.7</td><td>29.7</td><td>13.2</td><td>24.88</td><td></td><td></td><td></td><td></td><td></td><td></td><td></td><td></td><td></td><td></td><td></td><td></td></tr>
<tr><td>常绿乔木</td><td>华山松</td><td>Pinus armandi</td><td>22</td><td>17</td><td>11.8</td><td>30.5</td><td>13.6</td><td>8.29</td><td>360</td><td>10</td><td>7.4</td><td>15.4</td><td>9.3</td><td>100</td><td>22</td><td>17</td><td>12</td><td>31</td><td>13.9</td><td>31.83</td></tr>
<tr><td>常绿乔木</td><td>柃木</td><td>Eurya japonica</td><td>2</td><td>8</td><td>6.5</td><td>13.6</td><td>9.75</td><td>4.89</td><td></td><td></td><td></td><td></td><td></td><td></td><td></td><td></td><td></td><td></td><td></td><td></td></tr>
<tr><td>常绿乔木</td><td>马缨花杜鹃</td><td>Rhododendron delavayi</td><td>2</td><td>6</td><td>5.5</td><td>8.5</td><td>7.2</td><td>4.73</td><td></td><td></td><td></td><td></td><td></td><td></td><td>23</td><td>9.5</td><td>6.7</td><td>20</td><td>10.5</td><td>27.1</td></tr>
<tr><td>常绿乔木</td><td>大白花杜鹃</td><td>Rhododendron decorum</td><td>3</td><td>6</td><td>5.3</td><td>11</td><td>9.2</td><td>1.96</td><td></td><td></td><td></td><td></td><td></td><td></td><td></td><td></td><td></td><td></td><td></td><td></td></tr>
<tr><td>常绿乔木</td><td>元江栲</td><td>Castanopsis orthacantha</td><td>6</td><td>16.5</td><td>14.7</td><td>29.6</td><td>21.3</td><td>11.54</td><td></td><td></td><td></td><td></td><td></td><td></td><td></td><td></td><td></td><td></td><td></td><td></td></tr>
<tr><td>常绿乔木</td><td>南烛</td><td>Vaccinium bracteatum</td><td>1</td><td>7.8</td><td>7.8</td><td>6.8</td><td>6.8</td><td>3.19</td><td></td><td></td><td></td><td></td><td></td><td></td><td></td><td></td><td></td><td></td><td></td><td></td></tr>
<tr><td>常绿乔木</td><td>云南松</td><td>Pinus yunnanensis</td><td>1</td><td>7</td><td>7</td><td>11.6</td><td>11.6</td><td>1.64</td><td></td><td></td><td></td><td></td><td></td><td></td><td></td><td></td><td></td><td></td><td></td><td></td></tr>
<tr><td>常绿乔木</td><td>光叶石栎</td><td>Lithocarpus mairei</td><td>1</td><td>15</td><td>15</td><td>39.8</td><td>39.8</td><td>4.15</td><td></td><td></td><td></td><td></td><td></td><td></td><td></td><td></td><td></td><td></td><td></td><td></td></tr>
<tr><td>常绿乔木</td><td>金叶子</td><td>Craibiodendron stellatum</td><td>1</td><td>12.5</td><td>12.5</td><td>22.4</td><td>22.4</td><td>3.80</td><td></td><td></td><td></td><td></td><td></td><td></td><td></td><td></td><td></td><td></td><td></td><td></td></tr>
<tr><td>常绿乔木</td><td>云南松</td><td>Pinus yunnanensis</td><td></td><td></td><td></td><td></td><td></td><td></td><td></td><td></td><td></td><td></td><td></td><td></td><td>17</td><td>11</td><td>8.4</td><td>22</td><td>13.5</td><td>22.1</td></tr>
<tr><td>常绿乔木</td><td>多变石栎</td><td>Lithocarpus variolosas</td><td></td><td></td><td></td><td></td><td></td><td></td><td></td><td></td><td></td><td></td><td></td><td></td><td>4</td><td>12</td><td>9.5</td><td>20</td><td>14.2</td><td>8.86</td></tr>
</table>

续表

层次	性状	中文名	拉丁名	样地12 12种 94株 30 m×15 m						样地53 1种 360株 30 m×15 m						样地16 6种 78株 30 m×15 m					
				株/丛数	树高/m		胸径/cm		重要值/%	株/丛数	树高/m		胸径/cm		重要值/%	株/丛数	树高/m		胸径/cm		重要值/%
					最大	平均	最大	平均			最大	平均	最大	平均			最大	平均	最大	平均	
乔木层	常绿乔木	米饭花	*Lyonia ovalifolia*													9	8. 5	6. 7	10	7. 1	7. 7
	常绿乔木	毛杨梅	*Myrica esculenta*													3	5. 5	5	10. 5	8. 4	2. 41

层次	性状	中文名	拉丁名	样地21 30 m×15 m			样地53 20 m×20 m			样地16 25 m×20 m		
				高度/m		多度	高度/m		多度	高度/m		多度
				最高	平均		最高	平均		最高	平均	
灌木层	小乔木	旱冬瓜	*Alnus nepalensis*	1. 2	1. 2	un						
	灌木或小乔木	厚皮香	*Ternstroemia gymnanthera*	1. 2	1. 2	un				2. 5	1. 2	cop1
	小乔木	金叶子	*Craibiodendron stellatum*	4	2. 5	cop1						
	灌木或小乔木	马缨花杜鹃	*Rhododendron delavayi*	3	3	un				5	2. 5	cop2
	小乔木	木荷	*Schima superba*	7	4. 7	soc						
	灌木	南烛	*Vaccinium bracteatum*	3. 5	3. 5	sol						
	灌木或小乔木	山茶	*Camellia japomica*	4	4	un						
	小乔木	竹叶楠	*Phoebe faberi*	1	1	sp						
	小乔木	包石栎	*Lithocarpus cleistocarpus*	2. 5	2. 5	un						
	半灌木	金丝桃	*Hypericum monogynum*				0. 3	0. 3	sp			
	灌木	川滇金丝桃	*Hypericum forrestii*							1	0. 6	cop1
	灌木	亮毛杜鹃	*Rhododendron microphyton*							2	1. 5	cop1
	乔木	多变石栎	*Lithocarpus variolosas*							2. 5	1. 5	cop1
	灌木	银木荷	*Schima argentea*							3	1. 5	cop1
	灌木	毛杨梅	*Myrica esculenta*							3	1. 5	cop1
	落叶灌木	圆叶米饭花	*Lyonia doyonensis*							4	2	cop1
	灌木	地檀香	*Gaultheria forrestii*							1. 5	1	cop2
	灌木	乌饭	*Vaccinium bracteatum*							3. 5	2	cop2

续表

层次	性状	中文名	拉丁名	样地21　30 m×15 m			样地53　20 m×20 m			样地16　25 m×20 m		
				高度/m		多度	高度/m		多度	高度/m		多度
				最高	平均		最高	平均		最高	平均	
灌木层	小乔木	大白花杜鹃	*Rhododendron decorum*							0. 8	0. 6	sp
	灌木	白穗石栎	*Lithocarpus leucostachyus*							1	0. 7	sp
	灌木	水红木	*Viburnum cylindricum*							1. 2	0. 8	sp
	幼苗	云南松	*pinus yunnanensis*							1	0. 8	sp
	幼苗	华山松	*Pinus armandi*							1. 1	0. 5	sp
	幼苗	针齿铁子	*Myrsine semiserrata*							0. 6	0. 3	sp
	灌木	弯尾冬青	*Ilex cyrtura*							0. 5	0. 5	un
草本层	草本	拉拉藤	*Galium aparine* var. *echinospermum*	0. 4	0. 4	sp	0. 2	0. 2	sp			
	草本	紫茎泽兰	*Ageratina adenophora*	0. 5	0. 3	cop1	0. 5	0. 4	cop1	0. 8	0. 5	cop1
	草本	凤仙花属 1 种	*Impatiens* sp.	0. 6	0. 6	sp						
	草本	蕨	*Pteridium aquilinum* var. *aquilinum*	0. 6	0. 4	cop1						
	草本	败酱	*Patrinia scabiosaefolia*	0. 4	0. 4	sp						
	草本	繁缕	*Stellaria media*	0. 3	0. 3	sp						
	草本	露水草	*Cyanotis arachnoides*	0. 2	0. 2	cop1						
	草本	六叶葎	*Galium asperuloides*	0. 1	0. 1	cop1						
	草本	鞭打绣球	*Hemiphragma heterophyllum*	0. 5	0. 3	sp						
	草本	酢浆草	*Oxalis corniculata*	0. 1	0. 1	sol						
	草本	淡竹叶	*Herbalophatheri*	0. 2	0. 2	sp						
	草本	老鹳草	*Herba Erodii*	0. 1	0. 1	sol						
	草本	冷水花	*Pilea cadierei*	0. 2	0. 2	cop1						
	草本	犁头尖	*Typonium divaricatum*	0. 1	0. 1	cop1						
	草本	茜草	*Radix rubiae*	0. 3	0. 2	cop1						
	灌木幼苗	三叶悬钩子	*Rubus delavayi*	0. 1	0. 1	sp						
	草本	石苇	*Phymatopsis griffithiana*	0. 1	0. 1	cop1						

续表

层次	性状	中文名	拉丁名	样地21　30 m×15 m			样地53　20 m×20 m			样地16　25 m×20 m		
				高度/m		多度	高度/m		多度	高度/m		多度
				最高	平均		最高	平均		最高	平均	
草本层	草本	天南星	*Rhizoma arisaematis*	0.1	0.1	cop1						
	草本	象鼻南星	*Arisaema elephas*	0.3	0.2	cop1						
	草本	草莓	*Fragaria ananassa*				0.1	0.1	sp			
	草本	车前	*Plantago asiatica*				0.1	0.1	sp			
	草本	荩草	*Arthraxon hispidus*				0.2	0.1	sp			
	草本	铜锤玉带草	*Pratia nummularia*				0.1	0.1	sp			
	草本	锥花	*Gomphostemma* sp.				1	0.7	sp			
	草本	地刷石松	*Lycopodium complanatum*							0.3	0.2	cop1
	草本	红褐鳞毛蕨	*Dryopteris rubrobrunnea*							1.2	1	cop1
	草本	宽穗兔儿风	*Ainsliaea latifolia* var. *platyphylla*							0.2	0.1	sol
	草本	宝兴百合	*Lilium duchartrei*							0.8	0.6	sol
	草本	头花龙胆	*Gentiana cephalantha*							0.1	0.1	sp
	草本	垂穗石松	*Palhinhaea cernua*							0.3	0.2	sp
	草本	旋叶香青	*Anaphalis contorta*							0.3	0.2	sp
	草本	云南莎草	*Cyperus duclouxii*							0.5	0.3	sp
	草本	线叶珠兴香青	*Anaphalis margaritacea* var. *japonica*							0.5	0.3	sp
	草本	香薷	*Elsholtzia ciliata*							0.6	0.4	sp
	草本	芒萁	*Dicranopteris dichotoma*							1.5	1.2	sp
	草本	毛蕊草	*Duthiea brachypodia*							0.8	0.8	un
层间植物	攀援灌木	宽序岩豆藤	*Millettia eurybotrya*							0.6	0.5	sol
	攀援灌木	白花悬钩子	*Rubus leucanthus*							0.3	0.3	cop1
	草质藤本	细齿岩爬藤	*Tetrastigma napaulense*							0.5	0.4	sp

b. 华山松人工林

根据中国科学院西双版纳热带植物园2005年在双江县青平林场的调查资料显示，华山松人工林构成群落种类十分简单，形成华山松单优群落，其重要值为89.68%。林木蓄积量为443.95m³/hm²，几乎是华山松、马缨花天然群落蓄积量的4倍，但其生物多样性较低。群落结构基本可分为三层。

华山松、马缨花群落高度18～20 m，林相整齐，群落总盖度大于95%。乔木层仅有以华山松为主要优势的单一层次。林下混有零星的马缨花（*Rhododendron delavayi*）、花椒（*Zanthoxylum bungeanum*）等灌木，灌木高度5～6 m，不能形成层次。林下草本由单优势种的紫茎泽兰（*Ageratina adenophora*）组成（表4-5）。

表4-5　华山松人工林样地调查表

样地号：2005-3　面积：25 m×20 m　调查人：中国科学院西双版纳热带植物园　地点：青平林场

GPS：99°54′44″E，23°22′40″N　　海拔：2380 m　坡向：E　坡位：上部　坡度：40°

生境特点：林内干燥，坡面平整 土壤特点，地表特征：土壤深厚，黄色

其他：40年前森林被火烧后，人工种植的华山松林 群落总盖度：95%

层次	性状	中文名	拉丁名	株/丛数	高度/m		胸径/cm		物候	重要值/%
					最高	平均	最高	平均		
乔木层	常绿乔木	华山松	*Pinus armandi*	22	20	19	43	33	叶	89.68
	常绿乔木	花椒	*Zanthoxylum bungeanum*	2	6	5.7	8	6.3	叶	2.82
	常绿乔木	马缨花	*Rhododendron delavayi*	5	5	5	17.8	15.9	叶	7.5

资料来源：王娟等，2010

4.2.1.3　温凉性针叶林

温凉性针叶林主要分布在亚热带中山上部和亚高山中部，是亚热带山地植被垂直带上重要的类型，在澜沧江流域中部景东的无量山、镇康大雪山及滇西北白马雪山国家级自然保护区有小面积分布。温凉性针叶林有云南铁杉（*Tsuga dumosa*）林和高山松（*Pinus densata*）林两个群系。

（1）云南铁杉林（Form. *T. dumosa*）

滇西滇中南的铁杉林分布于中山湿性常绿阔叶林之上，分布较低，一般在2400～2800 m（高至3000 m）。在澜沧江自然保护区范围，云南铁杉出现的最低海拔为2700 m，真正形成优势而成为铁杉林群落的海拔在2800～3000 m，主要分布在山坡中、上部或近沟谷地段。澜沧江自然保护区是云南铁杉分布的最南部区域（王娟等，2010）。无量山国家级自然保护区内也有较小面积的分布，主要在东坡的大光山、小光山等地，海拔2500～2900 m一些山脊上，形成不连续的数片原始纯林，面积613 hm²（云南省林业厅等，2004）。

该群落的生境较为特殊，位于亚热带山地云雾聚集地带，生境温和而潮湿。林中苔藓植物丰富，树上有垂挂现象。群落外观整齐，林冠茂密，树干挺拔、高大，枝下高较高。群落垂直结构明显分为乔木层、乔木亚层、灌木层、草本层4个层次（王娟等，2010；云南省林业厅等，2004）。

乔木层主要由云南铁杉组成，优势种云南铁杉的盖度为20%～25%，平均树高为21～23 m，平均胸径为37～84 cm，可见胸径100 cm以上的大树，100 m²样地内有3～5株，该层伴生树种有多变石栎、尖尾篦齿槭（*Acer pectinatum*）；乔木亚层主要组成树种较多，平均树高为9～12 m，主要有大白花杜鹃、露珠杜鹃（*Rhododendron irroratum*）、细齿叶柃（*Eurya nitida*）、云南连蕊茶（*Camellia forrdstii*）、圆叶米饭花（*Lyonia doyonensis*）、硬斗石栎（*Lithocarpus hancei*）等，偶见国家一类保护树种云南红豆杉（*Taxus yunnanensis*）（表4-6）。

表 4-6　铁杉林样地调查表

样地号，面积，时间	样地 38，500 m²，2005 年 10 月 10 日	样地 34，500 m²，2005 年 10 月 7 日
调查人	和菊、丁涛、石明、石翠玉、苏文萍	和菊、丁涛、石明、石翠玉、苏文萍
地点	临沧大雪山尖山脚	景东县无量山小光山脚
GPS	100°16′53. 7″ E，23°56′26. 7″ N	100°17′12. 8″E，23°57′19. 4″ N
海拔，坡向，坡位，坡度	2990 m，中部，18°	2800 m，S，上部，25°
生境地形特点	直线坡形	地形有起伏
土壤类型，土壤特点，地表特征	棕壤，枯落物 4 cm	枯枝落叶层厚 5 cm
特别记录/人为影响	天然实生林	轻微影响
乔木层盖度，优势种盖度	60%，云南铁杉 25%，大白花杜鹃 15%，多变石栎 15%	40%，云南铁杉 20%，圆叶米饭花 15%
灌木层盖度，优势种盖度	85%，光叶玉山竹 45%	85%，光叶玉山竹 43%
草本层盖度，优势种盖度	40%，粉背瘤足蕨 4%，毛四叶葎 4%	20%，大花蔓龙胆 2%

层次	性状	中文名	拉丁名	样地 38　15 种　87 株　500 m²						样地 34　9 种　54 株　500 m²					
				株/丛数	高度/m		胸径/cm		重要值/%	株/丛数	高度/m		胸径/cm		重要值/%
					最高	平均	最高	平均			最高	平均	最高	平均	
乔木层	常绿大乔木	云南铁杉	*Tsuga dumosa*	4/5	2	22. 8	102	83. 7	18	7	25	21. 4	69	37. 5	24. 6
	常绿乔木	多变石栎	*Lithocarpus variolosas*	2	25	23. 5	121	95. 9	14. 6						
	常绿乔木	大白花杜鹃	*Rhododendron decorum*	31	17	12. 2	33. 6	16	11. 4						
	落叶乔木	露珠杜鹃	*Rhododendron irroratum*						9. 6	12	22	15. 7	22. 8	16. 5	19. 1
	常绿灌木	假香冬青	*Ilex wattii*	1	8	8	6. 8	6. 8	4. 8	1	9	9	10. 5	10. 5	1. 1
	常绿灌木或小乔木	细齿叶柃	*Eurya nitida*	10	20	12. 9	21. 3	12. 4	4. 4	2	9	8	6. 4	6. 2	2
	常绿乔木	米饭花	*Lyonia ovalifolia*						4. 1						
	落叶乔木	独龙槭	*Acer taronense*						3						
	常绿乔木	水红木	*Viburnum cylindricum*						2. 9						
	落叶乔木	尖尾篦齿槭	*Acer pectinatum*	5	25	20	41. 9	23. 9	2. 8						
	灌木至小乔木	云南连蕊茶	*Camellia forrdstii*	9	16	9. 4	18. 3	34	2						
	灌木或小乔木	毛柱野茉莉	*Styrax perkinsiae*						1. 9						
	常绿灌木或小乔木	香花木犀	*Osmanthus suavis*						1. 8						
	常绿乔木或灌木	景东冬青	*Ilex gingtungensis*	5	22.	14. 6	29. 8	19. 7	1. 6						
	常绿灌木	灰白杜鹃	*Rhododendron genestierianum*	4	20	14. 5	25. 8	20. 2	1. 5						
	常绿灌木	云上杜鹃	*Rhododendron pachypodum*	3	14	11. 2	11. 7	9. 9	1. 2						
	常绿乔木或灌木	云南桂花	*Osmanthus yunnanensis*	3	16	12. 2	10. 2	9. 5	1. 2						
	常绿灌木	中缅卫矛	*Euonymus lawsonii*						1. 2						

续表

层次	性状	中文名	拉丁名	样地38　15种　87株　500 m^2						样地34　9种　54株　500 m^2					
				株/从数	高度/m		胸径/cm		重要值/%	株/从数	高度/m		胸径/cm		重要值/%
					最高	平均	最高	平均			最高	平均	最高	平均	
乔木层	灌木或小乔木	小花八角	*Illicium micranthum*	3	11	9.2	8.9	7	1.2						
	常绿小乔木	乔木茵芋	*Skimmia arborescens*	2	18	16	25.7	20.9	1.2						
	常绿乔木	云南木姜子	*Litsea yunnanensis*	2	17	12.5	18.8	14.8	1.1						
	常绿小乔木	茶条果	*Sympiocos ernestii*	2	18	16.	14.2	13.9	1.1						
	落叶乔木	吴茱萸叶五加	*Acanthopanax euosiaefolius*						1.1						
	常绿乔木	华山松	*Pinus armandi*						1						
	常绿灌木或小乔木	高尚杜鹃	*Rhododendron decorum*						1						
	常绿乔木	长梗润楠	*Machilus longipedicellata*						0.9						
	常绿乔木或灌木	印度木荷	*Schima khasiana*						0.9						
	小乔木	双柱柃	*Eurya bifidostyla*						0.9						
	常绿乔木	坚木山矾	*Symplocos dryophila*						0.9						
	常绿灌木或乔木	线叶陷脉冬青	*Ilex delavayi* var. *linearifolia*						0.9						
	常绿乔木	圆叶米饭花	*Lyonia doyonensis*							19	20	13.8	30	15.6	31.9
	常绿乔木	硬斗石栎	*Lithocarpus hancei*							10	20	12	24.8	13.5	14.3
	落叶乔木	旱冬瓜	*Alnus nepalensis*							1	15	15	45.7	45.7	4.8
	常绿乔木	木果石栎	*Lithocarpus xylocarpus*							1	8	8	8.4	8.4	1.1
	常绿乔木	云南红豆杉	*Taxus yunnanensis*							1	9	9	7.8	7.8	1

层次	性状	中文名	拉丁名	样地38　500 m^2					样地34　500 m^2				
				株/从数	高度/m		盖度/%	重要值/%	株/从数	高度/m		盖度/%	重要值/%
					最高	平均				最高	平均		
灌木层	常绿灌木	光叶玉山竹	*Yushania levigata*	213	4.5	3.3	41	45.8	442	5.5	2	43	76.4
	乔木幼树	细齿叶柃	*Eurya nitida*					4.1	1	1.5	1.5	1	1.8
	常绿灌木	须弥青荚叶	*Helwingia himalaica*	2	1.1	0.9	10	3.6					
	常绿灌木	壮刺小檗	*Berberis deinacantha*	1	3.2	3.2	10	3.6					
	乔木幼树	露珠杜鹃	*Rhododendron irroratum*					3.2	1	5.5	5.5	2	4.1
	常绿灌木	地檀香	*Gaultheria forrestii*					2					
	乔木幼树	长梗润楠	*Machilus longipedicellata*	6	2.2	1.7	10	1.3					
	乔木幼树	大白花杜鹃	*Rhododendron decorum*					1.8	3	1.3	1	1	1.8

续表

层次	性状	中文名	拉丁名	样地 38 500 m²					样地 34 500 m²				
				株/丛数	高度/m		盖度/%	重要值/%	株/丛数	高度/m		盖度/%	重要值/%
					最高	平均				最高	平均		
灌木层	乔木幼树	滇四角柃	*Eurya paratetragonoclada*					1.5					
	乔木幼树	多花山矾	*Symplocos ramosissima*	2	1.3	0.9	10	1.6					
	常绿灌木	灰白杜鹃	*Rhododendron genestierianum*	1	0.8	0.8	10	1.8					
	常绿灌木	假香冬青	*Ilex wattii*					1.6	3	3.5	1.6	1	1.8
	乔木幼树	坚木山矾	*Symplocos dryophila*	2	1.3	1.3	10	1.5					
	乔木幼树	毛柱野茉莉	*Styrax perkinsiae*					1.5					
	乔木幼树	米饭花	*Lyonia ovalifolia*					1.8	2	0.6	0.6	1	1.8
	乔木幼树	乔木茵芋	*Skimmia arborescens*	8	3.5	1.7	10	1.4					
	常绿灌木	三叶悬钩子	*Rubus delavayi*					1.5					
	乔木幼树	水红木	*Viburrum cylindricum*					1.8	1	1.1	1.1	1	1.8
	乔木幼树	线叶陷脉冬青	*Ilex delavayi* var. *linearifolia*					1.8					
	乔木幼树	香花木樨	*Osmanthus suavis*					1.6					
	乔木幼树	小花八角	*Illicium micranthum*	3	1.5	1.2	10	1.6					
	乔木幼树	小叶青冈	*Cyclobalanopsis myrsinaefolia*	1	0.5	0.5	10	1.8					
	乔木幼树	印度木荷	*Schima khasiana*					1.6					
	乔木幼树	硬斗石栎	*Lithocarpus hancei*	5	1.1	0.8	10	1.7	6	4.5	2.5	1	1.8
	乔木幼树	云南桂花	*Osmanthus yunnanensis*	1	1	1	10	1.5					
	乔木幼树	中缅卫矛	*Euonymus lawsonii*					1.8					
	乔木幼树	末知一种	—		2	0.8	10	1.4					
	乔木幼树	云南连蕊茶	*Camellia forrdstii*						2	1.3	1.2	1	1.8
	常绿灌木	川滇金丝桃	*Hypericum forrestii*						1	0.7	0.7	1	1.8
	乔木幼树	云南铁杉	*Isuga dumosa*						1	5.5	5.5	1	1.8
	乔木幼树	圆叶米饭花	*Lyonia doyonensis*						3	2.2	1.9	1	1.8
	乔木幼树	瑞丽鹅掌柴	*Schefflera shewliensis*						1	0.6	0.6	1	1.8

层次	性状	中文名	拉丁名	样地 38 500 m²				样地 34 500 m²			
				高度/m		盖度/%	重要值/%	高度/m		盖度/%	重要值/%
				最高	平均			最高	平均		
草本层	直立草本	沿阶草	*Ophiopogon bodinieri*	0.2	0.1	3	16.8	0.2	0.2	1	2.2
	直立草本	宽叶兔儿风	*Ainsliaea latifolia*	0.1	0.1	1	6.1	0.2	0.2	1	2.2

续表

层次	性状	中文名	拉丁名	样地38　500 m²				样地34　500 m²			
				高度/m		盖度/%	重要值/%	高度/m		盖度/%	重要值/%
				最高	平均			最高	平均		
草本层	草本	凉山悬钩子	*Rubus fockeanus*	1.1	0.3	1	6.1	1.6	0.9	1	2.2
	灌木幼苗	多蕊鞘菝葜	*Heterosmilax pdyandra*				4.6				
	直立草本	云南兔儿风	*Ainsliaea yunnanensis*	0.1	0.1	2	4.3	0.6	0.2	1	2.2
	乔木幼树	细齿叶柃	*Eurya nitida*	0.1	0.1	1	3.9	0.4	0.3	1	2.2
	乔木幼树	露珠杜鹃	*Rhododendron irroratum*				3.5				
	草质藤本	毛四叶葎	*Galium bungei* var. *punduanoides*	0.2	0.1	4	2.7	0.1	0.1	1	2.2
	直立草本	粉背瘤足蕨	*Plagiogyria media*	2.2	0.6	4	2.7				
	附生灌木	扶芳藤	*Euonymus fortunei*				2.3				
	直立草本	斑叶兰	*Goodyera schlechtendaliana*				2.3				
	直立草本	长茎沿阶草	*Ophiopogon chingii*				2.3				
	禾木幼苗	大白花杜鹃	*Rhododendron decorum*					0.3	0.1	1	2.2
	草本	金毛铁线莲	*Clematis chrysocoma*				2.3				
	灌木	中缅卫矛	*Euonymus lawsonii*	4			2.3				
	草本	云南角盘兰	*Herminium yunnanense*				2.3				
	草本	柄花茜草	*Rubia podantha*				2.3	0.1	0.1	1	2.2
	直立草本	横脉万寿竹	*Disporum trabeculatum*	0.1	0.1	1	1.5	0.1	0.1	1	2.2
	直立草本	羽裂楼梯草	*Elatostema monandrum*	5.0	0.8	1	1.5				
	直立草本	小斑叶兰	*Goodyera repens*	0.2	0.1	1	1.5	0.1	0.1	1	2.2
	直立草本	川滇斑叶兰	*Goodyera yunnanensis*	0.1	0.1	1	1.5				
	直立草本	爪拉坡蟹甲草	*Parasenecio koualapensis*	0.1	0.1	1	1.5				
	匍匐草本	平卧蓼	*Polygonum strindbergii*	0.1	0.1	1	1.5	0.2	0.2	1	2.2
	直立草本	黑鳞耳蕨	*Polystichum makinoi*	0.3	0.2	1	1.5				
	直立草本	傅氏凤尾蕨	*Pteris fauriei*	0.3	0.2	1	1.5				
	直立草本	膜叶双蝴蝶	*Tripterospermum membranaceum*	0.2	0.1	1	1.5				
	乔木幼树	喜马拉雅虎皮楠	*Daphniphyllum himalayense*	0.1	0.1	1	1.5				

续表

层次	性状	中文名	拉丁名	样地 38　500 m²				样地 34　500 m²			
				高度/m		盖度/%	重要值/%	高度/m		盖度/%	重要值/%
				最高	平均			最高	平均		
草本层	灌木幼苗	须弥青荚叶	*Helwingia himalaica*	0.5	0.2	1	1.5				
	乔木幼树	小花八角	*Illicium micranthum*	0.1	0.1	1	1.5				
	乔木幼树	硬斗石栎	*Lithocarpus hancei*	0.4	0.3	1	1.5	0.2	0.1	1	2.2
	乔木幼树	长梗润楠	*Machilus longipedicellata*	0.4	0.2	1	1.5				
	乔木幼树	针齿铁子	*Myrsine osemiserrata*	0.2	0.2	1	1.5	0.2	0.1	1	2.2
	灌木幼苗	三叶悬钩子	*Rubus delavayi*	0.1	0.1	1	1.5				
	乔木幼树	瑞丽鹅掌柴	*Schefflera shweliensis*	0.2	0.2	1	1.5				
	乔木幼树	乔木茵芋	*Skimmia arborescens*	0.5	0.3	1	1.5				
	乔木幼树	多花山矾	*Symplocos ramosissima*	0.2	0.2	1	1.5				
	灌木幼苗	光叶玉山竹	*Yushania levigata*	0.2	0.1	1	1.5	0.4	0.1	1	2.8
	直立草本	莎草	*Cyperus* sp.					0.3	0.2	2	4.5
	直立草本	大花蔓龙胆	*Crawfurdia angustata*					0.2	0.1	2	3.4
	直立草本	大头兔儿风	*Ainsliaea macrocephala*					0.2	0.1	1	2.2
	直立草本	珠毛香青	*Anaphalis busua*					0.5	0.3	1	2.2
	直立草本	白苞南星	*Arisaema andidissimum*					0.1	0.1	1	2.2
	直立草本	胀萼蓝钟花	*Cyananthus inflatus*					0.5	0.4	1	2.2
	匍匐草本	拉拉藤	*Galium aparine* var. *echinospermum*					0.7	0.3	1	2.2
	直立草本	头花龙胆	*Gentiana cephalantha*					0.1	0.1	1	2.2
	直立草本	辐射凤仙花	*Impatiens radiata*					0.2	0.1	1	2.2
	直立草本	金凤花	*Impatiens siculifer*					0.1	0.1	1	2.2
	直立草本	松毛火绒草	*Leontopodium andersonii*					0.4	0.3	1	2.2
	直立草本	弯弓隐子蕨	*Phymatopteris malacodon*					0.6	0.1	1	2.2
	直立草本	繁缕	*Stellaria media*					0.2	0.2	1	2.2
	灌木幼苗	川滇金丝桃	*Hypericum forrestii*					0.4	0.2	1	2.2
	乔木幼树	大花野茉莉	*Styrax grandiflora*					0.2	0.2	1	2.2
	乔木幼树	假香冬青	*Ilex wattii*					0.2	0.1	1	2.2
	灌木幼苗	尖叶菝葜	*Smilax arisanensis*					0.2	0.1	1	2.2
	灌木幼苗	亮鳞杜鹃	*Rhododendron heliolepis*					0.1	0.1	1	2.2

续表

层次	性状	中文名	拉丁名	样地38 500 m²				样地34 500 m²			
				高度/m		盖度/%	重要值/%	高度/m		盖度/%	重要值/%
				最高	平均			最高	平均		
草本层	乔木幼树	水红木	*Viburnum cylindricum*					0.4	0.2	1	2.2
	乔木幼树	团花新木姜子	*Neolitsea homilantha*					0.1	0.1	1	2.2
	乔木幼树	圆叶米饭花	*Lyonia doyonensis*					0.3	0.3	1	2.2
	乔木幼树	云南红豆杉	*Taxus yunnanensis*					0.3	0.3	1	2.2
	乔木幼树	云南铁杉	*Tsuga dumosa*					0.1	0.1	1	2.2
	乔木幼树	窄叶枇杷	*Eriobotrya henryi*					0.4	0.4	1	2.2
	乔木幼树	壮刺小檗	*Berberis deinacantha*					0.2	0.1	1	2.2
	乔木幼树	窄叶枇杷	*Eriobotrya henryi*					0.4	0.3	1	2.2
层间植物	附生灌木	尖叶花椒	*Zanthoxylum oxyphyllum*				12.3				
	附生灌木	扶芳藤	*Euonymus fortunei*	0.45	0.2	1	26	0.1	0.1	1	11.1
	木质藤本	五叶爪藤	*Holbollia favgesii*	0.4	0.3	1	12.3				
	附生草本	扭瓦韦	*Lepisorus contortus*	0.1	0.1	1	12.3				
	木质藤本	翼梗五味子	*Schisandra henryi*	1	1	1	12.3				
	半木质藤本	崖爬藤	*Tetrastigma obtectum*	0.2	0.2	1	12.3				
	半木质藤本	云南崖爬藤	*Tetrastigma yunnanense*	3	1.1	1	12.3	0.6	0.2	1	11.1
	木质藤本	白木通	*Akebia trifoliata*					0.4	0.4	1	11.1
	附生	撕裂铁角蕨	*Asplenium laciniatum*					0.1	0.1	1	11.1
	木质藤本	大叶鹿角藤	*Chonemorpha macrophylla*					1.1	1.1	1	11.1
	附生	汇生瓦韦	*Lepisorus confluens*					0.1	0.1	1	11.1
	附生	棕鳞瓦韦	*Lepisorus scolopendrium*					0.2	0.2	1	11.1
	木质藤本	香花岩豆藤	*Millcttia diclsiana*					0.4	0.4	1	11.1
	附生	短尖景天	*Sedum beauverdii*					0.1	0.1	1	11.1

资料来源：王娟等，2010

灌木层高度为0.5～5 m，盖度可达85%，灌木植物丰富，主要由乔木幼树和光叶玉山竹（*Yushania levigata*）组成，主要的乔木幼树有铁杉、大白花杜鹃、露珠杜鹃、硬斗石栎、云南连蕊茶、圆叶米饭花、长梗润楠（*Machilus longipedicellata*）、假香冬青（*Ilex wattii*）、乔木茵芋（*Skimmia arborescens*）、小花八角（*Illicium micranthum*）、瑞丽鹅掌柴（*Schefflera shewliensis*）等，光叶玉山竹的盖度较大，可达45%左右。

草本层较发达，组成丰富，盖度达20%～40%，平均高度为0.2～0.5 cm，常见植物有沿阶草（*Ophiopogon bodinieri*）、宽叶兔儿风（*Ainsliaea* sp.）、凉山悬钩子（*Rubus fockeanus*）、云南兔儿风（*Ainsliaea yunnanensis*）、柄花茜草（*Rubia podantha*）、横脉万寿竹（*Disporum trabeculatum*）、小斑叶兰（*Goodyera repens*）、平卧蓼（*Polygonum strindbergii*）、针齿铁子（*Myrsine osemiserrata*）等。草本层中依然

见到许多阔叶林乔木树种的幼苗更新。

层间植物相对较多，木质藤本有五叶爪藤（*Holbollia favgesii*）、翼梗五味子（*Schisandra henryi*）、白木通（*Akebia trifoliata*）、大叶鹿角藤（*Chonemorpha macrophylla*）、香花岩豆藤（*Millcttia diclsiana*）；还有一些附生植物如扭瓦韦（*Lepisorus contortus*）、撕裂铁角蕨（*Asplenium laciniatum*）、汇生瓦韦（*Lepisorus confluens*）、棕鳞瓦韦（*Lepisorus scolopendrium*）、短尖景天（*Sedum beauverdii*）等。

滇西北云南铁杉林分布于云冷杉林下方，常见于湿润开阔山谷和谷坡。白马雪山国家级自然保护区的铁杉常与丽江云杉、云南松、华山松等形成混交林。根据珠巴洛河东面山坡沟谷样地资料（云南省林业厅等，2003），样地情况见表4-7。

群落乔木层分为两层，上层乔木由云南铁杉、丽江云杉、云南松组成，平均树高为28 m，平均胸径为30～36 cm，年龄约100a，郁闭度为0.6。乔木亚层由吴茱叶五加（*Acanthopanax evodiaefolius*）、华榛（*Corylus chinensis*）、云南红豆杉（*Taxus yunnanensis*）、丽江槭（*Acer forrestii*）、高山木姜子（*Litsea chunia*）、少齿花楸（*Sorbus oligodonta*）等组成，平均树高为6～8 m，平均胸径为10～12 cm。灌木层层盖度为40%，层高为1.5～2 m，主要灌木种有箭竹（*Sinarundinaria nitida*）、叶上珠（*Helwingia japonica*）、云南双盾木（*Dipelta yunnanensis*）、丘生卫茅（*Euonymus clivicolus*）等。草本层稀疏，不明显。

表4-7　云南铁杉林群落样地调查表

地点：茨卡通北珠曲	样地号：11	样地面积：0.09 hm^2	郁闭度：0.6		
坡向：E	坡度：28°	海拔：2600 m	坡位：沟谷谷坡		
乔木层					
林层	种类	株数	树高/m	胸径/cm	组成/%
Ⅰ	云南铁杉 *Tsuga dumosa*	17	26	35	52
Ⅰ	丽江云杉 *Picea likiangensis*	1	26	30	3
Ⅰ	云南松 *Pinus yunnanensis*	2	18	22	6
Ⅱ	华山松 *Pinus armandi*	1	20	24	3
Ⅱ	云南红豆杉 *Taxus yunnanensis*	1	8	10	3
Ⅱ	吴茱叶五加 *Acanthopanax evodiaefolius*	5	7	12	15
Ⅱ	少齿花楸 *Sorbus oligodonta*	1	6	12	3
Ⅱ	高山木姜子 *Litsea chunia*	1	6	8	3
Ⅱ	华榛　*Corylus chinensis*	2	9	14	6
Ⅱ	丽江槭 *Acer forrestii*	1	7	12	3
Ⅱ	错枝冬青 *Ilex intricata*	1	6	6	3

灌木层	层盖度：40%，层高：1.5～2 m	
种类	多度	平均高/m
箭竹 *Sinarundinaria nitida*	cop1	2.5
叶上珠 *Helwingia japonica*	sol	1.5
钝叶栒子 *Cotoneaster hebephyllus*	sp	1
高山木姜子 *Litsea chunia*	sp	2
白绒绣球花 *Hydrangea aspera*	sp	1.2
错枝冬青 *Ilex intricata*	sol	3
云南双盾木 *Dipelta yunnanensis*	sol	1.5
水红木 *Viburnum cylindricum*	sp	1.5
镰果杜鹃 *Rhododendron diaprepes*	sp	2.4

续表

灌木层	层盖度：40%，层高：1.5~2 m	
种类	多度	平均高/m
防己叶菝葜 *Smilax menispermoidea*	sp	1
薄叶杜鹃 *Rhododendron jucundum*	sp	1.5
毛叶绣绒莓 *Neillia ribesioides*	sp	1.2
丘生卫矛 *Euonymus clivicolus*	sol	1.8
草本层	层盖度：20%，层高：0.8 m	
种类	多度	平均高/m
密鳞鳞毛蕨 *Dryopteris fibrilosa*	sp	0.8
南方山荷叶 *Diphylleia sinensis*	sol	0.4
掌裂蟹甲草 *Cacalia palmatisecta*	sp	0.5
宽穗兔儿风 *Ainsliaea latifolia* var. *platyphylla*	sp	0.4
羊齿天门冬 *Asparagus filicinus*	sp	0.6
五叶草 *Geranium nepalense*	cop1	0.2
高山象牙参 *Roscoea alpina*	sp	0.3
毛发唐松草 *Thalictrum trichopus*	sp	0.4
一把伞南星 *Arisaema erubescens*	sp	0.3
多叶苔草 *Carex foliosa*	sp	0.3
坚挺马先蒿 *Pedicularis rigida*	sp	0.2
齿片玉凤花 *Habenaria finetiana*	sp	0.2
金头鼠麴草 *Gnaphalium chrysocephalum*	sp	0.3
虎掌草 *Anemone rivularis*	sp	0.3
大丁草 *Leibinitzia anandria*	sp	0.2
草血竭 *Polygonum paleaceum*	cop1	0.1
多叶重楼 *Paris polyphylla*	sp	0.3

资料来源：云南省林业厅等，2003

（2）高山松林（Form. *Pinus densata*）

高山松林是川西、藏东南、滇西北的特有类型。在滇西北主要分布在海拔3000 m以上的干旱山地，下接云南松。澜沧江中游流域白马雪山国家级自然保护区珠巴洛河茨卡通从海拔2600 m开始就有高山松分布，而更集中的海拔范围是3000~3400 m，分布海拔相对较高。

高山松以纯林居多，有时也有混交林，高山松与矮高山栎混交，一般矮高山栎（*Quercus monimotricha*）在下层（表4-8）。

群落乔木就一层，郁闭度为0.6，平均树高为9~10 m，平均胸径为12~20 cm。由高山松和华山松组成。灌木层盖度较小，层盖度为20%~40%，层高为1~2 m，主要植物种有土千年健（*Vaccinium fragile*）、矮高山栎、大白花杜鹃、陇塞忍冬（*Lonicera tangutica*）等。草本层盖度20%，高度为0.2~0.4 m，常见植物有穗序野古草（*Arundinella hookeri*）、野青茅（*Deyeuxia arundinacea*）、云南裂稃草（*Schizachyrium delavayi*）、早熟禾（*Poa annua*）、中华槲蕨（*Drynaria sinica*）等。

表 4-8 高山松林样地调查表

地点：叶日，羊拉公路一侧	样地号：10	样地面积：0.04 hm^2	郁闭度：0.6
坡向：E 坡度：30°	海拔：3300 m	土壤：棕壤	母岩：石灰岩

乔木层

种类	年龄/年	郁闭度	树高/m		胸径/cm		蓄积/(m^3/hm^2)	组成/%
			平均	最大	平均	最大		
高山松 *Pinus densata*	80	0.6	9	12	20	24	11.3	99.1
华山松 *Pinus armandi*			10	10	12	12	1	0.9

灌木层　层盖度：20% ~40%，层高：1 ~2 m

种类	多度	平均高/m
大白花杜鹃 *Rhododendron decorum*	sp	1.5
陇塞忍冬 *Lonicera tangutica*	sp	1.2
南方六道木 *Abelia dielsii*	sp	1.3
云南杜鹃 *Rhododendron yunnanense*	sp	1.3
树生越橘 *Vaccinium dendrocharis*	sp	1.8
土千年健 *Vaccinium fragile*	cop1	0.2
云南锦鸡儿 *Caragana franchetiana*	sp	0.8
金丝海棠 *Hypericum hookeriranum*	sp	0.6
刺红珠 *Berberis dictyophylla*	sp	0.5
毛喉杜鹃 *Rhododendron cephalanthum*	sp	2
矮高山栎 *Quercus monimotricha*	cop1	0.6

草本层　层盖度：20%，高度：0.2 ~0.4 m

种类	多度	平均高/m
戟叶火绒草 *Leontopodium dedekensii*	sp	0.2
黄腺香青 *Anaphalis aureopunctata*	sp	0.2
珠子参 *Panax japonicus*	sol	0.2
卷叶黄精 *Polygonatum cirrhifolium*	sol	0.8
康定玉竹 *Polygonatum prattii*	sol	0.3
蛇莓 *Duchesnea indica*	sp	0.1
中华槲蕨 *Drynaria sinica*	sp	0.3
野青茅 *Deyeuxia arundinacea*	sp	0.4
云南裂稃草 *Schizachyrium delavayi*	sp	0.4
早熟禾 *Poa annua*	sp	0.4
穗序野古草 *Arundinella hookeri*	sp	0.6
云南龙胆 *Gentiana yunnanensis*	sp	0.2
云南紫菀 *Aster yunnanensis*	sp	0.2
象头南星 *Arisaema franchetianum*	sp	0.3

资料来源：云南省林业厅等，2003

4.2.1.4 寒温性针叶林

寒温性针叶林作为我国一种重要的森林植被类型，广布于温带、暖温带、亚热带、热带地区。其主要由冷杉属（*Abies*）、云杉属（*Picea*）、落叶松属（*Larix*）、圆柏属（*Sabina*）、松属（*Pinus*）的种类组成。澜沧江流域上，寒温性针叶林分布于中上游流域的青海、西藏、云南一些高海拔山地，以及构成亚高山稳定的垂直分布带，海拔在 3000 ~ 4500 m，低至河谷沟谷，上延伸形成树线（云南植被编写组，1987；徐凤翔，1981；中国植被编辑委员会，1980）。林分环境寒冷、潮湿或干燥，土地较贫瘠，林下形成苔藓层。

（1）川西云杉林（Form. *Picea likiangensis* var. *balfouriana*）

川西云杉林在青藏高原东缘分布最广，也是最具代表性的森林类型。海拔在 3300 ~ 4500 m，是云杉属中分布最高的类型。林分组成和结构比较简单，生性耐高寒，多呈片状分布于沟谷地段，林相单纯整齐。在澜沧江流域上主要分布于青海的江西林场、白扎林场，直至西藏南部（何友均，2005；李国发等，2001；徐凤翔，1981；中国植被编辑委员会，1980）。在此，使用青海省白扎林场的调查数据来说明（表 4-9）。

乔木层林相整齐，结构较为简单，川西云杉（*P. likiangensis* var. balfouriana）形成明显的优势类群，一般混有云杉属或冷杉属的其他伴生树种。乔木层郁闭度较小，约 0.5，川西云杉树高为 15 ~ 30 m，胸径为 20 ~ 45 cm，有的可达 65 cm 以上。

川西云杉分布较广，在同一海拔上，由于环境不同，其灌木和草本成分的差异也十分明显。由于林冠较大，灌木层盖度一般较小，多为 10% ~ 40%。灌木层高度多在 1 ~ 2.5 m，分布较为稀疏。常见的种类有刚毛忍冬（*Lonicera hispida*）、越橘叶忍冬（*L. myrtillus*）、窄叶鲜卑花（*Sibiraea angustata*）、金露梅（*Potentilla fruticosa*）、冰川茶藨子（*Ribes glaciale*）、柳（*Salix* sp.）、小檗（*Berberis* sp.）、高山绣线菊（*Spiraea alpina*）等种类。林下木本植物还包括川西云杉的幼苗。

草本层种类丰富，但较为稀疏，成丛现象不明显。其高度在 10 ~ 30 cm，盖度在 50% 左右。常见的有甘青老鹳草（*Geranium pylzowianum*）、甘西鼠尾草（*Salvia przewalskii*）、双花堇菜（*Viola biflora*）、东方草莓（*Fragaria orientalis*）、疏花早熟禾（*Poa chalarantha*）、珠芽蓼（*Polygonum viviparum*）、苔草（*Carex* sp.）、缬草（*Valeriana officinalis*）、冷蕨（*Cystoperis fragilis*）、粉背蕨（*Aleuritopteris* sp.）等。

（2）大果圆柏林（Form. *Sabina tibetica*）

大果圆柏可以看作是山地针叶林向高寒灌丛或高原草甸一种过渡性的疏林，多分布于阳坡。生性喜阳、耐寒旱、耐贫瘠，分布海拔在 3600 ~ 4200 m，是分布海拔最高的森林类型之一。群落林相单一整齐，林木比较稀疏，树木长势较低矮，林下枯落物较少。澜沧江流域上，主要分布于青海的江西林场、白扎林场，西藏南部、滇西北等宽谷地带（何友均，2005；李国发等，2001；中国植被编辑委员会，1980）。调查数据集中于澜沧江源区的杂多、囊谦两地（表 4-10）。

乔木层稀疏，林分郁闭度为 0.5 左右，林木多分枝。多形成以大果圆柏为单种优势的纯林，树高为 4 ~ 10 m，胸径为 10 ~ 50 cm，低矮粗壮。林木生存条件恶劣，生长缓慢。

灌木层稀疏，种类少，盖度为 15% ~ 60%，高度为 1 ~ 3 m。种类组成多以大果圆柏的幼树居多，常见的还有高山绣线菊（*Spiraea alpina*）、蒙古绣线菊（*S. mongolica*）、刚毛忍冬（*Lonicera hispida*）、岩生忍冬（*L. rupicola*）、冰川茶藨子（*Ribes glaciale*）、小檗（*Berberis* sp.）等。

草本种类较多，成分也比较复杂，既有高寒草甸成分，也有寒温性针叶林的喜阴成分。盖度为 30% ~ 50%，高度在 15 ~ 40 cm。常见草本有嵩草（*Kobresia* sp.）、苔草（*Carex* spp.）、狼毒（*Stellera chamaejasme*）、早熟禾（*Poa* spp.）、甘肃棘豆（*Oxytropis kansuensis*）、高山唐松草（*Thalictrum alpinum*）、火绒草（*Leontopodium leontopodioides*）、委陵菜（*Potentilla* spp.）、圆穗蓼（*Polygonum macrophyllum*）、蒿（*Artemisia* spp.）、甘青青兰（*Dracocephalum tanguticum*）、甘西鼠尾草（*Saliva przewalskii*）、椭圆叶花锚（*Halenia elliptica*）、糙野青茅（*Deyeuxia scabrescens*）等。

表 4-9　川西云杉群落样地调查表

样地号,面积,时间	NQ06,20 m×20 m,2010 年 8 月 15 日	NQ07,20 m×20 m,2010 年 8 月 17 日	NQ08,20 m×20 m,2010 年 8 月 17 日
调查人	方志强、刘鑫、金艳强	方志强、刘鑫、金艳强	方志强、刘鑫、金艳强
地点	青海囊谦县白扎林场	青海囊谦县白扎林场	青海囊谦县白扎林场
GPS	96°32′12. 20″E, 31°50′32. 68″N	96°31′15. 26″E, 31°52′28. 61″N	96°31′57. 08″E, 31°51′29. 89″N
海拔,坡向,坡位,坡度	3791m,NE21°,下,52°	3854m,NW45°,中下,31°	3848m,NW74°,中下,36°
生境地形特点	坡度大	样地下方有河流	倒木较多
特别记录/人为影响	天然林	天然林	天然林
乔木层盖度,优势种	44%,川西云杉	46%,川西云杉	52%,川西云杉
灌木层盖度,优势种	25%,唐古特忍冬、川西云杉	15%,金露梅、川西云杉、柳	12%,刚毛忍冬、川西云杉、小檗
草本层盖度,优势种	60%,苔草、珠芽蓼	35%,珠芽蓼、苔草	85%,苔草、珠芽蓼

层次	中文名	拉丁名	株/从数	高度/m		胸径/cm		株/从数	高度/m		胸径/cm		株/从数	高度/m		胸径/cm	
				最高	平均	最大	平均		最高	平均	最大	平均		最高	平均	最大	平均
乔木层	川西云杉	*Picea likiangensis* var. *balfouriana*	3	21	15. 7	26. 9	14. 2	9	21	10. 1	65. 5	31. 5	10	28	16. 3	67. 2	37. 3
	云杉	*Picea* sp.	9	27	16. 9	63. 9	33. 4	1	19	19	87. 7	87. 7					

层次	中文名	拉丁名	株/从数	高度/m		盖度/%	株/从数	高度/m		盖度/%	株/从数	高度/m		盖度/%
				最高	平均			最高	平均			最高	平均	
灌木层	川西云杉	*Picea likiangensis* var. *balfouriana*	3	1. 39	1	14. 6	3	2. 1	1. 36	8. 2	4	2. 9	1. 8	12. 7
	刚毛忍冬	*Lonicera hispida*	6	0. 47	0. 29	1. 6	13	0. 52	0. 4	1. 2	37	0. 8	0. 3	1. 7
	金露梅	*Potentilla fruticosa*	3	0. 42	0. 25	0. 9	16	1. 25	0. 5	2. 2				
	柳	*Salix* sp.	1	2. 2	1. 4	4. 5	8	3. 1	1. 4	14. 1	1	2. 1	1. 7	5. 6
	越橘叶忍冬	*Lonicera myrtillus*	17	1. 42	0. 9	6. 4	1	1. 2	1. 2	3. 0	5	1. 4	0. 7	4. 7
	小檗	*Berberis* sp.	9	3. 6	0. 5	2. 2	1	1. 2	1. 2	2. 5	3	1. 6	1. 5	12. 1
	栒子	*Cotoneaster* sp.	2	0. 89	0. 7	2. 1								
	银露梅	*Potentilla glabra*	3	0. 23	0. 16	0. 6								

续表

层次	中文名	拉丁名	株/从数	高度/m		盖度/%	株/从数	高度/m		盖度/%	株/从数	高度/m		盖度/%
				最高	平均			最高	平均			最高	平均	
灌木层	云杉	*Picea* sp.	6	3.2	1.2	3.2	3	1.4	0.6	2.1				
	冰川茶藨子	*Ribes glaciale*					1	2.3	2.1	3.8	4	2.1	2.1	10.0
	高山绣线菊	*Spiraea alpina*					4	0.61	1.4	1.0				
	窄叶鲜卑花	*Sibiraea angustata*					4	1.6	1	10.1	2	1.8	1.5	15.6

层次	中文名	拉丁名	频度	高度/m	盖度/%	频度	高度/m	盖度/%	频度	高度/m	盖度/%
草本层	报春	*Primula* sp.	1	0.04	1.0				3	0.09	3.15
	草玉梅	*Anemone rivularis*	1	0.02	1.0	5	0.04	7.2	9	0.12	2.5
	长果婆婆纳	*Veronica ciliata*	3	0.11	0.6	1	0.04	1.0			
	灯芯草	*Juncus* sp.	2	0.27	1.6	5	0.33	2.8	6	0.24	2.7
	东方草莓	*Fragaria orientalis*	9	0.04	3.1	17	0.03	4.3	18	0.05	8.8
	多枝柳叶菜	*Epilobium fastigiatoramosum*	8	0.15	1.3	1	0.08	1.0			
	粉背蕨	*Aleuritopteris* sp.	1	0.27	1.6						
	甘青老鹳草	*Geranium pylzowianum*	14	0.04	3.9	18	0.04	3.8	16	0.05	3.9
	甘西鼠尾草	*Salvia przewalskii*	5	0.28	7.7	2	0.26	8.8	8	0.24	4.7
	高山露珠草	*Circaea alpina*	5	0.04	1.1				5	0.03	1.2
	蒿	*Artemisia* sp.	1	0.45	5.8						
	黄堇	*Corydalis* sp.	3	0.04	0.8				8	0.09	1.3
	卷叶黄精	*Polygonatum cirrhifolium*	7	0.23	1.4	1	0.26	1.0	6	0.17	0.9
	角盘兰	*Herminium monorchis*	2	0.04	0.2						
	狼毒	*Stellera chamaejasme*							1	0.37	3.2
	冷蕨	*Cystoperis fragilis*	6	0.24	1.4						

续表

层次	中文名	拉丁名	频度	高度/m	盖度/%	频度	高度/m	盖度/%	频度	高度/m	盖度/%
草本层	双花堇菜	*Violabiflora*	11	0. 01	1. 5	15	0. 01	2. 5	18	0. 03	3. 6
	柳兰	*Epilobium angustifolium*	2	0. 23	4. 8	15	0. 13	3. 6	4	0. 2	3. 5
	美丽风毛菊	*Saussurea pulchra*				8	0. 16	2. 6	3	0. 12	1. 7
	双叉细柄茅	*Ptilagrostis dichotoma*	8	0. 16	5. 0	6	0. 21	4. 2	9	0. 341	3. 4
	疏花早熟禾	*Poa chalarantha*	13	0. 26	6. 8	18	0. 34	6. 3	6	0. 27	6. 3
	雀麦	*Bromus*sp.	3	0. 19	5. 3	3	0. 17	3. 1	4	0. 29	3. 6
	青海刺参	*Morina kokonorica*	9	0. 16	3. 9	2	0. 14	0. 8	4	0. 15	2. 9
	苔草	*Carex*sp.	16	0. 17	10. 1	9	0. 19	15. 8			
	缬草	*Valeriana officinalis*	10	0. 14	1. 6	14	0. 13	1. 4	9	0. 13	0. 9
	野韭	*Allium* sp.	11	0. 17	1. 9	13	0. 2	5. 9	7	0. 18	1. 1
	野决明	*Thermopsis* sp.	9	0. 13	3. 1						
	珠芽蓼	*Polygonum viviparum*	12	0. 17	10. 1	19	0. 18	16. 6	13	0. 19	16. 9
	紫花碎米荠	*Cardamine tangutorum*	1	0. 07	0. 6						
	紫菀	*Aster* sp.	2	0. 07	1. 3				12	0. 06	2. 7
	叠裂银莲花	*Anemone imbricata*				9	0. 12	2. 5	1	0. 13	0. 2
	垂穗披碱草	*Elymus nutans*				3	0. 26	8. 0	10	0. 24	9. 3
	椭圆叶花锚	*Halenia elliptica*				4	0. 2	1. 0	8	0. 24	1. 8
	早熟禾	*Poa* sp.				2	0. 24	4. 8	8	0. 26	9. 4

注:该群落调查数据由中国科学院成都生物研究所包维楷研究员课题组提供

表 4-10　大果圆柏群落样地调查表

样地号，面积，时间	ZD02，20 m×20 m，2010 年 7 月 31 日	ZD06，20 m×20 m，2010 年 8 月 1 日	NQ09，20 m×20 m，2010 年 8 月 18 日
调查人	方志强、刘鑫、金艳强	方志强、刘鑫、金艳强	方志强、刘鑫、金艳强
地点	青海杂多县	青海杂多县	青海囊谦县白扎林场
GPS	95°30′09. 85″E，32°51′23. 50″N	95°31′56. 99″E，32°51′22. 42″N	96°32′28. 30″E，31°52′49. 00″N
海拔，坡向，坡位，坡度	4038m，SW30°，中，32°	3992m，SE45°，下，16°	3875m，SW20°，下，22. 5°
生境地形特点	高山阳坡	河边	碎石多
特别记录/人为影响	天然林	天然林	天然林
乔木层盖度，优势种	45%，大果圆柏	42%，大果圆柏	65%，大果圆柏
灌木层盖度，优势种	65%，大果圆柏	27%，大果圆柏	18%，小檗、大果圆柏
草本层盖度，优势种	50%，细杆苔草、委陵菜、火绒草	38%，甘西鼠毛草、委陵菜、火绒草	48%，旱雀麦、细杆苔草

层次	中文名	拉丁名	株/丛数	高度/m		胸径/cm		株/丛数	高度/m		胸径/cm		株/丛数	高度/m		胸径/cm	
				最高	平均	最大	平均		最高	平均	最大	平均		最高	平均	最大	平均
乔木层	大果圆柏	*Sabina tibetica*	26	5. 8	3. 1	32. 23	11. 95	33	4. 7	3. 1	23. 34	8. 95	47	9. 3	4. 1	48. 03	10. 84

层次	中文名	拉丁名	株/丛数	高度/m		盖度/%	株/丛数	高度/m		盖度/%	株/丛数	高度/m		盖度/%
				最高	平均			最高	平均			最高	平均	
灌木层	冰川茶藨子	*Ribes glaciale*					2	0. 32	0. 24	0. 8	8	1. 83	1. 1	3. 7
	大果圆柏	*Sabina tibetica*	21	3. 7	1. 73	32. 2	42	3. 5	2	32. 1	6	2. 1	1. 17	17. 8
	刚毛忍冬	*Lonicera hispida*					1	0. 78	0. 78	1. 5	2	3. 28	1. 43	17. 0
	高山绣线菊	*Spiraea alpina*					6	2. 1	1. 2	15. 8	4	1. 78	1. 2	10. 2
	蒙古绣线菊	*Spiraea mongolica*					3	1. 3	0. 9	6. 2	3	1. 04	0. 88	2. 8
	小檗	*Berberis* sp.					8	2. 5	1. 5	16. 5	74	1. 65	0. 84	9. 8
	野拔子	*Elsholtzia rugulosa*									1	0. 72	0. 72	4. 4
	岩生忍冬	*Lonicera rupicola*					8	1. 3	0. 68	2. 4				

续表

层次	中文名	拉丁名	频度	高度/m	盖度/%	频度	高度/m	盖度/%	频度	高度/m	盖度/%
草本层	川藏蒲公英	*Taraxacum maurocarpum*	4	0. 04	2. 2	5	0. 15	2. 3			
	翠雀	*Delphinium* sp.	2	0. 22	1. 6				1	0. 28	3. 2
	双叉细柄茅	*Ptilagrostis dichotoma*	6	0. 33	6. 3						
	叠裂银莲花	*Anemone imbricata*	12	0. 14	1. 8						
	甘肃棘豆	*Oxytropis kansuensis*	12	0. 10	2. 3	6	0. 11	1. 3			
	甘青青兰	*Dracocephalum tanguticum*	17	0. 25	3. 0	10	0. 21	2. 3	2	0. 2	2. 7
	藁本	*Ligusticum* sp.	2	0. 11	1. 0						
	黄花马先蒿	*Pedicularis* sp.	4	0. 12	0. 6						
	火绒草	*Leontopodium leontopodioides*	19	0. 22	12. 3	16	0. 2	6. 3	1	0. 16	2. 6
	狼毒	*Stellera chamaejasme*	14	0. 32	3. 3	7	0. 33	4. 8	3	0. 23	1. 6
	雀麦	*Bromus* sp.	13	0. 33	3. 4	9	0. 26	9. 9	3	0. 48	6. 4
	沙蒿	*Artemisia desertorum*	13	0. 21	2. 8	2	0. 20	2. 1			
	双花堇菜	*Viola biflora*	4	0. 03	2. 5	7	0. 04	2. 4	7	0. 05	1. 8
	嵩草	*Kobresia* sp.	8	0. 26	8. 9	1	0. 32	9. 6			
	委陵菜	*Potentilla* sp.	18	0. 17	8. 2	17	0. 23	5. 5	4	0. 06	2. 1
	微孔草	*Microula sikkimensis*	1	0. 16	0. 2	2	0. 18	3. 7	4	0. 14	1. 0
	细杆苔草	*Carex* sp.	19	0. 26	15. 2	10	0. 23	9. 5	11	0. 18	12. 4
	裂叶蒿	*Artemisia* sp.	11	0. 16	2. 0	3	0. 18	2. 3			
	早熟禾	*Poa* sp.	15	0. 31	8. 6	9	0. 38	8. 0	9	0. 34	6. 7
	致细柄茅	*Ptilagrostis concinna*	2	0. 22	7. 2						
	紫菀	*Aster* sp.	8	0. 14	4. 9				4	0. 22	9. 2
	圆穗蓼	*Polygonum macrophyllum*	1	0. 12	3. 6						

续表

层次	中文名	拉丁名	频度	高度/m	盖度/%	频度	高度/m	盖度/%	频度	高度/m	盖度/%
草本层	龙胆	*Gentiana* sp.	6	0.05	0.2	6	0.06	0.5			
	香青	*Anaphalis* sp.	1	0.18	1.6	6	0.14	2.6	5	0.17	2.5
	中华羊茅	*Festuca sinensis*	3	0.31	8.5	1	0.26	2.6	1	0.22	0.5
	糙野青茅	*Deyeuxia scabrescens*				1	0.42	4.8	6	0.36	5.5
	疏花早熟禾	*Poa chalarantha*				9	0.37	21.8	1	0.34	0.3
	美丽风毛菊	*Saussurea pulchra*				4	016	6.0			
	白苞筋骨草	*Ajuga lupulina*				2	0.08	2.1			
	喉毛花	*Comastoma pulmonarium*				5	0.08	0.3			
	草玉梅	*Anemone rivularis*				1	0.16	1.0	8	0.36	8.0
	冷蕨	*Cystoperis fragilis*				1	0.22	8.0			
	蓝钟花	*Cyananthus* sp.							3	0.06	3.6
	垂穗鹅观草	*Roegneria nutans*							2	0.18	4.8
	多刺绿绒蒿	*Meconopsis horridula*							13	0.05	7.2
	甘西鼠尾草	*Salvia przewalskii*				1	0.36	6.4	10	0.24	5.1
	高山唐松草	*Thalictrum* alpinum				6	0.31	1.8	11	0.34	4.5
	肉果草	*Lancea tibetica*				2	0.02	0.5	1	0.03	2.6
	椭圆叶花锚	*Halenia elliptica*	1	0.08	0.1	7	0.13	1.8	10	0.16	2.2
	旱雀麦	*Bromus tectorum*							6	0.31	1.9

注：该群落调查数据由中国科学院成都生物研究所包维楷研究员课题组提供

（3）鳞皮冷杉林（Form. *Abies squamata*）

鳞皮冷杉林为青藏高原东缘所特有，川西为其主要分布区，而在澜沧江流域上主要分布于青海南部，西藏东南部左贡、芒康的高山峡谷地带，海拔在 3500～4100 m，多呈块状分布。鳞皮冷杉耐旱性强，为我国冷杉属中最耐旱的树种。林内环境潮湿，地下藓类发达（中国科学院青藏高原综合科学考察队，1988，1988；徐凤翔，1981；中国植被编辑委员会，1980）。

乔木层郁闭度为 0.5 左右，其林分大多可分出两个以上亚层，异龄复层林居多。鳞皮冷杉树高为 20～30m，胸径为 30～65 cm。

灌木层种类丰富，多以杜鹃花属（*Rhododendron*）、忍冬属（*Lonicera*）、栒子属（*Cotoneaster*）的种类居多，如银背杜鹃（*R. vernicosum*）、毛喉杜鹃（*R. cephalanthum*）、岩生忍冬、刚毛忍冬等，其他常见的有细枝绣线菊、冰川茶藨子、金露梅等（中国植被编辑委员会，1980）。

草本层种类也较多，但稀疏，常见的有紫花碎米荠（*Cardamine tangutorum*）、虎耳草（*Saxifraga* sp.）等，草本层弱化，形成由苔藓组成的地被层，盖度大，长势较好。

其灌木层、草本层植物组成随林地的立地环境差异而有所不同。

（4）长苞冷杉林（Form. *Abies georgei*）

长苞冷杉林主要分布在滇西北、西藏昌都等地。在此以白马雪山国家级自然保护区分布的长苞冷杉林为例进行说明。白马雪山自然保护区有 6 种，长苞冷杉（*Abies georgei*）林在保护区分布广、资源量大，有纯林，也有与苍山冷杉（*A. delavayi*）、中甸冷杉（*A. ferrena*）、川滇冷杉（*A. forrestii*）等的混交林。根据《白马雪山国家级自然保护区》资料显示，保护区长苞冷杉林有两个群落：①长苞冷杉、亮叶杜鹃群落；②长苞冷杉、箭竹群落。

长苞冷杉、亮叶杜鹃群落调查描述如下（云南省林业厅等，2003）。群落外貌黛绿色，树冠呈塔形，林相整齐，乔木分 2 层，上层为长苞冷杉，高为 25 m，郁闭度为 0.4；乔木下层树种也单一，只有亮叶杜鹃与红桦两种，高为 10～12 m，郁闭度为 0.25；林下有箭竹层片，高为 2～3 m；地面苔藓层盖度为 40%～50%，苔藓层厚为 3～5 cm。样地见表 4-11。

表 4-11　长苞冷杉、亮叶杜鹃群落样地调查表

地点：叶日　样地号：23　样地面积：0.09 hm^2　年龄：200 年　坡向：东坡　坡度：20°　海拔：3600 m						
乔木层						
林层	种类	郁闭度	树高/m	胸径/cm	蓄积/（m^3/hm^2）	组成/%
Ⅰ	长苞冷杉 *Abies georgei*	0.4	25	47	624.6	100
Ⅱ	亮叶杜鹃 *Rhododendron vernicosum*	0.25	10	15	27.4	81.1
	红桦 *Betula albosinensis*		14	12	6.4	18.9
	小计				658.4	

灌木层	层盖度：30%～50%，层高：2～4 m	
种类	多度	平均高/m
箭竹 *Sinarundinaria nitida*	cop1	2～4
海绵杜鹃 *Rhododendron pingianum*	sp	1.5
峨眉蔷薇 *Rosa omeiensis*	sp	0.6
高山覆盆子 *Pubus cockburnianus*	sp	0.6
川滇花楸 *Sorbus vilmorinii*	sp	2.0
黑果醋栗 *Ribes glaciale*	sp	1.5
柳叶忍冬 *Lonicera lanceolata*	sp	1.0
桦叶荚蒾 *Viburnum betulifolium*	sp	1.5

续表

灌木层	层盖度：30% ~50%，层高：2 ~4 m	
种类	多度	平均高/m
卵叶绣线菊 *Spiraea ovalis*	sp	1.5
槭一种 *Acer* sp.	sp	2.0
高山桦 *Betula delavayi*	sol	1.5
草本层	层盖度：40%，层高：0.4 m	
种类	多度	平均高/m
云南兔儿风 *Ainsliaea yunnanensis*	sp	0.3
珠子参 *Panax japonicus*	sol	0.2
报春花 *Primula malacoides*	sp	0.2
陆英 *Sambucus chinensis*	cop1	0.5
柳兰 *Chamaenerion angustifolium*	sp	0.3
纤维鳞毛蕨 *Dryopteris sinofibrillosa*	sp	0.3
金黄马先蒿 *Pedicularis aurata*	sp	0.2
腋花马先蒿 *Pedicularis axillaris*	sp	0.2
德钦马先蒿 *Pedicularis deqingensis*	sp	0.2
黑被苔草 *Carex atrata* ssp.	sp	0.3
其宗苔草 *Carex handelii*	sp	0.3
委陵菜 *Potentilla chinensis*	sp	0.1
野葱 *Allium hookeri*	sp	0.3
地丁 *Viola* sp.	sp	0.2
云南山嵛菜 *Eutrema yunnanensis*	sp	0.2
升麻 *Cimicifuga foetida*	sp	0.3
黄花鼠尾 *Salvia flava*	sp	0.2

资料来源：云南省林业厅等，2003

（5）丽江云杉林（Form. *Picea likiangensis*）

丽江云杉是中国西部地区云杉林中分布最南的一个群系，属阳性喜湿润类型，主要分布于滇西北，在香格里拉县、玉龙雪山、白马雪山、梅里雪山等区域比较常见。在垂直分布上多分布于冷杉林下部，呈斑块状分布于海拔 3100 ~3600 m 的范围，它和冷杉林一起构成亚高山暗针叶林带。据《白马雪山国家级自然保护区》调查资料显示，保护区内丽江云杉群系有 3 个群落：①丽江云杉、长苞冷杉群落；②丽江云杉、箭竹群落；③丽江云杉、银莲花群落（云南省林业厅等，2003）。

丽江云杉、长苞冷杉群落样地情况见表 4-12。

丽江云杉林外貌暗绿色，树冠尖塔形，林相整齐，郁闭度一般在 0.6 以上。群落乔木上层主要由丽江云杉和长苞冷杉组成，平均树高为 30 ~32 m，平均胸径为 50 ~60 cm；乔木亚层由川滇高山栎（*Quercus aquifolioides*）、黄背栎（*Quercus pannosa*）、大果红杉（*Larix potaninii* var. *macrocarpa*）、白桦（*Betula platyphylla*）、山杨（*Populus davidiana*）、高山松等树种组成，平均树高为 11 ~20 m，平均胸径为 20 ~40 cm。

林下灌木稀少，层盖度为 20% ~30%，层高为 2 ~4 m。主要植物种有柳叶忍冬（*Lonicera lanceolata*）、小叶栒子（*Cotoneaster microphyllus*）、云南杜鹃（*Rhododendron yunnanense*）、亮叶杜鹃（*Rhododendron vernicosum*）等。

林下草本层盖度为 40% ~50%，层高为 0.7 m。主要植物种有接骨草（*Sambucus chinensis*）、委陵菜（*Potentilla chinensis*）、高山覆盆子（*Pubus cockburnianus*）等。

表 4-12　丽江云杉、长苞冷杉群落样地调查表

地点：叶日，羊拉公路一侧　样地号：20　样地面积：0.1 hm²　郁闭度：0.9
坡向：E　坡度：20°　海拔：3500 m

乔木层

林层	种类	株数	年龄/年	郁闭度	树高/m	胸径/cm	蓄积/（m³/hm²）	组成/%
Ⅰ	丽江云杉 *Picea likiangensis*	14	300	0.65	32	60	561.3	81.2
	长苞冷杉 *Abies georgei*	5			30	50	130.5	18.8
	小计						691.8	100
Ⅱ	川滇高山栎 *Quercus aquifolioides*	6		0.3	15	40	50.1	36.5
	黄背栎 *Quercus pannosa*	3			15	35	19.2	1.0
	丽江云杉 *Picea likiangensis*	4			20	30	25.1	18.3
	大果红杉 *Larix potaninii* var. *macrocarpa*	2			20	30	12.5	9.1
	白桦 *Betula platyphylla*	2			15	20	4.2	3.1
	山杨 *Populus davidiana*	4			11	20	6.1	4.4
	高山松 *Pinus densata*	2			18	40	20	14.6
	小计						137.2	100
	总计						829	

灌木层	层盖度：20%～30%，层高：2～4 m	
种类	多度	平均高/m
红毛花楸 *Sorbus rufopilosa*	sol	4.0
柳叶忍冬 *Lonicera lanceolata*	sp	1.5
陇塞忍冬 *Lonicera tangutica*	sp	1.5
小叶枸子 *Cotoneaster microphyllus*	sp	1.0
亮叶杜鹃 *Rhododendron vernicosum*	sp	1.5
云南杜鹃 *Rhododendron yunnanense*	sp	1.5
白背柳 *Salix balfouriana*	sol	1.3
大白花杜鹃 *Rhododendron decorum*	sol	2.0
高山醋栗 *Ribes alpestre*	sol	1.5
黄背栎 *Quercus pannosa*	sp	2.0
长穗高山栎 *Quercus longispica*	sp	1.5
川滇高山栎 *Quercus aquifolioides*	sp	2.0
帽斗栎 *Quercus guyavaefolia*	sp	2.0
草本层	层盖度：40%～50%，层高：0.7 m	
种类	多度	平均高/m
高原唐松草 *Thalictrum atriplex*	sp	0.6
网脉橐吾 *Ligularia dictyoneura*	sp	0.8

续表

草本层	层盖度：40% ~50%，层高：0.7 m	
种类	多度	平均高/m
掌裂蟹甲草 *Cacalia palmatisecta*	sp	0.6
云南兔儿风 *Ainsliaea yunnanensis*	sp	0.3
接骨草 *Sambucus chinensis*	cop1	0.7
委陵菜 *Potentilla chinensis*	cop1	0.1
有梗鞭打绣球 *Hemiphragma heterophyllum* var. *pedicellatum*	sp	0.1
剪股颖 *Agrostis limprichtii*	sp	0.3
麦冬 *Ophiopogon japonicus*	sp	0.2
鬼灯檠 *Rodgersia aesculifolia*	sp	0.3
密鳞鳞毛蕨 *Dryopteris fibrilosa*	sp	0.6
管茎驴蹄草 *Caltha fistulosa*	sp	0.2
高山覆盆子 *Pubus cockburnianus*	cop1	0.1
苔草一种 *Carex* sp.	sp	0.3

资料来源：云南省林业厅等，2003

林内苔藓植物较丰富，常见有锦丝藓（*Actinothuidium hookeri*）、小金发藓（*Pogonatum perichaetiale*）、波叶提灯藓（*Mnium undulatum*）、帚状曲尾藓（*Dicranum scoparium*）、赤茎藓（*Pleurozium schreberi*）、曲柄藓（*Campylopus flexuosus*）等。

4.2.2 阔叶林

4.2.2.1 雨林

热带雨林主要分布于赤道两侧南北回归线之间的高温高湿地区，在中国南部，主要分布于台湾、广东、广西、云南的南部和西藏的东南部（中国植被编辑委员会，1980）。云南的雨林属于东南亚雨林北缘类型，主要分布在滇东南的马关、河口、屏边、金平的南部，以及滇南的西双版纳、思茅南部，滇西南的沧源、耿马，滇西的瑞丽、盈江等县（云南植被编写组，1987）。其中，澜沧江下游段西双版纳州有中国面积最大的热带原始林区，包括热带雨林、季雨林为标志的热带森林和以季风常绿阔叶林为主的南亚热带森林（张国英和陈建伟，2012）。根据种类组成、群落结构和生境特点，澜沧江下游的热带雨林可分为季节雨林和山地雨林两个植被亚型（金振洲和欧晓昆，1997；金振洲，1997；朱华，1990；西双版纳自然保护区综合考察团，1987；云南植被编写组，1987）。由于热带雨林一直以来备受关注，在森林类型以及结构功能等方面已存在大量文献资料，在此主要通过已有文献资料整理对澜沧江流域的热带雨林进行说明。

（1）季节雨林

季节雨林是云南南部季风热带地区广泛分布的植被类型，具有地带代表性。其一般分布于海拔1000 m以下的盆地或河谷地带。组成季节雨林的树种生长高大，种类繁多，森林外貌终年常绿，生长茂密，层间植物极为丰富（云南植被编写组，1987）。在澜沧江下游流域，季节雨林主要分布于西双版纳自然保护区内和南滚河自然保护区等区域，该区已存在大量的调查资料（杨宇明和杜凡，2002；西双版纳自然保护区综合考察团，1987）。在此，根据其树种组成等特点，将澜沧江下游的季节雨林划分为3个群系。

a. 千果榄仁林（Form. *Terminalia myriocarpa*）

在澜沧江下游流域，千果榄仁林集中分布于西双版纳国家级自然保护区的尚勇、勐腊、勐仑、勐养至孟定一带，以及南滚河东坡面和北坡面等地（杨宇明和杜凡，2002；西双版纳自然保护区综合考察团，1987）。海拔800 m以下的沟谷地段，局部地段可沿沟谷延伸至1000 m，在沟谷成间断，曲折走廊状分布。千果榄仁林多为多优种混交的季节雨林，植物组成丰富，结构复杂，林木通直高大，群落外貌浓密而常绿，林分内部阴暗湿润。群落层次复杂，乔木一般分为三层，乔木层树高可达30～40 m。上层乔木常以千果榄仁（*Terminalia myriocarpa*）和番龙眼（*Pometia tomentosa*）为优势，常见树种还有金刀木（*Barringtonia* sp.）、白颜树（*Gironniera* sp.）、肋巴木（*Epiprinus siletianus*）等。灌木层高度一般低于5 m，胸径不足5 cm，出现频度比较大的有山木患（*Harpullia cupanioides*）、绒毛番龙眼幼树、异色假卫矛（*Microtropis discolor*）、毛杜茎山（*Maesa permollis*）等，层盖度为25%～40%。草本层种类丰富，但数量不多，一般高0.5～1 m，盖度约20%，主要种类有羽蕨（*Pleocnemia lauzeana*）、秋海棠（*Begonia* sp.）、大叶仙茅（*Curcurligo capitulata*）、凤尾蕨（*Pteris nervosa*）等。层间植物发达，木质粗大藤本比较常见，主要有大刺果藤（*Byttneria aspera*）、扁担藤（*Tetrastigma planicaule*）、猪腰豆（*Whitfordiodendron filipes*）、崖豆藤（*Millettia* sp.）、蛇藤（*Acacia pennata*）、钩藤（*Uncaria* sp.）等。附生植物也较为繁茂，常见种类有崖角藤（*Rhaphidophora megaphylla*）、麒麟叶（*Epipremnum pinnatum*）、鸟巢蕨（*Neottopteris nidus*）、藤蕨（*Lomariosis* sp.）、豆瓣绿（*Pepromia reflexa*）、螳螂跌打（*Pothos scandens*）等（西双版纳自然保护区综合考察团，1987；云南植被编写组，1987；中国植被编辑委员会，1980）。

b. 望天树林（Form. *Parashorea chinensi*）

望天树为龙脑香科植物，是东南亚热带森林的骨干树种（西双版纳自然保护区综合考察团，1987）。作为中国特有的热带雨林群系，望天树林仅在分布西双版纳傣族勐腊县境内有较小面积分布，在补蚌地区集中分布，特别是白沙河、老火地、菠萝箐、南坑河等河谷、沟谷海拔700～1000 m的山地地带（云南植被编写组，1987）。

因组成望天树林的植物种类繁多，望天树林群落结构较为复杂。乔木上层以望天树占优势，树高可达40～50 m；乔木二层中，种类组成多以千果榄仁、番龙眼为标志的季节雨林树种，树高为30～35m，常见的有榕树（*Ficus microcarpa*）、番龙眼、葱臭木（*Dysoxylum* sp.）、云南肉豆蔻（*Myristica yunnanensis*）、红光树（*Knema furfuracea*）、金钩花（*Pseuduvaria indochinensis*）、金刀木（*Barrìngtonia* spp.）等。灌木层不发达，高度低于5 m，以上层乔木的幼树幼苗居多；草本层稀疏，以蕨类植物为主；附生植物较为丰富（云南植被编写组，1987；朱华，1992）。

c. 青梅林（Form. *Vatica* sp.）

版纳青梅（*Vatica xishuangbannaensis*）是龙脑香科树种，其地理分布和生境与望天树林基本相似，小块状分布于西双版纳州勐腊县南沙河、景飘河两侧的800～1000 m低山峡谷，面积比望天树林还小（朱华，1993）。青梅林树种组成繁多，林相常绿，林冠茂密而不整齐，林分层次结构复杂，大多为复层混交林。青梅林乔木一般分为三层，一层树种多以版纳青梅占优势，树高为35～40 m，胸径为40～90 cm，覆盖度为40%～60%；二层优势树种不明显，主要是栲属（*Castanopsis*）、楠木属（*Phoebe*）、藤黄属（*Garcinia*）等；三层树种繁多，优势种极不明显，株数较多，形成较密的林冠层。林内灌木和草本植物，多为一些耐阴湿的种类，个体数量少。林内藤本植物，大型藤本常见，高可达30 m左右，主要有买麻藤（*Gmetum montanum*）、扁担藤、蛇藤（*Acacia pennata*）等。附生植物和茎生植物较多，常见有鸟巢蕨、麒麟叶以及多种兰科植物（朱华，1993；西双版纳自然保护区综合考察团，1987）。

（2）山地雨林

山地雨林是热带雨林在海拔和纬度达到极限的类型，是热带雨林向亚热带森林过渡的一种山地湿润性森林（云南植被编写组，1987）。其群落成分、外貌、结构，以及生境等主要特征具有热带雨林性质，但不如季节雨林那样突出（西双版纳自然保护区综合考察团，1987）。山地雨林的林冠一般较平整，群落分层结构明显，林冠密闭，树种有热带和亚热带的种类混生。山地雨林在云南省自然分布海拔一般为800～1000 m,局部山地可上升到1500～1800 m。山地雨林环境特点是高温，雨量较多，湿度大，分布于热带雨林与亚热带常绿阔叶林之间（云南植被编写组，1987）。在此，只记录了一个群系类型肉托果林（Form. *Semecarpus reticulate*）。

肉托果林分布在西双版纳北部普文热带高盆地边缘的低山、丘陵上，大体海拔在800～1000 m，其作为山地垂直带，处于热带季节雨林和山地季风常绿阔叶林之间；而在澜沧江下游两侧，景洪、勐养地区，肉托果林常出现在海拔1200～1500 m中山上部，处于亚热带常绿阔叶林带之中。此类型的生境特点是温度稍低，湿度较大（云南植被编写组，1987）。

林分的生态特征与季节雨林比较接近，林木高大，四季常绿，林冠起伏，郁闭度大，层次结构复杂，分层不明显，树种繁多，优势种不明显。乔木高达30 m左右，胸径为40～60 cm，盖度为80%左右，以云南胡桐（*Calophyllum polyanthum*）、肉托果、滇楠（*Phoebe nanmu*）、苹婆（*Sterculia nobilis*）等为主。灌木层种类多以上层乔木的幼树为主，高度较低，一般在2～3 m，种类丰富，多以零星散布。草本层繁茂，种类组成丰富，以蕨类占优势。藤本植物种类多，木质藤本粗壮发达。附生和半附生植物较为丰富，藓类、蕨类及兰科植物较为常见（西双版纳自然保护区综合考察团，1987）。

4.2.2.2 季雨林

（1）落叶季雨林

本类型广泛分布于云南南部一些山高坡陡的区域，海拔梯度为800～1100 m。由于干旱的原因，加上水土流失严重，土层薄，石砾含量较多。上层乔木树种落叶期较长，树木分布稀疏，群落结构简单，优势种明显，主要为落叶的火绳树（*Eriolaena spectabilis*）、白花洋紫荆（*Bauhinia variegata* var. *candida*）和白花羊蹄甲（*Bauhinia acuminata*）。

在此对白花洋紫荆、火绳树林（Form. *Bauhinia variegata* var. *candida*, *Eriolaena spectabilis*）简单介绍如下。

调查在景东县和云县漫湾镇的江边沟谷中发现有零星块状分布，以火绳树、白花洋紫荆（白花羊蹄甲）为优势种的群落，见表4-13。乔木主要组成树种中还有余甘子（*Phyllanthus emblica*）、木棉、云南野桐（*Mallotus yunnanensis*）等落叶树种和常绿树种钝叶黄檀、云南叶轮木（*Ostodes katharinae*）、云南黄杞（*Engelhardia spicata*）、灰毛浆果楝（*Cipadessa cinerascens*）、思茅松（*Pinus kesiya* var. *langbianensis*）、多变石栎、伊桐（*Itoa orientalis*）、粗叶水锦树（*Wendlandia scabra*）、景东冬青（*Ilex gingtungensis*）、新樟（*Neocinnamomum delavayi*）等，调查样地乔木层总盖度为70%～75%，优势种平均树高为8.5～12 m，最高达21 m，平均胸径为12～18 cm，最粗可达34 cm。灌木层总盖度为60%～65%，主要树种除乔木层树种的幼树外，还有如火绳树、羊蹄甲、余甘子、钝叶黄檀、云南野桐、千张纸（*Oroxylum indicum*）、厚皮树（*Lannea coromandelica*）、密蒙花（*Buddleja officinalis*）、羽萼（*Colebrookea oppositi*）、虾子花（*Woodfordia fruticosa*）、杭子梢（*Campylotropis macrocarpa*）、香合欢（*Albizia odoratissima*）等，平均高度为0.5～2 m。草本层盖度为55%～65%，平均高度约0.8 m，主要草本有莎草（*Cyperus* sp.）、飞机草（*Eupatorium odoratum*）、鳞毛蕨（*Dryopteris* spp.）、翠绿凤尾蕨（*Pteris longipinnula*）、铁线蕨（*Adiantum capillus-veneris*）、鸭趾草（*Commelina communis*）、胜红蓟（*Ageratum conyzoides*）、马兰（*Kalimeris indica*）、鬼针草（*Bidens pilosa*）、冷水花（*Pilea cadierei*）、荩草等。层间植物有古钩藤（*Cryptolepis buchananii*）、菝葜（*Smilax china*）、茜草（*Rubia cordifolia*）、海金沙（*Lygodium japonicum*）、崖爬藤（*Tetrastigma obtectum*）、绣球藤（*Clematis montana*）6种藤本植物。

表 4-13　火绳树、白花洋紫荆林样地调查表

样地号，面积，时间	样地 04，25 m×20 m，2010 年 8 月 16 日	样地 05，30 m×25 m，2010 年 3 月 24 日
调查人	李小英、覃家理、熊好琴、杨蕊等	李小英、覃家理、熊好琴、金艳强等
地点	景东县漫湾镇公家山（澜沧江边沟谷中）	云县漫湾镇蔡家山
GPS	100°27′38. 1″E，24°36′59. 4″N	100°27′20. 0″E，24°35′47. 0″N
海拔，坡向，坡位，坡度	1020 m，SW10°，坡脚，45°	1113 m，E，中部，38°
生境地形特点	沟箐，生境潮湿	直线坡形，生境干燥
土壤类型，土壤特点，地表特征	砂壤土，枯落物 3 cm	红壤土，土层薄，石砾含量高，枯落物 2 cm
特别记录/人为影响	天然实生林	天然实生林
乔木层盖度，优势种盖度	75%，火绳树 30%，余甘子 5%，白花羊蹄甲 5%	70%，白花洋紫荆 50%，云南叶轮木 15%
灌木层盖度，优势种盖度	60%，火绳树 18%，羊蹄甲 14%，余甘子 10%	65%，钝叶黄檀 35%，厚皮树 10%，密蒙花 5%
草本层盖度，优势种盖度	65%，鳞毛蕨 22%，飞机草 20%	55%，云南莎草 25%，翠绿凤尾蕨 20%

层次	性状	中文名	拉丁名	样地 04　15 种　100 株　25 m×20 m						样地 05　12 种　66 株　30 m×25 m					
				株/丛数	高度/m		胸径/cm		重要值/%	株/丛数	高度/m		胸径/cm		重要值/%
					最高	平均	最高	平均			最高	平均	最高	平均	
乔木层	落叶乔木	白花羊蹄甲	*Bauhinia acuminata*	8	19	9. 6	34	14. 8	29. 5						
	落叶乔木或灌木	余甘子	*Phyllanthus emblica*	15	12	6. 4	11	7. 5	29. 5						
	常绿乔木或灌木	景东冬青	*Ilex gingtungensis*	6	12	8. 1	10	8. 7	13. 3						
	常绿乔木	云南黄杞	*Engelhardia spicata*	5	21	15. 2	34	21. 6	26. 9						
	常绿乔木	灰毛浆果楝	*Cipadessa cinerascens*	5	9	7. 4	10	7. 6	9. 2	12	7. 5	5. 8	13. 7	7. 9	22. 8
	落叶乔木或灌木	火绳树	*Eriolaena spectabilis*	35	20	11. 7	28	12. 1	77. 3	5	11	8. 5	29	17. 4	17. 8
	落叶乔木或灌木	荚蒾	*Viburnum dilatatum*	2	8	6	10	7. 5	5. 2						
	落叶乔木	木棉	*Bombax malabaricum*	1	8	8	7	7	8						
	常绿乔木	钝叶黄檀	*Dalbergia obtusifolia*	13	12	7. 2	11	6. 2	27. 5	14	9	6. 6	13. 7	8. 9	48. 3
	常绿乔木	朴树	*Celtis sinensis*	1	14	14	11	11	6. 2						
	常绿乔木	滇南山矾	*Symplocos hookeri*	3	6	5	10	7. 7	6. 6						
	常绿乔木	粗叶水锦树	*Wendlandia scabra*	1	7	7	6	6	12. 3						
	常绿乔木	思茅松	*Pinus kesiya* var. *langbianensis*	1	11. 5	11. 5	32	32	18. 5						
	常绿乔木或灌木	羊脆木	*Pittosporum kerrii*	3	12	9	24	13. 7	9. 7						
	常绿乔木	伊桐	*Itoa orientalis*	1	6	6	7	7	12. 4						
	常绿乔木	多变石栎	*Lithocarpus variolosus*							1	12	6. 8	16	9. 6	15. 7
	落叶乔木	白花洋紫荆	*Bauhinia variegata* var. *candida*							24	21	10. 4	31	19. 4	186. 4
	常绿乔木	长毛楠	*Phoebe forrestii*							1	11	9. 1	13. 5	11. 8	7. 6

续表

层次	性状	中文名	拉丁名	样地04 15种 100株 25 m×20 m						样地05 12种 66株 30 m×25 m					
				株/丛数	高度/m		胸径/cm		重要值/%	株/丛数	高度/m		胸径/cm		重要值/%
					最高	平均	最高	平均			最高	平均	最高	平均	
乔木层	常绿乔木	新樟	*Neocinnamomum delavayi*							1	7	6.8	8	7.1	11
	常绿乔木或灌木	云南叶轮木	*Ostodes katharinae*							2	18	9.3	31	13.8	35.8
	落叶乔木或灌木	云南野桐	*Mallotus yunnanensis*							3	8.5	5	31	14.5	10.7
	直立小乔木	千张纸	*Oroxylum indicum*							1	12	8.5	12.5	8.8	5
	常绿乔木	香合欢	*Albizia procera*							1	15	9.5	35	20.3	8.5
	常绿乔木	长柄杜英	*Elaeocarpus petiolatus*							1	8	7	7.5	7	7.2

层次	性状	中文名	拉丁名	样地04 25 m×20 m				样地05 30 m×25 m			
				株/丛数	高度/m		多度	株/丛数	高度/m		多度
					最高	平均			最高	平均	
灌木层	亚灌木	地桃花	*Urena lobata*	1	0.7	0.7	un				
	直立小乔木	千张纸	*Oroxylum indicum*	2	1.4	1.2	sp	3	2.2	2	sp
	乔木	樟	*Cinnamomum camphora*	1	0.2	0.2	un				
	乔木	榆树	*Ulmus pumila*	1	0.6	0.6	un				
	乔木幼树	羊蹄甲	*Bauhinia purpurea*	41	0.2	0.2	cop3				
	乔木	钝叶黄檀	*Dalbergia obtusifolia*	14	0.5	0.3	cop1	12	3.5	2.4	cop2
	乔木	黄檀	*Hubei Rosewood*	1	0.2	0.2	un				
	灌木	羽萼	*Colebrookea oppositi*	3	1	0.9	sol				
	灌木	虾子花	*Woodfordia fruticosa*	1	2.5	2.5	un				
	灌木	金合欢	*Acacia farnesiana*	3	0.2	0.1	sol				
	灌木	杭子梢	*Campylotropis macrocarpa*	2	0.5	0.3	un				
	灌木或小乔木	云南野桐	*Mallotus japonicus*	15	4	1.4	cop1				
	灌木或小乔木	灰毛浆果楝	*Cipadessa cinerascens*	9	2.4	2	sp				
	灌木或小乔木	火筒树	*Leea guineensis*	3	1	0.8	un				
	灌木或小乔木	火绳树	*Eeiolaena spectsbilis*	11	2	1.6	sp				
	灌木或小乔木	黑面神	*Breynia fruticosa*	1	0.1	0.1	un				
	灌木或小乔木	滨盐肤木	*Rhus chinensis*	1	1.5	1.5	un				
	灌木或乔木	余甘子	*Phyllanthus emblica*	7	2.3	1.7	sp				
	小乔木	白花洋紫荆	*Bauhinia variegata* var. *candida*					1	2	2	un
	灌木或乔木	粗叶水锦树	*Wendlandia scabra*					1	1.2	1.2	un

续表

层次	性状	中文名	拉丁名	样地04 25 m×20 m				样地05 30 m×25 m			
				株/丛数	高度/m		多度	株/丛数	高度/m		多度
					最高	平均			最高	平均	
灌木层	小乔木	大叶斑鸠菊	*Vernonia volkameriifolia*					1	2	2	un
	小乔木	厚皮树	*Lannea coromandelica*					5	2.2	1.4	cop1
	小乔木	聚果榕	*Ficus racemosa*					1	1	1	un
	灌木	密蒙花	*Buddleja officinalis*					6	4	2.4	cop1
	小乔木	朴树	*Celtis sinensis*					1	0.8	0.5	un
	小乔木	香合欢	*Albizia odoratissima*					2	1.2	0.9	sol
	小乔木	云南木犀榄	*Olea yuennanensis*					1	1.5	1.5	un
	灌木	云南野桐	*Mallotus yunnanensis*					7	2.5	1.9	cop1

层次	性状	中文名	拉丁名	样地04 25 m×20 m			样地05 30 m×25 m		
				高度/m		多度	高度/m		多度
				最高	平均		最高	平均	
草本层	草本	鸭趾草	*Commelina communis*	0.5	0.5	sp			
	草本	土牛膝	*Achyranthes bidentata*	0.6	0.6	un			
	草本	铁线蕨	*Adiantum capillus-veneris*	0.3	0.2	sp	0.4	0.4	sp
	草本	薯蓣	*Dioscorea opposita*	0.8	0.4	sp			
	草本	胜红蓟	*Ageratum conyzoides*	0.2	0.1	sp			
	草本	莎草	*Cyperus* sp.	0.6	0.5	sol	1.5	1.2	cop3
	草本	马兰	*Kalimeris indica*	0.3	0.2	sp			
	草本	鳞毛蕨	*Dryopteris* spp.						cop1
	草本	冷水花	*Pilea cadierei*	0.2	0.2	sol			
	草本	荩草	*Arthraxon hispidus*	0.4	0.3	sp			
	草本	鬼针草	*Bidens pilosa*	0.6	0.5	sol			
	草本	飞机草	*Eupatorium odoratum*	0.7	0.5	cop1	1.5	1.2	cop1
	草本	翠绿凤尾蕨	*Pteris longipinnula*				1	0.8	cop2
层间植物	攀缘灌木	菝葜	*Smilax china*	3	2.5	sp	1.5	0.5	sol
	攀援草本	茜草	*Rubia cordifolia*	0.8	0.8	un			
	攀援草本	海金沙	*Lygodium japonicum*	2	1.4	sp			
	半木质藤本	崖爬藤	*Tetrastigma obtectum*	0.3	0.3	un			
	木质藤本	绣球藤	*Clematismontana*	3	3	un			
	木质藤本	古钩藤	*Cryptolepis buchananii*	3	2.3	cop1			
	草质藤本	鸡屎藤	*Paederia scandens*	2	1.6	sol			
	藤本	扁担藤	*Tetrastigma planicaule*	4	4	un			

4.2.2.3 落叶阔叶林

落叶阔叶林主要分布于澜沧江下游云南段，在北纬23°39′以北的低山丘陵、中山及亚高山中下部生长，海拔范围为1000～3500 m，面积不大且零星分布，绝大多数为常绿阔叶林砍伐后形成的次生植被。云南的落叶阔叶林无论是水平分布还是垂直分布上，均不占据一个明显的固定带，具有冬季落叶现象。群落结构相对简单，在人为干扰不断持续的情况下，群落结构日趋简单，但下层种类更加复杂（王娟等，2010）。

澜沧江自然保护区内落叶阔叶林面积不大，小块状分布于保护区边缘的村落附近，由于中山湿性常绿阔叶林、暖温性针叶林破坏后，形成的以南烛、旱冬瓜（*Alnus nepalensis*）、杨树（*Populus* sp.）、野茉莉（*Styrax* sp.）等为主的过渡性次生植被。参照《云南植被》的植被分类体系，澜沧江流域落叶阔叶林包括以下群系。

（1）南烛林（Form. *Lyonia ovalifolia*）

本群落以落叶乔木为优势，每年的1～4月，群落上层大量落叶，但由于有部分常绿阔叶树种混交，其林下土壤湿度适中，林下植物的种类和数量较复杂。

在永平县麦庄村绿荫塘山上的样地调查显示（表4-14），南烛林分布海拔为2200～2400 m。构成群落乔木种类较少，在225～400 m^2样地中，有乔木树种13种，乔木盖度为80%～85%，主要乔木树种有南烛、马缨花杜鹃、云南黄杞、云南越橘（*Vaccinium duclouxii*）等；乔木优势树种平均高度为7～8 m，最高为13～14 m，平均胸径为12～14 cm。灌木层盖度为5%～50%，平均高为1.5～5 m，明显有人为干扰痕迹，灌木树种少，主要为乔木树种的幼树，如云南越橘、南烛、木荷、石栎等。草本层盖度为2%～7%，平均高度为0.2 m，主要草本植物有姜花（*Hedychium coronarium*）、蕨（*Pteridium aquilinum* var. *aquilinum*）、兰花（*Cymbidium* spp.）、凤仙花（*Impatiens balsamina*）等。层间植物见爬山虎（*Parthenocissus tricuspidata*）和土茯苓（*Smilax glabra*）两种。

表4-14　南烛林样地调查表

样地号，面积，时间	样地13，20 m×20 m，2012年10月6日	样地15，15 m×15 m，2012年10月6日
调查人	李小英、覃家理、许彦红、赵崇俨等	李小英、覃家理、许彦红、赵崇俨等
地点	永平县麦庄村绿荫塘	永平县麦庄村绿荫塘
GPS	99°33′10″E，25°12′32″N	99°33′04″E，25°12′43″N
海拔，坡向，坡位，坡度	2260 m，ES20°，中部，35°	2280 m，EN20°，中部，32°
生境地形特点	直线坡形，人为干扰明显，生境干燥	直线坡形，人为干扰明显，生境干燥
土壤类型，土壤特点，地表特征	棕壤，土层厚，枯落物厚度5 cm	棕壤，土层厚，枯落物厚度3 cm
特别记录/人为影响	次生林	次生林
乔木层盖度，优势种盖度	85%，南烛38%，云南黄杞38%，马缨杜鹃30%	80%，南烛83%，马缨花杜鹃66%
灌木层盖度，优势种盖度	50%，云南越橘17%，南烛5%，木荷4%	5%，南烛3%
草本层盖度，优势种盖度	7%，姜花6%，蕨5%，兰花4%	2%，姜花3%，紫茎泽兰3%

续表

层次	性状	中文名	拉丁名	样地13 13种 205株 20 m×20 m						样地15 7种 113株 15 m×15 m					
				株/从数	高度/m		胸径/cm		重要值/%	株/从数	高度/m		胸径/cm		重要值/%
					最高	平均	最高	平均			最高	平均	最高	平均	
乔木层	常绿乔木	金叶子	*Craibiodendron stellatum*	25	18.7	9.4	41.9	11.5	32.75						
	常绿乔木	马缨花杜鹃	*Rhododendron delavayi*	23	16.7	7.5	28.2	12.8	35.53	22	14.5	10.6	35.6	13.6	61.64
	常绿乔木	毛杨梅	*Myrica esculenta*	7	8.5	6.4	17.5	12.8	10.18	2	7	7	10.2	8.6	6.74
	落叶乔木	南烛	*Vaccinium bracteatum*	42	14.5	7.5	19.2	9.83	41.62	66	13	8.3	20.3	10.1	108.33
	落叶乔木	青榨槭	*Acerdavidii franch*	4	13	10.9	26.7	17.9	8.98						
	常绿乔木	包石栎	*Lithocarpus cleistocarpus*	13	17	14.7	38.3	18.1	33.69	4	16.5	13.6	29.1	19.5	31.92
	常绿乔木	石栎	*Lithocarpus glaber*	2	14.2	11.9	18.2	13.8	10.69						
	常绿乔木	银木荷	*Schima argentea*	24	16.5	12.7	22.1	14.1	34.29	9	16	13.3	17.8	14.4	32.74
	常绿乔木	元江栲	*Castanopsis orthacantha*	6	17.1	11.4	22.1	13.3	19.3	1	8.5	8.5	13.7	13.7	20.64
	常绿乔木	云南黄杞	*Engelhardia spicata*	28	15.6	8.7	42.4	10	37.3						
	常绿乔木	云南松	*Pinus yunnanensis*	1	8	8	8.4	8.4	6.3						
	常绿乔木	云南越橘	*Vaccinium duclouxii*	28	9	5.7	14.2	6.8	29.3	9	9	7.9	10.7	8	23.73
	常绿乔木	旱冬瓜	*Alnus nepalensis*	2	16	15	28	24	10.3						

层次	性状	中文名	拉丁名	样地13 20 m×20 m				样地15 15 m×15 m			
				株/从数	高度/m		多度	株/从数	高度/m		多度
					最高	平均			最高	平均	
灌木层	灌木	越橘	*Vaccinium vitis-idaea*	41	6.5	3.7	cop3	6	3.5	2.05	cop1
	乔木	元江栲	*Castanopsis orthacantha*	2	5	5	sol				
	乔木	石栎	*Lithocarpus glaber*	10	4	3.3	cop1				
	灌木或小乔木	南烛	*Vaccinium bracteatum*	11	7	5	cop1	12	8	5.8	soc
	乔木	木荷	*Schima superba*	11	5	2.4	cop1	2	5	5	sp
	小乔木	金叶子	*Craibiodendron stellatum*	9	2	1.5	sp				
	灌木或小乔木	厚皮香	*Ternstroemia gymnanthera*	8	3.5	2.4	sp				

续表

层次	性状	中文名	拉丁名	样地13 20 m×20 m			样地15 15 m×15 m		
				高度/m		多度	高度/m		多度
				最高	平均		最高	平均	
草本层	草本	姜花	*Hedychium coronarium*	0.3	0.3	cop2	0.2	0.2	sol
	草本	蕨	*Pteridium aquilinum* var. *aquilinum*	0.2	0.2	cop1	0.3	0.2	sp
	草本	兰花	*Cymbidium* spp.	0.1	0.1	cop1			
	草本	犁头尖	*Typonium divaricatum*	0.1	0.1	sp			
	草本	滇龙胆	*Gentiana rigescens*	0.1	0.1	sp	0.2	0.2	sp
	草本	爬山虎	*Parthenocissus tricuspidata*	1	1	sp			
	草本	莎草	*Cyperus* sp.	0.2	0.2	sp			
	草本	一点血	*Begonia wilsonii*	0.3	0.3	sp			
	草本	淡竹叶	*Herba lophatheri*	0.1	0.1	sol			
	草本	露水草	*Cyanotis arachnoides*	0.2	0.2	sp			
	草本	凤仙花	*Impatiens balsamina*	0.5	0.4	cop1			
	草本	紫茎泽兰	*Ageratina adenophora*	0.2	0.2	sp			
层间植物	木质藤本	爬山虎	*Parthenocissus tricuspidata*				0.6	0.6	un
	攀缘灌木	土茯苓	*Smilax glabra*				0.2	0.2	sp

(2)旱冬瓜林(Form. *Alnus nepalensis*)

旱冬瓜林是在常绿阔叶林遭破坏后或在撂荒地上形成的以旱冬瓜为优势种的群落，多分布在人为影响较大的村落周边区域，或是在沟谷两边生境湿润的区域，常以小片纯林出现。旱冬瓜生长快，耐旱，常与茶混交形成经济林。

群落外貌季相变化明显，夏季同常绿阔叶林，冬季出现落叶。表4-15的调查样地显示，群落结构依然为乔、灌、草三层。乔木层以旱冬瓜为优势种，乔木层盖度为60%，平均树高为18~22 m，平均胸径为13~50 cm，偶见榕树(*Facus microcarpa*)、裂果卫矛(*Euonymus dielsianus* Loes)；灌木层植物种类也较少，主要有川滇方竹(*Chimonobambusa ningnanica*)、云南连蕊茶(*Camellia forrdstii*)，灌木层盖度为50%，平均高度约3 m；相对而言，草本层植物较发达，盖度为50%，常见草本植物为紫茎泽兰、红褐鳞毛蕨(*Dryopteris rubrobrunnea*)、蛇含委陵菜(*Potentilla kleiniana*)、心叶兔儿风(*Ainsliaea bonatii*)、木耳菜(*Gynura cusimbua*)、云南蒿(*Artemisia yunnanensis*)等十多种，平均高度为0.3~0.8 m；层间植物有附生植物二色瓦韦(*Lepisorus bicolor*)和藤本植物叉蕊薯蓣(*Dioscorea collettii*)、光宿苞豆(*Shuteria involucrata* var. *glabrata*)、大果油麻藤(*Mucuna macrocarpa*)、昆明山海棠(*Tripterygium hypoglaucum*)，林内湿度较大。

表 4-15　旱冬瓜林样地调查表

样地号，面积，时间	样地 40，25 m×20 m，2005 年 10 月 11 日
调查人	和菊、丁涛、石明、石翠玉等
地点	澜沧江自然保护区横断路
GPS	100°18′14.4″E，23°55′39.5″N
海拔，坡向，坡位，坡度	2350 m，ES23°，中部，20°
特别记录/人为影响	次生林，近年人为活动较少
乔木层盖度，优势种	60%，旱冬瓜
灌木层盖度，优势种	50%，云南连蕊茶、方竹
草本层盖度，优势种	50%，紫茎泽兰

层次	性状	中文名	拉丁名	样地 02　25 m×20 m		
				高度/m	胸径/cm	多度
乔木层	落叶乔木	旱冬瓜	*Alnus nepalensis*	18～22	13～50	28 株
	乔木	榕树	*Facus microcarpa*	18	25	1 株
	小乔木	裂果卫矛	*Euonymus dielsianus* Loes	12～14	7～9	2 株
灌木层	灌木	川滇方竹	*Chimonobambusa ningnanica*	1.8～4		cop2
	灌木	云南连蕊茶	*Camellia forrdstii*	3～6	3～7	cop1（7 株）
	小乔木	马桑绣球	*Hydrangea aspera*	1.5		1 株
	灌木	红泡刺藤	*Rubus niveus*	1.1		sp
	灌木	短柱金丝桃	*Hypericum hookerianum*	0.9		sp
草本层	草本	紫茎泽兰	*Ageratina adenophora*	0.8		cop2
	草本	红褐鳞毛蕨	*Dryopteris rubrobrunnea*	0.3		cop1
	草本	蛇含委陵菜	*Potentilla kleiniana*	0.1		sp
	草本	心叶兔儿风	*Ainsliaea bonatii*	0.4		sp
	草本	木耳菜	*Gynura cusimbua*	0.2		sp
	草本	云南蒿	*Artemisia yunnanensis*	0.3		sp
	草本	辐射凤仙花	*Impatiens radiata*	0.2		sp
	草本	胀萼蓝钟花	*Cyananthus inflatus*	0.2		sp
	草本	洱源荩草	*Arthraxon breviaristatus*	0.2		sp
	草本	尼泊尔蓼	*Polygonum nepalense*	0.2		sp
	草本	耳草	*Hedyotis* sp.	0.2		sp
	草本	益母草	*Leonarus heterpphyllus*	0.2		sp
	草本	岩生南星	*Arisaema saxalile*	0.2		un
	草本	狗筋蔓	*Cucubalus baccifer*	0.2		un
层间植物	草质藤本	叉蕊薯蓣	*Dioscorea collettii*	1.0		un
	草质藤本	光宿苞豆	*Shuteria involucrata* var. *glabrata*	0.9		un
	木质藤本	大果油麻藤	*Mucuna macrocarpa*	1.3	10	1 株
	藤本	昆明山海棠	*Tripterygium hypoglaucum*	0.7		sp
	藤本	血胆一种	*Hemsleya* sp.	0.3		un
	附生	二色瓦韦	*Lepisorus bicolor*	0.1		sp

资料来源：王娟等，2010

无量山自然保护区和澜沧江自然保护区内的旱冬瓜林虽然不是人工林，但其形成却与人类活动有密切联系，群落结构变成乔、草两层，群落的生物多样性明显降低，如多数旱冬瓜林下以紫茎泽兰为优势，乡土植物种很少见，这类旱冬瓜林如遭到破坏后将形成紫茎泽兰灌草丛，见表4-16。

表4-16　旱冬瓜–紫茎泽兰样地调查表

样地号，面积，时间	样地02，25 m×20 m，2005年3月17日					
调查人	王娟、杜凡、和菊、丁涛、石明					
地点	澜沧江自然保护区五道河大平台					
海拔，坡向，坡位，坡度	2440 m，SW，上部，30°					
生境地形特点	近山地沟谷边，坡度平缓					
土壤特点，地表特征	土壤厚度中等，岩石突出少					
特别记录/人为影响	次生林，人为活动频繁					
乔木层盖度，优势种	60%，旱冬瓜					
灌木层盖度，优势种	零星					
草本层盖度，优势种	90%，紫茎泽兰					
层次	性状	中文名	拉丁名	样地02　25 m×20 m		
				高度/m	胸径/cm	多度
乔木层	落叶乔木	旱冬瓜	*Alnus nepalensis*	9～15	8～20	cop3
	落叶乔木	山杨	*Populus davidiana*	7	8	sp
	落叶乔木	长叶柳	*Salix phanera*	7	6	sp
	乔木	高山栲	*Castanopsis delavayi*	7		sp
层次	性状	中文名	拉丁名	样地02　25 m×20 m		
				高度/m		多度
灌木层	灌木	地檀香	*Gaultheria forrestii*	2～5		sp
	落叶小乔木幼树	山鸡椒	*Litsea cubeba*	2～4		sp
	灌木	短柱金丝桃	*Hypericum hookerianum*	0.6		sp
	小乔木幼树	大白花杜鹃	*Rhododendron decorum*	2～3		sp
	灌木至小乔木	马缨花	*Rhododendron delavayi*	2～3		sp
草本层	草本	紫茎泽兰	*Ageratina adenophora*	0.7～1		cop3
	多年生草本	三列铁线莲	*Clematis orientalis* var. *sinorobusta*	0.3		sp

资料来源：王娟等，2010

（3）西南桦林（Form. *Betula alnoides*）

西南桦林主要分布于云南南部，常见于季风常绿阔叶林带的山地沟谷，海拔为700～2500 m。西南桦常混生于季风常绿阔叶林中，优势不明显，仅在部分区域有面积较小的小片纯林。在澜沧江自然保护区有小面积分布，主要位于双江县的青平林区，多为次生林。

西南桦林乔木层以西南桦为主，稀疏，盖度仅30%～40%，林分中常混有木果柯（*Lithocarpus xylocarpus*）、大花野茉莉（*Styrax grandiflorus*）等种类；林下灌木主要是光亮玉山竹，此外，还有白花杜鹃（*Rhododendron mucronatum*）、舟柄茶（*Hartia sinensis*）、大花八角（*Illicium macranthum*）、马缨花杜鹃（*Rhododendron delavayi*）等，高度为1～2 m，总盖度达90%。草本层极为稀疏，种类也少（表4-17）（王娟等，2010）。

表 4-17　西南桦林样地调查表

样地号：2005-2　面积：25 m×20 m　GPS：E99°54′11″，N23°22′48″　调查人：中国科学院西双版纳热带植物园　海拔：2400 m　坡向：N　坡度：45°　母岩，土壤特点，地表特征：花岗岩，土黄色，土壤多石　时间：2005 年 3 月
优势种：西南桦　乔木层盖度：30% ~40%　其他：次生林，长期放样，干扰一直存在　灌木层盖度：90%

层次	性状	中文名	拉丁名	株/丛数	高度/m		胸径/cm		重要值/%
					最高	平均	最高	平均	
乔木层	落叶乔木	西南桦	*Betula alnoides*	8	15	12. 1	25	16. 1	53. 81
	常绿乔木	木果柯	*Lithocarpus xylocarpus*	2	10	9. 1	16	15. 5	10. 82
	落叶乔木	大花野茉莉	*Styrax grandiflorus*	2	7	7	16	15. 5	9. 48
	常绿乔木	水红木	*Viburnum cylindricum*	3	6	6	9	7. 8	9. 06
	常绿乔木	蜜团花	*Leucosceptrum canum*	2	6	6	9	7. 6	6. 01
	常绿乔木	细毛润楠	*Persea tenuipilis*	1	8		14		4. 62
	常绿乔木	南亚泡花树	*Meliosma arnottiana*	1	8		8		3. 15
	常绿乔木	薄叶山矾	*Symplocos anomala*	1	6		8		3. 05

层次	性状	中文名	拉丁名	频度/%	多度
灌木层	灌木	光亮玉山竹	*Yushania levigata*	100	cop2
	灌木	大花八角	*Illicium macranthum*	80	cop1
	灌木	针齿铁仔	*Myrsine semiserrata*	80	sp
	灌木	薄叶山矾	*Symplocos anomala*	60	cop1
	攀援状灌木	藤菊	*Cissampelopsis volubilis*	60	sp
	灌木	长叶菝葜	*Smilax lanceifolia*	40	sp
	灌木	刀把木	*Cinnamomum pittosporoides*	40	cop1
	攀援状灌木	毛果悬钩子	*Rubus ptilocarpus*	40	cop1
	灌木	舟柄茶	*Hartia sinensis*	40	sp
	灌木	直角荚蒾	*Viburnum foetidum* var. *rectangulatum*	40	sp
	灌木	光叶拟单性木兰	*Parakmeria nitida*	20	sp
	藤本	滇藏五味子	*Schisandra neglecta*	20	sp
	灌木	岗柃	*Eurya groffii*	20	sp
	灌木	贡山木荷	*Schima sericans*	20	un
	灌木	马缨花	*Rhododendron delavayi*	20	sp
	灌木	蒙自桂花	*Osmanthus henryi*	20	un
	灌木	水红木	*Viburnum cylindricum*	20	sp
	灌木	桃叶杜鹃	*Rhododendron annae*	20	sp
	灌木	团花山矾	*Symplocos glomerata*	20	un
草本层	草本	堇菜	*Viola verecunda*	60	sp
	草本	紫茎泽兰	*Ageratina adenophora*	20	sp
	草本	长蕊万寿竹	*Disporum bodinieri*	20	sp
	草本	簇叶沿阶草	*Ophiopogon tsaii*	20	un

资料来源：王娟等，2010

4.2.2.4 常绿阔叶林

澜沧江的中下游流域是常绿阔叶林的主要分布区，常绿阔叶林作为云南亚热带植被的优势类型，广泛分布于云南各地，其类型多样，植物区系也较为复杂。常绿阔叶林下又可分为：季风常绿阔叶林、半湿润常绿阔叶林、中山湿性常绿阔叶林和山顶苔藓矮林。

（1）季风常绿阔叶林

季风常绿阔叶林是常绿阔叶林中热带性质最强的植被亚型，广泛分布于滇中南、滇西南和滇东南一带的低海拔地区，分布的海拔范围为800～1500 m，本类型的乔木树种以壳斗科、樟科、茶科的种类为主（云南植被编写组，1987），且含有一些落叶树种，如火绳树、余甘子、白花洋紫荆等，十分接近季雨林。本类型是具有热带成分的常绿阔叶林，澜沧江流域保护区内已很少有原始的季风常绿阔叶林，大部分为次生落叶阔叶或次生灌丛所取代，只是在少数陡峭的箐沟两侧得以零星保存。

a. 浆果楝林（Form. *Cipadessa baccifera*）

调查在云县漫湾镇忙怀山中下部的沟箐中，景东漫湾镇江边山一带几个沟箐中见到残存次生的以灰毛浆果楝（*Cipadessa baccifera*）为主的季风常绿阔叶林。

群落乔木层盖度65%～70%，树种少，见表4-18，在2个500 m^2的样地上乔木树种各10个，主要组成树种按重要值大小排序为灰毛浆果楝、火绳树、钝叶黄檀（*Dalbergia obtusifolia*）、黄毛青冈（*Cyclobalonopsis delavayi*）、桂火绳（*Eriolaena kwangsiensis*）、千张纸（*Oroxylum indicum*）、毛红椿（*Toona ciliata*）、坚木山矾（*Symplocos dryophila*）、伊桐（*Itoa orientalis*）、余甘子、厚皮香（*Ternstroemia gymnanthera*）、多变石栎、云南叶轮木（*Ostodes katharinae*）、白花洋紫荆（*Bauhinia variegata* var. *candida*）等，优势种平均树高为6.5～7.5 m，平均胸径为8 cm。

表4-18 灰毛浆果楝林样地调查表

样地号，面积，时间	样地13，25 m×20 m，2010年8月20日	样地14，25 m×20 m，2010年3月29日
调查人	李小英、覃家理、熊好琴、杨蕊等	李小英、覃家理、熊好琴、金艳强等
地点	景东县漫湾镇江边山	云县漫湾镇忙怀新电站
GPS	100°29′11.7″E，24°34′21.1″N	100°27′12.4″E，24°30′10.3″N
海拔，坡向，坡位，坡度	940 m，NE20°，坡脚，28°	1022 m，NE30°，中部，48°
生境地形特点	直线坡形，生境干燥	陡峭、直线坡形，生境干燥
土壤特点，地表特征	中壤土，土层厚度中等，枯落物8 cm	轻壤土，土层薄，枯落物7 cm
特别记录/人为影响	天然实生林	天然实生林
乔木层盖度，优势种盖度	65%，灰毛浆果楝30%，火绳树10%，钝叶黄檀5%	70%，灰毛浆果楝20%，黄毛青冈10%，桂火绳10%
灌木层盖度，优势种盖度	40%，羽萼18%，浆果楝13%	75%，灰毛浆果楝50%，云南叶轮木10%
草本层盖度，优势种盖度	35%，飞机草16%，荩草10%	45%，鞭叶铁线蕨20%，鳞毛蕨12%

层次	性状	中文名	拉丁名	样地13 10种 67株 25 m×20 m						样地14 10种 99株 25 m×20 m					
				株/丛数	高度/m		胸径/cm		重要值/%	株/丛数	高度/m		胸径/cm		重要值/%
					最高	平均	最高	平均			最高	平均	最高	平均	
乔木层	直立小乔木	千张纸	*Oroxylum indicum*	4	39	34	29	27	26.3						
	常绿乔木或灌木	坚木山矾	*Symplocos dryophila*	5	20	14.4	22	16	25.3						
	落叶乔木或灌木	余甘子	*Phyllanthus emblica*	3	15	8.3	11	9	20.3	1	7.5	6.5	13.8	10.7	7.2

续表

层次	性状	中文名	拉丁名	样地 13　10 种　67 株　25 m×20 m						样地 14　10 种　99 株　25 m×20 m					
				株/从数	高度/m		胸径/cm		重要值/%	株/从数	高度/m		胸径/cm		重要值/%
					最高	平均	最高	平均			最高	平均	最高	平均	
乔木层	常绿灌木或小乔木	厚皮香	*Ternstroemia gymnanthera*	1	12	12	27	27	19. 2						
	落叶乔木或灌木	火绳树	*Eriolaena spectabilis*	14	16	9. 6	19	9. 4	43. 4						
	常绿乔木	灰毛浆果楝	*Cipadessa cinerascens*	27	16	7. 3	22	7. 8	67. 9	26	9. 5	6. 4	15	8	37. 4
	落叶乔木或灌木	毛红椿	*Toona ciliata*	2	15	14	30	30	25. 5						
	常绿乔木	毛黄杞	*Engelhardia colebrookiana*	1	13	13	16	16	7. 5						
	常绿乔木	钝叶黄檀	*Dalbergia obtusifolia*	8	11	9. 2	12	7. 8	33. 8	10	7. 5	6. 3	8. 5	6. 6	11. 2
	常绿乔木	伊桐	*Itoa orientalis*	2	15	11. 5	16	13	23. 3						
	落叶乔木	白花洋紫荆	*Bauhinia variegata* var. *candida*							3	13. 5	10. 5	24	20	11. 5
	半湿润常绿	薄叶高山栲	*Quercus kingiana*							3	13	11. 3	32. 5	29	21
	常绿乔木	多变石栎	*Lithocarpus variolosus*							11	8. 5	6. 5	16. 5	9. 9	19
	常绿乔木	桂火绳	*Eriolaena kwangsiensis*							15	13. 5	9. 2	16. 5	11	27. 7
	常绿乔木	黄毛青冈	*Cyclobalonopsis delavayi*							17	15	9. 2	15. 7	10. 8	31. 4
	常绿乔木	粗叶水锦树	*Wendlandia scabra*							4	6. 5	5. 5	12. 1	8. 6	6
	常绿乔木或灌木	云南叶轮木	*Ostodes katharinae*							9	12. 5	8. 3	14. 4	11. 7	17. 5

层次	性状	中文名	拉丁名	样地 13　25 m×20 m				样地 14　25 m×20 m			
				株/从数	高度/m		多度	株/从数	高度/m		多度
					最高	平均			最高	平均	
灌木层	小灌木	木蓝	*Indigofera tinctoria*	1	1	1	un				
	乔木	杜英	*Elaeocarpus sylvestris*	1	0. 4	0. 4	un				
	灌木	虾子花	*Woodfordia fruticosa*	1	0. 6	0. 6	un				
	灌木	羽萼	*Colebrookea oppositi*	22	1. 8	1. 5	soc	7	2. 5	1. 4	cop1
	灌木或小乔木	斑鸠菊	*Vernonia esculenta*	1	2	2	un				
	灌木或小乔木	火绳树	*Eeiolaena spectsbilis*	2	0. 7	0. 6	sol				
	灌木或小乔木	假黄皮	*Clausena excavata*	1	1	1	un				
	灌木或小乔木	浆果楝	*Cipadessa baccifera*	7	2. 8	1. 9	cop1				
	灌木或小乔木	牡荆	*Vitex negundo*	1	1. 6	1. 6	un				
	灌木或小乔木	野桐	*Mallotus japonicus*	5	2. 5	2. 4	cop1				

续表

层次	性状	中文名	拉丁名	样地13 25 m×20 m				样地14 25 m×20 m			
				株/丛数	高度/m		多度	株/丛数	高度/m		多度
					最高	平均			最高	平均	
灌木层	小乔木	白花洋紫荆	*Bauhinia uariegate*					1	1.8	1.8	un
	灌木或乔木	粗叶水锦树	*Wendlandia scabra*					1	0.8	0.8	un
	灌木	杜茎山	*Maesa japonica*					2	1.2	1.1	sp
	灌木或乔木	桂火绳	*Eriolaena kwangsiensis*					4	3.5	2.7	cop1
	小乔木	合欢	*Albizia julibrissin*					1	0.8	0.8	un
	小乔木	黄毛青冈	*Cyclobalanopsis delavayi*					1	2.5	2.5	un
	灌木或乔木	灰毛浆果楝	*Cipadessa cinerascens*					8	4.5	2.5	cop2
	小乔木	钝叶黄檀	*Dalbergia obtusifolia*					1	0.8	0.8	un
	灌木或乔木	圆果算盘子	*Glochidion sphaerogynum*					2	4.5	3.5	sp
	小乔木	云南叶轮木	*Ostodes katharinae*					10	2	1	cop2

层次	性状	中文名	拉丁名	样地13 25 m×20 m			样地14 25 m×20 m		
				高度/m		多度	高度/m		多度
				最高	平均		最高	平均	
草本层	草本	鞭叶铁线蕨	*Adiantum caudatum*	0.4	0.4	un	0.4	0.4	cop2
	草本	淡竹叶	*Herba lophatheri*	0.2	0.2	un			
	草本	飞机草	*Eupatorium odoratum*	1.3	0.9	cop1	1.6	1.4	cop1
	草本	鬼针草	*Bidens pilosa*	0.4	0.4	un			
	草本	荩草	*Arthraxon hispidus*	0.4	0.4	cop1			
	草本	鳞毛蕨	*Dryopteris* spp.	0.3	0.3	sp	0.8	0.8	cop2
	草本	千里光	*Senecio scandens*	2	1.5	un	0.8	0.8	sp
	草本	莎草	*Cyperus*sp.	0.2	0.2	un			
	草本	水鳖蕨	*Sinephropteris delavayi*	0.9	0.9	un	0.8	0.8	cop1
	草本	铁线蕨	*Adiantum capillus-veneris*	0.5	0.4	sol			
	草本	含羞草	*Bashfulgrass*				0.4	0.4	sp
	草本	旱茅	*Eremopogon delavayi*				1.2	1.2	sp
	草本	苋	*Amaranthus tricolor*				1	1	sp
	草本	沿阶草	*Ophiopogon japonicus*				0.6	0.5	cop1
	草本	玉蜀黍	*Zea mays*				0.6	0.6	sp

续表

层次	性状	中文名	拉丁名	样地 13 25 m×20 m			样地 14 25 m×20 m		
				高度/m		多度	高度/m		多度
				最高	平均		最高	平均	
层间植物	草质藤本	飞蛾藤	*Porana racemosa*	0.8	0.8	un			
	草质藤本	鸡屎藤	*Paederia scandens*	2.2	1.5	copl			
	攀援灌木	菝葜	*Smilax china*	1.5	1	sol			
	木质藤本	古钩藤	*Cryptolepis buchananii*	1.3	1.3	un			
	木质藤本	绣球藤	*Clematismontana*	2.5	2	sol			
	攀援灌木	圆锥菝葜	*Smilax bracteata*				1.1	1.1	un
	木质藤本	多花崖爬藤	*Tetrastigma campylocarpum*				11	8	sp
	草质藤本	光宿苞豆	*Shuteria involucrata* var. *glabrata*				0.4	0.4	un

往北在永平县境内澜沧江边黑水河电站旁的几个沟箐中也见到残存次生的季风常绿阔叶林，其优势种为浆果楝（*Cipadessa baccifera*），见表 4-19。调查样地海拔为 1250～1300 m，400 m^2 的样地中有乔木树种 17 种，乔木层总盖度为 85%，主要组成树种按重要值排序为浆果楝、石栎（*Lithocarpus glaber*）、滇丁香（*Luculia pinceana*）、合欢（*Albizia julibrissin*）、新樟、豆腐柴（*Premna microphylla*）、密花树（*Rapanea neriifolia*）、黄梁木（*Anthocephalus chinensis*）、鸡骨香（*Radix crotonis*）等，优势种平均树高为 16 m，最高为 26 m，平均胸径为 23 cm，最大达 47 cm。灌木层盖度为 55%，种类较少，主要为乔木树种的幼树，如密花树、青冈、合欢、新樟，较多的灌木种有米团花（*Leucosceptrum canum*）、菊三七（*Gynura japonica*），平均高度为 3～4 m。草本层盖度为 60%，以淡竹叶（*Herba lophateri*）、蕨（*Pteridium aquilinum* var. *latiusculum*）为主，其他的种类还有荨麻（*Urtica fissa*）、土牛膝（*Achyranthes bidentata*）、莎草（*Cyperus* sp.）、马兰（*Kalimeris indica*）、姜花（*Hedychium coronarium*）、蔊菜（*Rorippa indica*）、革命菜（*Gynura crepidioides*），草本层平均高度为 0.3～0.8 m。层间植物有金银花（*Lonicera japonica*）、鱼藤（*Derris trifoliata*）、钮子瓜（*Zehneria maysorensis*）三种。

表 4-19 浆果楝林样地调查表

样地号，面积，时间	样地 05，20 m×20 m，2012 年 10 月 3 日
调查人	李小英、覃家理、许彦红等
地点	永平县黑水河电站旁
GPS	99°35′26″E，25°07′47″N
海拔，坡向，坡位，坡度	1290 m，NW20°，中部，40°
生境地形特点	地势陡峭，一凹形平台
母岩，土壤类型，土壤特点，地表特征	石灰岩，红壤，土层薄，石砾含量高
特别记录/人为影响	天然实生林，有人为砍伐痕迹
乔木层盖度，优势种盖度	85%，浆果楝 65%，新樟 15%
灌木层盖度，优势种盖度	55%，密花树 20%，米团花 10%，青冈 8%
草本层盖度，优势种盖度	60%，淡竹叶 18%，蕨 10%

续表

层次	性状	中文名	拉丁名	样地05　16种　35株　20 m×20 m					
				株/丛数	高度/m		胸径/cm		重要值/%
					最高	平均	最高	平均	
乔木层	灌木或乔木	云南木犀榄	*Olea yuennanensis*	1	7.2	7.2	5.4	5.4	8.9
	常绿乔木	滇丁香	*Luculia pinceana*	4	14.8	11.1	25.3	19.6	28.4
	常绿乔木	滇润楠	*Machilus yunnanensis*	1	6	6	7.8	7.8	9.1
	常绿乔木	对叶榕	*Ficus hispida*	1	8	8	9.9	9.9	9.4
	常绿乔木	黄梁木	*Anthocephalus chinensis*	1	19	19	33.2	33.2	13.6
	常绿乔木	鸡骨香	*Radix crotonis*	1	11	11	19	19	11.2
	常绿乔木	浆果楝	*Cipadessa baccifera*	7	26	16.3	47.3	23	55.7
	常绿乔木	石栎	*Lithocarpus glaber*	2	17.5	15.7	21.6	21	29.4
	常绿乔木	新樟	*Neocinnamomum delavayi*	4	10	7.6	12.7	9.5	25.6
	落叶乔木	豆腐柴	*Premna microphylla*	3	16	11	36	20.3	23.2
	落叶乔木	椴树	*Tilia cordata*	1	3.5	3.5	6.7	6.7	6
	落叶乔木	合欢	*Albizia julibrissin*	3	17	14.3	28	25.6	28.4
	落叶乔木	木通	*Caulis akebiae*	1	5.5	5.5	7	7	9
	落叶乔木	榆树	*Ulmus pumila*	1	8	8	8.5	8.5	6.2
	灌木或小乔木	密花树	*Rapanea neriifolia*	3	15	12.8	19.5	17	20.5
	落叶乔木	胡桃科1种	*Juglandaceae* spp.	1	4	4	5.1	5.1	5.9

层次	性状	中文名	拉丁名	样地05　20 m×20 m			
				株/丛数	高度/m		多度
					最高	平均	
灌木层	乔木	新樟	*Neocinnamomum delavayi*	1	1.7	1.7	un
	乔木	青冈	*Cyclobalanopsis glauca*	4	5	2.7	sp
	乔木	木果石栎	*Lithocarpus xylocarpus*	1	3	3	un
	灌木或小乔木	密花树	*Rapanea neriifolia*	19	3	1.6	cop3
	乔木	合欢	*Albizia julibrissin*	5	5	4.2	cop1
	灌木至乔木	米团花	*Leucosceptrum canum*	7	3	1.4	cop1
	灌木	算盘子	*Glochidion puberum*	2	1	1	sol
	灌木	鸡骨香	*Radix crotonis*	1	0.8	0.8	un
	灌木或小乔木	金珠柳	*Maesamontana*	1	1	1	un
	草本至灌木	菊三七	*Gynura japonica*	3	4.5	3.6	sp

层次	性状	中文名	拉丁名	样地05　20 m×20 m		
				高度/m		多度
				最高	平均	
草本层	草本	荨麻	*Urtica fissa*	0.5	0.4	sp
	草本	土牛膝	*Achyranthes bidentata*	0.3	0.3	sp
	草本	莎草	*Cyperus* sp.	0.7	0.6	sp
	草本	马兰	*Kalimeris indica*	0.3	0.3	sp
	草本	蕨	*Pteridium aquilinum* var. *latiusculum*	0.5	0.5	cop1

续表

层次	性状	中文名	拉丁名	样地05 20 m×20 m		
				高度/m		多度
				最高	平均	
草本层	草本	姜花	*Hedychium coronarium*	0.7	0.7	sol
	草本	蔊菜	*Rorippa indica*	0.4	0.4	sp
	草本	革命菜	*Gynura crepidioides*	0.8	0.8	sp
	草本	淡竹叶	*Herba lophatheri*	0.6	0.5	cop2
层间植物	木质藤本	金银花	*Lonicera japonica*	1	0.9	cop1
	灌木或藤本	象鼻藤	*Dalbergia mimosoides*	3	3	un
	攀援灌木	鱼藤	*Derris trifoliata*	5	4.5	sol
	草质藤本	钮子瓜	*Zehneria maysorensis*	3	2	cop1

(2) 半湿润常绿阔叶林

本类型的植物区系组成中兼备了热带和温带的成分。在植物属的组成上，有较多起源于热带或以热带分布为主的属，如樟科、茶科的属，也有北温带起源的属，如栎属（*Quercus*）、栲属（*Castanopsis*）、青冈属（*Cyclobalanopsis*）等，分布于较干旱环境中的群落，包括出现比较多落叶性种类的群落，如桤木、南烛。澜沧江流域的半湿润常绿阔叶林一般可分为元江栲林、高山栲林、木荷林、马缨花杜鹃林四个群系。

a. 元江栲林（Form. *C. orthacantha*）

元江栲林普遍分布于滇中高原各地，海拔多在 1900 ~ 2000 m。澜沧江中下游流域内的保护区内都有该类型分布，永平自然保护区内可分布到海拔 2600 m。由于长期的人为干扰，现仅存于一些坡度较陡的沟箐，破坏后的元江栲林常被旱冬瓜林和云南松林所取代。

调查样地永平县宝台山沙坝地果子和金光寺下沟箐两边均有典型分布，见表 4-20。乔木层总盖度达 85% ~ 90%，乔木层分上下两层，上层乔木主要由元江栲（*Castanopsis orthacantha*）、高山栲、石栎（*Lithocarpus glaber*）、鹅掌柴（*Schefflera octophylla*）、冬青（*Ilex purpurea*）、南烛组成，平均高度为 10 ~ 11 m，样地中也出现 33 m 高的木荷（*Schima superba*），下层乔木以越橘（*Vaccinium vitis-idaea*）和杜鹃较多，越橘在两个样地中的重要值分别为 60.55% 和 29.45%，杜鹃主要有大白花杜鹃、马缨花杜鹃，在样地中的重要值分别达到 36.94% 和 21.72%，下层乔木平均高为 6 ~ 8 m。灌木层总盖度为 15% ~ 25%，平均高度为 1 ~ 3 m，种类少，主要种有越橘、厚皮香（*Ternstroemia gymnanthera*）、露珠杜鹃（*Rhododendron irroratum*）、清香桂（*Sarcococca ruscifolia*）、野八角（*Illicium simonsii*）、山茶（*Camellia japomica*）、箭竹（*Fargesia spathacea*）等。草本层总盖度为 2% ~ 5%，种类稀少，有鳞毛蕨（*Dryopteris* spp.）、凤尾蕨（*Pteris cretica* var. *nervosa*）、兔儿风（*Ainsliaea* sp.）、沿阶草（*Ophiopogon japonicus*）等，平均高度为 0.3 ~ 0.5 m。层间植物有崖爬藤（*Tetrastigma formosanum*）、菝葜（*Smilax china*）、爬山虎、鸡血藤（*Millettia reticuiata*）四种。

表 4-20 元江栲林样地调查表

样地号，面积，时间	样 01，20 m×20 m，2011 年 8 月 18 日	样 03，20 m×20 m，2011 年 8 月 19 日
调查人	李小英、覃家理、熊好琴、赵崇俨等	李小英、覃家理、熊好琴、赵崇俨等
地点	永平县宝台山沙坝地果子	永平县金光寺下沟箐边
GPS	99°31′45″E，25°12′15″N	99°31′43″E，25°11′52″N
海拔，坡向，坡位，坡度	2600 m，NW，中上部，30°	2440 m，W，中部，40°

续表

生境地形特点	直线山形，林下湿润	长流水沟边，林下湿润
土壤类型，土壤特点，地表特征	红棕壤，土层厚，枯落物层 8 cm	红棕壤，土层厚，枯落物层 12 cm
特别记录/人为影响	天然实生林	天然实生林，林下有砍伐痕迹
乔木层盖度，优势种盖度	90%，元江栲 60%，越橘 20%	85%，元江栲 50%，越橘 25%
灌木层盖度，优势种盖度	25%，越橘 10%，厚皮香 3%	15%，越橘 5%
草本层盖度，优势种盖度	2%，瓦韦 2%	5%，鳞毛蕨 2%，兔儿风 1%

层次	性状	中文名	拉丁名	样地 01 19 种 145 株 20 m×20 m						样地 03 4 种 20 株 20 m×20 m					
				株/丛数	高度/m		胸径/cm		重要值/%	株/丛数	高度/m		胸径/cm		重要值/%
					最高	平均	最高	平均			最高	平均	最高	平均	
乔木层	常绿乔木	大白花杜鹃	*Rhododendron decorum*	30	11.5	7.4	30.1	9.9	36.94	1	6.2	6.2	5	5	9.72
	常绿乔木	高山栲	*Castanopsis delavayi*	1	11	11	46.7	46.7	6.56						
	常绿乔木	华山松	*Pinus armandii*	1	8	8	6.4	6.4	7.84						
	落叶乔木	露珠杜鹃	*Rhododendron irroratum*	1	5	5	21.2	21.2	6.16						
	常绿乔木	马缨花杜鹃	*Rhododendron delavayi*	4	10	8.9	26.9	17.5	21.72						
	常绿乔木	南烛	*Vaccinium bracteatum*	3	12	10.2	53.8	25.1	23.63						
	落叶乔木	石栎	*Lithocarpus glaber*	7	11	9.4	56.8	29.8	28.95	6	33	22	38	27.2	44.82
	常绿乔木	元江栲	*Castanopsis orthacantha*	36	13.5	10.8	74.7	27.5	107.64	9	33	31.7	50.8	41.2	90.32
	常绿乔木	越橘	*Vaccinium vitis-idaea*	42	11	6.8	28.6	9.5	60.55	4	6	4.75	7	5.7	29.45
	常绿乔木	八角	*Illicium verum*	1	7.5	7.5	7	7	7.41						
	落叶乔木	稠李	*Prunus padus*	2	32	30	46.2	36.8	16.21						
	常绿乔木	冬青	*Ilex purpurea*	6	21	11.2	25.5	12.1	26.02						
	常绿乔木	鹅掌柴	*Schefflera octophylla*	3	15	11	12.8	9	10.71						
	常绿乔木	海桐	*Pittosporum tobira*	1	4	4	5.8	5.8	4.98						
	常绿乔木	榉树	*Zelkova serrata*	1	27	27	50	50	12.54						
	常绿乔木	木荷	*Schima superba*	1	33	33	49.7	49.7	24.36						
	常绿乔木	泡花树	*Meliosma cuneifolia*	1	6	6	5	5	4.96						
	常绿乔木	润楠属 1 种	*Marchilus* sp.	1	27	27	17.1	17.1	5.78						
	常绿乔木	金叶子	*Craibiodendron stellatum*	3	7	6.7	8.5	6.9	12.72						

层次	性状	中文名	拉丁名	样地 01 20 m×20 m				样地 03 20 m×20 m			
				株/丛数	高度/m		多度	株/丛数	高度/m		多度
					最高	平均			最高	平均	
灌木层	灌木或小乔木	大白杜鹃	*Rhododendron decorum*	1	6	6	un	3	2.2	1.2	sol
	灌木或乔木	鹅掌柴	*Schefflera octophylla*	2	5	3.3	sol				

续表

层次	性状	中文名	拉丁名	样地01 20 m×20 m				样地03 20 m×20 m			
				株/丛数	高度/m		多度	株/丛数	高度/m		多度
					最高	平均			最高	平均	
灌木层	常绿灌木或小乔木	厚皮香	*Ternstroemia gymnanthera*	8	2.4	2.1	cop1				
	灌木	柃木	*Eurya japonica*	1	2.5	2.5	un	1	0.3	0.3	un
	灌木或小乔木	露珠杜鹃	*Rhododendron irroratum*	12	6	3.3	cop2	4	3	2.4	sp
	乔木	木荷	*Schima superba*	4	1.2	0.8	sp	5	2.7	1.6	sp
	灌木	小铁仔	*Myrsine africana*	1	0.2	0.2	un				
	灌木	越橘	*Vaccinium vitis-idaea*	15	5	3.5	cop3	10	4	3	cop1
	落叶灌木	荚蒾	*Viburnum dilatatum*	1	0.5	0.5	un				
	灌木或小乔木	山茶	*Camellia japomica*	6	2.5	2.4	sp				
	灌木或乔木	鹅掌柴	*Schefflera octophylla*	2	5	4.5	sol				
	灌木	箭竹	*Fargesia spathacea*	5	1.6	1.2	sp				
	灌木	卫矛	*Euonymus alatus*	2	2.5	2.2	sol				
	灌木	野八角	*Illicium simonsii*	3	0.5	0.4	sol				
	常绿灌木	清香桂	*Sarcococca ruscifolia*	20	1.5	1.1	cop3				

层次	性状	中文名	拉丁名	样地01 20 m×20 m			样地03 20 m×20 m		
				高度/m		多度	高度/m		多度
				最高	平均		最高	平均	
草本层	草本	瓦韦	*Lepisorus thunbergianus*	0.13	0.1	un			
	草本	荩草	*Arthraxon hispidus*				0.3	0.3	sp
	草本	凤尾蕨	*Pteris cretica* var. *nervosa*				0.4	0.3	cop1
	草本	凤仙花	*Impatiens balsamina*				0.5	0.5	sp
	草本	鳞毛蕨	*Dryopteris* spp.				0.2	0.1	cop2
	草本	秋海棠	*Begonia evansiana*				0.4	0.4	sp
	草本	三叶半夏	*Pinellia ternata*				0.12	0.1	sp
	草本	天南星	*Arisaema erubesccns*				0.5	0.5	sp
	草本	兔儿风	*Ainsliaea* sp.				0.6	0.5	cop1
	草本	沿阶草	*Ophiopogon japonicus*				0.6	0.5	cop1
层间植物	半木质藤本	崖爬藤	*Tetrastigma formosanum*	0.2	0.2	sol	0.3	0.3	un
	攀缘灌木	菝葜	*Smilax china*	2	1.6	sp	1.8	1.6	sp
	木质藤本	爬山虎	*Parthenocissus tricuspidata*	0.7	0.7	un			
	攀援灌木	鸡血藤	*Millettia reticuiata*	4	3.5	sol			

b. 高山栲林（Form. *C. delavayi*）

以高山栲为优势的半湿润常绿阔叶林本是滇中高原普遍分布的类型，但由于长期人为活动的影响，目前大面积成林已少见，通常分布在海拔 1500～2500 m。该类型在澜沧江边及流域内保护区均有小面积分布。

调查样地在永平县境内黑水河电站江边附近，见表 4-21，总计 1000 m^2 的两块样地记录了 26 种乔木树种，其中一个样地只有 11 种，显然人为破坏比较明显。乔木层盖度为 60%～95%，主要组成树种有高山栲、余甘子、水锦树（*Wendlandia uvariifolia*）、算盘子（*Glochidion puberum*）、云南黄杞（*Engelhardia spicata*）、云南越橘、木果石栎（*Lithocarpus xylocarpus*）、伊桐（*Itoa orientalis*）、青冈（*Cyclobalanopsis glauca*）、密花树（*Rapanea neriifolia*）、鸡骨香（*Radix crotonis*）等；优势种平均树高为 8～10 m，平均胸径为 13～18 cm，有胸径 64 cm 的大树。灌木层总盖度为 30%～50%，主要为乔木树种的幼树，如高山栲、云南黄杞、栓皮栎、水锦树、密花树、伊桐、云南越橘等，真正的灌木有地桃花（*Urena lobata*）、白枪杆（*Fraxinus malacophylla*）、大叶千斤拔（*Flemingia macrophylla*）、羊耳菊（*Inula cappa*）等，平均高为 0.5～5 m。草本层盖度为 35%～80%，平均高为 0.3～0.8 m，常见草本有淡竹叶（*Herba lophatheri*）、紫茎泽兰（*Ageratina adenophora*）、莎草（*Cyperus* sp.）、姜花（*Hedychium coronarium*）、蕨（*Pteridium aquilinum* var. *aquilinum*）等。层间植物有木质藤本古钩藤（*Cryptolepis buchananii*）和攀援草本茜草（*Rubia cordifolia*）两种。

表 4-21　高山栲林样地调查表

样地号，面积，时间	样地 01，20 m×30 m，2012 年 10 月 2 日	样地 04，20 m×20 m，2012 年 10 月 3 日
调查人	李小英、覃家理、许彦红、赵崇俨等	李小英、覃家理、许彦红、赵崇俨等
地点	永平县澜沧江边	永平县黑水河电站外澜沧江边
GPS	99°35′50″E，25°07′07″N	99°34′57″E，25°07′38″N
海拔，坡向，坡位，坡度	1270 m，SW25°，下部，33°	1380 m，ES25°，中部，20°
生境地形特点	江边乡村道路上方，林下干燥	直线坡形，缓坡平台
土壤特点，土壤类型，地表特征	土壤厚，砂壤土，枯落物 3 cm	土壤厚，砂壤土，枯落物 3 cm
特别记录/人为影响	天然实生林	天然实生林
乔木层盖度，优势种盖度	60%，高山栲 45%	95%，高山栲 58%，伊桐 15%，水锦树 13%
灌木层盖度，优势种盖度	30%，余甘子 19%，高山栲 7%	50%，密花树 20%，青冈 15%，高山栲 10%
草本层盖度，优势种盖度	80%，紫茎泽兰 30%，飞机草 25%，蕨 10%	35%，淡竹叶 13%，莎草 12%

层次	性状	中文名	拉丁名	样地 01　11 种　60 株　20 m×30 m						样地 04　22 种　74 株　20 m×20 m					
				株/丛数	高度/m		胸径/cm		重要值/%	株/丛数	高度/m		胸径/cm		重要值/%
					最高	平均	最高	平均			最高	平均	最高	平均	
乔木层	落叶乔木	算盘子	*Glochidion puberum*	5	7	6.2	7.8	6.6	17.07	4	8	6.3	5.7	5.3	9.61
	常绿乔木	云南黄杞	*Engelhardia spicata*	2	8.8	6.5	8.3	8.1	22.02	1	11.5	11.5	14.4	14.4	12.78
	常绿乔木	高山栲	*Castanopsis delavayi*	34	14	8	39.3	13	148.25	15	22	10.3	64.5	17.4	71.43
	落叶乔木	余甘子	*Phyllanthus emblica*	6	10.5	7.2	10.9	7.5	22.27	2	10	8.5	7.5	6.3	8.2
	落叶乔木	栓皮栎	*Quercus variabilis*	1	9.4	9.4	7.6	7.6	10.94	3	11.5	9	10.5	7.2	9.96
	常绿乔木	云南越橘	*Vaccinium duclouxii*	2	4	4	6.8	6.7	21.63	1	7	7	14.4	14.4	12.78
	落叶乔木	盐肤木	*Rhus chinensis*	2	9	8.2	8.4	7.7	11.04	1	9	9	7.8	7.8	5.5
	灌木或乔木	水锦树	*Wendlandia uvariifolia*	4	7	5.6	10.2	8.4	18.27	7	7.8	7.6	9.5	7.7	16.18

续表

层次	性状	中文名	拉丁名	样地01 11种 60株 20 m×30 m						样地04 22种 74株 20 m×20 m					
				株/丛数	高度/m		胸径/cm		重要值/%	株/丛数	高度/m		胸径/cm		重要值/%
					最高	平均	最高	平均			最高	平均	最高	平均	
乔木层	常绿乔木	对叶榕	*Ficus hispida*	2	9	9	13.3	12.1	10.6						
	常绿乔木	大果榕	*Ficus auriculata*	1	6.2	6.2	16.6	16.6	10.93	1	9.5	9.5	28.7	28.7	9.58
	常绿乔木	钝叶黄檀	*Dalbergia obtusifolia*	1	9.2	9.2	9.9	9.9	6.99	1	6.8	6.8	6	6	4.07
	灌木或小乔木	密花树	*Rapanea neriifolia*							5	14.5	8.2	20.5	8.7	11.95
	常绿乔木	鸡骨香	*Radix crotonis*							6	8.5	7	7.1	6.2	11.51
	常绿乔木	木果石栎	*Lithocarpus xylocarpus*							6	16.5	11.3	43	21.4	27.8
	常绿乔木	滇丁香	*Luculia pinceana*							3	12	11.2	11.2	8.1	7.58
	常绿乔木	伊桐	*Itoa orientalis*							7	9	8.1	14	8.6	14.59
	常绿乔木	青冈	*Cyclobalanopsis glauca*							4	17	10.9	26.2	12.8	13.96
	落叶乔木	木棉	*Bombax malabaricum*							1	13.5	13.5	17.4	17.4	4.2
	灌木或小乔木	茶梨	*Anneslea fragrans*							2	8	7.4	19.1	13.6	6.15
	落叶乔木	木通	*Caulis akebiae*							1			5.8	5.8	4.06
	落叶乔木	合欢	*Albizia julibrissin*							1	9	9	5.9	5.9	4.07
	常绿乔木	银木荷	*Schima argentea*							1	6.5	6.5	6.1	6.1	10.57
	灌木或乔木	云南木犀榄	*Olea yuennanensis*							1	9	9	9.6	9.6	4.37

层次	性状	中文名	拉丁名	样地01 20 m×30 m				样地04 20 m×20 m			
				株/丛数	高度/m		多度	株/丛数	高度/m		多度
					最高	平均			最高	平均	
灌木层	灌木或小乔木	茶梨	*Anneslea fragrans*	1	1.2	1.2	un	2	2.5	2	sol
	亚灌木	地桃花	*Urena lobata*	1	0.3	0.3	un				
	小乔木	高山栲	*Castanopsis delavayi*	7	3	2.3	cop1	8	1.5	1.1	cop1
	小乔木	云南黄杞	*Engelhardia spicata*	2	1	0.7	sol				
	小乔木	栓皮栎	*Quercus variabilis*	1	1	1	un				
	灌木或乔木	水锦树	*Wendlandia uvariifolia*	2	2.5	2.1	sol	2	5	3.3	sp
	落叶灌木	算盘子	*Glochidion puberum*	5	1.5	1.1	cop1				
	小乔木	银木荷	*Schima argentea*	4	2	1.8	cop1				
	小乔木	余甘子	*Phyllanthus emblica*	1	2.5	2.5	un	2	4.5	4.3	sp
	落叶小乔木	白枪杆	*Fraxinus malacophylla*					1	0.6	0.6	un
	亚灌木	刺蒴麻	*Triumfetta rhomboidea*					1	1.2	1.2	un
	灌木	大叶千斤拔	*Flemingia macrophylla*					1	1.6	1.6	un

续表

层次	性状	中文名	拉丁名	样地01 20 m×30 m				样地04 20 m×20 m			
				株/丛数	高度/m		多度	株/丛数	高度/m		多度
					最高	平均			最高	平均	
灌木层	小乔木	滇丁香	*Luculia pinceana*					1	5	4. 8	un
	小乔木	鸡骨香	*Radix crotonis*					1	2. 5	2. 5	un
	灌木或小乔木	密花树	*Rapanea neriifolia*					24	4	1. 6	cop3
	小乔木	木果石栎	*Lithocarpus xylocarpus*					1	2	2	un
	小乔木	钝叶黄檀	*Dalbergia obtusifolia*					5	1	0. 9	sp
	小乔木	青冈	*Cyclobalanopsis glauca*					14	5	3. 6	cop2
	落叶小乔木	盐肤木	*Rhus chinensis*					3	0. 5	0. 5	sol
	小乔木	伊桐	*Itoa orientalis*					2	1	1	sp
	小乔木	越橘	*Vaccinium vitis-idaea*					2	1. 5	1. 3	sp
	灌木	羊耳菊	*Inula cappa*					2	0. 5	0. 4	sol
	乔木幼树	清溪杨	*Populus rotundifolia*					1	0. 3	0. 3	un

层次	性状	中文名	拉丁名	样地01 20 m×30 m			样地04 20 m×20 m		
				高度/m		多度	高度/m		多度
				最高	平均		最高	平均	
草本层	草本	野草香	*Elsholtzia cypriani*	1. 2	1	sol			
	草本	铁线蕨	*Adiantum capillus-veneris*	0. 3	0. 3	sp			
	草本	胜红蓟	*Ageratum conyzoides*	0. 5	0. 4	sp			
	草本	青蒿	*Sweet wormwood*	0. 4	0. 3	sol			
	草本	兰花	*Cymbidium* spp.	0. 2	0. 2	sp			
	草本	蕨	*Pteridium aquilinum* var. *aquilinum*	0. 8	0. 7	cop1	0. 6	0. 4	cop1
	草本	革命菜	*Gynura crepidioides*	0. 4	0. 3	sp	0. 8	0. 6	sp
	草本	飞机草	*Eupatorium odoratum*	1	0. 9	cop2	0. 3	0. 3	sol
	草本	淡竹叶	*Herba lophatheri*	0. 1	0. 8	sol	0. 5	0. 3	cop2
	草本	蒿属1种	*Artemisia* sp.	0. 6	0. 5	sp			
	草本	红果莎	*Carex baccans*	0. 2	0. 2	sol			
	草本	云南猪屎豆	*Crotalaria yunnanensis*	0. 4	0. 2	sp			
	草本	紫茎泽兰	*Ageratina adenophora*				0. 7	0. 5	cop2
	草本	仙茅	*Curculigo orchioides*				0. 3	0. 2	sp
	草本	薯蓣	*Dioscorea opposita*				1	0. 8	sol
	草本	莎草	*Cyperus* sp.				0. 4	0. 3	cop2
	草本	冷水花	*Pilea notata*				0. 3	0. 3	sp

续表

层次	性状	中文名	拉丁名	样地 01 20 m×30 m			样地 04 20 m×20 m		
				高度/m		多度	高度/m		多度
				最高	平均		最高	平均	
草本层	草本	姜花	*Hedychium coronarium*				1	0.8	cop1
层间植物	木质藤本	古钩藤	*Cryptolepis buchananii*	1.5	1.5	un			
	攀援草本	茜草	*Rubia cordifolia*				1	0.7	sp

c. 木荷林、栲林（Form. *Schima* spp. + *Castanopsis* spp.）

木荷林、栲林主要分布于滇中南部山脉的中山地带，在澜沧江中下游流域的山体上部集中分布，海拔范围为 1500 ~ 2700 m，如无量山、哀牢山等。该群系的调查样地位于无量山自然保护区边缘和云县漫湾镇一带，见表 4-22。

表 4-22 木荷林样地调查表

样地号，面积，时间	样地 06，30 m×20 m，2010 年 3 月 25 日	样地 18，25 m×15 m，2010 年 8 月 21 日
调查人	李小英、覃家理、熊好琴、金艳强等	李小英、覃家理、熊好琴、杨蕊等
地点	云县漫湾镇背土锅山	景东县无量山滑不板箐（慢壮组）
GPS	100°23′53.3″E，24°38′31.8″N	100°29′18″E，24°40′26.4″N
海拔，坡向，坡位，坡度	1795 m，E，上部，25°	1840 m，SE30°，上部，30°
生境地形特点	直线山形，林内干燥	直线山形，林内较湿润
土壤类型，地表特征	中壤土，枯落物 5 cm	轻壤土，枯落物 7 cm
特别记录/人为影响	天然实生林	天然实生林
乔木层盖度，优势种盖度	75%，银木荷 40%，红果树 15%，新樟 10%	80%，木荷 30%，高山栲 20%，紫金牛 10%
灌木层盖度，优势种盖度	10%，木犀榄 4%，柃木 3%，多穗石栎 2%	45%，石栎 15%，杜茎山 15%，青冈（幼）10%
草本层盖度，优势种盖度	<1%	35%，凤尾蕨，15%，荩草 10%

层次	性状	中文名	拉丁名	样地 06 9 种 102 株 30 m×30 m						样地 18 15 种 90 株 25 m×15 m					
				株/丛数	高度/m		胸径/cm		重要值/%	株/丛数	高度/m		胸径/cm		重要值/%
					最高	平均	最高	平均			最高	平均	最高	平均	
乔木层	常绿乔木	齿叶黄杞	*Engelhardia serrata*	14	9.5	7.7	11.4	7.9	17.8						
	常绿乔木	多变石栎	*Lithocarpus variolosus*	6	13	9.5	27.8	11.9	11.8						
	半湿润常绿乔木	高山栲	*Castanopsis delavayi*	3	12	7.8	9.3	8.1	3.8	28	24	12.8	32	9.6	56.7
	半常绿或落叶灌木	红果树	*Lindera communis*	19	11.5	8.7	19.3	11.1	32	5	20	11.6	16	8.8	10.4
	常绿乔木	西南木荷	*Schima wallichii*	2	15	12.5	35.4	26.4	10.3						
	常绿乔木	新樟	*Neocinnamomum delavayi*	19	11	8	16.6	9.6	27.9						
	常绿乔木	银木荷	*Schima argentea*	24	12.5	10	24.8	14.6	55.4						
	常绿乔木或灌木	印度木荷	*Schima khasiana*	4	14	12	24.5	17.3	10.6						

续表

层次	性状	中文名	拉丁名	样地06 9种 102株 30 m×30 m						样地18 15种 90株 25 m×15 m					
				株/从数	高度/m		胸径/cm		重要值/%	株/从数	高度/m		胸径/cm		重要值/%
					最高	平均	最高	平均			最高	平均	最高	平均	
乔木层	常绿乔木	云南木犀榄	*Olea yunnanensis*	11	13	9.6	27.1	12	20.8						
	常绿乔木或灌木	山桂花	*Bennettiodendron leprosipes*							1	23	23	16	16	11.4
	半湿润常绿乔木	粗穗石栎	*Lithocarpus oblanceolatus*							3	11	10.3	11	8	12.8
	常绿乔木或灌木	大叶紫珠	*Callicarpa macrophylla*							1	10	9	10	10	7.9
	常绿乔木或灌木	毛脉杜茎山	*Maesa marionae*							1	8	8	5	5	5.4
	常绿乔木	光叶石栎	*lithocarpus mairei*							4	16	13.5	16	12	18.0
	落叶乔木	旱冬瓜	*Alnus nepalensis*							3	25	24.7	40	34	28.4
	常绿乔木或灌木	马缨杜鹃	*Rhododendron delavayi*							3	11	10.3	13	12	10.1
	常绿乔木或灌木	毛叶柿	*Diospyros mollifolia*							2	12	9.5	11	10.5	9.9
	常绿乔木	木荷	*Schima superba*							15	40	18.3	45	16.3	67
	常绿乔木	楠木	*Phoebe zhennan*							3	20	18	20	12.3	14.9
	常绿乔木	粗叶水锦树	*Wendlandia scabra*							1	10	10	9	9	12
	常绿乔木	云南油杉	*Keteleeria evelyniana*							1	13	13	5	5	3.3
	常绿灌木	紫金牛	*Ardisia japonica*							19	20	11.1	12	7.6	29.6

层次	性状	中文名	拉丁名	样地06 30 m×20 m				样地18 25 m×15 m			
				株/从数	高度/m		多度	株/从数	高度/m		多度
					最高	平均			最高	平均	
灌木层	乔木	多穗石栎	*Lithocarpus polystachya*	5	4.5	3	sp				
	小乔木	木犀榄	*Olea europaea*	6	4.5	2.9	cop1				
	乔木	枫杨	*China wingnut*	1	2	2	un				
	乔木	合欢	*Albizia julibrissin*	3	0.3	0.3	sp				
	灌木或小乔木	厚皮香	*Ternstroemia gymnanthera*	1	3	3	un				
	乔木	君迁子	*Diospyros lotus*	2	2.5	2.3	sol				
	乔木	毛木荷	*Schima villosa*	1	2	2	un				
	乔木	木荷	*Schima superba*	1	0.8	0.8	un				
	乔木幼树	石栎	*Lithocarpus glaber*	5	2.5	1.8	sp				
	乔木	腾冲栲	*Castanopsis wattii*	1	1	1	un				
	乔木	新樟	*Neocinnamomum delavayi*	1	2	2	un	1	2	2	un
	灌木	柃木	*Eurya japonica*	5	4.5	2.8	sp				

续表

层次	性状	中文名	拉丁名	样地 06 30 m×20 m				样地 18 25 m×15 m			
				株/丛数	高度/m		多度	株/丛数	高度/m		多度
					最高	平均			最高	平均	
灌木层	灌木	野牡丹	*Common Melastoma*	1	1.5	1.5	un				
	灌木或小乔木	红果树	*Stranvaesia davidiana*	3	5	4.2	sp				
	灌木或小乔木	三丫苦	*Evodia lepta*	5	1.7	1.3	sp				
	灌木或小乔木	山矾	*Symplocos caudata*	4	1	0.7	sp				
	常绿小乔木	藜蒴栲	*Castanopsis fissa*	2	2.8	2.3	sol				
	灌木	桃金娘	*Rhodomyrtus tomentosa*	2	2	1.5	sol				
	灌木	紫金牛	*Ardisia japonica*	3	2.2	1.8	sp	13	1.5	1.3	cop2
	乔木幼树	石栎	*Lithocarpus glaber*					3	0.2	0.2	sp
	乔木幼树	青冈	*Cyclobalanopsis glauca*					5	0.3	0.2	cop1
	乔木幼树	楠木	*Phoebe zhennan*					4	0.9	0.8	sp
	乔木幼树	高山栲	*Castanopsis tsaii*					3	1.5	1.3	sp
	半灌木	地桃花	*Urena lobata*					2	0.9	0.9	sol
	灌木	越橘	*Vaccinium vitis-idaea*					2	0.9	0.9	sol
	灌木	羊耳菊	*Inula cappa*					1	1	1	un
	灌木	算盘子	*Glochidion puberum*					1	1.4	1.4	un
	灌木	钝叶黑面神	*Breynia retusa*					2	0.7	0.5	sol
	灌木	杜茎山	*Maesa japonica*					9	1.8	1.6	cop1

层次	性状	中文名	拉丁名	样地 06 30 m×20 m			样地 18 25 m×15 m		
				高度/m		多度	高度/m		多度
				最高	平均		最高	平均	
草本层	草本	耳草	*Hedyotis auricularia*	0.4	0.4	un	0.5	0.5	sp
	草本	蕨	*Pteridium aquilinum* var. *latiusculum*	1	1	un			
	草本至半灌木	野坝子	*Elsholtzia rugulosa*				0.5	0.5	sol
	草本	阳荷	*Zingiber striolatum*				0.8	0.8	sol
	草本	土牛膝	*Achyranthes bidentata*				0.7	0.7	sol
	草本	莎草	*Cyperus* sp.				0.6	0.6	cop1
	草本	荩草	*Arthraxon hispidus*				0.6	0.5	cop1
	草本	姜花	*Hedychium coronarium*				0.6	0.6	cop1
	草本	凤尾蕨	*Pteris cretica* var. *nervosa*				0.9	0.8	cop1
	草本	紫茎泽兰	*Ageratina adenophora*				0.6	0.5	cop1
	草本	鳞毛蕨	*Dryopteris* spp.				0.5	0.5	cop1

续表

层次	性状	中文名	拉丁名	样地06 30 m×20 m			样地18 25 m×15 m		
				高度/m		多度	高度/m		多度
				最高	平均		最高	平均	
层间植物	攀援灌木	玉叶金花	*Mussaenda pubescens*	0.8	0.8	un			
	木质藤本	油麻藤	*Caulis mucunae*	3	3	un			
	木质藤本	古钩藤	*Cryptolepis buchananii*	18	18	un			
	半木质藤本	崖爬藤	*Tetrastigma obtectum*				0.2	0.2	sol
	木质藤本	金银花	*Lonicera japonica*				2	2	un

群落可明显分出乔、灌、草三层，乔木层组成树种较丰富，除木荷（*Schima superba*）、银木荷、西南木荷（*Schima wallichii*）、印度木荷（*Schima khasiana*）外，按重要值大小排序还有高山栲、红果树（*Lindera communis*）、紫金牛（*Ardisia japonica*）、新樟、旱冬瓜、云南木犀榄（*Olea yunnanensis*）、齿叶黄杞（*Engelhardia serrata*）、楠木（*Phoebe zhennan*）、多变石栎、山桂花（*Bennettiodendron leprosipes*）、粗穗石栎（*Lithocarpus oblanceolatus*）、光叶石栎（*lithocarpus mairei*）、粗叶水锦树（*Wendlandia scabra*）等常绿和落叶树种，总盖度为75%～80%，优势种平均树高为10～18 m，平均胸径为15～16 cm，有的可达45 cm。

灌木层盖度为10%～45%，优势种平均高度为1.3～3 m。灌木层较多为上层乔木的幼树，如木犀榄、多穗石栎、红果树、紫金牛、石栎、青冈、楠木、高山栲等，此外还有杜茎山（*Maesa japonica*）、三桠苦（*Evodia lepta*）、山矾（*Symplocos caudata*）、合欢（*Albizia julibrissin*）、君迁子（*Diospyros lotus*）等灌木。

草本层盖度为1%～35%，平均高为0.4～0.8 m，主要植物有莎草（*Cyperus* sp.）、荩草、姜花（*Hedychium coronarium*）、紫茎泽兰和各种蕨类植物。层间植物有木质藤本古钩藤（*Cryptolepis buchananii*）、崖爬藤、油麻藤（*Caulis mucunae*）、金银花（*Lonicera japonica*）和攀援灌木玉叶金花（*Mussaenda pubescens*）。

d. 杜鹃、石栎林（Form. *Rhododendron* spp. + *Lithocarpus* spp.）

半湿润常绿阔叶林的杜鹃、石栎林类型调查中见一种群落类型，调查样地位于景东无量山的大棉槽山（表4-23），海拔为2600～2700 m，乔木层盖度为70%～75%，800 m^2的2个样地中有21种乔木树种，优势种有杜鹃（*Rhododendron* spp.）、景东冬青（*Ilex gingtungensis*）、光叶石栎（*L. mairei*）、石栎（*L. glaber*）、云南桤叶树（*Clethra delavayi*），平均高度为11～18 m，平均胸径为14～20 cm；其他伴生种有银木荷、短柄石栎（*L. fenestratus*）、木果石栎（*L. xylocarpus*）、南烛（*Lyonia ovalifolia*）、鳞斑荚蒾（*Viburnum punctatum*）、横脉荚蒾（*Viburnum trabeculosum*）、石楠（*Photinia serrulata*）等。

灌木层盖度为70%～80%，优势种为箭竹（*Fargesia spathacea*），平均高度为2～3 m，其他灌木有瑞香（*Daphne odora*）、新樟、卫矛（*Euonymus alatus*）等。草本层盖度为30%～35%，平均高度为0.1～0.4 m，常见种有兔儿风（*Ainsliaea* sp.）、沿阶草（*Ophiopogon japonicus*）、开口箭（*Solanum muricatum*）。层间植物有攀援灌木土茯苓、藤本五味子（*Schisandra chinensls*）及附生植物回心草（*Large leafmoss*）三种。

表 4-23　杜鹃、石栎林样地调查表

样地号，面积，时间	样地 05，25 m×20 m，2010 年 8 月 17 日	样地 06，20 m×15 m，2010 年 8 月 17 日
调查人	李小英、覃家理、熊好琴、杨蕊等	李小英、覃家理、熊好琴、杨蕊等
地点	景东县漫湾镇大棉槽山（无量山）	景东县漫湾镇大棉槽山（无量山）
GPS	100°32′8.2″E，24°41′48.5″N	100°32′8.6″E，24°41′41.9″N
海拔，坡向，坡位，坡度	2620 m，WS10°，山顶，38°	2680 m，NE10°，山顶，23°
生境地形特点	林内阴湿	林内阴湿
母岩，土壤特点，地表特征	土壤厚，轻壤土，枯落物 5 cm	土壤厚，轻壤土，枯落物 3 cm
特别记录/人为影响	天然实生林	天然实生林
乔木层盖度，优势种盖度	75%，杜鹃 35%，景东冬青 10%，光叶石栎 10%	70%，杜鹃 25%，云南桤叶树 15%，石栎 10%
灌木层盖度，优势种盖度	70%，箭竹 35%	80%，箭竹 40%
草本层盖度，优势种盖度	30%，兔儿风 15%，沿阶草 10%	35%，兔儿风 20%，吴茱萸 5%

层次	性状	中文名	拉丁名	样地 05　10 种　167 株　25 m×20 m						样地 06　13 种　83 株　20 m×15 m					
				株/丛数	高度/m		胸径/cm		重要值/%	株/丛数	高度/m		胸径/cm		重要值/%
					最高	平均	最高	平均			最高	平均	最高	平均	
乔木层	常绿乔木	景东冬青	*Ilex gingtungensis*	16	20	17.4	26	19.6	30.35						
	常绿乔木或灌木	杜鹃	*Rhododendron* spp.	105	20	11.2	30	13.1	127.84	34	16	11.5	30	14.1	81.73
	常绿乔木或灌木	滇西八角	*Illicium merrillianum*	1	9	9	12	12	5.94	3	13	12	14	12	9.04
	常绿乔木或灌木	光叶石栎	*Lithocarpus mairei*	12	20	12.7	27	15.8	28.13						
	常绿乔木	附生花楸	*Sorbus epidendron*	2	14	13.5	23	18.5	7.03						
	常绿乔木	岗柃	*Eurya groffii*	8	13	7.8	10	6.5	13.45						
	常绿乔木	银木荷	*Schima argentea*	5	13	10	10	9	23.88						
	常绿乔木	短柄石栎	*Lithocarpus fenestratus*	11	16	19.8	30	19.8	22.87						
	常绿乔木	木果石栎	*Lithocarpus xylocarpus*	4	15	11.3	22	15.5	21.2						
	常绿乔木或灌木	细枝柃	*Eurya loquaiana*							5	9	9.8	7	9.6	10.85
	常绿乔木	横脉荚蒾	*Viburnum trabeculosum*							3	11	10	10	7	8.95
	常绿灌木或小乔木	鳞斑荚蒾	*Viburnum punctatum*							3	14	12	24	19.7	12.38
	常绿乔木或灌木	云南柃	*Eurya yunnanensis*	3	7	6.3	13	10.7	5.1	4	8	7.3	8	8.5	10.68
	常绿乔木	木荷	*Schima superba*							5	13	11	14	9.2	27.47
	落叶乔木	南烛	*Lyonia ovalifolia*							1	15	15	29	29	12.39
	常绿乔木	云南桤叶树	*Clethra delavayi*							6	16	11.9	28	15	39
	常绿乔木	石栎	*Lithocarpus glaber*							10	14	10.8	38	16.7	36.91
	常绿乔木	石楠	*Photinia serrulata*							5	15	10.6	43	16.2	21.74
	常绿乔木	新樟	*Neocinnamomum delavayi*							2	9	7.5	7	6	11.92
	常绿乔木或灌木	茵芋	*Skimmia reevesiana*							2	15	10.5	9	8.5	4.69

续表

层次	性状	中文名	拉丁名	样地05 25 m×20 m				样地06 20 m×15 m			
				株/丛数	高度/m		多度	株/丛数	高度/m		多度
					最高	平均			最高	平均	
灌木层	乔木	八角	*Illicium verum*					1	4.6	4.6	un
	灌木或小乔木	杜鹃	*Rhododendron* sp.	1	0.9	0.9	un	1	2.6	2.6	un
	灌木或小乔木	鹅掌柴	*Schefflera octophylla*					1	3.8	3.8	un
	乔木	光叶石栎	*Lithocarpus mairei*					1	4.8	4.8	un
	灌木或小乔木	红果树	*Stranvaesia davidiana*					2	2.3	1.8	sol
	乔木	箭竹	*Fargesia spathacea*	390	3	3	cop3	319	3	2.2	cop3
	灌木或小乔木	鳞斑荚蒾	*Viburnum punctatum*					1	4.2	3.4	un
	乔木	南竹	*Phyllostachys pubescens*					1	4.8	4.8	un
	乔木	楠木	*Phoebe zhennan*					2	3.2	3	sol
	乔木	云南桤叶树	*Clethra delavayi*					1	3.5	3.5	un
	乔木	石栎	*Lithocarpus glaber*	5	2	1.3	sol	1	4.4	4.4	un
	乔木	石楠	*Photinia serrulata*					1	3.9	3.9	un
	灌木或小乔木	树五加	*David falsepanax*					1	4	4	un
	攀援灌木	土茯苓	*Smilax glabra*					1	1.5	1.5	un
	灌木	卫矛	*Euonymus alatus*	3	2.5	2.1	sol	2	3	2.5	sp
	灌木或小乔木	吴茱萸	*Tetradium ruticarpum*					1	3.5	3.5	cop1
	灌木或小乔木	新樟	*Neocinnamomum delavayi*	11	0.6	0.6	sp	2	2	2	sol
	灌木或小乔木	茵芋	*Skimmia reevesiana*					1	3	3	un
	灌木	钻地风	*Rubus phoenicolasius*					1	2.2	2.2	un
	常绿灌木	瑞香	*Daphne odora*	16	3.2	2.2	sp				

层次	性状	中文名	拉丁名	样地05 25 m×20 m			样地06 20 m×15 m		
				高度/m		多度	高度/m		多度
				最高	平均		最高	平均	
草本层	草本	海金沙	*Spora lygodii*				0.2	0.2	un
	附生草本	槲蕨	*Drynaria roosii*				0.2	0.2	un
	草本	开口箭	*Solanum muricatum*				0.3	0.2	cop1
	草本	苦苣苔	*Conandron ramondiolides*				0.1	0.1	un
	草本	蓼属的1种	*Polygonum* sp.				0.1	0.1	un
	草本	鳞毛蕨	*Dryopteris* spp.			sol	0.2	0.2	sp
	草本	楼梯草	*Elatostema involucratum*	0.3	0.3	un	0.3	0.3	un
	草本	鹿蹄草	*Pyrola rotundifolia*				0.2	0.2	un

续表

层次	性状	中文名	拉丁名	样地05 25 m×20 m			样地06 20 m×15 m		
				高度/m		多度	高度/m		多度
				最高	平均		最高	平均	
草本层	草本	铁角蕨	*Asplenium trichomanes*				0.2	0.2	un
	草本	兔儿风	*Ainsliaea* sp.	0.6	0.4	cop1	0.3	0.2	cop1
	草本	瓦韦	*Lepisorus thunbergianus*				0.1	0.1	un
	草本	沿阶草	*Ophiopogon japonicus*	0.3	0.2	cop1	0.1	0.1	sp
	草本	大叶兔儿风	*Ainsliaea* sp.	0.7	0.6	sp			
	草本	堇菜	*Viola verecumda*	0.8	0.8	un			
层间植物	附生苔藓	回心草	*Large leafmoss*				0.1	0.1	un
	攀缘灌木	土茯苓	*Smilax glabra*	0.3	0.1	un			
	落叶藤本	五味子	*Schisandra chinensls*	6	4.3	sol			

(3) 中山湿性常绿阔叶林

中山湿性常绿阔叶林是澜沧江中下游云南省内常绿阔叶林的主要植被类型之一，植物区系组成热带成分减少，温带成分增加，且分布于相对冷、潮湿、海拔较高地区，常出现于半湿润常绿阔叶林之上，群落外貌、层片结构和生境都以“湿”为特点。物种组成以壳斗科、樟科、山茶科、杜鹃花科、冬青科、五加科等亚热带常见科属为主，并以石栎属（*Lithocarpus*）温凉喜湿种类组成乔木上层优势种。澜沧江流域几个保护区内均有大面积保存完整的中山湿性常绿阔叶林，分布海拔范围一般为 2400 ~ 3100 m，也有低至海拔 2100 m 的阴坡、沟谷。根据优势种可进一步分为：

a. 包石栎林（Form. *Lithocarpus cleistocarpus*）

该类型是山体垂直地带上比较典型的植被类型，主要分布于永平一带，平均海拔在 2300 m 左右，大多位于阴坡、半阴坡。植物物种极为丰富，过渡性也比较明显。乔木层中以包石栎（*L. cleistocarpus*）为优势种，或成为标志种，或与其他树种形成共优。林分中一般还有壳斗科的栲属（*Castanopsis*）、青冈属（*Cyclobalanopsis*）的种类。林中樟科、木兰科植物少见，杜鹃花科植物较丰富。

在调查区，该类型分布较广。群落中层次明显，可明显地区分乔、灌、草三层（表 4-24）。乔木层盖度在 65% 以上，种类组成十分丰富，优势树种树高在 15 ~ 21 m，生长良好；乔木下层高为 6 ~ 10 m。优势种以元江栲（*C. orthacantha*）、高山栎、石栎（*L. glaber*）、马缨杜鹃、柃木（*Eurya japonica*）、云南越橘、新樟等为主。其他常见种还有南烛、云南油杉（*Keteleeria evelyniana*）、冬青、竹叶楠、银木荷等。在乔木层中，树种丰富，优势种地位不明显。

灌木层比较稀疏，成丛现象明显。灌木层均高在 1.5 m 左右，盖度 15% ~30%。在灌木层中，乔木优势树种的幼树幼苗居多，如竹叶楠、元江栲、铃木等，其他种有清香桂（*Sarcococca ruscifolia*）、山茶、冬青、肉桂（*Cinnamomum cassia*）、青冈（*C. glauca*）、十大功劳（*Mahonia fortunei*）、山梅花（*Philadelphus incanus*）等。

草本层受地形的影响较大，一般草本少而稀疏，平均高约 40 cm，主要种有蕨、莎草（*Cyperus microiria*）、鳞毛蕨（*Dryopteris* spp.）、冷水花（*Pilea cadierei*）、素馨（*Jasminum grandiflorum*）、天南星（*Arisaema erubescens*）等。层间植物常见，但都比较小，缺乏大型藤本植物。常见层间植物如五味子（*Schisandra chinensis*）、灰毛崖豆藤（*Milletia cinera*）、爬山虎等。林分中比较湿润，倒木、枯落物及树干上藓类分布较多。

表 4-24 栎、栲林样地调查表

样地号，面积，时间	样地 07，20 m×20 m，2012 年 10 月 4 日	样地 09，30 m×15 m，2012 年 10 月 5 日
调查人	李小英、覃家理、许彦红	李小英、覃家理、许彦红
地点	永平县金光寺下	永平县金光寺下洗身河旁
GPS	99°29′22″E，25°13′01″N	99°31′10″E，25°11′53″N
海拔，坡向，坡位，坡度	2280 m，NW30°，下部，38°	2300m，SW20°，下部，42°
生境地形特点	直线坡形，林下湿润	沟箐边，林下潮湿
母岩，土壤特点，地表特征	沙壤土，土层厚，枯落物厚 5 cm	沙壤土，土层厚，枯落物厚 8 cm
特别记录/人为影响	天然实生林	天然实生林
乔木层盖度，优势种盖度	95%，石栎 37%，柃木 25%，元江栲 12%	65%，光叶高山栎 44%，元江栲 32%
灌木层盖度，优势种盖度	25%，清香桂 20%	15%，十大功劳 8%，包石栎 5%
草本层盖度，优势种盖度	5%，冷水花 2%	90%，紫茎泽兰 30%，蕨 30%，莎草 20%

层次	性状	中文名	拉丁名	样地 07 13 种 46 株 20 m×20 m						样地 09 13 种 56 株 30 m×15 m					
				株/丛数	高度/m		胸径/cm		重要值/%	株/丛数	高度/m		胸径/cm		重要值/%
					最高	平均	最高	平均			最高	平均	最高	平均	
乔木层	常绿乔木	多穗石栎	*Lithocarpus polystachyus*	1	17.5	17.5	41	41	11.5						
	落叶乔木	臭辣树	*Evodia fargesii*	1	17	17	38.6	38.6	10.6						
	常绿乔木	鹅掌柴	*Schefflera octophylla*	2	9	8.8	14.8	11.4	13.7	1	8	8	15.3	15.3	9.4
	常绿乔木	柃木	*Eurya japonica*	10	8	6.5	14.5	8.9	39.7	8	9	5.8	21.2	13	31.4
	常绿乔木	尼泊尔桐	*Mallotus nepalensis*	1	16.5	16.5	31.4	31.4	8.5						
	常绿乔木	泡花树	*Meliosma cuneifolia*	2	6.5	6.5	8	8	11	1	7.5	7.5	6	6	7
	常绿乔木	青冈	*Cyclobalanopsis glauca*	1	22	22	57.5	57.5	22.5						
	常绿乔木	石栎	*Lithocarpus glaber*	4	25	18.5	51.3	38.9	50.4						
	常绿乔木	新樟	*Neocinnamomum delavayi*	12	10.5	6.5	15.6	8	37.9						
	落叶乔木	樱	*Prunus serrulata*	3	18	17	37.5	34.3	27.9	1	14.5	14.5	27.3	27.3	9.5
	常绿乔木	元江栲	*Castanopsis orthacantha*	2	15.5	11.8	35.1	26.5	29.4	13	20.5	9.3	57.6	20.1	68.4
	常绿乔木	长叶楠	*Phoebe hainanensis*	3	15	10.1	15.2	10	12.1						
	常绿乔木	竹叶楠	*Phoebe faberi*	4	14	9.4	26.2	16.9	24.7						
	常绿灌木或小乔木	光叶高山栎	*Quercus pseudosemecarpifolia*							20	17.5	10.1	48	19.5	76.4
	常绿乔木	马缨花杜鹃	*Rhododendron delavayi*							3	7	5.5	18.4	15.1	19.8
	落叶乔木	青榨槭	*Acerdavidii franch*							2	9	7.8	19.2	14.1	8.5
	常绿乔木	云南油杉	*Keteleeria evelyniana*							2	7.5	7	8.9	8	9.1
	落叶乔木	盐肤木	*Rhus chinensis*							2	13.8	11.4	29.8	25.9	13.4
	常绿乔木	高山栲	*Castanopsis delavayi*							1	18	18	26.5	26.5	12.7
	落叶乔木	枫杨	*Pterocarya stenoptera*							1	13	13	24.5	24.5	5.6
	常绿乔木	包石栎	*Lithocarpus cleistocarpus*							1	17.5	17.5	58.5	58.5	28.9

续表

层次	性状	中文名	拉丁名	样地 07　20 m×20 m				样地 09　30 m×15 m			
				株/丛数	高度/m		多度	株/丛数	高度/m		多度
					最高	平均			最高	平均	
灌木层	小乔木	多穗石栎	*Lithocarpus polystachyus*	1	5	5	un				
	小乔木	长叶楠	*Phoebe hainanensis*	1	2	2	un				
	小乔木	鹅掌柴	*Schefflera octophylla*	2	3.5	2.1	sol				
	小乔木	清香桂	*Sarcococca ruscifolia*	10	1.2	0.9	cop2				
	小乔木	元江栲	*Castanopsis orthacantha*	2	4	4	sol				
	乔木	竹叶楠	*Phoebe faberi*					1	5	5	un
	乔木	包石栎	*Lithocarpus cleistocarpus*					4	4	2.2	cop1
	灌木	十大功劳	*Mahonia fortunei*					8	2.5	1.7	cop2
	灌木	山梅花	*Philadelphus incanus*					1	1.5	1.5	un
	灌木	柃木	*Eurya japonica*					2	1.5	1.2	sp
	灌木	三叶悬钩子	*Rubus delavayi*					2	0.5	0.5	sp
	灌木或小乔木	山茶	*Camellia japomica*					1	2	2	un

层次	性状	中文名	拉丁名	样地 07　20 m×20 m			样地 09　30 m×15 m		
				高度/m		多度	高度/m		多度
				最高	平均		最高	平均	
草本层	草本	翠云草	*Selaginella uncinata*	0.3	0.2	cop1			
	草本	淡竹叶	*Herba lophateri*	0.2	0.1	cop1	0.3	0.3	sp
	草本	凤仙花	*Impatiens balsamina*	0.3	0.2	cop1			
	草本	贯众	*Dryopteris setosa*	0.4	0.4	sp			
	草本	蕨	*Pteridium aquilinum* var. *aquilinum*	0.3	0.2	cop1	0.7	0.5	cop1
	草本	冷水花	*Pilea cadierei*	0.5	0.3	cop2	0.6	0.4	cop1
	草本	紫茎泽兰	*Ageratina adenophora*	0.7	0.5	cop1	1.2	1	cop1
	草本	一点血	*Begonia wilsonii*				0.5	0.4	cop1
	草本	土牛膝	*Achyranthes aspera*				1	0.6	cop1
	草本	商路	*Radix phytolaccae*				0.1	0.1	sp
	草本	莎草	*Cyperus microiria*				0.5	0.3	cop1
	草本	拉拉藤	*Galium aparine* var. *echinospermum*				1	0.8	sp
	草本	姜花	*Hedychium coronarium*				0.6	0.5	sp
	草本	吉祥草	*Reineckea carnea*				0.3	0.3	sp
	草本	黄风仙	*Impatiens xanthocephala*				0.5	0.3	sp

续表

层次	性状	中文名	拉丁名	样地07 20 m×20 m			样地09 30 m×15 m		
				高度/m		多度	高度/m		多度
				最高	平均		最高	平均	
草本层	草本	鳞毛蕨	*Dryopteris* spp.				0.8	0.6	sp
	草本	蓼属的1种	*Polygonum* sp.				0.6	0.6	sp
	草本至灌木	菊三七	*Gynura japonica*				1.5	1.2	cop1
层间植物	草质藤本	鸡屎藤	*Paederia scandens*	1.2	1	sp			
	木质藤本	爬山虎	*Parthenocissus tricuspidata*	3	1.7	cop2			
	攀援灌木	土茯苓	*Smilax glabra*	0.2	0.2	sp			
	攀援灌木	菝葜	*Smilax china*	0.3	0.3	sp	0.7	0.5	sp
	木质藤本	五味子	*Schisandra chinensls*				20	20	sol
	藤本	三叶爬山虎	*Parthenocissus himalayana*				1	1	sp
	攀援草本	茜草	*Rubia cordifolia*				1	0.5	cop
	木质藤本	金银花	*Lonicera japonica*				2	1.5	sol
	攀援灌木	崖豆藤	*Millettia wight*				10.1	10.1	un
	木质藤本	古钩藤	*Cryptolepis buchananii*				11.2	7.7	cop1

b. 多穗石栎林（Form. *Lithocarpus polystachya*）

该群系主要分布于阴坡，海拔高度在2500 m左右，分布较高，上界与山顶苔藓矮林相接。该群系物种丰富，乔木上层主要以多穗石栎（*L. polystachya*）为主，优势地位比较明显。群落中石栎属的其他种类也比较常见，如窄叶石栎（*L. confinis*）。群落层次结构明显。

从调查的两块样地中发现（表4-25），乔木层盖度为85%左右，林冠郁闭，乔木种类丰富，高度在15～23 m，平均胸径约16 cm。乔木层的主要树种有多穗石栎、窄叶石栎、厚皮香、南烛、野茉莉（*Styrax japonicus*）、冬青。其他常见种还有山茶、八角（*Illicium verum*）、青冈、越橘等。

灌木层物种丰富，盖度为40%，平均高约1.5 m，以乔木幼树幼苗占优势，真正的灌木种类比较常见，主要有荚蒾（*Viburnum dilatatum*）、悬钩子（*Rubus* sp.）、三颗针（*Berberis julianae*）等。林内光线较暗，灌木层成丛成片现象不明显，大多稀疏分散，个体数量差异较大。

草本层盖度为25%，平均高为20 cm，种类较少，长势不好，成丛不明显。主要有冷水花、鳞毛蕨、沿阶草（*Ophiopogon japonicus*）、酢浆草（*Oxalis corniculata*）、荩草等。

群落层间植物稀少，比较常见的有菝葜（*Smilax china*）、南五味子（*Kadsura longipedunculata*）等，大型藤本很少见。凋落物层较厚，林分中树干上苔藓丰富，林内湿度较大。

表4-25 多穗石栎林样地调查表

样地号，面积，时间	样地06，20 m×20 m，2011年8月21日	样地07，20 m×20 m，2011年8月21日
调查人	李小英、覃家理、熊好琴、杨蕊等	李小英、覃家理、熊好琴、杨蕊等
地点	永平县宝台山金光寺背后仙鹤抱蛋	永平县宝台山金光寺背后沙松村口
GPS	99°32′24″E，25°12′14″N	99°32′21″E，25°14′54″N
海拔，坡向，坡位，坡度	2500 m，WS，中上，35°	2590 m，WN21°，中，30°

续表

生境地形特点	直线坡形，林下湿润	直线坡形，林下湿润
母岩，土壤特点，地表特征	土壤厚，砂壤土，枯落物 3 cm	土壤厚，砂壤土，枯落物 3 cm
特别记录/人为影响	天然实生林	天然实生林，有人为干扰痕迹
乔木层盖度，优势种盖度	85%，多穗石栎 63%，麻栎 15%	85%，多穗石栎 47%，八角 20%
灌木层盖度，优势种盖度	40%，柃木 18%，石栎 9%，露珠杜鹃 6%	40%，荚蒾 14%，樟树 10%，木荷 8%
草本层盖度，优势种盖度	25%，蕨类 10%，兔儿风 6%，沿阶草 6%	25%，沿阶草 10%，蕨类 10%

层次	性状	中文名	拉丁名	样地 06 10 种 48 株 20 m×20 m						样地 07 17 种 59 株 20 m×20 m					
				株/从数	高度/m		胸径/cm		重要值/%	株/从数	高度/m		胸径/cm		重要值/%
					最高	平均	最高	平均			最高	平均	最高	平均	
乔木层	常绿灌木或小乔木	大白花杜鹃	*Rhododendron decorum*	2	23	22	24	19.1	25						
	常绿乔木	冬青	*Ilex purpurea*	6	24	19.8	28.4	17.1	39	6	12	10.3	14	9.9	14.7
	常绿乔木	多穗石栎	*Lithocarpus polystachya*	11	29	22.6	41.6	29.6	90.8	6	32	23	48	29.5	36.1
	灌木或小乔木	露珠杜鹃	*Rhododendron irroratum*	4	11	7.1	16.2	8.1	16.8						
	落叶乔木	麻栎	*Quercus acutissima*	15	23.5	17.4	23.4	15	51.5						
	灌木	卫矛	*Euonymus alatus*	1	8.8	8.8	13.5	13.5	9.8						
	落叶乔木	南烛	*Vaccinium bracteatum*	1	17	17	14.5	14.5	23.7	2	9	7.8	13.4	9.9	14.2
	常绿乔木	野茉莉	*Styrax japonicus*	1	22	22	9.7	9.7	10.8	2	19	11.4	19.8	9.2	27.7
	常绿乔木	窄叶石栎	*Lithocarpus confinis*	6	23	15.1	25.5	14.4	26.7	2	31	21.3	43	29.5	25.4
	常绿乔木	八角	*Illicium verum*							11	32	15.5	57	15	31.7
	常绿灌木或乔木	茶	*Camellia sinensis*							1	6	6	5.1	5.1	5
	乔木	粗壮琼楠	*Beilschmiedia robusta*							5	27	16.4	22.4	11.9	12.8
	常绿灌木或乔木	厚皮香	*Ternstroemia gymnanthera*	1	8.5	8.5	9.8	9.8	6	1	14	14	10.5	10.5	10.8
	常绿乔木	黄皮树	*Phellodendron chinense*							2	31	29	44	33.2	11.6
	常绿乔木	栲	*Castanopsis fargesii*							1	9	9	5	5	8.7
	常绿乔木	马缨花杜鹃	*Rhododendron delavayi*							1	19	19	9.5	9.5	12.6
	常绿乔木	木荷	*Schima superba*							8	31	16.4	55.4	16.4	29.2
	常绿乔木	楠木	*Phoebe zhennan*							3	9	8.3	8.5	7.5	7.8
	落叶乔木	七裂槭	*Acer heptalobum*							1	32	24.6	38.4	22.5	20.7
	常绿乔木	青冈	*Cyclobalanopsis glauca*							1	18	18	45	45	9.2
	常绿灌木	越橘	*Vaccinium vitis-idaea*							6	11	8.5	8.5	6.5	21.8

续表

层次	性状	中文名	拉丁名	样地06　20 m×20 m				样地07　20 m×20 m			
				株/丛数	高度/m		多度	株/丛数	高度/m		多度
					最高	平均			最高	平均	
灌木层	乔木	楠木	*Phoebe zhennan*	1	1.8	1.8	un	3	0.6	0.4	sp
	乔木	楸木	*Chinese walnut*	4	1.2	1	sp				
	乔木	窄叶石栎	*Lithocarpus confinis*	1	5	5	un				
	灌木或小乔木	露珠杜鹃	*Rhododendron irroratum*	6	3.5	2.5	cop1				
	灌木或乔木	鹅掌柴	*Schefflera octophylla*	6	3.4	1.3	cop1				
	灌木	瑞香	*Daphne odora*	3	0.7	0.5	sp	1	4.5	4.5	un
	灌木	三颗针	*Berberis julianae*	3	0.3	0.2	sp				
	灌木或小乔木	厚皮香	*Ternstroemia gymnanthera*	3	0.7	0.5	sp				
	乔木	石栎	*Lithocarpus glaber*	8	0.3	0.2	cop1				
	灌木	柃木	*Eurya japonica*	11	1.2	0.8	cop2				
	灌木或小乔木	厚皮香	*Ternstroemia gymnanthera*	1	4.5	4.5	un				
		玄参科1种		1			un				
	灌木	直角荚蒾	*Viburnum foetidum*	2	1	1	sol				
	乔木	思茅松	*Pinus kesiya* var. *langbianensis*	1丛	0.4	0.4	un				
	乔木	樟树	*Cinnamomum camphora*					5	0.4	0.3	cop1
	乔木	木荷	*Schima superba*					5	1.5	1.1	cop1
	乔木	鹅掌楸	*Liriodendron chinensis*					4	4.5	2.8	cop1
	乔木	八角	*Illicium verum*					5	1.1	0.8	cop1
	灌木	悬钩子	*Rubus* sp.					1	1	1	un
	灌木	卫矛	*Euonymus alatus*					1	2	2	un
	灌木	荚蒾	*Viburnum dilatatum*					4	0.3	0.2	cop1
	灌木	茶树	*Camellia sinensis*					2	1.8	1.3	sp
	灌和小乔木	山茶	*Camellia japomica*					3	5	4.7	sp

层次	性状	中文名	拉丁名	样地06　20 m×20 m			样地07　20 m×20 m		
				高度/m		多度	高度/m		多度
				最高	平均		最高	平均	
草本层	草本	醋酱草	*Oxalis corniculata*	0.2	0.2	sp			
	草本	凤仙花	*Impatiens balsamina*	0.6	0.6	sol	0.4	0.4	sp
	草本	冷水花	*Pilea notata*	0.4	0.4	sol			
	草本	鳞毛蕨	*Dryopteris* spp.			sp			cop1
	草本	楼梯草	*Elatostema involucratum*	0.3	0.3	sol	0.4	0.3	cop1

续表

层次	性状	中文名	拉丁名	样地06 20 m×20 m			样地07 20 m×20 m		
				高度/m		多度	高度/m		多度
				最高	平均		最高	平均	
草本层	草本	兔儿风	*Ainsliaea* sp.	0.5	0.4	copl			
	草本	瓦韦	*Lepisorus thunbergianus*	0.1	0.1	un	0.1	0.1	un
	草本	沿阶草	*Ophiopogon japonicus*	0.6	0.4	copl	0.5	0.3	copl
	草本	酢浆草	*Oxalis corniculata*	0.2	0.2	sol			
	草本	滇紫草	*Onosma paniculatum*			un			
	草本	堇菜属 1 种	*Viola* sp.			un			
	草本	重楼	*Paris polyphylla*				0.3	0.3	un
	草本	蓼属的 1 种	*Polygonum* sp.						sp
	草本	荩草	*Arthraxon hispidus*				0.3	0.3	un
	蔓生草本	乌蔹梅	*Cayratia japonica*				0.8	0.8	un
		景天属 1 种	*Sedum* sp.						un
层间植物	攀缘灌木	菝葜	*Smilax china*	1.8	1.5	sol	1.5	1.2	sol
	攀援草本	茜草	*Rubia cordifolia*	0.8	0.5	sol			
	木质藤本	南五味子	*Kadsura longipedunculata*	2	2	un			
	半木质藤本	崖爬藤	*Tetrastigma formosanum*	0.7	0.7	un			
	落叶藤本	五味子	*Schisandra chinensls*				2.5	2.5	un
	落叶藤本	猕猴桃	*Actinidia chinensis*				4	4	un

c. 粗穗石栎林（Form. *L. oblanceolatus*）

这种类型分布海拔较低，约为 1800 m，甚至更低。主要分布在阴坡或半阴坡。乔木层树种主要以粗穗石栎（*L. oblanceolatus*）为主，或与其他树种形成共优群落，在部分林分中优势地位并不明显。林分中，壳斗科栲属，樟科木荷属（*Schima*）、楠属（*Phoebe*），木兰科的物种在群落中比较常见。

在云县鸡街子和景东县的滑不板箐调查的两块样地中，见表4-26。乔木层盖度在70%左右，高度为8～10 m，胸径为10～14 cm。乔木层主要的树种有高山栲、多变石栎、南洋木荷（*S. noronhae*）、印度木荷（*S. khasiana*）、潺槁木姜子（*Litsea glutinosa*）、楠木等。

灌木层十分繁茂，盖度达到70%以上，高度为1.1～1.6 m。层中植物种类极为丰富，部分为乔木树种的幼树，常见的有杜茎山、大叶千斤拔（*Flemingia macrophylla*）、杜英（*Elaeocarpus sylvestris*）、红果树（*Stranvaesia davidiana*）、圆果算盘子（*Glochidion sphaerogynum*）、云南木姜子（*L. yunnanensis*）、钝叶黑面神（*Breynia retusa*）等。

草本层较丰富，盖度为25%～45%，成丛现象可见，草本高度约0.7 m。常见的有凤尾蕨（*Pteris cretica* var. *nervosa*）、莎草、鳞毛蕨、冷水花、沿阶草、紫茎泽兰等。林中层间植物稀少，藤本植物有五味子、崖爬藤等，未发现大型藤本植物。

表 4-26　粗穗石栎林样地调查表

样地号，面积，时间	样地 16，25 m×20 m，2010 年 8 月 21 日	样地 17，30 m×20 m，2010 年 3 月 29 日
调查人	李小英、覃家理、熊好琴、杨蕊等	李小英、覃家理、熊好琴、金艳强等
地点	景东县滑不板箐（慢壮组）	云县鸡街子
GPS	100°29′13.6″E，24°40′12.4″N	100°24′52.3″E，24°39′7.7″N
海拔，坡向，坡位，坡度	1800 m，W，上部，35°	1115 m，NW20°，中部，32°
生境地形特点	直线坡形，林内湿润	直线坡形，林内干燥
土壤类型，土壤特点，地表特征	轻壤土，土层厚，枯落物 5 cm	中壤土，土层薄，枯落物 4 cm
特别记录/人为影响	天然实生林	天然实生林
乔木层盖度，优势种盖度	75%，粗穗石栎 30%，高山栲 10%，云南野桐 10%	70%，多变石栎 35%，高山栲 15%，印度木荷 5%
灌木层盖度，优势种盖度	80%，杜茎山 65%，粗穗石栎 10%	70%，杜英 20%，多变石栎 15%
草本层盖度，优势种盖度	45%，沿阶草 5%，凤尾蕨 5%	25%，滇南狗脊 15%，莩草 5%

层次	性状	中文名	拉丁名	样地 16　16 种　88 株　25 m×20 m						样地 17　10 种　129 株　30 m×20 m					
				株/丛数	高度/m		胸径/cm		重要值/%	株/丛数	高度/m		胸径/cm		重要值/%
					最高	平均	最高	平均			最高	平均	最高	平均	
乔木层	常绿乔木	大叶楠木	*Machilus leptophylla*	1	12	12	13	13	3.7						
	常绿乔木或灌木	山桂花	*Bennettiodendron leprosipes*	4	17	10.6	19	12	13.1						
	常绿乔木	粗穗石栎	*Lithocarpus oblanceolatus*	20	28	10.2	56	11.8	51.3	10	11	7.5	12.1	7.5	9.5
	落叶乔木或灌木	长叶野桐	*Mallotus esquirolii*	5	19	11	14	9.4	9.4						
	常绿乔木或灌木	大叶紫珠	*Callicarpa macrophylla*	6	12	10.5	9	6.8	13.6						
	半湿润常绿	高山栲	*Castanopsis delavayi*	10	24	15.4	38	15.3	30.8	21	16	8.9	20	10.6	25.4
	常绿乔木	香须树	*Albizia odoratissima*	1	17	17	16	16	5.9						
	常绿乔木	细叶黄皮	*Clausena anisumolens*	3	28	25.3	40	35	21.8						
	常绿乔木	南洋木荷	*Schima noronhae*	9	10	10	8	8	20.4						
	常绿乔木	木荷	*Schima superba*	1	17	10.5	16	9.6	10.1						
	常绿乔木或灌木	潺槁木姜子	*Litsea glutinosa*	5	26	17	38	16.8	15.8						
	常绿乔木	木莲	*Manglietia fordiana*	1	25	25	28	28	11.8						
	常绿乔木	楠木	*Phoebe zhennan*	5	25	16.2	25	15.4	18.7						
	落叶乔木或灌木	云南野桐	*Mallotus yunnanensis*	14	26	18.5	40	17.4	37.5						
	落叶乔木	野核桃	*Juglans cathayensis*	2	13	10.5	8	6.5	4.5						
	常绿乔木	香叶树	*Lindera communis*	1	12	12	8	8	3.3						
	常绿乔木	长柄杜英	*Elaeocarpus petiolatus*							11	13	8.9	16.5	8.9	11.6
	常绿乔木	多变石栎	*Lithocarpus variolosus*							52	15	9.4	48	13.9	89.2
	半常绿或落叶灌木	红果树	*Lindera communis*							12	15	8.7	11	7.5	11.1
	落叶乔木	槲栎	*Quercus aliena*							7	14.5	10.1	18.7	12.1	9.7

续表

层次	性状	中文名	拉丁名	样地 16　16 种　88 株　25 m×20 m						样地 17　10 种　129 株　30 m×20 m					
				株/丛数	高度/m		胸径/cm		重要值/%	株/丛数	高度/m		胸径/cm		重要值/%
					最高	平均	最高	平均			最高	平均	最高	平均	
乔木层	常绿灌木	紫金牛	*Ardisia japonica*							3	8	6.5	12.5	7.9	3
	常绿乔木或灌木	印度木荷	*Schima khasiana*							4	16	11	43	22	13.4
	常绿乔木	云南木犀榄	*Olea yunnanensis*							3	8	7	6.6	5.8	2.5
	常绿乔木	云南越橘	*Vaccinium duclouxii*							6	7	4.9	7.4	6	5

层次	性状	中文名	拉丁名	样地 16　25 m×20 m				样地 17　30 m×20 m			
				株/丛数	高度/m		多度	株/丛数	高度/m		多度
					最高	平均			最高	平均	
灌木层	灌木	拔毒散	*Sida szechuensis*	1	2.2	2.2	un				
	灌木或小乔木	斑鸠菊	*Vernonia esculenta*	2	1	0.9	sol				
	落叶小乔木	刺桐	*Erythrina indica*	3	0.3	0.3	sol				
	灌木或小乔木	粗叶水锦树	*Wendlandia scabra*	1	3	3	un				
	灌木或小乔木	大叶石栎	*Lithocarpus megalophyllus*	1	0.6	0.6	un				
	灌木	杜茎山	*Maesa japonica*	72	1.1	0.9	soc				
	落叶灌木	钝叶黑面神	*Breynia retusa*	4	0.8	0.8	sol				
	灌木	尖子木	*Oxyspora paniculata*	1	1.1	1.1	un				
	灌木	云南木姜子	*Litsea yunnanensis*	7	0.8	0.6	sp				
	灌木或小乔木	木莲	*Manglietia fordiana*	2	0.5	0.3	sol				
	小乔木	白花洋紫荆	*Bauhinia variegata* var. *candida*	1	1.2	1.2	un				
	灌木或小乔木	叉枝斑鸠菊	*Vernonia divergens*	2	1.9	1.9	sol				
	半湿润常绿乔木	粗穗石栎	*Lithocarpus oblanceolatus*	3	1	0.7	sol				
	灌木	大叶千斤拔	*Flemingia macrophylla*					2	1.5	1	sol
	小乔木	滇南山矾	*Symplocos hookeri*					2	5	2.7	sol
	亚灌木	顶花胡椒	*Piper terminaliflorum*					1	1.6	1.6	un
	小乔木	杜英	*Elaeocarpus sylvestris*					11	2.7	1.6	cop1
	小乔木	多变石栎	*Lithocarpus variolosus*					11	2.5	1	cop1
	小乔木	岗柃	*Eurya groffii*					1	1.4	1.4	un
	灌木	高山栲	*Castanopsis delavayi*					1	0.6	0.6	un
	灌木或小乔木	红果树	*Stranvaesia davidiana*					10	6.5	2	cop1
	灌木或小乔木	假黄皮	*Clausena excavata*					1	3	3	un

续表

层次	性状	中文名	拉丁名	样地16 25 m×20 m				样地17 30 m×20 m			
				株/丛数	高度/m		多度	株/丛数	高度/m		多度
					最高	平均			最高	平均	
灌木层	灌木	景东柘	*Cudrania amboinensis*					1	1	1	un
	灌木	毛果算盘子	*Glochidion eriocarpum*					6	3.5	2	sp
	灌木或小乔木	西南木荷	*Schima wallichii*					1	2.5	2.5	un
	小乔木	香合欢	*Albizia procera*					2	1.2	1.1	sol
	灌木	紫金牛	*Ardisia japonica*					2	3	1.8	sol
	常绿乔木或灌木	羊脆木	*Pittosporum kerrii*					2	2.2	2.1	sol
	小乔木	异叶榕	*Ficus heteromorpha*					1	2	2	un
	小乔木	鱼尾葵	*Fishtail palm*					1	2	2	un
	灌木或乔木	圆果算盘子	*Glochidion sphaerogynum*					8	6	2.2	sp
	小乔木	云南木犀榄	*Olea yunnanensis*					3	1	0.8	sol
	灌木	云南越橘	*Vaccinium duclouxii*					1	1.7	1.7	un
	常绿小灌木	珍珠伞	*Ardisia maculosa*					7	1.6	0.8	sp

层次	性状	中文名	拉丁名	样地16 25 m×20 m			样地17 30 m×20 m		
				高度/m		多度	高度/m		多度
				最高	平均		最高	平均	
草本层	草本	凤尾蕨	*Pteris cretica* var. *nervosa*	1.5	0.9	sol			
	草本	凤仙花	*Impatiens balsamina*	1.2	1.2	un			
	草本	姜花	*Hedychium coronarium*	0.8	0.6	sol			
	草本	荩草	*Arthraxon hispidus*	1.3	1.2	sol	0.7	0.5	cop1
	草本	冷水花	*Pilea cadierei*	0.5	0.5	un			
	草本	蓼属的1种	*Polygonum* sp.	1.2	1.2	un			
	草本	鳞毛蕨	*Dryopteris* spp.	1.2	0.9	sol			
	草本	莎草	*Cyperus* sp.	0.8	0.8	sol			
	草本	薯蓣	*Dioscorea opposita*	0.8	0.7	sol			
	草本	铁角蕨	*Asplenium trichomanes*	1.2	1.2	un			
	草本	铁线蕨	*Adiantum capillus-veneris*	1.4	1.4	un			
	草本	土牛膝	*Achyranthes bidentata*	0.8	0.6	sol			
	草本	紫茎泽兰	*Ageratina adenophora*	0.6	0.6	un			
	草本	阳荷	*Zingiber striolatum*	0.6	0.6	un			

续表

层次	性状	中文名	拉丁名	样地 16 25 m×20 m			样地 17 30 m×20 m		
				高度/m		多度	高度/m		多度
				最高	平均		最高	平均	
草本层	草本	沿阶草	*Ophiopogon japonicus*	0.5	0.3	sol			
	草本	竹叶草	*Oplismenus compositus*	0.5	0.5	un			
	草本	松风草	*Boenninghausenia albiflora*	1.5	1.5	un			
	草本	苦苣苔	*Conandron ramondiolides*	0.8	0.8	un			
	草本	滇南狗脊	*Woodwardia magnifica*				0.5	0.5	cop2
层间植物	攀援灌木	金刚藤	*Smilax scobinicaulis*	2.5	2.5	un			
	半木质藤本	崖爬藤	*Tetrastigma obtectum*	1.6	1.6	un			
	落叶藤本	五味子	*Schisandra chinensls*	0.4	0.4	un			
	匍匐藤状灌木	大果爬藤榕	*Ficus sarmentosa*				2	2	un
	木质藤本	古钩藤	*Cryptolepis buchananii*				3.5	3.5	un
	攀援灌木	买麻藤	*Gnetummontanum*				4.5	4.5	un
	攀援灌木	土茯苓	*Smilax glabra*				2.5	2.5	un
	木质藤本	油麻藤	*Caulis mucunae*				1.8	1.8	un

d. 云南越橘、石栎林（Form. *V. duclouxii*+ *L. glaber*）

该群系分布在海拔 2000～2500 m，为明显的过渡性植被，一般位于山体中上部。乔木上层一般为两种以上优势种，以越橘属（*Vaccinium*）植物和石栎属（*Lithocarpus*）为优势或为标志种。群落中樟科的樟属、楠木属、栲属，山茶科及木兰科植物比较常见，常常形成共优种。

通过对景东县漫湾镇温竹和云县长浪坝水库附近的样地调查发现，乔木层盖度为 65%～70%，乔木上层高为 9～16 m，胸径为 10～20 cm。主要树种有云南越橘、光叶石栎（*L. mairei*）、木荷、硬斗石栎、薄叶青冈（*Cyclobalanopsis kontumensis*）、舟柄茶、木果石栎（*L. xylocarpus*）、新樟、楠木等。灌木层盖度为 25%～40%，平均高度为 0.8～2.5 m，植物种类丰富，大多为乔木层的幼树，长势良好，其他常见种有箭竹、红果树、厚皮香、斜基叶柃（*Eurya obliquifolia*）、紫金牛（*Ardisia japonica*）等（表 4-27）。

草本层稀疏，盖度变化大，高度不足 20 cm，主要有莎草、鳞毛蕨、冷水花等。藤本植物较少，且高度约 1 m，未见大型藤本植物。林中比较潮湿，藓类丰富。

表 4-27 云南越橘、石栎林样地调查表

样地号，面积，时间	样地 02，25 m×20 m，2010 年 8 月 15 日	样地 09，30 m×20 m，2010 年 3 月 26 日
调查人	李小英、覃家理、熊好琴、杨蕊等	李小英、覃家理、熊好琴、金艳强等
地点	景东县漫湾镇温竹（无量山）	云县白莺山（长浪坝水库）
GPS	100°30′33.3″E，24°43′1″N	100°18′20″E，24°37′9.4″N
海拔，坡向，坡位，坡度	2270 m，SW30°，中部，35°	2435 m，NW11°，上部，31°
生境地形特点	直线坡形，林内潮湿	直线坡形，林内潮湿

续表

土壤类型，土壤特点，地表特征	砂壤土，土层厚，枯落物 8 cm	轻壤土，土层厚，枯落物 3 cm
特别记录/人为影响	天然实生林	天然实生林
乔木层盖度，优势种盖度	65%，云南越橘 25%，光叶石栎 10%，薄叶青冈 5%	70%，云南越橘 20%，硬斗石栎 10%，舟柄茶 5%
灌木层盖度，优势种盖度	30%，箭竹 20%	40%，南洋木荷 30%，舟柄茶 10%
草本层盖度，优势种盖度	6%，莎草 3%，鳞毛蕨 2%	无

层次	性状	中文名	拉丁名	样地 02　13 种　97 株　25 m×20 m						样地 12　13 种　125 株　30 m×20 m					
				株/丛数	高度/m		胸径/cm		重要值/%	株/丛数	高度/m		胸径/cm		重要值/%
					最高	平均	最高	平均			最高	平均	最高	平均	
乔木层	常绿乔木或灌木	丽江柃	*Eurya handel-mazzettii*	3	13	11.7	17	14	6.11						
	常绿乔木或灌木	大白花杜鹃	*Rhododendron decorum*	2	17	15	39	35.5	8.19						
	常绿乔木	大头茶	*Gordonia axillaris*	4	18	11	9	10.8	7.02						
	常绿乔木	披针叶杜英	*Elaeocarpus braceanus*	7	25	17.7	36	26.3	18.44						
	常绿乔木或灌木	杜鹃	*rhododendron*	1	8	8	12	12	13.37						
	常绿乔木或灌木	红果树	*Lindera communis*	1	18	18	16	16	3.51						
	常绿乔木或灌木	云南柃	*Eurya yunnanensis*	2	26	18.5	55.5	31.8	13.13						
	常绿乔木	木荷	*Schima superba*	1	11	25.9	19.2	19.2	25.85						
	常绿乔木	南烛	*Lyonia ovalifolia*	8	16	25.9	52	17.7	27.25	9	15	10.9	64	21.3	18.84
	常绿乔木	薄叶青冈	*Cyclobalanopsis kontumensis*	2	28	22.5	88	88	29.83						
	常绿乔木	光叶石栎	*Lithocarpus mairei*	17	26	16.1	66	27	56.16						
	常绿灌木或小乔木	斜基叶柃	*Eurya obliquifolia*	6	14	10.2	15	11.7	16.58	8	17.5	7.2	56	14.7	12.99
	常绿乔木	云南越橘	*Vaccinium duclouxii*	43	16	9.3	26	14.2	65.97	45	14	7.7	44	14.7	59.35
	常绿乔木或灌木	长尾冬青	*Ilex longecaudata*							4	16	12.6	37.3	24.6	7.98
	常绿乔木	粗梗润楠	*Machilus robusta*							3	16	12	43	26.8	7.04
	常绿乔木	多花山矾	*Symplocos ramosissima*							8	9	6	14.5	8.1	7.27
	常绿乔木	木莲	*Manglietia fordiana*							4	6.5	6.3	10	7.4	3.52
	常绿乔木	南洋木荷	*Schima wallichii*							3	7.5	6.3	10	6.8	2.61
	常绿乔木	披针叶楠	*Phoebe lanceolata*							4	13	9.1	19	13.4	4.52
	常绿乔木或灌木	团香果	*Lindera latifolia*							4	15.5	11.4	28	18.1	5.92
	常绿乔木	硬斗石栎	*Lithocarpus hancei*							21	17	9.2	81	16.1	36.85
	常绿乔木	云南木犀榄	*Olea yunnanensis*							2	6.5	6.5	6	6	1.68
	常绿乔木或灌木	舟柄茶	*Hartia sinensis*							10	19	10.7	63	24.6	26.34

续表

层次	性状	中文名	拉丁名	样地02 25 m×20 m				样地09 30 m×20 m			
				株/丛数	高度/m		多度	株/丛数	高度/m		多度
					最高	平均			最高	平均	
灌木层	灌木	紫金牛	*Ardisia japonica*	14	0.5	0.4	sp				
	乔木	石栎	*Lithocarpus glaber*	1	4	3.2	un				
	乔木	楠木	*Phoebe zhennan*	1	0.7	0.7	un				
	乔木	栲	*Castanopsis fargesii*	1	3	3	un				
	乔木	箭竹	*Fargesia spathacea*	139	4	3.3	soc				
	灌木	越橘	*Vaccinium vitis-idaea*	15	4	3.2	sp				
	灌木或小乔木	泡花树	*Meliosma cuneifolia*	1	0.5	0.5	un				
	灌木或小乔木	红果树	*Stranvaesia davidiana*	9	0.6	0.5	sol				
	常绿灌木	短序越橘	*Vaccinium brachybotrys*					2	2	1.6	sp
	小乔木	厚皮香	*Ternstroemia gymnanthera*					1	1	1	un
	小乔木	南洋木荷	*Schima wallichii*					4	7.5	4.4	cop1
	灌木或小乔木	斜基叶柃	*Eurya obliquifolia*					2	12	6.3	sp
	小乔木	硬斗石栎	*Lithocarpus hancei*					1	1	1	un
	灌木或乔木	舟柄茶	*Hartia sinensis*					3	2.4	1.8	cop1
	灌木	药囊花	*Cyphothecamontana*					1	1.5	1.5	un

层次	性状	中文名	拉丁名	样地02 25 m×20 m			样地09 30 m×20 m		
				高度/m		多度	高度/m		多度
				最高	平均		最高	平均	
草本层	草本	仙茅	*Curculigo orchioides*	0.3	0.2	sp			
	草本	素馨	*Jasminum grandiflorum*	0.3	0.4	un			
	草本	莎草	*Cyperus microiria*	0.3	0.2	soc			
	草本	鳞毛蕨	*Dryopteris* spp.	0.8	0.5	cop3			
	草本	卷柏	*Herba selaginellae*	0.1	0.1	sol			
	草本	堇菜	*Viola verecumda*	0.1	0.1	sol			
层间植物	攀缘灌木	菝葜	*Smilax china*	0.6	0.4	cop1			
	攀援灌木	崖豆藤	*Millettia wight*	2.5	2	sol			
	附生小灌木	树萝卜	*Drooping branches*	0.1	0.1	un			
	附生草本	瓦韦	*Lepisorus thunbergianus*	0.1	0.1	sp			
	攀援灌木	鸡血藤	*Millettia reticuiata*				1.5	1.5	un

e. 樟楠林（Form. *Cinnamomum mollifolium* and *Phoebe faberi*）

以樟科植物为优势的中山湿性常绿阔叶林在云南不多见。该群落一般分布在生境湿润、土层深厚的环境，以樟科的樟属（*Cinnamomum*）和楠木属（*Phoebe*）植物为优势，常伴生山茶科、壳斗科植物。调查记录了景东县漫湾镇和永平县金光寺洗身河沟箐边的新樟、竹叶楠林的样地情况（表4-28）。

群落分布海拔为2200～2400 m。乔木层可分为二层，乔木层总盖度为70%～80%，上层平均高15～25 m，平均胸径为10～22 cm，主要植物有新樟、云南越橘、竹叶楠、木果石栎、木荷、元江栲，乔木亚层主要植物有楠木、山茶（*Camellia japomica*）、冬青、柃木（*Eurya japonica*），平均高为6～10 m。灌木层总盖度为25%～30%，平均高为1.5 m，主要为乔木幼树，此外还有箭竹、紫金牛（*Ardisia japonica*）、清香桂（*Sarcococca ruscifolia*）、云南黄杞。草本层盖度为5%～25%，平均高为0.2～1.2 m，种类较少，主要有云南莎草（*Cyperus microiria*）、仙茅（*Curculigo orchioides*）、蕨、冷水花（*Pilea cadierei*）。层间植物较丰富，主要是攀援灌木和木质藤本，主要有爬山虎、菝葜（*Smilax china*）、玉叶金花（*Mussaenda pubescens*）、岩爬藤（*Tetrastigma formosanum*）、岩豆藤（*Millettia wight*）、酸藤子（*Embelia laeta*）、扶芳藤（*Euonymus fortunei*）、飞龙掌血（*Toddalia asiatica*）。

表4-28　新樟、竹叶楠林样地调查表

样地号，面积，时间	样地08，20 m×25 m，2010年8月18日	样地10，20 m×20 m，2012年10月5日
调查人	李小英、覃家理、熊好琴、杨蕊等	李小英、覃家理、许彦红、赵崇俨等
地点	景东漫湾镇温竹二号桥	永平县金光寺下洗身河边
GPS	100°29′52.7″E，24°42′49.6″N	99°31′21″E，25°11′47″N
海拔，坡向，坡位，坡度	2180 m，SW20°，中部，32°	2330 m，NE35°，下部，37°
生境地形特点	林内潮湿	沟箐边，林内潮湿
土壤类型，土壤特点，地表特征	中壤土，土层厚，枯落物4 cm	中壤土，土层厚，枯落物4.5 cm
特别记录/人为影响	天然实生林	天然实生林
乔木层盖度，优势种盖度	70%，新樟30%，云南越橘15%，木荷10%	80%，竹叶楠65%，元江栲38%
灌木层盖度，优势种盖度	25%，箭竹10%，紫金牛5%	30%，竹叶楠40%，清香桂28%
草本层盖度，优势种盖度	20%，爵床科5%，云南莎草2%	5%，蕨6%，冷水花4%，素馨4%

层次	性状	中文名	拉丁名	样地08　17种　153株　20 m×25 m						样地10　9种　49株　20 m×20 m					
				株/丛数	高度/m		胸径/cm		重要值/%	株/丛数	高度/m		胸径/cm		重要值/%
					最高	平均	最高	平均			最高	平均	最高	平均	
乔木层	常绿乔木	大叶樟	*Cinnamomum septentrionale*	1	9	9	6	6	4.2						
	常绿乔木	景东柃	*Eurya jintungensis*	2	9	8.5	14	12	4.4						
	常绿乔木	木果石栎	*Lithocarpus xylocarpus*	17	15	12.7	12	8.6	21.5						
	常绿乔木	木荷	*Schima superba*	9	18	14.1	20	9.8	24.6						
	常绿乔木	木莲	*Manglietia fordiana*	1	7	7	7	7	7.1						
	常绿乔木	楠木	*Phoebe zhennan*	8	13	13.4	9	8.8	14.3						
	常绿乔木	榕树	*Ficus microcarpa*	2	13	12.5	11	9	3.6						
	常绿乔木或灌木	山茶	*Camellia japomica*	5	12	10.2	13	8.6	8.1						
	常绿乔木	团花山矾	*Symplocos glomerata*	2	12	11	11	9	5.5						
	常绿乔木	石栎	*Lithocarpus glaber*	6	13	10.8	22	11.7	15.4						
	常绿乔木	新樟	*Neocinnamomum delavayi*	52	16	13.4	24	10.3	69.5						
	常绿乔木	思茅栲	*Castanopsis ferox*	2	12	9.5	31	19	9.2						
	常绿乔木或灌木	云南越橘	*Vaccinium duclouxii*	34	7	7	12	12	46.7						

续表

层次	性状	中文名	拉丁名	样地 08 17 种 153 株 20 m×25 m						样地 10 9 种 49 株 20 m×20 m					
				株/丛数	高度/m		胸径/cm		重要值/%	株/丛数	高度/m		胸径/cm		重要值/%
					最高	平均	最高	平均			最高	平均	最高	平均	
乔木层	常绿乔木或灌木	香桂	*Cinnamomum subavenium*	4	14	10	8	7.8	7.1						
	常绿乔木	竹叶楠	*Phoebe faberi*	4	18	15.3	48	22.8	18.5	29	17.5	10.9	34.9	14.7	95.1
	常绿乔木	毛叶樟	*Cinnamomum mollifolium*	2	11	10	9	7	5.2						
	常绿乔木或灌木	毛蕊山茶	*Camellia mairei*	2	13	11	9	8.5	5						
	常绿乔木	山茶	*Camellia japomica*							2	11	7.5	12.2	9.3	7.2
	常绿乔木	冬青	*Ilex purpurea*							4	10.5	7.9	16.4	12.7	15.4
	常绿乔木	柃木	*Eurya japonica*							5	10.5	7.2	13	8.9	30.2
	常绿乔木	元江栲	*Castanopsis orthacantha*							4	26	20.6	64.8	41.4	56.5
	落叶乔木	野樱桃	*Prunus discadenia*							2	26	14.8	95	50.5	32.6
	常绿乔木	红花木莲	*Manglietia insignis*							1	26	26	61	61	15.3
	落叶乔木	五裂槭	*Acer oliverianum*							1	11	11	16.7	16.7	5.5
	常绿乔木	包石栎	*Lithocarpus cleistocarpus*							1	28.5	28.5	55.5	55.5	35.1

层次	性状	中文名	拉丁名	样地 08 20 m×25 m				样地 10 20 m×20 m			
				株/丛数	高度/m		多度	株/丛数	高度/m		多度
					最高	平均			最高	平均	
灌木层	乔木	木果石栎	*Lithocarpus xylocarpus*	3	1.8	1.3	sp				
	乔木	木荷	*Schima superba*	2	0.3	0.2	sol				
	乔木	新樟	*Neocinnamomum delavayi*	1	0.4	0.4	un				
	乔木	野茉莉	*Styrax japonicus*	1	0.7	0.7	un				
	乔木	光叶石栎	*Lithocarpus mairei*	2	0.2	0.2	sol				
	灌木	箭竹	*Fargesia spathacea*	12	1.5	1.8	cop3				
	灌木	柃木	*Eurya japonica*	1	0.4	0.4	un				
	灌木	云南越橘	*Vaccinium duclouxii*	5	2	1.4	cop1				
	灌木	紫金牛	*Ardisia japonica*	8	0.3	0.2	cop2				
	灌木或乔木	舟柄茶	*Hartia sinensis*	1	2	2	un				
	灌木	菝葜	*Smilax china*					3	1	1	sp
	小乔木	冬青	*Ilex purpurea*					4	3	3	sp
	藤状灌木	黑龙骨	*Periploca forrestii*					1	1.7	1.7	un
	小乔木	云南黄杞	*Engelhardia spicata*					4	4	3	sp
	小乔木	柃木	*Eurya japonica*					1	1.5	1.5	un
	小乔木	青冈	*Cyclobalanopsis glauca*					2	2	2	sp

续表

层次	性状	中文名	拉丁名	样地08　20 m×25 m				样地10　20 m×20 m			
				株/丛数	高度/m		多度	株/丛数	高度/m		多度
					最高	平均			最高	平均	
灌木层	小乔木	清香桂	*Sarcococca ruscifolia*					9	1.5	1	cop1
	小乔木	肉桂	*Cinnamomum cassia*					3	4.8	2.6	sp
	灌木或小乔木	山茶	*Camellia japomica*					3	4.7	3.2	sp
	小乔木	元江栲	*Castanopsis orthacantha*					1	5	5	un
	小乔木	竹叶楠	*Phoebe faberi*					15	4.6	3.2	cop2

层次	性状	中文名	拉丁名	样地08　20 m×25 m			样地10　20 m×20 m		
				高度/m		多度	高度/m		多度
				最高	平均		最高	平均	
草本层	草本	金银花	*Lonicera japonica*	2	2	un			
	草本	云南莎草	*Cyperus microiria*	0.5	0.4	sp			
	草本	素馨	*Jasminum grandiflorum*	1.2	1.2	un	4	1.6	sp
	草本	仙茅	*Curculigo orchioides*	0.4	0.4	sol			
	草本	圆锥悬钩子	*Rubus paniculatus*	1.3	1.3	un			
	草本	三叶悬钩子	*Rubus delavayi*			un	0.3	0.3	un
	草本	鳞毛蕨	*Dryopteris* sp.	0.7	0.7	sol			
	草本	淡竹叶	*Herba lophateri*				0.2	0.2	un
	草本	堇菜属1种	*Viola* sp.				0.1	0.1	un
	草本	蕨	*Pteridium aquilinum* var. *aquilinum*				0.5	0.3	cop1
	草本	开口箭	*Solanum muricatum*				0.7	0.6	sol
	草本	冷水花	*Pilea cadierei*				0.5	0.5	sp
	草本	天南星	*Arisaema erubesccns*				0.3	0.3	un
	草本	一点血	*Begonia wilsonii*				0.2	0.2	sol
	草本	凤仙花属1种	*Impatiens* sp.				0.3	0.3	sol
层间植物	攀缘灌木	菝葜	*Smilax china*	2.5	2	sp			
	攀援灌木	玉叶金花	*Mussaenda pubescens*	0.3	0.3	sol			
	攀援灌木	崖豆藤	*Millettia wight*	3	2.3	sol			
	攀援灌木	酸藤子	*Embelia laeta*	1.5	1.5	un			
	木质藤本	崖爬藤	*Tetrastigma formosanum*	0.3	0.2	sol			
	木质藤本	飞龙掌血	*Toddalia asiatica*				2	2	un
	木质藤本	爬山虎	*Parthenocissus tricuspidata*				2	1.4	cop1
	攀援灌木	扶芳藤	*Euonymus fortunei*				1	1	un

f. 大头茶、木荷林（Form. *Gordonia axillaris*, *Schima* spp.）

该群落类型在澜沧江流域不多见，主要分布在1800～2000 m的沟箐中，群落结构层次清晰，群落环境较湿润。调查样地位于云县漫湾镇旧地村，仅见大头茶-银木荷林，样地情况见表4-29。

乔木层总盖度为85%，可分为两个亚层。上层平均树高为9～12 m，平均胸径为12～16 cm，优势种为大头茶（*G. axillaris*）和银木荷，其重要值分别为85.99%和53.94%，在群落中占据绝对优势；其他伴生种有泡核桃（*Juglans sigillata*）、短柄石栎（*Lithocarpus fenestratus*）、西南木荷；其余大多为偶见种，数目较少，如伊桐（*Itoa orientalis*）、黑皮插柚紫（*Linociera ramiflora*）等。

灌木层总盖度为35%，平均高约2 m。组成种类复杂，但比较稀疏，成丛较多，但很少成片出现，主要有大头茶、银木荷、新樟的小乔木，说明群落自然更新状况较好，以及滇尖子木（*Oxyspora yunnanensis*）、毛叶假鹰爪（*Desmos dumosus*）、云南叶轮木（*Ostodes katharinae*）、厚皮香（*Ternstroemia gymnanthera*）、卷边紫金牛（*Ardisia replicata*）、披针叶胡颓子（*Elaeagnus lanceolata*）等。

草本层盖度为40%，平均高约1 m。本层种类较少，但分布比较集中，成丛出现，长势较好，主要有云南莎草（*Cyperus duclouxii*）、紫茎泽兰、飞机草（*Eupatorium odoratum*）等种类。附生植物较为丰富，主要是苔藓、地衣，广泛分布于树干、枯枝上；藤本植物较为稀少，仅圆锥菝葜（*Smilax bracteata*）一种，但在样地中分布广。偶见锥花菝（*Smilax bracteata*）。

表4-29　大头茶-银木荷林样地调查表

样地号，面积，时间表	样地12，25 m×25 m，2010年3月28日
调查人	李小英、覃家理、熊好琴、金艳强
地点	云县漫湾镇黄草坝附近（旧地井村）
GPS	100°21′46.46″E，24°39′7.91″N
海拔，坡向，坡位，坡度	1870 m，E，中部，33°
生境地形特点	直线坡形
土壤类型，土壤特点	红壤，土层厚
特别记录/人为影响	天然实生，有人为干扰痕迹
乔木层盖度，优势种盖度	85%，大头茶60%，银木荷30%
灌木层盖度，优势种盖度	35%，大头茶17%，滇尖子木6%
草本层盖度，优势种盖度	40%，飞机草16%，蓝色鳞毛蕨14%

层次	性状	中文名	拉丁名	样地12　12种　189株　25 m×25 m					
				株/丛数	高度/m		胸径/cm		重要值/%
					最高	平均	最高	平均	
乔木层	常绿乔木或小乔木	大头茶	*Gordonia axillaris*	88	17	9	30.5	12.2	85.99
	常绿乔木	银木荷	*Schima argentea*	34	19.5	11.6	44.5	17.6	53.94
	落叶乔木	泡核桃	*Juglans sigillata*	22	14	9.2	22.5	12	20.63
	常绿乔木	短柄石栎	*Lithocarpus fenestratus*	11	10	6.2	10.5	7.5	7.24
	常绿乔木	西南木荷	*Schima wallichii*	4	20.5	13.6	29	16.8	5.82
	常绿乔木	黄樟	*Cinnamomum porrectum*	9	7	5.2	9.6	6.8	5.71
	常绿灌木或小乔木	厚皮香	*Ternstroemia gymnanthera*	7	9	7.4	14.6	8	4.91
	常绿乔木	茶梨	*Anneslea fragrans*	2	6.5	6	28.2	16.6	3.15
	常绿乔木	云南崖摩	*Amoora yunnanensis*	4	8.5	7	11	7.9	2.72
	常绿乔木	岗柃	*Eurya groffii*	3	8	5.8	9	7.5	1.98
	常绿乔木	伊桐	*Itoa orientalis*	3	7	5.8	7.5	6.5	1.86
	灌木或乔木	黑皮插柚紫	*Linociera ramiflora*	2	7	7	6.5	6.1	1.21

续表

层次	性状	中文名	拉丁名	高度/m		多度
				最高	平均	
灌木层	常绿乔木或灌木	云南叶轮木	*Ostodes katharinae*	5	4	cop1
	直立灌木	毛叶假鹰爪	*Desmos dumosus*	4.5	3.8	cop1
	小灌木	臭牡丹	*Clerodendrum bungei*	1.6	1.6	un
	小乔木	大头茶	*Gordonia axillaris*	1.5	0.9	cop1
	灌木	滇尖子木	*Oxyspora yunnanensis*	2.5	1.2	cop2
	小乔木	短柄石栎	*Lithocarpus fenestratus*	4.5	2.2	sp
	灌木或小乔木	岗柃	*Eurya groffii*	0.5	0.4	sol
	落叶小乔木	合欢	*Albizia julibrissin*	0.9	0.9	sp
	小乔木	红花木莲	*Manglietia insignis*	3	3	un
	小乔木	厚皮香	*Ternstroemia gymnanthera*	1.2	1.1	sol
	灌木或小乔木	假黄皮	*Clausena excavata*	0.9	0.9	un
	小灌木	卷边紫金牛	*Ardisia replicata*	2.8	2.3	sol
	小乔木	君迁子	*Diospyros lotus*	3.5	3.5	un
	小乔木	毛杨梅	*Myrica esculenta*	2.5	2.5	un
	灌木	披针叶胡颓子	*Elaeagnus lanceolata*	2	2	un
	小乔木	新樟	*Neocinnamomum delavayi*	2.7	1.2	sp
	小乔木	银木荷	*Schima argentea*	9.5	3.8	sp
	小乔木	云南崖摩	*Amoora yunnanensis*	1.7	1.7	un
	小乔木	云南叶轮木	*Ostodes katharinae*	3	2.3	sp
	灌木或小乔木	多花山矾	*Symplocos ramosissima*	0.3	0.3	un
草本层	草本	红花	*Carthamus tinctorius*	1	1	un
	草本	佩兰	*Eupatorium fortunei*	1.2	1	sp
	草本	飞机草	*Eupatorium odoratum*	1.2	1.2	cop2
	草本	姜花	*Hedychium coronarium*	0.3	0.3	sp
	草本	蓝色鳞毛蕨	*Dryopteris polita*	0.4	0.3	cop2
	草本	云南莎草	*Cyperus duclouxii*	1.3	1.3	cop1
	草本	紫茎泽兰	*Ageratina adenophora*	0.6	0.6	sp
层间植物	攀援或披散灌木	锥花莸	*Caryopteris paniculata*	0.8	0.8	un
	攀援灌木	圆锥菝葜	*Smilax bracteata*	1.2	0.9	sol

4.2.3 山顶苔藓矮林

此类常绿阔叶林亚型，分布海拔较高，一般在2500 m以上，环境潮湿，常接近于多雾的山顶，林中植物树干、枝丫上常附着一层厚厚的苔藓。乔灌木以杜鹃花科、壳斗科、茶科、五加科植物为主，乔木高度较矮，平均为5～8 m，成丛状，分枝低。在景东自然保护区、云县白莺山长浪坝水库周边一带调查均有以马缨花杜鹃（Form. *Rhododendron delavayi*）为优势树种的杜鹃矮林。

马缨花杜鹃矮林样地位于云县白莺山长浪坝水库，见表4-30。分布海拔在2400～2500 m，主要在阳坡和半阳坡面分布，乔、灌、草三层明显，乔木层树种较少，主要以马缨花为主，乔木盖度为70%～

75%，500 m^{2}的两块样地中重要值分别达 173.3% 和 85.5%，平均树高为 5 ~ 6 m，最高达 10 ~ 23 m，树干分枝多，平均胸径为 11 ~ 18 cm；其他常见的有南烛（*Lyonia ovalifolia*）、厚皮香、大理柳（*Salix daliensis*）、硬斗石栎、南洋木荷（*Schima noronhae*）、云南越橘、舟柄茶。

表 4-30　马缨花杜鹃矮林样地调查表

样地号，面积，时间	样地 10，25 m×20 m，2010 年 3 月 27 日	样地 11，25 m×20 m，2010 年 3 月 27 日
调查人	李小英、覃家理、熊好琴、金艳强等	李小英、覃家理、熊好琴、金艳强等
地点	云县白莺山（长浪坝水库）	云县白莺山（长浪坝水库）
GPS	100°18′22″E，24°37′14″N	100°18′26″E，24°37′12″N
海拔，坡向，坡位，坡度	2430 m，S，山顶，25°	2445 m，W，山顶，35°
生境地形特点	山顶水库周围，林下湿润	山顶水库周围，林下湿润
土壤特点，土壤类型，地表特征	土壤厚，砂壤土，枯落物 3 cm	土壤厚，砂壤土，枯落物 3.5 cm
特别记录/人为影响	天然实生林	天然实生林
乔木层盖度，优势种盖度	70%，马缨花杜鹃 50%，南烛 5%	75%，马缨花杜鹃 30%，南烛 15%
灌木层盖度，优势种盖度	75%，短序越橘 30%，南烛 10%，厚皮香 10%	70%，云南越橘 35%，厚皮香 10%，地檀香 10%
草本层盖度，优势种盖度	35%，刺蕊草 15%，委陵菜 10%	25%，刺蕊草 20%

层次	性状	中文名	拉丁名	样地 10　4 种　191 株　25 m×20 m						样地 11　8 种　181 株　25 m×20 m					
				株/丛数	高度/m		胸径/cm		重要值/%	株/丛数	高度/m		胸径/cm		重要值/%
					最高	平均	最高	平均			最高	平均	最高	平均	
乔木层	常绿灌木或小乔木	厚皮香	*Ternstroemia gymnanthera*	8	7	6.1	17.5	10.6	8.1	16	6.5	5.1	10.5	7.2	11.3
	常绿乔木或灌木	马缨花杜鹃	*Rhododendron delavayi*	163	23	5	28.6	10.9	173.3	56	10	6.2	54.2	18	85.5
	常绿乔木	南洋木荷	*Schima noronhae*							8	8.5	6.9	25	16.9	10
	常绿或落叶灌木	南烛	*Lyonia ovalifolia*	17	8.5	5.9	11	7.4	12.6	73	9	6.0	27.2	9.6	57.5
	落叶乔木或灌木	大理柳	*Salix daliensis*	3	7.5	6.5	15.6	11.6	4.2	3	8	6.0	19.6	12.5	2.9
	常绿乔木	杨梅	*Myrica rubra*							4	10	8.9	23.8	19.2	5.6
	常绿乔木	硬斗石栎	*Lithocarpus hancei*							19	11	7.2	39	16	24
	常绿乔木或灌木	舟柄茶	*Hartia sinensis*							2	5	4.8	6.2	5.6	1.2

层次	性状	中文名	拉丁名	样地 10　25 m×20 m				样地 11　25 m×20 m			
				株/丛数	高度/m		多度	株/丛数	高度/m		多度
					最高	平均			最高	平均	
灌木层	常绿灌木	地檀香	*gaultheria forrestii*	3	3.6	1.2	sol	6	5.4	0.9	cop1
	落叶灌木	洱源小檗	*Berberis thunbergii*	1	1.5	1.5	un				
	灌木或小乔木	厚皮香	*Ternstroemia gymnanthera*	9	2.5	1.4	cop1	15	3	1.2	cop2
	常绿小灌木	金丝梅	*Hypericum patulum*	1	1.5	1.5	un				
	灌木或小乔木	大理柳	*Salix daliensis*	1	3	3	un				
	灌木或小乔木	马缨杜鹃	*Rhododendron delavayi*	1	2.5	2.5	un	3	4	2.5	sp
	灌木或小乔木	南洋木荷	*Schima noronhae*	1	2	2	un				

续表

层次	性状	中文名	拉丁名	样地10 25 m×20 m				样地11 25 m×20 m			
				株/丛数	高度/m		多度	株/丛数	高度/m		多度
					最高	平均			最高	平均	
灌木层	小乔木	南烛	*Lyonia ovalifolia*	7	4.5	3.6	cop1	3	3.3	1.1	sp
	灌木	云南越橘	*Vaccinium duclouxii*	3	3.5	2.1	sp	20	4.5	3.2	cop3
	常绿灌木	短序越橘	*Vaccinium brachybotrys*					14	3.5	2.3	cop2
	常绿灌木	多蕊金丝桃	*Hypericum hookerianum*					2	1.2	0.6	sp
	常绿灌木或小乔木	斜基叶柃	*Eurya obliquifolia*					1	0.2	0.2	un
	灌木或小乔木	云南连蕊茶	*Camellia transarisanensis*					1	0.7	0.7	un
	灌木或小乔木	肿柄菊	*Tithonia diversifolia*					5	2.2	2.0	sp

层次	性状	中文名	拉丁名	样地10 25 m×20 m			样地11 25 m×20 m		
				高度/m		多度	高度/m		多度
				最高	平均		最高	平均	
草本层	草本	鞭打绣球	*Hemiphragma heterophyllum*	0.3	0.3	sp			
	草本	扁枝石松	*Diphasiastrum complanatum*	1.2	1				
	草本	刺蕊草	*Pogostemon glaber*	0.7	0.6	cop2	0.5	0.4	cop2
	草本	蕨	*Pteridium aquilinum* var. *aquilinum*	0.6	0.6	sp	0.3	0.3	sp
	草本	委陵菜	*Potentilla aiscolor*	0.4	0.4	cop2			
	草本	野坝子	*rugulose elsholtzia*	0.9	0.8	sp			
	草本	云南香青	*Anaphalis yunnanensis*	0.3	0.2	cop1			
	草本	紫茎泽兰	*Ageratina adenophora*	0.6	0.4	sp	0.7	0.7	sp
	草本	乌蔹莓	*Cayratia japonica*	0.3	0.3	sp			
	草本	沿阶草	*Ophiopogon bodinieri*	0.6	0.6	sp			
	草本	云南莎草	*Cyperus duclouxii*	0.5	0.5	sp			
层间植物	攀援灌木	鸡血藤	*Millettia reticuiata*				5	5	un
	木质藤本	爬山虎	*Parthenocissus tricuspidata*	0.8	0.8	sp	0.6	0.6	un
	攀缘灌木	土茯苓	*Smilax glabra*				0.2	0.2	sp

灌木层盖度为70% ~75%，平均高度为1.2 ~3.6m，种类也较少，主要是马缨花杜鹃、厚皮香、南烛的小树，还有短序越橘（*Vaccinium brachybotrys*）。

草本层盖度为25% ~35%，平均高度为0.3 ~0.7 m；常见植物有刺蕊草（*Pogostemon glaber*）、委陵菜（*Potentilla aiscolor*）、云南香青（*Anaphalis yunnanensis*）、紫茎泽兰、蕨等。层间植物主要有爬山虎、

鸡血藤（*Millettia reticuiata*）、土茯苓三种。

4.2.4 竹林

考虑竹类的形态、构造和生长特性，以及竹类群落在组成、结构、生态外貌和地理分布等方面的特殊性，在植被分类系统上一般将其划分为一个独立的植被类型（杨宇明和杜凡，2002；中国植被编辑委员会，1980）。

竹类主要分布于世界热带和亚热带地区，东南亚季风区是世界竹类分布中心，其种类、数量最为丰富（西双版纳自然保护区综合考察团，1987）。云南位于世界竹类分布的中心地带，因此无论在种类和数量上都为国内其他省份所不及。而针对澜沧江流域，其中下游是竹林的主要分布区。按竹林所在生境热量的差异，澜沧江流域的竹林一般可划分为：热性竹林、暖热性竹林和温凉性竹林三个植被亚型（王娟等，2010；王慷林和薛纪如，1994，1993；云南植被编写组，1987）。由于竹林多呈零星分布，成片分布较少，从整个流域看，其总面积所占比例也较小，在此只对澜沧江流域大面积分布的竹林予以简单介绍。

4.2.4.1 热性竹林

热性竹林主要分布在云南滇南、滇西南的西双版纳、临沧等地。分布较广的主要是牡竹林（Form. *Oendrocalamus strictus*）。

牡竹为半常绿性的热带丛生竹类，在中国仅见于云南南部的热带地区，是唯一在干季落叶的竹种。牡竹林广泛分布于澜沧江下游两岸海拔1000 m以下的低山河谷地带，在临沧南部的南汀河、南滚河流域也有少量分布，尤以西双版纳的景洪、勐腊、勐海，临沧以及普洱等地分布最为集中（王慷林和薛纪如，1993；西双版纳自然保护区综合考察团，1987）。

牡竹分布区气候为高温、高湿，干湿季明显，排水良好，光照充足，多分布于海拔1000 m以下的低山坡地和河流两侧的阳坡面。林分组成和群落结构都较为简单，多形成以牡竹为优势的单层林。牡竹自然高度平均为10～15 m，最高可达20 m，胸径一般在5～13 cm。林下灌木草本植物较少，其种类常因生境干湿不同而有较大差异（云南植被编写组，1987）。此外，牡竹的生长情况受到立地条件的影响较为严重。

4.2.4.2 温凉性竹林

温凉性竹林通常分布在海拔2000 m以上的山地，由多种中小型竹类植物为主构成（云南植被编写组，1987）。温凉性竹林与地形关系密切，生境特点是低温、雾大、湿润。通常温凉性竹林的群落分布面积不大，大多为山顶矮林或灌丛类型。而从种类组成上看，温凉性竹林主要是以箭竹属（*Fargesia*）和玉山竹属（*Yushania*）为主。澜沧江中游的澜沧江自然保护区是温凉性竹林的主要分布区，保护区内的温凉性竹林，可以区分为两个群系，即玉山竹林和箭竹林（王慷林和薛纪如，1993；王娟等，2010）。

（1）玉山竹林（Form. *Yushania* spp.）

在澜沧江自然保护区内，玉山竹属（*Yushania*）的种类共有5种，通常分布在海拔2400 m以上的常绿阔叶林下，是各种常绿阔叶林下的常见或主要成分。但能形成较大面积群落的只有长绢毛玉山竹（*Y. vigens*）一种，主要分布在海拔2500 m以上山地，是一类次生的竹林群落（王娟等，2010）。在澜沧江自然保护区中，长绢毛玉山竹群落形成大面积分布的区域主要是云县大朝山、凤庆干沙坝–黑龙潭及临沧大雪山等，分布海拔为2500～2850 m。

群落以长绢玉山竹为绝对优势，单种盖度可以达到80%以上。在自然条件良好的情况下，玉山竹高度可达到7 m左右，但是在受干扰较为严重的区域，玉山竹高度在1～2 m。玉山竹基部直径粗1～2.5 cm，外形较为矮小。群落中通常散生着少量的乔木成分，如多变石栎、西南桦等。但乔木的盖度一般较小，未能形成明显的或郁闭的乔木层。玉山竹林伴生的灌木较少，大多以单株的形式散生，如冬青（*Ilex* spp.)、山矾（*Symplocos* spp.）、米饭花（*Lyonia ovalifolia*）等。而草本层由于竹子茂密，种类少，但盖度较大。

（2）箭竹林（Form. *Fargesia* spp.）

箭竹林一般分布在海拔2000 m以上的山坡或山顶。生境异常湿润，云雾较大，气温较低，箭竹很少单独成林，常是中山湿性常绿阔叶林或云冷杉林下的主要灌木成分。但在一些开阔、陡峭的坡面上，也能形成小片状以箭竹为单优的箭竹群落（云南省林业厅等，2004）。在澜沧江自然保护区主要分布于海拔2800 m以上的山体上部，具体是临沧（班东）大雪山、耿马大雪山及凤庆黄竹岭等地（王娟等，2010）。

箭竹通常较为矮小，高度为3～4 m，箭竹根茎粗为1～4 cm，一般成丛，竹丛丛径在1～2 m，发育良好。组成群落的植物种类很少。灌木层和草本层比较单一，其种类组成因离地条件不同而有所差异。群落中藤本植物和附生植物稀少。

4.3　植被空间分布格局

4.3.1　水平分布

森林生态系统的分布受到地形、气候等多种因素的影响，尤其是水热条件影响较为明显。澜沧江流经青海、西藏、云南三个省（区），跨越的纬度范围为北纬21°～34°。由于受到水分分布的影响，澜沧江流域从北到南经历了从寒温带到热带的过渡（朱华和蔡琳，2006；2004）。

在澜沧江上游的青海、西藏段，直至云南省的迪庆州，由于热量低、辐射强、风大，以及气温年较差小而日较差较大，再加上降水少，自然条件较为恶劣，致使许多乔木树种难以生存，限制了森林的分布。这些区域广泛分布的森林类型具有明显的寒温带性质，该区森林群落的优势种主要是以云杉属（*Picea*）、冷杉属（*Abies*）、圆柏属（*Sabina*）、桦木属（*Betula*）为主（中国科学院青藏高原综合科学考察队，1988；周兴民等，1986）。这些林分树种组成单一，林分结构也较为简单，草本层弱化为由苔藓或地衣组成的地被层。这些区域森林分布的海拔也较高，上限可达到4500 m左右（中国植被编辑委员会，1980）。

澜沧江流入云南，迪庆州以下，从北到南，温度和降水量逐渐增加，植被分布也明显不同。从气候来看，本区属于热带和亚热带，主要发育着热带和亚热带的森林。而从地貌来说，云南省山脉河流众多，呈南北走向，地表切割剧烈，形成了各种气候条件，致使有些热带森林沿河谷向北延伸，亚热带森林顺山脊向南扩展，加上个别地区的特殊气候（如谷地的焚风效应），形成了全流域森林分布上出现交错、镶嵌分布现象。但因纬度而异的地带性森林类型仍较稳定。

北纬23°以北到接近北纬26°，大理州云县、洱源以南海拔1200 m以上的广大区域，都是亚热带森林的范围；北纬24°～26°，暖性阔叶林和暖性针叶林为地带性森林，暖性阔叶林组成树种以壳斗科为主，其次是樟科、木兰科、山茶科，其他比较常见的还有冬青科、金缕梅科、蔷薇科、杜鹃科、五加科、山茱萸科、紫金牛科、茜草科、芸香科等，与该类森林在分布和演替上紧密联系的暖性针叶林主要是云南松；北纬24°以南接近北纬23°（普洱市和临沧市辖区），是暖热性阔叶林和暖热性针叶林为地带性植被，暖热性阔叶林组成树种依然是以亚热带所特有的壳斗科、樟科、木兰科、山茶科为主，但乔木层伴生了大量的热带成分，如杜英科、梧桐科、紫葳科、漆树科、无患子科、山榄科、橄榄科、桃金娘科、楝科等，与原生暖热性常绿阔叶林有紧密联系的是以思茅松为主的暖热性针叶林。

北纬23°以南海拔900 m以下主要分布的为热带雨林，典型分布区为西双版纳南部，乔木树种常见的有龙脑香科、肉豆蔻科、隐翼科、四数木科、藤黄科、番荔枝科、山榄科等。

4.3.2 垂直分布

由于海拔的变化，气温、降水量也相应地发生变化，进而引起森林植被有规律的变化。从整体上看，澜沧江流域从北到南，海拔相应降低，森林类型也随之发生变化。而澜沧江从北到南，流经了许多高山，从单一山体表现出来的森林垂直分布格局更为明显，也更具代表性。随着山地海拔的升高，气候、土壤和森林植被都明显不同。在不同的海拔地带中，森林类型分布不尽相同，树种的季相、物候也不同。

4.3.2.1 寒温带山地森林

澜沧江上游，云南迪庆州以上的区域，寒温性针叶林占据主要地位，主要以白马雪山、梅里雪山为代表（欧晓昆等，2006；云南省林业厅等，2003）。一般海拔 2000 m 以下多为干热（暖）河谷灌丛或草地；海拔在 1800 ~3800 m，为黄背栎、川西栎、川滇高山栎等小叶硬叶树种组成的寒温性常绿阔叶林；海拔在 3100 ~4200 m 是云杉、冷杉的分布区，多为纯林；海拔 4000 m 以上是高山灌丛、草甸及高山冰雪覆盖区域（何友均，2005；郭立群，2004；周兴民等，1986）。

4.3.2.2 亚热带山地森林

澜沧江流域中下游的滇中广大区域，为典型的亚热带森林分布区。以无量山、哀牢山及澜沧江自然保护区大雪山为代表，从江面河谷到山顶，依次呈现出落叶季雨林、季风常绿阔叶林、半湿润常绿阔叶林、中山湿性常绿阔叶林，直至山顶的山顶苔藓矮林（王娟等，2010；云南省林业厅等，2004）。暖热性针叶林（以思茅松为主）在低海拔（1500 m 以下）与阔叶林交错分布，暖温性针叶林（以云南松为主）在较高海拔（1200 ~2200 m）与阔叶林交错分布；海拔 2700 ~3200 m 有以铁杉为主的针阔混交林；3000 m 海拔以上有冷杉林（云南植被编写组，1987）。另外，山体的坡向不同，森林植被的分布也有所变化（云南省林业厅等，2004）。林分之间存在着明显的过渡，林分内部层次结构清晰，可明显区分乔木层、灌木层和草本层。

4.3.2.3 热带山地森林

澜沧江南段（滇南）西双版纳和普洱西南地区，海拔 800 m 以下为低山宽谷山地，森林类型依地形的不同而有所变化，在台地低山分布的是热性阔叶林，主要树种有大药树、千果榄仁、番龙眼、天料木（*Homalium cochinchinense*）等；宽谷地区主要为半常绿热性阔叶林。在 800 ~1000 m 的山地上，有以肉托果、滇楠为标志的热性阔叶林。海拔 1000 m 以上为暖热性常绿阔叶林，个别地方有思茅松、亚热带树种分布（云南森林编写委员会，1986）。

4.4 结构与功能

4.4.1 生态系统结构

4.4.1.1 土壤特性

土壤作为森林生态系统的重要组成部分，为植被的生存与发展提供了必要的基础，同时也受到植被的影响。森林植被与土壤之间存在着密切关系，森林群落的树种组成对森林土壤养分状况与构成有着重要的影响，并且植被类型的生长状况也能反映土壤养分的高低水平，而土壤养分对森林生产力具有决定性的作用。因此，研究不同森林植被下土壤性质的差异对了解森林的动态及功能具有重要意义。

从野外采集的土壤样品经风干处理后，将进一步进行理化性质分析。分析方法参考《中华人民共和国国家标准》（GB 7845-87）、中国科学院南京土壤研究所著的《土壤理化分析》。具体指标测定如下。

1）土壤水分物理性质测定：环刀法测定容重、孔隙度、土壤毛管含水量、饱和含水量，方法参照《土壤理化分析》；

2）土壤有机质测定：采用重铬酸钾法，参照《土壤理化性质分析》；

3）土壤质地采用比重计速测法，参照《中华人民共和国国家标准》（GB 7845-87）；

4）风干土含水量采用烘干法，参照《土壤理化分析》；

5）用下式测定土壤蓄水量（刘青泉等，2004）：

最大蓄水量（t/hm^2）= 10 000 m^2×土壤总孔隙度×土壤深度；

非毛管孔隙蓄水量（t/hm^2）= 10 000 m^2×土壤非毛管孔隙度×土壤深度。

（1）土壤物理性质

森林对土壤物理性质的影响是多方面的，但是对0～20 cm表层土壤影响最显著的是森林枯落物，枯落物覆盖地面，保护地表免遭雨滴击溅侵蚀（黎基松和王耀辉，1986）。而土壤容重、质地、自然含水量、毛管孔隙度和非毛管孔隙度是土壤物理性质的体现，它们直接影响着土壤自然含水率、土壤蓄水量和通气度，也是反映森林土壤水源涵养功能的重要指标（杨吉华等，2000）。

在此，使用景东段14个样地的土壤样本进行分析。表4-31显示，暖性针叶林、季雨林和常绿阔叶林三种植被表层土壤（0～20 cm）的容重之间无显著差异（P > 0.05），不同林地土壤容重变动范围为0.79～0.90 g/cm^3。就总孔隙度均值来看，常绿阔叶林、季雨林和暖性针叶林之间的差异也不显著（P > 0.05），其变动范围在34.50%～74.62%。说明该区域三种植被的土壤物理性质差异不显著。

表4-31　不同植被类型土壤物理性质及蓄水量

植被类型	土壤容重/（g/cm^3）	饱和含水量/%	毛管孔隙度/%	非毛管孔隙度/%	总孔隙度/%	最大蓄水量/（t/hm^2）	非毛管孔隙蓄水量/（t/hm^2）
常绿阔叶林	0.78a	33.41a	19.03a	51.52a	70.56a	1411.13a	1030.47a
暖性针叶林	0.90a	24.55a	17.35a	48.73a	66.08a	1321.55a	974.60a
季雨林	0.83a	32.62a	19.82a	48.94a	68.75a	1375.00a	978.73a

注：a表示同一土壤养分含量在不同林型间的差异

土壤蓄水能力是评价水源涵养、调节水循环的主要指标之一（赵世伟等，2002）。林地土壤具有储蓄水分的能力，土壤水分储蓄量和储蓄方式与其本身的物理特性相关。土壤总储水量是毛管孔隙与非毛管孔隙水分储蓄量之和，反映了土壤储蓄和调节水分的潜在能力，它是土壤涵蓄潜力的最大值，其中毛管水供植物根系吸收和林地蒸发，只做上下垂直运动；非毛管水通过重力势能可以运动和渗透，从而对河流、湖泊等具有调节流量、流速及稳定水位的功能（彭明俊等，2005）。人们把这部分水量称作涵养水源量。由于不同植被类型的土壤物理性状与结构差异性，其土壤的最大蓄水量和涵养水源量的能力也不同。从表4-31来看，三种植被类型林下0～20 cm土壤的物理性质差异不显著，从而三种植被类型的最大蓄水量和非毛管孔隙蓄水量的差异也不显著。

（2）土壤化学性质

为了更好地衡量该区域植被生长环境，为此我们选取了云县段15块样地的土壤进行了土壤养分分析，获取该区土壤养分状况。

a. 研究区土壤养分总体特征

表4-32显示了研究区土壤养分总体特征，根据全国土壤养分含量分级表和第二次全国土壤普查的综合数据的对比分析（鲁如坤等，1998），研究区各植被类型的土壤有机质含量较丰富，平均含量为4.50%，变幅为0.84%～10.93%；全氮含量较丰富，平均含量为0.23%，变幅为0.05%～0.78%；全磷含量较丰富，平均含量为0.28%，变幅为0.09%～0.57%；全钾含量一般，平均含量为1.61%，变幅为

0.63% ~2.92%；有效磷含量中等，变幅为12.11 ~41.78 mg/kg，平均含量为29.46 mg/kg；碱解氮含量丰富，平均含量为152.91 mg/kg，变幅为13.29 ~295.62 mg/kg；速效钾含量一般，变幅为21.22 ~99.87 mg/kg，平均含量为65.49 mg/kg。由此表明，研究区自然植被土壤养分含量中等，且偏丰富。

表 4-32　研究区土壤养分描述统计特征

指标	有机质/%	全氮/%	全磷/%	全钾/%	碱解氮/（mg/kg）	有效磷/（mg/kg）	速效钾/（mg/kg）
最小值	0.84	0.05	0.09	0.63	13.29	12.11	21.22
最大值	10.93	0.78	0.57	2.92	295.62	41.78	99.87
均值	4.50	0.23	0.28	1.61	152.91	29.46	65.49
标准差	2.80	0.20	0.12	0.51	85.95	7.05	24.61

b. 不同植被类型下土壤养分变化特征

通过单因素方差分析（表4-33），可以看出全钾、有效磷在各植被类型下无显著差异，而其余各养分在不同植被类型下都有一定的差异。

表 4-33　各植被类型土壤养分含量的分布特征

植被类型	土层	pH	有机质/%	全氮/%	全磷/%
落叶季雨林	A	5.86±0.16a	4.75±1.91b	0.21±0.07bc	0.38±0.17ab
	B	6.06±0.24a	3.44±0.66b	0.13±0.05b	0.23±0.11b
暖热性针叶林	A	6.05±0.14a	2.84±0.64b	0.08±0.04c	0.29±0.05bc
	B	6.10±0.11a	1.30±0.48c	0.06±0.01b	0.22±0.04b
半湿润常绿阔叶林	A	4.75±0.24c	3.69±0.97b	0.27±0.02b	0.47±0.08a
	B	5.37±0.03bc	2.74±0.85bc	0.22±0.06b	0.39±0.10a
山顶苔藓矮林	A	4.99±0.05bc	9.85±1.56a	0.57±0.19a	0.29±0.04bc
	B	5.03±0.33c	8.99±1.16a	0.56±0.26a	0.25±0.05b
中山湿性常绿阔叶林	A	5.17±0.24b	4.09±0.29b	0.16±0.03bc	0.16±0.04c
	B	5.42±0.15b	3.31±1.10b	0.10±0.03b	0.12±0.03b

植被类型	土层	全钾/%	碱解氮/（mg/kg）	有效磷/（mg/kg）	速效钾/（mg/kg）
落叶季雨林	A	1.25±0.35a	187.43±22.98c	30.97±8.96a	65.13±6.71b
	B	1.62±0.53a	141.18±48.67a	22.33±11.30a	77.94±18.24ab
暖热性针叶林	A	1.89±0.06a	27.62±7.79d	38.09±5.32a	91.50±6.22a
	B	1.77±0.21a	23.25±11.30b	32.00±4.91a	97.51±2.70a
半湿润常绿阔叶林	A	1.57±0.21a	191.04±64.41bc	27.38±4.22a	45.54±3.38b
	B	1.60±0.21a	116.36±12.69a	23.01±5.81a	71.92±2.64b
山顶苔藓矮林	A	1.69±0.60a	276.74±30.61a	33.86±2.55a	50.99±21.21b
	B	1.72±0.50a	162.70±14.87a	30.71±5.80a	83.72±21.63ab
中山湿性常绿阔叶林	A	1.38±0.86a	262.21±44.58ab	29.63±6.34a	23.37±2.23c
	B	1.57±1.18a	140.52±18.72a	26.58±3.72a	47.26±1.54c

注：A 和 B 分别为 0 ~20cm、20 ~40cm 土层；a、b、c 表示在同一土壤养分含量在不同林型间的多重比较结果；单因素方差分析，多重比较使用 Ducan's 检验（$P < 0.05$），后同

4.4.1.2 生物量及碳储量

生物量是森林多种环境因子相互作用的综合体现，也是衡量森林生态系统健康状况的重要指标。森林是地球上重要的生物量库和碳库。为此，我们通过已有模型，对该区乔木层生物量、碳储量进行了估算，以便更好地衡量该区植被的生长状况及森林生态效益与功能。

使用乔木层中实测得到的树高（H）和胸径（D），依据异速生长方程分别计算乔木层中每株立木的干重生物量（t/hm^2）。碳含量的计算直接使用生物量乘以国际上常用的转换系数0.5而来。考虑到该区气候、植被、树种组成以及模型的使用范围，通过预分析后，选用以下几个方程用于乔木层生物量计算（表4-34）。

表4-34 乔木层主要树种生物量估算模型

优势种	地上生物量	地下生物量	文献
栎、石栎类	$W=0.9339\ (D^2H)\ -1.3478$	$W=0.9512\ (D^2H)\ -1.6143$	谢寿昌等，1996
栲、青冈类	$W=0.9696\ (D^2H)\ -1.5106$	$W=0.9340\ (D^2H)\ -2.0407$	谢寿昌等，1996
木荷类	$W=0.3539\ (D^2H)\ +0.5358$	$W=0.3539\ (D^2H)\ +0.2885$	谢寿昌等，1996
樟、楠类	$W=0.9145\ (D^2H)\ -1.3338$	$W=1.6480\ (D^2H)\ -5.446$	谢寿昌等，1996
木兰类	$W=0.9711\ (D^2H)\ -0.8320$	$W=0.7911\ D^2H)\ -1.4389$	谢寿昌等，1996
思茅松	$W_{总}=0.04552\ (D^2H)^{0.92431}$		李江，2011
其他（杜鹃花科、冬青科、山茶科等）	$W_{总}=94.594\ (D^2H)^{0.8666}$		刘其霞等，2005

注：H为乔木树高；D为乔木胸径；$W_{总}$为总生物量

由于林下植被（灌木、草本、苔藓等）生物量、碳储量相对较小，在本研究中只考虑乔木层生物量和碳储量的基本情况，林下植被生物量、碳储量忽略。经过汇总计算，在该区域不同植被类型中，乔木层生物量平均为71.49 t/hm^2，其范围在33.97～117.76 t/hm^2。而乔木层碳储量的均值为35.75 t C/hm^2，其范围在16.99～58.88 t C/hm^2（表4-35）。

从该区域上看，不同植被类型间，暖性针叶林的生物量（117.76 t/hm^2，表4-35）远大于常绿阔叶林（64.90 t/hm^2，$P=0.006$）和季雨林（33.97 t/hm^2，$P=0.002$），但常绿阔叶林与季雨林间生物量的差异并不显著（$P>0.05$）。其乔木层的碳储量也呈现出相同的趋势，暖性针叶林的碳储量较大（表4-35）。

表4-35 澜沧中游不同植被类型乔木层生物量及碳储量

类型	生物量/（t/hm^2）	碳储量/（t C/hm^2）
常绿阔叶林	64.90a	32.45a
暖性针叶林	117.76b	58.88b
季雨林	33.97a	16.99a
平均值	72.21	36.11

与亚热带其他区域的阔叶林相比，该区域阔叶林的乔木层生物量也比较接近（50.42～196.4 t/hm^2，表4-36），但要远低于鼎湖山（317.05 t/hm^2，表4-36）和广东黑石顶（353.52 t/hm^2，表4-36）的常绿阔叶林。然而，调查区植被中幼龄林占主要地位，生物量及碳储量比较小，但在生物量及碳汇中仍具有较大的潜力。

表 4-36　亚热带区不同林型乔木生物量

地点	林分类型	乔木层生物量/（t/hm²）	乔木层碳储量/（t C/hm²）	文献
鼎湖山	常绿阔叶林	317.05	158.53	王斌和杨校生，2009
哀牢山	中山湿性常绿阔叶林	99.47	49.74	王斌和杨校生，2009
广东黑石顶	常绿阔叶林	353.52	176.76	陈章和等，1993
浙江省	常绿阔叶林	50.42	25.21	刘其霞等，2005
浙江省	常绿阔叶林	136.81	68.41	刘其霞等，2005
浙江省	常绿阔叶林	80.24	40.12	张骏，2008
江西千烟洲	常绿阔叶林	85.12	42.56	李海涛等，2007

注：碳储量用生物量乘以国际上常用的转换系数 0.5 计算

4.4.1.3　枯落物生物量

（1）枯落物现存量

枯落物作为森林土壤有机物的主要来源，影响着土壤的发育。同时，枯落物也是反映林地持水能力的重要指标，枯落物现存量越大其持水能力越强，水保效益越好。林分的树种组成、群落结构、坡度、海拔、水热条件等因素影响到枯落物的输入量及分解速度，从而影响到林内枯落物的现存量（胡淑萍等，2008）。通过调查，景东县漫湾镇不同植被类型下 18 个样地枯落物现存量详见表 4-37。

表 4-37　不同植被类型枯落物现存量

样地号	植被类型	枯落物总厚度/cm	枯落物现存量				总蓄积量/（t/hm²）
			未分解层	比例/%	半分解层	比例/%	
1	常绿阔叶林	6.0	4.80	40.00	7.20	60.00	12.00
2		7.7	7.07	35.58	12.80	64.42	19.87
5		5.3	2.13	20.48	8.27	79.52	10.40
6		3.0	2.40	27.27	6.40	72.73	8.80
7		6.5	4.67	30.19	10.80	69.81	15.47
8		4.0	4.67	44.90	5.73	55.10	10.40
9		8.0	6.53	46.64	7.47	53.36	14.00
15		5.0	3.33	35.20	6.13	64.80	9.46
16		5.3	4.13	38.74	6.53	61.26	10.66
17		5.5	3.20	44.44	4.00	55.56	7.20
18		6.7	3.87	42.67	5.20	57.33	9.07
3	暖性针叶林	2.2	3.07	56.12	2.40	43.88	5.47
10		1.5	5.47	56.16	4.27	43.84	9.74
11		2.3	4.27	64.02	2.40	35.98	6.67
12		2.0	3.20	53.33	2.80	46.67	6.00
4	季雨林	2.7	0.40	2.94	13.20	97.06	13.60
13		8.2	3.87	30.23	8.93	69.77	12.80
14		2.0	2.27	19.57	9.33	80.43	11.60

（2）不同植被类型枯落物的现存量与厚度

从表4-37和图4-1中得出，三种植被类型中枯落物总蓄积量的大小顺序为：季雨林（12.67 t/hm^2）> 常绿阔叶林（11.58 t/hm^2）> 暖性针叶林（6.97 t/hm^2）；而三种植被类型中枯落物厚度依次为：常绿阔叶林（5.7 cm）> 季雨林（4.3 cm）>暖性针叶林（2.0 cm），而季雨林的凋落物厚度与其他两种植被类型间差异不显著（$P > 0.05$）。

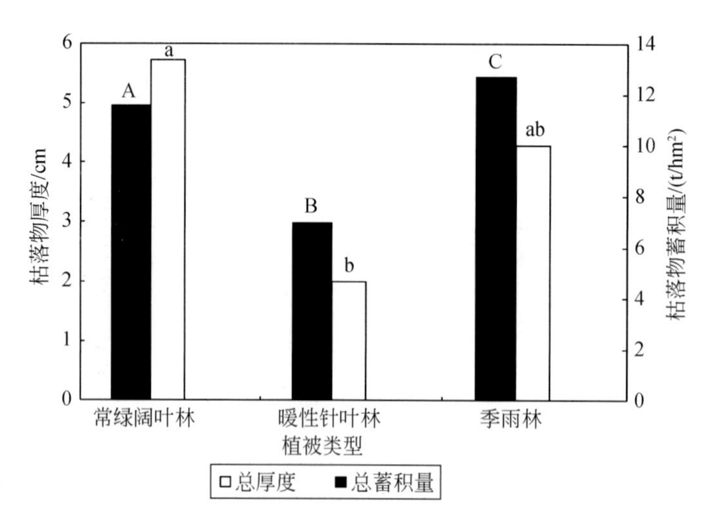

图4-1 不同植被类型枯落物现存量与厚度

注：不同字母代表在不同分类单元下有差别（$P < 0.05$），下同

从图4-2中可以看出，森林枯落物总是处于不断分解和周转之中，不同森林植被类型枯落物分解强度有明显差异，未分解层所占比例大小顺序为：暖性针叶林（57.42%）> 常绿阔叶林（36.75%）> 季雨林（17.21%）。显然，季雨林枯枝落叶分解较快，而暖性针叶林枯落物分解缓慢，这主要受到枯落物自身性质及林分内部水热条件的影响。

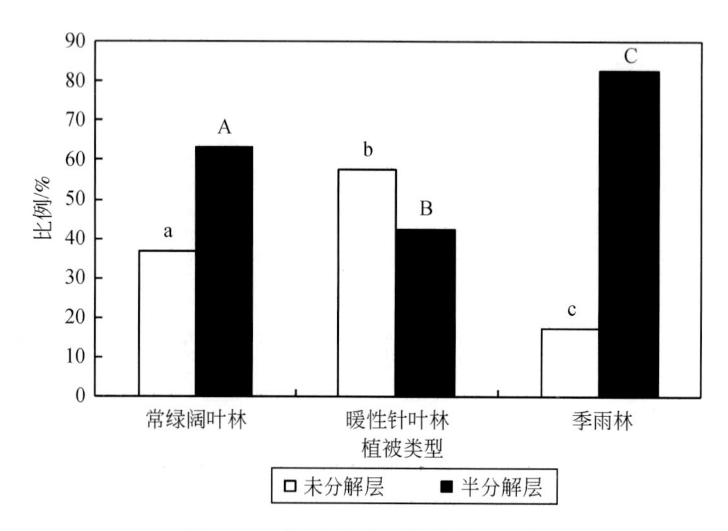

图4-2 不同植被类型枯落物层比例

（3）同一植被类型不同海拔的枯落物现存量

同一植被类型由于海拔的差异，枯落物现存量也会发生明显变化。根据调查标准样地的具体情况，同时考虑分析的可靠性，由于暖性针叶林和季雨林在海拔梯度上样本量较少，难以满足分析需要。在此，只选用常绿阔叶林进行分析。

本研究采用单因素方差分析，对三个海拔梯度（1800 m，2200 m，2650 m）上常绿阔叶林的枯落物现存量进行了比较，发现三个海拔梯度上，在海拔 2200 m 的常绿阔叶林的枯落物现存量显著大于其余两个海拔梯度上枯落物的现存量（$P < 0.05$）（图 4-3），但是在海拔 1800 m 和 2650 m 左右枯落物的现存量没有显著差异（$P > 0.05$）。可知，不同海拔上，常绿阔叶林的枯落物现存量在中等海拔上最大，海拔可能是影响枯落物现存量的因素之一，因为海拔不仅影响植物分布，还会影响林分光照、地表温度和湿度，进而影响林地枯落物分解速率。

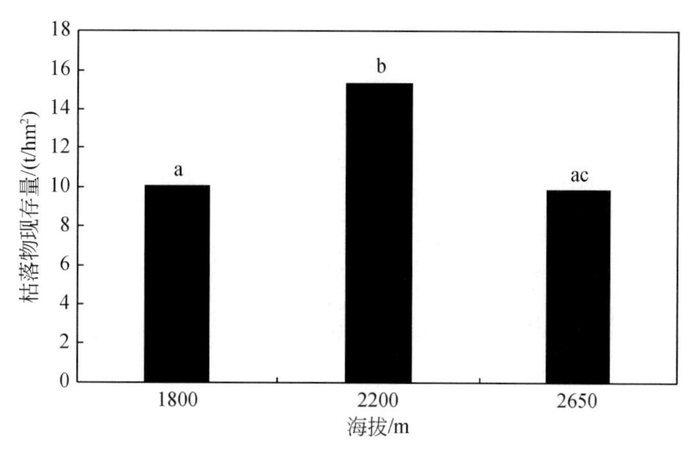

图 4-3　常绿阔叶林不同海拔枯落物现存量

4.4.2　生态系统功能

群落结构是群落中的所有种类及其个体在空间中的配置状况，森林群落的结构和分布格局对研究种群的生态特性、群落演替趋势及生态系统的基本特征具有重要意义，同时也反映着森林植被的健康状况，可为森林的持续经营管理与保护提供基础。澜沧江流域森林植被类型多样，对维护区域生态安全至关重要，因此备受关注，尤其是热带雨林，一直是研究的焦点，公开发表的文献资料也较多。相比之下，澜沧江中游常绿阔叶林关注较少，相关研究也并不多见。据此，本节立足于澜沧江中游（云南保山—临沧段）常绿阔叶林区域，着重对该区域森林植被的结构与功能进行分析，为研究提供基础资料。

4.4.2.1　群落物种多样性

物种多样性作为群落组织水平的生态学特征之一，是生境中物种丰富度及分布均匀性的一个综合数量指标，表征生物群落和生态系统结构的复杂性，可以较好地反映群落结构（朱守谦，1987）。

本书主要采用 Margalef 物种丰富度指数、Simpson 和 Shannon-Winner 多样性指数、Pielou 均匀度指数等对不同海拔、不同类型群落多样性指数进行计算，进一步揭示群落的数量特征。各群落生物多样性见表 4-38。

表 4-38　各群落乔木层生物多样性分析

样地	一级分类	群落类型	指数			
			R	*D*	*H*	*J*
1	常绿阔叶林	南烛-云南越橘群落	2.67	0.77	1.85	0.70
2		云南越橘-光叶石栎群落	2.62	0.76	1.85	0.72
8		新樟-云南越橘群落	3.94	0.83	2.25	0.74
9		毛柄槭-木莲-杜英群落	4.44	0.93	2.79	0.91
15		粗叶水锦树-尖叶厚壳桂-钝叶黄檀群落	3.32	0.87	2.36	0.83

续表

样地	一级分类	群落类型	指数			
			R	*D*	*H*	*J*
16	常绿阔叶林	粗穗石栎-高山栲-长叶野桐群落	3.56	0.89	2.41	0.85
17		南洋木荷-滇青冈-旱冬瓜群落	4.21	0.93	2.64	0.90
18		木荷-高山栲群落	3.32	0.84	2.14	0.77
5		杜鹃群落	1.76	0.59	1.38	0.60
6		杜鹃群落	2.65	0.82	2.06	0.80
7		杜鹃群落	1.77	0.50	1.21	0.51
3	暖性针叶林	思茅松群落	1.61	0.82	1.90	0.86
10		思茅松群落	0.95	0.12	0.31	0.19
11		思茅松群落	0.00	0.00	0.00	0.00
12		思茅松群落	0.49	0.16	0.35	0.32
4	季雨林	火绳树-白花羊蹄甲-余甘子群落	2.61	0.78	1.84	0.70
13		灰毛浆果楝-火绳树群落	2.62	0.78	1.85	0.74
14		余甘子-白花羊蹄甲-粗叶水锦树群落	3.40	0.93	2.63	0.93

注：*R* 是 Margalef 物种丰富度指数；*D* 是 Simpson 指数；*H* 是 Shannon-Winner 指数；*J* 是 Pielou 均匀度指数

调查区各植物群落在结构和功能上都存在很大差异，这种差异主要与物种组成的生态生物学特性有关，因而对群落组织水平的物种多样性进行分析研究，在一定程度上可以发现各群落的一些生态学习性。对澜沧江中下游段景东县三个植被类型 Margalef 物种丰富度指数、Simpson 指数、Shannon-Winner 指数、Pielou 均匀度指数进行分析。

结果表明，从整体上看，该区域内不同植被类型的 Margalef 指数、Simpson 指数、Shannon-Winner 指数、Pielou 均匀度指数基本表现出相似的动态格局，常绿阔叶林和季雨林的多样性明显大于暖性针叶林的多样性（$P < 0.05$；图 4-4），但是常绿阔叶林与季雨林物种多样性的差异并不显著（$P > 0.05$）。这从侧面说明常绿阔叶林和季雨林拥有更高生态服务功能，而暖性针叶林各项指标大多较低，其多样性程度最低。

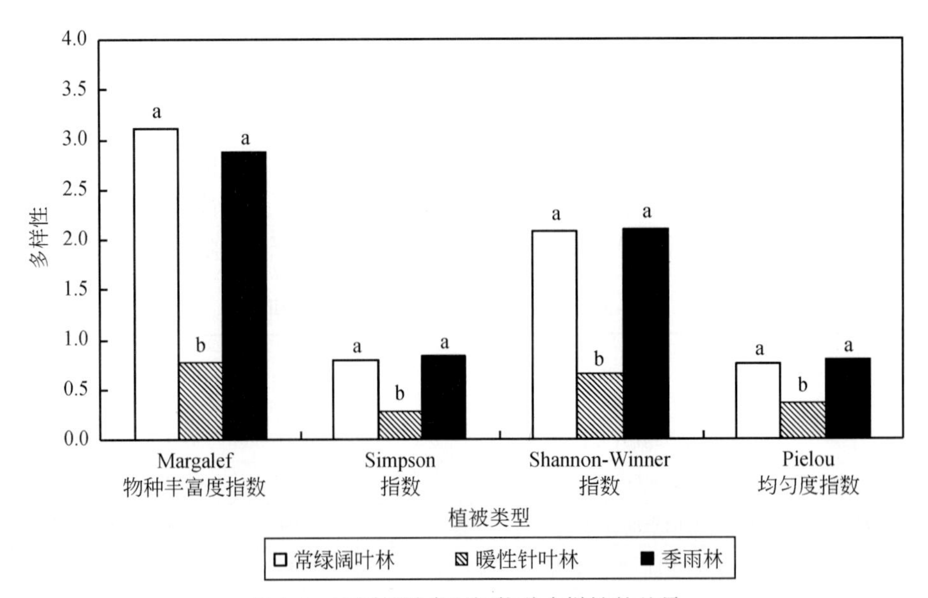

图 4-4　不同植被类型间物种多样性的差异

4.4.2.2 枯落物水文效应

在森林生态系统水分循环中，枯落物层的持水能力是反映森林枯落物层水文效应的重要指标之一（张振明等，2005）。其持水指标一般包括持水量、持水率、吸水速率、最大持水率、最大拦蓄量、有效拦蓄量、拦蓄率等。

将外业取回的枯落物放置于实验室干燥通风处 7 天以上，直至用手触摸无潮湿感时，称其重量作为枯落物风干重。在试验取样中，考虑到不同季节枯枝落叶的含水率不同，所以本试验采取烘干枯枝落叶的方法，将枯落物放入牛皮纸袋中，在 85℃条件下烘 2 h，计算出单位面积上的枯枝落叶的干重。计算出枯落物的干基自然含水率和单位面积干基现存量。

采用室内浸泡法测定枯落物的持水量和吸水速率，将枯落物按未分解和半分解层分别放入纱网袋后浸入水中，分别测定不同时刻（5 min、30 min、1 h、2 h、4 h、6 h、10 h 和 24 h）样品的重量变化，分析枯落物的吸水速度及不同时间段的变化情况。每次取出后静置，直至凋落物不滴水为止，然后称重，计算得到枯落物湿重与烘干重的差值，即为枯落物浸水不同时间的持水量，该值与浸水时间的比值即为枯落物的吸水速率（张振明等，2005），24 h 后的持水量为枯落物的最大持水量，相应持水率为最大持水率。

相关计算公式：

1）自然含水（率）% =（鲜重-干重）/鲜重；

2）持水量=湿质量-自然质量；

3）持水率=持水量/自然质量×100%；

4）持水速率=持水量/浸水时间；

5）$W = (0.85R_m - R_o)M$，式中，W 为有效拦蓄量（t/hm^2）；R_m 为最大持水率（%）；R_o 为平均自然含水率（%）；M 为枯落物现存量（t/hm^2）；

6）有效拦蓄率=有效拦蓄量/枯落物现存量。

（1）枯落物最大持水量

从表 4-39 中可以看出，澜沧江东岸景东境内典型林分最大持水量的变动范围是 4.31 ~ 7.54 t/hm^2，三种植被类型中常绿阔叶林枯落物的最大持水量（7.54 t/hm^2）极显著大于暖性针叶林（5.67 t/hm^2，P = 0.038）和季雨林（4.31 t/hm^2，P = 0.003）枯落物的最大持水量。而三种植被枯落物的最大持水率差异并不显著（P > 0.05），分别是 84.80%、75.28% 和 24.96%；自然含水率以常绿阔叶林最高，为 24.52%，暖性针叶林（15.78%）和季雨林（10.93%）的自然含水率差异不显著（P > 0.05）。

表 4-39 不同植被类型枯落物的持水能力

植被类型	最大持水量/（t/hm^2）			最大持水率/%			自然含水率/%
	未分解层	半分解层	总和	未分解层	半分解层	平均	
常绿阔叶林	3.61a	3.93a	7.54a	91.79a	58.76a	75.28a	24.52a
暖性针叶林	3.40a	2.27b	5.67b	90.19a	79.41a	84.80a	15.78b
季雨林	1.82b	2.49b	4.31b	78.06a	78.06b	24.96a	10.93b

注：a、b 表示同一土壤养分含量在不同林型间的差异

（2）枯落物持水量

根据表 4-40 不同植被类型枯落物持水量与其时间的测定值，对 0.08 ~ 24 h 三种植被类型枯落物未分解层和半分解层的持水量与浸泡时间进行回归分析，得到该时段内持水量与浸泡时间之间的关系式（表 4-41）：

$$Q = a\ln t + b$$

式中，Q 为枯落物持水量（t/hm^2）；t 为浸泡时间（h）；a、b 为常数。

表 4-40　不同植被类型枯落物持水量　（单位：t/hm^2）

植被类型	枯落物层	浸泡时间/h							
		0.08	0.5	1	2	4	6	10	24
常绿阔叶林	未分解层	2.15	2.69	3.07	3.14	3.35	3.46	3.60	3.61
	半分解层	2.61	3.10	3.45	3.42	3.60	3.76	3.91	3.93
暖性针叶林	未分解层	1.74	1.80	2.10	2.20	2.33	2.70	2.87	3.40
	半分解层	1.57	1.57	1.80	1.70	1.73	1.87	2.00	2.27
季雨林	未分解层	1.07	1.20	1.42	1.33	1.42	1.64	1.64	1.82
	半分解层	1.91	1.95	1.85	2.09	2.13	2.31	2.27	2.49

表 4-41　不同植被类型枯落物持水量与浸泡时间关系

植被类型	未分解层		半分解层	
	关系式	R^2	关系式	R^2
常绿阔叶林	$Q=0.293\ln t+2.934$	0.986	$Q=0.259\ln t+3.297$	0.977
暖性针叶林	$Q=0.289\ln t+2.171$	0.862	$Q=0.111\ln t+1.729$	0.740
季雨林	$Q=0.130\ln t+1.343$	0.904	$Q=0.107\ln t+2.043$	0.771

根据表 4-40 和表 4-41 得到不同植被类型林下枯落物未分解层、半分解层持水量实测值及根据方程计算所得与其浸泡时间的关系图（图 4-5，图 4-6）。

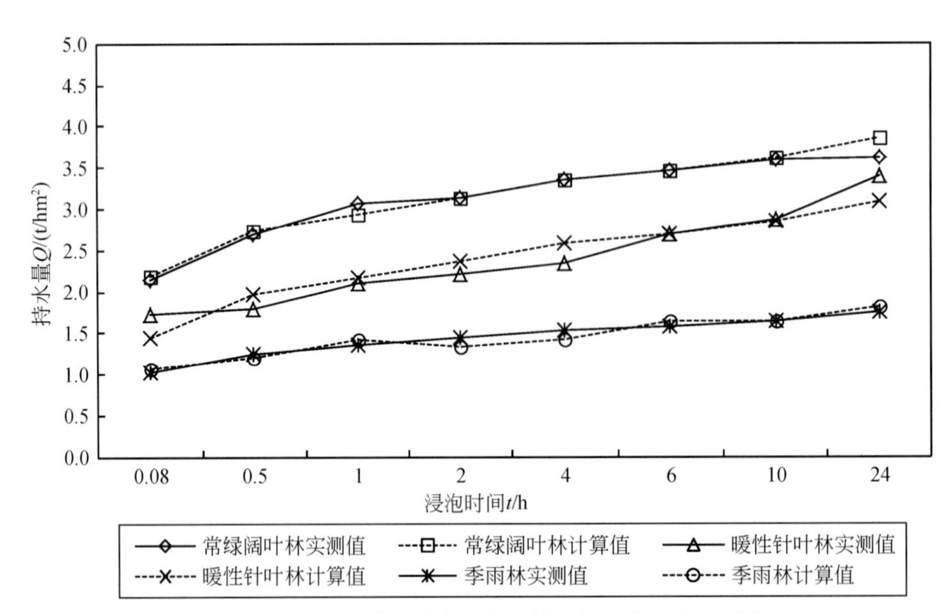

图 4-5　不同植被类型枯落物未分解层持水量与其浸泡时间的关系

从图 4-5 和图 4-6 中可以看出，在一定范围内，枯落物的持水量随着浸泡时间延长呈不断上升的趋势，常绿阔叶林的枯落物持水量在 0.5 h 内剧增，未分解层和半分解层增加率分别为 25.33%、18.90%，之后增加较平稳；暖性针叶林枯落物的持水量在 1 h 后增加较明显，其中，未分解层在 1 ~ 24 h 内增加明显，且平均增加率为 11.33%，半分解层在 1 h 内增加较明显，增加率为 14.81%；季雨林枯落物未分解层在 1 h 内增加较明显且增加率为 18.33%，半分解层在 2 h 内增加较明显且增加率为 13.18%，显然，枯落物持水量变化率与其组成成分、吸水特性及分解程度有关，如以思茅松为主的暖性针叶林枯落物表层附油脂，短时间内对

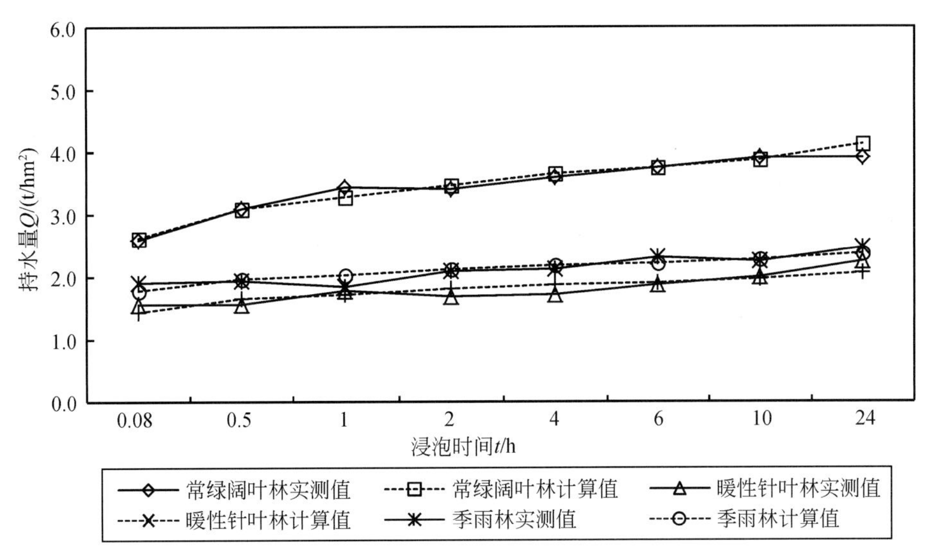

图 4-6　不同植被类型枯落物半分解层持水量与其浸泡时间的关系

吸水有一定的阻碍作用。总之，在不同时段内枯落物持水量实测值的变化情况与计算值的变化情况比较吻合。且在最初浸泡的 0.5 ~ 1 h 内，枯落物持水量增加迅速，而后随着浸泡时间的延长呈现不断增加的趋势。这个趋势与枯落物对地表径流的拦蓄规律是相似的，即在降雨初期，枯落物拦蓄地表径流的功能较强，但随着枯落物湿润程度的增加，枯落物吸持径流的能力会降低（饶良懿等，2005）。

（3）枯落物的吸水速率

根据表 4-42 对三种植被类型未分解层和半分解层枯落物吸水速率与浸泡时间进行回归分析，拟合得到如下关系式：

$$V = kt^{-n}$$

式中，V 为枯落物吸水速率 [t/（hm^2 · h）]；t 为浸泡时间（h）；k 为方程系数；n 为指数。通过分析拟合得到林下地被物吸水速率与浸泡时间 t 之间的方程式（表 4-43）。

表 4-42　不同植被类型枯落物吸水速率测定值　　单位：[t/（hm^2 · h）]

植被类型	枯落物层	浸泡时间/h							
		0. 08	0. 5	1	2	4	6	10	24
常绿阔叶林	未分解层	26. 83	5. 38	3. 07	1. 57	0. 84	0. 58	0. 36	0. 15
	半分解层	32. 58	6. 20	3. 45	1. 71	0. 90	0. 63	0. 39	0. 16
暖性针叶林	未分解层	21. 69	3. 60	2. 10	1. 10	0. 58	0. 45	0. 29	0. 14
	半分解层	19. 56	3. 14	1. 80	0. 85	0. 43	0. 31	0. 20	0. 09
季雨林	未分解层	13. 33	2. 40	1. 42	0. 67	0. 36	0. 27	0. 16	0. 08
	半分解层	23. 88	3. 91	1. 85	1. 05	0. 53	0. 39	0. 23	0. 10

表 4-43　不同植被类型枯落物吸水速率与浸泡时间关系

植被类型	未分解层		半分解层	
	关系式	R^2	关系式	R^2
常绿阔叶林	$V=2.880t^{-0.906}$	0. 999	$V=3.254t^{-0.929}$	1. 000
暖性针叶林	$V=2.128t^{-0.879}$	0. 998	$V=1.713t^{-0.945}$	0. 999
季雨林	$V=1.327t^{-0.903}$	0. 999	$V=2.038t^{-0.953}$	0. 999

根据表4-42和表4-43得到不同植被类型林下枯落物未分解层、半分解层吸水速率实测值，绘出吸水速率与浸泡时间的关系图（图4-7，图4-8）。

从图4-7和图4-8可以看出，虽然不同植被类型枯落物在浸入水中刚开始时吸水速率相差较大，但随浸泡时间延长，枯落物吸水速率趋向一致。在前2 h内吸水速率最大，之后吸水速率大幅降低，在6 h左右下降速率明显减缓，此后随着时间的推移，吸水速率趋于零。这主要是随着浸泡时间增长，枯落物持水量逐渐接近于最大持水量，地被物趋于饱和，其持水量增长速度随之减缓所致（张洪江等，2003）。同时也在一定程度上反映出，常绿阔叶林和季雨林半分解层的吸水速率比未分解层的吸水速率大，相反在暖性针叶林中未分解层的吸水速率比半分解层的吸水速率大；再者，常绿阔叶林枯落物的吸水速率远大于暖性针叶林和季雨林。这些结果都表明了枯落物在保持水土、涵养水源上有显著作用，特别是在短历时、大暴雨产流及其滞后径流方面。

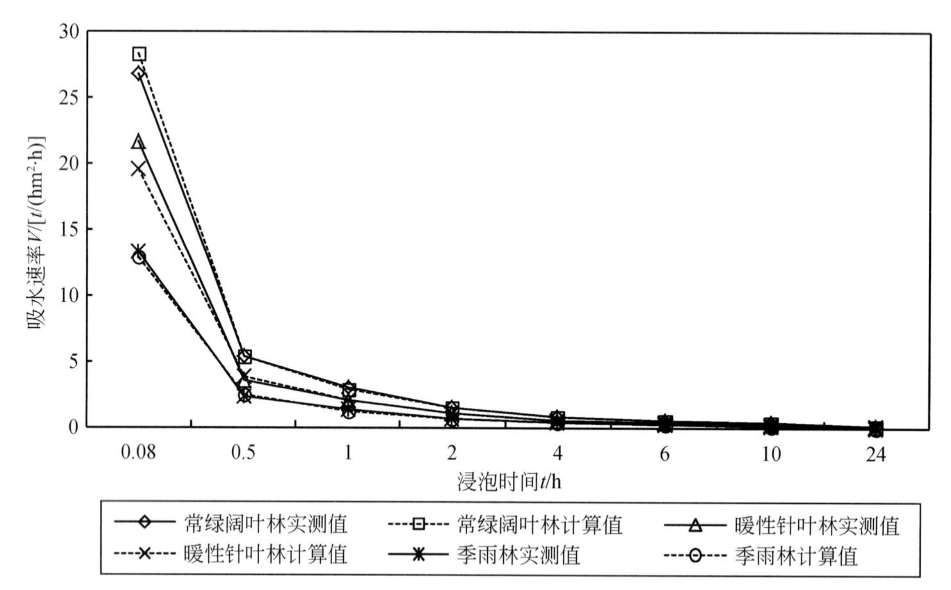

图4-7　不同植被类型枯落物未分解层吸水速率与其浸泡时间的关系

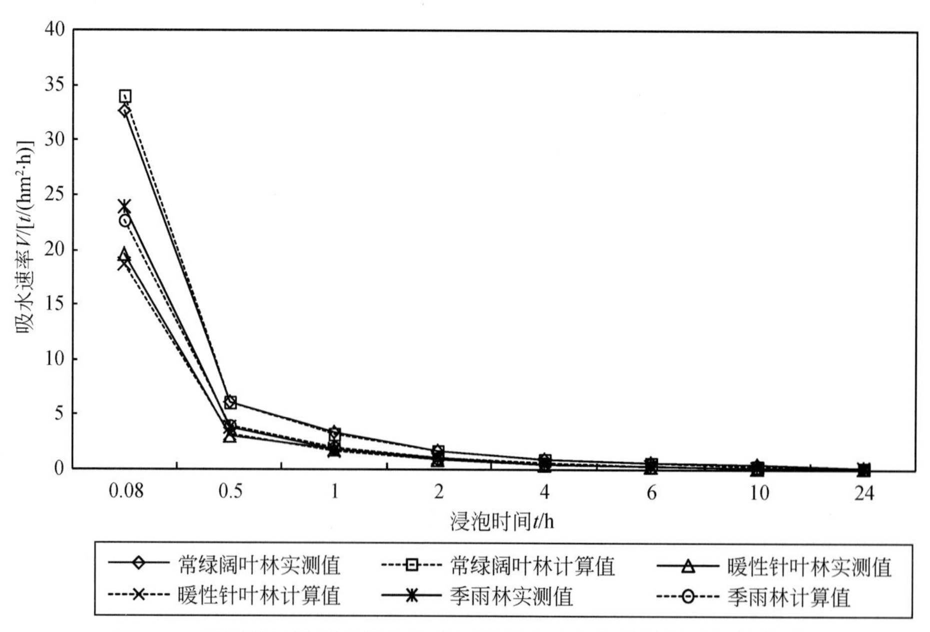

图4-8　不同植被类型枯落物半分解层吸水速率与其浸泡时间的关系

（4）枯落物的有效拦蓄量

一般情况下，最大持水量能简单地反映出枯落物的持水能力大小，难以很好地反映枯落物的降雨截留量能力，同时，用最大持水率来表示枯落物对降雨的拦蓄能力则相对偏高，因此两个指标都不能良好地反映枯落物的实际拦蓄效果。有效拦蓄量是反映枯落物对一次降水拦蓄效果的真实指标，它与枯落物数量、结构特征、分解程度、自然水分状况、降雨特性有关（张振明等，2005）。

总体来看，常绿阔叶林的有效拦蓄量是5.07 t/hm^2，相当于拦蓄0.51 mm降雨，季雨林的有效拦蓄量为2.75 t/hm^2，相当于拦蓄0.28 mm降雨，暖性针叶林的有效拦蓄量为4.32 t/hm^2，相当于拦蓄0.43 mm的降雨（表4-44）。具体来看，相比其他两种植被，季雨林枯落物未分解层的有效拦蓄量是最小的（$P<0.05$，图4-9），而暖性针叶林和常绿阔叶林枯落物未分解层的有效拦蓄量间的差异并不明显（$P>0.05$，图4-9）。而对于半分解层，三种植被中有效拦蓄量最大的是常绿阔叶林（2.58 t/hm^2），远大于季雨林（1.29 t/hm^2，$P=0.028$）和暖性针叶林（1.68 t/hm^2，$P=0.007$）。这表明不同植被类型枯落物的现存量不同，有效拦蓄量、有效拦蓄率和有效拦蓄量的变化规律也不尽相同。综合来看，暖性针叶林和常绿阔叶林的拦蓄能力较强，而季雨林的拦蓄能力相对较弱，这主要是因为受到季雨林的水热条件以及坡位等因素的影响。

表4-44　不同植被类型枯落物的有效拦蓄量

植被类型	层次	最大持水量 /（t/hm^2）	最大持水率 /%	自然含水率 /%	现存量 /（t/hm^2）	有效拦蓄量 /（t/hm^2）	有效拦蓄深 /mm	总有效拦蓄深 /mm
常绿阔叶林	A	3.61	91.79	13.26	4.25	2.49	0.25	0.51
	B	3.93	58.76	11.26	7.32	2.58	0.26	
暖性针叶林	A	3.40	90.19	7.32	4.00	2.64	0.26	0.43
	B	2.27	79.41	8.46	2.97	1.68	0.17	
季雨林	A	1.82	78.06	3.40	2.18	1.46	0.15	0.28
	B	2.49	78.06	7.53	10.49	1.29	0.13	

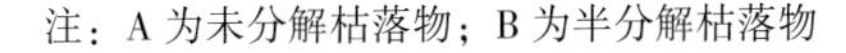
注：A为未分解枯落物；B为半分解枯落物

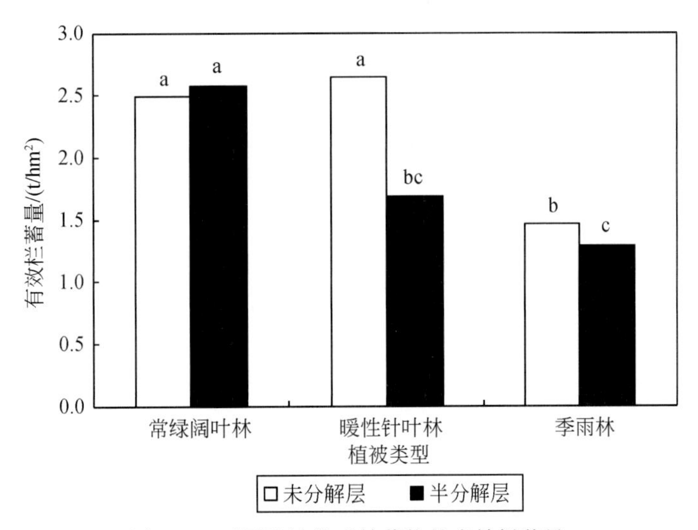

图4-9　不同植被类型枯落物的有效拦蓄量

4.5 小　　结

澜沧江流经青海、西藏、云南三省（区），地势北高南低，流域平均宽度约 80 km，流域内地形复杂，起伏大，导致流域内气候差异较大，气温和降水量从北向南呈现出逐步递减的趋势。澜沧江上游属青藏高原，海拔高，气温低，降水偏少，但山势较为平缓；中游位于高山峡谷区，山高谷深，气温升高，有明显的垂直变化，降水量增多，属于亚热带区；下游地势相对变缓，一般位于丘陵和盆地交错地带，气温高，降水量充足，属于热带或亚热带气候。由于特殊的地形地貌和气候影响，整个澜沧江流域形成了丰富多样的植被类型。澜沧江也是全球生物多样性较为集中的热点区域，因此备受关注。

本章通过实地的样地调查，结合已有的文献资料，对整个澜沧江流域的森林植被类型进行了梳理，以便我们更加完整地认识澜沧江流域的森林植被类型及分布。从整个流域上来说，其森林生态系统可分为 7 个植被型 28 个群系。其中，除了落叶阔叶林这一植被型外，我们还对其余 6 个植被型进行了再划分，共分为 13 个植被亚型，这些类型包含了从寒温带到热带的所有植被类型。我们还以群系为基本单元，对整个澜沧江流域出现的 28 个森林群系类型的分布、物种组成、群落结构及特点做了较为详细的说明。

同时，从整个流域上看，澜沧江森林植被呈现出明显的地带性分布规律。澜沧江的水平地带性规律为：从北到南随着气温、降水、地形的差异，澜沧江流域的植被类型依次为寒温性针叶林、亚热带常绿阔叶林、热带雨林。而从垂直地带上看，澜沧江流域中从单个山体表现出来的森林垂直分布格局更为明显，也更具代表性，如中游的白马雪山、梅里雪山，中下游的哀牢山、无量山等，其森林分布因海拔、地形等因素的影响，从山谷到山脊的森林类型有明显的垂直地带性变化。

另外，我们还对澜沧江中游常绿阔叶林区森林生态系统的结构与功能进行了探讨，着重对流域北亚热带与热带北缘过渡带的常绿阔叶林、季雨林、暖性针叶林三种林型分析。研究发现，过渡带内典型植被类型的生物多样性指数（Margalef 物种丰富度指数、Simpson 指数、Shannon-Winner 指数、Pielou 均匀度指数）基本表现出相似的动态格局，常绿阔叶林和季雨林的多样性明显大于暖性针叶林，而常绿阔叶林与季雨林的多样性差异不显著。枯落物现存量的大小为季雨林 > 常绿阔叶林 > 暖性针叶林；三种林型中，常绿阔叶林枯落物的最大持水量和吸水速率明显大于暖性针叶林和季雨林枯落物的最大持水量和吸水速率；三种林型中，季雨林枯落物的有效拦蓄量也是最小的；三种林型枯落物在不同时段内其持水量也不同。从土壤特性上看，不同植被类型土壤容重变动范围为 $0.79 \sim 0.90\ g/cm^3$，表层土壤总体上疏松；不同林型间土壤养分含量也有所差异。不同林型间生物量与碳储量的差异较大，暖性针叶林的生物量与碳储量要远大于其余两种林型；其生物量与碳储量同亚热带其他区域常绿阔叶林比较接近；需要指出的是，由于地形、干扰等因素，该区幼龄林占主导，因此该区域森林生物量与碳储量的潜力巨大。上述结果说明，森林生态系统服务功能因林型不同而不同。

本章试图从整个澜沧江流域入手，对流域范围内的森林类型及分布，物种组成，群落结构以及生态系统功能服务进行探讨。但是，整个澜沧江流域面积广阔，地形复杂，气候多样，再加上项目执行时间、经费等影响，要对整个澜沧江流域的森林类型及分布、群落结构等进行全面的、详细的研究是很难的，在此仅对整个流域主要的植被类型进行了梳理、探讨。需要指出的是，书中部分文献资料年代已久，虽然我们援引的资料多集中于各级自然保护区内，干扰较小，但随着经济建设的需要，工农业的发展及人为破坏，许多森林类型的分布、演替等已发生变化，也难以一一去查证，我们尽可能地给出森林分布区及特征，提供大家参考。

第5章　灌丛和草地生态系统结构与功能

5.1 引　言

澜沧江流域灌丛和草地的面积高达1.12×10^7 hm^2，占整个流域总面积的68.37%（陈龙等，2011）。灌丛和草地生态系统不仅为当地居民提供重要的生产和生活资源，而且在维持整个流域生态系统的平衡、生物多样性保护以及水资源安全与稳定等方面均起着相当重要的作用（方精云等；2010；周兴民，2009；谢高地等，2003）。弄清灌丛和草地生态系统的类型、结构和分布范围，是研究澜沧江流域灌丛和草地生态系统服务功能，进行资源管理评价以及环境保护、治理和恢复的前提和基础。

植被的形成、发育和演替是构成群落的物种在漫长的演化过程中，对环境长期适应的结果，对生物气候的综合反映（李凯辉等，2007）。在正常的演替过程中，由于干扰的存在将会导致群落结构、多样性的变化，并形成一些处于演替进程中某一特定阶段的次生类型（刘世梁等，2009；盛海彦等，2009；郑伟等，2009；包维楷和吴宁，2003），在干扰严重的情况下还可能会导致偏途顶极群落的形成（李以康等，2010）。澜沧江流域由北向南呈狭长带状，南北纬度跨度大，山脉纵横交错，地形地貌复杂，整个流域分属不同的气候带等自然地理气候特征（陈龙等，2012a；范娜等；2012；何大明；1995）及人类活动的长期影响（安成邦等，2002）决定了澜沧江整个流域的灌草生态系统类型丰富多样，以及各个类型在组成、结构及其分布区域极其复杂的特点。

尽管已有一些专著提到澜沧江流域分布的灌丛、草地类型及其分布范围，如《中国植被》（吴征镒，1980）、《云南植被》（云南植被编写组，1987）、《西藏植被》（中国科学院青藏高原综合科学考察队，1988）、《青海植被》（周兴民等，1986）、《横断山区干旱河谷》（张荣祖，1992）、《元江、怒江、金沙江、澜沧江干热河谷植被》（金振洲和欧晓昆，2000）、《西藏自治区草地资源》（西藏自治区土地管理局和西藏自治区蒿牧局，1994）、《梅里雪山植被》（欧晓昆，2006）等，但是这些专著由于研究目的不同，不可能就澜沧江流域分布的全部灌草植被类型进行全面的介绍。已经发表的文献，包括张昌顺等（2012）报道的“地形对澜沧江源区高寒草甸植物丰富度及其分布格局的影响”，吴玉虎（2009）对澜沧江源区种子植物区系的研究，王孙高等（2008）对澜沧江（西藏段）流域种子植物区系的研究，何友均等（2004）对三江源自然保护区澜沧江上游种子植物区系研究，包维楷和吴宁（2003）及包维楷等（2001）报道的“滇西北德钦县高山、亚高山草甸的人为干扰状况及其后果”和“澜沧江上游德钦县亚高山、高山草地群落类型及其特点”，以及西南林业大学和菊的硕士学位论文“澜沧江自然保护区种子植物区系研究”等，讨论了澜沧江流域部分区段上的物种组成、区系成分、群落类型及其特点。朱华和蔡琳（2006）以图文并茂的方式，对澜沧江流域上、中、下游的植被特点进行了简要的介绍。其他一些有关澜沧江流域的文献，更多地集中于土壤的性质（张仕艳等，2011；李宁云等，2006；田昆等，2004;）、水土流失（疏玉清等，1997；王红，1997）、生态系统服务功能（陈龙等，2012a，2012b，2011）及植被动态研究（范娜等，2012）等方面。在这些文献中仅有陈龙等（2011）“澜沧江流域生态系统水源涵养功能研究”中提到整个流域灌丛和草地的类型及其分布面积，但作者划分的生态系统类型值得商榷，系统类型和每一类型的具体分布有待进一步细化。从公开发表的资料看，对整个澜沧江流域的灌丛和草地生态系统，至今没有明确的类型及其分布的完整资料，同时也很少有研究去探讨灌丛和草地生态系统的结构和生态系统服务功能之间的关系，以及用细化的灌草生态系统类型去探讨灌丛和草地在维持澜沧江流域的生态系统服务功能方面的作用及其时空动态变化。

本研究重点考虑整个流域的灌丛和草地类型及其分布，通过资料整理和实地调查相结合的方法，整理、归纳、总结澜沧江流域分布的灌丛和草地生态系统类型及其每一类型的地理分布。同时，根据野外调查数据，以澜沧江源区的灌丛和草地为对象，分析群落结构与功能之间的关系，探讨群落类型和结构对生态系统服务功能的影响。其结果有助于建立对澜沧江整个流域分布的灌丛和草地的类型及其大致分布区域的全面认识，利用本研究的结果去深化澜沧江流域灌丛和草地生态系统服务功能的研究，细化并校正植被遥感解译的数据，为整个流域的资源评估、环境保护及其宏观管理提供基础数据。

澜沧江流域南北纬度跨度大，山脉纵横交错，地形地貌复杂，整个流域分属不同的气候带（陈龙等，2012a；范娜等，2012；何大明，1995），人为活动历史悠久（安成邦等，2002），决定了整个流域灌丛和草地生态系统复杂多样的特征，从而按灌丛和草地去划分除森林以外的陆地植被生态系统显得过于笼统，进一步细化整个流域除森林生态系统以外的陆地植被生态系统，有助于科学研究深入、细化，以及跟已有研究成果之间进行合理的比较、评价。

构建科学、合理的灌丛和草地生态系统，以认识整个流域植被分布的特点为前提和基础，本节重点介绍除森林以外的陆地植被生态系统在整个流域的分布特征以及澜沧江流域除森林以外的陆地植被生态系统类型。

5.1.1 水平分布规律

水平分布规律在澜沧江流域体现最为明显的是纬度地带性的特点，这些特点与整个流域所包含的气候带相适应。对灌丛而言，在云南南部的澜沧江下游地区，主要分布着以水杨柳灌丛为代表的热性河滩灌丛（云南植被编写组，1987），到澜沧江中游南涧县则出现以木棉、虾子花、扭黄茅为代表的干热河谷稀树灌木草丛（金振洲和欧晓昆，2000；云南植被编写组，1987），再往北从德钦到昌都的澜沧江上游区域，则出现以白刺花、小蓝雪花、灰毛莸为代表的干暖河谷小叶灌丛（张荣祖，1992），昌都到玉树则出现小檗、栒子为优势的温性灌丛（中国科学院青藏高原综合科学考察队，1988），在源区则主要包含了以金露梅、锦鸡儿、山生柳、窄叶鲜卑花等为优势种的高寒落叶灌丛（周兴民等，1986），以及以大果圆柏等乔木物种在高寒和强风条件下矮化、多分枝、无明显主干而呈现灌丛化的高寒针叶灌丛。

对草地生态系统而言，也存在这样的分布规律，在澜沧江下游地区则出现以高草和中草为主的稀树灌木草丛为主（云南植被编写组，1987），到澜沧江中上游地区则出现以细裂叶莲蒿、藏龙蒿和杂类草为优势种的温性草原（西藏自治区土地管理局和西藏自治区畜牧局，1994；中国科学院青藏高原综合科学考察队，1988），至澜沧江源区则主要以寒温草甸和高寒草甸为主的草甸类型（周兴民，2001；周兴民等，1986）。

同时，在研究中还发现同一优势物种形成的植被类型在水平分布格局上发生的变化。例如，沙棘植被，在云南的澜沧江中下游地区，沙棘可以长到10多米高，形成沙棘林（欧晓昆等，2006；云南植被编写组，1987），而到了源区，由于温度条件的变化，沙棘的高度就只有2～3 m，形成沙棘灌丛（周兴民等，1986）。而且沙棘属的灌丛还在水平分布的空间格局上存在物种的更替，西藏沙棘在上游（西藏昌都地区）和源区（青海玉树地区）存在，但在中下游地区（云南省内）却没有分布。

5.1.2 垂直分布规律

关于澜沧江流域植被的垂直分布规律，在澜沧江流域的部分区域研究中已有过报道（朱华和闫丽春，2009；欧晓昆等，2006；周兴民等，1986），但仔细比较这些研究结果发现，在不同纬度带上的垂直分布规律存在明显差异，同时发现不同坡向的植被垂直分布规律也存在一定的差异（张昌顺等，2012；朱华，2009；欧晓昆等，2006；周兴民等，1986），从而在介绍灌丛和草地垂直分布规律时，一般分两个坡向，东西坡或南北坡进行介绍。

澜沧江下游以哀牢山国家级自然保护区（23°36′N ~ 24°56′N，100°44′E ~ 101°30′ E，海拔 422 ~ 3156. 9 m）的灌丛为例。哀牢山西坡，基带为季风季雨林与季风常绿阔叶林的交错带；灌丛类型主要为亚高山杜鹃灌丛，分布海拔在 2800 m 以下。东坡分布灌丛包括干热河谷稀树灌木草丛（910 ~ 1300 m）和亚高山杜鹃灌丛（2740 m 以上）。东西坡灌丛类型和分布海拔存在明显差异（朱华和闫丽春，2009；刘玉洪等，1996；张克映等，1994）。受海拔限制高山带没有草甸和高山垫状或流石滩植被出现。

在澜沧江中游，以高山峡谷区为典型地貌，同时分布了不少海拔在 5000 m 以上的高山，对植被垂直分布规律的介绍以梅里雪山为代表（28°11′N ~ 28°40′ N，98°36′E ~ 98°52′E，海拔 2020 ~ 6740 m）（欧晓昆等，2006；和兆荣等，2001）。

梅里雪山的南段：2050 ~ 2400 m 由于受焚风效应影响，河谷环境干燥温暖，为干暖河谷灌丛植被分布。2400 ~ 2700 m 常绿阔叶高灌丛。这一区域分布的森林植被多数受到人为干扰，从而形成了高灌丛群落。4200 ~ 4800 m 树线以上到夏季雪线，属于高山灌丛、草甸及流石滩带，随海拔的升高，植被由灌丛、草甸向流石滩变化。

梅里雪山的北段：2100 ~ 2400 m 由于受焚风效应影响，植被类型为干暖河谷灌丛植被。2400 ~ 2800 m 为常绿阔叶高灌丛。4460 ~ 5100 m 树线以上到夏季雪线，属于高寒灌丛、草甸及流石滩带，植被由灌丛、草甸向流石滩更替（欧晓昆等，2006）。

从以上分布规律可以看出，在高山峡谷区，由于受焚风作用的影响，在澜沧江河谷 2400 m 以下区域分布的基带植被为以白刺花、头花香薷、土沉香为优势的干暖河谷植被。以哀牢山植被西坡的垂直分布规律之间存在的差异是在位于该区域最低海拔的植被不再是森林，而是干暖河谷灌丛，在哀牢山东坡则为干热河谷稀树灌木草丛。同时，由于海拔的增加，出现了高寒灌丛、高寒草甸以及高山流石滩稀疏植被等类型。

澜沧江源区以澜沧白扎林场（32°N，96°40′E，海拔 3500 ~ 5000 m）为例，因为流域森林的纬度分布止于囊谦的白扎林场、玉树江西林场和东仲林场，资料引自《青海植被》（周兴民等，1986）。

山地阴坡：3800（4100） ~ 4400 m 的陡峻山坡以常绿阔叶杜鹃灌丛为主，而在平缓的山坡分布着落叶阔叶山生柳和金露梅高寒灌丛带。4400 ~ 5000 m 为高寒草甸带，以高山嵩草草原化草甸为主。5000 m 以上为流石滩稀疏植被带和永久冰雪带。

山地阳坡：3800 ~ 4400 m 为高寒草甸带，以高山嵩草、异针茅草原化草甸为主。4400 ~ 5000（5100） m 由于海拔高，气候寒冷，与山地阴坡植被类型相同，以小嵩草草原化草甸为主。5000（5100） m 以上为流石坡稀疏植被带和永久冰雪带。

这一垂直规律在杂多县，随着海拔梯度的进一步增加，在河谷的大果圆柏较为高大的乔木已经呈现稀疏分布，而在山地阳坡则以低矮的、多分枝无明显主干的灌丛形式存在，同时与落叶阔叶灌丛山生柳和金露梅灌丛交错分布。而山地阴坡为高寒草甸带。

此外，就灌丛和草地植被生态系统而言，也存在一些明显的结构和类型的变化规律。以高山峡谷区为例，在低海拔地区分布的主要是以白刺花、小蓝雪花为主的干暖河谷灌丛，随着海拔增加依次出现亚高山杜鹃灌丛，以栒子、小檗占优势的温性灌丛，海拔再向高山带递增则出现较多的小叶类高山杜鹃灌丛，如密枝杜鹃灌丛、雪层杜鹃灌丛、毛嘴杜鹃、北方雪层杜鹃灌丛及毡毛栎叶杜鹃灌丛等，以及以山生柳、金露梅、云南锦鸡儿、箭叶锦鸡儿为优势的落叶灌丛。同时，群落高度也随着海拔的升高而降低，至高山带，多数灌丛已经变得低矮，在接近冰川的区域已具有高山垫状植被的一些特点，如金露梅、箭叶锦鸡儿在 4500 m 以上的区域，其高度不超过 20 cm，呈矮丛状。

就草地生态系统而言，山地基部可能分布一些稀树灌木草丛，或以白草、丝颖针茅和细裂叶莲蒿为优势的草原或半灌木草原，随着海拔增加，则出现寒温草甸（典型草甸）、高寒草甸以及高寒沼泽化草甸。同时，就物种组成而言随着海拔增加，草原成分以及一些在针叶林下的成分逐渐减少，而高寒草甸的成分逐渐增加。在接近冰川的区域则出现以垫状点地梅、苔状蚤缀、簇生柔籽草为优势的高山垫状植被，以及以水母雪莲花为代表的高山流石滩稀疏植被。

对于植被的垂直变化规律还体现在一些灌丛或草原、草甸群落类型物种组成中的成分变化，并由此带来的灌丛类型的变化。例如，栒子和小檗灌丛中，多数群落下这两种成分都存在，但随着海拔梯度的增加，栒子的优势成分减少，而小檗的优势成分增加（中国科学院青藏高原综合科学考察队，1988）。此外，草原区的高海拔地带有高寒草甸成分的存在，而草甸分布的区域也有一些草原和荒漠成分的侵入（中国科学院青藏高原科学综合考察队，1988；周兴民等，1986；吴征镒，1980）。

5.1.3 干扰对灌草生态系统分布规律的影响

已有很多的研究证实放牧干扰是影响草地生态系统的重要因素，不仅表现在对群落物种组成和结构的影响，同时也影响到了土壤的理化性质、种子库，甚至导致群落发生偏途演替（李以康等，2010；包维楷和吴宁，2003；包维楷等，2001）。在本研究中发现放牧干扰在澜沧江源区产生的一些影响。

首先，就是导致物种组成发生的变化，在强度放牧条件下可食的牧草物种减少，而不可食的或是有毒的杂类草得到更好的发育，如藏龙蒿草原和细裂叶莲蒿草原，明显带有次生的性质（西藏自治区土地管理局和西藏自治区畜牧局，1994；中国科学院青藏高原综合考察队，1988）。西南鸢层、橐吾草甸也是长期放牧影响而形成的草甸类型，群落中可食草成分降低，同时还出现了一些因放牧而发育的喜硝植物（包维楷和吴宁，2003；包维楷等，2001；云南植被编写组，1987）。再如，本研究中在澜沧江源区记录到的一些草甸类型，如微孔草草甸，青海刺参草甸，独一味、白苞筋骨草草甸，这三类草甸的优势种中青海刺参、白苞筋骨草和独一味具有防止牛羊取食的结构特征，微孔草易于黏在牛羊的毛上，被带到牛圈周围的休息地，从而形成茂密的微孔草草甸类型，这种类型开花时群落外貌非常明显。避免过度放牧对草地植被生态系统类型的影响，一是采用轮牧的措施；二是控制载畜量。

其次，人为干扰，尤其是反复的砍伐和火烧对天然植被的恢复演替影响极大（云南植被编写组，1987；吴征镒，1980）。在本研究中提到的澜沧江流域分布的稀树灌木草丛、针叶林区内出现的具有次生性质的灌丛类型，如小檗灌丛，栒子灌丛，针叶林内出现的某些杜鹃灌丛，梅里雪山的头花香薷、土沉香灌丛，都是在不同程度上受到人为干扰影响的结果（欧晓昆等，2006；中国科学院青藏高原综合科学考察队，1988；云南植被编写组，1987；吴征镒，1980）。

此外，还有学者由澜沧江流域道路建设对流域景观影响的研究得出的结论是，道路建设对土壤侵蚀面积的影响为一级路>二级路>高速路>三级路（刘世梁等，2007）。我们在澜沧江源区的调查也发现道路建设过程中对原生植被的破坏，不仅在道路所在的区域，还包括在道路附近取土时对原有植被的破坏。为了源区居民的生活和经济发展，一些基础设施建设是必要的，但在建设过程中需要尽量减少对环境的破坏，在工程竣工后，需要对建设过程造成的植被破坏进行及时的治理和恢复。

5.1.4 澜沧江流域灌丛和草地的自然分类系统

如前所述，除森林和草地以外，澜沧江流域分布的陆地植被生态系统类型还包括灌丛、草甸、草原和稀树灌木草丛、高山垫状及流石滩植被等。根据已有资料和野外调查记录整理的结果，综合《中国植被》、《云南植被》、《西藏植被》以及该流域已有研究文献植被分类系统，构建澜沧江整个流域的灌丛和草地生态系统类型的自然分类系统如下。

Ⅰ. 灌丛（植被型）

（Ⅰ）寒温灌丛（植被亚型）

一、刺柏灌丛（高寒常绿针叶灌丛）（群系组）

（一）大果圆柏灌丛（Form. *Juniperus tibetica*）（群系）

（二）香柏灌丛（Form. *Juniperus pingii* var. *wilsonii*）

（三）高山柏灌丛（Form. *Juniperus squamata*）
二、杜鹃灌丛（高山寒温常绿革叶灌丛）
（一）百里香叶杜鹃、头花杜鹃灌丛（Form. *Rhodondendron thymifolium*, *Rh. copitatum*）
（二）陇塞杜鹃灌丛（Form. *Rhodendron przewalskii*）
（三）毛嘴杜鹃、北方雪层杜鹃群系（Form. *Rhododendron trichostomum*, *Rh. nivale* ssp. *boreale*）
（四）雪层杜鹃群系（Form. *Rhododendron nivale*）
（五）密枝杜鹃灌丛（Forrn. *Rhododendron fastigiatum*）
（六）短柱杜鹃灌丛（Form. *Rhododendron brevistylum*）
（七）宽钟杜鹃灌丛（Form. *Rhododendron beesianum*）
（八）毡毛栎叶杜鹃灌丛（Form. *Rhododendron phaeochrysum* var. *levistratum*）
三、高寒落叶灌丛
（一）山生柳灌丛（Form. *Salix oritrepha*）
（二）青山生柳灌丛（Form. *Salix oritrepha* var. *amnematchinensis*）
（三）鬼箭锦鸡儿灌丛（Form. *Caragana jubata*）
（四）云南锦鸡儿灌丛（Form. *Caragana franchetiana*）
（五）金露梅灌丛（Form. *Potentina fruticosa*）
（六）银露梅灌丛（Form. *Potentilla glabra*）
（七）窄叶鲜卑花灌丛（Form. *Sibiraea angustata*）
（八）高山绣线菊灌丛（Form. *Spiraea alpine*）
（九）中国沙棘灌丛（Form. *Hippophae rhamnoides* subsp. *sinensis*）
（十）西藏沙棘灌丛（Form. *Hippophae thibetana*）
（Ⅱ）温性灌丛
（一）小檗灌丛（Form. *Berberis* spp.）
（二）栒子灌丛（Form. *Cotoneaster* spp.）
（Ⅲ）干热河谷落叶阔叶灌丛
（一）白刺花灌丛（Form. *Sophora davidii*）
（二）小蓝雪花灌丛（Form. *Ceratostigma minus*）
（三）灰毛莸群系（Form. *Caryopteris forrestii*）
（四）小鞍叶羊蹄甲，川滇野丁香灌丛（Form. *Bauhinia brachycarpa* var. *microphylla*, *Leptodermis pilosa*）
（五）头花香薷灌丛（Form. *Elsholtzia capituligera*）
（六）土沉香灌丛（Form. *Excoecaria acerifolia* var. *aceriflia*）
（七）栎类萌生灌丛（Form. *Quercus* spp.）
（八）糙叶水锦树、余甘子灌丛（Fiom. *Wendlandia scabra*, *Phyllanthus emblica*）
（九）中平树、云南银柴灌丛（Form. *Macaranga denticulate*, *Aporusa yunnanensis*）
（十）藤冠灌丛
（Ⅳ）热性河滩灌丛
（一）水杨柳灌丛（Form. *Homonoia riparia*）
Ⅱ. 草甸
（Ⅰ）典型草甸
一、杂类草草甸
（一）高山象牙参、云南米口袋等为主的杂类草甸（Form. *Roscoea alpina*, *Gueldenstaedtia yunnanensis*）
（二）西南鸢尾、橐吾草甸（Form. *Irix bulleyana*, *Ligularia* spp.）

（三）大头蓟、绵毛橐吾草甸（Form. *Cirsium* sp. , *Ligularia vellerea*）
（四）血满草、尼泊尔酸模群系（Form. *Samucus adnata*, *Rumex nepalensis*）
（五）橐吾、银莲花群系（Form. *Ligularia* spp. , *Anemone* spp. ）
二、丛生禾草草甸
（一）短颖披碱草草甸（Form. *Elymus burchan-budda*）
（二）早熟禾杂类草草甸（Form. *Poa annus*）
（Ⅱ）高寒草甸
一、嵩草高寒草甸
（一）高山嵩草草甸（Form. *Kobresia pygmaea*）
（二）矮生嵩草草甸（Form. *Kobresia humilis*）
（三）短轴嵩草、杂类草草甸（Form. *Kobresia prattii*）
（四）大花嵩草草甸（Form. *Kobresia macrantha*）
（五）线叶嵩草草甸（Form. *Kobresia capillifolia*）
（六）禾叶嵩草草甸（Form. *Kobresia graminifolia*）
（七）四川嵩草草甸（Form. *Kobresia setchwanensis*）
（八）日喀则嵩草草甸（Form. *Kobresia prainii*）
二、苔草高寒草甸
（一）黑褐苔草、圆穗蓼草甸（Form. *Carex atrofusca*, *Polygonum macrophyllum*）
（二）毛囊苔草、四川嵩草草甸（Form. *Carex inanis*, *Kobresia setchwanensis*）
三、根茎禾草高寒草甸
（一）垂穗披碱草草甸（Form. *Elymus nutans*）
（二）高山早熟禾草甸（Form. *Poa alpine*）
四、杂类草高寒草甸
（一）以珠芽蓼为主的杂类草草甸（Form. *Polygonum viviparum*）
（二）以圆穗蓼为主的草甸（Form. *Polygaonum sphaerostachyum*）
（三）独一味，白苞筋骨草草甸（Form. *Lamiophlomis rotate*, *Ajuga lupulina*）
（四）青海刺参草甸（From. *Morina kokonorica*）
（五）微孔草草甸（Form. *Microula sikkimensis*）
（六）狭叶人参果、嵩草草甸（Form. *Potentilla stenophylla*, *Koberesia* spp. ）
（七）香青杂类草草甸（Form. *Anaphalis* spp. ）
（八）斑唇马先嵩草甸（Form. *Pedicularis longiflora* var. *tubiformis*）
（九）马先蒿、报春花草甸（Form. *Pedicularis* spp. , *Primula* spp. ）
（十）垫状紫草、雪灵芝草甸（Form. *Chionocharis hookeri*, *Arenaria* spp. ）
（十一）银莲花、委陵莱草甸（Form. *Anemone* sp. , *Potemtilla* spp. ）
（Ⅲ）沼泽化草甸
一、嵩草沼泽化草甸
（一）藏嵩草沼泽化草甸（Form. *Kobresia tibetica*）
（二）甘肃嵩草沼泽化草甸（Form. *Kobresia kansuensis*）
（三）粗壮嵩草沼泽化草甸（Form. *Kobresia robusta*）
二、扁穗草沼泽化草甸
（一）华扁穗草沼泽化草甸（Form. *Blymus sinocompressus*）
三、杂类草沼泽化草甸
（一）矮地榆沼泽化草甸（Form. *Sanguisorba filiformis*）

(二) 水麦冬、发草草甸 (Form. *Triglochin palustre*, *Deschampsia caespitosa*)

(Ⅳ) 盐生草甸

(一) 蕨麻陵菜草甸 (Form. *Potentilla anserina*)

Ⅲ. 草原

(Ⅰ) 草甸草原

一、根茎禾草草原

(一) 白草草原 (Form. *Pennisetum flaccidum*)

(二) 丝颖针茅草原 (Form. *Stipa capillaceua*)

二、杂类草草甸草原

(一) 细裂叶莲蒿草原 (Form. *Artemisia santolinaefolia*)

(Ⅱ) 高寒草原

一、丛生禾草高寒草原

(一) 羊茅草原 (Form. *Festuca* spp.)

二、杂类草高寒草原

(一) 藏龙蒿、杂类草草原 (Form. *Artemisia waltonii*)

Ⅳ. 稀树草原

一、干热性稀树灌木草丛

(一) 扭黄茅、虾子花、木棉稀树灌木草丛 (Form. *Heteropogon contortus*, *Woodfordia fruticosa*, *Bombax malabarica*)

二、热性稀树灌木草丛

(一) 含黄牛木、毛银柴的高草草丛 (Form. tal1 grassland containing *Cratoxylon cochinchinense*, *Aporusa villosa*)

(二) 含羊蹄甲的中草草丛 (Form. medium grassland containing *Bauhinia variegate*)

三、暖热性稀树灌木草丛

(一) 含刺栲、红木荷的中草草丛 (Form. medium grassland containing *Castonopis hystrix*, *Schima wallichii*)

(二) 含思茅松、小果栲的高草草丛 (Form. tall grassland containing *Pinus kesiya* var. *langbianensis*, *Castanopsis fleuryi*)

四、暖温性稀树灌木草丛

(一) 含云南松、矮高山栎的低草草丛 (Form. dwarf grassland containing *Pinus yunnanensis*, *Quercus monimmotricha*)

Ⅴ. 高山垫状植被

(一) 簇生柔籽草垫状植被 (Form. *Thyiacospermum caespitosum*)

(二) 垫状点地梅植被 (Form. *Androsace tapete*)

(三) 苔状蚤缀垫状植被 (Form. *Arenaria musciformis*)

(四) 囊种草垫状植被 (Form. *Thylacospermumcaes pitosum*)

(五) 高寒棘豆垫状植被 (Form. *Oxytropis* sp.)

(六) 钻叶风毛菊垫状植被 (Form. *Saussurea sabulata*)

Ⅵ. 高山流石滩植被

5.2 常见灌丛草地生态系统类型及其分布

鉴于已有文献对群落的物种组成和结构均有较为详细的描述，本书不再赘述。但由于不同研究的侧重点不同，至今澜沧江流域分布的灌草植被类型并不清楚，每一类型在澜沧江流域的具体分布也不明确，从而本节重点介绍每一类型的主要特征及其在整个澜沧江流域的具体分布。同时，为方便查找每一类型的物种组成及结构的相关资料，在此详细列出了每一类型的出处。

5.2.1 灌丛

澜沧江流域灌丛类型丰富，既有在各种特殊自然条件下发育的原生类型，也有在人为不同程度影响下形成的次生类型。从源区的高寒灌丛直到云南省南部的热性河滩灌丛，灌丛生态系统分布在整个流域的河滩、河谷两岸或是亚高山、高山带。整个流域灌丛类型的分布，主要受纬度和海拔引起的水热条件变化的影响。按照整个流域内随水热条件变化的分布规律，将澜沧江流域的灌丛（一级生态系统）分为寒温灌丛、温性灌丛、干热河谷落叶阔叶灌丛以及热性河滩灌丛4个二级生态系统类型（植被亚型）。这4个二级生态系统类型不仅反映出受水热条件变化所体现出的分布规律上的规律性，同时建群物种之间的生活型（二级或三级）上也存在着一定的差异，尤其是对寒温灌丛而言。所以对寒温灌丛又进一步划分出寒温常绿针叶灌丛、寒温常绿革叶灌丛和高寒落叶灌丛3个群系组作为三级生态系统类型。群系组之下再划分群系作为第四级生态系统类型。灌丛生态系统下的各级生态系统类型，以及群系这一级生态系统类型的典型特征及其分布介绍如下。

5.2.1.1 寒温灌丛

寒温灌丛广泛分布于青藏高原及其邻近地区林线以上的高山带。在高山带，它分布在山地寒温性针叶林带以上，与高寒草甸呈复合分布，构成高山灌丛草甸带，它是具有垂直地带意义的相对稳定的原生植被类型（周兴民等，1986）。组成这类灌丛的区系成分比较复杂，主要由北温带成分杜鹃属（*Rehodondron*）、柳属（*Salix*）、绣线菊属（*Spiraea*）、金露梅属（*Ptentilla*）和温带亚洲成分锦鸡儿属（*Caragana*）等植物组成。灌丛下草本植物种类较多，以多年生寒冷中生植物为主，其地理成分以北极—高山种类为优势（周兴民等，1986）。

根据高寒灌丛的生态外貌特征、种类组成、层片结构、发育节律和生态地理分布规律划分出3个群系组，即以刺柏属植物作为建群种的高寒针叶灌丛、以杜鹃花属植物作为建群种的高寒革叶灌丛以及以冬季落叶为特征的高寒落叶灌丛3个群系组。

（1）刺柏灌丛（高寒针叶灌丛）

刺柏灌丛为高寒常绿针叶灌林，该群系组包括以下三个群系：

①高山柏灌丛（Form. *Juniperus squamata*）；②香柏灌丛（Form. *Juniperus pingii* var. *wilsonii*）；③大果圆柏灌丛（Form. *Juniperus tibetica*）。

以上三个群系，建群种均为刺柏属的物种，所以归入刺柏灌丛群系组，作为澜沧江流域常见的常绿针叶灌丛的代表。这里需要指出的是，过去的资料把圆柏属（*Sabina*）和刺柏属（*Juniperus*）分为两个不同的属，从而将圆柏属的物种为建群种的灌丛称为圆柏灌丛，把以刺柏属的物种占优势的灌丛称为刺柏灌丛。根据植物分类的最新研究成果，将圆柏属归并到了刺柏属（Wu and Raven，1999），所以这里的刺柏灌丛，包括了以往资料中的圆柏灌丛和刺柏灌丛。在整个澜沧江流域，常见类型包括高山柏灌丛、香柏灌丛和大果圆柏灌丛（中国科学院青藏高原综合科学考察队，1988；云南植被编写组，1987；周兴民等，1986；吴征镒，1980）。这类灌丛的最大特点是其一些主要是灌木型的圆柏，如高山柏、香柏在林线以下出现时，偶尔可呈乔木状；而另一些乔木型的圆柏，如大果圆柏在森林上限却成为灌状，表明这种特殊的低矮垫形灌木型是对强风、寒冷、干旱和强烈辐射等高山生态条件的适应性（云南植被编写组，1987）。

此外，香柏灌丛在澜沧江流域分布在滇西北德钦的梅里雪山，主要种类有香柏（*Juniperus pingii* var. *wilsonii*）、近翅枝金花小檗（*Berberis wilsonas* var. *subcaulialata*）以及一些冷杉的幼苗。草本层以藜状珍珠菜（*Lysimachia chenopodioides*）占优势等（欧晓昆等，2006）。在澜沧江流域高山柏灌丛（Form. *Juniperus* squamat）主要分布在芒康一带海拔为 3800 ~ 4600 m 的高山，以及在滇西北，但滇西北的高山柏灌丛均为分散分布，而且比较少见，多出现于局部的地形和土壤基质的条件下，海拔在 3900 ~ 4000 m，大致相当于高山森林林线的附近（中国科学院青藏高原综合科学考察队，1988；云南植被编写组，1987；吴征镒，1980）。大果圆柏在澜沧江源区阳坡山地高度在 5 m 以下，多分枝无明显主干，是源区分布的高寒常绿针叶灌丛。

（2）杜鹃灌丛（高山常绿革叶灌丛）

杜鹃灌丛是由杜鹃属（*Rhododendron*）植物中低温的中生类群为建群种所构成的植物群落，是典型的高寒常绿革叶灌丛和澜沧江流域重要的景观植被。中国是杜鹃花的王国，而西南横断山和东喜马拉雅山则是杜鹃花属现代分布中心和多度中心乃至起源中心（张长芹等，2004；庄平，2002；方瑞征和闵天禄，1995，1981；闵天禄和方瑞征，1990，1982，1979）。全世界杜鹃花属有 967 种，国产 574 种（不包含种以下类型），仅云南、西藏和四川就有 403 种（张长芹等 2004；庄平，2002）。张长芹等根据《中国植物志》按省（区）对杜鹃花属植物统计的结果是：云南最多，374 种；西藏次之，227 种；四川 225 种（张长芹等，2004）。澜沧江流经青海、西藏和云南三省（区），其中西藏、云南处于杜鹃花属植物的分布中心，从澜沧江源区经西藏昌都一直到滇南的苍山、哀牢山均有杜鹃灌丛的分布（欧晓昆等，2006；云南植被编写组，1987；周兴民等，1986；吴征镒，1980）。

根据已有的研究资料，《中国植被》提到杜鹃花灌丛包括了 15 个群系，《云南植被》包括 9 个群系 11 种群落类型，《西藏植被》包括 13 个群系，《青海植被》包括 2 个群系（中国科学院青藏高原综合科学考察队，1988；云南植被编写组，1987；周兴民等，1986；吴征镒，1980）。根据这些资料和我们野外实际调查的结果，确定澜沧江流域杜鹃灌丛的类型及分布区域如下。

a. 百里香叶杜鹃、头花杜鹃灌丛（Form. *Rhodondendron thymifolium*，*Rh. copitatum*）

在澜沧江流域分布于玉树、囊谦等地的海拔 3800 ~ 4500 m 的山地阴坡或半阴坡（周兴民等，1986）。

b. 陇塞杜鹃灌丛（Form. *Rhodendron przewalskii*）

在澜沧江流域主要分布在青海玉树等地的海拔 2900 ~ 4700 m 的山地阴坡。从该类型所适应的生态条件来看，大部分属原生植被类型，但也有山地寒温性针叶林被破坏以后所形成的次生类型。其生境冷湿，土壤为高山灌丛草甸土（周兴民等，1986）。

c. 毛嘴杜鹃、北方雪层杜鹃群系（Form. *Rhododendron trichostomum*，*Rh. nivale* ssp. *boreale*）

本群系是西藏东部三江峡谷地区高山带较为常见的小叶类杜鹃灌丛群落，常占据阴坡和半阴坡，与以嵩草属（*Kobresia*）为优势的高山草甸群落交错分布，并与阴坡的香柏群系构成有规律的复合分布，海拔在 3900 ~ 4600 m，土壤为高山灌丛草甸土（中国科学院青藏综合科学考察队，1988）。在澜沧江流域分布于西藏昌都峡谷地区的高山和亚高山带。

d. 雪层杜鹃群系（Form. *Rhododendron nivale*）

雪层杜鹃群系是西藏分布较广泛的类型，主要见于聂拉木以东的中—东喜马拉雅山脉，南木林以东的冈底斯山—念青唐古拉山脉，藏北东部的比如、索县、巴青、江达岗托以及藏东南森林区的高山上（如色齐拉山）。分布海拔一般在 4000 ~ 4800 m（中国科学院青藏高原综合科学考察队，1988）。从藏北东部的分布看，其分布区范围大致是索县、比如、巴青、丁青、类乌齐、昌都和江达一线。在类乌齐至囊谦公路的高山带有该类型的分布。

e. 密枝杜鹃灌丛（Form. *Rhododendron fastigiatum*）

本群系分布于滇西大理苍山山峰顶部海拔 3900 ~ 4000 m，处于苍山冷杉（*Abies delavayi*）林分布的上界以上。所在地距苍山的最高峰仅 200 m 左右，为主峰以下的坡面，坡向东北，坡度 20° ~ 30°。由于山顶经常受风雪的影响，自然植被主要是高山杜鹃灌丛。地面由大小不同的岩石组成，但岩石表面均覆盖着厚达 3 ~ 4 cm 的苔藓植物，足见湿度很大。小地形起伏在 1 ~ 2 m 内。土壤集中于岩石隙，其有机质层厚达 5 cm，土壤剖面深 49 cm，多细砂的石块（云南植被编写组，1987）。

f. 短柱杜鹃灌丛（Form. *Rhododendron brevistylum*）

本群系仅见于滇西苍山上部，一般分布于亚高山针叶林分布海拔范围内的个别山峰上。山顶多风和地面多石块是本群系存在的另一生境特点。本群系由多种杜鹃组成，其中以常见的短柱杜鹃为标志（云南植被编写组，1987）。

g. 宽钟杜鹃灌丛（Form. *Rhododendron beesianum*）

h. 毡毛栎叶杜鹃灌丛（Form. *Rhododendron phaeochrysum* var. *levistratum*）

宽钟杜鹃灌丛和毡毛栎叶杜鹃灌丛主要分布在梅里雪山的高山或亚高山带，其中，宽钟杜鹃灌丛分布在海拔3400～4300 m的冷杉林分布区域内。毡毛栎叶杜鹃灌丛分布于树线以上的高海拔地区，上部与高山草甸相接（欧晓昆等，2006）。而该学者提到的杜鹃、白毛粉钟杜鹃灌丛（Form. *Rhododendron* sp. ，*Rh. Phaeochrysum* var. *levistratum*）分布在树线以上的高海拔地区，分布海拔在4000～4500 m；群落高度低于1 m；大多数物种呈垫状，低矮匍地生长。由于前面的杜鹃物种无法确定，而后一个物种从拉丁名看应该就是毡毛杜鹃，根据植物分类的研究资料其中文名应为毡毛栎叶杜鹃或栎叶杜鹃毡毛变种（钟补求和杨汉碧，1979）。

上述8类在澜沧江流域有明确分布区域的杜鹃灌丛，分布在树线以上的有毡毛栎叶杜鹃灌丛，密枝杜鹃灌丛，雪层杜鹃灌丛，毛嘴杜鹃、北方雪层杜鹃灌丛和百里香叶杜鹃、头花杜鹃灌丛5类，处于针叶林区的有陇塞杜鹃灌丛、短柱杜鹃灌丛和宽钟杜鹃灌丛3类。在性质上，一般认为处于针叶林区的杜鹃灌丛，是原有的针叶林采伐后形成的，但也有一些学者对这种认识存在争议（周兴民等，1986）。在物种组成上，一般认为海拔越低，伴生的种类也就越多（云南植被编写组，1987）。但就各群系的草本植物而言，差异很大，在森林区域的杜鹃灌丛，林下草本占的种类较多，而树线以上的杜鹃灌丛，随着高寒草甸成分的渗入，草本物种并没有明显的减少。尽管群落的高度会随着海拔的升高而减少，但群落的盖度在树线以上也可能很高，如百里香、头花杜鹃灌丛的灌木层盖度达70%～90%（周兴民等，1986），密枝杜鹃灌丛的群落总盖度达95%，灌木层盖度达80%（云南植被编写组，1987）。同时需要指出的是，尽管树线以上的杜鹃灌丛有不少是小叶种类，如雪层杜鹃、密枝杜鹃、百里香杜鹃、毛嘴杜鹃、北方雪层杜鹃，但也有一些叶较大的种类如毡毛栎叶杜鹃，其叶片长5～9 cm，宽2～3.5 cm，只是相对于原变种而言叶片变小了一些（钟补求和杨汉碧，1979）。

总之，杜鹃灌丛作为澜沧江流域重要的一类常绿革叶灌丛，在维持流域生态系统功能和生物多样性保护方面有着极其重要的作用。但由于整个流域的杜鹃属植物种类极其丰富，杜鹃灌丛在很多高山和亚高山区域又很常见，从针叶林分布区域和树线以上的区域去划分杜鹃，或按亚高山杜鹃灌丛或高山杜鹃灌丛去区分，仍然存在一定的合理性。树线以上的杜鹃灌丛主要受到放牧的干扰，而针叶林分布区的杜鹃灌丛的形成和演替受人为干扰影响的程度更大。

（3）高寒落叶灌丛

高寒落叶灌丛主要分布在寒湿性针叶林带以上，由于地形所引起的水热条件和其他气候因素的综合影响，乔木树种已不能生长，而由冬季落叶的耐寒灌木所代替，成为山地垂直地带性的原生植被类型（周兴民等，1986；吴征镒，1980）。从植物区系来看，灌木主要由温带成分的柳属、金露梅属和锦鸡儿属植物组成；草本植物多为北极—高山成分与中国—喜马拉雅成分（周兴民等，1986）。

高寒落叶灌丛在澜沧江流域主要分布于源区杂多、玉树、囊谦一带，西藏昌都地区以及滇西北的一些高山上，分布海拔可达4700 m左右。

依建群种不同，分为下列群系亚组或群系。

a. 柳灌丛（Form. *Salix* spp.）

柳灌丛是澜沧江流域分布面积最广的灌丛之一，分布于河谷的滩涂、两岸及流域的高山和亚高山部分，从北到南，海拔由低到高，分布着不同的类型，其中源区最主要的类型是山生柳（*Salix oritrepha*）灌丛，在西藏昌都地区为山生柳、奇花柳（*S. atopantha*）灌丛，在滇西北4000 m以上的高山上主要为副萼柳（*S. calyculata*）、高山毛叶柳（*Salix* sp.）、乌饭柳（*S. vaccinioides*）和密穗柳（*S. myrtillacea*）灌丛（欧晓昆等，2006；中国科学院青藏高原综合科学考察队，1988；云南植被编写组，1987；周兴民等，1986；吴征镒，1980）。

此外，青山生柳（*Salix oritrepha* var. *amnematchinensis*），又叫积石山柳，是山生柳在高寒条件下演生的一个变种，与原变种的区别是叶椭圆状卵形或椭圆状披针形（程用谦，1982），以该变种形为优势的灌丛在澜沧江流域的玉树州 3600 ~ 4500m 的山地阴坡有零星分布，土壤仍为高山灌丛草甸土（周兴民等，1986），在此不再赘述。

b. 锦鸡儿灌丛（Form. *Caragana* spp.）

锦鸡儿灌丛均以锦鸡儿属（*Caragana*）植物占优势（或为标志）。它们是一类既喜高山冷凉阴湿而又耐基质干旱的植被类型，在我国的青藏高原东南部，川西、甘南一带海拔 3500 ~ 4400 m 的高山均较为常见（云南植被编写组，1987）。全国有锦鸡儿灌丛类型 7 种，西藏 5 种，云南 2 种，青海 1 种，经确认澜沧江流域分布的锦鸡儿灌丛类型有 2 种（中国科学院青藏高原综合科学考察队，1988；云南植被编写组，1987；周兴民，1986；吴征镒，1980），即鬼箭锦鸡儿灌丛和云南锦鸡儿灌丛，其中鬼箭锦鸡儿灌丛分布较广，其分布范围包括澜沧江源区（玉树地区）、西藏昌都地区和滇西北地区，但分布面积从北到南逐渐减少（中国科学院青藏高原综合科学考察队，1988；周兴民等，1986）。而云南锦鸡儿灌丛，则主要分布在滇西北，且分布面积较小（云南植被编写组，1987）。

c. 金露梅灌丛（Form. *Potentina fruticosa*）

金露梅（*Potentina fruticosa*）灌丛是高寒落叶灌丛的典型代表，它广布于青藏高原东部海拔 3200 ~ 4500 m 的山地阴坡、半阳坡、潮湿滩地以及高海拔的山地阳坡。在澜沧江流域的分布包括杂多、玉树、囊谦，海拔在 3500 ~ 4800 m（周兴民等，1986），在滇西北也有小片分布（吴征镒，1980）。

d. 银露梅灌丛（Form. *Potentilla glabra*）

银露梅（*Potentilla glabra*）与金露梅同为委陵菜属的两个不同的灌木物种，形态很相近，分布区域相互重叠，二者的区别在于金露梅花黄色，羽状复杂叶有小叶 2 对或 3 小叶，小叶较宽大，长圆形，倒卵状长圆形或卵状针形，长 7 ~ 20 mm，宽 4 ~ 10 mm；银露梅花白色，羽状复叶有小叶 1 ~ 2 对，小叶片椭圆形至倒卵椭圆形，长 5 ~ 12 mm（俞德浚，1985）。根据我们的野外经验，这两种灌木在没有开花的时候是很难区分的。根据已有资料，银露梅仅见于西藏昌都北部地区，海拔 4100 ~ 4400 m 的山地阴坡，气候比较湿润寒冷。土壤为高山灌丛草甸土（中国科学院青藏高原综合科学考察队，1988）。

e. 窄叶鲜卑花灌丛（Form. *Sibiraea angustata*）

窄叶鲜卑花（*Sibiraea angustata*）为蔷薇科（Rosaceae）鲜卑花属（*Sibiraea*）的灌木，分布于青海、甘肃、云南、四川和西藏的山坡灌木丛中或山谷砂石滩上，海拔在 3000 ~ 4000 m（俞德浚，1974）。然而，在整个澜沧江流域窄叶鲜卑花占优势的灌丛仅小面积分布于玉树地区的海拔 3200 ~ 4300 m 的山地阴坡，半阴半阳坡（周兴民等，1986）。我们在杂多县所见到的窄叶鲜卑花灌丛与大果圆柏和山生柳灌丛交错分布，但分布的面积并不大。土壤为高山灌丛草甸土，但比较干燥。

f. 高山绣线菊灌丛（Form. *Spiraea alpine*）

高山绣线菊灌丛，主要分布地在西藏森林区和灌丛草甸区的一些高山地带（中国科学院青藏高原综合科学考察队，1988）。该类灌丛一般分布零散，面积不大，并且建群种高山绣线菊的优势度并不明显，常与一些伴生物种形成的灌丛呈交错分布。

g. 沙棘灌丛（Form. *Hippophae* spp.）

沙棘属（*Hippophae*）植物不仅具有较大的经济价值，更为重要的是其根系发达，生长根蘖性强，生长迅速，干旱或潮湿的地方均能生长，为防风、固沙、防水土流失的优势物种，具有重要的生态价值（李代琼等，2004）。澜沧江流域分布的沙棘属植物有 2 种，即中国沙棘（*Hippophae rhamnoides* subsp. *sinensis*）和西藏沙棘（*Hippophae thibetana*）。中国沙棘为落叶灌木或乔木，随环境和保存状况的差异，群落高度变化很大，尽管在梅里雪山的一些区域，群落高度达 15 m，被划为落叶阔叶林（欧晓昆等，2006），但我们在澜沧江源区调查的沙棘植被，群落高度不到 3 m，划为灌丛类型更为准确，这种划分也同《西藏植被》、《青海植被》和《中国植被》的研究结果一致（中国科学院青藏高原综合科学考察队，1988；周兴民等，1986；吴征镒，1980）。

西藏沙棘为矮小灌丛，高4～60 cm，稀达1 m，以西藏沙棘为优势种的灌丛主要分布于羌塘高原中、南部和藏南海拔4400 m以上的宽容砾石河滩地，在昌都邦达以北的河漫滩上也有分布，最高可达4800（5000）m，多呈小片状零散分布（中国科学院青藏高原综合科学考察队，1988）。在野外调查过程中，我们也发现在澜沧江源区，青海省杂多县扎青乡的一些河漫滩上也有西藏沙棘的分布，不过植株分布稀疏，高度不到40 cm，分布面积并不大。

5.2.1.2 温性灌丛

温性灌丛主要分布于澜沧江流域源区河谷两岸的阶地及上游西藏昌都地区的干温河谷。

（1）小檗灌丛（Form. *Berberis* spp.）

小檗灌丛主要分布在澜沧江源区的杂多、囊谦、玉树和上游西藏昌都地区。该类灌丛具有以下特点：①在林线以下的小檗灌丛，主要是森林采伐后发育形成的次生灌丛（周兴民等，1986），而在林线以上的小檗灌丛则主要分布在海拔3900～4500 m的阳坡和半阳坡，生境较干燥，地表多碎石，土壤主要以石灰岩为基质的亚高山灌丛草原土（中国科学院青藏高原综合科学考察队，1988）；②小檗灌丛的优势种在分布区域内的变化很大，在青海玉树地区主要为直穗小檗（*Berberis dasystachya*）灌丛，而在西藏昌都地区的优势种则是松潘小檗（*Berberis dictyoneura*，即 *Berberis brachystachys*）、近似小檗（*Berberis approximata*），大黄檗（*Berberis francisci-ferdinandi*）等；③小檗灌丛分布范围宽，优势成分的变化也相当大，随着海拔的增加，栒子（*Cotoneaster* spp.）的成分逐渐减少，而明显以小檗为主要成分，在石质化强的地段，鬼箭锦鸡儿占有较大比重。从东往西，从南往北，在种类成分上也出现明显的替代现象（中国科学院青藏高原综合科学考察队，1988）。

（2）栒子灌丛（Form. *Cotoneaster* spp.）

栒子灌丛主要是森林砍伐或遭到破坏后形成和发展起来的一类次生灌丛，分布相当广泛，多占据海拔3000～3900 m的阳坡和半阳坡，生境比较温暖（中国科学院青藏高原综合科学考察队，1988）。在澜沧江流域，栒子灌丛主要分布在西藏昌都地区的林区，但分布范围可达青海县的囊谦县。然而随着纬度北移海拔增高，栒子的优势成分会有所降低，相应的伴生灌木物种，如小檗的优势成分将会增加。栒子灌丛的主要建群种有细枝栒子（*C. tenuipes*）、水栒子（*C. multiflorus*）、匍匐栒子（*C. adpressus*）、灰栒子（*C. acutifolius*）等多种。它们因生境的差异而在不同地段显示出优势度的交替（中国科学院青藏高原综合科学考察队，1988）。

5.2.1.3 干热河谷落叶阔叶灌丛

本类灌丛分布于澜沧江流域干热河谷的特殊生境下（金振洲和欧晓昆，2000）。

（1）白刺花灌丛（Form. *Sophora davidii*）

白刺花（*Sophora davidii*），又称白刺槐、苦刺花、狼牙刺，为豆科槐属植物，是横断山区干旱河谷及我国北方干旱地区主要分布的旱生灌丛群落优势种或广布种，在干旱山区植物群落演替、物种多样性维持及土壤改良与防治水土流失等方面有着重要的生态学价值（李芳兰等，2009，2006）。白刺花分布范围广，一般生于海拔2500 m以下的河谷沙丘和路边的灌丛中，在西藏昌都、察雅和芒康刚可分布到海拔3200～3800 m的干旱河谷的山坡灌丛中或河边（韦直，1994；吴征镒，1985）。从而白刺花灌丛是澜沧江流域的干旱河谷灌丛的典型代表。随着海拔的变化，优势种白刺花常与其他一些河谷落叶的小叶灌木形成不同的群落类型（张荣祖，1992；云南植被编写组，1987）。

在西藏境内的澜沧江南段，如盐井地区，分布在海拔2300～3100 m；在瘠薄的侵蚀阶地、洪积扇上非常发育，在河谷地区的阴、阳谷坡上也广泛分布，并分别与亚建群种小蓝雪花（*Ceratostigma minus*）、头花香薷（*EIsholtzia capituligera*）、凹叶雀梅藤（*Sageretia horrida*）、川滇野丁香（*Ltptodermis purdomii*）和灰毛莸（*Caryopteris forrestii*）等组成不同的群落，灌丛盖度一般为30%～60%。到了昌都附近，则占据3200～3600 m的河谷地区。在这一区域内白刺花常与鬼箭锦鸡儿共同形成群落。该类型混杂了多种高寒灌丛种类，如金露梅（*Potentialla fruticosa*）、绣线菊（*Spiraea* spp.）、多种锦鸡儿（*Caragana tibetica*，*C. opulens*，*C. franchetiana*，*C. jubata*）等；草本植物也有明显增加，表明其逐渐向高山灌丛过渡（张荣祖，1992）。

在澜沧江干温河谷内（海拔2000～3000 m）土层较深，地下水位较高的河滩与台地之上，它与小叶荆（*Vitex negundo* var. *microphylla*）共同形成苦刺花-小叶荆群落。群落高1～2 m，总盖度为50%左右，一般连片生长而呈块状分布。

在滇西北（澜沧江中游）它常与小鞍叶羊蹄甲（*Bauhinia brachycarpa* var. *microphylla*）形成白刺花-小鞍叶羊蹄甲群落，海拔分布范围在1300～1800 m，局部上升到2300 m，分布区域坡度大、土壤瘠薄，气候干燥而温暖。

在滇中，如大理（澜沧江中下游）它与火棘（*Pyracantha fortuneana*）为共优种形成的群落白刺花-火棘群落，该类型分布海拔1700～2300 m，尤以地形平缓处或冲刷沟边缘较为多见。它是暴露土地上的耐旱灌丛，由于多刺，人畜难以侵犯，得以保存下来。所以，本群落具有面积小、分散、重复出现等特点，在路边荒地上，冲刷缓坡的干沟边缘，小块牲畜放牧地上都会间断地出现。

总之，本群落以多刺、落叶的耐旱灌木为特征，反映出耐干旱和耐干扰的特征（张荣祖，1992）。

此外，在澜沧江中下游的部分区域，形成的干旱河谷灌丛类型还有白刺花、两头花灌草丛（Form. *Sophora viciifolia*，*Incarvillea arguta*），分布在德钦海拔低于2400 m的澜沧江河谷两岸，群落高0.5～1 m，盖度为40%～60%（欧晓昆等，2006）。在澜沧江上游地区，白刺花、矛叶荩草灌草丛主要分布于昌都地区芒康县、左贡县境内的金沙江、澜沧江及其主要支流河谷两侧的山地，分布海拔2800～3500m。白刺花、小菅草灌草丛，分布于昌都地区境内河谷的南端。白刺花、知风草灌草丛，主要分布在昌都地区左贡县境内（西藏自治区土地管理局，1994）。对于这些类型不再一一叙述。

（2）小蓝雪花灌丛（Form. *Ceratostigma minus*）

小蓝雪花（*Ceratostigma minus*），又叫小角柱花，为白花丹科（Plumbaginaceae）蓝雪花属的灌木，分布于四川北部和西藏东部，南至云南中部，北达甘肃文县；生于干热河谷的岩壁或砂质基地上，多见于山麓、路边或河边向阳处（李树刚，1987）。

由小蓝雪花占优势的灌丛也是干暖河谷常见的群落类型之一，分布于藏东三江峡谷的高阶地、洪积扇和山麓地带，常与白刺花灌丛交错复合分布，在澜沧江流域主要分布于西藏昌都地区。其生境与白刺花极为相近，唯砾质性更强些，但分布面积显著较小（中国科学院青藏高原综合科学考察队，1988）。在物种组成上该地区白刺花灌丛和下面将要介绍的灰毛莸灌丛有相似的特性。

（3）灰毛莸群系（Form. *Caryopteris forrestii*）

灰毛莸灌丛主要见于干暖的藏东三江峡谷高阶地与洪积扇上，常与白刺花群系和小蓝雪花群系交错分布在一起，生态环境极其相似，表明它具有和白刺花等相近的生态特性。但分布面积较小（中国科学院青藏高原综合科学考察队，1988）。

以上三类灌丛物种组成相同，生境相似，结构差异不明显，分布区域重叠，可能处于群落演替的不同阶段，白刺花灌丛分布的面积较小蓝雪花灌丛和灰毛莸灌丛分布面积更广、生态适应范围更宽，说明白刺花群落可能处于比小蓝雪花群落和灰毛莸群落更高的演替阶段，群落结构可能具有更高的稳定性。

此外，小鞍叶羊蹄甲，川滇野丁香灌丛（Form. *Bauhinia brachycarpa* var. *microphylla*，*Leptodermis pilosa*）分布于昌都地区南部至滇西北的澜沧江河谷干旱的向阳山坡，海拔2000～3000 m（张荣祖，1992；中国科学院青藏高原综合科学考察队，1988）。在澜沧江中下游河谷以架棚（*Ceratostigma minus*）为优势（张荣祖，1992）。

（4）头花香薷灌丛（Form. *Elsholtzia capituligera*）

（5）土沉香灌丛（Form. *Excoecaria acerifolia* var. aceriflia）

头花香薷灌丛和土沉香灌丛主要分布在德钦梅里雪山南部的澜沧江河谷，其中头花香薷灌丛，分布在梅里雪山南部的海拔低于2300 m的澜沧江河谷区域，在从德钦到永支路边常见；土沉香灌丛分布在海拔低于2600 m的干旱河谷范围内（欧晓昆等，2006）。

（6）栎类萌生灌丛（Form. *Quercus* spp.）

（7）糙叶水锦树、余甘子灌丛（Form. *Wendlandia scabra*，*Phyllanthus emblica*）

（8）中平树、滇银柴灌丛（Form. *Macaranga denticulate*，*Aporusa yunnanensis*）

（9）藤冠灌丛

以上4类灌丛于原有森林采伐后，通过萌生方式形成，它们的分布虽然也较广泛，但严格说，只是森林恢复中某一阶段的群落，如果排除人为干扰，就会很快通过萌生林或丛林向幼年森林发展。所以一些研究者将其中一些大面积的，有代表性的次生和萌生的灌丛植被，归入到“稀树灌木草丛”（云南植被编写组，1987）。这种归并符合群落的结构特点，表明了群落具有的次生性质，在探讨植被分布规律时，也具有一定的意义，本研究支持这样的划分。

5.2.1.4 热性河滩灌丛

本类灌丛普遍分布于热带的河滩上，尤其以南部热带地区，西双版纳的澜沧江及其支流的沿河一带最为突出，这类灌丛以大戟科的水杨柳（*Homonoia riparia*）为标志（云南植被编写组，1987）。

该类灌丛仅有水杨柳灌丛（Form. *Homonoia riparia*）1个群系。

水杨柳灌丛是热性河滩灌丛的典型代表，分布于澜沧江的下游地区，尤其在西双版纳的澜沧江及其支流的沿河一带的河流浅滩，海拔500～700 m。该类灌丛分布地的生境都是在沿河两岸漫长的河漫滩上，分布常不连续，一般在河湾之处的沙滩上面积稍大（云南植被编写组，1987）。

该类灌丛的优势种水杨柳是亚热带地区河滩的特征植物，分布于云南、广西、广东、台湾；越南，菲律宾，马来西亚，锡兰，印度，锡金河边沙地、溪旁多石处或山坡灌丛中。在分布上该类灌丛与下游湄公河地区的热带河滩植被间存在着一定的联系（云南植被编写组，1987；吴征镒，1980），以水杨柳为标志的灌丛类型，体现了热性河滩灌丛的具体特征。

群落高1～2 m，常成丛比较整齐地排列于沙滩上，每丛有4～6个分枝或更多，构成热带河滩的特殊景观。由于距水边的远近不同以及受水淹的程度和次数的不同，以致在灌丛的外貌和组成上也有相应的变化。近水灌丛疏生，以水杨柳为单优势，在靠近河岸的河滩上，灌丛更高更密。水杨柳的数量已大大减少，而藤本植物大大增多，同时出现一些河岸上常见的乔木树种，如东京枫杨（*Pterocarya tonkinensis*）和纤序柳，植被出现向河岸季雨林发展的趋势。通过以上描述说明，水杨柳热性河滩灌丛反映在不断干扰下，形成的一种特定的次生灌从类型，如果干扰停止，该类灌丛可能向季雨林演替。

5.2.2 草甸

草地生态系统是一个广泛的概念，一般在土地资源管理和畜牧业生产上用得较多。在全国首次统一草地资源调查时将中国草地划分为了18个草地类型（西藏自治区土地管理局和西藏自治区畜牧局，1994；1∶1 000 000中国草地资源图编制委员会，1992）。从划分的这18个类型可以看出，全国的草地类型实际上是由多个植被型、植被亚型构成的系统，而这个系统的划分又以不同的植被型和植被亚型为依据。相反，较早的植被研究中，研究者已习惯将除森林、灌丛以外，以草本植物占优势的陆地植被类型，按照不同的生境、生活型特点，以及群落的发生与演替规律分布划分为草甸、草原、荒漠和高山流石滩稀疏植被（欧晓昆等，2006；中国科学院青藏高原综合科学考察队，1988；周兴民等，1986；吴征镒，1980）。中国的荒漠主要分布在新疆的准噶尔盆地、塔里木盆地东部、哈顺戈壁、诺敏戈壁、内蒙古的阿拉善高平原、青海的柴达木高盆地以及西藏的羌塘高原、阿里地区和日喀则地区，澜沧江流域几乎没有荒漠成分的分布。

根据澜沧江流域植被分布的特征，认为无论从管理的角度，还是从研究的角度，按不同植被类型进行划分更为合理，所以我们将草地生态系统分别按草甸、草原分别进行介绍。此外，在整个流域的一些高山地区，还有垫状植被和流域稀疏植被的存在，将其作为一节内容单独进行介绍。湖泊和水生植被现有的资料有限，不再单独列出。

草甸是以多年生中生草本植物为主体的群落类型，是在适中的水分条件下（包括大气降水、地面径流、地下水和冰雪融水等各种来源的水分）形成和发育起来的（吴征镒等，1980）。构成草甸的优势种包括莎草科的嵩草属（*Kobresia*）、苔草属（*Carex*）、扁穗草属（*Blysmus*），以及禾本科的披碱草属（*Elymus*）、早熟禾属（*Poa*）、蓼科的蓼属（*Polygonum*）、蔷薇科的委陵菜属（*Pontentilla*）、玄参科的马先蒿属（*Pedicularis*）、毛茛科的银莲花属（*Anemone*）、菊科的橐吾属（*Ligularia*）以及鸢尾科的鸢尾属（*Irix*）的一些种，而每一个属的优势种又可以属于不同的草甸类型，如嵩草属的不仅物种多，而由不同的嵩草属物种占优势的草甸又属于不同的草甸类型（植被亚型），所以根据优势种的生活型及层片结构的差异，将整个流域的草甸植被可以分为四个植被亚型，即典型草甸、高寒草甸、沼泽化草甸与盐生草甸（周兴民等，1986；吴征镒，1980）。在每个植被亚型之下又进一步按构成优势种的划分划为不同的群系组，如将高寒草甸划分为嵩草高寒草甸、苔草高寒草甸、根茎禾草高寒草甸以及杂类草高寒草甸等。对整个流域的草甸类型按不同植被亚型、不同群系组及不同的群系介绍如下：

5.2.2.1 典型草甸

典型草甸主要由典型中生植物组成，是适应于中温、中湿环境的一类草甸群落（吴征镒，1980），而另一些学者又称其为寒温草甸（周兴民等，1986），主要分布于温带森林区域和草原区域，此外也见于亚热带森林区海拔较高的山地，即亚高山带。典型草甸既有原生的类型，出现在森林区向草原区过渡的地段，也有遭反复火烧或砍伐的森林迹地恢复形成的次生类型（吴征镒，1980）。

该类草甸种类组成丰富，尤其在森林区，多种杂类草构成了群落的建群层片，群落中常混生有大量的林下草本植物。根据建群种的生活型，典型草甸又可分为杂类草草甸、丛生禾草草甸等群系。

（1）杂类草草甸

本群系组以不同种类的杂类草占优势为标志，而禾草在群落中很不突出。它是寒温草甸中分布最为普遍的类型，但一般不呈大片分布（云南植被编写组，1987）。海拔主要在 3000 ~ 3900 m，有时下延至 2800 m，或个别升高至 4000 m。在云、冷杉林边缘的平坦地段，在土壤条件良好而又经常放牧的情况下，均可出现本类植被，表明该类草甸具有明显的次生性质（欧晓昆等，2006；云南植被编写组，1987）。

a. 高山象牙参、云南米口袋等为主的杂类草甸（Form. *Roscoea alpina*, *Gueldenstaedtia yunnanensis*）

这是以多种杂类草为优势的草甸群落，在澜沧江流域主要分布于滇西北的亚高山山地，海拔 3200 ~ 3700 m，大致在云杉林和冷杉林分布的地带。分布地的地形比较平坦，大多为 10° ~ 30°的缓坡（吴征镒，1980）。物种组成以中生和湿中生的植物为主，莲座叶和直立茎双子叶植物及丛生禾草，既反映了山地的冷湿气侯条件，也反映了长期放牧利用对植被的影响（吴征镒，1980）。

b. 西南鸢尾、橐吾草甸（Form. *Irix bulleyana*, *Ligularia* spp.）

该群系以西南鸢尾（*Irix bulleyana*）或橐吾（*Ligularia* spp.）为优势种，主要分布于滇西北各亚高山地区，如香格里拉县、丽江、德钦等地云、冷杉分布的地区，海拔 3300 ~ 3700 m，一般都出现在森林边缘的平坦地上，或为森林所包围的“林间草地”（包维楷，2001；云南植被编写组，1986）。组成群落的种类比较丰富，多数种类均为亚高山或高山成分，其中大部分为草甸固有的成分，小部分为附近森林灌丛的成分，因放牧因而也有一些喜硝植物，种类比较混杂。长期高强度放牧的结果是，可食性的禾草很少见，而多数为高茎硬秆的杂类草，是牲畜择食后发展起来的种类，还有一些多刺的小灌木，如峨帽蔷薇、刺红珠（*Berberis diclyophylla*）等也散布于草甸中。

c. 大头蓟、绵毛橐吾草甸（Form. *Cirsium* sp., *Ligularia vellerea*）

本群系也是过度放牧所产生的杂类草草甸。多为寒温针叶林所包围的林间草地，面积更小，而且在种类组成上也有自己的特点。主要分布区域仍为滇西北的亚高山带，海拔 3100 m 左右（包维楷等，2001；云南植被编写组，1986）。

d. 血满草、尼泊尔酸模群系（Form. *Samucus adnata*，*Rumex nepalensis*）

e. 橐吾、银莲花群系（Form. *Ligularia* spp.，*Anemone* spp.）

这两个群系见于梅里雪山海拔低于4000 m的地区，这一地区常常是针叶林分布的区域，多数草甸是由于人为砍伐森林以后形成，因而具有明显的次生性质（欧晓昆，2006）。虽然这两类群系仅见于梅里雪山植被的研究，然而在亚高山针叶林区，有森林采伐以后，在演替的过程中可能形成灌丛、灌草丛，或草丛，所以这两个群系同样是在亚高山针叶林区出现的具有代表性质的两个次生类型。

（2）丛生禾草草甸

以丛生禾草占优势的寒温草甸类型，在澜沧江流域的分布类型不多，主要包括以下两个群系。

a. 短颖披碱草草甸（Form. *Elymus burchan-budda*）

短颖披碱草（*Elymus burchan-budda*）为垂穗鹅观草（*Roegneria nutans*）的接受名（Wu C-Y，2006），所以短颖披碱草草甸实际上就是以前文献中提到的垂穗鹅观草草甸。该群系在澜沧江流域主要分布于昌都地区左贡和芒康县境内，分布海拔3000～3400 m（西藏自治区土地管理局和西藏自治区畜牧局，1994）。

b. 早熟禾杂类草草甸（Form. *Poa annus*）

该类型在澜沧江流域主要分布在西藏昌都地区贡觉、江达、边坝等县境内的山地阴坡、沟谷（西藏自治区土地管理局和西藏自治区畜牧局，1994）。在野外调查中，青海玉树地区囊谦的河漫滩也有该类群的分布。

5.2.2.2 高寒草甸

高寒草甸主要分布在我国大陆性气候比较强的西北、西南与青藏高原东部的亚高山针叶林带以上，高山流石滩稀疏植被带以下和辽阔的高原东部，成为典型山地垂直带和高原地带性植被类型（周兴民，2001；周兴民等，1986；吴征镒，1980）。高寒草甸优势层片为多年生密丛短根茎嵩草层片，蓼属的珠芽蓼、圆穗蓼以及龙胆属（*Gentiana*）、虎耳草属（*Saxifraga*）、银莲花属等一系列高山植物种类。从而根据优势层片的不同，高寒草甸还可再一步划分为四个群系组，即嵩草高寒草甸、苔草高寒草甸、根茎禾草高寒草甸与杂类草高寒草甸。

（1）嵩草高寒草甸

嵩草属大约有54种，主要分布于北半球温带地区，我国有44种，包括16个特有种，主要分布于我国西部和西南部地区（Wu and Raven，2010；周兴民，2001；周兴民等，1986）。嵩草长期适应高寒而产生的形态特征，如叶线形、密丛短根茎、地下芽等，使该类群可以巧妙地渡过严寒不利的环境，以嵩草为建群种形成的植物群落在青藏高原和周围山地得到广泛的发育，成为青藏高原高寒草甸的主体（周兴民，2001；周兴民等，1986；吴征镒，1980）。以嵩草属物种为建群种的草甸根据生境及建群种对水分条件适应的差异，分属两类不同的植被亚型，一类属于高寒草甸，而另一类属于沼泽化草甸；属于高寒草甸的嵩草草甸，姑且称之为嵩草高寒草甸，包括如下群系。

a. 高山嵩草草甸（Form. *Kobresia pygmaea*）

以高山嵩草为建群种的草甸，是青藏高原分布最广、所占面积最大的类型之一，广泛发育在森林带以上的高寒灌丛草甸带和高原面上。在澜沧江流域主要分布青海玉树地区和西藏昌都地区内海拔3500～4800 m的山地阳坡，常与阴坡的高寒常绿杜鹃灌丛和高寒落叶灌丛呈复合分布。（西藏自治区土地管理局和西藏自治区畜牧局，1994；中国科学院青藏高原综合科学考察队，1988；周兴民等，1986；吴征镒，1980）。

在昌都地区海拔4200～4800 m的山地阳坡，常见有数量不多的鬼箭锦鸡儿（*Caragana jubata*）、小叶金露梅（*Potentilla parvifolia*）、雪层杜鹃（*Rhododendron nivale*）等灌木，形成具有灌木的高山高草草地型（西藏自治区土地管理局和西藏自治区畜牧局，1994；中国科学院青藏高原综合科学考察队，1988）。

此外，在澜沧江源区的玉树地区的解曲、扎曲、巴曲等宽河谷阶地以及上拉秀、下拉秀、上巴塘、下巴塘、扎那涌、洛的涌、郭赛羊等地的海拔4000～4400 m的阶地以及山前平原、山地阳坡下部还分布了高山嵩草、异针茅草原化草甸（Form. *Kobresia pygmaea*, *Stipa aliena*）（周兴民等，1986）。

b. 矮生嵩草草甸（Form. *Kobresia humilis*）

以矮生嵩草为建群种的植物群落广布于青藏高原东部，在澜沧江流域主要分布于青海玉树、西藏昌都地区海拔3800～4500 m排水良好的滩地，坡麓和山地半阴半阳坡。在玉树气候寒冷，地下发育着多年冻土，地表常有不规则的冻胀裂缝（中国科学院青藏高原综合科学考察队，1988；周兴民等，1986）。在山地下部，气候相对温暖，除矮生嵩草外，珠芽蓼大量增加成为次优种类。在海拔较高的山地上部，气候相对寒冷，土壤湿度增加，矮生嵩草的数量减少，圆穗蓼大量增加，二者构成共优势种类。而在较干旱的山地阳坡，高山嵩草大量侵入，构成次优势种，伴生种类跟前述相同（吴征镒，1980）。

c. 短轴嵩草（*Kobresia prattii*）、杂类草草甸

该类群在澜沧江流域主要分布于昌都地区境内，海拔4600～5000 m，往往生长在宽谷、湖盆阶地等土壤比较湿润的地段上，多呈小面积分布，土壤为高山草甸土（西藏自治区土地管理局和西藏自治区畜牧局，1994）。

d. 大花嵩草草甸（Form. *Kobresia macrantha*）

该类群主要分布于澜沧江流域昌都地区境内海拔3800～4400 m的亚高山地带宽谷、阶地、河滩及缓坡，所处环境水分条件较好（西藏自治区土地管理局和西藏自治区畜牧局，1994）。该群系还可以再分为两个类群，即大花嵩草、丝颖针茅（*Stipa capillacea*）群落和大花嵩草群落。

e. 线叶嵩草草甸（Form. *Kobresia capillifolia*）

线叶嵩草草甸在澜沧江流域主要分布于玉树州的扎多、囊谦等地的河谷、山地阴坡中、下部，海拔4300～4500 m（周兴民等，1986）；西藏昌都地区的丁青县、芒康县、贡觉县和妥坝等地有连片的大面积分布，在昌都地区南部海拔900 m以上的山体发育良好（西藏自治区土地管理局和西藏自治区畜牧局，1994）。

f. 禾叶嵩草草甸（Form. *Kobresia graminifolia*）

禾叶嵩草草甸在澜沧江流域主要分布在昌都地区，海拔4800 m左右的山地中、上部。土壤为高山草甸土或高山灌丛草甸土，土层较厚，土壤呈酸性反应（西藏自治区土地管理局和西藏自治区畜牧局，1994；吴征镒，1980）。

g. 四川嵩草草甸（Form. *Kobresia setchwanensis*）

以四川嵩草为建群种的草甸，主要分布于西藏东部峡谷区的林缘和林间空地，海拔4100～4300 m（吴征镒，1980）；在澜沧江流域以昌都地区江达县海拔3150～4300 m的山体中部及宽阔谷地中，分布面积较大（西藏自治区土地管理局和西藏自治区畜牧局，1994）。

h. 日喀则嵩草草甸（Form. *Kobresia prainii*）

日喀则嵩草群系主要见于中喜马拉雅高山带和雅鲁藏布江河源区高山上，在藏东芒康等地的高山带也有分布（中国科学院青藏高原综合科学考察队，1988）。

（2）苔草高寒草甸

以根茎苔草为建群层片的苔草草甸主要分布在青藏高原北部祁连山和天山高山比较湿润的老冰碛丘和石坡下部的平缓台地、U形谷等地；在阿尔泰山的高山地带也有分布。土壤为高山草甸土，但同嵩草草甸相比较，没有紧实的草皮层，土层一般较薄疏松，并多有裸露的砾石。苔草地下根茎发达，在湿润疏松的土壤中容易生长发育，从它所处的地形部位来看，有可能是嵩草草甸与杂类草甸之间的一个过渡类型（吴征镒，1980）。群落结构简单，层次分化不明显，仅在局部地段有苔藓地表出现。种类组成比较多，一般多为高山和亚高山草甸种类。在澜沧江流域主要有下列两个群系。

a. 黑褐苔草、圆穗蓼草甸（Form. *Carex atrofusca*, *Polygonum macrophyllum*）

黑褐苔草、圆穗蓼草甸集中分布在昌都地区境内，以丁青、江达、贡觉和八宿县分布面积较大，其

海拔在4000～4800 m的地段上（西藏自治区土地管理局和西藏自治区畜牧局，1994）。黑褐苔草是一种耐寒喜温性的牧草，常常生长在土层较厚、水分条件较好的沼泽化草甸土或高山草甸土上。群落总盖度平均在80%～90%，草群平均高度在15～25 cm，草群中除黑褐苔草和圆穗蓼占优势外，主要伴生植物有矮生嵩草、线叶嵩草、羊茅、中亚早熟禾、发草、矮火绒草、珠芽蓼、风毛菊、香青等。在水分条件较好的低洼地常常有水麦冬（*Triglochin palustre*）、平车前（*Plantago depressa*）等湿生植物侵入，有的学者将以黑褐苔草为主的草地型划归沼泽化草甸类中（西藏自治区土地管理局和西藏自治区畜牧局，1994）。

b. 毛囊苔草、四川嵩草草甸（Form. *Carex inanis*, *Kobresia setchwanensis*）

毛囊苔草、四川嵩草草甸集中分布在昌都地区江达县境内，海拔4100～4800 m地势平坦、宽阔的山原和山地缓坡上，土壤为高山草甸土（西藏自治区土地管理局和西藏自治区畜牧局，1994）。

（3）根茎禾草高寒草甸

这是以中生多年生丛生禾草为建群层片的高寒草甸类型，在澜沧江流域包括两个群系，即垂碱披碱草草甸（Form. *Elymus natons*）和高山早熟禾草甸（Form. *Poa alpine*）。

a. 垂穗披碱草草甸（Form. *Elymus nutans*）

垂穗披碱草是在原生的嵩草草甸植被被破坏后发展起来的次生植被，是植物群落退化演替或弃耕地前进演替序列中的一个特定阶段。在澜沧江流域主要分布于玉树地区的高寒灌丛带与高寒草甸带内，与人类经济活动、放牧以及鼠类活动紧密联系在一起。一般呈小片状分布在比较温暖向阳的河谷阶地、山麓，这些地段土层深厚，土壤水分适中，疏松，土壤通气性良好，这促进了垂穗披碱草在该区域的发展。(周兴民等，1986)。

此外，在垂穗披碱草草甸分布的区域，一些杂类草也可得到更好的发育，从而形成以垂穗披碱草和杂类草为共优种的草甸类型，这一类型在澜沧江流域主要分布于昌都地区海拔3600～4200 m的缓坡或谷地（西藏自治区土地管理局和西藏自治区畜牧局，1994）。

b. 高山早熟禾草甸（Form. *Poa alpine*）

高山早熟禾草地是高寒草甸类中以禾本科牧草占优势的草地类型之一。在澜沧江流域主要分布于昌都地区，一般多生长发育在海拔4500～4800 m的阳坡或半阳坡的山地，在湖滨外缘也有少量分布（西藏自治区土地管理局和西藏自治区畜牧局，1994）。

（4）杂类草高寒草甸

以杂类草为建群层片的高寒草甸类型，主要分布在青藏高原及其周围山地的流石坡下部冰碛夷平面与高寒草甸之间的过渡地带，地形一般比较平缓，气候严寒多风，冬半年多被大雪所覆盖，夏季排水不易或经常被冰雪融水所浸润，土壤潮湿，为高山草甸土，土层较薄、疏松，无草皮层，具有裸露的砾石。以莲座状、半莲座状的轴根型为主，群落外貌华丽，植物生长低矮，分布稀疏，盖度相对较小（吴征镒，1980）。在澜沧江流域杂类草高寒草甸分布的范围较广，不仅源区的河滩、山地较为常见，在上游和中游地区的一些高山带也有杂类组高寒草甸的分布。构成杂类草高寒草甸的优势物种主要包括蓼科的蓼属（*Polygonum*）、蔷薇科的委陵菜属（*Potentialla*）、报春花科的报春花属（*Primula*）、玄参科的马先蒿属（*Pedicularis*）等属的一些物种。伴生种类以莎草科的嵩草属、苔草属，禾本科的早熟禾属、披碱草属、细柄茅属，毛茛科的银莲花属，龙胆科的龙胆属，虎耳草科的虎耳草属，石竹科的蚤缀属（*Arenaria*）等较为常见。杂类草高寒草甸物种组成丰富，类型较多，对一些常见的类型介绍如下。

a. 以珠芽蓼为主的杂类草草甸（Form. *Polygonum viviparum*）

该类型是青藏高原东部分布较为普遍的类型之一，在澜沧江流域主要分布于青海玉树地区的杂多、囊谦和玉树，西藏昌都地区的江达、丁青、左贡内海拔3600～4200 m的山体中、下部坡地、山麓及河谷两岸，滇西北的白马雪山（包维楷等，2001；周兴民等，1986；吴征镒，1980）。

b. 以圆穗蓼为主的草甸（Form. *Polygonum macrophyllum*）

该类群主要分布于青海玉树地区海拔3400～4000 m的比较平坦的山地阳坡和半阳坡，以及浑圆山顶。

西藏昌都地区的高山带，海拔 4000 ~ 5000 m；以及滇西北。土壤为典型的高山草甸土，土层较薄，地表往往有石块裸露（西藏自治区土地管理局和西藏自治区畜牧局，1994；中国科学院青藏高原综合科学考察队，1988；吴征镒，1980）。

c. 独一味，白苞筋骨草草甸（Form. *Lamiophlomis rotate*，*Ajuga lupulina*）

d. 青海刺参草甸（From. *Morina kokonorica*）

e. 微孔草草甸（Form. *Microula sikkimensis*）

以上三种群系均出现在澜沧江源区，青海杂多县扎青乡境内，分布面积不大，但很有代表性，特别能反映出群落的物种组成与放牧的关系。独一味（*Lamiophlomis rotata*），无茎多年生草本，根状茎粗厚。叶常 4 枚，辐状两两相对，贴生地面，菱状圆形或横肾形，长 6 ~ 13 cm，轮伞花序密集排列成有短草的头状或短假穗状花序，苞片具有长睫毛，针刺状，萼齿顶端具有小刺尖（刘尚武，1996；吴征镒和李锡文，1977）。以上特点反映出该类物种具有耐畜牧践踏以及形成花序后有效防止畜牧取食的特点。白苞筋骨草（*Ajuga lupulina*），多年生直立草本，茎被白色长柔毛。叶片两面少被疏柔毛；苞片大，白色、白黄色或绿紫色，上面被长柔毛，花梗短，被长柔毛（刘尚武，1996；吴征镒和李锡文，1977）。上述特征既是对高寒环境的适应，也能减少牛羊的取食。青海刺参（*Morina kokonorica*），多年生草本，高 20 ~ 25 cm，根状茎粗短，直立，有分枝；根粗长，圆锥柱状；茎粗壮，叶片边缘不等齿裂，齿尖，有短刺；苞片叶状，中部以上长突尖，基部刺较多；花萼与苞片近等长，端尖有刺（刘尚武，1996；路安民和陈书坤，1986）。以上特征也可以有效防止牛羊的取食，在水分条件较差，嵩草生长不良的情况下，青海刺参在群落中的优势度会大大增加，从而形成小面积的青海刺参草甸。微孔草（*Microula sikkimensis*），小坚果卵形，长 2 ~ 3 mm，有瘤状突起（刘尚武，1996；孔宪武和王文采，1989），便于黏附在牦牛身上。

f. 狭叶人参果、嵩草草甸（Form. *Potentilla stenophylla*，*Koberesia* spp.）

该类型主要分布于滇西北几座海拔较高的雪山，一般分布在高山林线以上的区域，除香格里拉县的哈巴雪山外，在德钦的白马雪山也有该类群的分布，一般分布的海拔在 4000 m 以上（包维楷等，2001；云南植被编写组，1987）。

g. 香青杂类草草甸（Form. *Anaphalis* spp.）

该类群在澜沧江流域集中分布在昌都贡觉县境内海拔 3800 m 左右的山地阳坡（西藏自治区土地管理局和西藏自治区畜牧局，1994）。

h. 斑唇马先蒿草甸（Form. *Pedicularis longiflora* var. *tubiformis*）

该群系主要分布在湖滨、河漫滩上，面积很小。生境地势低平，地表过湿或间有薄层积水，土壤为草甸沼泽土（中国科学院青藏高原综合科学考察队，1988）。在澜沧江源区的杂多、玉树、囊谦等地有分布。

i. 马先蒿、报春花草甸（Form. *Pedicularis* spp.，*Primula* spp.）

j. 垫状紫草、雪灵芝草甸（Form. *Chionocharis hookeri*，*Arenaria* spp.）

k. 银莲花、委陵菜草甸（Form. *Anemone* sp.，*Potemtilla* sp.）

以上三类草甸主要分布梅里雪山 4000 ~ 4500 m 的高山带，处于树线以上的区域。群落总盖度在 40% ~ 50%，草层平均高 5 ~ 20 cm（欧晓昆等，2006）。

马先蒿（*Pedicularis* spp.）、报春花（*Primula* sp.）、垫状紫草（*Chionocharis hookeri*）、雪灵芝（*Arenaria lacangensis*）、银莲花（*Aneomone* sp.）、委陵菜（*Potentialla* sp.）在整个澜沧江流域的高寒杂类草甸中较为常见，在西藏植被中将斑唇马先蒿单列一个群系（中国科学院青藏高原综合科学考察队，1988），欧晓昆等学者在研究梅里雪山植被时将其确定为三个群系（欧晓昆等，2006）。我们认为在确定一个类型时，不仅需要考虑该类群的物种组成和群落结构，同时也还需考虑该类群的分布类型及其代表意义，在利用 3S 技术时，以能够进行图像判别最为理想。

5.2.2.3　沼泽化草甸

沼泽化草甸湿地分布一般与特定地形所引起的土壤水分状况有密切联系，是在地势低洼、排水不畅、土壤过分潮湿、通透性不良等环境条件下发育起来的。因此，沼泽化草甸通常为低湿地草甸。但有些地区（如青藏高原）因存在永冻层，水分不易下渗，土壤表层水分过多，也常常形成沼泽化草甸（吴征镒，1980）。

高寒沼泽化草甸植物种类组成丰富。覆盖度大，其生产力为高寒草甸最高的一类（周兴民，2001）。建群种主要有藏嵩草和华扁穗草等，湿生种类有长花马先蒿、驴蹄草、华扇穗草等。除此之外，更大量的为中生多年生杂类草。尽管所占据的生境潮湿，或有常年积水或季节积水，其大量的植物为中生种类，说明本类草甸具有向沼泽植被过渡的性质，但不在沼泽的范畴（周兴民，2001；周兴民等，1986；吴征镒，1980）。

根据建群种的差异将沼泽化草甸可分为三个群系组，即嵩草沼泽化草甸、扁穗草沼泽化草甸和杂类草沼泽化草甸。

（1）嵩草沼泽化草甸

嵩草沼泽化草甸是一类具有高寒性质的，广泛分布于青藏高原各地的湖滨、山间盆地、河流两岸的低阶地、山麓潜水溢出山带以及高山上部冰川前缘、山地分水岭之鞍部等地形部位的沼泽化草甸类型（周兴民，2001；周兴民等，1986；吴征镒，1980）。

在澜沧江流域，特别是源区及其一些高山河滩阶地、湖滨及山前溢出地带，常见的嵩草沼泽群系包括藏嵩草沼泽化草甸、甘肃嵩草沼泽化草甸和粗壮嵩草草甸。

a. 藏嵩草沼泽化草甸（Form. *Kobresia tibetica*）

藏嵩草沼泽化草甸广泛分布在青藏高原的北部，以唐古拉山为界与大嵩草沼泽化草甸分开，是面积较大分布较广的沼泽化草甸之一。在澜沧江流域主要分布于玉树地区，昌都地区的丁青、八宿、左贡、类乌齐和贡觉县等地。分布海拔 4100 ~ 4500 m，不连续地生长在山原宽谷、河滩阶地、湖滨及山前潜水溢出地带等地形部位，地势低平，排水不良，地下水位较高，常有积水，土壤为沼泽草甸土，局部地区有泥炭积累，地表高低不平，踏头极为发育。在澜沧江源区杂多县莫云乡分布较为集中（周兴民，2001；周兴民等，1986；西藏自治区土地管理局和西藏自治区畜牧局，1994；吴征镒，1980）。

b. 甘肃嵩草沼泽化草甸（Form. *Kobresia kansuensis*）

甘肃嵩草较藏嵩草喜温，以它为优势的植物群落分布面积较小，块状分布于玉树地区海拔 3800 ~ 4700 m 的高山垭口部位和山麓潜水溢出带。土壤为高山沼泽草甸土，但泥炭层较薄（周兴民，1986）。

此外，在西藏昌都地区察雅县一带，海拔 3800 ~ 4000 m 的河谷阶地上，常形成以甘肃嵩草、高山嵩草为优势的草甸类型，土壤为高山草甸土，湿润、富含有机质、比较肥沃（西藏自治区土地管理局和西藏自治区畜牧局，1994）。

c. 粗壮嵩草沼泽化草甸（Form. *Kobresia robusta*）

粗壮嵩草沼泽化草甸在澜沧江流域昌都地区有较大面积的分布，分布海拔在 4100 ~ 5000 m，在山间谷地河流沿岸和山麓泉水露头处周围发育良好（西藏自治区土地管理局和西藏自治区畜牧局，1994）。

（2）扁穗草沼泽化草甸

莎草沼泽化草甸以莎草科除嵩草属以外的湿中生植物为群落的优势成分的植物群落类型，在全国范围内的莎草沼泽化草甸类型包括扁穗草沼泽化草甸（Form. *Blymus* spp.）、苔草沼泽化草甸（Form. *Carex* spp.）和针蔺沼泽化草甸（Form. *Heleocharis* spp.）（吴征镒，1980），经确定澜沧江流域分布的莎草沼泽化草甸仅华扁穗草沼泽化草甸（Form. *Blymus sinocompressus*）一种。

以湿中生的多年生根茎莎草科植物华扁穗草为建群种的沼泽化草甸，在澜沧江流域的分布包括玉树河流两岸的低阶地（或部分河漫滩）（周兴民等，1986）；昌都地区海拔 4000 ~ 5200 m 的山间谷地、湖滨与河流阶地上，往往呈带状或环形分布，其外围多为藏北嵩草草地（西藏自治区土地管理局和西藏自治区畜牧局，1994）；滇西北亚高山山地的近水湿地上，主要分布在海拔 3200 ~ 4100 m，它多数分布于森林线以下（云南植被编写组，1987）。生境常常因地热低，河流落差小，雨季时，因降水补给而成为泛滥地，土壤持水量大，地面往往有临时性积水，地下水位高。土壤为沼泽草甸土（周兴民等，1986）。

（3）杂类草沼泽化草甸

本群系组是一类除禾草、莎草以外，以杂类草为优势的沼泽化草甸。生境以地形平坦、土壤湿润、排水不良、带有沼泽化为其特点，本类草甸也是经常的放牧场所（云南植被编写组，1987）。

在澜沧江流域杂类草沼泽化草甸主要包括以下两个群系。

a. 矮地榆沼泽化草甸（Form. *Sanguisorba filiformis*）

本群系以矮地榆为优势。它主要分布于滇东北乌蒙山系的各亚高山地区，也分布于滇西北的中甸、丽江一带，是亚高山地区沼泽化草甸中一个分布普遍的类型（云南植被编写组，1987），在德钦白马雪山也有该类群的分布（包维楷等，2001）。该类草甸一般呈小面积斑块状，常与莎草沼泽化草甸交错分布，或仅仅在水塘边局部地段出现。它的分布海拔变幅较大，主要在 3300 ~ 3400 m，但最低可达 2700 m，最高甚至达 4000 m 左右。生境为水沟、河边、湖泊附近等排水不良的平坦湿地，土壤为沼泽化草甸土，表土以半分解的有机质为多，生草化明显。

b. 水麦冬、发草草甸（Form. *Triglochin palustre*, *Deschampsia caespitosa*）

该类群在澜沧江源区杂多县低洼的河边或湖盆边缘可见。水麦冬和发草为草地的共优势种，其外围浅水处常为嵩草沼泽化草甸所占据（西藏自治区土地管理局和西藏自治区畜牧局，1994）。

5.2.2.4 盐生草甸

盐生草甸是由具有适盐、耐盐或抗盐特性的多年生盐中生植物（包括潜水中生植物）组成的草甸类型（吴征镒，1980）。在澜沧江流域盐生草甸类型不多，分布范围有限，主要类型有蕨麻委陵菜草甸（Form. *Potentilla anserina*）。

蕨麻委陵菜又称为鹅绒委陵菜，其块根叫“人参果”，味甜富含淀粉，供食用和药用（刘尚武，1999；俞德浚，1985）。多零星分布于青藏高原一些低湿河漫滩和湖滨，多发育在普通草甸土和轻盐化草甸土上（吴征镒，1980），在西藏高原几乎各地都有以它为建群种组成的草甸群落分布，但整个面积并不大（中国科学院青藏高原综合科学考察队，1988）。在澜沧江流域主要分布在西藏昌都地区芒康、类乌齐、左贡、丁青等县境内海拔 3800 ~ 4300 m 的山地、缓坡、宽谷或沟谷（西藏自治区土地管理局和西藏自治区畜牧局，1994）。在盐渍化土壤上，群落中有时还渗入少量的海乳草、细叶西伯利亚蓼和角果碱蓬（*Suaeda corniculata*）（吴征镒，1980）。

5.2.3 草原和稀树灌木草丛

草原在澜沧江流域陆地植被生态系统中所占的面积不大，然而在中下游地区，在原有森林采伐后，尤其在经常遭受砍烧和放牧的情况下，常导致土壤日益干旱瘠薄，这时常形成具有稀疏乔木和灌木的草丛（云南植被编写组，1987），所以在讨论澜沧江流域陆地植被生态系统类型时，不得不考虑分布在该流域的草原和稀树灌木草丛，尤其是后者的分布及其性质。

5.2.3.1 草原

在我国温带，草原集中分布的地区大致从北纬 51°起，南达北纬 35°，南北跨 16 个纬度线，在青海主要分布在昆仑山海拔 2300 ~ 3800m 和祁连山海拔 2000 ~ 3300m 的区域（周兴民等，1986；吴征镒，1980）。在西藏则主要分布于从中喜马拉雅山脉北麓的藏南湖盆到羌塘高原的北部，从羌塘高原东缘的内外流水系分水岭到阿里西部国界的连续而辽阔地区（中国科学院青藏高原综合科学考察队，1986）。而在云南则主要是由于原有森林采伐后形成的具有稀疏乔木的一些草丛（云南植被编写组，1987）。所以就整个澜沧江流域而言，典型的草原类型分布的面积有限，包含的类型也不多。根据资料整理，初步确定整个流域包括的草原类型有5个群系，即白草草原、丝颖针茅草原、细裂叶莲蒿草原、羊茅草原和藏龙蒿、杂类草草原，其中前3个群系属于草甸草原，而后2个群系属于高寒草原。

（1）草甸草原

草甸草原包含2个群系组3个群系，其中白草草原和丝颖针茅草原属于根茎禾草草原，而细裂叶莲蒿草原属于杂类草草原。

a. 白草草原（Form. *Pennisetum flaccidum*）

在自然植被分类系统中白草草原属于草甸草原（植被亚型）中的丛生禾草草甸草原（群系组）。该群系主要见于雅鲁藏布江中游干、支流的干旱谷坡下部和藏南隆子干旱山坡、定日盆地等湖盆外缘洪积扇及山麓地带，在羌塘高原南部也有一些分布（中国科学院青藏高原综合科学考察队，1986）。在澜沧江流域主要分布于藏东地区的江达、左贡境内的澜沧江河谷，分布高度一般在海拔4400 m以下（西藏自治区土地管理局和西藏自治区畜牧局，1994）。在较干旱的山坡上，群落中还出现有多刺的旱中生小灌木西藏狼牙刺和小角柱花等（中国科学院青藏高原综合科学考察队，1986）。

b. 丝颖针茅草原（Form. *Stipa capillaceua*）

丝颖针茅是青藏高原的特有植物，主要分布在青藏高原的灌丛草甸与灌丛草原地区，丝颖针茅群系也属于草甸草原中的丛生禾草草原。在西藏境内，从阿里南部往东，沿雅鲁藏布江一藏南湖盆区一直分布到隆子附近；在羌塘高原南部和藏东北索县、丁青以及昌都地区也有分布（中国科学院青藏高原综合科学考察队，1986）。在澜沧江流域仅见于藏东南昌都地区的澜沧江中游及其支流，海拔3800～4000（4300）m的河谷、河流阶地、山麓（西藏自治区土地管理局和西藏自治区畜牧局，1994）。

c. 细裂叶莲蒿草原（Form. *Artemisia santolinaefolia*）

细裂叶莲蒿群系属于草甸草原中的小半灌木草甸草原群系组。细裂叶莲蒿系一种偏中旱生的小半灌木，以它为建群种形成的群落，在西藏主要分布于珠穆朗玛峰往西至吉隆贡当一带的中喜马拉雅山脉森林灌丛区向半干旱草原区的过渡地带，在山脉分水岭以南沿山坡呈不连续的东西向条带状延伸，海拔在4000 m左右（中国科学院青藏高原科学综合考察队，1986）。而在澜沧江流域该类草原仅见于藏东南昌都地区境内的澜沧江河谷，常在海拔3800～4300 m的河谷、山坡、高阶地等地形部位，是河谷干暖具有刺灌丛、温性草原向森林过渡的一种草地类型（西藏自治区土地管理局和西藏自治区畜牧局，1994）。

此外，具灌木的细裂叶莲蒿（*Artemisia santolinifolia*）草原类型主要分布于昌都地区八宿、洛隆、昌都、边坝县境内，生境干燥，坡度大多在10°～35°，水土流失严重，海拔在4000 m以下的区域（西藏自治区土地管理局，西藏自治区畜牧局，1994）。伴生的灌木物种包括白刺花、甘蒙锦鸡儿、灰毛莸、皱叶醉鱼草、忍冬（*Lonicera* sp.）等。物种组成中适应干冷的针茅和蒿属种类的数量极少或完全缺乏。说明本类型是在相对比较湿润的气候条件下发育起来的一类具有草甸化特点的草原群落，并在很大程度上具有次生的性质。

（2）高寒草原

高寒草原包含两个群系，分属两个群系组。

a. 羊茅草原（Form. *Festuca* spp.）

羊茅（*Festuca ovina*）是一个分布极广、植物体变化较大的北温带山地草原种。在我国，广泛分布于东北、内蒙古、新疆、西藏、青海、甘肃、四川、云南等地。但是它的群落生态幅度却比较狭窄，因此，我国羊茅草原很少大面积连续分布，多在特定生境条件下零星出现（吴征镒，1980）。羊茅草原属于典型草原中的丛生禾草草原群系组。在澜沧江流域该类草原分布在滇西北地区，海拔3700～3800 m，群落优势种则由于地理更替成为滇羊茅（*F. vierhapperi*）和羊茅在群落中共占优势（云南植被编写组，1986）。而紫羊茅杂类草原分布于昌都地区芒康、江达，海拔3500～3900 m的宽坦谷地及阳坡上（西藏自治区土地管理局和西藏自治区畜牧局，1994）。羊茅草原属于从生禾草高寒草原群系组。

b. 藏龙蒿、杂类草草原（Form. *Artemisia waltonii*）

藏龙蒿、杂类草草原属于高寒草原的小半灌木高寒草原群系组。该类型主要分布在日喀则地区，在山南、昌都和拉萨市也有分布。在澜沧江流域分布于昌都地区海拔 4000 ~ 4300 m 的干河内、河漫滩外缘及干山坡地上（西藏自治区土地管理局和西藏自治区畜牧局，1994）。该群系属于杂类草高寒草原群系组。

5.2.3.2 稀树草原

稀树草原，又称萨王纳（Savana）植被，是在热带干旱地区以多年生耐旱的草本植物为主所构成的大面积的热带草地，混杂其间的还生长着耐旱灌木和非常稀疏的孤立乔木，呈现出特有的群落结构和生态外貌。稀树草原主要分布在气候炎热而干旱、土壤浅薄贫瘠、森林不易生长的生境中（吴征镒，1980）。而在我国热带和亚热带南部，受热带季风的控制，雨季和旱季明显。在山地背风面雨影区气候十分干热。加以原有森林被破坏后，又经常反复砍烧和放牧，以致土壤日益干旱瘠薄。在这样干热的地区，出现具有次生性质的稀树草原类型的植被，其物种组成不具有稀树草原特有的成分，而是原有森林类型中存在的一些物种，或原有森林中的乔木采伐后通过萌生方式形成的一些个体，所以一些学者将其称为“河谷型萨王纳植被”（Savanna of valley type），或“半萨王纳植被——次生萨王纳植被”（secondary Savanna vegetation）（金振洲和欧晓昆，2000；金振洲等，1987）。在澜沧江流域分布的稀树草原仅一个群系，即扭黄茅、虾子花、木棉稀树草原（Form. *Heteropogon contortus*，*Woodfordia fruticosa*，*Bombax malabarica*）（吴征镒，1980），这一群系在《云南植被》研究中被划分为干热性稀树灌木草丛（云南植被编写组，1986），在滇川干热河谷植被研究中作为云南澜沧江干热河谷半萨王纳植被的唯一代表，之下划分了一个群目、一个群属、三个群丛（金振洲和欧晓昆，2000）。然而就整个澜沧江流域而言，除了干热河谷分布的扭黄茅、虾子花、木棉稀树群系外，还有热性、暖热性和暖湿性的稀树灌木草丛存在，云南植被的研究者从区域植被分布的特点及其群落结构、群落的性质和起源与演替出发，提出稀树灌草丛植被型，然后根据热量和水分条件的变化确定出干热性稀树灌草丛、热性稀树灌草丛、暖热性稀树灌草丛、暖温性稀树灌草丛和温凉性稀树灌草丛（云南植被研究组，1987），这种划分对探讨植被分布的规律更为明确和合理。

（1）干热性稀树灌草丛

干热性稀树灌木草丛是澜沧江流域干热河谷最为典型的植被类型，这一类型也见于其他一些流域的干热河谷内，如元江、红河、怒江、金沙江（金振洲和欧晓昆，2000；金振洲等，1987；张荣祖，1992；云南植被编写组，1986；吴征镒，1980）。在澜沧江流域干热性稀树灌木草丛仅有 1 个群系，既扭黄茅、木棉、虾子花群系。

扭黄茅、虾子花、木棉稀树灌草丛（Form. *Heteropogon contortus*，*Woodfordia fruticosa*，*Bombax malabarica*）。

该群系广泛分布于云南亚热带南部（多数在北纬 24°以南）各河谷坡地，如红河、藤条江、阿墨江和把边江、澜沧江、怒江以及盘龙江、南盘江等的中下游大致 1200 m 以下的峡谷地区。谷底的气候干热，蒸发量一般大于降水量数倍。土壤为红褐土。季雨林呈片断状断续小片分布，但也已受到破坏，仅按残留树种加以推断（金振洲和欧晓昆，2000；金振洲等，1987；张荣祖，1992；云南植被编写组，1986；吴征镒，1980）。

（2）热性稀树灌草丛

该类稀树灌草丛主要分布于滇南、滇西南、滇东南热带雨林或季雨林的分布地区，海拔均在 1100 m 以下。分布地的地貌为间山盆地附近的丘陵低山，或河岸两侧的老河漫滩，残丘台地等。土壤以砖红壤性土为主，土层一般深厚。

本植被亚型是季雨林、半常绿季雨林、落叶季雨林经反复破坏后的产物。在当地气候条件下，一旦停止人为烧、垦、砍、牧等活动，较易于恢复成林。在季雨林分布的地区，由于气候更加干旱以及对森林的烧、垦更为普遍，故稀树灌木草丛分布的面积较大，而且由于土壤更干，恢复成林也就较为困难（云南植被编写组，1987）。

本群系组包含三个群系，在澜沧江流域主要分布在中下游的临沧地区和西双版纳。

a. 含黄牛木、毛银柴的高草草丛（Form. tall grassland containing *Cratoxylon cochinchinense*，*Aporusa villosa*）

本群系是偏干性的热带季节雨林经反复砍烧后的产物。目前，它的面积还在日益扩大，成为滇南一带常见的植被类型。通常，在盆地或其两侧丘陵山地，特别是居民点附近的荒山荒地上，都有不同的面积和不同植物种类组成的混杂情况。它大致分布在海拔 1100 m 以下（云南植被编写组，1987）。

本群系分为以下两个群系：①类芦、大菅、棕叶芦群落（Comm. *Neyaudia reynaudiana*，*Themeda giganica* var. *villosa*，*Thysanolaena maxima*），主要分布于澜沧江下游西双版纳的景洪、勐腊一带的丘陵低山地区，海拔 700 ~ 1000 m。土壤以砖红壤性土为主。它是季节雨林和一部分季风常绿阔叶林反复破坏后所形成的次生植被。②飞机草群落（Comm. *Chromolaena odoratum*），在滇南低海拔地区，特别是村寨附近荒地分布很普遍。海拔在 800 ~ 1000 m，较集中的地区在西双版纳南部以及临沧孟定的南汀河下游等地。飞机草与紫茎泽兰一样都是外来的入侵物种，菊科植物原产非洲，19 世纪末，飞机草通过货船开始从美洲向外迁移到了印度等国家。在离开原生境后，天敌的丧失，其繁殖力和竞争力剧增，危害极大，由于飞机草和紫茎泽兰大量繁殖和散播构成的生态入侵的问题，已受到不少专家学者的重视（贾桂康和薛跃规，2011；冯玉龙等，2006；王满莲和冯玉龙，2005；杨期和等，2002；吴仁润等，1984）。

b. 含羊蹄甲的中草草丛（Form. medium grassland containing *Bauhinia variegate*）

本群系在滇南的西双版纳、滇西南的临沧、德宏地区都有分布。它是热带季雨林或半常绿季雨林受到破坏后的一类次生植被，分布海拔在 600 ~ 1000 m（云南植被编写组，1986）。该群系下仅含以种群落类型，即以羊蹄甲为稀树，以蔓生莠竹为草丛优势的一类次生稀树灌草丛类型。

c. 含羽叶楸、千张纸的高草草丛（Form. tall grassland containing *Stereospermum tetragonum*，*Oroxylum indicum*）

本群系主要分布于滇西南临沧地区的南部。它是热带季雨林反复破坏后所形成的。所在地生境比较干旱，已形成的次生植被较难恢复成林，故本群系在一些低丘，低山的阳坡常形成大片（云南植被编写组，1986）。从本群系的种类组成看，它是介于“木棉、黄茅中草草丛”和“黄牛木、毛银柴高草草丛”之间的一个类型。热带季雨林受到严重破坏，土壤进一步旱化的情况下也会出现此类型。另外，在温热河谷地区，土层厚而干旱不太严重的情况下，如澜沧江中下游河谷各地，也常出现此类群落。因此，本群落对于滇南季雨林的生境有一定的指示作用。

（3）暖热性稀树灌木草丛

该类稀树灌木草丛主要分布在滇中南、滇西南海拔 900 ~ 1500 m 的低山丘陵地带，原生植被为偏干性的季风常绿阔叶林。由于一年中干季明显，加以森林破坏后水土流失所引起的土壤干旱，致使出现这一类耐旱的草丛植被。而在靠近季雨林地区或靠近干热河谷地区，此类稀树草丛植被才得发展（云南植被编写组，1987）。在澜沧江流域的分布包括了下游的大部分地区，西双版纳、普洱和临汾地区。该类稀树灌木草丛分两个群系。

a. 含刺栲、红木荷的中草草丛（Form. medium grassland containing *Castonopis hystrix*，*Schima wallichii*）

本群系主要分布于滇南山地 900 ~ 1500 m。它在云南普洱以南地区，尤其是西双版纳南部地区的热带山地上，较为普遍。它是以刺栲、印栲、红木荷为标志的山地季风常绿阔叶林反复破坏后的产物（云南植被编写组，1987）。该群系在澜沧江流域分布于滇南热带山地的低山丘陵地带，海拔 900 ~ 1800m，西双版纳的大勐笼、小勐仑、勐腊、景洪、勐海、小勐养海拔 900 ~ 1800 m 的低山丘陵地带。

b. 含思茅松、小果栲的高草草丛（Form. tall grassland containing *Pinus kesiya* var. *langbianensi*，*Castanopsis fleuryi*）

本群系是在原有季风常绿阔叶林和思茅松林（*Pinus kesiya* var. *langbianensis*）破坏后形成和发育起来

的次生植被类型，在澜沧江流域主要分布在哀牢山以西的思茅、临沧地区，如滇西南和滇南的耿马、双江、景东、景谷、普洱、思茅、澜沧、孟连一带海拔 850 ~ 1500 m，主要分布在 1000 m 左右（云南植被编写组，1987）。

（4）暖温性稀树灌草丛

该类稀树灌草丛是原有的半湿润常绿阔叶林和湿性常绿阔叶林破坏后形成的次生植被，在云南分布范围很广，在澜沧江流域主要分布于中游的滇西北地区（云南植被编写组，1987）。包括含云南松、矮高山栎的低草草丛（Form. dwarf grassland containing *Pinus yunnanensis*，*Quercus monimmotricha*）。本群系是含有硬叶常绿栎类的云南松林反复砍烧破坏后所形成的次生植被。主要分布在滇西北、滇北 2500 m 以上至 2900 m 左右的山地，在澜沧江流域分布在上游的维西县境内（云南植被编写组，1987）。

5.2.4 高山垫状及流石滩植被

在树线以上的高山植被，除高寒灌丛、高寒草甸和沼泽草甸外，还有两类重要的植被类型——高山垫状植被和高山流石滩稀疏植被。与高寒灌丛和草甸相比，这两类植被在物种组成和群落结构上各自具有某些适应高寒恶劣气候和生境条件的独特适应特征。

5.2.4.1 高山垫状植被

在澜沧江流域高山垫状植被主要分布源区、中上游地区的山地高寒草甸带以上至高山流石坡稀疏植被带之间的区域内，一般呈块状分布或狭带状分布。

构成高山垫状植被优势层片的物种主要包括石竹科柔籽草属（*Thylacospermun*）、蚤缀属（*Arenaria*），报春花科的点地梅属（*Androsace*），蔷薇科的高山梅属（*Sibbaldianthe*）与委陵菜属（*Potentilla*），紫草科的垫紫草（*Ghionocharis*）与豆科的棘豆属（*Oxytropis*）和黄芪属（*Astragalus*）中的一些种（周兴民等，1986）。

根据建群种及优势层片的差异，澜沧江流域包括高山垫植被类型及其主要的分布区域简要介绍如下。

（1）簇生柔籽草垫状植被（Form. *Thyiacospermum caespitosum*）

该类型主要分布在喜马拉雅山、唐古拉山、昆仑山和巴颜喀拉山、祁连山等海拔 3850 ~ 5000 m 的冰碛坡地、冰碛平台、流石坡下缘和滩地等，土壤为冰积或坡积物形成的高山漠土，一般为砂壤，并夹有大量砾石，土壤贫瘠（周兴民等，1986）。在澜沧江流域主要分布于源区的杂多、玉树和囊谦的高山带。

（2）垫状点地梅植被（Form. *Androsace tapete*）

该类型广泛分布在喜马拉雅山北坡，念青唐古拉山、藏北高原东部、青南高原西部、唐古拉山、巴颜喀拉山、昆仑山至祁连山等地，在澜沧江流域主要分布于青海玉树地区海拔 4500 m 以上的冰碛平台滩地。土壤为湿润贫瘠的高山漠土，50 cm 以下常年冻结，其生境较簇生柔籽草垫状植被潮湿，土壤发育较好（中国科学院青藏高原综合科学考察队，1988；周兴民等，1986；吴征镒，1980）。

（3）苔状蚤缀垫状植被（Form. *Arenaria musciformis*）

该类型在青藏高原分布甚广，多见于喜马拉雅山北坡、念青唐古拉山、冈底斯山、昆仑山、藏北高原和青南高原，海拔 4800 m 以上的岩屑坡和较平坦的冰碛台地、阶地；基质主要为坡积、残积碎石，或为洪积和冰水沉积物（吴征镒，1980）。

（4）囊种草垫状植被（Form. *Thylacospermumcaes pitosum*）

该类型主要分布在冈底斯山、念青唐古拉山、唐古拉山、昆仑山、巴颜喀拉山，海拔 5100 ~ 5400 m 的高山冰碛坳地；阿里西部山地荒漠地区北部的羌臣摩山，海拔 5300 ~ 5500 m 高山带的山坳。土壤由大小不等的碎石和细土组成（吴征镒，1980）。

（5）高寒棘豆垫状植被（Form. *Oxytropis* sp.）

该类型分布于澜沧江发源地唐古拉山地区，占据海拔 4500 m 以上的平缓山地和坡麓。呈片断和块状分布，土壤为高山漠土，土壤母质为冰碛物和坡积物（周兴民等，1986）。

（6）钻叶风毛菊垫状植被（Form. *Saussurea sabulata*）

该类型仅小块分布澜沧江发源地唐古拉山海拔 4600 ~ 4700m 的冰碛平台和湖滨等地，土壤多为细砂土，土壤母质为冰碛物和冰水冲积物，土层薄，贫瘠（周兴民等，1986）。

以上 6 种类型为已有文献提到的在澜沧江流域分布的高山垫状植被，这 6 种植被在澜沧江源区以高寒棘豆、垫状点地梅和苔状蚤缀较为常见。

5.2.4.2 高山流石滩植被

高山流石坡稀疏植被是指高山雪线以下与高寒草甸或高寒荒漠带之间，在流石坡雪斑和高山冰川舌下部的地段，发育着一类极其耐寒、耐旱（主要是生理干旱）的稀疏植被，是山地垂直分布最高的植被类型（周兴民等，1986；吴征镒，1980）。

高山流石滩稀疏植被是高山隆起的产物。高山气候严寒，热量不足，辐射强，风力强劲，昼夜温度变化剧烈，经常受到雨、雪、冰雹的袭击，以及山顶崩塌的巨石有些滚落到山地下部，坡面被大小不一的碎石所覆盖的异常严酷的自然条件下，首先定居的那些易被风传播，且能够在这种严酷自然条件下生存的物种（吴征镒，1980），而由这些物种构成的植被类型，被一些学者认为是高寒草甸植被发生的初级阶段。但是，由于强烈的机械风化作用，使碎石处在不断的运动过程中，化学风化过程和成土过程极其微弱，因而使更多的草甸高山植物难以生存，唯有那些极其耐寒和耐旱，而且不怕流石压埋的植物生长，并且形成了一个比较长期而稳定的阶段（周兴民等，1986）。

高山流石滩稀疏植被主要分布于澜沧江中游德钦的白马雪山、梅里雪山，以及上游及源区的一些高山上部及冰川的基部之间（欧晓昆等，2006；周兴民等，1986；吴征镒，1980）。

5.3 澜沧江源区灌丛结构与功能调查

近年来，陆地植被生态系统服务功能的研究成为生态学领域研究的一个热点问题（谢高地等，2010，2001；傅伯杰等，2009），许多的研究已经从对植被的物种组成和结构的研究，转向对土壤理化指标、植被的生产力与环境因子之间（武建双等，2012；王瑞永等，2009；李凯辉等，2008，2007；王长庭等，2005，2004；李英年等，2003，1997），以及土壤因子与植被生产力之间关系的研究（雷蕾等，2011；赵景学等，2011；王鑫等，2008）。然而在这些研究中，针对某一特定灌丛或草地类型的研究较多，针对地区大多数类型的研究并不多见；在研究区域上针对草原区和荒漠区的研究较多，而在澜沧江流域开展的类似研究并不多见。

现发表的关于澜沧江流域生态服务功能的研究报道（陈龙等，2012a，2012b，2011；范娜等，2012；张昌顺等，2012），根据 3S 技术对澜沧江流域生态系统水源涵养功能、土壤保持功能及其空间分布进行了研究，得出土壤 N、P、K 元素保持量从上游至下游呈递增趋势，植被的盖度与土壤的保持功能之间存在显著相关，不同生态系统的土壤保持能力均随植被盖度的增加呈线性增长的结论。这些利用 3S 技术得出的大尺度的结论，能否利用样地尺度的数据进行论证，以及在同一个气候带内是否也存在同样的规律，需要进一步调查验证。

灌丛是澜沧江源区重要的陆地植被生态系统类型之一。灌丛之下生长着许多优良牧草，不仅是青藏高原主要的夏季牧场（周华坤等，2002；王启基等，1991；周兴民等，1986），而且一些灌丛的叶也是冬季草场被大量覆盖、牧草缺乏时，牲畜重要的取食对象（吴玉虎，2000）。更为重要的是，灌丛在防止水土流失和维持生态系统的稳定上具有重要的生态功能。本节利用澜沧江源区灌丛的调查数据，探讨在同一气候带下多种灌丛类型（群系）的物种多样性、初级生产力、土壤持水能力和养分跟群落结构的关系，探讨生态系统结构及其生态系统服务功能之间的关系。

取样点包括源区囊谦县城往北的澜沧江河谷（96°25′E ~ 96°26′E，32°19′N ~ 32°20′N）、杂多县城往东的澜沧江河谷及山地（95°32′E，32°51′N）及杂多县扎青乡的山地灌丛（95°05′E～95°10′E，33°02′N～33°07′N）。研究区域的灌丛类型包括山生柳灌丛、金露梅灌丛、鬼箭锦鸡儿灌丛、沙棘灌丛，以及枸子、小檗灌丛。在研究区域附近没有杜鹃灌丛出现，同时窄叶鲜卑花灌丛面积过小，高山绣线菊作为群落物种组成的部分，优势地位不明显，从而取样范围不包括杜鹃灌丛、窄叶鲜卑花灌丛、高山绣线菊灌丛。

样地选择在澜沧江河谷的河滩、河谷两侧或一侧的山地。样地按统一的标准进行设置，即在每一个取样点，设置一个4 m×4 m的灌木样地（大果圆柏例外，为10 m×10 m），然后将样地平均划为4个2 m×2 m（或5 m×5 m）的灌木样方，再在每个灌木样方的左上角设置一个1 m×1 m的草本样方。灌木样方调查群落的总盖度、灌木盖度以及每一个灌木物种的株数、平均高度及盖度。草本样方调查群落总盖度、灌木盖度、草本盖度、禾草盖度、非禾草盖度、苔藓盖度、凋落物盖度、凋落物非禾草盖度、凋落物禾草盖度以及每一草本物种的盖度和高度。生物量调查对位于左上角样方（2 m×2 m）内的所有灌木的地上生物量分枝、叶的总鲜重进行调查，草本生物量调查同样取位于左上角的样方（2 m×2 m）内的草本、苔藓和凋落物的总鲜重进行调查，草本和凋落物的生物量又分禾草和非禾草的生物量。在测定完总鲜重后，按灌木枝、叶、禾草、非禾草、苔藓、凋落物禾草、凋落物非禾草进行取样。最终生物量的干重通过取样样品推出的折干率进行换算。

土壤按10 cm一层进行取样，原则上至少取到40 cm。物理性质利用环刀法取样并测定土壤的饱和含水率、毛管含水率及容重等指标，化学性质分析土壤的pH、全碳、有机碳、无机碳，以及全磷和全钾等指标，并利用这些指标计算土壤的C、N和P储量，计算公式为

$$C = z \times \text{pb} \times c/1000 \tag{5-1}$$

式中，C为碳储量（carbon stock）（kg/m^2）；z为土层厚度（thick）（m）；pb为土壤容重（bulk density）（kg/m^2）；c为全碳含量（carbon content）（g/kg）；1000为固定值，碳库变化取决于两个变量，容重和全碳的含量（Pang et al.，2011）。N和P储量的算法跟C储量的算法类似，将式（5-1）中的全碳含量换为全N和全P的含量即可。由于一些层次中存在石砾过大，没有取到环刀，从而没有饱和含水率、毛管含水率以及土壤容重的数据。由于缺少容重数据，也就无法算出C、N和P的储量。对于土壤，采用10 cm一层进行取样的方法，在0～40 cm的范围内没有提到的指标除上述提到的原因外，就是已经出现大的岩石，不能进行取样。对于一些土层较好的区域，取样达到40～50 cm这一层。但需要指出的是，并非土层厚度仅有50 cm，而是在实验设计过程中对超过50 cm的土样没有做进一步的要求。

本研究中取得的16块样地包括澜沧江源区的灌丛结构、物种多样性、生物量以及土壤理化性质的数据符合正态分析，从而回归分析采用spearman相关系数或线性回归方程。

5.3.1 澜沧江源区灌丛的结构与物种组成

根据野外调查数据、室内标本鉴定和样方资料整理的结果，对2010年在澜沧江源区杂多、囊谦两县调查的灌丛结构及物种组成介绍如下。

5.3.1.1 山生柳灌丛（Form. *Salix oritrepha*）

山生柳灌丛是澜沧江源区最为常见的高寒落叶灌丛，在杂多、玉树和囊谦均有分布，海拔3000～4500 m，坡度31°～33°，坡面有露出的碎石。土壤为高山灌丛草甸土。

群落总盖度在90%以上，灌木盖度为44.81%～66.88%，草本盖度为64.05%～84.25%，禾草盖度为41.70%～58.50%，非禾草盖度为29.20%～50.30%；苔藓盖度为11.50%～23.05%，凋落物盖度为15.20%～32.40%。

构成灌木层的优势种是山生柳，高度在0.5～3 m，灌木层平均高度为0.63～0.73 m。灌木密度为27 500～105 625株/hm^2，在4个2 m×2 m的样方内记录到的灌木物种有2～3种，伴生的灌木物种有箭叶

锦鸡儿、金露梅等。草本层平均高度为 5 ~ 7 cm，草本层植物种类比较丰富，以中生植物为主，在 4 个 1 m× 1 m 的草本样方内记录到的草本物种有 22 ~ 28 种，以线叶嵩草为优势。伴生种类有禾叶嵩草（*Kobresia graminifolia*）、双叉细柄草（*Ptilagrostis dichotoma*）、致细柄茅（*Ptilagrostis concinna*）、羊茅（*Festuca ovina*）、山野火绒草（*Leontopodium campestre*）、美丽风毛菊（*Saussurea pulchra*）、珠芽蓼（*Pollygonum viviparum*）、圆穗蓼（*Polygonum macrophyllum*）、异针茅（*Stipa aliena*）、蒲公英（*Taraxacum mongolicum*）、钝苞雪莲（*Saussurea nigrescens*）、矮大黄（*Rheum nanum*）、矮火绒草（*Leontopodium nanum*）、雪白委陵菜（*Potentilla nivea*）、龙胆（*Gentiana* spp.）、高山唐松草（*Thalictrum alpinum*）、高山紫菀（*Aster alpinus*）、黄芪（*Astragalus* sp.）、山地虎耳草（*Saxifraga sinomontana*）、粗喙苔草（*Carex scabrirostris*）、红花岩黄芪（*Hedysarum multijugum*）、鼠尾草（*Salvia* sp.）等（表 5-1）。

表 5-1　澜沧江源区山生柳灌丛样地调查表

样地号	ZQ01	ZQ02	ZQ03
调查时间	2010 年 7 月 28 日	2010 年 7 月 28 日	2010 年 7 月 29 日
调查人	方志强、刘鑫、金艳强	方志强、刘鑫、金艳强	方志强、刘鑫、金艳强
调查地点	青海省杂多县扎青乡	青海省杂多县扎青乡	青海省杂多县扎青乡
GPS	95°10′34. 21″E，33°02′48. 72″N	95°10′37. 83″E，33°02′50. 87″N	95°10′32. 07″E，33°02′51. 19″N
海拔/m	4 386	4 421	4 351
坡向	NW73°	NW52°	NW59°
坡度	33°	32°	31°
样地面积	4m×4m	4m×4m	4m×4m
群落总盖度/%	96. 19±1. 31	97. 19±0. 79	98. 06±0. 48
灌木盖度/%	53. 75±12. 35	66. 88±5. 14	44. 81±11. 79
灌木层平均高度/m	0. 69±0. 10	0. 73±0. 08	0. 63±0. 10
灌木密度/（株/hm^2）	27 500±4 894	59 375±6 485	105 625±20 801
草本盖度/%	87. 25±3. 09	64. 05±8. 28	82. 55±8. 29
非禾草盖度/%	46. 88±7. 19	29. 20±1. 89	50. 30±5. 85
禾草盖度/%	58. 50±9. 07	41. 70±6. 08	53. 85±8. 07
苔藓盖度/%	11. 50±2. 37	23. 05±2. 35	15. 60±4. 10
凋落物盖度/%	21. 58±2. 04	32. 04±3. 22	15. 20±1. 53
凋落物禾草盖度/%	3. 58±1. 31	3. 25±0. 24	4. 15±2. 05
凋落物非禾草盖度/%	19. 55±2. 18	30. 50±3. 17	12. 40±3. 16
草本层平均高度/cm	6. 46±0. 88	6. 28±0. 06	5. 51±0. 53

层次	种类	ZQ01			ZQ02			ZQ03		
		盖度/%	株数	平均高度/m	盖度/%	株数	平均高度/m	盖度/%	株数	平均高度/m
灌木层	山生柳 *Salix oritrepha*	37. 38	20	1. 08	57. 50	14	1. 40	39. 06	14	1. 03
	金露梅 *Potentilla fruticosa*	6. 81	22	0. 20	15. 00	78	0. 26	9. 94	155	0. 23
	鬼箭锦鸡儿 *Caragana jubata*	2. 50	2	0. 25	2. 50	3	0. 21			

续表

层次	种类	ZQ01		ZQ02		ZQ03	
		频度	盖度/%	频度	盖度/%	频度	盖度/%
萃本层	线叶嵩草 *Kobresia capillifolia*	4	29.5	4	12.7	4	27.4
	珠芽蓼 *Polygonum viviparum*	4	29.1	4	23.4	4	23.7
	禾叶嵩草 *Kobresia graminifolia*	3	24.1	4	18.8		
	双叉细柄草 *Ptilagrostis dichotoma*	3	19.4	2	2.9		
	圆穗蓼 *Polygonum macrophyllum*	4	15.4	1	2.0	4	15.2
	钝裂银莲花 *Anemone obtusiloba*	4	7.5			3	7.5
	致细柄茅 *Ptilagrostis concinna*	3	6.2			1	1.6
	草玉梅 *Anemone rivularis*	1	6.0			1	3.2
	矮泽芹 *Chamaesium paradoxum*	4	4.9	3	1.9	4	4.8
	矮大黄 *Rheum nanum*	3	3.5			3	1.4
	雪白委陵菜 *Potentilla nivea*	4	3.0	4	8.9	4	2.6
	羊茅 *Festuca ovina*	1	3.0	2	4.8	2	8.8
	红花岩黄芪 *Hedysarum multijugum*	2	2.9			1	0.6
	高山紫菀 *Aster alpinus*	4	2.7	4	1.7	4	2.1
	甘肃马先蒿 *Pedicularis kansuensis*	4	2.6	1	1.6	3	0.8
	天蓝韭 *Allium cyaneum*	2	2.5				
	高山唐松草 *Thalictrum alpinum*	3	1.6	2	2.1	3	4.8
	粗喙苔草 *Carex scabrirostris*	3	1.5			3	4.3
	黄芪 *Astragalus* sp.	3	1.3	4	2.7	3	10.7
	美丽风毛菊 *Saussurea superba*	3	1.1	1	1.0	1	1.0
	垂穗披碱草 *Elymus nutans*	1	1.0				
	长花马先蒿 *Pedicularis longiflora*	3	1.0	3	4.1	2	1.7
	西域龙胆 *Gentiana clarkei*	4	0.7	4	0.8	3	0.8
	大戟 *Euphorbia* sp.	3	0.7	3	1.9	3	0.6
	矮火绒草 *Leontopodium nanum*	1	0.2				
	异针茅 *Stipa aliena*			2	1.6		
	展苞灯心草 *Juncus thomsonii*			1	1.0	4	18.0
	垫状点地梅 *Androsace tapete*			1	0.2		
	甘肃马先蒿 *Pedicularis kansuensis*			1	2.6	2	1.8
	锐果鸢尾 *Iris goniocarpa*					1	0.2
	蒲公英 *Taraxacum mongolicum*					2	1.1
	藏异燕麦 *Helictotrichon tibeticum*			1	1.0		
	小大黄 *Rheum pumilum*					1	3.6
	苔草 *Carex* sp.					1	6.4
	苞序葶苈 *Draba ladyginii*			2	0.8		
	矮生嵩草 *Kobresia humilis*					1	4.8
	小米草 *Euphrasia pectinata*					3	1.2

5.3.1.2 金露梅灌丛（Form. *Potentina fruticosa*）

金露梅（*Potentina fruticosa*）灌丛是高寒落叶灌丛的典型代表，它广布于青藏高原东部海拔 3200 ~ 4500 m 的山地阴坡、半阳坡、潮湿滩地以及高海拔的山地阳坡。在澜沧江流域的分布包括杂多、玉树、囊谦，海拔为 3500 ~ 4800 m（周兴民等，1986）。此外，该群系在滇西北也有小片小分（吴征镒，1980）。土壤为高山灌丛草甸土。在澜沧江源区分布在海拔 4218 ~ 4354 m，坡度为 25° ~ 29°的山坡。

群落总盖度为 91.1% ~ 98.2%，灌木盖度为 30.0% ~ 40.3%，草本盖度为 66.1% ~ 79.4%，禾草盖度为 42.4% ~ 51.2%，非禾草盖度为 37.6% ~ 55.6%；苔藓盖度为 6.15% ~ 9.6%，凋落物盖度为 15.1% ~ 18.8%。

灌木层平均高度为 0.27 ~ 0.34 m，灌木密度为 111 250 ~ 138 125 株/hm^2，在 4 个 2 m × 2 m 的样方内记录到的灌木物种有 2 种，以金露梅为绝对优势。伴生种类较少，常见的有山生柳、箭叶锦鸡儿、高山绣线菊，岩生忍冬等。草本层平均高度为 5.4 ~ 8.6 cm，组成草本层的植物种类比较丰富，在 4 个 1 m × 1 m 的草本样方内记录到的草本物种有 33 ~ 43 种，多属高山草甸成分，如喜马拉雅嵩草、草玉梅（*Anemone rivularis*）、钝裂银莲花（*Anemone obtusiloba*）、圆穗蓼、独一味（*Lamiophlomis rotata*）、龙胆（*Gentiana* sp.）、青甘韭（*Allium przewalskianum*）、甘肃马先蒿（*Pedicularis kansuensis*）、委陵菜（*Potentilla* sp.）、苔草（*Carex* sp.）、早熟禾（*Poa* sp.）等（表 5-2）。

表 5-2 澜沧江源区金露梅灌丛样地调查表

样地号	ZQ06	ZQ07	ZQ08
调查时间	2010 年 8 月 3 日	2010 年 8 月 3 日	2010 年 8 月 4 日
调查人	方志强、刘鑫、金艳强	方志强、刘鑫、金艳强	方志强、刘鑫、金艳强
调查地点	杂多县扎青乡	杂多县扎青乡	杂多县扎青乡
GPS	95°10′28.70″E，33°02′49.68″N	95°10′25.19″E，33°02′40.88″N	95°10′29.25″E，33°02′56.49″N
海拔/m	4 218	4 316	4 345
坡向	NW69°	WN102°	NW66°
坡度	26°	28°	25°
样地面积	4m×4m	4m×4m	4m×4m
群落总盖度/%	98.25±0.43	94.38±2.21	97.88±0.24
灌木盖度/%	28.50±5.78	29.69±11.34	22.56±3.68
灌木层平均高度/m	0.34±0.06	0.27±0.02	0.29±0.02
灌木密度/（株/hm^2）	138 125±18 662	117 500±17 883	111 250±9 816
草本盖度/%	66.10±7.29	67.40±9.22	79.40±0.59
非禾草盖度/%	37.60±3.03	45.95±6.09	55.60±5.82
禾草盖度/%	44.80±6.50	42.04±4.82	51.20±4.62
苔藓盖度/%	9.60±1.96	8.25±2.94	6.15±1.03
凋落物盖度/%	18.80±1.37	16.00±0.92	15.05±0.92
凋落物禾草盖度/%	5.70±0.41	4.20±0.24	5.4±0.57
凋落物非禾草盖度/%	15.20±1.51	13.60±0.98	11.95±1.13
草本层平均高度/cm	5.51±2.13	8.61±1.41	5.43±1.10

续表

层次	种类	ZQ06			ZQ07			ZQ08		
		盖度/%	株数	平均高度/m	盖度/%	株数	平均高度/m	盖度/%	株数	平均高度/m
灌木层	金露梅 *Potentilla fruticosa*	20.63	217	0.28	29.25	161	0.31	17.44	160	0.25
	山生柳 *Salix oritrepha*	9.25	4	0.58				6.25	18	0.32
	岩生忍冬 *Lonicera rupicola*				8.19	27	0.24			

层次	种类	ZQ06		ZQ07		ZQ08	
		频度	盖度/%	频度	盖度/%	频度	盖度/%
草本层	线叶嵩草 *Kobresia capillifolia*	4	17.9	3	8.0	4	27.6
	圆穗蓼 *Polygonum macrophyllum*	4	16.4	4	10.0	4	13.2
	喜马拉雅嵩草 *Kobresia royleana*	4	14.8	4	16.0	4	15.1
	展苞灯心草 *Juncus thomsonii*	4	8.4	4	16.4	3	5.9
	高山紫菀 *Aster alpinus*	4	7.1	4	5.5	4	6.8
	高山唐松草 *Thalictrum alpinum*	4	6.4	2	4.8	4	11.2
	多茎委陵菜 *Potentilla multicaulis*	4	6.0	4	4.0	4	9.1
	高山早熟禾 *Poa alpina*	3	4.1	3	3.5		
	珠芽蓼 *Polygonum viviparum*	3	4.1	4	9.2	4	16.0
	羊茅 *Festuca ovina*	2	3.2	1	1.6	2	2.1
	异针茅 *Stipa aliena*	1	3.2	3	3.0	3	1.8
	双叉细柄茅 *Ptilagrostis dichotoma*	2	2.7				
	垂穗披碱草 *Elymus nutans*	1	2.6	1	3.2	1	1.6
	致细柄茅 *Ptilagrostis concinna*	4	2.4	3	2.3	4	2.7
	甘肃棘豆 *Oxytropis kansuensis*	3	2.3	4	8.0	2	8.8
	小大黄 *Rheum pumilum*	3	2.3	1	3.2		
	毛颏马先蒿 *Pedicularis lasiophrys*	3	1.7	3	1.2	4	1.2
	粗喙苔草 *Carex scabrirostris*	1	1.6	2	4.0	2	3.2
	矮生嵩草 *Kobresia humilis*	2	1.6				
	香青 *Anaphalis* sp.	2	1.3	2	3.7		
	小米草 *Euphrasia pectinata*	3	1.1	2	0.8		
	大戟 *Euphorbia* sp.	2	1.1	2	1.0	4	8.4
	独一味 *Lamiophlomis rotata*	1	1.0	3	10.5	3	4.1
	火绒草 *Leontopodium* sp.	1	1.0				
	堇菜 *Volia* sp.	1	1.0	2	0.4	1	0.2
	雪白委陵菜 *Potentilla nivea*	1	1.0			4	0.6
	西域龙胆 *Gentiana clarkei*	1	1.0	1	1.6	3	3.2
	长花马先蒿 *Pedicularis longiflora*	1	0.5	1	0.2		
	岷县龙胆 *Gentiana purdomii*	1	0.5				
	小米草 *Euphrasia pectinata*	1	0.3	1	0.2		
	隐瓣蝇子草 *Silene gonosperma*	1	0.2				

续表

层次	种类	ZQ01		ZQ02		ZQ03	
		频度	盖度/%	频度	盖度/%	频度	盖度/%
草本层	矮泽芹 *Chamaesium paradoxum*		3	2.1	5	2.0	
	白苞筋骨草 *Ajuga lupulina*			3	1.0		
	短颖披碱草 *Elymus burchan-buddae*			1	6.4		
	青海刺参 *Morina kokonorica*			4	0.8	1	0.5
	锐果鸢尾 *Iris goniocarpa*			1	1.0		
	高原毛茛 *Ranunculus tanguticus*			2	0.8	1	0.1
	喉毛花 *Comastoma pulmonarium*			1	1.0	4	1.3
	淡黄香青 *Anaphalis flavescens*			2	1.8		
	黄芪 *Astragalus* sp.			4	1.9	3	4.1
	苔草 *Carex* sp.			1	0.6		
	高原毛茛 *Ranunculus tanguticus*			4	3.5	3	6.7
	毛茛状金莲花 *Trollius ranunculoides*					1	3.2
	突隔梅花草 *Parnassia delavayi*					1	0.2
	蒲公英 *Taraxacum mongolicum*					3	
	大花秦艽 *Gentiana macrophylla* var. *fetissowii*			1	1.0		
	华雀麦 *Bromus sinensis*			2	3.2		
	肉果草 *Lancea tibetica*			4	2.9		
	喜马拉雅沙参 *Adenophora himalayana*			1	0.2		
	藏异燕麦 *Helictotrichon tibeticum*	1	1.6	2	3.2	2	2.4
	硕大马先蒿 *Pedicularis ingens*			2	1.0		
	天蓝韭 *Allium cyaneum*			1	1.0		
	葛缕子 *Carum carvi*			1	1.6		
	圆柱披碱草 *Elymus dahuricus* var. *cylindricus*	3	1.0			2	2.9
	早熟禾 *Poa* sp.					3	4.8
	线叶嵩草 *Kobresia capillifolia*	4	17.9	3	8.0	4	14.4
	珠芽蓼 *Polygonum viviparum*	4	16.4	4	10.0	4	

5.3.1.3 鬼箭锦鸡儿灌丛（Form. *Caragana jubata*）

鬼箭锦鸡儿灌丛在澜沧江源区分布较广，其分布范围包括杂多县、玉树县和囊谦县，此外该灌丛在西藏昌都地区和滇西北地区也有分布，但分布面积从北到南逐渐减少（中国科学院青藏高原综合科学考察队，1988；周兴民等，1986）。在澜沧江源区分布海拔在3712~4512 m，坡度在33°~41.5°的阳坡或半阳坡。

群落总盖度为57.73%~93.81%，灌木盖度为28.34%~31.00%，草本盖度为35.60%~71.67%，禾草盖度为19.85%~40.93%，非禾草盖度为21.60%~40.40%；苔藓盖度为6.57%~11.45%，凋落物盖度为10.50%~17.60%。

灌木层平均高度为0.24~0.47 m，灌木密度为8750~55625 株/hm^2。在4个2 m×2 m的样方内记录到的灌木物种有2~3种，以鬼箭锦鸡儿为绝对优势。伴生种类较少，常见的有山生柳、金露梅、高山绣线菊（*Spiraea alpine*）、栒子（*Contestea* sp.）等。草本层平均高度为4.79~11.67 cm，在4个1 m×1 m

的草本样方内记录到的草本物种有 19 ~ 34 种。组成草本层的植物种类比较丰富，以多年生中生草甸为主，常见的有矮生嵩草（*Kobresia humilis*）、喜马拉雅嵩草（*K. royleana*）、珠芽蓼、圆穗蓼、早熟禾（*Poa* sp.）、羊茅、矮大黄、双叉细柄茅（*Ptilagrostis dichotoma*）、垂穗披碱草（*Elymus nutans*）、银莲花（*Anemone* sp.）、香青（*Anaphalis* sp.）、高山唐松草等（表 5-3）。

表 5-3　澜沧江源区鬼箭锦鸡儿灌丛样地调查表

样地号	NQ04	ZQ16	ZQ17
调查时间	2010 年 8 月 14 日	2010 年 8 月 10 日	2010 年 8 月 10 日
调查人	方志强、刘鑫、金艳强	方志强、刘鑫、金艳强	方志强、刘鑫、金艳强
调查地点	囊谦县香达镇	杂多县扎青乡	杂多县扎青乡
GPS	96°25′57.22″E，32°20′22.06″N	95°05′34.33″E，33°07′13.58″N	95°05′31.29″E，33°07′14.51″N
海拔/m	3 710	4 508	4 512
坡向	NW25.5	NW48°	SE49°
坡度	33°	35.5°	41.5°
样地面积	4m×4m	4m×4m	4m×4m
群落总盖度/%	57.73±10.57	81.38±3.99	93.81±2.14
灌木盖度/%	31±10.18	28.34±5.06	29.25±2.95
灌木层平均高度/m	0.47±0.05	0.31±0.06	0.24±0.02
灌木密度/（株/hm^2）	8 750±721	55 625±8919	34 375±4130
草本盖度/%	35.60±3.66	57.12±5.74	71.67±0.98
非禾草盖度/%	21.60±2.96	40.40±2.84	37.60±2.91
禾草盖度/%	19.85±3.49	25.48±5.12	40.93±3.80
苔藓盖度/%	11.45±2.62	10.59±2.92	6.57±4.78
凋落物盖度/%	17.60±2.17	19.64±2.59	10.50±1.57
凋落物禾草盖度/%	6.50±2.78	4.42±0.31	5.47±2.89
凋落物非禾草盖度/%	13.05±3.39	17.32±3.09	6.07±2.02
草本层平均高度/cm	11.67±0.19	4.79±0.38	5.73±0.35

层次	种类	NQ04			ZQ16			ZQ17		
		盖度/%	株数	平均高度/m	盖度/%	株数	平均高度/m	盖度/%	株数	平均高度/m
灌木层	鬼箭锦鸡儿 *Caragana jubata*	24.25	11	0.25	22.97	78	0.24	21.97	33	0.30
	高山绣线菊 *Spiraea alpina*	7.22	3	0.81						
	灰栒子 *Cotoneaster acutifolius*	0.09	1	0.13						
	金露梅 *Potentilla fruticosa*							6.06	22	0.18
	山生柳 *Salix oritrepha*				7.13	11	0.44			

续表

层次	种类	NQ04		ZQ16		ZQ17	
		频度	盖度/%	频度	盖度/%	频度	盖度/%
草本层	圆柱披碱草 *Elymus dahuricus* var. *cylindricus*	4	21.7				
	珠芽蓼 *Polygonum viviparum*			4	35.0	4	11.8
	矮生嵩草 *Kobresia humilis*			4	14.6	4	14.1
	线叶嵩草 *Kobresia capillifolia*	3	5.9	3	7.5	4	27.6
	圆穗蓼 *Polygonum macrophyllum*					4	12.6
	展苞灯心草 *Juncus thomsonii*			1	4.8		
	双叉细柄茅 *Ptilagrostis dichotoma*	4	4.8	4	3.8	1	1.6
	碎米蕨叶马先蒿 *Pedicularis cheilanthifolia*			4	3.6		
	红花岩黄芪 *Hedysarum multijugum*			3	3.1	1	1.6
	粗喙苔草 *Carex scabrirostris*			4	2.9	2	2.3
	长花马先蒿 *Pedicularis longiflora*			1	2.6		
	羊茅 *Festuca ovina*			1	2.6		
	甘肃棘豆 *Oxytropis kansuensis*			2	2.4	2	4.3
	小景天 *Sedum* sp.			3	1.9		
	隐瓣蝇子草 *Silene gonosperma*	1	10.0	1	1.6		
	小大黄 *Rheum pumilum*			1	1.0		
	多茎委陵菜 *Potentilla multicaulis*			1	1.0	4	6.2
	火绒草 *Leontopodium* sp.	4	10.0	1	0.5	3	7.8
	矮泽芹 *Chamaesium paradoxum*			1	0.5		
	黄花棘豆 *Oxytropis ochrocephala*			1	0.5		
	芸香叶唐松草 *Thalictrum rutaefolium*			1	0.5	3	1.6
	华雀麦 *Bromus sinensis*	2	8.8			1	2.0
	早熟禾 *Poa* sp.	3	8.5			1	1.6
	蒿 *Artemisia* sp.	4	6.5				
	风毛菊 *Saussurea* sp.	1	6.4				
	黄芪 *Astragalus* sp.	3	5.5			2	4.4
	高山紫菀 *Aster alpinus*	1	3.2			3	4.1
	微孔草 *Microula sikkimensis*	4	3.0				
	岷县龙胆 *Gentiana purdomii*	3	2.4				
	山地虎耳草 *Saxifraga sinomontana*	4	2.3				
	葛缕子 *Carum carvi*	2	2.2				
	西域龙胆 *Gentiana clarkei*	2	2.1			3	1.3
	青甘韭 *Allium przewalskianum*	1	1.6				
	马先蒿 *Pedicularis* sp.	3	1.4				
	硬毛蓼 *Polygonum hookeri*	2	1.1				
	毛莲蒿 *Artemisia vestita*	1	1.0				
	蕨麻委陵菜 *Potentilla anserina*	1	1.0				
	卷耳 *Cerastium arvense*	1	0.8				
	景天 *Sedum* sp.	1	0.5				

续表

层次	种类	NQ04		ZQ16		ZQ17	
		频度	盖度/%	频度	盖度/%	频度	盖度/%
草本层	黄鹌菜 *Yongia* sp.	1	0.5				
	湿生扁蕾 *Gentianopsis paludosa*					1	0.5
	高山早熟禾 *Poa alpina*					1	3.2
	大戟 *Euphorbia* sp.					4	3.3
	沙生风毛菊 *Saussurea arenaria*					4	3.2
	独一味 *Lamiophlomis rotata*					2	6.1
	致细柄茅 *Ptilagrostis concinna*					2	2.1
	喜马拉雅嵩草 *Kobresia royleana*					2	14.2
	大花秦艽 *Gentiana macrophylla* var. *fetissowii*					1	4.2
	喉毛花 *Comastoma pulmonarium*					1	1.0
	异针茅 *Stipa aliena*					1	9.6
	藏异燕麦 *Helictotrichon tibeticum*					3	1.6
	高山唐松草 *Thalictrum alpinum*					1	0.5
	菥蓂 *Thlaspi arvense*					1	1.0
	长茎藁本 *Ligusticum thomsonii*					1	1.5
	香青 *Anaphalis* sp.					3	2.4
	蚤缀 *Arenaria* sp.					3	2.6
	阿氏蒿 *Artemisia adamsii*					2	1.6
	垂穗披碱草 *Elymus nutans*					1	3.0

5.3.1.4 沙棘灌丛（Form. *Hippophae rhamnoides* subsp. *sinensis*）

中国沙棘为落叶灌木或乔木，随环境和保存状况的差异，群落高度变化很大，尽管在梅里雪山的一些区域，群落高度达15 m，被划为落叶阔叶林（欧晓昆等，2006），但我们在澜沧江源区调查的沙棘植被，群落高度不到3 m，划为灌丛类型更为准确，这种划分也同《西藏植被》、《青海植被》和《中国植被》的研究结果一致（中国科学院青藏高原综合科学考察队，1988；周兴民等，1986；吴征镒，1980）。

在澜沧江源区的杂多、囊谦和玉树均有分布。分布的海拔在3600～4000 m，生境条件包括河漫滩、河谷阶地以及山坡，土壤多为冲积石砾质砂土。

群落总盖度为76.2%～98.2%，灌木盖度为40.8%～92.5%，草本盖度为42.4%～74.4%，禾草盖度为8.8%～57.5%，非禾草盖度为22.3%～56.3%；苔藓盖度为5.7%～15.4%，凋落物盖度为22.9%～35.2%。

灌木层平均高度为1.09～2.24 m，灌木密度为8750～26 250株/hm^2，在4个2 m×2 m的样方内记录到的灌木物种有2～6种，以中国沙棘为绝对优势。伴生种类较少，常见的有金露梅、鬼箭锦鸡儿、高山绣线菊，岩生忍冬、刚毛忍冬（*Lonicera hispida*）和直穗小檗等。草本层平均高度为5.4～8.6 cm，组成草本层的植物种类比较丰富，在4个1 m×1 m的草本样方内记录到的草本物种有10～38种，常见的草本植物有粗喙苔草、黑穗苔草（*Carex atrata*）、藏异燕麦、珠芽蓼、黄花棘豆（*Oxytropis ochrocephala*）、肉果草（*Lancea tibetica*）、长花马先蒿（*Pedicularis longiflora*）、高山唐松草、甘青铁线莲、小花草玉梅（*Anemone rivularis* var. *flore-minore*）等（表5-4）。

表 5-4　澜沧江源区中国沙棘灌丛样地调查表

样地号	ZD03	ZD04	ZD05
调查时间	2010 年 8 月 1 日	2010 年 8 月 2 日	2010 年 8 月 2 日
调查人	方志强、刘鑫、金艳强	方志强、刘鑫、金艳强	方志强、刘鑫、金艳强
调查地点	杂多县澜沧江河谷	杂多县澜沧江河谷	杂多县澜沧江河谷
GPS	95°32′09.66″E，32°51′31.34″N	95°32′10.45″E，32°51′30.63″N	95°32′11.61″E，32°51′32.06″N
海拔/m	4 025	3 994	3 996
坡向	SE41°	SE51°	NE36°
坡度	36°	39°	40°
样地面积	4m×4m	4m×4m	4m×4m
群落总盖度/%	76.19±9.09	98.25±0.25	97.19±0.49
灌木盖度/%	67.69±12.10	92.50±1.74	80.94±5.40
灌木层平均高度/m	1.13±0.14	1.29±0.11	2.04±0.28
灌木密度/（株/hm^2）	21 875±3733	26 250±4841	8 750±1613
草本盖度/%	42.40±5.64	61.35±4.15	74.40±5.34
非禾草盖度/%	22.35±5.77	56.30±4.60	26.80±4.54
禾草盖度/%	25.60±3.64	8.80±2.77	57.50±10.48
苔藓盖度/%	15.35±4.03	10.33±6.73	7.85±2.40
凋落物盖度/%	24.10±1.31	35.20±3.27	22.40±1.31
凋落物禾草盖度/%	11.20±1.60	2.43±0.78	12.00±2.96
凋落物非禾草盖度/%	16±0.65	34.05±3.04	14.00±3.42
草本层平均高度/cm	17.92±1.55	18.49±3.69	18.87±2.49

层次	种类	ZD03			ZD04			ZD05		
		盖度/%	株数	平均高度/m	盖度/%	株数	平均高度/m	盖度/%	株数	平均高度/m
灌木层	中国沙棘 *Hippophae rhamnoides* subsp. *sinensis*	43.31	22	1.30	68.25	19	1.90	80.94	12	2.58
	岩生忍冬 *Lonicera rupicola*	27.31	10	1.15	19.63	15	1.31	1.56	2	0.54
	鲜黄小檗 *Berberis diaphana*	1.63	2	0.73	3.81	3	0.67			
	灰苞蒿 *Artemisia roxburghiana*	0.38	1	0.52						
	金露梅 *Potentilla fruticosa*				7.13	1	1.25			
	刚毛忍冬 *Lonicera hispida*				0.63	3	0.54			
	冰川茶藨子 *Ribes glaciale*				0.13	1	0.50			

续表

层次	种类	ZD03		ZD04		ZD05	
		频度	盖度/%	频度	盖度/%	频度	盖度/%
草本层	灰苞蒿 *Artemisia roxburghiana*	2	17.6	1	6.4	3	6.4
	隐瓣蝇子草 *Silene gonosperma*	5	17.4				
	蒿 *Artemisia* sp.	5	9.2	1	12.8	1	6.4
	早熟禾 *Poa* sp.	5	8.6	5	6.8	5	40.8
	黄花棘豆 *Oxytropis ochrocephala*	3	6.4				
	青海刺参 *Morina kokonorica*	2	4.0				
	垂穗披碱草 *Elymus nutans*	5	3.3				
	双叉细柄草 *Ptilagrostis dichotoma*	1	1.6				
	毛莲蒿 *Artemisia vestita*	1	1.6	3	5.7	5	5.0
	隐瓣蝇子草 *Silene gonosperma*	1	1.6	1	1.6		
	高山唐松草 *Thalictrum alpinum*	1	1.0	2	4.5	5	4.4
	黄芪 *Astragalus* sp.	1	1.0				
	长果婆婆纳 *Veronica ciliata*	1	0.2				
	藏异燕麦 *Helictotrichon tibeticum*					4	8.1
	碎米蕨叶马先蒿 *Pedicularis cheilanthifolia*			2	1.3		
	圆柱披碱草 *Elymus dahuricus* var. *cylindricus*			2	4.8	1	4.8
	木根香青 *Anaphalis xylorhiza*					1	1.6
	华雀麦 *Bromus sinensis*			1	8.0	2	5.6
	葛缕子 *Carum carvi*					3	2.1
	椭圆叶花锚 *Halenia elliptica*			2	0.8		
	禾叶繁缕 *Stellaria graminea*			1	1.6		
	密花香薷 *Elsholtzia densa*			2	1.3		
	星叶草 *Circaeaster agrestis*			5	23.4	5	6.6
	青甘韭 *Allium przewalskianum*					4	6.4
	钝裂银莲花 *Anemone obtusiloba*					2	1.6
	毛果蓬子菜 *Galium verum* var. *trachycarpum*			5	19.9	1	6.4
	微孔草 *Microula sikkimensis*			5	5.3	5	11.8

5.3.1.5 栒子灌丛（Form. *Cotoneaster* spp.）

栒子灌丛主要是森林砍伐或遭到破坏后形成发展起来的一类次生灌丛，分布相当广泛，多占据海拔3000～3900 m的阳坡和半阳坡，生境比较温暖（中国科学院青藏高原考察队，1988）。在澜沧江流域，栒子灌丛主要分布在西藏昌都地区的林区，但分布范围可达青海省的囊谦县。然而随着纬度北移海拔增高，栒子的优势成分会有所降低，相应的伴生灌木物种，如小檗的优势成分将会增加。栒子灌丛的主要建群种有细枝栒子（*C. tenuipes*）、水栒子（*C. multiflorus*）、匍匐栒子（*C. adpressus*）、灰栒子（*C. acutifolius*）等多种。它们因生境的差异而在不同地段显示出优势度的交替（中国科学院青藏高原考察队，1988）。在澜沧江源区囊谦的灰栒子（*C. acutifolius*）灌丛为原生灌丛类型。主要分布于海拔3600～3800 m，坡度20°～40°的山地阴坡。

样地试验数据分析表明：囊谦该灌丛群落总盖度为96.72% ± 0.67%，灌木盖度为37.28% ±

13.64%，草本盖度为76.40% ±8.96%，禾草盖度为23.95% ±3.09%，非禾草盖度为62.15% ±8.66%；苔藓盖度为7.95% ±3.55%，凋落物盖度为18.25% ±1.27%。

灌木层平均高度为（0.48±0.02）m，灌木密度为（20 625±2772）株/hm^2，在4个2 m×2 m的样方内记录到的灌木物种有5种，除优势种灰栒子（*Cotoneaster acutifolius*）外，伴生的灌木物种有直穗小檗、高山绣线菊、鬼箭锦鸡儿和刚毛忍冬等。灰栒子的优势度稍高于直穗小檗，但随着海拔的增高和干旱强度的加剧，栒子逐渐减少，小檗的数量增多，并逐渐过渡为小檗灌丛群落。在4个1 m×1 m的草本样方内记录到的草本物种有46种，草本层常见物种有珠芽蓼、高山唐松草、甘肃马先蒿、委陵菜（*Potentilla* sp.）、大花秦艽（*Gentiana macrophylla* var. *fetissowii*）、棘豆、火绒草、毛莲蒿（*Artemisia vestita*）、天门冬（*Asparagus* sp.）、早熟禾（*Poa* sp.）、垂穗披碱草、短柄草、臭草等（表5-5）。

表5-5　澜沧江源区灰栒子灌丛样地调查表

样地号	NQ01	NQ03
调查时间	2010年8月13日	2010年8月14日
调查人	方志强、刘鑫、金艳强	方志强、刘鑫、金艳强
调查地点	囊谦县香达镇	囊谦县香达镇
GPS	96°26′24.17″E，32°19′56.80″N	96°25′46.29″E，32°20′24.09″N
海拔高度/m	3 676	3 684
坡向	NW20.5o	SW18°
坡度	36°	25.5°
样地面积	4m×4m	4m×4m
群落总盖度/%	96.72±0.67	52.75±10.71
灌木盖度/%	37.28±13.64	30.75±9.84
灌木层平均高度/m	0.48±0.02	0.28±0.03
灌木密度/（株/hm^2）	20 625±2 771	14 375±4 606
草本盖度/%	76.40±8.96	40.80±3.36
非禾草盖度/%	62.15±8.66	23.2±3.61
禾草盖度/%	23.95±3.09	22.40±1.31
苔藓盖度/%	7.95±3.55	17.20±3.89
凋落物盖度/%	18.25±1.27	18.00±3.42
凋落物禾草盖度/%	5.7±1.29	3.85±1.08
凋落物非禾草盖度/%	14.5±3.03	15.80±3.41
草本层平均高度/cm	9.53±0.64	9.64±0.88

层次	种类	NQ01			NR03		
		盖度/%	株数	平均高度/m	盖度/%	株数	平均高度/m
灌木层	灰栒子 *Cotoneaster acutifolius*	21.52	8	0.30	16.50	2	0.25
	鲜黄小檗 *Berberis diaphana*	10.20	7	0.70	3.29	15	0.43
	鬼箭锦鸡儿 *Caragana jubata*	1.69	7	0.27	2.19	3	0.25
	刚毛忍冬 *Lonicera hispida*	0.77	2	0.35			
	高山绣线菊 *Spiraea alpina*	6.50	9	0.62			
	匍枝栒子 *Cotoneaster adpressus*				3.75	2	0.12

续表

层次	种类	NQ01		NQ03	
		频度	盖度/%	频度	盖度/%
草本层	红花岩黄芪 *Hedysarum multijugum*	1	22.4	4	4.7
	匙叶翼首花 *Pterocephalus hookeri*	2	16.8		
	苔草 *Carex* sp.	4	14.0	4	10.5
	黄花棘豆 *Oxytropis ochrocephala*	1	9.6		
	臭草 *Melica scabrosa*	2	9.5		
	高山唐松草 *Thalictrum alpinum*	4	9.4		
	圆穗蓼 *Polygonum macrophyllum*	4	9.2		
	卷叶黄精 *Polygonatum cirrhifolium*	4	8.7		
	垂穗披碱草 *Elymus nutans*	2	8.0		
	早熟禾 *Poa* sp.	4	7.1	4	6.0
	天门冬 *Asparagus* sp.	2	7.0		
	多茎委陵菜 *Potentilla multicaulis*	3	6.6		
	茜砧草 *Galium boreale* var. *rubioides*	3	5.4		
	毛莲蒿 *Artemisia vestita*	3	5.2	3	1.4
	禾叶风毛菊 *Saussurea graminea*	3	4.8		
	藏异燕麦 *Helictotrichon tibeticum*	2	4.7		
	风毛菊 *Saussurea* sp.	4	4.0	1	1.6
	甘肃马先蒿 *Pedicularis kansuensis*	1	3.6		
	堇菜 *Volia* sp.	3	3.4		
	芸香叶唐松草 *Thalictrum rutaefolium*	3	3.4		
	羊茅 *Festuca ovina*	1	3.2		
	火绒草 *Leontopodium* sp.	2	3.2	4	11.3
	狼毒 *Stellera chamaejasme*	2	3.2		
	甘肃棘豆 *Oxytropis kansuensis*	1	3.0		
	大花秦艽 *Gentiana macrophylla* var. *fetissowii*	3	2.9		
	蒲公英 *Taraxacum* sp.	1	2.6		
	少花米口袋 *Gueldenstaedtia verna*	3	2.1	1	1.6
	马先蒿 *Pedicularis* sp.	1	2.0	1	0.6
	西伯利亚远志 *Polygala* sp.	3	1.9		
	高山紫菀 *Aster alpinus*	2	1.8	2	2.1
	宽叶红门兰 *Orchis latifolia*	1	1.6		
	湿生扁蕾 *Gentianopsis paludosa*	1	1.6		
	蕨麻委陵菜 *Potentilla anserina*	1	1.6	2	1.8
	钝裂银莲花 *Anemone obtusiloba*	2	1.6		
	蓝翠雀花 *Delphinium caeruleum*	2	1.5		
	密花柴胡 *Bupleurum densiflorum*	2	1.2		
	扁蕾 *Gentianopsis* sp.	1	1.0		
	角茴香 *Hypecoum erectum*	1	1.0		
	喉毛花 *Comastoma pulmonarium*	1	1.0		

续表

层次	种类	NQ01		NQ03	
		频度	盖度/%	频度	盖度/%
草本层	蕨麻委陵菜 *Potentilla anserina*	1	1.0		
	椭圆叶花锚 *Halenia elliptica*	3	0.8		
	西域龙胆 *Gentiana clarkei*	1	0.7		
	垫状点地梅 *Androsace tapete*	1	0.5		
	小米草 *Euphrasia pectinata*	1	0.5		
	蒿 *Artemisia* sp.			3	8.0
	山地虎耳草 *Saxifraga sinomontana*			4	1.0
	短柄草 *Brachypodium sylvaticum*			3	8.5
	景天 *Sedum* sp.			1	0.3
	异针茅 *Stipa aliena*			1	3.2
	纤细山莓草 *Sibbaldia tenuis*			3	3.7
	微孔草 *Microula sikkimensis*			4	1.1
	黄鹌菜 *Yongia* sp.			1	3.2
	香青 *Anaphalis* sp.			1	0.5
	西域龙胆 *Gentiana clarkei*			4	2.9
	青甘韭 *Allium przewalskianum*			3	2.1
	天蓝苜蓿 *Medicago lupulina*	1	2.6	1	1.6
	隐瓣蝇子草 *Silene gonosperma*			1	1.6
	圆柱披碱草 *Elymus dahuricus* var. *cylindricus*			3	5.9
	岷县龙胆 *Gentiana purdomii*			3	1.6
	红花岩黄芪 *Hedysarum multijugum*	1	22.4	4	4.7

5.3.1.6 澜沧江源区常见灌丛的结构差异

根据野外调查数据，对澜沧江源区常见的枸子灌丛、鬼箭锦鸡儿灌丛、沙棘灌丛、金露梅灌丛和山生柳灌丛的结构参数进行统计分析，结果见表5-6。

表5-6 澜沧江源区5种常见灌丛的结构差异

地上生物量	灌丛优势种				
	枸子	鬼箭锦鸡儿	沙棘	金露梅	山生柳
群落总盖度/%	74.7±22.0a	77.6±10.6a	97.1±5.1a	97.2±0.9a	97.2±0.5a
灌木盖度/%	34.0±3.3b	29.5±0.8b	70.5±11.1a	35.6±8.8b	55.1±6.4ab
灌木层平均高度/m	0.38±0.10b	0.34±0.07b	1.39±0.22a	0.31±0.02b	0.68±0.03b
灌木密度/（株/hm^2）	17 500±3 125b	32 917±13 551b	16 719±4 340b	139 531±18 170a	64 167±2 267b
草本盖度/%	58.6±17.8a	54.8±10.5a	59.3±6.6a	68.0±4.2a	78.0±7.1a
禾草盖度/%	23.2±0.8b	28.8±6.3ab	30.2±10.1ab	44.6±2.4ab	51.4±5.0a
非禾草盖度/%	42.7±19.5a	33.2±5.9a	36.4±7.6a	43.0±5.0a	42.1±11.3a
苔藓盖度/%	12.6±4.6ab	9.5±1.5ab	9.8±4.2ab	7.2±1.1b	16.7±3.4a
凋落物盖度/%	18.1±0.1a	15.9±.2.8a	26.2±3.0a	17.1±0.9a	23.1±1.6a
禾草凋落物盖度/%	4.8±0.9a	5.5±0.6a	8.0±2.2a	4.3±1.8a	3.7±0.5a
非禾草凋落物盖度/%	15.2±0.7a	12.1±3.3a	22.0±4.6a	14.6±1.2a	20.2±5.3a
草本层平均高度/cm	9.58±0.06b	7.40±2.15b	16.34±2.10a	6.46±0.74b	6.08±0.29b

注：同一列参数小写不同字母指示统计差异显著（$P<0.05$）

研究结果表明5种常见灌丛在灌木盖度、灌木层平均高度、灌木密度、禾草盖度、苔藓盖度和草层平均高度等结构参数上存在显著差异，而在群落总盖度、草本盖度、非禾草盖度、凋落物盖度、禾草凋落物盖度和非禾草凋落物盖度间没有显著差异。其中，灌木盖度以沙棘灌丛最高（70.5% ±11.1%），其次是山生柳灌丛（55.1% ±6.4%），栒子灌丛、鬼箭锦鸡儿灌丛和金露梅灌丛间没有显著差异。灌木层平均高度也以沙棘灌丛最高［（1.39 ± 0.22）m］，其余 4 类灌丛间没有显著差异。灌木密度以金露梅灌丛最高［（139 531 ± 18 170）株/hm^2］，其余 4 类灌丛间没有显著差异。禾草盖度以山生柳灌丛为最高（51.4% ±5.0%），栒子灌丛为最低（23.2% ± 0.8%），其余 3 类灌丛间没有显著差异。苔藓盖度也以山生柳灌丛最高（16.7% ± 3.4%），金露梅灌丛为最低（7.2% ± 1.1%），其余 3 类灌丛间没有显著差异。草本层平均高度以沙棘灌丛为最高［（16.34 ± 2.10）cm］，其余 4 类灌丛间没有显著差异（表 5-6）。

5.3.2 澜沧江源区灌丛的物种多样性

5.3.2.1 常见灌丛的物种多样性差异

根据野外调查数据的统计分析结果表明，澜沧江源区常见的 5 种灌丛物种多样性主要差异在灌木层，而草本层和总的物种丰富度之间没有显著的差异。具体反映在 Shannon-Winner 指数以栒子灌丛为最高 1.41 ± 1.33，其次为沙棘灌丛 1.13 ± 0.24，而鬼箭锦鸡儿灌丛、金露梅灌丛和山生柳灌丛间没有显著差异。优势度指数（Simpson′s diversity）也以栒子灌丛为最高 0.73 ± 0.04，沙棘灌丛 0.59 ± 0.11 为最低，其余 3 类灌丛间没有显著差异。物种丰富度指数在 5 种灌丛间均存在显著性差异，按物种丰富度大小依次为栒子灌丛>沙棘灌丛>山生柳灌丛>鬼箭锦鸡儿灌丛>金露梅灌丛。然而，均匀度指数在 5 种灌丛间没有显著差异（表 5-7）。根据野外调查取样点的分布，栒灌丛、沙棘灌丛的取样区域在海拔高度上相对比鬼箭锦鸡儿灌丛、金露梅灌丛和山生柳灌丛低。

表 5-7 澜沧江源区 5 种常见灌丛的物种多样性差异

层次	多样性指数	灌丛优势种				
		栒子	鬼箭锦鸡儿	沙棘	金露梅	山生柳
灌木层	Shannon-Winner①	1.41±1.33a	0.73±0.08b	1.13±0.24ab	0.64±0.01b	0.83±0.07b
	Simpson′s diversity②	0.73±0.04a	0.49±0.03ab	0.59±0.11ab	0.44±0.01b	0.53±0.02ab
	Evennes③	0.94±0.02a	0.90±0.05a	0.80±0.05a	0.92±0.01a	0.88±0.06a
	Species richness④	4.5±0.5a	2.3±0.3bc	4.3±0.9ab	2.0±0.0c	2.7±0.3abc
草本层	Shannon-Winner	3.25±0.31a	2.87±0.23a	2.51±0.30a	3.25±0.10a	2.88±0.09a
	Simpson′s diversity	0.95±0.01a	0.92±0.03a	0.89±0.02a	0.95±0.01a	0.93±0.01a
	Evennes	0.92±0.01a	0.89±0.06a	0.89±0.03a	0.91±0.01a	0.89±0.01a
	Species richness	35.5±10.5a	26.0±4.4a	19.0±6.4a	36.3±3.3a	25.3±1.8a
总物种丰富度	Total speci richneess	40.0±11.0a	28.3±4.3a	23.3±6.7a	38.3±3.3a	28.0±1.5a

注：同一列参数小写不同字母指示统计差异显著（$P<0.05$）

①为香农维纳指数；②为辛普森指数；③为均匀度指数；④为物种丰富度，下同

5.3.2.2 灌丛物种多样性与群落结构的关系

澜沧江源区灌丛的群落总盖度（CC）、灌木高度（SC）和灌木密度（SD）跟灌木层和草本层间的生物多样性指数没有形成显著的相关性；灌木盖度跟灌木层均匀度指数（SEN）（P = 0.013）、总的物种丰富度（SSR）（P = 0.022）呈极显著负相关，跟草本层 Shannon-Winner 指数（HSW）（P= 0.002）、Simpson′s diversity 指数（HSD）（P = 0.007）和物种丰富度（P= 0.007）呈极显著负相关（表 5-8）。

表 5-8　澜沧江源区灌丛灌木结构与生物多样性的相关性

指标	CC	SC	AH	SD	SSW	SEN	SSD	SSR	HSW	HEN	HSD	HSR
SC	0.401											
AH	-0.285	0.290										
SD	0.532 *	-0.048	-0.564 *									
SSW	0.183	0.219	-0.074	-0.368								
SEN	-0.157	-0.558 *	-0.424	0.387	-0.369							
SSD	0.249	0.138	-0.226	-0.274	0.970 **	-0.352						
SSR	0.111	0.347	0.159	-0.444	0.949 **	-0.415	0.851 **					
HSW	0.068	-0.685 **	-0.245	0.208	0.055	0.408	0.07	-0.025				
HEN	-0.333	-0.454	0.276	-0.282	0.005	0.119	-0.09	0.072	0.704 **			
HSD	-0.057	-0.702 **	-0.201	0.158	-0.003	0.41	0.007	-0.069	0.977 **	0.781 **		
HSR	0.241	-0.611 **	-0.373	0.33	0.145	0.408	0.180	0.028	0.958 **	0.542 *	0.885 **	
TSR	0.263	-0.535 *	-0.351	0.273	0.285	0.348	0.304	0.178	0.939 **	0.544 *	0.861 **	0.989 **

注：CC 为群落总盖度；SC 为灌木盖度；SH 为灌木层平均高度；SD 为灌木密度；SSW 为灌木层 Shannon-Winner 指数；SEN 为灌木层均匀度；SSD 为灌木层 Simpson's diversity 指数；SSR 为灌木层物种丰富度；HSW 为草本层 Shannon-Winner 指数；HEN 为草本层均匀度；HSD 为草本层 Simpson's diversity 指数；HSR 为草本层物种丰富度；TSR 为总的物种丰富度

*显著相关；**极显著相关

草本盖度跟灌木层和草本层的生物多样性指数间没有形成显著的相关性；非禾草盖度跟总的物种丰富度（TSR）呈显著正相关（P = 0.044）；禾草盖度跟灌木层 Shannon-Winner 指数（SSW）（P = 0.028）呈显著负相关，跟灌木层物种丰富度指数呈极显著负相关（P = 0.004）；苔藓盖度跟灌木层 Simpson's 优势度指数（SSD）呈显著正相关（P = 0.049）；凋落物盖度跟灌木层均匀度指数（SEN）呈显著负相关（P = 0.032），跟灌木层物种丰富度指数（SSR）呈显著正相关（P = 0.016），禾草凋落物盖度跟灌木层均匀度指数（SEN）呈显著负相关（P = 0.032）；非禾草凋落物盖度跟灌木层物种丰富度（SSR）呈显著正相关（P= 0.011）；草本层平均高度跟灌木层均匀度指数（SEN）（P = 0.033）、草本层物种丰富度指数（SEN）（P = 0.033）呈显著负相关（表 5-9）。

表 5-9　澜沧江源区草本结构和物种多样性的关系

指标	HC	FC	GC	MC	LC	GLC	FLC	HH
SSW	-0.149	0.24	-0.503 *	0.366	0.376	0.032	0.404	0.109
SEN	0.129	0.288	-0.001	-0.209	-0.492 *	-0.493 *	-0.375	-0.490 *
SSD	-0.068	0.263	-0.379	0.457 *	0.262	0.039	0.289	-0.056
SSR	-0.252	0.183	-0.625 **	0.228	0.545 *	0.012	0.570 *	0.339
HSW	0.210	0.327	0.127	-0.407	-0.265	-0.354	-0.141	-0.403
HEN	-0.161	-0.107	-0.030	-0.450	-0.011	0.048	0.007	0.215
HSD	0.134	0.206	0.137	-0.348	-0.246	-0.364	-0.130	-0.360
HSR	0.302	0.462	0.124	-0.372	-0.316	-0.319	-0.194	-0.476 *
TSR	0.256	0.479 *	0.027	-0.342	-0.229	-0.329	-0.102	-0.423

注：HC 为草本盖度；FC 为非禾草盖度；GC 为禾草盖度；MC 为苔藓盖度；LC 为凋落物盖度；GLC 为禾草凋落物盖度；FLC 为非禾草凋落物；HH 为草本层平均高度；SSW 为灌木层 Shannon-Winner 指数；SEN 为灌木层均匀度；SSD 为灌木层 Simpson's diversity 指数；SSR 为灌木层物种丰富度；HSW 为草本层 Shannon-Winner 指数；HEN 为草本层均匀度；HSD 为草本层 Simpson's diversity 指数；HSR 为草本层物种丰富度；TSR 为总的物种丰富度

*显著相关；**极显著相关

5.3.2.3 物种多样性随海拔梯度的变化

研究表明，澜沧江源区灌丛的生物多样性，仅有灌木的 Shannon-Winner 指数和物种丰富度指数随海拔的变化表现出明显的线性降低趋势（$P < 0.05$），而草本的多样性指数，以及灌木的均匀度和优势度指数跟海拔的线性变化趋势并不明显（图 5-1）。

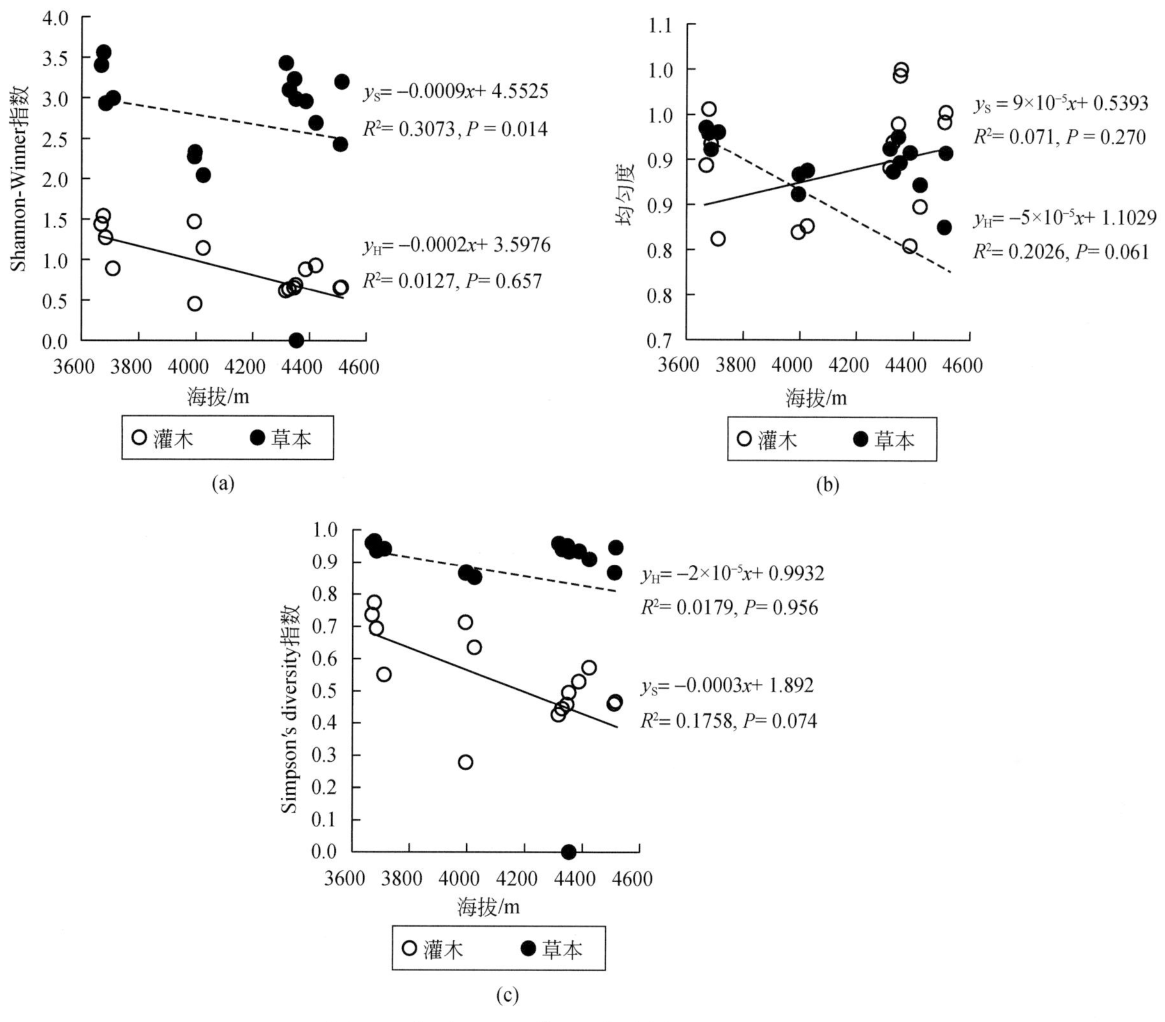

图 5-1 澜沧江源区灌丛生物多样性随海拔的变化

注：粗实线表示灌木，粗虚线表示草本，细实线表示总的物种丰富度（$n = 15$）

5.3.2.4 坡向跟物种多样性间的关系

坡向跟灌木层的 Shannon-Winner 指数、均匀度指数、Simpson′s diversity 指数及物种丰富度间均没有形成显著的相关性。

5.3.2.5 坡度跟物种多样性间的关系

坡度除跟草本层的 Shannon-Winner 指数（$r = -0.481$，$P = 0.43$）和 Simpson′s diversity 指数（$r = -0.479$，$P = 0.044$）间有显著的相关性外，跟草本层的均匀度指数和物种丰富度指数间没有显著相关性，跟灌木层的这 4 个多样性指数间也没有形成显著的相关性。

5.3.3 灌丛的初级生产力

5.3.3.1 各取样点及不同群落类型的初级生产力

根据澜沧江源区16块样地，5种群落地上生物量比较的结果，总的地上生物量以中国沙棘灌丛最高［(19.79 ± 3.89) t/hm²］，其次是山生柳灌丛［(10.95 ± 0.07) t/hm²］，随后依次为栒子灌丛［(6.78 ± 1.55) t/hm²］、鬼箭锦鸡儿灌丛［(5.61 ± 1.56) t/hm²］和金露梅灌丛［(3.32 ± 1.08) t/hm²］。地上生物量的差异，主要来自灌木生物量的差异，尤其是灌木枝和干的差异。此外，除山生柳灌丛的苔藓生物量［(0.83 ± 0.14) t/hm²］较其他灌丛高，并表现出显著差异外，澜沧江源区常见的5种灌丛，在禾草、非禾草、草本和凋落物生物量间没有表现出显著的差异，见表5-10。

表5-10 澜沧江源区5种常见灌丛的地上生物量 (单位：t/hm²)

地上生物量	灌丛优势种				
	栒子	鬼箭锦鸡儿	沙棘	金露梅	山生柳
灌木叶	0.59±0.05ab	0.57±0.34b	2.18±0.51a	0.45±0.22b	0.90±0.08ab
灌木枝	4.38±1.08ab	2.97±1.11b	14.82±3.36a	1.56±0.74b	6.38±0.75ab
总灌木	4.97±1.03b	3.54±1.42b	17.00±3.70a	2.01±0.96b	8.20±0.22ab
禾草	0.29±0.12a	0.39±0.18a	0.56±0.20a	0.54±0.17a	0.45±0.04a
非禾草	0.96±0.65a	0.39±0.09a	0.55±0.14a	0.43±0.19a	0.34±0.05a
草本	1.25±0.54a	0.79±0.11a	1.13±0.20a	0.96±0.36a	0.79±0.09a
苔藓	0.18±0.03b	0.22±0.04b	0.02±0.02b	0.04±0.01b	0.83±0.14a
凋落物	0.37±0.01a	1.06±0.22a	1.64±0.66a	0.30±0.20a	1.14±0.13a
总生物量	6.78±1.55b	5.61±1.56b	19.79±3.89a	3.32±1.08b	10.95±0.07ab

注：同一列参数小写不同字母指示统计差异显著（$P<0.05$）

5.3.3.2 灌丛结构与初级生产力的关系

澜沧江源区灌丛的群落总盖度跟灌木叶生物量呈显著负相关（$P = 0.023$），灌木盖度跟灌丛总的地上生物量、灌木枝干生物量呈显著正相关（$P<0.05$），灌木层平均高度跟灌木叶生物量、灌木枝干生物量及总的灌木生物量、总的地上生物量呈极显著正相关（$P < 0.001$），跟凋落物生物量呈显著正相关（$P = 0.021$），灌木密度跟灌木叶生物量（$P = 0.026$）、灌木枝干生物量（$P = 0.010$）呈显著负相关，跟总的灌木生物量和总的地上生物量呈极显著负相关（$P < 0.01$）（表5-11）。

表5-11 澜沧江源区灌丛灌木结构与地上生物量间的关系

指标	CC	SC	SH	SD	SLB	SSB	TSB	GB	FB	HB	MB	LB
SC	0.401	1										
SH	−0.285	0.29	1									
SD	0.532*	−0.048	−0.564*	1								
SLB	−0.519*	0.034	0.842**	−0.510*	1							
SSB	−0.193	0.536*	0.875**	−0.573*	0.788**	1						
TSB	−0.264	0.453	0.901**	−0.592**	0.862**	0.988**	1					
GB	0.154	0.01	0.057	0.026	−0.193	−0.052	−0.083	1				
FB	0.175	0.026	−0.002	−0.193	−0.019	0.119	0.086	−0.061	1			
HB	0.247	0.051	0.04	−0.145	−0.127	0.084	0.037	0.567*	0.787**	1		
MB	0.127	0.14	−0.187	0.048	−0.228	−0.155	−0.154	−0.104	−0.187	−0.225	1	
LB	−0.013	0.251	0.524*	−0.379	0.479*	0.502*	0.519*	−0.345	0.046	−0.158	−0.054	1
TAB	−0.232	0.462*	0.902**	−0.604**	0.850**	0.983**	0.994**	−0.094	0.119	0.057	−0.127	0.595**

注：CC为群落总盖度；SC为灌木盖度；SH为灌木层平均高度；SD为灌木密度；SLB为灌木叶生物量；SSB为灌木枝干生物量；TSB为总的灌木生物量；GB为禾草生物量；FB为非禾草生物量；HB为草本生物量；MB为苔藓生物量；LB为凋落物生物量；TAB为总的地上生物量

*显著相关；**极显著相关

草本盖度跟生物量指标间的相关性不明显；非禾草盖度跟非禾草生物量（$P=0.003$）、草本生物量（$P=0.043$）间存在显著的正相关性；禾草盖度跟禾草生物量存在显著正相关（$P=0.017$），跟凋落物生物量呈存在显著负相关（$P=0.033$）；苔藓盖度跟苔藓生物量呈极显著正相关（$P=0.001$）；凋落盖度跟灌木枝干生物量（$P=0.005$）、灌木总的生物量（$P=0.004$）、凋落物生物量（$P=0.001$）和总的地上生物量（$P=0.002$）呈极显著正相关，跟灌木叶生物量呈显著正相关（$P=0.014$）；非禾草凋落物盖度跟灌木叶生物量（$P=0.040$）、灌木枝干生物量（$P=0.033$）、总的灌木生物量（$P=0.025$）、总的地上生物量（$P=0.014$）呈显著正相关，跟凋落物生物量（$P=0.001$）呈极显著正相关。草本层平均高度跟灌木叶、枝干和总的灌木生物量以及总的地上生物量表现为极显著的正相关（$P<0.01$）（表5-12）。

表 5-12　澜沧江源区灌丛草本层结构与生物量的关系

指标	HC	FC	GC	MC	LC	GLC	FLC	HH
SLB	-0.421	-0.319	-0.359	-0.229	0.554 *	0.142	0.474 *	0.790 * *
SSB	-0.213	-0.202	-0.271	-0.041	0.616 * *	0.376	0.490 *	0.896 * *
TSB	-0.238	-0.224	-0.272	-0.08	0.629 * *	0.326	0.511 *	0.897 * *
GB	0.288	-0.111	0.541 *	-0.226	-0.316	0.351	-0.343	0.023
FB	0.245	0.645 * *	-0.311	-0.239	-0.001	-0.089	0.027	0.128
HB	0.380	0.469 *	0.069	-0.336	-0.184	0.137	-0.177	0.133
MB	0.324	0.031	0.367	0.700 * *	-0.029	-0.327	0.013	-0.435
LB	-0.308	-0.016	-0.490 *	-0.021	0.683 * *	-0.158	0.718 * *	0.434
TAB	-0.229	-0.187	-0.296	-0.069	0.660 * *	0.281	0.555 *	0.882 * *

注：HC 为草本盖度；FC 为非禾草盖度；GC 为禾草盖度；MC 为苔藓盖度；LC 为凋落物盖度；GLC 为禾草凋落物盖度；FLC 为非禾草凋落物盖度；HH 为草本层平均高度；SLB 为灌木叶生物量；SSB 为灌木枝干生物量；TSB 为总的灌木生物量；GB 为禾草生物量；FB 为非禾草生物量；HB 为草本生物量；MB 为苔藓生物量；LB 为凋落物生物量；TAB 为总的地上生物量

* 显著相关；* * 极显著相关

5.3.3.3 生物多样性与地上生物量的关系

灌木叶的生物量跟灌木层和草本层的多样性指标间没有表现出显著的相关性。灌木枝干生物量跟灌木层均匀度指数、草本层 Shannon-Winner 指数、Simpson′s diversity 指数和灌草层总的物种丰富度指数间存在显著的负相关关系（$P<0.05$），跟草本层物种丰富度指数呈极显著的负相关关系（$P=0.009$）。总的灌丛地上生物量跟草本层 Shannon-Winner 指数、物种丰富度指数以及灌草层总的物种丰富度指数呈显著的负相关关系（$P<0.05$）。禾草生物量跟灌木层和草本层的多样性指数均没有显著的相关性。非禾草生物量和草本生物量跟灌木层和草本层总的物种丰富度指数呈显著正相关（$P<0.05$）。苔藓生物量的灌木层和草本层的多样性指数也没有表现出显著的相关性。凋落物生物量跟灌木层 Shannon-Winner 指数呈显著正相关（$P<0.05$），跟草本层 Shannon-Winner 指数表现为极显著正相关（$P=0.004$）。总的地上生物量跟草本层物种丰富度以及灌木层和草本层总的物种丰富度表现为呈显著负相关的关系（$P<0.05$）（表5-13）。

表 5-13 澜沧江源区灌丛地上生物量与灌草层物种多样性间的关系

指标	SLB	SSB	TSB	GB	FB	HB	MB	LB	TAB
SSW	-0.157	0.064	0.019	-0.285	0.385	0.147	-0.02	0.476*	0.081
SEN	-0.068	-0.473*	-0.419	-0.211	0.067	-0.087	0.051	-0.363	-0.438
SDM	-0.305	-0.081	-0.131	-0.243	0.299	0.101	0.078	0.385	-0.069
SSR	0.079	0.287	0.253	-0.330	0.414	0.149	-0.141	0.633**	0.315
HSW	-0.181	-0.533*	-0.476*	0.188	0.298	0.345	-0.078	-0.053	-0.440
HEN	0.328	-0.030	0.054	0.219	0.085	0.194	-0.271	0.112	0.065
HSD	-0.092	-0.499*	-0.424	0.171	0.159	0.221	-0.026	-0.040	-0.394
HSR	-0.335	-0.598**	-0.568*	0.199	0.438	0.467	-0.109	-0.135	-0.532*
TSR	-0.328	-0.555*	-0.532*	0.142	0.488*	0.475*	-0.135	-0.041	-0.487*

注：SLB 为灌木叶生物量；SSB 为灌木枝干生物量；TSB 为总的灌丛地上生物量；GB 为禾草生物量；FB 为非禾草生物量；HB 为草本生物量；MB 为苔藓生物量；LB 为凋落物生物量，TAB 为总的地上生物量；SSW 为灌木层 Shannon-Winner 指数；SEN 为灌木层均匀度；SSD 为灌木层 Simpson's diversity 指数；SSR 为灌木层物种丰富度；HSW 为草本层 Shannon-Winner 指数；HEN 为草本木层均匀度；HSD 为草木层 Simpson's diversity 指数；HSR 为草本层物种丰富度；TSR 为总的物种丰富度

*显著相关；**极显著相关

5.3.3.4 源区灌丛初级生产力随海拔梯度的变化

研究表明，澜沧江源区灌木生物量、非禾草生物量、凋落物生物量和总的地上生物量随海拔的升高呈下降趋势，而禾草生物量和苔藓生物量随海拔升高呈增加趋势，但地上生物量的所有指标跟海拔之间的线性变化趋势都不明显（图 5-2）。造成灌木生物量和总的生物量线性变化并不明显的原因在于，3600～3800 m 分布的低灌类型灰栒子-鲜黄小檗灌丛及灌丛锦鸡儿灌丛的灌木生物量较低，而在海拔 4000m 左右调查的中国沙棘灌丛和大果圆柏灌丛较前两种类型的灌木具有更高的平均高度，更高的灌木枝干、叶以及总的灌木生物量，是导致灌木生物量随海拔变化而没有形成线性变化的原因。

5.3.3.5 坡向跟源区灌丛初级生产力间的关系

坡向跟灌丛的禾草生物量（$P = 0.045$）、非禾草生物量（$P = 0.008$）和草本总的生物量（$P < 0.001$）呈显著的负相关性，跟苔藓生物量具有显著的正相关性（$P = 0.033$），跟灌木枝、叶及总的灌木生物量、凋落物生物量以及总的地上生物量之间没有形成显著的相关性（表 5-14）。

表 5-14 坡向跟源区灌丛生物量指标间的相关性

指标	ASP	SLB	SSB	TSB	GB	FB	HB	MB	LB
SLB	-0.076	1							
SSB	-0.254	0.788**	1						
TSB	-0.211	0.862**	0.988**	1					
GB	-0.465*	-0.193	-0.052	-0.083	1				
FB	-0.585**	-0.019	0.119	0.086	-0.061	1			
HB	-0.772**	-0.127	0.084	0.037	0.567*	0.787**	1		
MB	0.491*	-0.228	-0.155	-0.154	-0.104	-0.187	-0.225	1	
LB	-0.120	0.479*	0.502*	0.519*	-0.345	0.046	-0.158	-0.054	1
TAB	-0.232	0.850**	0.983**	0.994**	-0.094	0.119	0.057	-0.127	0.595**

注：ASP 为坡向；SLB 为灌木叶生物量；SSB 为灌木枝干生物量；TSB 为总的灌木生物量；GB 为禾草生物量；FB 为非禾草生物量；HB 为草本生物量；MB 为苔藓生物量；LB 为凋落物生物量；TAB 为总的地上生物量

*显著相关；**极显著相关

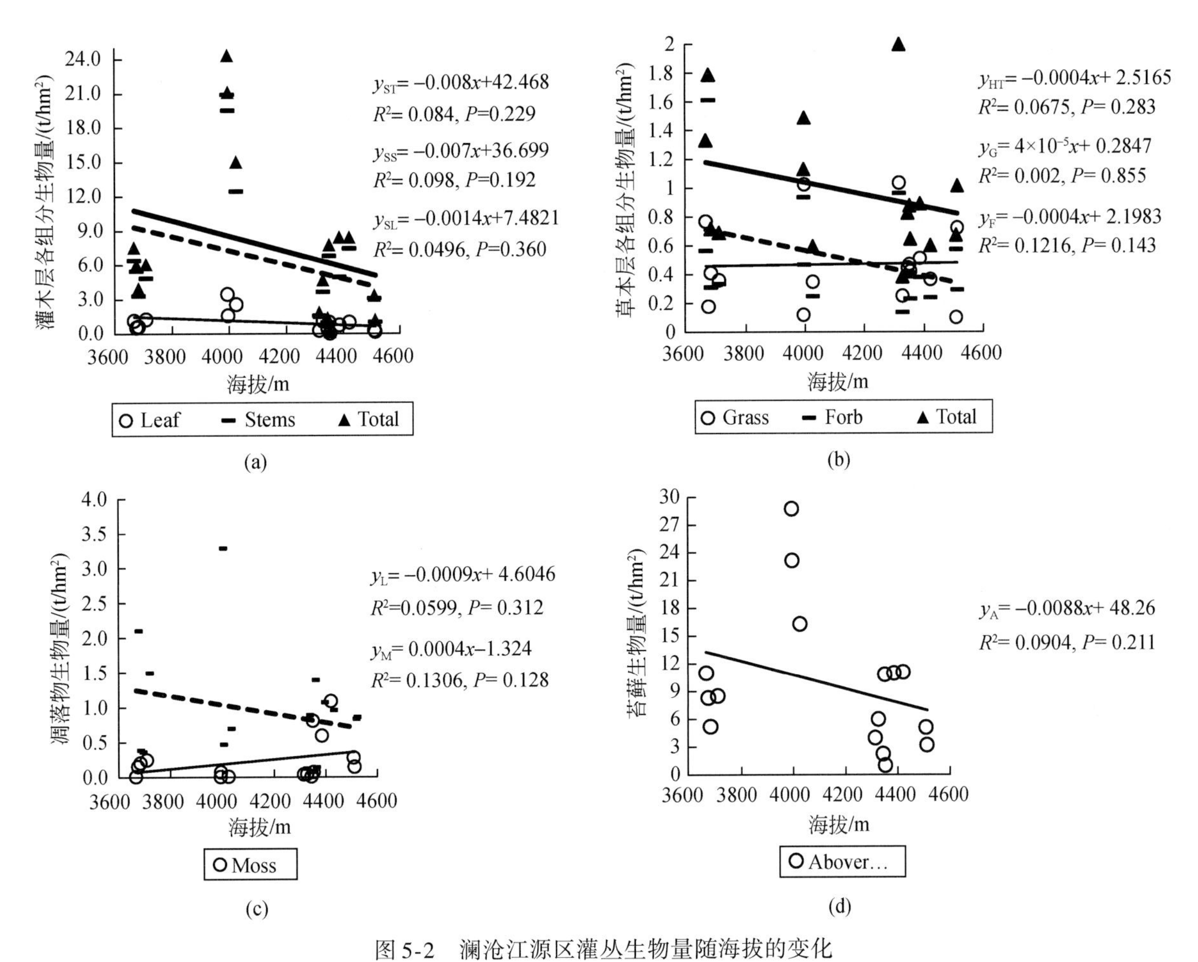

图 5-2　澜沧江源区灌丛生物量随海拔的变化

注：图（a）中，粗实线表示灌木总生物量（y_{ST}），粗虚线表示灌木枝干生物量（y_{SS}），细实线表示灌木叶生物量（y_{SL}）；图（b）中粗实线表示草本总生物量（y_{HT}），粗虚线表示非禾草生物量（y_F），细实线表示禾草生物量（y_G）；图（c）中粗虚线表示凋落物生物量（y_L），细实线表示苔藓生物量（y_M）

5.3.4　灌丛的土壤特性

5.3.4.1　澜沧江源区 5 种灌丛的土壤特性

根据 16 个土壤剖面测得的数据，对澜沧江源区 5 种灌丛类型土壤物理性质的分析结果见表 5-15。从表中数据可以看出，澜沧江源区 5 种常见灌丛在 0 ~ 10 cm 层的土壤能力和土壤容重方面存在显著差异。土壤饱和含水量和毛管含水量均以金露梅灌丛为最高，沙棘灌丛为最低，而在枸子灌丛、鬼箭锦鸡儿和山生柳灌丛间没有显著差异。土壤容重以沙棘灌丛为最高 [（1.37 ± 0.18）g/cm^3]，其次是枸子灌丛 [（1.17 ± 0.22）g/cm^3]、鬼箭锦鸡儿灌丛 [（0.97 ± 1.32）g/cm^3]、山生柳灌丛 [（0.57 ± 0.10）g/cm^3]、金露梅灌丛 [（0.55 ± 0.09）g/cm^3]。在土壤容重的差异上，尽管容重的值不相同，但在枸子灌丛和鬼箭锦鸡儿灌丛间，以及金露梅灌丛和山生柳灌丛间没有显著差异。根据野外调查的实际情况，枸子灌丛和鬼箭锦鸡儿灌丛取样区域相近，金露梅灌丛和山生柳灌丛取样区域相近（表 5-15）。

表 5-15　澜沧江源区 5 种灌丛样地的土壤物理性质

物理性质	土壤层次	灌丛优势种				
		栒子	鬼箭锦鸡儿	沙棘	金露梅	山生柳
饱和含水量/%	A	49.08±17.86ab	91.54±33.68ab	35.26±8.11b	149.72±34.46a	126.52±34.12ab
	B	56.33	52.19±13.02	39.33±2.97	105.97±25.95	95.29±23.81
	C	47.97	42.97±8.44	36.00±14.50	79.24±18.97	55.13
	D	53.48	68.08±3.65	39.26±12.27	62.11±18.57	—
毛管含水量/%	A	46.37±17.52ab	81.28±29.49ab	30.67±7.50a	136.14±29.78a	110.43±28.83ab
	B	53.77	45.69±11.53	34.10±4.58	99.43±25.03	84.93±0.21.16
	C	44.93	37.29±7.38	32.09±12.87	70.91±17.46	43.06
	D	48.08	54.14±2.76	34.06±12.22	56.34±19.50	—
容重/（g/cm³）	A	1.17±0.22ab	0.97±1.32ab	1.37±0.18a	0.55±0.09b	0.57±0.10b
	B	1.11	1.12±0.18	1.29±0.08	0.76±0.11	0.89±0.19
	C	1.20	1.27±0.12	1.42±0.34	0.93±0.11	1.12
	D	1.09	0.94±0.12	1.31±0.24	1.04±0.18	—

注：同一列参数小写不同字母指示统计差异显著（*P*<0.05）；A、B、C 和 D 分别表示 0～10 cm、10～20 cm、20～30 cm 和 30～40 cm 土层

由于在一些剖面上石砾较多或土层较薄，我们采用的环刀法，在一些立地未能测出 10～20 cm、20～30 cm、30～40 cm 中的某些层次的土壤物理性质，造成其余这些层次上样本量的不足，无法进行统计显著性检验。同时，也进一步影响到了这些层次在土壤碳、氮、磷储量的计算和比较。

澜沧江源区土壤的 pH 在各个层次间的差异是明显的，在 4 个土壤层次内均以沙棘灌丛的土壤 pH 为最高，金露梅灌丛的土壤 pH 为最低，山生柳灌丛、栒子灌丛和鬼箭锦鸡儿灌丛土壤 pH 的大小在不同层次间略有变化。此外，沙棘灌丛在 4 个土壤层次间的 pH 均表现出弱碱性，其余灌丛随着土壤层次的深入，pH 呈增加的趋势，即由微酸性或中性，向弱碱性变化（表 5-16）。由于受样本量的影响，30～40 cm 这一层次的土壤 pH 未能进行差异显著性的统计检验。

表 5-16　澜沧江源区灌丛样地及群落类型的土壤 pH

土壤层次	灌丛优势种				
	栒子	鬼箭锦鸡儿	沙棘	金露梅	山生柳
A	7.36±0.00abc	7.67±0.10ab	8.04±0.25a	6.64±0.20c	6.77±0.11bc
B	7.63±0.07b	7.72±0.04b	8.53±0.13a	6.82±0.15c	7.27±0.20bc
C	8.00±0.01b	7.88±0.07bc	8.83±0.15a	7.22±0.20c	8.11±0.09ab
D	8.14±0.04	8.02±0.15	8.86±0.16	7.54±0.54	8.14

注：同一列参数小写不同字母指示统计差异显著（*P*<0.05）；A、B、C 和 D 分别表示 0～10 cm、10～20 cm、20～30 cm 和 30～40 cm 土层

研究结果表明，源区 5 种常见灌丛的土壤总的碳、氮、磷含量在灌丛类型之间存在显著差异（$P<0.05$）。总碳含量在各个土壤取样层次上均以沙棘灌丛最低。在 0～10 cm 层次上，5 种灌丛间的土壤全碳含量均存在显著性差异，以山生柳灌丛为最高［（167.03 ± 26.90）g/kg］；在 10～20 cm 层次上，栒子灌丛、鬼箭锦鸡儿灌丛和金露梅灌丛间土壤的总碳含量差异不显著，土壤总碳含量仍以山生柳灌丛为最高［（83.59 ± 28.86）g/kg］。在 20～30 cm 层次上，土壤全碳含量以金露梅灌丛为最高［（50.59 ± 6.93）g/kg］，但是在金露梅灌丛、栒子灌丛［（41.45 ± 1.63）g/kg］、鬼箭锦鸡儿灌丛［（42.32 ± 5.37）g/kg］和山生柳灌丛［（37.36 ± 3.93）g/kg］之间没有显著差异。由于受样本量的影响，30～40 cm 土壤层间总的碳、氮、磷含量，不能进行差异显著性的统计检验（表 5-17）。

在 4 个土壤层次内，土壤总氮含量仍以沙棘灌丛为最低。在 0～10 cm 层次上，以山生柳灌丛为最高

[(13.63 ± 2.10) g/kg]，其次是金露梅灌丛 [(8.58 ± 1.19) g/kg]，在枸子灌丛和鬼箭锦鸡儿灌丛间没有显著差异；在10~20 cm层次上，山生柳灌丛和金露梅灌丛间的土壤全氮含量较其他3类灌丛高，两者间没有显著差异性，枸子灌丛和鬼箭锦鸡儿灌丛间比沙棘灌丛高，两者间也没有显著差异性。20~30 cm层次上，金露梅灌丛的土壤全氮含量为最高 [(4.44 ± 0.93) g/kg]，在山生柳灌丛、枸子灌丛和鬼箭锦鸡儿灌丛间没有显著差异性（表5-17）。

土壤总磷含量在0~10 cm和10~20 cm这两个土层中表现出了显著的差异性（$P < 0.05$），其中0~10 cm层以山生柳灌丛为最高 [(0.82 ± 0.13) g/kg]，其次是金露梅灌丛 [(0.67 ± 0.03) g/kg]，而在枸子灌丛、鬼箭锦鸡儿灌丛和沙棘灌丛间没有表现出显著的差异性。在10~20 cm层也以山生柳灌丛为最高 [(0.74 ± 0.15) g/kg]，但在其余4类灌丛间没有表现出显著的差异性（表5-17）。

由于受样本量的影响，只能对0~10 cm层内土壤的碳、氮、磷储量进行差异性统计检验。结果表明，源区5类常见灌丛的碳储量和氮储量在0~10 cm这一土壤层次的差异是显著的，而磷储量在5类灌丛间的差异不显著。其中，碳储量按大小顺序依次为山生柳灌丛 > 金露梅灌丛 > 枸子灌丛 > 鬼箭锦鸡儿灌丛 > 沙棘灌丛，但山生柳灌丛显著高于鬼箭锦鸡儿灌丛和沙棘灌丛，其余灌丛间差异不显著。氮储量以山生柳灌丛为最高 [(0.78 ± 0.18) kg/cm^2]，沙棘灌丛为最低 [(0.19 ± 0.06) kg/cm^2]，其余3类灌丛间没有表现出显著的差异性（表5-17）。

表5-17　澜沧江源区灌丛样地及群落类型的土壤总碳含量及碳储量

化学性质	土层	灌丛优势种				
		枸子	鬼箭锦鸡儿	沙棘	金露梅	山生柳
总碳含量/(g/kg)	A	45.73±5.95bc	61.80±15.45bc	29.53±6.09c	101.37±15.11ab	167.03±26.90a
	B	46.14±1.00ab	46.48±7.81ab	22.80±1.96b	75.59±15.56ab	83.59±28.86a
	C	41.45±1.63a	42.32±5.37a	20.67±1.02b	50.59±6.93a	37.36±3.93ab
	D	40.32±2.13	42.93±6.39	21.04±0.86	38.68±5.29	42.18
总氮含量/(g/kg)	A	2.30±0.55bc	4.39±1.72bc	1.16±0.38c	8.58±1.19ab	13.63±2.10a
	B	2.32±0.09ab	2.92±0.99ab	0.68±0.16b	6.51±1.59a	6.70±2.82a
	C	1.71±0.03ab	2.48±0.69ab	0.53±0.14b	4.44±0.93a	2.11±0.52ab
	D	1.55±0.01	2.44±0.90	0.50±0.14	3.29±0.83	2.80
总磷含量/(g/kg)	A	0.48±0.03b	0.49±0.08b	0.47±0.03b	0.67±0.03ab	0.82±0.13a
	B	0.48±0.04ab	0.45±0.06b	0.49±0.03ab	0.65±0.06ab	0.74±0.15a
	C	0.46±0.06a	0.47±0.05a	0.58±0.04a	0.59±0.05a	0.52±0.03a
	D	0.45±0.06	0.49±0.07	0.49±0.07	0.53±0.04	0.54
碳储量/(kg/m^2)	A	5.25±0.33ab	5.01±0.13b	4.42±1.06b	5.47±1.05ab	9.56±2.26a
	B	5.01	5.33±0.13	3.20±0.31	5.50±1.04	6.62±1.30
	C	4.79	5.24±0.21	2.99±0.57	4.61±0.76	4.96
	D	4.18	4.56±0.22	2.77±0.34	3.94±0.14	~
氮储量/(kg/m^2)	A	0.26±0.01ab	0.31±0.07ab	0.19±0.06b	0.45±0.08ab	0.78±0.18a
	B	0.25	0.32±0.08	0.11±0.01	0.46±0.10	0.85±0.14a
	C	0.20	0.30±0.07	0.08±0.01	0.40±0.09	0.36
	D	0.17	0.32±0.00	0.07±0.01	0.33±0.03	~
磷储量/(kg/m^2)	A	0.06±0.01a	0.04±0.01a	0.07±0.06a	0.04±0.01a	0.05±0.01a
	B	0.04	0.05±0.01	0.07±0.00	0.05±0.00	0.06±0.02a
	C	0.05	0.06±0.00	0.07±0.01	0.05±0.01	0.06
	D	0.04	0.05±0.01	0.07±0.00	0.05±0.01	~

注：同一列参数小写不同字母指示统计差异显著（$P<0.05$）；A、B、C和D分别表示0~10 cm、10~20 cm、20~30 cm和30~40 cm土层

5.3.4.2 灌丛土壤特性与群落结构的关系

澜沧江灌丛的群落总盖度跟 0 ~ 10 cm 层和 10 ~ 20 cm 层的饱和含水率、毛管含水率呈显著正相关（$P < 0.05$），跟 0 ~ 10 cm 层的土壤容重呈极显著负相关（$P < 0.01$），跟 10 ~ 20 cm 层、20 ~ 30 cm 层和 30 ~ 40 cm 层的土壤容重呈显著负相关（$P < 0.05$）。灌木盖度跟 4 个土壤层次的饱和含水率、毛管含水率和土壤容重均没有显著的相关关系。灌木层平均高度跟 0 ~ 10 cm 层的饱和含水率和毛管含水率呈显著负相关，跟 0 ~ 10 cm 层和 10 ~ 20 cm 层的土壤容重呈显著正相关（$P < 0.05$）。灌木密度跟 0 ~ 10 cm 层的饱和含水率和 10 ~ 20 cm 层的毛管含水率呈显著正相关（$P < 0.05$），跟 0 ~ 10 cm 层土壤的毛管含水率呈极显著正相关（$P = 0.008$）。草本盖度跟 4 个土壤层次的饱和含水率，跟 0 ~ 10 cm 层、10 ~ 20 cm 层和 30 ~ 40 cm 层的毛管含水率呈显著正相关（$P < 0.05$），跟 0 ~ 10 cm 层、10 ~ 20 cm 层和 30 ~ 40 cm 层的土壤容重呈极显著负相关（$P < 0.01$），跟 20 ~ 30 cm 层的土壤容重呈显著负相关（$P < 0.05$）。非禾草盖度跟 0 ~ 10 cm 层的饱和含水率、毛管含水率，跟 20 ~ 30 cm 层的饱和含水率呈显著正相关（$P < 0.05$），跟 0 ~ 10 cm 层的土壤容重呈极显著负相关（$P = 0.008$），跟 10 ~ 20 cm 层的土壤容重呈显著负相关（$P < 0.05$）。禾草盖度跟 0 ~ 10 cm 层和 10 ~ 20 cm 层的饱和含水率和毛管含含水率呈显著正相关（$P < 0.05$），跟 0 ~ 10 cm 层和 10 ~ 20 cm 层的土壤容重呈极显著负相关（$P < 0.01$），跟 20 ~ 30 cm 层的土壤容重呈显著负相关（$P < 0.05$）。苔藓盖度、凋落物盖度、禾草凋落物盖度和非禾草凋落物盖度，除苔藓盖度跟 20 ~ 30 cm 层的土壤容重有显著正相关性外，跟 4 个层次的饱和含水率、毛管含水率和土壤容重间没有显著的相关性。草本层平均高度跟饱和含水率、毛管含水率呈负相关关系，跟土壤容重呈正相关关系，但以上指标都只在 0 ~ 10 cm 和 10 ~ 20 cm 这两个层次间具有显著的相关性（$P < 0.05$）（表 5-18）。

表 5-18 群落结构和土壤物理性质间的相关性

指标	CC	SC	SH	SD	HC	FC	GC	MS	LC	GLC	FLC	HH
SWC1	0.568*	-0.069	-0.488*	0.576*	0.571*	0.473*	0.544*	0.025	-0.205	-0.411	-0.127	-0.690**
SWC2	0.519*	-0.035	-0.487	0.485	0.552*	0.463	0.542*	0.099	-0.190	-0.376	-0.092	-0.611*
SWC3	0.464	-0.367	-0.271	0.450	0.597*	0.581*	0.559	-0.486	-0.356	-0.322	-0.202	-0.423
SWC4	0.393	-0.680	-0.483	0.138	0.722*	0.622	0.402	-0.499	-0.671	-0.391	-0.522	-0.664
CWC1	0.575*	-0.087	-0.500*	0.602**	0.566*	0.485*	0.532*	0.012	-0.211	-0.424	-0.129	-0.698**
CWC2	0.532*	-0.047	-0.486	0.510*	0.540*	0.466	0.528*	0.076	-0.182	-0.367	-0.086	-0.604*
CWC3	0.445	-0.357	-0.248	0.433	0.564	0.550	0.522*	-0.531	-0.309	-0.294	-0.164	-0.396
CWC4	0.346	-0.653	-0.378	0.162	0.711*	0.676	0.408	-0.489	-0.489	-0.352	-0.327	-0.571*
BULK1	-0.667**	0.035	0.495*	-0.643**	-0.774**	-0.605**	-0.698**	0.017	0.337	0.508*	0.237	0.776**
BULK2	-0.605*	0.001	0.587*	-0.556*	-0.702**	-0.529*	-0.661**	-0.005	0.380	0.367	0.285	0.685**
BULK3	-0.537*	0.385	0.200	-0.464	-0.702*	-0.567*	-0.654*	0.648*	0.346	0.407	0.155	0.443
BULK4	-0.559*	0.502	0.427	-0.125	-0.841**	-0.580*	-0.514	0.598	0.751*	0.346	0.639	0.628

注：CC 为群落总盖度；SC 为灌木盖度；SH 为灌木层平均高度；SD 为灌木密度；HC 为草本盖度；FC 为非禾草盖度；GC 为禾草盖度；MC 为苔藓盖度；LC 为凋落物盖度；GLC 为禾草凋落物盖度；FLC 为非禾草凋落物盖度；HH 为草本层平均高度；SWC 为饱和含水率；CWC 为毛管含水率；BULK 为容重。指标后的数字 1 为 0 ~ 10 cm；2 为 10 ~ 20 cm；3 为 20 ~ 30 cm；4 为 30 ~ 40 cm

* 显著相关；** 极显著相关

群落总盖度跟 0 ~ 10 cm 层土壤的 pH 呈显著负相关，跟 0 ~ 10 cm 层土壤的全氮含量呈显著正相关（$P < 0.05$）。灌木盖度跟 20 ~ 30 cm 层和 30 ~ 40 cm 层的土壤 pH 呈极显著正相关（$P < 0.01$），跟 20 ~ 30 cm 层和 30 ~ 40 cm 层的土壤全氮含量呈显著负相关（$P < 0.05$），跟这两个层次的全碳、有机碳含量呈极显著负相关（$P < 0.01$）。灌木层平均高度跟 0 ~ 10 cm 层和 20 ~ 30 cm 层的土壤 pH 呈显著正相关（$P < 0.05$），跟 10 ~ 20 cm 层的土壤 pH 呈极显著正相关（$P = 0.002$），跟 20 ~ 30 cm 层和 30 ~ 40 cm 层

的土壤全氮含量，跟 20 ~ 30 cm 层的土壤全碳和有机碳含量呈显著负相关（$P < 0.05$）。灌木密度跟 0 ~ 10 cm 层、10 ~ 20 cm 层和 20 ~ 30 cm 层土壤 pH 呈极显著负相关（$P < 0.01$），跟 0 ~ 10 cm 层、30 ~ 40 cm 层的土壤全氮含量、0 ~ 10 cm 层的无机碳含量和 20 ~ 30 cm 层的全磷含量呈显著正相关（$P < 0.05$），跟 20 ~ 30 cm 层的全氮含量呈极显著正相关（$P = 0.001$）。草本盖度跟 0 ~ 10 cm 层的土壤 pH 呈显著相关（$P< 0.05$），跟 0 ~ 10 cm 层的土壤全氮含量、全碳含量、有机碳含量、0 ~ 10 cm 层和 10 ~ 20 cm 层的全磷含量呈极显著正相关（$P< 0.001$），跟 10 ~ 20 cm 层的全氮含量、全碳含量和有机碳含量呈显著正相关（$P < 0.05$）。非禾草盖度跟 4 个层次间的化学性质各个指标间没有形成显著的相关性。禾草盖度跟 0 ~ 10 cm层的土壤 pH 呈极显著负相关（$P= 0.001$），跟 10 ~ 20 cm 层的土壤 pH 呈显著负相关（$P < 0.05$），跟 0 ~ 10 cm 层和 10 ~ 20 cm 层的土壤全氮、全碳、有机碳和全磷含量呈极显著正相关（$P < 0.01$），跟 20 ~ 30 cm 层和 30 ~ 40 cm 层的土壤全磷含量呈显著正相关（$P < 0.05$）。苔藓盖度仅跟 0 ~ 10 cm 层的土壤无机碳含量呈显著正相关（$P < 0.05$）。凋落物盖度跟 10 ~ 20 cm 层、20 ~ 30 cm 层和 30 ~ 40 cm 层的土壤 pH 呈显著正相关（$P < 0.05$），跟 20 ~ 30 cm 层和 30 ~ 40 cm 层的土壤全碳和有机碳含量呈显著正相关（$P < 0.05$）。禾草凋落物盖度仅跟 0 ~ 10 cm 层的土壤 pH 呈显著正相关（$P < 0.05$）。非禾草凋落物盖度仅跟 20 ~ 30 cm 层的全碳含量呈显著负相关（$P < 0.05$）。草本层平均高度跟 4 个土壤层次的 pH 均呈极显著负相关，跟 4 个层次的土壤全氮、全碳和有机碳含量呈极显著负相关（$P < 0.01$），跟 0 ~ 10 cm层的土壤无机碳含量呈显著负相关（$P < 0.05$）（表 5-19）。

表 5-19　群落结构和土壤化学性质间的相关性

指标	CC	SC	SH	SD	HC	FC	GC	MC	LC	GLC	FLC	HH
pH1	-0.459*	0.206	0.540*	-0.745**	-0.565*	-0.291	-0.681**	-0.013	0.366	0.456*	0.250	0.774**
pH2	-0.318	0.366	0.672**	-0.749**	-0.413	-0.237	-0.558*	0.050	0.516*	0.439	0.390	0.835**
pH3	-0.126	0.661**	0.506*	-0.665**	-0.277	-0.209	-0.403	0.370	0.513*	0.312	0.419	0.672**
pH4	-0.016	0.725**	0.426	-0.375	-0.436	-0.334	-0.464	0.420	0.540*	0.324	0.449	0.667**
TN1	0.460*	-0.152	-0.414	0.518*	0.674**	0.360	0.731**	0.212	-0.270	-0.398	-0.193	-0.698**
TN2	0.339	-0.281	-0.396	0.454	0.583*	0.336	0.645**	-0.101	-0.338	-0.304	-0.254	-0.640**
TN3	0.284	-0.532*	-0.473*	0.708**	0.344	0.271	0.429	-0.293	-0.433	-0.256	-0.352	-0.660**
TN4	0.241	-0.579*	-0.542*	0.577*	0.495	0.395	0.483	-0.231	-0.512	-0.380	-0.405	-0.818**
C1	0.452	-0.143	-0.412	0.452	0.663**	0.367	0.701**	0.253	-0.245	-0.377	-0.167	-0.676**
C2	0.293	-0.317	-0.406	0.353	0.568*	0.328	0.616**	-0.033	-0.334	-0.277	-0.257	-0.623**
C3	0.024	-0.782**	-0.488*	0.417	0.329	0.266	0.376	-0.283	-0.573*	-0.256	-0.496*	-0.645**
C4	-0.145	-0.798**	-0.473	0.162	0.306	0.200	0.292	-0.180	-0.564*	-0.373	-0.475	-0.672**
TOC1	0.424	-0.155	-0.397	0.403	0.665**	0.379	0.688**	0.197	-0.254	-0.375	-0.175	-0.649**
TOC2	0.289	-0.291	-0.414	0.320	0.575*	0.344	0.602**	0.002	-0.324	-0.311	-0.241	-0.627**
TOC3	0.030	-0.777**	-0.544*	0.412	0.316	0.289	0.340	-0.238	-0.563*	-0.277	-0.480*	-0.664**
TOC4	-0.126	-0.777**	-0.498	0.132	0.305	0.217	0.262	-0.126	-0.558*	-0.349	-0.476	-0.667**
TIC1	0.409	-0.002	-0.306	0.548*	0.327	0.107	0.436	0.488*	-0.067	-0.206	-0.038	-0.520*
TIC2	0.181	-0.347	-0.155	0.423	0.250	0.067	0.425	-0.263	-0.248	0.090	-0.252	-0.307
TIC3	-0.044	-0.143	0.359	0.091	0.140	-0.140	0.326	-0.381	-0.149	0.123	-0.181	0.067
TIC4	-0.153	-0.016	0.347	0.254	-0.064	-0.205	0.225	-0.478	0.078	-0.141	0.121	0.113
TP1	0.310	-0.119	-0.096	0.370	0.663**	0.325	0.747**	-0.017	-0.200	-0.240	-0.176	-0.397
TP2	0.311	-0.064	-0.177	0.374	0.671**	0.347	0.743**	-0.063	-0.315	-0.204	-0.254	-0.457
TP3	0.226	-0.140	-0.042	0.474*	0.261	-0.063	0.526*	-0.101	-0.080	-0.064	-0.053	-0.324
TP4	0.087	-0.153	0.209	0.151	0.412	-0.015	0.650*	-0.261	-0.155	0.044	-0.155	-0.149

注：CC 为群落总盖度；SC 为灌木盖度；SH 为灌木层平均高度；SD 为灌木密度；HC 为草本盖度；FC 为非禾草盖度；GC 为禾草盖度；MC 为苔藓盖度；LC 为凋落物盖度；GLC 为禾草凋落物盖度；FLC 为非禾草凋落物盖度；HH 为草本层平均高度；TN 为全氮含量；C 为全碳含量；TOC 为有机碳含量；TIC 为无机碳含量；TP 为全磷含量。1 为 0 ~ 10 cm；2 为 10 ~ 20 cm；3 为 20 ~ 30 cm；4 为 30 ~ 40 cm

*显著相关；**极显著相关

5.3.4.3 源区灌丛土壤特性跟初级生产力间的关系

灌木叶的生物量跟0~10 cm层的土壤毛管含水率呈显著负相关，跟0~10 cm层和10~20 cm层的土壤容重呈显著正相关（$P<0.05$）。灌木枝干和总的生物量跟0~10 cm层和10~20 cm层的饱和含水率、毛管含水率呈显著负相关，跟0~10 cm层和10~20 cm层的土壤容重呈显著正相关。禾草生物量、非禾草生物量、苔藓生物量和4个土壤层次的饱和含水率、毛管含水率和土壤容重均没有显著的相关关系（$P<0.05$）。凋落物生物量仅跟10~20 cm层的土壤容重之间表现出显著的正相关性（$P<0.05$）。总的地上生物量跟0~10 cm层和10~20 cm层的土壤饱和含水率和毛管含水率表现出显著的负相关关系，跟这两个层次的土壤容重表现出显著的正相关关系（$P<0.05$）（表5-20）。

表5-20 澜沧江源区灌丛地上生物量与土壤物理性质间的相关性

指标	SLB	SSB	TSB	GB	FB	HB	MB	LB	TAB
SWC1	-0.467	-0.545 *	-0.532 *	-0.086	-0.183	-0.194	0.259	-0.356	-0.550 *
SWC2	-0.454	-0.524 *	-0.506 *	0.014	-0.189	-0.142	0.225	-0.440	-0.531 *
SWC3	-0.245	-0.365	-0.354	0.150	-0.007	0.084	-0.167	-0.541	-0.382
SWC4	-0.424	-0.518	-0.520	0.065	0.062	0.111	0.317	-0.089	-0.508
CWC1	-0.473 *	-0.560 *	-0.548 *	-0.089	-0.166	-0.182	0.242	-0.361	-0.566 *
CWC2	-0.452	-0.523 *	-0.509 *	-0.001	-0.182	-0.145	0.192	-0.438	-0.535 *
CWC3	-0.212	-0.343	-0.329	0.086	-0.029	0.028	-0.235	-0.556	-0.364
CWC4	-0.333	-0.413	-0.414	-0.016	0.140	0.136	0.222	-0.278	-0.409
BULK1	0.524 *	0.544 *	0.540 *	-0.039	0.032	0.002	-0.370	0.378	0.544 *
BULK2	0.556 *	0.580 *	0.567 *	-0.156	0.114	-0.002	-0.173	0.619 *	0.603 *
BULK3	0.227	0.307	0.303	-0.283	-0.058	-0.216	0.128	0.505	0.320
BULK4	0.513	0.479	0.508	-0.254	-0.116	-0.297	-0.352	0.082	0.488

注：SLB为灌木叶生物量；SSB为灌木枝干生物量；TSB为总的灌木生物量；GB为禾草生物量；FB为非禾草生物量；HB为草本生物量；MB为苔藓生物量；LB为凋落物生物量；TAB为总的地上生物量；SWC为饱和含水率；CWC为毛管含水率；BULK为容重。1为0~10 cm；2为10~20 cm；3为20~30 cm；4为30~40 cm

*显著相关；**极显著相关

灌木叶生物量跟0~10 cm层土壤的pH呈显著正相关（$P=0.011$），跟10~20 cm层土壤的pH表现为极显著正相关（$P=0.004$），跟其余指标没有表现出显著的相关性。灌木枝干生物量跟0~10 cm层、10~20 cm层和30~40 cm层土壤的pH呈极显著正相关（$P<0.01$），跟30~40 cm层土壤的pH呈显著正相关（$P<0.05$），跟0~10 cm层、10~20 cm层的土壤全氮、全碳含量，30~40 cm层土壤的全碳、有机碳含量呈显著负相关（$P<0.05$），跟20~30 cm层和30~40 cm层的全氮含量，20~30 cm层的全碳、有机碳含量呈极显著负相关（$P<0.001$）。总的灌木地上生物量跟0~10 cm层、10~20 cm层和20~30 cm层土壤的pH表现为极显著正相关关系（$P<0.001$），跟30~40 cm层土壤的pH呈显著正相关（$P<0.05$），跟20~30 cm层、30~40 cm层的全氮、全碳含量和30~40 cm层的有机碳含量呈显著正相关（$P<0.05$），跟20~30 cm层的有机碳含量呈极显著正相关（$P=0.009$）。禾草生物量跟土壤化学指标间没有显著的相关性，非禾草生物量跟20~30 cm层间的土壤全磷含量呈显著负相关（$P<0.05$）。苔藓生物量跟0~10 cm层土壤的全氮、全碳和无机碳含量表现为极显著正相关（$P<0.01$），跟这个层次土壤的有机碳含量呈显著正相关（$P<0.05$）。凋落物生物量跟0~10 cm、10~20 cm和20~30 cm三个层次的土壤pH呈显著正相关（$P<0.05$）。总的地上生物量跟0~10 cm、10~20 cm和

20～30 cm 三个层次的土壤 pH 表现为极显著正相关关系（$P < 0.001$），跟 30～40 cm 层的土壤 pH 呈显著正相关（$P < 0.05$），跟 20～30 cm 层的土壤全氮、有机碳含量以及 30～40 cm 层的土壤全氮含量表现为极显著负相关（$P < 0.01$），跟 30～40 cm 层土壤的全碳和有机碳含量表现为显著负相关（$P< 0.05$）（表 5-21）。

表 5-21　澜沧江源区灌丛地上生物量跟土壤化学性质间的关系

指标	SLB	SSB	TSB	GB	FB	HB	MB	LB	TAB
pH1	0.572 *	0.669 * *	0.651 * *	−0.122	0.219	0.117	−0.355	0.459 *	0.658 * *
pH2	0.639 * *	0.836 * *	0.805 * *	−0.085	0.242	0.168	−0.224	0.490 *	0.809 * *
pH3	0.356	0.686 * *	0.650 * *	−0.032	0.182	0.151	0.081	0.497 *	0.675 * *
pH4	0.285	0.601 *	0.553 *	−0.113	0.061	0.009	−0.141	0.515	0.574 *
TN1	−0.384	−0.476 *	−0.430	0.060	−0.261	−0.185	0.586 * *	−0.224	−0.418
TN2	−0.344	−0.510 *	−0.444	0.001	−0.302	−0.261	0.216	−0.268	−0.451
TN3	−0.342	−0.596 * *	−0.572 *	−0.066	−0.292	−0.296	−0.095	−0.341	−0.592 * *
TN4	−0.443	−0.681 * *	−0.654 *	0.000	−0.155	−0.184	0.299	−0.443	−0.662 * *
C1	−0.389	−0.459 *	−0.414	0.068	−0.223	−0.149	0.602 * *	−0.186	−0.396
C2	−0.342	−0.503 *	−0.434	0.025	−0.247	−0.202	0.250	−0.263	−0.437
C3	−0.269	−0.623 * *	−0.569 *	0.041	−0.143	−0.111	−0.052	−0.406	−0.586 *
C4	−0.230	−0.599 *	−0.539 *	0.101	−0.076	−0.035	0.347	−0.451	−0.549 *
TOC1	−0.375	−0.452	−0.399	0.095	−0.187	−0.103	0.558 *	−0.182	−0.381
TOC2	−0.354	−0.506 *	−0.435	0.030	−0.209	−0.166	0.300	−0.247	−0.432
TOC3	−0.309	−0.652 * *	−0.599 * *	0.020	−0.108	−0.094	−0.053	−0.416	−0.614 * *
TOC4	−0.243	−0.589 *	−0.533 *	0.090	−0.066	−0.030	0.358	−0.432	−0.541 *
TIC1	−0.289	−0.276	−0.304	−0.138	−0.342	−0.371	0.586 * *	−0.122	−0.297
TIC2	−0.093	−0.244	−0.226	−0.024	−0.402	−0.359	−0.224	−0.252	−0.265
TIC3	0.263	0.143	0.150	0.162	−0.279	−0.144	−0.002	0.026	0.137
TIC4	0.177	0.046	0.078	0.086	−0.082	−0.040	−0.188	−0.081	0.058
TP1	−0.08	−0.207	−0.136	0.063	−0.216	−0.147	0.384	−0.222	−0.148
TP2	−0.219	−0.255	−0.205	0.111	−0.273	−0.166	0.282	−0.246	−0.219
TP3	−0.093	−0.186	−0.176	0.078	−0.519 *	−0.393	0.003	−0.281	−0.216
TP4	0.046	0.057	0.057	0.481	−0.322	−0.013	0.133	−0.251	0.026

注：SLB 为灌木叶生物量；SSB 为灌木枝干生物量；TSB 为总的灌木生物量；GB 为禾草生物量；FB 为非禾草生物量；HB 为草本生物量；MB 为苔藓生物量；LB 为凋落物生物量；TAB 为总的地上生物量；TN 为全氮含量；C 为全碳含量；TOC 为有机碳含量；TIC 为无机碳含量；TP 为全磷含量。1 为 0～10 cm；2 为 10～20 cm；3 为 20～30 cm；4 为 30～40 cm

* 显著相关；* * 极显著相关

5.3.4.4　灌丛土壤特性随海拔梯度的变化

（1）土壤物理性质随海拔梯度的变化

研究结果表明，澜沧江源区（海拔 3600～4600 m）灌丛立地土壤饱和含水率，毛管含水率随海拔升高呈上升趋势，土壤容重随海拔增加呈下降趋势。但饱和含水率和土壤容重仅在 0～10 cm 和 10～20 cm 这两个层次间和海拔存在明显的线性关系（$P < 0.05$），而毛管含水率仅在 0～10 cm 这一土壤层次和海拔存在明显的线性关系（$P= 0.002$）（图 5-3）。

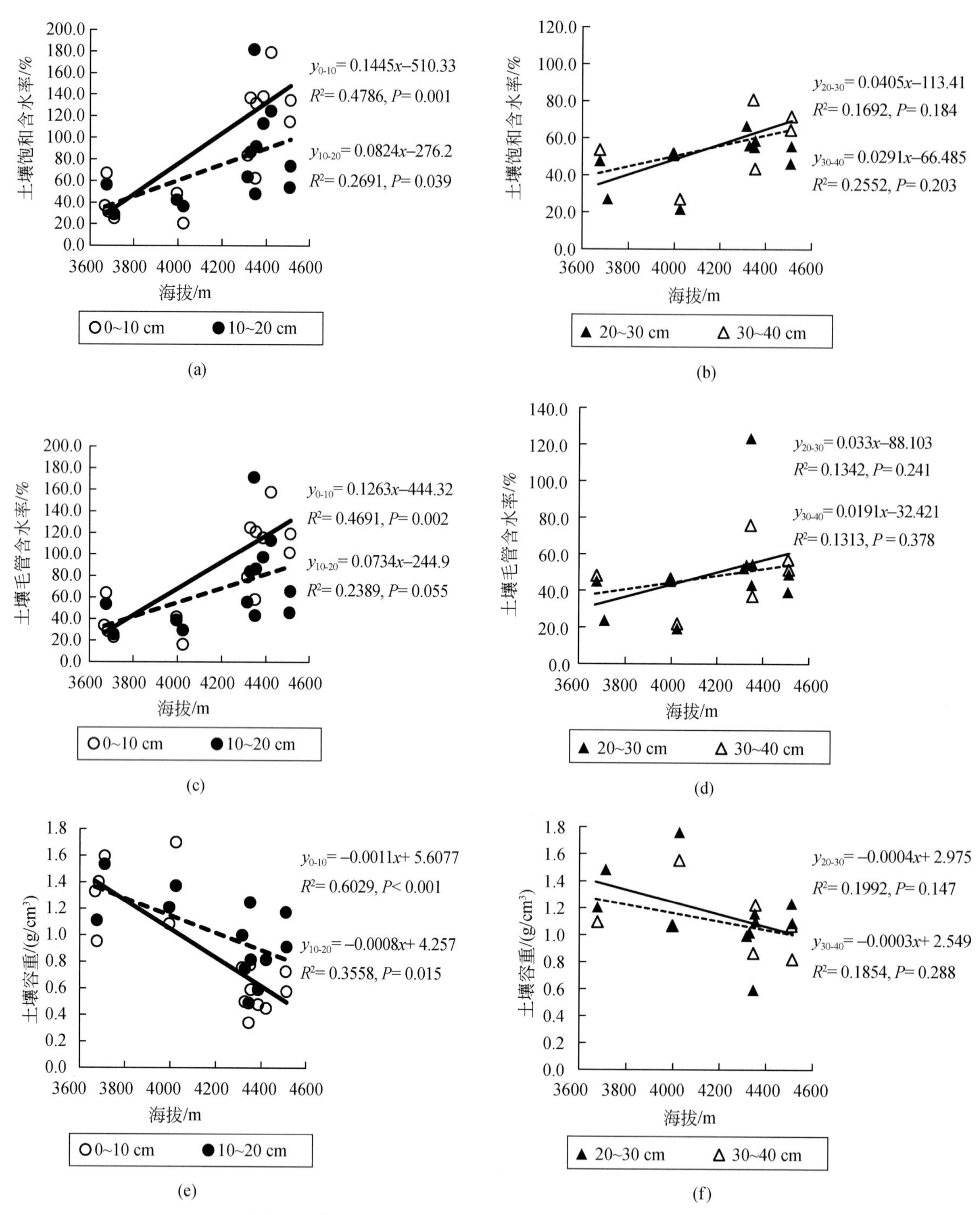

图 5-3 澜沧江源区灌丛土壤物理性质随海拔梯度的变化

注：粗实线表示 0 ~ 10 cm（n =15），粗虚线表示 10 ~ 20 cm（n = 13），细实线表示 20 ~ 30 cm（n = 11），细虚线表示 30 ~ 40 cm（n =7）

（2）土壤 pH 的变化

研究表明，澜沧江源区灌丛的土壤 pH 随海拔升高而呈下降趋势，但仅在 0 ~ 10 cm 这一层次的土壤 pH 跟海拔之间具有明显的线性关系（P = 0.041）。pH 随海拔的升高而降低暗示了土壤有机质的增加（图 5-4）。

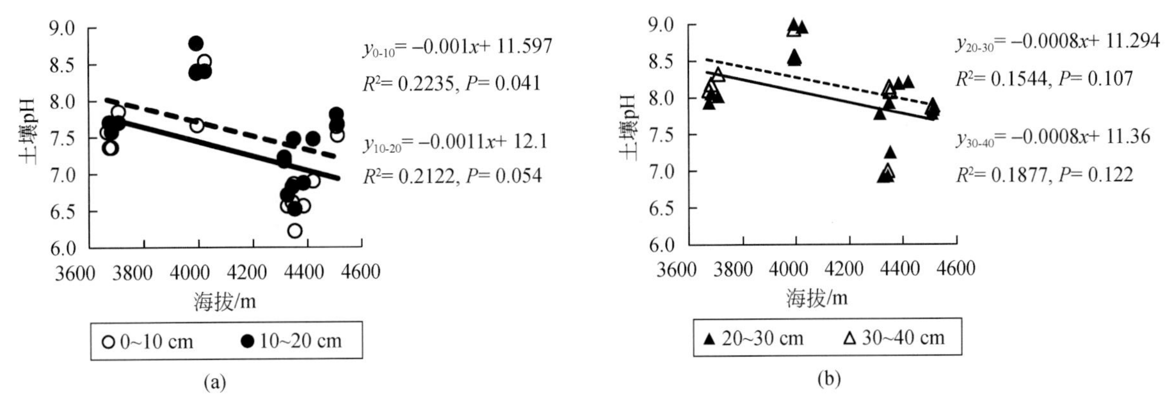

图 5-4　澜沧江源区灌丛土壤 pH 随海拔梯度的变化

注：粗实线表示 0 ~ 10 cm（n = 16），粗虚线表示 10 ~ 20 cm（n = 15），细实线表示 20 ~ 30 cm（n = 15），细虚线表示 30 ~ 40 cm（n = 11）

(3) 土壤全氮、全碳、有机碳、无机碳及全磷的变化

研究表明，澜沧江源区灌丛土壤的全氮含量在 0 ~ 10 cm、10 ~ 20 cm、20 ~ 30 cm 以及 30 ~ 40 cm 4 个土壤层次内均随海拔升高表现出显著的线性增加趋势（$P < 0.05$）。0 ~ 10 cm 和 10 ~ 20 cm 两个层次间的土壤全碳含量也随海拔的升高表现出明显的线性增加趋势，这种增加的趋势主要来自土壤有机碳的增加，但仅在 0 ~ 10 cm 这个层次的土壤有机碳含量与海拔间的线性关系显著（$P < 0.05$）。20 ~ 30 cm 和 30 ~ 40 cm 这两个土壤层次间的全碳、有机碳和无机碳含量随海拔升高略有增加，但跟海拔间的线性关系并不明显。全磷含量也随海拔升高而呈现出增加的趋势，并且这种趋势在 4 个土壤层次间均与海拔存在显著的线性关系（$P < 0.05$）（图 5-5）。

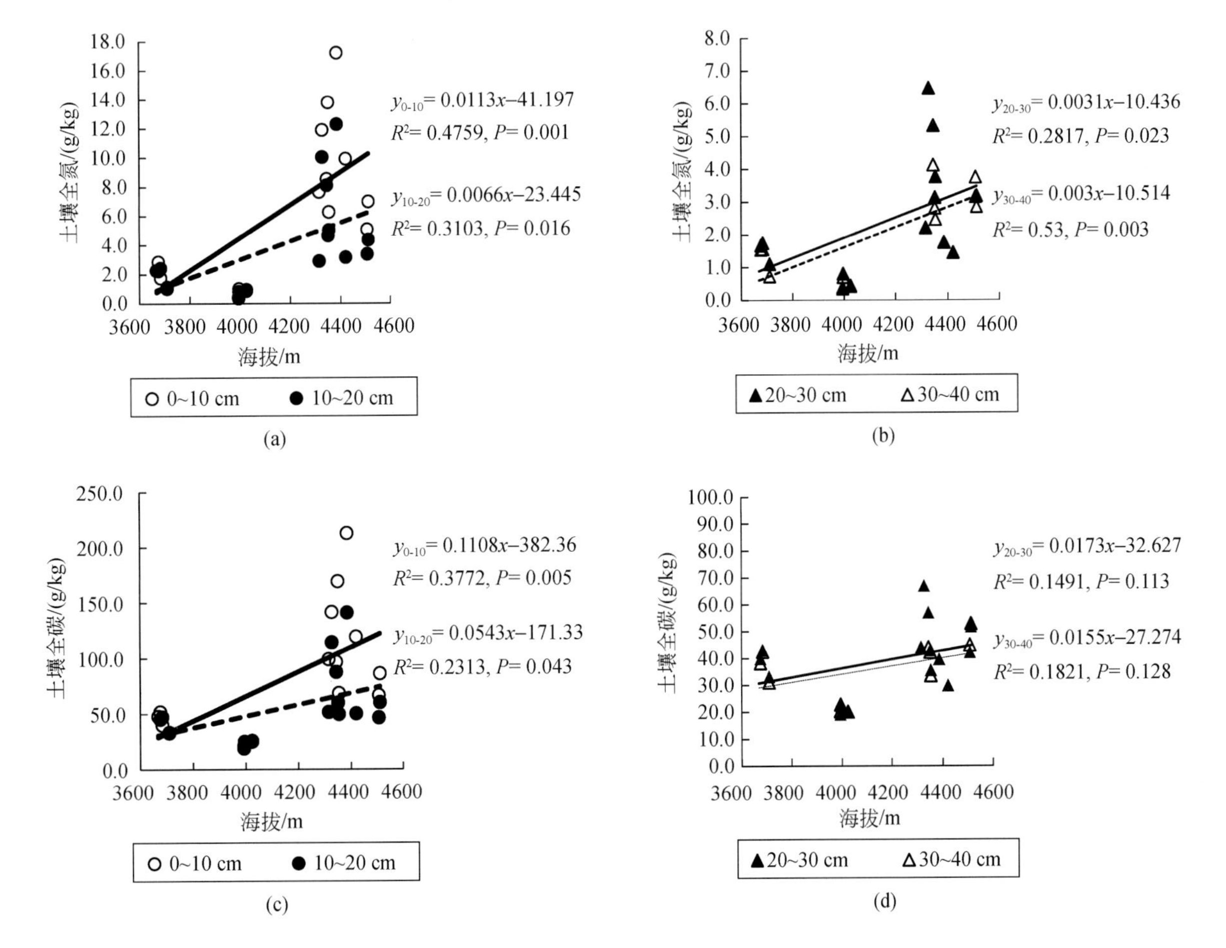

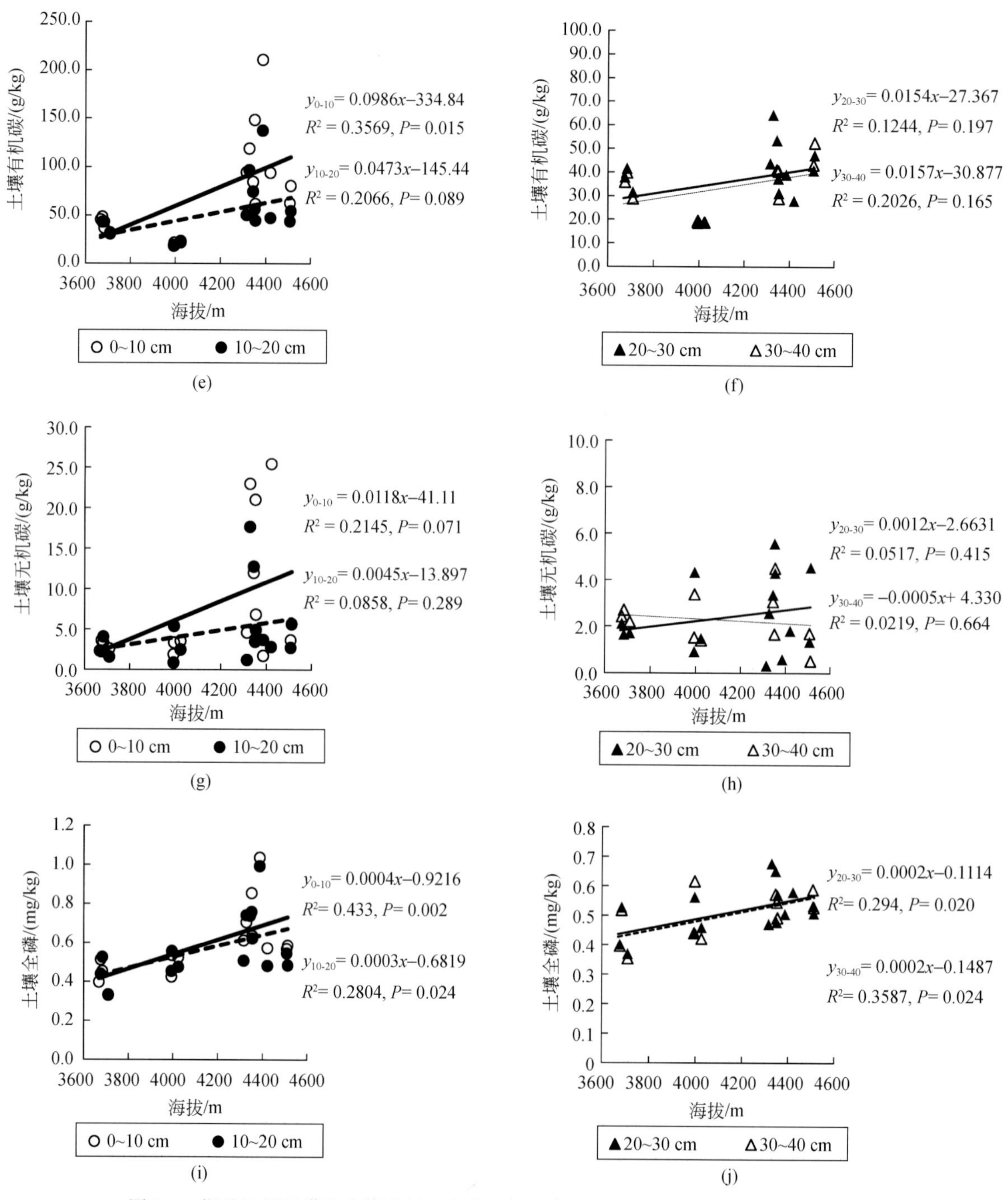

图 5-5　澜沧江源区灌丛土壤全氮、全碳、有机碳、无机碳和全磷随海拔梯度的变化

注：粗实线表示 0 ~ 10 cm（n = 16），粗虚线表示 10 ~ 20 cm（n = 15），细实线表示 20 ~ 30 cm（n = 15），细虚线表示 30 ~ 40 cm（n = 11）

（4）土壤 C/N、N/P 和 C/N/P 的变化

研究表明，澜沧江源区灌丛土壤 C/N、N/P、C/N/P 的值随海拔的升高呈下降趋势，而土壤 N/P 的值随海拔升高呈增加的趋势，而且这种随海拔升高而发生的变化趋势，除 C/N 在 30 ~ 40 cm 层没有表现出显著的变化趋势外，其余在 0 ~ 10 cm、10 ~ 20 cm、20 ~ 30 cm 和 30 ~ 40 cm 这 4 个土壤层次间均表现出显著的线性关系（P < 0.05）（图 5-6）。

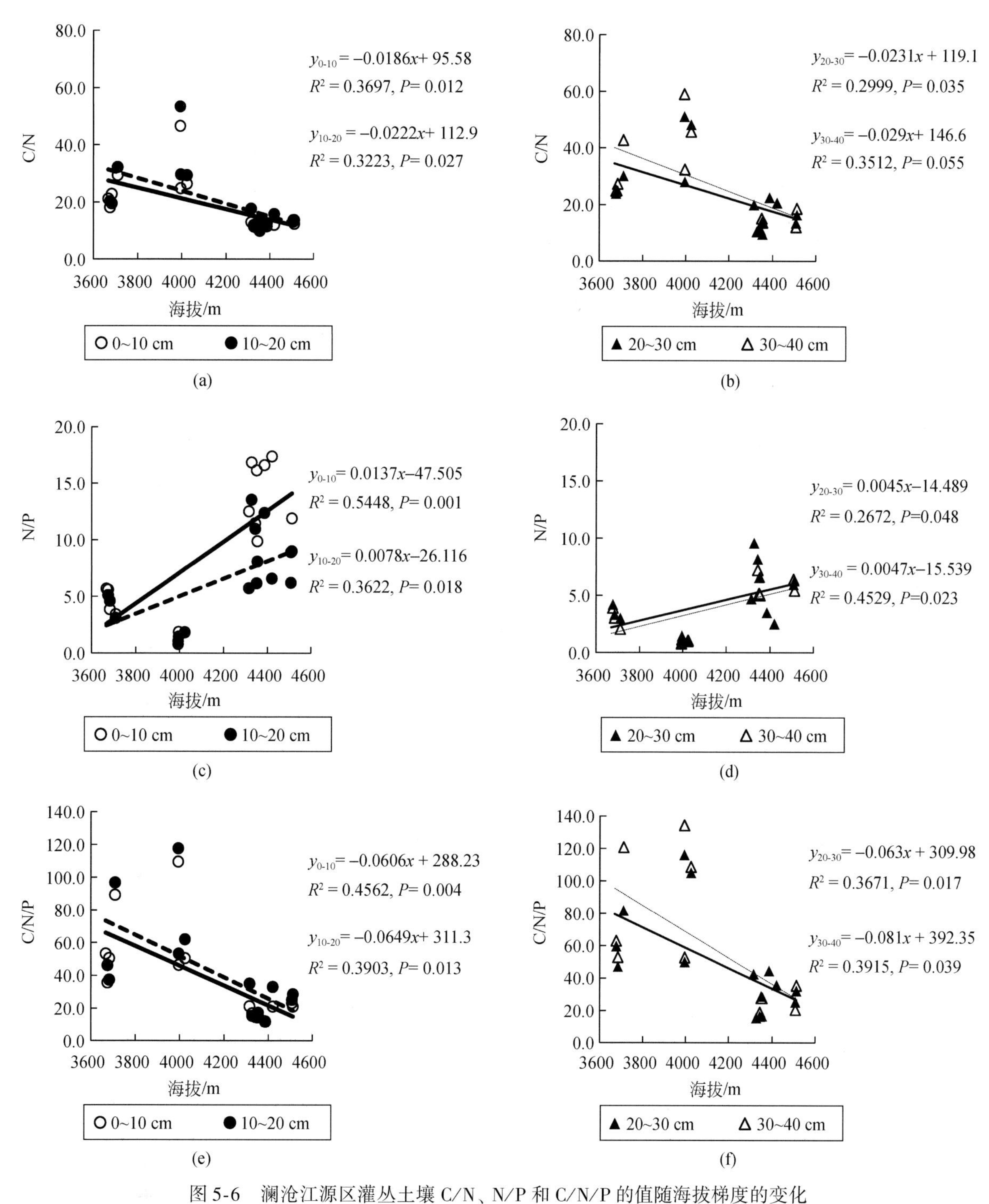

图 5-6　澜沧江源区灌丛土壤 C/N、N/P 和 C/N/P 的值随海拔梯度的变化

注：粗实线表示 0 ~ 10 cm（n = 19），粗虚线表示 10 ~ 20 cm（n = 18），细实线表示 20 ~ 30 cm（n = 18），细虚线表示 30 ~ 40 cm（n = 14）

（5）土壤氮库、碳库、有机碳库、无机碳库及磷库的变化

土壤的氮库、碳库、有机碳库、无机碳库和磷库的含量不仅取决于土壤全氮、全碳、有机碳、无机碳以及全磷的含量，同时也取决于土壤的容重。研究结果表明，除 0 ~ 10 cm、10 ~ 20 cm 和 20 ~ 30 cm 的土壤氮库随着海拔的升高呈现明显的线性变化外［图 5-7（a）和图 5-7（b）$P< 0.05$］，其余指标随海拔升高没有表现出明显的线性变化趋势（图 5-7）。

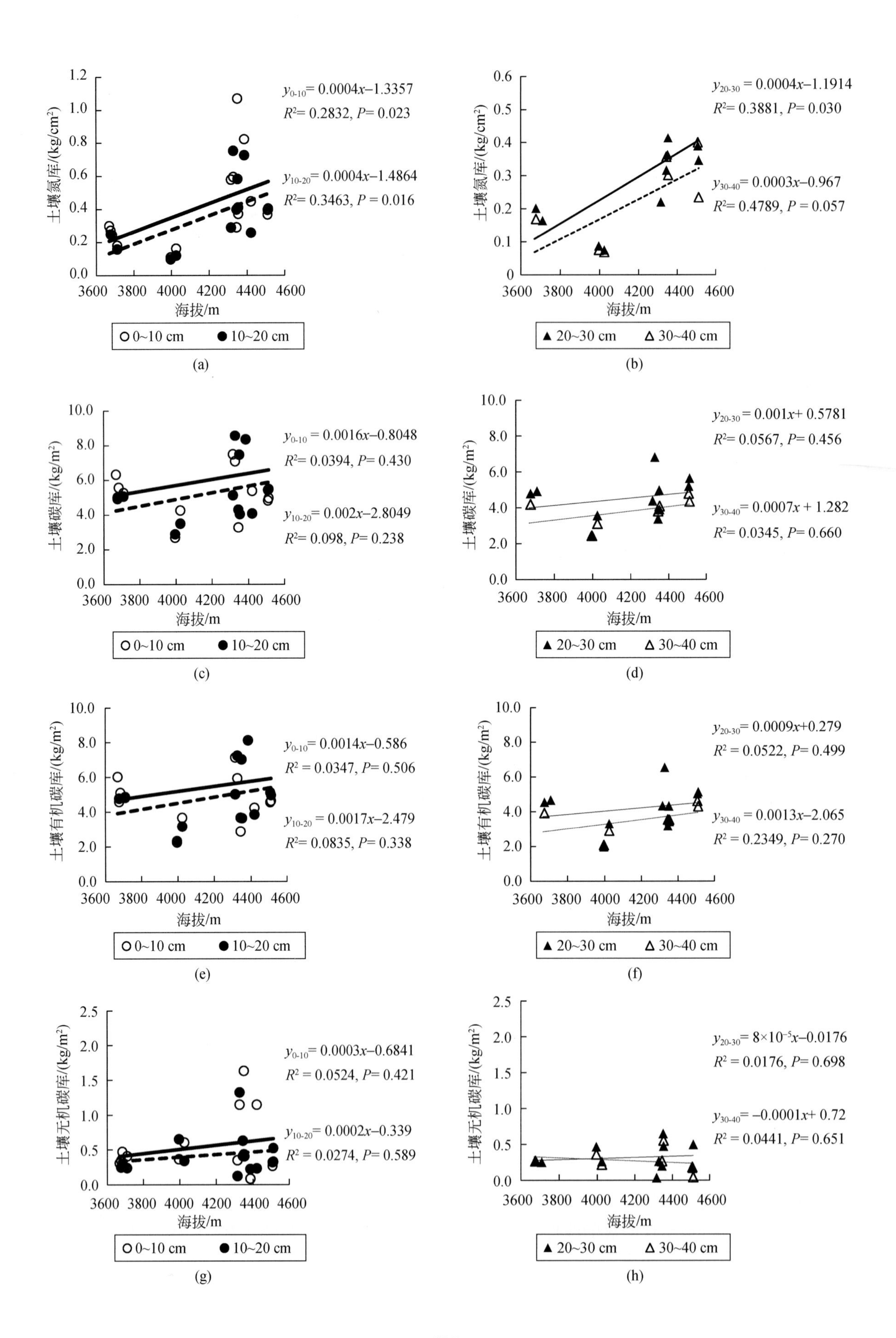
土壤氮库/(kg/cm²)
海拔/m
y_{0-10}= 0.0004x−1.3357
R^2= 0.2832, P= 0.023
y_{10-20}= 0.0004x−1.4864
R^2= 0.3463, P = 0.016
0~10 cm
10~20 cm
(a)
y_{20-30} = 0.0004x−1.1914
R^2= 0.3881, P= 0.030
y_{30-40}= 0.0003x−0.967
R^2= 0.4789, P = 0.057
20~30 cm
30~40 cm
(b)
土壤碳库/(kg/m²)
y_{0-10} = 0.0016x−0.8048
R^2= 0.0394, P= 0.430
y_{10-20}= 0.002x−2.8049
R^2= 0.098, P= 0.238
(c)
y_{20-30}= 0.001x+ 0.5781
R^2= 0.0567, P= 0.456
y_{30-40}= 0.0007x + 1.282
R^2= 0.0345, P= 0.660
(d)
土壤有机碳库/(kg/m²)
y_{0-10}= 0.0014x−0.586
R^2 = 0.0347, P= 0.506
y_{10-20} = 0.0017x−2.479
R^2= 0.0835, P= 0.338
(e)
y_{20-30}= 0.0009x+0.279
R^2 = 0.0522, P= 0.499
y_{30-40} = 0.0013x−2.065
R^2 = 0.2349, P= 0.270
(f)
土壤无机碳库/(kg/m²)
y_{0-10}= 0.0003x−0.6841
R^2 = 0.0524, P= 0.421
y_{10-20}= 0.0002x−0.339
R^2 = 0.0274, P= 0.589
(g)
y_{20-30}= 8×10⁻⁵x−0.0176
R^2 = 0.0176, P= 0.698
y_{30-40}= −0.0001x+ 0.72
R^2 = 0.0441, P= 0.651
(h)

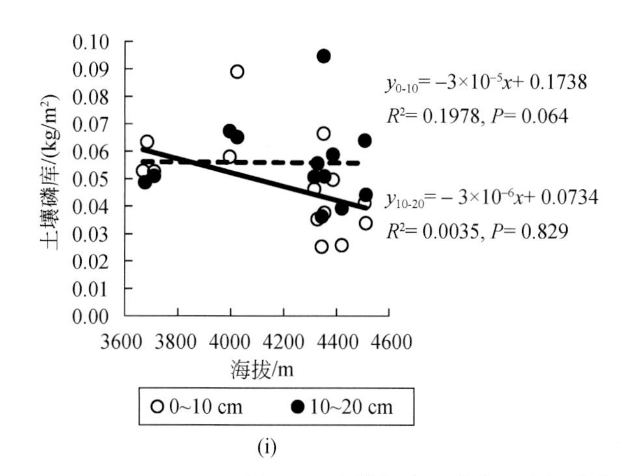

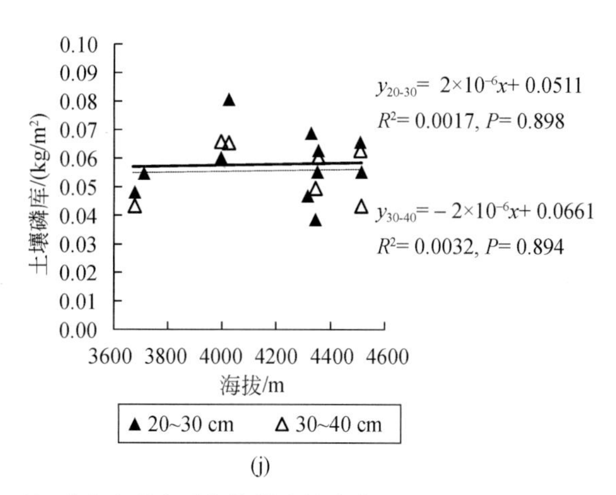

图5-7 土壤氮库、碳库、有机碳库、无机碳库和磷库随海拔梯度的变化

注：粗实线表示0～10 cm（n =15），粗虚线表示10～20 cm（n = 13），细实线表示20～30 cm（n = 11），细虚线表示30～40 cm（n =7）

5.3.4.5 坡向跟源区灌丛土壤特性

跟0～10 cm、10～20 cm、20～30 cm和30～40 cm 4个层次间的土壤饱和含水率、毛管含水率和容重间也没有显著性相关性（$P > 0.05$）。除跟0～10 cm层（r = 0.479，P = 0.038）和30～40 cm层（r = 0.574，P = 0.032）的土壤全氮含量呈显著正相关外，跟10～20 cm层和20～30 cm层的土壤全氮含量没有显著的相关性，跟所有层次的土壤pH、全碳含量、有机碳含量、无机碳含量和全磷含量间均没有显著的相关性。

5.3.4.6 坡度跟源区灌丛土壤特性

坡度跟0～40 cm的4个土壤层次的饱和含水率、毛管含水率、土壤容重；pH、全氮含量、全碳含量、有机碳含量、无机碳含量、全磷含量间均没有显著的相关性。

5.3.5 讨论

天然植被中的物种组成是物种对环境长期适应的结果，是在漫长的演化过程中，对生物气候的综合反映（李凯辉等，2007）。与澜沧江下游地区土地利用变化对生态系统的影响相比（姜昀等，2006；姚华荣等，2005），尽管源区存在放牧干扰的影响，但对生态系统服务功能的改变要比土地利用方式的变化轻微得多，从而通过源区天然植被的研究，可以有助于理解源区陆地植被生态系统服务功能形成的维持机制。

已有研究表明，高寒草地生产力与土壤有机碳和全氮含量存在正相关，土壤温度是决定不同海拔梯度高寒草甸初级生产力的主要因子（王长庭等，2005；李英年等，1997），同时多数研究证实随着海拔的变化，群落结构和生物多样性也会发生相应的变化（李凯辉等，2007；王志恒等，2004；杨元合等，2004）。本研究结果表明，澜沧江源区（海拔3600 ～4600 m）的灌丛立地土壤饱和含水率、毛管含水率随海拔升高呈上升趋势，土壤容重随海拔增加呈下降趋势（图5-3）。澜沧江源区灌丛的土壤pH随海拔升高而呈下降趋势，与其他学者在草地生态系统研究中得出的海拔与土壤pH之间存在极显著的负相关的结论相一致（王瑞永等，2009；李凯辉等，2007）。土壤的全氮、全磷、全碳、有机碳含量随海拔升高表现出显著的线性增加趋势（$P < 0.05$）（图5-5）。这些结果表明土壤持水能力的增加与土层有机质的增加存在密切的关系，而土壤有机质的增加，则反映出由于土壤酶活性降低而导致土壤分解速率降低的结果（李宁云等，2006）。对于土壤碳库、氮库和磷库的含量，不仅取决于土壤中全碳、全氮和全磷的含量，同时也跟土壤的容重有关（Pang et al.，2011）。在本研究中容重随海拔的升高而降低、全碳、全氮和全磷含量随海拔的升高而增加，反映出两种相反的变化趋势，从而土壤中的碳库、氮库和磷库没有随海拔

的增加而反映出明显的线性变化规律。

源区灌丛的结构差异主要体现在灌丛在灌木盖度、灌木层平均高度、灌木密度、禾草盖度、凋落物盖度、苔藓盖度和草本层平均高度等（表5-6）。形成灌木结构多样性差异的原因，主要反映在灌丛分布在海拔上的明显差异（表5-1～表5-5）。同时，灌丛物种多样性的差异，也主要反映在灌木层的Shannon-Winner指数，优势度Simpson′s diversity和物种丰富度指数上（表5-7）。这种多样性变化也跟各灌丛类型取样点的海拔相关。澜沧江源区灌丛的灌木层Shannon-Winner指数和物种丰富度指数随海拔的变化表现出明显的线性降低趋势（$P< 0.05$），而草本的多样性指数，以及灌木的均匀度和优势度指数跟海拔的线性变化趋势并不明显（图5-7）。以上结果反映出随着海拔的增加，灌木物种已由高大的种类如沙棘、大果圆柏等逐渐为一些矮小的，或成簇状的矮小物种所代替，如金露梅、鬼箭锦鸡儿。同时就同一物种的灌木而言，随着海拔的增加，其个体也会变得低矮，甚至以矮丛状或垫状出现，如鬼箭锦鸡儿、金露梅，甚至山生柳的高度，在低海拔地区的山生柳灌丛也要比高海拔地区高得多。同时，随着海拔的增加一些温性灌丛成分，如栒子、小檗将从灌丛中消失，所以灌丛的生物多样性降低，这与很多研究得出的木本植物多样性随着海拔的升高而降低是相一致的（马少杰等；2010；徐成东等；2008），而并非先增加后下降单峰曲线（刘洋等，2007；王志恒等，2004）。但对于草本植物而言，本研究的结果也和高寒草原的研究结论存在差异，并没有反映出随海拔先增加后降低的规律或中间海拔梯度的物种多样性最高（杨元合等，2004；王长庭等，2004）。

形成草本层物种多样性跟海拔之间没有明显线性关系的原因，一是随着海拔增加，一些高寒草甸的成分将弥补灌丛下消失的温性和寒温性的草甸成分所空缺的生态位，从而草本层的盖度和物种多样性随着海拔的增加并没有发生明显的变化，而仅仅表现出草本平均高度的降低。因为相对于温性草原的物种而言，高寒草甸的大多物种要显得矮得多。但需要指出的是，尽管草本层的群落结构和多样性指标没有发生明显的变化，但草本层的物种组成却已经发生了“质”的改变，这种物种组成上的变化是长期自然选择的结果，是植被随海拔的增加而出现的高寒环境的适应。同时灌丛的存在，减少了牲畜对草本层物种的践踏，以及阳光直射对草层植被生长发育的影响，起到了一种保护作用（Wang et al.，2011；Dona and Galen，2007）。但灌木盖度过高也会对草本层物种多样性造成负面的影响（表5-8），然而研究区域取样的灌木盖度总体除杂多两块沙棘灌丛灌木盖度大于80%外，多数灌丛的灌木盖度均小于80%。尤其是海拔相对较高的一些类型，如杂多的鬼箭锦鸡儿灌丛（表5-3）、金露梅灌丛（表5-2）灌木盖度相对较低，灌丛对草层正面的保护作用得到体现，而负面的抑制作用却有所降低。

在其他一些地区的研究表明，高山灌丛生物量与海拔呈现显著的负相关性，随着海拔的升高，灌丛总生物量、地上生物量以及地下生物量均呈现下降的趋势（雷蕾等，2011）。在研究中得到的结果是澜沧江源区灌木生物量、非禾草生物量、凋落物生物量和总的地上生物量随海拔的升高呈下降趋势，而禾草生物量和苔藓生物量随海拔升高呈增加趋势，但这种变化趋势和海拔之间没有显著的线性关系（图5-2）。造成研究区域灌丛生物量多个指标与海拔间没有显著线性变化趋势的原因在于本研究仅选择了几种优势灌丛来探讨研究区域灌丛生物量随海拔变化的关系，由于在澜沧江源区不同海拔梯度上出现的灌丛类型是不同的，因此少数几种优势灌丛的海拔梯度上的变化无法真正表征该区域灌丛生物量等指标随海拔的变化规律。不同群落类型的生产力之间存在差异，已从一些研究中得到证实（李英年等，2004；2003；王启基等，1998）。在澜沧江源区，灌木的地上生物量，尤其是灌木枝干的生物量与总的生物量、灌丛类型之间存在显著的差异（表5-10）。灌木盖度和灌丛平均高度跟灌木地上生物量和总的地上生物量之间存在显著的正相关（表5-11），因而灌木类型及其组成与结构的差异（表5-6），是造成灌丛生产力差异的主要原因（表5-10），而灌丛的物种组成是长期适应环境因素的结果。

坡向和坡度是影响陆地植被生态系统结构、生产力和生物多样性的另外两个重要的环境因子（张昌顺等，2012；彭剑峰等，2010；Begum et al.，2010；Sidari et al.，2008）。本研究中坡向跟群落的结构因子、土壤的物理性质，土壤的pH、全碳含量、有机碳含量、无机碳含量和全磷含量间均没有显著的相关性，但跟土壤0～10 cm层和30～40 cm层的土壤全氮含量呈显著正相关，这可能跟灌丛对氮元素的利用有关。而坡向跟禾草生物量、非禾草生物量和草本总的生物量呈显著的负相关性，跟苔藓生物量具有显著的正相关性（表 5-14），这一结果存在两方面的原因，一是高寒灌丛下喜阴湿环境的高寒草甸成分更多；二是阳坡灌丛的生长可对灌丛下的草本层存在竞争关系。同时，在本研究中坡向对灌草生物多样性指标没有显著的影响，形成原因可能来自两个方面，一是研究区域内灌木物种相对较少，源区灌丛的优势成分明显，灌丛类型之间的差异可能更大；二是高寒草甸的一些成分填补了寒温成分丢失空缺的生态位。以上结果跟一些学者提到的坡向对植被结构和土壤及生产力方向存在显著影响的结论不同（Begum et al.，2010；彭剑峰等，2010；Sidari et al.，2008），原因在于本书对坡向采用了 8 级划分及相关分析的方法，而并非是两个坡向之间的对比。

坡度除跟草本层的 Shannon-Winner 指数和 Simpson′s diversity 指数间有显著的相关性外，跟灌丛的结构、土壤理化性质、地上生物量以及灌木层的物种多样性之间没有显著的关系，这一结论跟源区高寒草甸得出的坡度是影响源区高寒草甸水土条件的主要因子结论不同（张昌顺等，2012）。原因在于，相对于草甸而言灌丛分布区域坡度的差异，要比草甸分布区域坡度的差异小；同时，灌丛的结构、土壤理化性质和生产力受灌丛类型的影响更为明显。

土壤理化性质是影响群落结构、植被初级生产力和物种丰富度重要的环境因子（武建双等；2012；雷蕾等，2011；赵景学等，2011；王瑞永等；2009；李凯辉等，2008，2007；王鑫等，2008；王长庭等，2005）。澜沧江灌丛的群落总盖度跟饱和含水率、毛管含水率呈显著正相关（表 5-18），反映出生态系统的土壤保持能力均随植被盖度的增加呈线性增长的趋势（陈龙等，2012a）。在本研究中，灌木叶生物量跟 0 ~ 10 cm 层的土壤毛管含水率呈显著负相关，跟 0 ~ 10 cm 层和 10 ~ 20 cm 层的土壤容重呈显著正相关（$P<0.05$）。灌木枝干和总的生物量跟 0 ~ 10 cm 层和 10 ~ 20 cm 层的饱和含水率、毛管含水率呈显著负相关，跟 0 ~ 10 cm 层和 10 ~ 20 cm 层的土壤容重呈显著正相关。说明灌丛土壤水分系数对灌丛灌木枝干，特别是叶的生长有显著的影响。凋落物生物量仅跟 10 ~ 20 cm 层的土壤容重之间表现出显著的正相关性（$P<0.05$），则反映出凋落物对土壤理化性质的影响。总的地上生物量跟 0 ~ 10 cm 层和 10 ~ 20 cm 层的土壤饱和含水率和毛管含水率表现出显著的负相关性，跟这两个层次的土壤容重表现出显著的正相关性（$P<0.05$）（表 5-20）。以上结论充分说明土壤含水量、土壤容重对灌丛生物量存在显著的影响（雷蕾等，2011；王鑫等，2008）。

灌木叶和枝干的生物量，以及总的灌木生物量、凋落物生物量跟土壤的 pH 呈显著正相关，说明灌木枝干和叶的增加，带来的凋落物的增加是造成土壤 pH 发生变化的原因。灌木枝干的生物量跟 0 ~ 10 cm 层、10 ~20 cm 层的土壤全氮、全碳含量、有机碳含量呈显著负相关（$P<0.05$），则说明了灌木枝干对土壤养分的利用特别是全氮的利用是导致土壤养分变化的原因。而总的灌木地上生物量跟 20 ~ 30 cm 层、30 ~ 40 cm 层的全氮、全碳含量和 30 ~ 40 cm 层的有机碳呈显著正相关（$P<0.05$），跟 20 ~ 30 cm 层的有机碳含量呈极显著正相关（$P=0.009$），则说明 20 ~ 40 cm 层的土壤养分是维持灌木生物量持续增加的原因，相对于高寒草甸及荒漠对土壤养分的利用集中于 0 ~ 20 cm 层而言（赵景学等，2011），灌木的利用层次更深，相对于另一研究得出的土壤养分影响高寒草甸的初级生产力而言，更为具体明确（王鑫等，2008；王长庭等，2005）。跟以往的研究相比，我们单独对苔藓的生物量进行了研究，苔藓生物量跟 0 ~ 10 cm 层土壤的全氮、全碳和无机碳含量表现为极显著正相关（$P<0.01$），跟这个层次土壤的有机碳含量呈显著正相关（$P<0.05$），则说明苔藓对土壤养分的利用主要集中土壤浅层（0 ~ 10 cm）（表 5-21）。

物种多样性与生态系统功能的相互作用也是生物多样性研究的核心内容之一（马克平等，2002；陈灵芝，1999；欧阳志云等，1999；陈灵芝和钱迎倩，1997），而生态系统的生产力水平是其功能的重要表现形式。跟先前研究得出的物种多样性与生产力的关系表现出正相关（杨元合等；2004；Whittaker，1966）、负相关（Redmann，1975）、单峰曲线（Guo and Berry，1998；Zobel and Lirra，1997）、U 形曲线（Wheeler and Shaw，1991）以及无显著相关（Mcnaughton，1983）不同，本研究得到的结论是灌木叶生物量跟灌木层和草本层的多样性指标间没有表现出显著的相关性，同 Mcnaughton（1983）得出的结论一致。而灌木枝干的生物量跟灌木层的均匀度指数、灌草层总的物种丰富度指数间存在显著负相关关系，则说明灌木优势物种对资料的利用，反映在群落中的数量多少以及生长状况是决定灌木生物量的重要因素。灌木生物量跟草本层的

Shannon-Winner 指数、Simpson′s diversity 指数和草本层的物种丰富度指数存在显著的负相关关系，则与 Redmann（1975）的结果相同，说明灌木优势种的生长对草本层物种多样性存在明显的负面影响，也跟野外调查时发现的盖度在 80% 以上的沙棘灌丛下草本植物很少是相符的，类似于乔木郁闭对林下灌草的影响。凋落物生物量跟灌木层的 Shannon-Winner 指数呈显著正相关（$P<0.05$），跟草本层的 Shannon-Winner 指数表现为极显著正相关（$P=0.004$），类似于杨元和等（2004）和 Whittaker（1966）的结论。总的地上生物量跟草本层的物种丰富度以及灌木层和草本层总的物种丰富度表现为显著负相关的关系（表 5-13），也再次说明就灌丛生态系统而言，灌木尤其是优势种的生长对群落结构、生产力和生物多样性的影响（表 5-10 ~ 表 5-13），再次强调由于灌丛建群种的差异而导致的灌丛生态系统功能类型之间的差异。

5.4　澜沧江源区草甸结构与功能调查

澜沧江源区的冰川和植被是澜沧江流域生态系统的“水塔”，源区生态系统的安全与稳定是整个流域生态系统安全与稳定的关键，是整个流域人类社会生存与可持续发展的基础（陈龙等，2013，2011；刘纪远等，2008；王堃等，2005）。草甸是澜沧江源区重要的植被类型，在维持源区生态系统的平衡、保护生物多样性中的作用十分显著（张昌顺等，2012；吴玉虎，2009；周兴民等，1986）。草地植被的结构和功能的稳定对改善和保护源区的环境、防止水土流失、防风固沙等方面具有重要作用，对整个澜沧江流域水资源平衡具有不可替代的作用（方精云等，2010；闵庆文等，2004；马继雄等，2001；谢高地等，2001）。然而，由于气候变化和人类干扰的影响，导致源区草地植被生态系统类型、分布面积、群落结构和生态系统服务功能发生了极大变化，源区草地生态系统退化的问题，已引起广泛的关注（李婧梅等，2012；彭景涛等，2012；王长庭等，2008；刘纪远等，2008；周兴民等，1986）。

放牧是澜沧江流域草地生态系统中干扰强度最大、频率最高、干扰时间最长、影响后果最严重的人为干扰（包维楷和吴宁，2003）。放牧干扰可能影响牧区植物的生长、发育（韩发等，1993），影响草地植被的群落结构、物种组成（仁青吉等，2008；王长庭等；2008；包维楷和吴宁，2003；包维楷等，2001）、生物多样性和生产力（郑伟等，2012；魏红，2010；杨殿林等，2006；杨利民等，2001），影响土壤的结构、理化性质、微生物的组成和酶活性（盛海彦等，2009，2008；李以康等，2008；王长庭等，2008；范春梅等，2006），甚至影响到植被的演替过程（盛海彦等，2009，2008；王长庭等，2008；周兴民等，1987），并有可能导致偏途演替的发生，形成一些具有退化风险的群落类型（李以康，2010；王长庭等，2008；包维楷和吴宁，2003；包维楷等，2001）。

本节主要探讨澜沧江源区不同草甸类型在物种组成、群落结构、生物多样性、初级生产力及其土壤理化性质之间的差异，结合放牧干扰对不同类型物种组成，特别是优势物种的干扰结果并导致不同群落类型的形成和演替差异进行研究，分析不同群落类型在结构和功能上的差异。

调查地选择在澜沧江的正源区——青海省杂多县扎青乡境内（95°05′E，33°07′N）。为避免海拔对草甸类型物种多样性、生产力和土壤理化性质产生显著的影响，所有调查样方的海拔控制在 100 m 的差异范围内（4482 ~ 4576 m）。调查的草甸类型，以研究区域内较为常见的类型为主，但代表了结构、功能和演替上存在的差异，包括嵩草草甸、珠芽蓼草甸和白苞筋骨草、独一味草甸。嵩草草甸为最典型的高寒草甸原生类型，珠芽蓼草甸则代表以杂类草占优势的草甸类型，而白苞筋骨草、独一味草甸，其优势种白苞筋骨草和独一味在形态和结构特征上具有跟耐牧或避免过牧的重要特征（详见 5.2.2.1 相关部分），我们试图以这类草甸作为放牧演替下的一个偏途演替类型。

野外调查采用样线法，先在具有可以代表上述 3 类草甸中某一类草甸的区域，随机布置一条 50 m 长的样线。在样线的下方，采用机械布点的方法，以相距 10 m 的固定间距设置 5 个 1 m × 1 m 的草本样方。在每个草本样方内估测群落总盖度、灌木盖度、草本盖度、禾草盖度、非禾草盖度、凋落物盖度、禾草凋落物盖度、非禾草凋落物盖度、苔藓盖度等群落结构指标。调查整个 1 m^2 范围内的所有维管植物及其盖度，并测定每一物种的高度。生物量取样统一为第 1、第 3 和第 5 个样方，取地上部分，但仍然按灌木叶、灌木枝、禾草、非禾草、苔藓和凋落物分别进行测量。野外测量的生物量换算为干重，方法与源区灌丛调查相同。

在每一取样地点的样线附近，挖一个土壤剖面，测定土壤的理化性质。土壤调查方法、测量指标以及碳、氮、磷储量的计算方法也与源区灌丛的调查方法相同。不再赘述。

澜沧江源区常见草甸类型结构、物种多样性、初级生产力及土壤理化性质的差异，按多重比较（multi-comparsion）的方法，显著性差异水平选择为 0.05。

5.4.1 澜沧江源区草甸的结构与物种组成

根据野外调查数据、室内标本鉴定和样方资料整理的结果，对 2010 年在澜沧江正源区杂多县扎青乡调查到的草甸类型的结构及物种组成介绍如下。

5.4.1.1 嵩草草甸（Form. *Kobresia* spp.）

嵩草草甸是澜沧江源区最主要的草甸类型。以澜沧江源区的调查数据为例，取样点位于杂多县扎青乡（95°05′E，33°07′N），取样地海拔在 4482 ~ 4551 m，坡度为 10.5° ~ 22°。群落总盖度在 85.25% ~ 96.30%，灌木盖度为 0% ~ 2.13%，草本盖度为 85.25% ~ 95.90%，禾草盖度为 67.20% ~ 74.70%，非禾草盖度为 28.85% ~ 45.30%；苔藓盖度为 1.45% ~ 4.70%，凋落物盖度为 18.0% ~ 38.0%。草本层平均高度为 16 ~ 28 cm（表 5-22）。

物种组成丰富，在 5 个 1 m × 1 m 的样方内记录到的物种有 26 ~ 36 种，构成草本层的优势种是线叶嵩草，伴生的物种较多，其中主要的有喜马拉雅嵩草、矮生嵩草、高山嵩草、紫羊茅（*Festuca rubra*）、珠芽蓼、冰川蓼（*Polygonum glaciale*）、小大黄（*Rheum pumilum*）、多种风毛菊（*Saussurea* spp.）、香青、火绒草、高山龙胆、高山唐松草、甘肃棘豆（*Oxytropis kansuensis*）、高原毛茛（*Ranunculus tanguticus*）、二裂委陵菜（*Potentilla bifurca*）、蕨麻委陵菜、肉果草（*Lancea tibetica*）、星舌紫菀（*Aster asteroides*）、独一味、藏蒲公英（*Taraxacum tibetanum*）等（表 5-22）。

表 5-22 澜沧江源区嵩草草甸样地调查表

样地号	ZQ10	ZQ13	ZQ14
调查时间	2010 年 8 月 7 日	2010 年 8 月 8 日	2010 年 8 月 9 日
调查人	方志强、刘鑫、金艳强	方志强、刘鑫、金艳强	方志强、刘鑫、金艳强
调查地点	青海省杂多县扎青乡	青海省杂多县扎青乡	青海省杂多县扎青乡
GPS	95°05′35.21″E，33°07′48.68″N	95°05′36.27″E，33°07′17.45″N	95°05′23.60″E，33°07′01.49″N
海拔/m	4551	4501	4482
坡向	SW43°	SW58°	NW14.5°
坡度	10.5°	22°	21.5°
样线长/m	50	50	50
样地面积	1m×1m×5	4m×4m×5	1m1m×5
群落总盖度/%	85.25±4.37	96.30±0.93	91.93±1.93
灌木盖度/%	0±0	2.13±1.96	0±0
草本盖度/%	85.25±4.37	95.90±1.14	91.93±1.93
非禾草盖度/%	45.30±6.82	40.05±4.84	28.85±5.14
禾草盖度/%	67.20±8.05	71.25±9.55	74.70±9.33
苔藓盖度/%	1.45±1.14	4.70±2.37	4.40±1.41
凋落物盖度/%	37.60±6.14	17.63±4.51	25.33±2.39
凋落物禾草盖度/%	36.35±5.81	6.40±3.28	17.75±5.57
凋落物非禾草盖度/%	2.48±0.99	11.58±5.99	8.28±7.25
草本层平均高度/cm	4.20±0.80	4.01±0.45	3.24±0.39

续表

层次	种类	ZQ10		ZQ13		ZQ14	
		频度	盖度/%	频度	盖度/%	频度	盖度/%
草本层	线叶嵩草 *Kobresia capillifolia*	5	51.1	5	46.5	5	48.6
	美丽风毛菊 *Saussurea pulchra*	5	7.5	4	2.1		
	弱小火绒草 *Leontopodium pusillum*	5	1.1	4	1.2	5	0.9
	雪白委陵菜 *Potentilla nivea*	4	34.0				
	致细柄茅 *Ptilagrostis concinna*	4	10.8	5	6.7	4	4.7
	青藏薹草 *Carex moorcroftii*	4	6.4	5	11.4	4	11.4
	蕨麻委陵菜 *Potentilla anserina*	4	4.5	5	10.8	5	16.6
	肉果草 *Lancea tibetica*	4	4.3				
	青藏大戟 *Euphorbia altotibetica*	4	2.6	4	1.6	5	3.6
	长果婆婆纳 *Veronica ciliata*	4	0.8	1	0.5		
	甘肃棘豆 *Oxytropis kansuensis*	3	4.0	5	9.2	5	5.8
	垂穗披碱草 *Elymus nutans*	3	1.9				
	中华羊茅 *Festuca sinensis*	3	1.7	4	3.0	1	4.0
	假水生龙胆 *Gentiana pseudo ~ aquatica*	3	0.6			3	0.6
	紫菀 *Aster* sp.	2	8.8				
	星舌紫菀 *Aster asteroides*	2	3.4	3	2.4	1	1.0
	珠芽蓼 *Polygonum viviparum*	2	1.8	5	2.1	3	1.6
	漆姑无心菜 *Arenaria saginoides*	2	0.8	1	4.2		
	高原毛茛 *Ranunculus tanguticus*	2	0.3	3	0.5	1	0.3
	矮生嵩草 *Kobresia humilis*	1	9.0	3	15.2	4	21.8
	西伯利亚蓼 *Polygonum sibiricum*	1	4.5				
	早熟禾 *Poa* sp.	1	3.0				
	高山葶苈 *Draba alpina*	1	2.0	2	0.8	2	0.6
	冰川蓼 *Polygonum glaciale*	1	1.6				
	山地虎耳草 *Saxifraga sinomontana*	1	1.5			1	0.6
	乌足毛茛 *Ranunculus brotherusii*	1	1.5				
	羊茅 *Festuca ovina*	1	1.5				
	弹裂碎米荠 *Cardamine impatiens*	1	0.8				
	云生毛茛 *Ranunculus nephelogenes*	1	0.2			1	0.5
	矮泽芹 *Chamaesium paradoxum*			2	0.4	1	0.5
	微孔草 *Microula sikkimensis*			2	1.1		
	独一味 *Lamiophlomis rotata*			1	0.8		
	多裂委陵菜 *Potentilla multifida*			2	3.5		
	硬毛蓼 *Polygonum hookeri*			5	5.4	4	6.5
	青藏金莲花 *Trollius pumilus* var. *tanguticus*			5	5.2	2	4.3
	高山唐松草 *Thalictrum alpinum*			4	4.5		
	小大黄 *Rheum pumilum*			3	9.8	2	9.3
	山生柳 *Salix oritrepha*			3	3.8		
	双叉细柄茅 *Ptilagrostis dichotoma*			3	1.5	4	2.9
	二色香青 *Anaphalis bicolor*			2	1.8		
	藏异燕麦 *Helictotrichon tibeticum*			2	1.5		
	喉毛花 *Comastoma pulmonarium*			2	0.6	1	0.2
	蓼 *Polygonum* sp.			1	9.6		
	异针茅 *Stipa aliena*			1	2.6		
	薹草 *Carex* sp.			1	1.6		

续表

层次	种类	ZQ10		ZQ13		ZQ14	
		频度	盖度/%	频度	盖度/%	频度	盖度/%
草本层	长毛风毛菊 *Saussurea superba*			1	1.0		
	蒲公英 *Taraxacum* sp.			1	1.0		
	堇菜 *Viola* sp.			1	0.5		
	达乌里龙胆 *Gentiana darurica*			1	0.2		
	三脉梅花草 *Parnassia trinervis*			1	0.1		
	长花马先蒿 *Pedicularis longiflora*					5	3.4
	婆婆纳 *Veronica* sp.					1	0.1
	展苞灯心草 *Juncus thomsonii*					3	10.9
	灯心草 *Juncus* sp.					1	1.6
	多裂委陵菜 *Potentilla multifida*					1	5.0
	圆穗蓼 *Polygonum macrophyllum*					5	1.4
	花葶驴蹄草 *Caltha scaposa*					2	1.1

5.4.1.2 珠芽蓼杂类草草甸（Form. *Polygonum viviparum*）

以珠芽蓼为主的草甸是澜沧江源区杂草草甸的典型代表。以澜沧江正源区青海省杂多县扎青乡（95°05′E，33°07′N），海拔在 4563～4570 m，坡度 21°～27°分布的珠芽蓼草甸为例。群落总盖度在 52.34%～58.80%，灌木盖度为 6.73%～12.26%，草本盖度为 43.95%～54.48%，禾草盖度为 20.37%～30.38%，非禾草盖度为 30.25%～35.30%；苔藓盖度为 5.23%～12.90%，凋落物盖度为 10.0%～13.0%（表 5-23）。

珠芽蓼草甸物种组成丰富，在 5 个 1 m×1 m 的样方内记录到的物种有 31～36 种，上层禾草、珠芽蓼高 10～20 cm，下层草高 5～10 cm。伴生种主要有矮生嵩草、高山嵩草、线叶嵩草、羊茅、垂穗披碱草、异花针茅（*Stipa aliena*）、黑褐苔草、蕨麻委陵菜（*Potentilla anserine*）、马尿泡（*Przewalskia tangutica*）、白苞筋骨草（*Ajuga lupulina*）、美丽风毛菊（*Saussurea superba*）、鼠尾草、高山唐松草等。在局部湿润地段有小灌木金露梅散生其中（表 5-23）。

表 5-23　澜沧江源区珠芽蓼草甸样地调查表

样地号	ZQ11	ZQ12
调查时间	2010 年 8 月 28 日	2010 年 8 月 9 日
调查人	方志强、刘鑫、金艳强	方志强、刘鑫、金艳强
调查地点	青海省杂多县扎青乡	青海省杂多县扎青乡
GPS	95°05′33.93″E，33°07′45.95″N	95°05′44.98″E，33°06′42.18″N
海拔/m	4570	4563
坡向	SE53°	SW69°
坡度	21°	27°
样线长/m	50	50
样地面积	1m×1m×5	4m×4m×5
群落总盖度/%	52.34±14.58	58.80±13.26
灌木盖度/%	12.26±4.63	6.73±5.23
草本盖度/%	43.95±16.39	54.48±11.54
非禾草盖度/%	30.25±8.56	35.30±5.07
禾草盖度/%	20.70±10.10	30.08±9.73
苔藓盖度/%	5.23±1.78	12.90±4.47
凋落物盖度/%	13.20±7.10	10.23±3.57
凋落物禾草盖度/%	10.40±5.84	6.23±2.52
凋落物非禾草盖度/%	3.67±2.37	4.68±2.41
草本层平均高度/cm	3.35±0.61	2.41±0.33

续表

层次	种类	ZQ11		ZQ15	
		频度	盖度/%	频度	盖度/%
草本层	珠芽蓼 *Polygonum viviparum*	5	16. 2	5	19. 1
	小叶金露梅 *Potentilla parvifolia*	5	13. 5	5	15. 5
	独一味 *Lamiophlomis rotata*	5	9. 6	4	4. 1
	高山唐松草 *Thalictrum alpinum*	5	3. 12	3	1. 1
	弱小火绒草 *Leontopodium pusillum*	4	2. 3	4	2. 4
	肉果草 *Lancea tibetica*	4	2. 3		
	线叶嵩草 *Kobresia capillifolia*	3	19. 2	4	10. 6
	青藏薹草 *Carex moorcroftii*	3	5. 6	1	4. 2
	藏异燕麦 *Helictotrichon tibeticum*	3	5		
	甘西鼠尾草 *Salvia przewalskii*	3	2. 2		
	绒毛蒿 *Artemisia campbellii*	3	2. 1		
	多裂委陵菜 *Potentilla multifida*	3	1. 6	3	0. 6
	蕨麻委陵菜 *Potentilla anserina*	3	1. 2	2	1. 85
	甘肃棘豆 *Oxytropis kansuensis*	2	14. 5	5	4. 14
	矮生嵩草 *Kobresia humilis*	2	10. 7	5	16. 13
	白苞筋骨草 *Ajuga lupulina*	2	3. 3		
	沙生风毛菊 *Saussurea arenaria*	2	2. 1		
	垫状点地梅 *Androsace tapete*	2	1. 7		
	长毛风毛菊 *Saussurea superba*	2	1. 3		
	长花马先蒿 *Pedicularis longiflora*	2	0. 8	3	3. 6
	西南无心菜 *Arenaria forrestii*	2	0. 8	3	0. 9
	青藏金莲花 *Trollius pumilus* var. *tanguticus*	2	0. 2	2	1
	假水生龙胆 *Gentiana pseudo-aquatica*	2	0. 2	3	0. 8
	西伯利亚蓼 *Polygonum sibiricum*	1	13. 5		
	马尿泡 *Przewalskia tangutica*	1	6		
	蓼 *Ploygonum* sp.	1	3. 2		
	锈苞蒿 *Artemisia imponens*	1	3	3	2. 5
	美丽风毛菊 *Saussurea pulchra*	1	2. 6		
	云毛毛茛 *Ranunculus glareosus*	1	2. 5	1	0. 3
	灰苞蒿 *Artemisia roxburghiana*	1	2		
	紫菀 *Aster* sp.	1	1. 6	2	1. 8
	长茎藁本 *Ligusticum thomsonii*	1	1. 5		
	雪白委陵菜 *Potentilla nivea*	1	1		
	鸟足毛茛 *Ranunculus brotherusii*	1	0. 5		
	长果婆婆纳 *Veronica ciliata*	1	0. 5	2	0. 5
	三脉梅花草 *Parnassia trinervis*	1	0. 2		
	小猪殃殃 *Galium* sp.	1	0. 2		
	青海刺参 *Morina kokonorica*	1	0. 1		
	高山葶苈 *Draba alpina*	1	0. 1	1	0. 2
	矮泽芹 *Chamaesium paradoxum*			1	0. 3
	二色香青 *Anaphalis bicolor*			1	2. 6
	漆姑无心菜 *Arenaria saginoides*			1	0. 5
	堇菜 *Viola* sp.			1	0. 5
	花葶驴蹄草 *Caltha scaposa*			2	1. 7
	高原毛茛 *Ranunculus tanguticus*			1	0. 5

续表

层次	种类	ZQ11		ZQ15	
		频度	盖度/%	频度	盖度/%
草本层	叠裂银莲花 *Anemone imbricata*			1	0.1
	菥蓂 *Thlaspi arvense*			1	0.2
	双叉细柄茅 *Ptilagrostis dichotoma*			2	6.4
	中华羊茅 *Festuca sinensis*			2	2.5
	早熟禾 *Poa* sp.			2	2.6
	高原景天 *Sedum przewalskii*			3	2.2
	达乌里龙胆 *Gentiana darurica*			1	1
	喉毛花 *Comastoma pulmonarium*			1	0.5
	西域龙胆 *Gentiana clarkei*			3	1.9
	圆穗蓼 *Polygonum macrophyllum*			3	1.1
	小大黄 *Rheum pumilum*			1	1.2
	束花报春 *Primula fasciculata*			1	0.2

5.4.1.3 独一味、白苞筋骨草草甸（Form. *Lamiophlomis rotate*, *Ajuga lupulina*）

独一味、白苞筋骨草草甸内，其优势种独一味、白苞筋骨草具有一些耐牧或避免过牧对物种造成影响的特征（5.2.2.1 节），本研究试图通过对这一类型结构、多样性、初级生产力，以及在土壤持水能力、土壤肥力跟其他两类草甸之间进行比较，探讨高寒草甸由于过牧造成的偏途演替及草甸退化的问题。

取样地点位于澜沧江正源区-青海省杂多县扎青乡（95°05′E, 33°07′N）内，独一味、白苞筋骨草草甸分布的海拔在 4504～4576m，坡度为 21.5°～29°。群落总盖度在 59% 左右，草本盖度在 59% 左右，禾草盖度为 0%～0.1%，非禾草盖度为 59%；苔藓盖度为 0%～0.13%，凋落物盖度为 11%。从以上数据可以明显看出，群落总盖度不到 60%，禾草盖度不足 1%，整个群落几乎以非禾草为主（表 5-24）。

构成草本层的优势种是独一味和白苞筋骨草，群落平均高度在 6～12 cm,。在 5 个 1 m×1 m 的样方内记录到的物种有 12～19 种，伴生的物种有甘西鼠尾草、美丽风毛菊、珠芽蓼、蒿（*Artemisia* spp.）、肉果草、高山葶苈、马尿泡（*Przewalskia tangutica*）、棘豆、小猪殃殃（*Galium* sp.）、高山唐松草、高山紫菀（*Aster* sp.）、垫状点地梅、青海刺参等（表 5-24）。

表 5-24 澜沧江源区独一味、白苞筋骨草草甸样地调查表

样地号	ZQ09	ZQ12
调查时间	2010 年 8 月 7 日	2010 年 8 月 8 日
调查人	方志强、刘鑫、金艳强	方志强、刘鑫、金艳强
调查地点	青海省杂多县扎青乡	青海省杂多县扎青乡
GPS	95°05′42.77″E, 33°07′52.12″N	95°05′35.93″E, 33°07′24.88″N
海拔/m	4576	4504
坡向	SW21.5°	SW43°
坡度	21.5°	29°
样线长/m	50	50
样地面积	1m×1m×5	4m×4m×5
群落总盖度/%	59.73±10.54	59.20±4.68
灌木盖度/%	0±0	0.5±0.5
草本盖度/%	59.33±10.91	59.15±4.78
非禾草盖度/%	59.05±10.99	59.15±4.78
禾草盖度/%	0±0	0.08±0.05
苔藓盖度/%	0.13±0.13	0±0
凋落物盖度/%	0.80±0.20	1.33±0.37
凋落物禾草盖度/%	0±0	0±0
凋落物非禾草盖度/%	0.80±0.20	1.33±0.37
草本层平均高度/cm	2.31±0.37	2.52±0.08

续表

层次	种类	ZQ09		ZQ12	
		频度	盖度/%	频度	盖度/%
草本层	白苞筋骨草 *Ajuga lupulina*	5	26.7	4	18.9
	独一味 *Lamiophlomis rotata*	5	21.0	5	33.3
	沙蒿 *Artemisia desertorum*	4	3.5	4	5.5
	粘毛蒿 *Artemisia* sp.	5	9.3		
	美丽风毛菊 *Saussurea pulchra*	5	5.1		
	甘西鼠尾草 *Salvia przewalskii*	4	2.3	1	0.5
	肉果草 *Lancea tibetica*	1	4.8	5	2.6
	甘肃棘豆 *Oxytropis kansuensis*	2	2.4		
	高山葶苈 *Draba alpina*	3	0.1	1	0.1
	小猪殃殃 *Galium* sp.	5	0.6	7	2.4
	珠芽蓼 *Polygonum viviparum*	2	1.3	3	14.1
	马尿泡 *Przewalskia tangutica*	1	2.3		
	漆姑无心菜 *Arenaria saginoides*	1	0.2		
	小蓝花龙胆 *Gentiana* sp.	1	0.1		
	高原景天 *Sedum przewalskii*			4	11.5
	高山唐松草 *Thalictrum alpinum*			4	5.0
	垫状点地梅 *Androsace tapete*			3	0.7
	紫菀 *Aster* sp.			3	6.1
	多裂委陵菜 *Potentilla multifida*			2	1.9
	双叉细柄茅 *Ptilagrostis dichotoma*			2	0.2
	叠裂银莲花 *Anemone imbricata*			2	6.3
	阔叶景天 *Sedum roborowskii*			1	3
	西伯利亚蓼 *Polygonum sibiricum*			1	0.8
	蓼 *Polygonum sibiricum*			2	1.9
	雪白委陵菜 *Potentilla nivea*			1	0.2
	青海刺参 *Morina kokonorica*			2	0.4
	微孔草 *Microula sikkimensis*			4	18.9

5.4.1.4 澜沧江源区草甸的群落结构差异

澜沧江源区3种常见草甸类型的群落结构在多个结构参数上存在着显著差异。嵩草草甸的群落总盖度(91.16%±3.21%)、草本盖度(91.03%±3.11%)、禾草盖度(71.05%±2.17%)均高于独一味、白苞筋骨草草甸和珠芽蓼杂草类草甸，并跟后两类草甸间存在显著的差异，而凋落物盖度(26.85%±5.82%)、禾草凋落物盖度(20.17%±8.73%)、非禾草凋落物盖度(7.44%±2.66%)、草本层平均高度(3.81%±0.30 cm)也高于独一味、白苞筋骨草草甸和珠芽蓼杂草类草甸，但仅跟独一味、白苞筋骨草草甸间有显著差异，而跟珠芽蓼杂草类草甸间没有显著差异。珠芽蓼杂草类草甸具有较高的灌木盖度(9.49%±2.77%)、苔藓盖度(9.06%±3.84%)，但仅灌木盖度跟嵩草草甸和独一味、白苞筋骨草草甸间有显著差异，而苔藓盖度跟嵩草草甸差异不显著，跟独一味、白苞筋骨草草甸差异显著。独一味、白苞筋骨草的群落总盖度(59.36%±0.36%)、草本层盖度(59.23%±0.09%)、凋落物盖度(1.06%±

0.26%)、禾草凋落物盖度(0%)、非禾草凋落物盖度(1.06% ± 0.26%)和草本层平均高度(2.41% ± 0.11%)跟珠芽蓼杂草类草甸差异不显著,灌木盖度(0.25% ± 0.25%)、苔藓盖度(0%)跟嵩草草甸差异不显著,但是禾草盖度(0.04% ± 0.04%)、非禾草盖度(59.10% ± 0.05%)跟其他两类草甸间存在显著差异,禾草盖度为3种草甸中最低,非禾草盖度为3种草甸中最高(表5-25)。

表 5-25 澜沧江源区 3 种典型草甸类型的群落结构差异

群落结构	灌丛优势种		
	嵩草	独一味、白苞筋骨草	珠芽蓼
群落总盖度/%	91.16±3.21a	59.36±0.36b	55.59±3.21b
灌木盖度/%	0.71±0.71b	0.25±0.25b	9.49±2.77a
草本盖度/%	91.03±3.11a	59.23±0.09b	49.21±5.26b
禾草盖度/%	71.05±2.17a	0.04±0.04c	25.39±4.69b
非禾草盖度/%	38.07±4.85b	59.10±0.05a	32.78±2.53b
苔藓盖度/%	3.52±1.04ab	0.06±0.0b	9.06±3.84a
凋落物盖度/%	26.85±5.82a	1.06±0.26b	11.71±1.49ab
禾草凋落物盖度/%	20.17±8.73a	0±0b	8.31±2.09ab
非禾草凋落物盖度/%	7.44±2.66a	1.06±0.26b	4.17±0.50ab
草本层平均高度/cm	3.81±0.30a	2.41±0.11b	2.88±0.47ab

注:同一列参数小写不同字母指示统计差异显著(P<0.05)

5.4.2 草甸的物种多样性

澜沧江源区3种常见草甸类型的物种多样性以独一味、白苞筋骨草草甸为最低,并且在Shannon-Winner指数(2.47 ± 0.24)、物种丰富度指数(16.0 ± 3.0)跟嵩草草甸和珠芽蓼草甸之间存在显著差异(P< 0.05),而后两类草甸在4个多样性指数间均没有表现出显著的差异性(表5-26)。

表 5-26 澜沧江源区 3 种典型草甸类型的物种多样性差异

物种多样性	灌丛优势种		
	嵩草	独一味、白苞筋骨草	珠芽蓼
Shannon-Winner	3.03±0.11ab	2.47±0.24b	3.21±0.07a
Simpson's diversity	0.93±0.01a	0.89±0.03a	0.95±0.00a
Evennes	0.90±0.01a	0.90±0.03a	0.92±0.00a
Species richness	29.7±3.2a	16.0±3.0b	33.5±2.5a

注:同一列参数小写不同字母指示统计差异显著(P<0.05)

5.4.3 草甸的初级生产力

澜沧江源区3种常见草甸类型的地上生物量在灌木枝、禾草和非禾草生物量之间具有显著的差异。珠芽蓼具有较高的灌木枝生物量[(0.06 ± 0.01) t/hm^2],并跟嵩草草甸和独一味、白苞筋骨草草甸间有显著的差异。嵩草草甸具有较高的禾草生物量[(1.06 ± 0.17) t/hm^2],并跟珠芽蓼杂草类草甸和独一味、白苞筋骨草草甸之间存在显著的差异。独一味、白苞筋骨草草甸具有较高的非禾草生物量[(1.05 ± 0.41) t/hm^2],跟珠芽蓼杂草类草甸间没有差异,跟嵩草草甸有显著的差异。此外,独一味、白苞筋骨草草甸的灌木、禾草、苔藓、凋落物的生物量均为0,嵩草草甸的苔藓、凋落物的生物量为0(表5-27)。

表 5-27　澜沧江源区 3 种典型草甸类型的地上生物量差异　（单位：t/hm²）

地上生物量	草丛优势种		
	嵩草	独一味、白苞筋骨草	珠芽蓼
灌木叶	0.01±0.01a	0±0a	0.03±0.02a
灌木枝	0.01±0.01b	0±0b	0.05±0.01a
总灌木	0.02±0.02a	0±0a	0.06±0.01a
禾草	1.06±0.17a	0±0b	0.12±0.04b
非禾草	0.17±0.08b	1.05±0.41a	0.39±0.06ab
草本	1.24±0.20a	1.05±0.41a	0.52±0.0.10a
苔藓	0±0a	0±0a	0.04±0.04a
凋落物	0±0b	0±0a	0.05±0.02a
总生物量	1.26±0.22a	1.05±0.41a	0.69±0.14a

注：同一列参数小写不同字母指示统计差异显著（$P<0.05$）

5.4.4　草甸的土壤特性

根据野外取样的数据分析初步表明，澜沧江源区 3 种草甸类型在土壤的持水能力和土壤容重上存在较为明显的差异。嵩草草甸具有较高的饱和含水量和毛管含水量，但由于受到样本量的制约，仅能在 0～10 cm 这一土壤层次间反映出 3 种草甸土壤持水能力的差异。而独一味、白苞筋骨草草甸土壤的饱和含水量和毛管含水量在 3 种草甸中为最低，在 0～10 cm 这一土壤层次也表现出跟其他两种草甸显著的差异性。与土壤持水能力相反，嵩草草甸的土壤容重最低，在 0～10 cm 土壤层跟独一味、白苞筋骨草草甸和珠芽蓼杂草类草甸之间存在显著的差异性。独一味、白苞筋骨草草甸和珠芽蓼杂草类草甸的土壤容重均比水嵩草草甸高，但二者在 0～10 cm 土壤层内没有表现出显著的差异性。受样本量的制约，20～40 cm 三个土壤层次内，3 种草甸类型间土壤容重的差异无法进行差异显著性的统计检验（表 5-28）。

表 5-28　澜沧江源区 3 种典型草甸类型的土壤物理性质差异

物理性质	土壤层次	草丛优势种		
		嵩草	独一味、白苞筋骨草	珠芽蓼
饱和含水量/%	A	166.09±42.15a	33.22±4.04b	41.95±8.51a
	B	175.91±87.29	35.40±1.91	44.41
	C	116.46±99.42	33.89±2.19	50.34
	D	88.24±64.73	30.87±6.45	—
毛管含水量/%	A	156.85±40.01a	27.91±86.02b	33.16±5.02a
	B	169.63±86.02	28.53±1.05a	38.76
	C	161.04±98.30	25.31±0.82	43.21
	D	84.11±63.30	23.06±4.63	—
容重/（g/cm³）	A	0.49±0.07b	1.51±0.11a	1.31±0.16a
	B	0.79±0.37	1.38±0.12	1.32
	C	0.90±0.38	1.43±0.06	1.33
	D	1.16±0.54	1.50±0.14	—

注：同一列参数小写不同字母指示统计差异显著（$P<0.05$）；A、B、C 和 D 分别表示 0～10 cm、10～20 cm、20～30 cm 和 30～40 cm 土层

在 0～10 cm、10～20 cm、20～30 cm、30～40 cm 4 个土壤层次上，嵩草草甸的土壤 pH 均比独一味、

白苞筋骨草草甸和珠芽蓼杂草类草甸低，但仅在 0 ~ 10 cm 这个土壤层次内跟后两类草甸之间存在显著的差异性（$P < 0.05$）。独一味、白苞筋骨草草甸土壤的 pH 在 0 ~ 10 cm 和 10 ~ 20 cm 这两个土壤层次内比珠芽蓼草甸低，而在 20 ~ 30 cm 和 30 ~ 40 cm 这两个土壤层次内又比珠芽蓼杂草类草甸高，但在 4 个土壤层次内，这两类草甸的土壤 pH 均没有显著的差异性（表 5-29）。

表 5-29　澜沧江源区 3 种典型草甸类型的土壤 pH 差异

土壤层次	草丛优势种		
	嵩草	独一味、白苞筋骨草	珠芽蓼
A	6.70±0.15b	7.69±0.23a	7.86±0.08a
B	6.94±0.57a	7.91±0.03a	8.00±0.01a
C	7.10±0.42a	8.17±0.04a	7.99±0.04a
D	7.15±0.45a	8.39±0.06a	8.05±0.06a

注：同一列参数小写不同字母指示统计差异显著（$P<0.05$）；A、B、C 和 D 分别表示 0 ~ 10 cm、10 ~ 20 cm、20 ~ 30 cm 和 30 ~ 40 cm 土层

在 0 ~ 10 cm、10 ~ 20 cm、20 ~ 30 cm、30 ~ 40 cm 4 个土壤层次上，嵩草草甸的土壤总碳、总氮含量均比独一味、白苞筋骨草草甸和珠芽蓼杂草味草甸低，但仅在 0 ~ 10 cm 这个土壤层次内跟后两类草甸之间存在显著的差异性（$P < 0.05$）。4 个土壤层次内，3 种源区草甸类型间的土壤总磷含量均没有表现出显著的差异性。由于受样本量制约，土壤的碳储量、氮储量、磷储量只能在 0 ~ 10 cm 层内进行显著性统计检验，结果表明嵩草草甸具有更高的氮储量［（0.46 ± 0.04）kg/cm^2］，但仅跟独一味、白苞筋骨草草甸间存在显著性差异，而跟珠芽蓼杂草类草甸间没有显著差异。这一层次内，土壤磷储量在嵩草草甸和独一味、白苞筋骨草草甸和珠芽蓼杂草类草甸之间也表现出显著的差异，但后两类草甸间没有显著差异，并且二者的磷储量也较嵩草草甸高。源区常见的 3 种草甸在碳储量上没有表现出显著的差异性（表 5-30）。

表 5-30　澜沧江源区 3 种典型草甸类型的土壤化学性质差异

化学性质	土壤层次	草丛优势种		
		嵩草	独一味、白苞筋骨草	珠芽蓼
总碳含量/（g/kg）	A	117.20±21.7a	36.22±2.71b	46.13±1.37b
	B	81.85±29.18a	31.70±.70a	28.46±2.30a
	C	58.02±22.80a	29.32±3.66a	31.00±1.82a
	D	83.15±27.59a	28.32±3.65a	40.14±4.53a
总氮含量/（g/kg）	A	9.74±1.64a	2.16±0.03b	2.75±0.34b
	B	6.54±2.50a	1.72±0.07a	1.75±0.65a
	C	4.12±1.78a	1.05±0.42a	1.39±0.65a
	D	5.19±2.32a	0.93±0.40a	0.65±0.21a
总磷含量/（g/kg）	A	0.72±0.07a	0.60±0.08a	0.55±0.02a
	B	0.61±0.05a	0.60±0.05a	0.49±0.08a
	C	0.38±0.05a	0.48±0.11a	0.47±0.07a
	D	0.39±0.02a	0.44±0.16a	0.41±0.01a
碳储量/（kg/m^2）	A	5.50±0.57a	5.50±0.80a	6.02±0.56a
	B	4.62±1.12	4.39±0.41	4.06
	C	3.66±1.43	4.23±0.69	3.84
	D	5.53±0.51	4.43±1.32	—

续表

化学性质	土壤层次	草丛优势种		
		嵩草	独一味、白苞筋骨草	珠芽蓼
氮储量/（kg/m^2）	A	0.46±0.04a	0.33±0.02b	0.35±0.01ab
	B	0.36±0.10	0.24±0.01	0.32
	C	0.25±0.12	0.15±0.05	0.27
	D	0.27±0.17	0.13±0.05	—
磷储量/（kg/m^2）	A	0.03±0.00b	0.09±0.01a	0.07±0.01a
	B	0.05±0.02	0.08±0.01	0.08
	C	0.03±0.01	0.07±0.01	0.07
	D	0.05±0.02	0.06±0.02	—

注：同一列参数小写不同字母指示统计差异显著（$P<0.05$）；A、B、C 和 D 分别表示 0～10 cm、10～20 cm、20～30 cm 和 30～40 cm 土层

5.4.5 讨论

澜沧江源区陆地植被生态系统的稳定性对整个澜沧江流域的生态系统安全、人类的生存和可持续发展具有不可低估的作用（陈龙等，2013，2011；张昌顺等，2012；王堃等，2005）。关注源区陆地植被的生态系统安全，需要明确影响陆地植被的结构和功能的主要因素及其受到影响的主要类型。

放牧干扰是澜沧江流域长期以来就存在的一种最为常见的人为干扰模式（包维楷和吴宁，2003）。放牧干扰可能对草地生态系统的影响包括：群落结构、物种组成（仁青吉等，2008；王长庭等，2008；包维楷和吴宁，2003；包维楷等，2001）、生物多样性和生产力（郑伟等，2012；魏红，2010；杨殿林等，2006；杨利民等，2001），土壤的结构、理化性质、微生物的组成和酶活性（盛海彦等，2009，2008；王长庭等，2008；范春梅等，2006），甚至影响到植被的演替过程（李以康，2010；盛海彦等，2009，2008；王长庭等，2008；周兴民等，1987），形成一些具有退化风险的群落类型（李以康，2010；王长庭等，2008；包维楷和吴宁，2003；包维楷等，2001）。那么，受到放牧干扰影响严重的植被类型有什么结构和功能特征，存在什么样的退化风险，是本研究关注的焦点。

在本研究中我们选择了澜沧江源区 3 种常见的草甸类型，即嵩草草甸、珠芽蓼杂草类草甸和独一味、白苞筋骨草草甸。这 3 种草甸中嵩草草甸为丛生禾草草甸，珠芽蓼杂草类草甸为杂类草甸，独一味、白苞筋骨草草甸为我们假定的受严重放牧干扰而形成的特殊类型。将白苞筋骨草作为受放牧干扰影响严重而形成的特殊类型出于如下考虑。

首先，放牧干扰常导致禾草和莎草比例下降，不可食的杂类草、豆科植物和毒草的比例上升（李以康等，2010；包维楷和吴宁，2003；包维楷等，2001；韩发等，1993）。独一味、白苞筋骨草在物种组成，特别是优势种的组成，具有受放牧选择影响而形成明显的特征。在物种组成上，与嵩草草甸和珠芽蓼杂草类草甸相比，独一味、白苞筋骨草草甸的物种组成以非禾草物种居多，禾草物种很少，甚至在一些样方内没有禾草物种的分布（表 5-22）。其次，在群落中占优势的独一味和白苞筋骨草则明显具有避免受放牧影响而具有的形态特征。独一味根状茎粗厚，无茎，叶贴生地面，轮伞花序密集排列成有短草的头状或短假穗状花序，苞片针刺状，萼齿顶端具小刺尖（刘尚武，1996；吴征镒和李锡文，1977），以上特点反映出该类物种耐畜牧践踏以及形成花序后有效防止畜牧取食的特点。白苞筋骨草，茎被白色长柔毛；叶片披两面少被疏柔毛；苞片大，白色、白黄色或绿紫色，上面被长柔毛，花梗短，被长柔毛（刘尚武，1996；吴征镒和李锡文，1977），降低了适口性。上述特征既是对高寒环境的适应，也能减少牛羊取食的机会。最后，研究区域放牧干扰严重，白苞筋骨草、独一味草甸植被盖度低，一般呈斑块状镶嵌于嵩草

草甸和珠芽蓼杂草类草甸之间。本书研究结果支持其他学者研究得出的结论，长期过度放牧导致禾草的种类减少，非禾草种类增加，优势物种发生变化，群落开始出现一些退化指示植物及退化群落类型（王长庭等，2008；包维楷和吴宁，2003；包维楷等，2001；韩发等，1993）。

独一味、白苞筋骨草草甸物种组成的差异进一步导致了该类草甸在群落结构、物种多样性、初级生产力和土壤理化性质方面的差异。与嵩草草甸和珠芽蓼杂草类草甸相比，独一味、白苞筋骨草草甸群落结构显得特别简单，其群落总盖度比嵩草草甸低、禾草盖度、凋落物盖度、禾草凋落物盖度、非禾草凋落物盖度均比嵩草草甸和珠芽蓼杂草类草甸低（表5-25），特别是禾草盖度（0.04%±0.04%）和禾草凋落物盖度几乎为0，而非禾草盖度（59.10%±0.05%）几乎占据整个草甸植被覆盖度的全部，独一味、白苞筋骨草草甸草本层平均高度也低于其他两类草甸，仅有（2.41±0.11）cm（表5-24），支持其他学者研究得出的过度放牧导致禾草和莎草盖度减小，杂草盖度增加，群落高度降低，群落结构由垂直分层为主演化为水平生态位分化为主的观点（仁青吉等，2008；包维楷和吴宁，2003；包维楷等，2001）。

放牧干扰是改变草地植物群落物种多样性的主要因素之一，尽管中度强度的放牧在一定程度上对物种多样性的维持具有一定的作用，但随放牧强度增加，最终将导致草地生物多样性的降低（王明君等，2010；魏红，2010；贾亚娟，2007；杨殿林等，2006；徐广平等，2005；杨利民等，2001）。本研究中，独一味、白苞筋骨草草甸5 m^2样方内的物种丰富度（16.0±3.0）和Shannon-Winner指数（2.47±0.24）在源区3种常见草甸类型中为最低，并且物种丰富度跟嵩山草甸和珠芽蓼草甸之间均有显著差异，Shannon-Winner指数跟珠芽蓼草甸之间存在显著差异（表5-26），表明独一味、白苞筋骨草草甸这一草甸类型并不是中度放牧条件下形成的，而是过度放牧促成的偏途演替群落类型。

群落初级生产力随着放牧强度的增加逐渐下降，在较大的放牧压力下，群落中适口性差、耐牧的杂类草植物渐趋增加（王明君等，2010；魏红，2010；仁青吉等，2008；杨殿林等，2006）。在初级生产力方面，独一味、白苞筋骨草草甸非禾草生物量几乎为整个地上生物量的全部，禾草、苔藓、凋落物的生物量为0，这跟嵩草草甸、珠芽蓼杂草类草甸生物量的分配相比，反映出独一味、白苞筋骨草草甸在初级生产力水平结构上的不合理（表5-27）。禾草生物量为0，取决于物种组成中禾草物种的缺乏。而凋落物的生物量为0，一方面是由于调查时间内多数物种处于旺盛的生长季，但另一方面也反映出该类草甸由于群落结构简单，土壤裸露，在受到大风和降水的影响下，凋落物的大量流失。

随着放牧强度增加，牲畜对土壤的践踏加剧，导致土壤紧实度增加，容重上升，含水率下降（王长庭等，2008；范春梅等，2006）。与嵩草草甸相比，珠芽蓼杂草类草甸，特别是独一味、白苞筋骨草草甸的饱和含水率和毛管含水率要低得多，而土壤容重在源区3类草甸中最大（表5–28）。同时，由于家畜过度的啃食与践踏，不仅使得植物群落发生了逆向演替，而且土壤的肥力水平显著地下降，土壤向退化方向发展；高寒草甸的退化将使土壤有机质大量流失，氮素损失严重（盛海彦等，2009，2008；李以康等，2008；王长庭等，2008；范春梅等，2006）。本研究结果表明，独一味、白苞筋骨草草甸和珠芽蓼这两类杂类草草甸的pH，在4个土壤层次上均大于7.0，并随着土壤层次的增加，pH逐渐增大，分别在20～30 cm或10～20 cm这一土壤层次值达到8.0以上或8.0，土壤开始偏微碱性发展（表5-29）。尽管只有在0～10 cm层上，独一味、白苞筋骨草草甸和珠芽蓼杂草类草甸跟嵩草草甸之间的土壤总碳、总氮和氮储量存在显著差异，但在4个土壤层次间，两类杂类草草甸的土壤总碳、总氮和氮储量均低于嵩草草甸，而且独一味、白苞筋骨草草甸土壤总碳、总氮和氮储量在3类草甸中均是最低的（表5-30）。这些研究结果再次说明，受过度放牧干扰影响而最终形成的独一味、白苞筋骨草草甸在土壤持水能力和土壤肥力上跟其他草甸，尤其是嵩山草甸上存在极大差异。

将独一味、白苞筋骨草占优势的杂类草甸作为受放牧干扰影响而形成的具有退化风险的一种草甸类型，基于以下事实：①物种组成简单、非禾草物种占优势，禾草的物种缺乏。②群落总盖度低、禾草盖度、苔藓盖度和凋落物盖度几乎为0，土壤裸露情况严重，土壤水分蒸发严重，土壤腐殖质少，进而影响土壤的持水能力和土壤肥力（李婧梅等，2012；李胜功等，1999）。④初级生产力结构不合理，整个群落的初级生产力几乎全靠非禾草提供，禾草生产力很低，甚至为0。⑤土壤持水能力低，土壤肥力低，土壤碱性化趋势明显。⑥增加其他草甸类型的放牧压力。前面已多次提到白苞筋骨草草甸禾草物种缺乏、禾草生物量极低，同时群落中存在大量不能让牛羊取食的杂类草成分，使这一类草甸几乎丧失了可供畜牧业持续发展的功能，最终牛羊取食范围可能向其他类型的草甸转移，结果加剧了放牧干扰对其他草甸类型，特别是丛生禾草草甸类型的影响，引起这些类型群落结构的改变，禾草物种的减少，甚至影响这些草甸正常的演替过程，导致新的存在退化风险的草甸类型发生。

认识和研究受放牧干扰形成的偏途演替形成的群落类型，以及这些类型与丛生禾草草甸在结构和功能上的差异。在生产实践活动中，可以指导我们在选择牧场时，在已经出现了可能存在退化风险的类型周边尽可能地减少放牧干扰对其自然恢复过程的干扰。在科学研究上，我们有必要更全面地认识和研究受放牧干扰影响严重而导致植被偏途演替发生所形成的杂类草甸及其跟原生的丛生禾草草甸在结构和功能方面的差异，以及整个变化过程中的植被和生态功能的动态变化和演替特征。这些研究有助于我们提高源区草地植被生态系统服务功能维持机制以及退化形成机制的认识，制定科学合理的规划并防范源区生态系统的恶化和退化，保持源区和整个流域生态系统的稳定性，为地区的生态安全和可持续发展提供科学依据。

我们在资料整理的基础上，结合野外的补充调查，根据澜沧江流域的地理地貌、气候特征和土地类型构建了一个基本符合澜沧江流域陆地植被的自然分类系统，并对该系统的一些分类单元，重点是对群系这一级分类单元的组成、结构及其分布区进行了介绍，并对整个澜沧江流域陆地植被生态系统的结构单元在空间分布格局上反映出的规律进行了探讨。就灌丛和草地生态系统而言，构建的自然分类系统包括：灌丛 4 个植被亚型 33 个群系，其中对高寒灌丛植被亚型的 21 个群系划了 3 个群系组，其余 12 个群系在植被亚型之下没有再划分群系组；草甸 4 个植被亚型，9 个群系组，38 个群系；草原 2 个植被亚型，4 个群系组，6 个群系；高山垫状植被 6 个群系，以及高山流石滩植被等。

同整个流域陆地植被在空间分布上的规律相一致，灌丛和草地生态系统也在空间分布上反映出明显的以纬度地带性差异为主的水平分布格局，以及以海拔梯度变化为主，同时在阴坡和阳坡之间存在一定差异的垂直分布规律。灌草植被的分布规律也受到干扰的影响，干扰主要包括两类，一类是放牧干扰，主要影响群落的物种组成和群落结构，但也存在强度放牧下所形成的偏途顶级演替。在研究中发现了一些跟放牧干扰相关的一些群落类型。这些类型之所以确定为跟放牧相关的类型，主要出于对牲畜取食和活动特征与群落优势种结构特征之间关系的考虑。另一类是人类生产经营和各种经济活动对整个流域源区植被也存在一定的影响，这些干扰包括土地利用的方式，反复的砍伐和火烧，以及工程建设对植被的破坏等。

此外，在源区我们探讨了环境因子对灌丛生态系统服务功能的影响。研究发现灌丛生态系统的土壤理化性质、木本植物的多样性随海拔的变化存在着明显的线性趋势，而初级生产力以及草本植物的多样性随海拔变化的趋势并不明显。坡向对灌丛生态系统服务功能的影响没有海拔的影响那么明显，坡向影响土壤理化性质及初级生产力的指标比海拔影响的指标要少得多。坡度的影响则更小。群落结构和土壤理化性质、生物多样性与初级生产力之间的分析表明，源区灌丛的土壤理化性质、生物多样性与初级生产力还受到群落类型，灌木层枝干的生物量在整个地上生物量中所占的比例最大，对土壤理化性质及初级生产力的影响也最大。不同群落类型物种组成、群落结构、物种多样性、初级生产力、土壤持水能力、土壤养分含量及储量存在一定的差异，这些结果再次提出在经济建设过程中保护源区原有的灌丛生态系统类型的重要性。

通过源区常见 3 种草甸类型的比较研究，我们得出了独一味、白苞筋骨草草甸跟嵩草草甸和珠芽蓼草甸在物种组成、群落结构、生物多样性、初级生产力、土壤持水能力和土壤肥力等方面存在显著的差异。从物种组成，特别是优势种的形态特征分析得出，独一味、白苞筋骨草草甸是明显受到放牧干扰影响，并且是在过度放牧影响下，经历偏途演替而形成的一类具有退化风险的草甸类型。跟独一味、白苞筋骨草草甸类似，由过度放牧形成、具有退化风险的类型在澜沧江整个流域内还有很多，如源区的青海刺参草甸、微孔草草甸，德钦亚高山的橐吾草甸、鸢尾草甸等。以上情形说明，在进行科学研究和环境监测过程中细化灌丛和草地生态系统类型，并进一步深入研究不同类型的分布面积、物种组成、结构、生态系统服务功能和植被动态与演替是必要的。

由于整个澜沧江流域范围广、地形复杂、气候多样、陆地植被生态系统类型极其丰富，在研究过程中可能还存在资料收集不完整，导致最终形成的陆地植被生态系统类型不全面的情况。同时一些资料发表的时间较早，而这些年的经济建设以及随后采取的一些生态恢复及保护措施，都可能对一些自然植被产生不同的影响，特别是那些具有次生性质的灌丛所在的区域，是否转变为了其他的土地用途，还是在采取生态恢复和保护措施后演替成为森林，难以一一去考证。从而在论述每一个类型时，我们尽量列出该类型在澜沧江流域具体的分布区，以及文献资料的出处，以便在未来的研究中进行比较。

第6章　澜沧江流域人工植被

6.1 引　言

人工植被又称栽培植被，指经人类长期选择和栽培而形成的各种植物群落的泛称。人工植被是人类社会经济活动中，通过利用自然、改造自然所形成的，是整个植被的一个带有特殊性的组成部分，主要有各种农作物、人工林、人工牧场、人工草坪等。与自然植被一样，人工植被具有一定的外貌、结构，并与一定的生态环境相适应，有地带性。但在能量流动、物质循环的速率以及光合作用效能、生产力、生产量等方面都较同一地带的自然植被高。人工植被不仅在现代经济社会生活中扮演着极其重要的角色，而且在增大生态系统碳汇和缓解全球气候变化中的作用也显得越来越重要。人们对不同生态系统中人工植被的结构、动态及其与环境条件的关系等相关知识的掌握不仅可丰富植物生态学理论研究，还为区域生态环境建设和农林牧业提供科学依据与技术指导。

澜沧江流域经历了特殊的地球演化历史，具有复杂的地形地貌和明显的水热分布差异；加之流域民族地区社会、经济发展特色以及多民族传统文化变迁，土地利用方式的变化较大，现今形成了地质地貌多样性、生态系统多样性和生物多样性特征。异常的气候带和生态系统在澜沧江流域的极度浓缩，流域自然植被类型丰富，且具有明显的垂直分布和地域分布特征，其中具有“地中海”荒漠、寒温性针叶林、干旱稀树草原和湿润的东南亚热带雨林的各种生态系统类型。尽管澜沧江的自然植被类型极度多样化，但是澜沧江流域的人工植被类型比较单一，且主要分布在中下游地区云南省境内（图6-1）。目前人们对该地区人工植被结构和功能的认识也相当有限。归纳起来，澜沧江中下游地区的人工植被主要是云南松林、思茅松林、西南桦林、橡胶树林和以橡胶树为主的农林复合生态系统。有资料记载，澜沧江流域的兰坪县、云龙县、永平县、昌宁县、凤庆县、云县、临翔区、双江县、景东县、镇沅县、墨江县、景谷县、翠云区、普洱县种植有麻疯树。

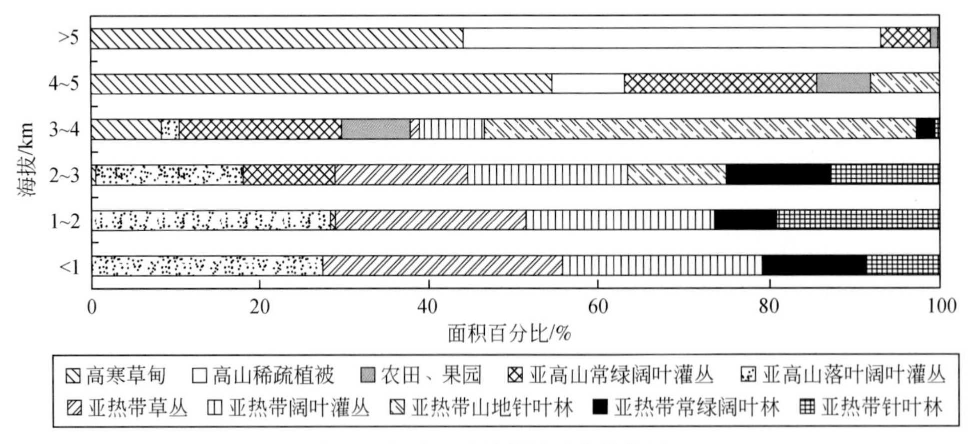

图6-1　澜沧江流域植被垂直分布图

资料来源：王舒，2012

作者通过对现有澜沧江流域除农田以外主要的人工植被类型的相关资料，以及科学研究成果进行归纳与总结，重点介绍了上游的人工草地、中下游的人工针叶林和下游的茶树、橡胶及其农林复合生态系统等人工植被类型的结构与功能。

6.2 澜沧江上游人工草地植被

澜沧江流域地势西北高东南低，地形起伏剧烈。西藏昌都以上为澜沧江上游，位于青藏高原唐古拉山褶皱带，高程超过 4500 m，其基本保存着较为完整的高原地貌，山势较为平缓，干流河谷较宽，具有平浅宽广河谷的特征。高山区域终年积雪，有冰川发育，因而该区域大面积被高寒草甸所覆盖。受到人口增长、气候变化以及草场过牧等因素的影响，草场面积、单位面积产草量、优质草比例、优势牧草高度以及植被覆盖度等指标不同程度的下降，草场不断退化。因人工草地牧草产量较高，故建立人工草地是解决饲草不足，确保畜牧业稳定发展和缓解区域人-地关系矛盾的有效途径。因此，该地区的人工植被除了少数地区当地村民零星种植了核桃等经济树木以外，主要是人工种植的牧草草地。

20 世纪 70 年代开始，西藏自治区畜牧局、中国农业科学院草原研究所、甘肃农业大学等的科研工作者先后在青藏高原东部的澜沧江流域部分地区进行了牧草引种、驯化和栽培试验，积累了一些有用的资料与经验。目前，澜沧江上游地区主要营建以紫花苜蓿（*Medicago sativa*）、直立黄芪（*Astragalus adsurgens*）、垂穗披碱草（*Elymus nutans*）和老芒麦（*E. sibiricus*）等为优势种的人工草地群落。虽然该地区水热资源和适宜建立高寒人工草地的土地资源丰富，建立人工草地的小气候条件也比较优越，但是由于该地区基本属于高寒草甸生态系统，生态环境较为脆弱，并且受民族地区社会、经济和文化多种因素的制约，这些地区人工草地建设相对滞后，相关人工草地植被结构与功能的科学研究报道也比较少。

6.3 澜沧江中游人工植被结构与功能

西藏昌都至云南四家村为澜沧江中游，属于高山峡谷区。河谷深切于横断山脉之间，下切深度大，河谷狭窄。位于中上游的昌都区域的植被以温带山地针叶林和亚高山常绿硬叶阔叶灌丛为主，具有明显的垂直分布特征，沿海拔梯度呈带状分布。在澜沧江中下游流域的山地热带雨林带之上，是一类热带山地的常绿阔叶林，也称季风常绿阔叶林。这些地区峡谷深切，人工植被类型较少。总体而言，澜沧江中游人工植被主要包括两大类：一是农田和经济果园，主要分布于云南省境内 3000m 海拔以下区域；二是以云南松和思茅松人工林为代表的人工针叶林，因对澜沧江流域云南松和思茅松人工林生态学和群落学特征知之甚少，在此重点综述云南松和思茅松人工林研究进展。

6.3.1 云南松人工林

云南松原是半湿润常绿阔叶林中的一个树种，它具有极强的耐旱、耐贫瘠的环境适应能力。20 世纪 70 年代，云南松在半湿润常绿阔叶林受人类活动严重干扰后，广泛栽种发展起来的一种次生植被，形成大面积的云南松人工林。在澜沧江的中下游，云南松分布在干热河谷半萨王纳植被带之上。澜沧江流域中下游云南松人工林林下植被主要有栓皮栎（*Quercus variabilis*）、大白花杜鹃（*Rhododen drondecorum*）、桂滇悬钩子（*Rubus shihae*）、矮杨梅（*Myrica nana*）等。草本层常见优势种有蛇莓（*Duchesnea indica*）、鸡脚悬钩子（*Rubus delavayi*）、栗柄金粉蕨（*Onychium lucidum*）、毛轴蕨（*Pteridium revolutum*）等。

张志华等（2011a）对解析木和生物量的研究表明，云南松的生长规律是当胸径小于 10 cm 时，干重增幅平缓，胸径大于 10 cm 时，增长迅速；生物量的增长主要集中于树干、树枝，树叶增长幅度较小，各器官生物量分配为：树干>树枝>树根>树叶。另外，云南松生物量连年生长量在 20 年时达到顶峰，其数值为 6.62 kg/a，年平均生长量在 25 年时最大，其数值为 5.61 kg/a。林分平均胸径及林分密度对林分生产力有重要影响；林分生产力随胸径增长呈波动变化，在平均胸径为 15.3 cm 时达最高值，之后不断降低。平均胸径为 15.3 cm 时对应的林分密度为 1275 株/hm^2。

6.3.2 思茅松人工林

在澜沧江流域，思茅松（*Pinnus kesiya* var. *langbianensis*）是云南松的一个南亚热带替代种，也是云南南亚热带和热带山地分布的特有树种，具有适应性强、速生的特点。与云南松林一样，思茅松林也是原生物种迫害后恢复的次生群落。现今在澜沧江河岸半常绿季节林带之上，分布有较大面积的思茅松林。尤其是哀牢山和西双版纳为思茅松的集中分布区，主要是普洱市及与普洱相连的景洪市包括思茅区、镇沅县、景谷县和景洪市普文镇，垂直分布在海拔700～1800m集中分布。然而，这些地区思茅松人工林的营林历史不长，在20世纪80年代以前，基本上依靠天然更新、飞播造林或人工播种造林，自90年代中期以来，思茅松人工林培育向集约化、短周期和定向培育发展（李江，2011）。李江首次较为系统地揭示了澜沧江下游思茅松人工林的生物量碳储量积累规律，并通过对思茅松中幼龄人工林生物量、碳储量和各器官含碳率的研究，计算了思茅松中幼龄人工林的生物量碳计量参数，拟合出思茅松中幼龄人工林林分生物量碳储量的增长模型；较为系统地提出了思茅松人工林碳汇计量与监测相关参数和模型。这一研究对人们掌握思茅松人工林生物量和碳储量的分配与变化规律，开发固碳增汇的热带人工林技术，了解碳储量积累与亚热带环境因子和培育措施的关系提供了重要理论依据。

6.4 澜沧江下游人工植被

6.4.1 人工茶树群落

位于澜沧江中下游的云南是世界茶树的起源中心和原产地，悠久的种茶历史和得天独厚的自然条件，孕育了丰富的茶树种质资源。著名的大叶普洱茶原产于西双版纳。如此众多的茶树种质资源为茶叶科学的研究利用提供了一个广阔的物质基础和利用空间。云南茶树的特点是种类多，大、中、小叶种类型俱全，热带、亚热带、温带、寒带都有分布，因此，茶树种质资源具有物种多样性、生态型多样性、形态特征多样性、生化成分多样性、遗传多样性等特征（罗朝光和虞富莲，2006）。云南茶树植物绝大多数在地理上有自己特定的分布区，在水平或垂直分布上出现连贯状态，而哀牢山以西澜沧江以五柱茶系的茶种占优势，不仅野生种类甚多，而且陆续发展形成了人工茶树种植园，形成了人工茶树群落。目前，关于云南茶树种质资源相关研究和茶叶种植技术探索较多，推动了茶树种质资源的发展。但是关于人工茶树群落结构与功能研究几乎为空白，对学术界来说仍是一种陌生的人工植被类型。

6.4.2 橡胶人工林

橡胶人工林是世界上公认的开发热带地区最好的人工生态系统，是无污染可再生的自然资源，是热带地区重要的经济树种，因此，合理种植橡胶人工林对热带地区有很好的生态经济价值。近年来，随着世界上对天然橡胶需求的增加，橡胶种植得到了迅猛的发展，热带地区的橡胶种植面积不断扩大。我国橡胶种植区主要分布在海南、云南南部、广东粤西、广西和福建5省（自治区），其中以海南种植面积最大，其次为云南。受经济利益驱动，为了扩大植胶面积，目前也已在一些非传统植胶区、生态脆弱区和山区陡坡地段等发展橡胶树种植，有的植胶海拔已达到1300～1400 m（李国华等，2009），但是由于受低温及干旱胁迫的限制，这些地区橡胶树的生长速度较小，并且每年的采胶时间较适宜地段少。

位于澜沧江下游的西双版纳，橡胶作为一种非本地种，早在20世纪初，由爱国华侨将其引种栽培而来。然而，目前西双版纳是世界上橡胶的高产地之一，橡胶人工林已经成为该地区最主要的人工植被类型之一，且种植面积仍有扩大趋势。橡胶人工林对于维持西双版纳社会经济的持续发展和区域生态建设有着重要作用。然而，大面积的季节雨林和次生林转变为橡胶林后，其生物量和碳储量的动态变化及其对该区域的碳储量及碳平衡的影响日益受到人们的关注。

6.4.2.1 碳储量及其分配

唐建维等（2003）建立了西双版纳地区橡胶人工林的生物量方程，发现橡胶的生物量占人工林乔木层生物量的 80% 以上。庞家平（2009）采用空间代替时间法，对西双版纳地区勐仑镇分布的 7 年、13 年、19 年、25 年和 47 年 5 个林龄橡胶林的碳储量及分配格局的研究结果表明，橡胶林形成后，该地区生物多样性、植被类型发生了改变，导致该区域的碳储量、碳循环发生了变化。资料显示，橡胶林的总生物量包括乔木层生物量和凋落物生物量，其中橡胶的生物量占总生物量的比例近 90%，且随着林龄的增长其占总生物量的比例逐渐增加，凋落物量所占总生物量的比例小于 10%，并随着林龄的增长而逐渐下降。7 年、13 年、19 年、25 年和 47 年生橡胶林的总碳储量分别为 262.89 t/hm^2、261.30 t/hm^2、315.33 t/hm^2、306.50 t/hm^2 和 256.02 t/hm^2。其中，活体植物碳储量随着林分年龄的增长而增加，并且随着林龄的增长，活体植物碳储量对总碳储量的贡献率不断上升。凋落物碳储量也随着林龄的增长而增加，其占总碳储量的比例也随林龄增大而增加。由于植物体碳储量持续增长，随着林龄增长土壤碳储量逐渐下降（庞家平，2009）。贾开心等（2006）对橡胶林生物量随海拔的变化规律进行了调查和模型模拟，结果表明海拔从低到高，地上生物量和干生物量都呈降低趋势；通过进行生物量模型分析发现，橡胶林低海拔模型用于中海拔和高海拔、混合模型用于各海拔的生物量计算会导致不同程度的误差。因此，橡胶人工林生物量模型存在局限性，需要采用更多相关数据资料进一步模型构建。另外，橡胶人工林与热带雨林的比较研究表明，西双版纳地区橡胶林内的碳储量和热带季雨林的碳储量有明显的不同。总体上，本地区橡胶人工林中植被碳储量小于热带季节雨林植被碳储量，但其土壤碳储量却远高于热带季节雨林（庞家平，2009）。

6.4.2.2 橡胶人工林下土壤养分与水分循环

对西双版纳地区橡胶人工林及其他不同土地利用方式下的土壤氮矿化作用的对比研究表明，由热带雨林转换成橡胶林后，土壤肥力总体上呈下降趋势。例如，西双版纳 20 年间胶园土壤养分的分析也表明，橡胶园代替原始热带森林后，经 20 年的种植胶园土壤各种养分含量明显下降，有机质含量下降幅度为 0.25% ~1.25%，全氮下降幅度为 0.023% ~0.033%，速效磷下降幅度为 $1.3\times10^{-6}\%$ ~ $4.2\times10^{-6}\%$（李春丽和严世孝，2001）。

由于不同林分类型林冠结构的差异导致其生态水分过程明显不同。有资料显示，季雨林和橡胶林均有较大的林冠截留率及干流率，与橡胶林相比，热带季雨林多层林冠结构持水能力较强，虽然橡胶人工林的土壤水分平衡状态在某些方面不及热带雨林，但与竹木混交林、竹林、灌木草地相比却有很大提高（李国华等，2009；张一平等，2003）。尽管人们对澜沧江流域下游橡胶人工林下的土壤养分与水分循环有了初步了解，但至今对该地区橡胶人工林生态系统生物地化循环过程以及生态水分过程还不清楚。

6.4.3 西南桦人工林

西南桦（*Betula alnoides*）是桦木科分布最南的一个树种，树体高大，高可达 30 m，胸径可达 80 cm。西南桦分布的中心是热带北缘和南亚热带，在海拔 800 ~1500 m 的山地次生林中常见西南桦生长。我国西南桦主要分布于四川、广西、云南等地。在云南省广泛分布于滇中高原以南的文山、红河、思茅、西双版纳、临沧、德宏、保山等地州各县及玉溪地区南部各县。由于其生长迅速，容易天然更新，为常绿阔叶林区次生林的先锋树种。西南桦树具有干直、木材为散孔材、淡红褐色、略有光泽、心边材区别不明显、无特殊气味等特质。并具有纹理直、结构细、重量中等、干缩小等优点。另外，西南桦木材力学强度中至高，加工性能良好，刨切面光滑，油漆及胶黏性能良好，是重要的用材树种，并且在制造纺织工具上具有广泛的应用前景。

西南桦是澜沧江流域下游的乡土树种。西南桦人工林主要分布在云南省西双版纳州景洪市北部的普文试验林场等地。该地区原生植被主要是山地热带雨林。长期以来，这些原生植被受到人类活动严重干扰而遭受破坏，形成了西南桦次生林和其他热带次生林等次生植被类型。1992 年云南省林业科学院热带林业研究所对这些次生林实行皆伐，营造西南桦人工纯林和西南桦+肉桂混交林等人工植被类型。无论是西南桦纯林，还是西南桦+肉桂混交林，其种植的株行距一般为 2 m×3 m。最近，杨德军等（2009）对西双版纳普文西南桦人工纯林和西南+肉桂混交林等林分生物量的研究表明，这两种人工林均表现出了较高的生产能力。相比而言，西南桦+肉桂混交林的林分生物量和年增长量均较大，分别为 136.94 t/hm^2 和 9.18 t/hm^2，西南桦纯林较小，分别为 115.89 t/hm^{2}和 8.02 t/hm^2。林分内各组分生物量在两种林分类型之间的变化与总生物量变化规律基本一致（图 6-2）。

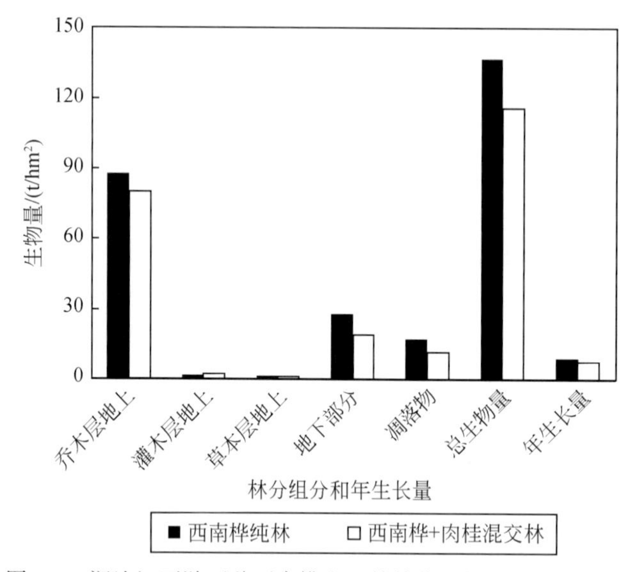

图 6-2　澜沧江下游两种西南桦人工林林分生物量及年生长量

6.4.4　农林复合生态系统

构建资源利用效率高、生产力高的多层次农林复合生态系统是当前生态建设与可持续高效农业发展相耦合的产物。该系统在保护生物多样性、提高生态系统稳定性和抗干扰能力以及增加产品输出种类、发展经济和改善人们生活的需要等方面具有重要的意义。澜沧江流域下游由于生长环境终年高温潮湿，该地区热带雨林长得高大茂密，并且在从林冠到林下树木分为多个层次，彼此套叠。因而，热带雨林是结构最复杂、生物量最大和生物多样性最丰富的生态系统，利用这一特点进行林下种植，形成了复合农林生态系统。这是澜沧江下游分布面积最广、独具特色的人工植被类型。归纳起来，澜沧江流域下游主要的农林复合生态系统类型有（赖庆奎和晏青华，2011）：①轮垦种植，主要在澜沧江流域的西双版纳、普洱、临沧、保山、迪庆等州市山区，此耕作方式在人口稀少、土地面积较广、确保足够长的轮歇年限的前提下，可确保系统产量的持续和稳定。②树篱带种植，这是近年来发展起来的树篱带种植，其功能主要是固定表土，减少坡地水土流失，维持土壤肥力提高作物产量。③农林间作套种，这在近年来澜沧江流域农林间作套种发展迅速。其中，保山、临沧、普洱、西双版纳等地区，人们在人工幼林下套种多种草本植物，主要包括前期套种和长期套种两种类型（见赖庆奎和晏青华，2011）。例如，杉木（*Cunninghamia lanceolata*）、黄樟（*Cinnamomum parthenoxylum*）、铁刀木（*Cassia siamea*）、柚木（*Tectona grandis*）、思茅松（*Pinus kesiya* var. *langbianensis*）等林地，套种谷类、玉米、豆类及蔬菜等。又如，樟+

茶、橡胶 + 咖啡（*Caffea arabica*）、木姜子（*Litsea* spp.）+ 茶树、杨梅（*Lusula* spp.）+ 茶树及人工林内种植砂仁、省藤等。④其他人工复合农林生态系统类型有林下种植和林下养殖系统，但它们的规模相对较小，仅限于部分生态环境适宜的地区。

6.4.4.1 橡胶+茶叶人工群落

澜沧江下游的西双版纳地区大面积种植的巴西橡胶（*Hevea brasiliensis*）-云南大叶茶（*Camellia sinensis*）人工群落（简称胶-茶群落）可称为是农林复合生态系统的典范。该群落具有改善环境质量、提高土地利用效率和高产稳产显著等诸多优点，因此具有较好的经济效益和生态效益。一般地，西双版纳地区这种胶-茶群落多分布在较高海拔地段。

一直以来，当地农民利用西双版纳热带雨林生态系统的多层多种结构与功能，模拟多层多种人工生态系统自然规律，创造性地构建胶-茶人工植物群落，达到合理开发利用自然资源、提高太阳能利用率、从中取得较大的经济效益的目的，大大推进了地方社会经济的快速发展。澜沧江流域下游地区的胶-茶人工群落是被公认的，为合理利用我国西部热带山地资源开辟了一条新的经营种植模式。20 世纪 60 年代开始，科研人员进行了多年的定位、定量实验观测，对种植胶-茶群落的结构与功能开始进行系统探索（玛耀宗等，1982）。人们发现胶-茶间作后，林木冠层截留部分入射光照，影响林下植被的光合、生长和繁殖。一些研究成果为橡胶和茶叶种植具有重要的科学指导意义。例如，研究发现胶园郁闭前间种大叶茶等生产期短、投产后前期产量高、植株矮小、产品市场需求量大的作物，使橡胶树和间种作物在人工控制下互利共生，充分利用了土地和光热资源，提高了旱季茶叶产量和橡胶的胶乳含水量（李一锟，2001；周光武和李一锟，1991）。可见，胶-茶人工群落是当前澜沧江流域下游地区高产高效农业的发展模式之一。

对西双版纳地区胶-茶人工群落胶带内增热效应的研究发现，橡胶树+茶叶人工群落结构具有蓄热增温效应，能有效提高林下温度，使林内空气（1.5 m 高处）和地面的月平均（14：00 时）和最高温度分别提高 0.9 ℃、1.8 ℃及 2.8 ℃和 2.6 ℃（马友鑫，1994）。可以看出，合理地构建胶-茶复层人工群落，能够较好地改善橡胶树越冬生境，有利于减轻橡胶树低温伤害。

此外，与橡胶纯林相比，胶-茶人工群落还有以下生态优势：由于生态系统层次增加，与纯林相比，胶-茶人工群落更利于减少水土流失，研究表明，胶茶林比单一胶林径流量和冲刷量分别减少了 29.63% 和 24.37%；胶-茶人工群落有利于改善土壤微生物生境，提高微生物数量，其土壤中各类微生物平均总数是橡胶纯林的 2.1 倍。另外，胶-茶人工群落可增强土壤地表呼吸强度，促进团聚体形成，提高林分土壤养分含量（汪汇海和李德厚，2003），致使胶-茶人工群落在提高土壤肥力方面效果显著。同时，早期对西双版纳热带地区土壤动物的调查还表明，胶-茶人工群落可增加土壤动物的类群与数量（邓晓保，1987）。

6.4.4.2 其他农林复合生态系统

除了上述胶-茶人工群落之外，橡胶树+砂仁、橡胶树+咖啡也是一直以来澜沧江流域下游地区开展的有益的农林复合生产与经营策略，这些复层人工群落均具有很好的生态经济价值。但是，系统而全面地对这些农林复合生态系统的结构特征与功能的科学利用研究，以及胶园生态系统的经济效益、生态效益进行分析和综合评价尚待进一步加强。

第7章　重要生态参数与变化趋势

7.1　方法与数据源

7.1.1　遥感数据及其预处理

1991 年，美国国家航空航天局（the National Aeronautics and Space Administration，NASA）建立了对地球观测系统（earth observing system，EOS），该系统致力于对地球陆地、海洋、大气的长期观测及变化分析等相关研究，这是地球观测使命的重要开始（Kaufman et al.，1998）。MODIS（moderate- resolution imaging spectroradiometer，中分辨率成像光谱仪）作为 EOS 系列卫星的主要探测仪，目前 Terra 和 Aqua 两颗卫星上均搭载了这种传感器，Terra 卫星于 1999 年 12 月 8 日发射，Aqua 卫星于 2002 年 5 月 4 日发射（Justice et al.，2002）。MODIS 数据因其具有以下三方面的优势而在大尺度气候、生态、环境、资源、灾害等领域的研究中得到了广泛的应用（Becker- Reshef et al.，2010；梁益同等，2008；孙德勇等，2008；Justice et al.，1998）：第一，实行全球免费接收的政策；第二，光谱范围广（36 个波段）和空间分辨率高（250m、500m、1000m）；第三，时间分辨率高，Terra 与 AQUA 上的 MODIS 数据在时间更新频率上相配合，可以得到每天最少 2 次白天和 2 次黑夜的更新数据（刘闯和葛成辉，2000）。

目前，由 NASA 和美国地质调查局（USGS）共同组建的陆地产品分发中心（LPDAAC）负责对 MODIS 数据进行加工与处理，提供 MODIS 标准数据产品。其根据内容的不同分为 0 级、1 级数据产品。在 1B 级数据产品之后，划分了 2～4 级数据产品，包括陆地标准数据产品、大气标准数据产品和海洋标准数据产品 3 种主要标准产品类型，总计分解为 44 种标准数据产品类型（表 7-1）。这些数据产品均可以通过美国国家航空和宇宙航行局的数据网站（Earth Observing SystemData Gateway）订购后获取。

表 7-1　MODIS 数据产品列表

产品名称	产品含义	产品名称	产品含义
MOD01	MODIS1A 数据产品	MOD14	火情
MOD02	MODIS1B 定标辐射率	MOD15	面积指数和光合有效副射
MOD03	MODIS 数据地理定位文件	MOD16	蒸腾作用
MOD04	气溶胶产品	MOD17	NPP 产品
MOD05	可降水量	MOD18	色素浓度
MOD06	云产品	MOD19	色素浓度
MOD07	大气剖面数据	MOD20	叶绿索荧光性
MOD08	栅格大气产品	MOD21	叶绿素-色素浓度
MOD09	地表面反射率	MOD22	光合可利用辐射
MOD10	雪覆盖	MOD23	悬浮物浓度
MOD11	地表温度	MOD24	有机质浓度
MOD12	土地覆盖/土地覆盖变化	MOD25	球石浓度
MOD13	植被指数	MOD26	海洋水衰减系数

续表

产品名称	产品含义	产品名称	产品含义
MOD27	海洋初级生产力	MOD36	未定
MOD28	海面温度	MOD37	海洋气溶胶特性
MOD29	海冰覆盖	MOD38	未定
MOD30	未定	MOD39	纯水势
MOD31	藻红蛋白浓度	MOD40	热异常
MOD32	海洋定标数据	MOD41	未定
MOD33	未定	MOD42	海冰覆盖
MOD34	未定	MOD43	表面反射
MOD35	云掩膜	MOD44	植被覆盖转换

根据澜沧江流域边界矢量图，查询研究区的 MODIS 数据代码，共包含 h25v05、h26v05、h26v06 和 h27v06 四幅数据。本研究共需要 MOD11、MOD13、MOD15、MOD17 四种类型的数据产品，具体产品选择如下。

MOD11A2 是 8 天合成空间分辨率为 1km 的陆地表面温度产品，包含白天地表温度、夜间地表温度、31 波段和 32 波段通道发射率等资料。其地表温度是通过建立 31 波段、32 波段通道亮温线性组合的劈窗算法计算获取的，其中通道亮温值是根据辐射度与 0.1K 步长亮温的查找表来确定。目前，NASA 提供的 MODIS LST 标准产品采用的是劈窗算法和昼夜地表温度反演算法，对产品精度的验证研究表明，在已知发射率、天气晴朗条件下两个算法精度可达 1K。

MOD13A2 是 16 天合成空间分辨率为 1km 的陆地植被指数产品，包含 NDVI、EVI（增强型植被指数）、红波段、近红外波段、蓝波段、中红外波段、数据质量等信息的数据产品集。

MOD15A2 是空间分辨率为 1km，时间间隔尺度为 8 天的合成叶面积指数（LAI）产品。

MOD17A3 是陆地净初级生产能力（NPP）产品，空间分辨率为 1km×1km，时间分辨率为年。该数据是参考 BIOME-BGC 模型与光能利用率模型建立的 NPP 估算模型，模拟得到陆地生态系统年 NPP。目前，该数据已在全球和区域 NPP 与碳循环研究中得到广泛应用。与传统的回归模型相比，以 BIOMEBGC、CASA 等为代表的过程模型使用了更多的参数和更精密的估算方法，提高了 NPP 的估算精度。本研究从 NASA 数据中心（http://reverb.echo.nasa.gov）订购并下载了研究区 2001 ~ 2010 年的上述四种数据产品。

本研究 MODIS 数据的预处理工作分别包括格式转换、投影转换、拼接和裁剪四步骤。利用数据分发网站提供的 MRT（MODIS Reprojection Tool）（15 May 2013）工具，在 cygwin 平台上编程可以实现前三步的批处理，分别将数据投影从 Sinusoidal 投影转换到 Krasovsky_ 1940_ Albert 投影，数据格式由 hdf 格式转换为通用的 tif 格式，并实现研究区四幅影像的拼接。拼接后的遥感影像范围大于研究区域，本研究在 IDL 平台下，采用 ENVI 已有的函数，编程序实现数据的批量裁剪。

7.1.2 生态环境空间数据的时序分析方法

通过时间序列的遥感数据获取自然界一些现象的特征和规律是遥感时序分析的重要应用方向，目前已有学者通过分析长时间序列的 NDVI 数据来研究植被、生态、气候等自然因素变化，并发展了一些时空分析方法，如线性变化趋势分析、相关系数分析、重新标度极差分析、Sen 趋势度和 Mann-Kendall 检验分析等（周科松等，2008；Barbosa et al.，2006；Herrmann et al.，2005；Weiss et al.，2001）。王桂钢、周可法等基于趋势分析、Hurst 指数分析等方法，研究了 1999 ~ 2008 年新疆植被覆盖的时空变化规律，并分析了 Hurst 指数的空间分布规律及其在不同土地覆盖类型下的差异（王桂钢等，2010）。Jong、Martinezn、江振蓝、王佃来等利用 Sen 趋势度和 Mann-Kendall 非参数检验法对从 NDVI 时序信息中获取的植被变化趋势，并进行检验（王佃来等，2013；江振蓝等，2011；Jong et al. ，2011；Martínez and Gilabert，2009）。张艸、范娜等利用线性趋势分析和 Hurst 指数等方法研究了不同区域的植被覆盖变化的时空差异及其未来演化趋势（王佃来等，2013；范娜等，2012；张翀和任志远，2011；江振蓝等，2011）。下面逐一介绍本研究采用的空间时序分析法。

7.1.2.1 标准差原理及分析方法

标准差属于代数运算，即该方法基本不涉及因子时间序列特征（计算中没有时间变量），表示数据变量偏离常态的距离的平均数，因而可以反映时序数据集中生态环境单个因子在某一时间段中的变化幅度和波动特征（王军邦等，2009；Weiss et al. ，2001；Milich and Weiss，2000 ）。其值可以反映总体各单位值的差异程度或离散程度，值越大，说明该地区在研究时段内各像元值距离平均值越远，即该时段内生态因子的变化较大。因此，标准差在本书的分析，多用于反映不同时间尺度的生态环境因子的波动特性，计算公式如下：

$$S = \sqrt{\frac{1}{n}\sum_{i-1}^{n}(X_i - \bar{X})} \tag{7-1}$$

式中，S 为标准差；X_i为时间序列的生态环境因子；$\bar{X}$ 为该因子在研究时间段内的平均值；n 为研究时段的长度。通常情况下，标准差在一定程度上又可指示区域生态系统的受干扰的强度或脆弱程度，通常标准差较大的地区，其生态系统较脆弱，该生态系统受区域气候因子（如降水、气温等）和人类活动的干扰影响也更为明显（杜灵通和田庆久，2011；Barbosa et al. ，2006）。

7.1.2.2 回归趋势线法原理及分析方法

回归分析是考察多个变量之间统计联系的一种重要方法，斜率可判断变量的变化趋势。一元线性回归趋势分析，通过对时间变量和生态环境因子的线性回归模拟，可以判断各因子在长期变化中的上升或下降趋势，是研究生态环境因子时序变化趋势的重要方法，许多研究采用此方法从空间上定量分析了每个栅格的变化趋势（李明杰等，2011；Camberlin et al. ，2007；Herrmann et al. ，2005；Stow et al. ，2004）。本书也采用该方法模拟各生态环境因子在不同时间尺度上（月、季、年）的变化趋势。其计算公式如下：

$$\text{slope} = \frac{n \times \sum_{i=1}^{n}(T_i \times V_i) - \sum_{i=1}^{n}T_i\sum_{i=1}^{n}V_i}{n \times \sum_{i=1}^{n}T_i^{\ 2} - (\sum_{i=1}^{n}T_i)^2} \tag{7-2}$$

式中，slope 为回归斜率，可以反映因子在研究期内的变化趋势，当 slope>0 时说明该因子在研究期处于增加趋势，反之则是减少趋势；n 为时间长度；T_i为时间变量；V_i为生态环境监测因子。在 Matlab 软件中编程实现上述算法，可以得到每个像元点在研究时期的变化斜率。另外，本书还运用了 F 检验对线性变化趋势的显著性进行了检验，其计算公式如下：

$$F = (n - 2) \times \frac{\sum_{i=1}^{n}(\hat{V}_i - \bar{V})^2}{\sum_{i=1}^{n}(V_i - \hat{V}_i)^2} \tag{7-3}$$

式中，V_i为生态环境监测因子的实测值；$\bar{V}$ 为该因子在研究时段内的平均值；$\hat{V}_i$ 为回归值；n 为模拟时间长度。根据给定的显著性水平 α，通过查找自由度为（1，n-2）的 F 分布临界值表，获得临界值 F_α。若 $F>F_\alpha$，拒绝假设，即在此 α 水平下线性趋势显著，反之，线性趋势不显著。根据检验结果将变化趋势分为以下 7 个等级（表 7-2）。

表 7-2 线性变化趋势分级

变化程度	斜率（slope）	显著水平
极显著减少	slope<0	α=0.01，F>10.04
显著减少	slope<0	α=0.05，F>4.96
弱显著减少	slope<0	α=0.1，F>3.29
变化不显著		F<3.29
弱显著增加	slope>0	α=0.1，F>3.29
显著增加	slope>0	α=0.05，F>4.96
极显著增加	slope>0	α=0.01，F>10.04

7.1.2.3 Hurst 指数原理及分析方法

自相似性和长程依赖性是自然界普遍存在的现象，在水文学、经济学、气候学、地质学等领域有着广泛应用，Hurst 指数是定量描述时间序列信息长期依赖性的有效方法之一，最早由英国水文学家 Hurst 提出（徐建华，2002；Hurst，1951）。目前，Hurst 估算的方法有多种，如绝对值法、聚合方差法、周期图法、小波分析法、残差分析法和 R/ S 分析法等，有关研究表明，R/S 分析法和小波分析法估算的 Hurst 指数要比其他方法估算的结果更可靠（江田汉和邓莲堂，2004）。基于重标极差（R/S）分析方法的 Hurst 指数最早是由英国水文学家 Hurst 在研究尼罗河水库流量和储存能力的关系时提出的（Hurst，1951）。本书采用 R/S 分析法，其计算原理如下。

生态环境因子时间序列 V_i，i=1，2，3，4，对于任意正整数 m，定义该时间序列的均值序列：

$$\overline{V(m)} = \frac{1}{m}\sum_{i=1}^{m} V_i,\ m = 1,\ 2,\ \cdots,\ n \tag{7-4}$$

累计离差：

$$X(t) = \sum_{i=1}^{m}\left(V_i - \overline{V(m)}\right),\ 1 \leqslant t \leqslant m \tag{7-5}$$

极差：

$$R(m) = \max_{1\leqslant m\leqslant n} X(t) - \min_{1\leqslant m\leqslant n} X(t),\ m=1,\ 2,\ \cdots,\ n \tag{7-6}$$

标准差：

$$S(m) = \left[\frac{1}{m}\sum_{t=1}^{m}\left(\mathrm{NDVI}_i - \overline{\mathrm{NDVI}(m)}\right)^2\right]^{\frac{1}{2}},\ m=1,\ 2,\ \cdots,\ n \tag{7-7}$$

对于比值 $R(m)/S(m) \overset{\Delta}{=} R/S$，若存在如下关系 $R/S \propto m^H$，则说明所分析的时间序列存在 Hurst 现象，H 成为 Hurst 指数。H 值可以根据 m 和对应计算所得 R/S 值，在双对数坐标系（$\ln m$，$\ln(R/S)$）中用最小二乘法拟合得到。

Hurst 指数可以预测时间序列未来发展趋势，根据 H 的大小可以判断环境因子时间序列是完全随机还是存在持续性。Hurst 指数（H 值）取值包括 3 种形式：如果 $0.5<H<1$，表明时间序列是一个持续性序列，具有长期相关的特征。如果 $H=0.5$，则说明 NDVI 时间序列为随机序列，具有随机游走的特性，不存在长期相关性。如果 $0<H<0.5$，则表明 NDVI 时间序列数据具有反持续性，也就是说过去的变量与未来的增量呈负相关，序列有突变跳跃逆转性。H 值越接近 0，其反持续性越强；越接近 1，其持续性越强。结合已有的研究，根据 H 值可将持续程度分为以下 10 类（表 7-3）。

表 7-3 持续程度分级表

反向持续性	Hurst 指数	正向持续性	Hurst 指数
很强	0. 00≤H<0. 2	很强	0. 8≤H<1
较强	0. 2≤H<0. 3	较强	0. 7≤H<0. 8
强	0. 3≤H<0. 4	强	0. 6≤H<0. 7
较弱	0. 4≤H<0. 45	较弱	0. 55≤H<0. 6
很弱	0. 45≤H<0. 5	很弱	0. 5<H<0. 55

7.1.3 生态环境参数时间序列数据集构建

7.1.3.1 归一化植被指数时序数据集构建

植被是陆地生态系统的主体，在保持水土、调节大气、减缓温室气体浓度上升、维持气候及整个生态系统稳定等方面都具有十分重要的作用（Herrmann et al.，2005）。在大尺度植被覆盖变化的研究中，遥感数据因其在时间和空间上的绝对优势成为主要的和有效的数据源（ Hicke et al.，2002；Hurst，1951）。而归一化植被指数（normalized difference vegetation index，NDVI）是监测地区或全球植被和生态环境的有效指标，是植被生长状况及植被覆盖度的最佳指示因子，NDVI 值越高，代表着植被覆盖度越高（Jong et al.，2011；Imhoff et al.，2004）。近 20 多年来，国内外学者在不同的空间和时间尺度上，以 NDVI 为指标在植被覆盖的空间分布特征、时间变化规律及其与气候变化间的关系等方面开展了很多研究（Martinez et al.，2009；Justice et al.，2002，1998；Kaufman et al.，1998）。Anyamba 等以 1982 ~ 2003 年萨赫勒地区 NOAA-AVHRR NDVI 数据为指标，研究地表植被对降雨变化的响应（Milich et al.，2000）。王强等基于 1982 ~ 2006 年连续 25 年的 GIMMS AVHRR NDVI 植被覆盖指数，采用了最大化 NDVI 均值法、一元线性回归趋势分析等数学模型，对中国三北防护林工程区四大建设区连续 25 年的植被覆盖时空变化特征进行了动态变化研究（Justice et al.，1998）。宋富强等利用 MODIS/NDVI 数据从不同土地覆被和不同坡度植被指数动态变化分期退耕还林工程对陕北地区植被动态变化的影响（Ruimy et al.，1994）。综上所述，可见 NDVI 对研究区域生态环境变化具有重要的指示作用，本研究将其作为一个重要的生态参数，用以揭示澜沧江流域 2001 ~ 2010 年 10 年间植被覆盖变化的时空特征。

本研究采用 NASA 提供的 2001 ~ 2010 年澜沧江流域 MOD13A2 级 NDVI 数据产品，其时空分辨率分别为 16 天和 1km。植被指数时间序列曲线通常由于受到云、大气扰动等干扰呈锯齿状波动，而事实上植被的生长是连续渐变过程，除收获或灾害外的任何突变都是由于云、大气扰动、气溶胶、水蒸气、土壤背景等导致的噪声影响引起的，不能直接用于时间序列分析。本研究结合曲线拟合和傅里叶变换技术的 HANTS（harmonic analysis of time series）方法去除上述噪声重新构建光滑的植物生长曲线。HANTS 对植被指数数据异常值处理结果如图 7-1 所示，具体步骤如下：①建立时间序列的遥感图像；②设定输出数据频率和周期；③对极值进行判别，设置初始值，去除异常像元；④采用最小二次方进行拟合；⑤设定容限值，通过对拟合曲线值与原始值对比分析，小于容限值保留，大于容限值，则去除该点，并对剩余点继续进行最小二次方拟合；⑥设定输出频率，叠加各个频率的振幅值与相位角值；⑦重新构建时间序列遥感图像。

通过上述方法，重建了 NDVI 产品的 16 天数据集，对于本研究的主要工作，是按照以年、月或者季节为单位进行的文件整理、存储和分析，因此本研究需要对 NDVI 数据集的时间尺度进行重建。采用国际通用的最大值合成法（maximum value composites，MAC）获得，它可以进一步消除云、大气波动等噪声（Stow et al.，2004）。其计算方法如下：

$$M_{\mathrm{NDVI}_i} = \mathrm{MAX}(\mathrm{NDVI}_{ij}),\ i=1,\ 2,\ \cdots,\ 10;\ j=1,\ 2,\ \cdots,\ 46 \tag{7-8}$$

式中，M_{NDVI_i} 为第 i 年/（季/月）的最大化 NDVI 值；i 为 1 ~ 10 的整数，数值分别代表 2001 ~ 2010 年；NDVI_{ij} 为每16 天 NDVI 值；j 为1 ~46 的整数，数值分别代表每 8 天数据的名，n 为合成年最大化 NDVI 所需每 8 天 NDVI 值的个数，即 46。M_{NDVI_i} 是一年内植被最丰盛时期的 NDVI 值，其变化可以反映气候和人为因素导致的植被年际变化。

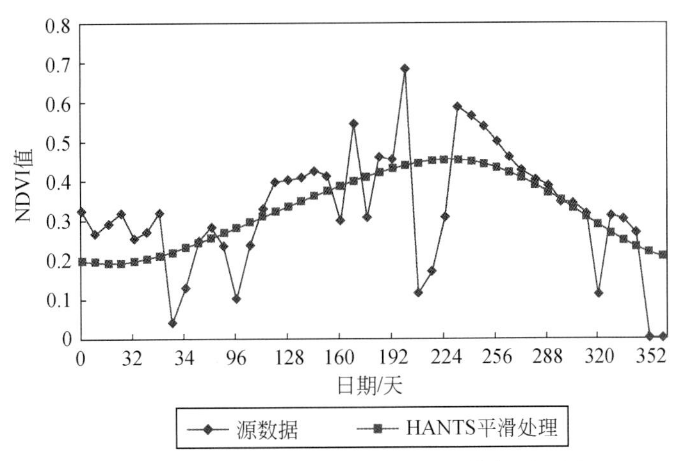

图 7-1　HANTS 平滑处理前后 NDVI 数据对比图

7.1.3.2　叶面积指数时序数据集构建

叶面积指数（leaf area index，LAI）通常被定义为单位地表面积上植被绿叶面总面积的一半（Turner et al.，2006），是陆地植被的一个重要结构参数。LAI 作为植被冠层的重要结构参数之一（Weiss et al.，2001），影响着植被光合、呼吸、蒸腾、降水截留、能量交换等诸多生态过程（陈国南，1987），是许多生态系统生产力模型和全球气候、水文、生物地球化学和生态学模型的关键输入参数（董丹和倪健，2011；杜灵通和田庆久，2011；陈利军等，2002）。总之，LAI 是决定森林生态系统与大气之间物质和能量交换的关键参数，其可表征地表植被生长状况，已经成为揭示陆地植被生态环境状况的重要遥感数据集产品（范娜等，2012）。

MODIS 地面工作组生产 LAI 产品的方法包括主算法和备用算法。主算法基于严格的三向传输理论（冯险峰等，2004），利用了多达 7 个光谱波段 MODIS 地表反射率的光谱信号，反演结果精度相对较高。当提取的光谱数据值落在预期范围之外时，就利用备用算法估计 LAI。备用算法是基于 NDVI 和 LAI 的回归关系，建立全球 6 种植被类型的简单统计关系。当以上反演算法都不能估计 LAI 时，依据 MODIS 的土地分类标准产品 MOD12Q1，赋予像素相应的填充值。本研究使用 NASA 的 MOD15A2 栅格数据集，空间分辨率为 1km，时间间隔尺度为 8 天的合成 LAI，时间段为 2001 年 1 月至 2010 年 12 月。采用平均值法，构建月尺度上的 LAI 数据集，再根据月尺度数据分别建立季和年尺度数据。

$$L_{\mathrm{LAI}_{i,j}} = \mathrm{MAX}(\mathrm{LAI}_{i,n}),\ n=1,\ 2,\ \cdots,\ 46 \tag{7-9}$$

式中，$L_{\mathrm{LAI}_{i,j}}$ 为第 i 年 j 月的平分 LAI，i 为 1 ~ 10 的整数，分别代表 2001 ~2010 年，j 为 1 ~ 12 的整数，分别为 1 ~ 12 月的月份；$\mathrm{LAI}_{i,n}$ 为第 i 年的第 n 个 LAI 值，n 为合成月 LAI 所需的每 8 天 LAI 值所对应的角标。

7.1.3.3　温度植被干旱指数时序数据集构建

植被指数-地表温度特征空间综合了植被指数和地表温度信息，可以增进对土壤湿度状况的理解，是近年来广泛使用的土壤水分估算模型（侯英雨等，2007；符淙斌等，2003；徐建华，2002；甘淑等，

1998）。Price 和 Sandholt 等认为植被指数–地表温度的关系是三角形关系（图 7-2），这个假设要求研究区域的地表信息应该是从裸土到完全植被覆盖。图 7-2 中 *CD* 所在直线为裸土区，其中 *C* 代表干燥裸土（植被覆盖少，VI 值低，地表温度高）；*D* 代表湿润裸土（植被覆盖少，VI 值低，地表温度低），从 *C* 到 *D*，地表蒸发能力随水分增多而变强。*E* 点代表水分充足的完全植被覆盖地表（VI 值高，地表温度低），蒸腾能力最强。因此，从 *D* 到 *E*，地表水分充足，称为“湿边”，从 *C* 到 *E*，地表水分为同等植被覆盖程度下最低，称为“干边”。介于干湿边之间的像元，水分和蒸腾能力也介于干湿边之间，越靠近干边，水分越少，蒸腾能力越弱，而越靠近湿边，水分越多，蒸腾能力越强。

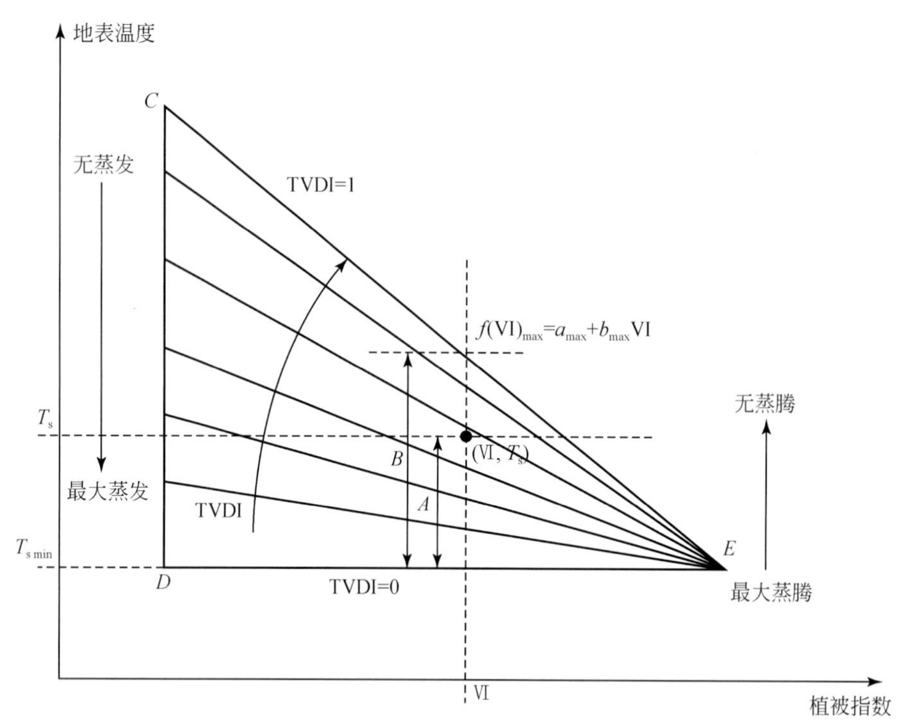

图 7-2　温度植被干旱指数原理示意图

由此，Sandholt 等提出了温度植被干旱指数（temperature vegetation dryness index，TVDI），是从地表温度（land surface temperature，LST）和 NDVI 构成的 LST–NDVI 空间，经过简单比值得到的。其计算公式如下（江振蓝等，2011）：

$$\mathrm{TVDI}=\frac{T_{\mathrm{s}}-T_{\mathrm{s\,min}}}{T_{\mathrm{s\,max}}-T_{\mathrm{s\,min}}} \tag{7-10}$$

$$T_{\mathrm{s\,max}}=a\times \mathrm{VI}+b \tag{7-11}$$

式中，T_s为任意像元的地表温度；$T_{s\,max}$为某一 NDVI 值对应的最高地表温度，对应 T_s-NDVI 空间中的干边；*a*、*b* 分别为干边的拟合方程系数；VI 为像元的植被指数，本研究分别采取 NDVI 植被指数；$T_{s\,min}$ 为某一 NDVI 值对应的最低地表温度，对应湿边。干边对应的 TVDI 值为 1，湿边为 0，计算获得 TVDI 值值域范围为 0 ~ 1，TVDI 值越大，土壤湿度越低，反之，TVDI 值越小，即土壤湿度越大。由此可看出，本模型的关键是在干边和湿边的确定，即系数 *a*、*b* 和 $T_{s\,min}$ 值的确定。

计算 TVDI 主要使用 NDVI 和 LST 数据。通过 HANATS 平滑处理重建后的 MOD13A2 数据，得到 2001 ~2010 年每 16 天的 NDVI 数据，通过最大值合成法构建 2001 ~ 2010 年每月的 NDVI 数据集。本研究使用的第五代 MODIS LST 产品（V005）的数据质量较前代产品有了很大的改进，但因热红外波段易受大气状况影响，云和其他干扰可能遮挡了部分影像，一些被云污染的像元也难以检测，出现一些异常低温值。本研究根据 LST 产品中的 QC 数据，利用一种基于背景库的“S–G”滤波算法对研究区 MODIS LST 的空值和异常值进行重建。同样使用最大值合成法对地表温度产品进行处理，构建 2001 ~ 2010 年 10 年月尺度上的地表温度数据集。

利用多年平均月尺度的 LST 和 NDVI 数据集，构建逐月 LST-NDVI 二维特征空间。其中，NDVI 的精度为 0. 01，即以 0. 01 为步长，提取具有相同 NDVI（如 NDVI 值域为 0. 01 ~ 0. 02）所有像元对应的 LST 值中的最大值、最小值，获取 12 个月 LST-NDVI 特征空间。图 7-3 的左半部分为基于上述方法构建的 12 个月 LST-NDVI 二维特征空间，虽然随着 NDVI 的增长，LST 的最大值和最小值最终在一点汇合，不同月的形状差别较大，4 ~ 8 月的形状相似，呈现底边偏离水平 30°左右的近似三角形，但是其余月干湿边左边开口较大，偏离三角形。研究区 LST、NDVI 值不完全符合当 NDVI 大于某一数值时，随着 NDVI 的增加，LST 的最大值不断减小，LST 的最小值不断增加，这说明特征空间并未较好地形成三角形。

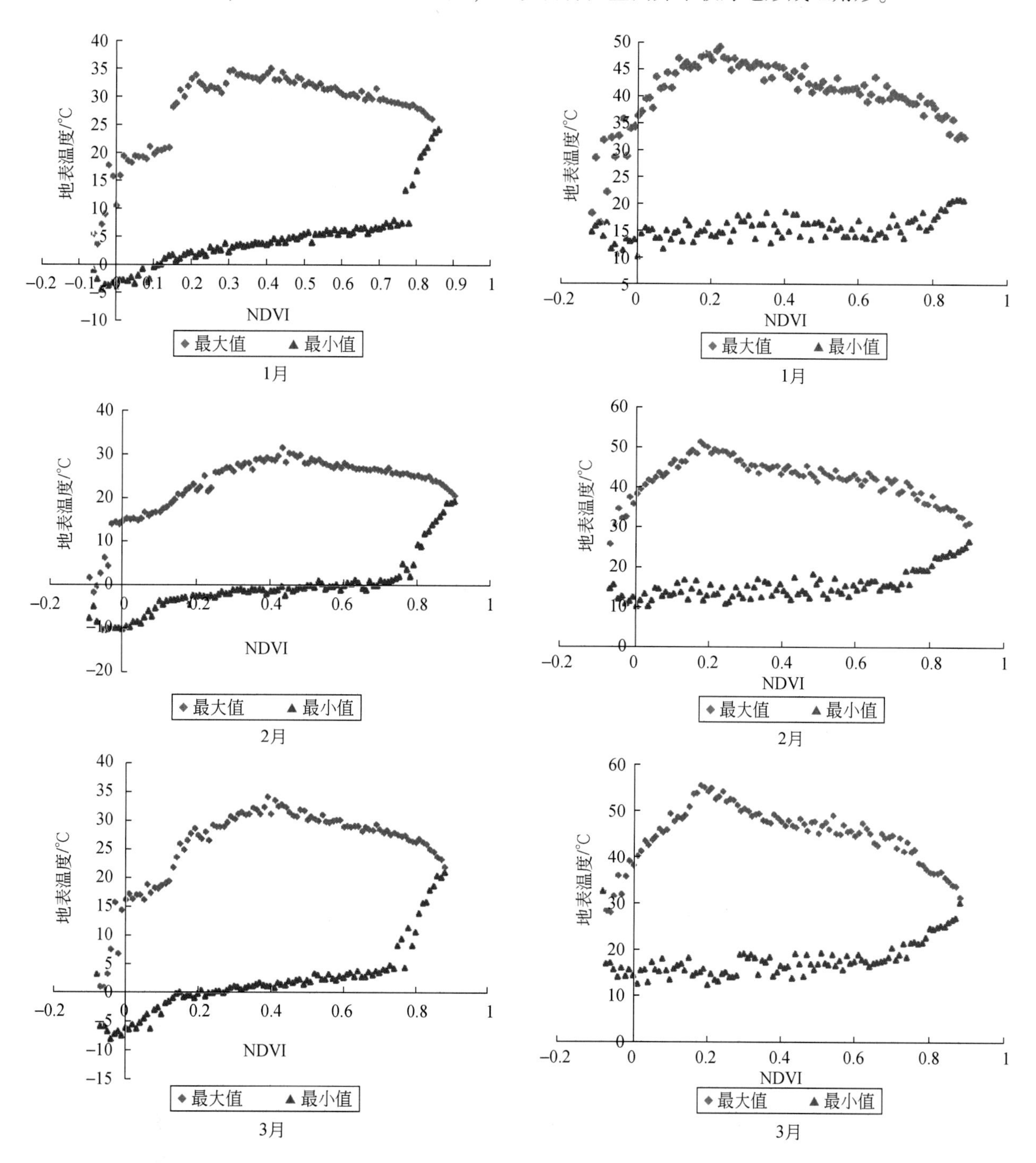

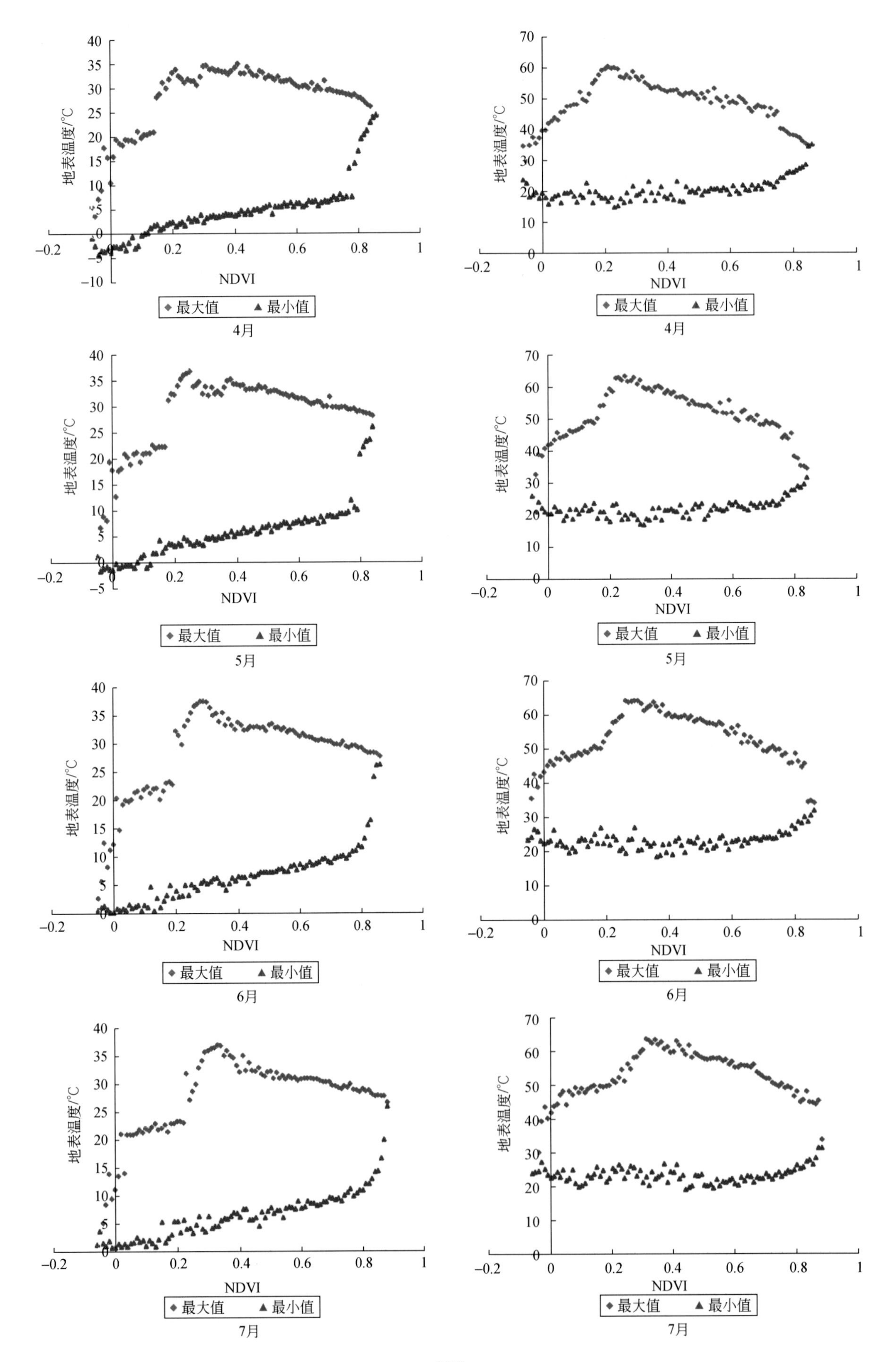
地表温度/°C
NDVI
最大值
最小值
4月
5月
6月
7月

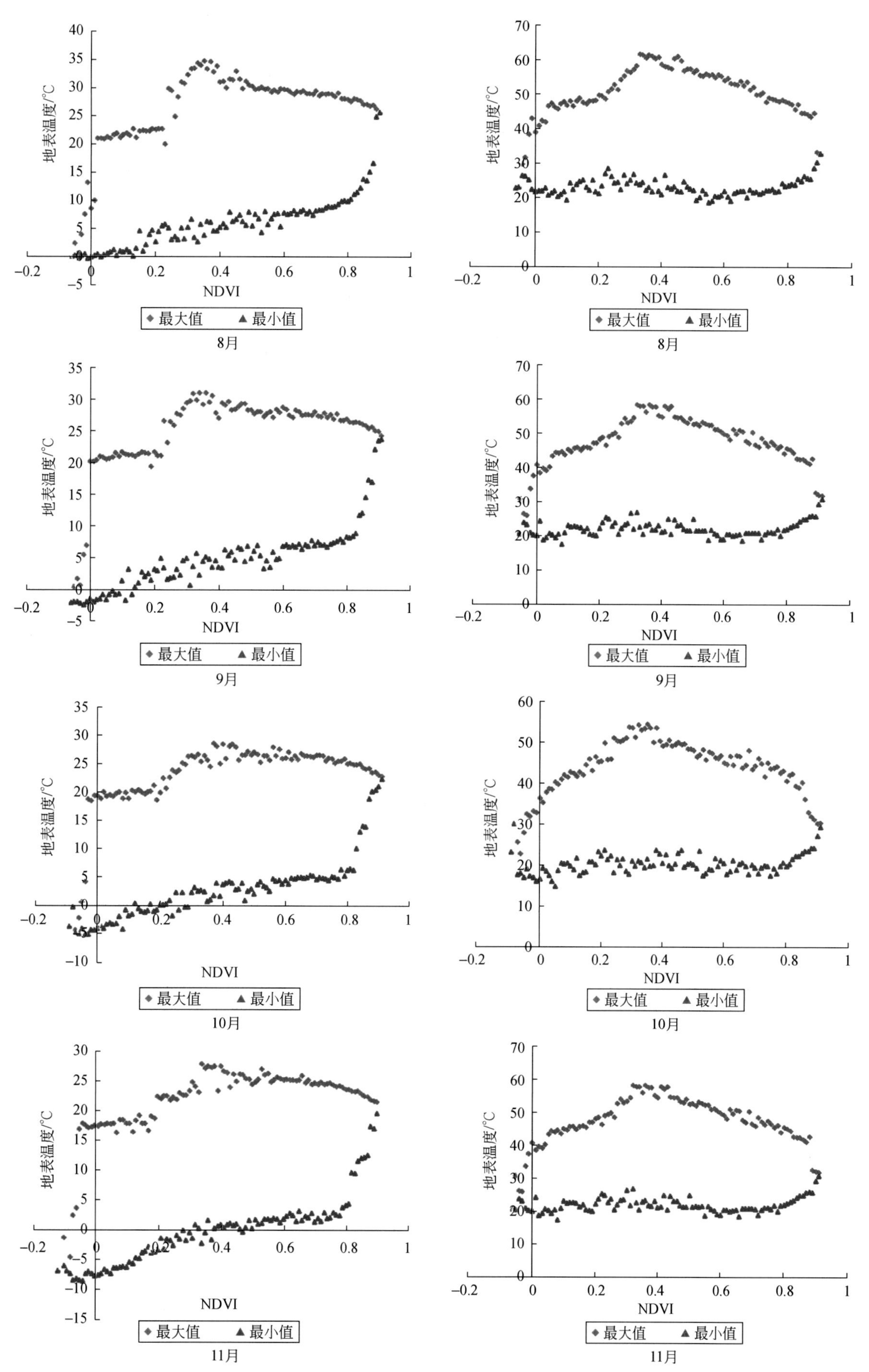
地表温度/°C
NDVI
最大值
最小值
8月
9月
10月
11月

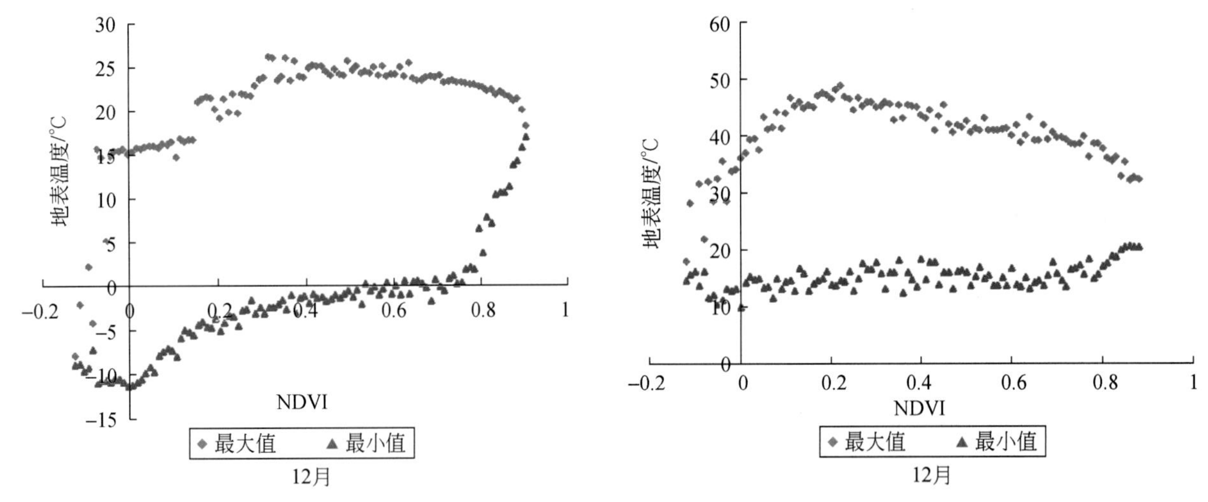

图 7-3　LST-NDVI 特征空间

从 LST-NDVI 特征空间获得的 TVDI 能在一定程度上反映土壤湿度，但是土壤湿度不是影响地表温度和植被指数关系的唯一因素。太阳辐射、地表覆盖、大气动力等因子影响地表的能量平衡，从而影响地表温度，改变 LST-NDVI 关系（Goward et al.，2002）。在进行热交换的过程中，地温影响气温，反过来气温也影响地温，二者是一种相互影响的关系。地表温度受气温的影响与高程相关（冉琼等，2005）。

澜沧江流域地形复杂，海拔起伏较大，地表温度受其影响显著。随着高程的增加，气温对地表温度的降温作用升高，TVDI 的特征空间也受到一定的影响。为了消除地形对地表温度的影响，参照已有关于气温与海拔的关系［（式（7-12）］的研究，首先将 LST 转到相同海拔上。然后基于此 LST 数据级构建 LST-NDVI 二维特征空间（图 7-3 的右半部分）：

$$LST_h = LST + elevation \times 6 \tag{7-12}$$

式中，LST_h和 LST 分别为某一地理位置的海平面地表温度和实际的地表温度值；elevation 为这一地理位置的海拔；6 是指气温的垂直递减率（单位是℃/km）。

从 LST- NDVI（图 7-3 的右半部分）特征空间可以看出，1～12 月的特征空间的干边和湿边都具备相似的形状。在 NDVI 大于某一值时，随着 NDVI 的增大，陆地表面温度的最大值在减小，同时陆地表面温度的最小值近似平行于 NDVI 轴或升高，最大温度和最小温度逐渐接近，这说明 LST-NDVI 存在三角形关系。陆地表面温度的最大值、最小值与 NDVI 呈近似线性关系。但是不能将湿边统一描述成与 NDVI 轴平行的直线，要根据特征空间特点而定。总的来说，就特征空间而言，经过海拔校正后的 LST 与 NDVI 的特征空间（图 7-3 的右半部分）比未校正的 LST 与 NDVI 的特征空间（图 7-3 的左半部分）从形状上看与三角形更接近，即更能满足 TVDI 计算的假设条件，因此在确定 TVDI 干、湿边方程时选用经海拔校正后的地表温度数据集。

TVDI 构建的前提是假定 NDVI 与植被覆盖度呈线性关系，即随着植被指数的增加，陆地表面温度最大值逐渐降低，且与植被指数呈线性关系。但实际情况并非如此，实验证明：当植被覆盖度小于 15% 时，因植被覆盖度很低，其 NDVI 很难指示区域的植被覆盖程度；当植被覆盖度由 15% 向 80% 增加时，其 NDVI 值随植物量的增加呈线性迅速增加。加速延缓而呈现饱和状态，对植被检测灵敏度下降（王正兴和刘闯，2003）。利用上述方法来拟合干边和湿边方程时，会出现干边和湿边并非完全呈一条直线的情况，因此需根据对特征空间的目视判读，确定 NDVI 的临界值（大于该值时，随着 NDVI 的增大陆地表面温度的最大值在减小，同时陆地表面温度的最小值近似平行于与 NDVI 轴或在升高）以便更好地拟合干、湿边方程，这是构建合理的干湿边方程的关键（姚春生等，2005）。以 1 月数据为例（图 7-3 右半部分），从其 LST-NDVI 特征空间可以看出，NDVI 在（0.22，1）区间内，对于干边 LST 最大值均随 NDVI 的增大而降低，干边斜率为负值；对于湿边 LST 最小值近似与 NDVI 轴平行，上升趋势不明显。因此，在确定湿边方程时，存在两种情况，R^2特别高（R^2>0.9，线性增加）或者特别低（R^2<0.1 平行于 NDVI 轴）均表示拟合程度高，如果拟合度 R^2 低于 0.5，湿边取固定值，即方程取截距。采取上述方法，构建各月干、湿边方程如下（表 7-4）。

表 7-4 LST-NDVI 拟合干湿边方程

月份	干边方程	R^2	湿边方程	R^2	NDVI 值域
1	$T_{s\ max}$ =-16.61NDVI+50.61	0.86	$T_{s\ max}$ =2.58NDVI+14.37	0.07	(0.2，0.85)
2	$T_{s\ max}$ =-19.68NDVI+52.75	0.88	$T_{s\ max}$ =11.32NDVI+9.95	0.54	(0.17，0.86)
3	$T_{s\ max}$ =-24.07NDVI+58.46	0.89	$T_{s\ max}$ =12.75NDVI+11.50	0.62	(0.17，0.86)
4	$T_{s\ max}$ =-32.96NDVI+66.94	0.90	$T_{s\ max}$ =15.12NDVI+12.84	0.60	(0.2，0.86)
5	$T_{s\ max}$ =-37.40NDVI+72.78	0.90	$T_{s\ max}$ =12.87NDVI+15.31	0.62	(0.22，0.84)
6	$T_{s\ max}$ =-33.36NDVI+73.91	0.96	$T_{s\ max}$ =8.86NDVI+17.82	0.40	(0.26，0.83)
7	$T_{s\ max}$ =-33.43NDVI+75.03	0.94	$T_{s\ max}$ =6.98NDVI+18.86	0.26	(0.32，0.88)
8	$T_{s\ max}$ =-31.97NDVI+72.89	0.96	$T_{s\ max}$ =3.35NDVI+20.44	0.07	(0.32，0.88)
9	$T_{s\ max}$ =-28.68NDVI+67.66	0.95	$T_{s\ max}$ =-2.27NDVI+22.82	0.04	(0.32，0.85)
10	$T_{s\ max}$ =-22.39NDVI+59.75	0.95	$T_{s\ max}$ =-1.67NDVI+21.12	0.03	(0.3，0.85)
11	$T_{s\ max}$ =-29.16NDVI+67.9	0.95	$T_{s\ max}$ =0.13NDVI+21.61	0.00	(0.32，0.88)
12	$T_{s\ max}$ =-16.76NDVI+50.70	0.87	$T_{s\ max}$ =2.76NDVI+14.26	0.08	(0.21，0.85)

7.1.3.4 净初级生产力时序数据集构建

陆地净初级生产力（net primary productivity，NPP）是指绿色植物在单位面积、单位时间内所累积的有机干物质总量，其值表现为植物通过光合作用所固定的有机碳中扣除本身呼吸消耗的部分，这一部分用于植被的生长和生殖，也称净第一性生产力（Field et al.，1998）。它不仅可以直接反映植被在自然条件下的生产能力，也是判定生态系统碳源、碳汇效应的主要因素（Imhoff et al.，2004）。NPP 作为生态系统中能量和物质循环研究的基础，它可以表征陆地生态系统的质量状况，是评价生态系统自身健康与生态平衡的主要指标（冯险峰等，2004；周广胜等，1998）。因此，NPP 一直是生态学研究中的一个重要内容，成为调节全球碳平衡、减缓温室效应以及维护全球气候稳定等全球变化热点问题相关研究中的核心内容及关键指标。掌握 NPP 时间和空间的变化规律，对于评价陆地生态系统生态环境质量、调节生态过程及陆地碳汇的估算具有重要的理论和实际意义（侯英雨等，2007）。

20 世纪 60 年开始，国内外开展了大量有关 NPP 的研究。从获得途径看，主要有站点实测和模型估算两种方式。由于基于站点观测的传统生态学研究方法无法在区域和全球尺度上直接和全面地测量 NPP，目前利用模型估算陆地植被的生产力已成为一种重要且被广泛接受的研究方法（朱文泉等，2005；Alexandrov et al.，2002；Cramer et al.，1999）。近几十年来，国内外学者从不同角度采用不同的模型对全球或区域和流域尺度的陆地植被净初级生产力进行了深入研究，这些模型可概括为 3 类：统计模型（statistical model）、参数模型（parameter model）和过程模型（process based model）（陈国南，1987；Ruimy et al.，1994）。统计模型和参数模型属于经验型或半经验型模型。早期的 NPP 估算研究由于资料的欠缺和技术的落后，多使用统计模型，也称气候相关模型，即根据 NPP 和气候之间的统计关系，建立 NPP 的气候估算模型。该模型运算简单，但是由于其生理生态机制模糊，估算结果误差大，适用于区域潜在 NPP 的估算（周广胜和张新时，1995）；过程模型又称机理模型，是基于植物的一般生长规律描述生态系统的光合作用、呼吸作用等各种过程及其对环境条件的依赖，该模型生态机理机制明确，估算结果较准确，但是模型复杂，所涉及参数较多，部分参数较难获取，仅适合于空间尺度较小的区域（朱文泉等，2005）。随着遥感和计算技术的发展，以遥感数据为模型主要参数的估算 NPP 的遥感模型成为一种全新的手段（Turneret al.，2006；陈利军等，2002）。

基于资源平衡理论的光能利用率模型（CASA 模型）作为从植物生长特性出发而建立的 NPP 的过程模型，它充分考虑了环境条件以及植被本身的特征，同时它以遥感数据为主要数据源，因遥感具有周期性强和观测面广的特点，极大地提高了该模型的时空分辨率，使大范围的 NPP 估算及其时空动态监测成为可能，在大尺度 NPP 估算和全球碳循环研究中已被广泛应用（董丹和倪健，2011；Donmez et al.，2011；Bandaru et al.，2011；张峰等，2008；Hicke et al.，2002）。本研究采用 CASA 模型，以 MODIS 获取的遥感数据为主要数据源，构建澜沧江流域 NPP 的长时间序列数据集。

7.1.3.5 生物量估算

回归分析建模方法是研究各地理要素之间具体数据关系的一种强有力的工具，运用此方法能够建立反映地理要素之间具体数量关系的数学模型，即回归模型（胡上序，焦力成，1994）。首先利用相关性分析揭示各个要素间相互关系的紧密程度，然后通过对相关系数的计算与检验来完成最后的估算（胡上序和焦力成，1994）。

植被生物量是植被生态系统生产力的综合反映，其大小受自然和人为等多种因素影响，与植被的类型、类型组成和立地条件密切相关。多元线性回归模型由于具有良好的可解释性成为遥感地学参数建模最普遍的数学方法之一（岳彩荣，2011）。多元回归模型分几种回归方法，其中逐步回归方法是目前使用最为广泛的最优选择回归方法。它根据变量对回归方程的影响大小逐次地选入到回归方程中，并且根据 F 检验，确保引入的变量均为显著的。由于植被类型和参数比较多，因此选择逐步回归方法有助于快速选择最优变量，因此本书采用逐步回归方法建立多元线性回归模型。多元回归模型公式如下：

$$Y_{ij} = B_{i0} + B_{i1}x_{i1} + B_{i2}x_{i2} + \cdots + B_{ij}x_{ij} \tag{7-13}$$

式中，x_{i1}，x_{i2}，…，x_{ij} 为 i 种植被类型中 j 个不同的变量，本书中 $i=8$，$j \leqslant 8$；B_0，B_1，…，B_n 为模型的参数。

首先建立各植被类型的生物量与 NDVI、LAI、年均温度、年降雨量、经度、纬度、高程和籽实干重 8 个变量之间的相关关系，以检验各个因素与生物量干重关系的密切程度，最后确定选择哪种因素作为植被总生物量建模的自变量因子。根据植被类型本书分为 8 组：常绿阔叶林、常绿针叶林、落叶阔叶林、落叶针叶林、针阔混交林、灌木、草地、农田。各类型样本数不同，分别随机挑选样本数的 90% 作为实验数据，10% 作为后期检验数据；利用 SPSS 软件分别与 NDVI、LAI、年均温度、年降雨量、经度、纬度、高程、籽实干重 8 个变量之间建立相关性分析。根据相关分析结果，选择至少在 0.05 水平上与生物量显著相关的变量因子，分别建立生物量的多元逐步回归模型，并选择最优因子确定最终模型，最后进行验证。

选用的变量考虑几个方面的影响因素，因此选择了包括植被生长的地理要素（如海拔、经纬度）、环境因素（年降雨量和年均温度）和能直接反映植被生长状况的遥感因子（如 LAI 和 NDVI）。由表 7-5 可知，样点生物量与各个变量之间的相关性因植被类型不同而存在差异。大部分变量在 0.01 水平上和植被生物量相关；少部分在 0.05 水平上相关，如落叶阔叶林和纬度、针阔混交林和经度。农田生物量根据样本得到籽实干重和生物量存在明显相关，籽实干重可以由粮食产量代替。

表 7-5 变量与生物量干重之间的相关系数

变量	森林					灌木	草地	农田
	常绿针叶林	落叶针叶林	常绿阔叶林	落叶阔叶林	针阔混交林			
高程（H）	0.396**		0.096	0.082				
纬度（LAT）	−0.183**			−0.133*		−0.456**	−0.440**	
经度（LON）					−0.511*			
年降雨量（Pre）	0.120**			0.339**				
年均温度（T）	−0.070		−0.100	0.193**				
叶面积指数（LAI）	0.594**	−0.589**	−0.777**	0.552**	0.518*	0.215*	0.382**	
归一化植被指数（NDVI）		0.938**		0.158**				
籽实干重（Z）								0.867**

*表示在 0.05 水平上相关显著；**表示在 0.01 水平上相关显著

地理因子用于反映植被因地理位置不同而呈现的生物量差异，可以反映植被空间地理位置上的分布差异，因此大部分植被类型如森林、灌木、草地均和地理因子有很强的相关性；环境因子直接影响植被生长状况，植被敏感度不同，反映的差异也不同，表 7-5 中森林类型中的常绿针叶林和落叶阔叶林与气象因子有明显相关性。遥感植被指数反映了植被的活力，而且比单波段用来探测生物量有更好的敏感性和抗干扰性（冯险峰，2005）。NDVI 是用于反映植被长势和营养信息的重要参数之一，同时可以消除部分辐射误差，常用于区域和全球等大尺度植被状态研究，是目前应用最广的植被指数。LAI 通常被定义为单位地表面积上的叶子表面积总和的一半，是描述植物冠层功能过程的重要参量（Chen and Black，1992）。表 7-5 中落叶针叶林和落叶阔叶林对 NDVI 反应敏感，并呈现正相关关系；森林、灌木和草地均与 LAI 有很强的相关性，其中落叶针叶林和常绿阔叶林与之呈负相关。

将 8 个变量（NDVI、LAI、年均温度、年降雨量、经度、纬度、高程、籽实干重）分别与相应的植被类型建立回归模型。逐步回归中，选中变量的显著性水平设定为 P 年均温度，剔除变量的显著性水平设置为 P 剔除变量，最终得到的最优回归模型见表 7-6。

表 7-6　多元线性逐步回归方程

类型	多元回归模型	R^2
常绿针叶林	$Y_1=0.097H+12.876\mathrm{LAT}+0.07\mathrm{Pre}+18.135T+14.348\mathrm{LAI}+779.382$	0.515
落叶针叶林	$Y_2=19.783\mathrm{LAI}-49.135\mathrm{NDVI}+51.571$	0.895
常绿阔叶林	$Y_3=0.061H+6.505T+16.17\mathrm{LAI}-119.546$	0.733
落叶阔叶林	$Y_4=0.052H+14.125\mathrm{LAT}+0.157\mathrm{Pre}+9.241T+8.111\mathrm{LAI}-45.205\mathrm{NDVI}-686.677$	0.486
针阔混交林	$Y_5=-11.368\mathrm{LON}+12.03\mathrm{LAI}+1292.628$	0.666
灌木	$Y_6=-0.586\mathrm{LAT}+0.154\mathrm{LAI}+21.941$	0.264
草地	$Y_7=-0.195\mathrm{LAT}+0.09\mathrm{LAI}+6.762$	0.354
农田	$Y_8=1.976Z+0.162$	0.715

为了验证模型的精确性，用样本中未参与模拟的 10% 的样本的观测值与模型的估算值进行对比分析，本书选择 74 组样本进行检验（图 7-4）。总体来看，该计算结果与观测值相对误差好于 30% 的样本占全检验样本的 60%，说明估算结果比较合理。相对误差比较大的出现在灌丛和草地，根据表 7-6 可知，在模型建立上灌丛和草地相关性最低，因此存在较大误差；而且灌丛和乔木在影像上边界不好确定，因此存在混合像元的问题，也是导致误差的原因。总体来说，该模型计算结果是可靠的。

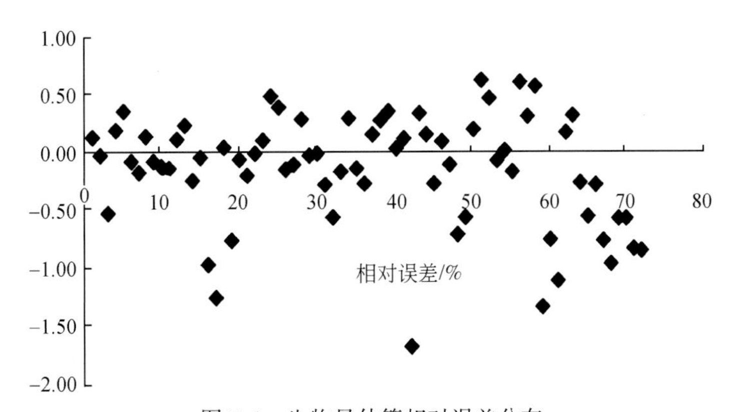

图 7-4　生物量估算相对误差分布

7.2　植被覆盖空间格局与动态变化分析

7.2.1　NDVI 空间分布特征

为了能直观地反映澜沧江流域植被覆盖空间分布特征，利用 2001 ~ 2010 年逐年的年最大 NDVI 值，计算其平均值得到流域多年平均植被覆盖图，如图 7-5 所示，总体特征是“南高北低、平高山低”。

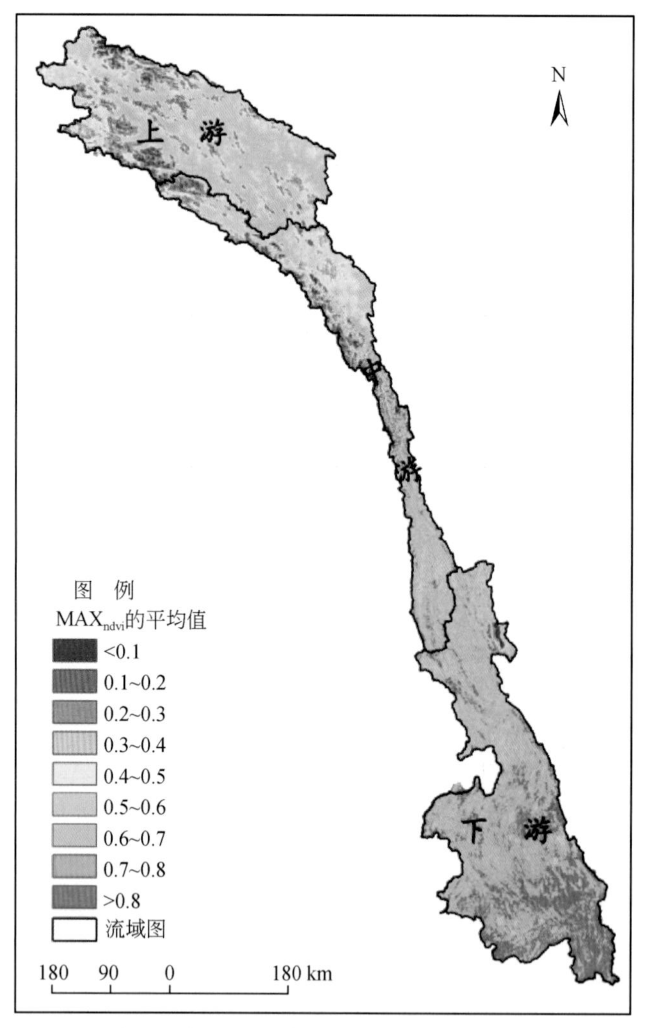

图 7-5 澜沧江流域 10 年 NDVI 空间格局图

从 2001 ~2010 年平均的 NDVI 空间格局图及流域植被覆盖图可以明显地看出，NDVI 呈现出南高北低、森林高非森林低的特征（图 7-5）。其中，下游地区的 NDVI 值最高，平均值为 0.72；其次是中游地区，NDVI 平均值为 0.50，0.5 ~0.6 这一级别分布居多；上游地区 NDVI 值最低，平均值仅为 0.45，且整个流域 NDVI 值小于 0.2 的区域主要分布于此。

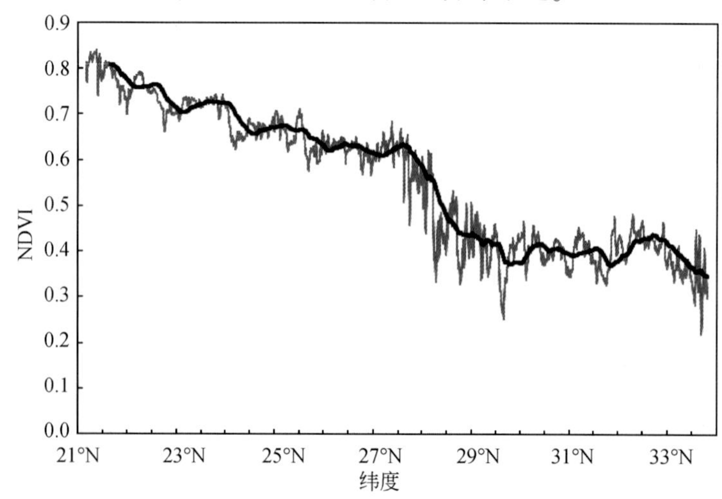

图 7-6 2001 ~2010 年澜沧江流域纬向平均 NDVI 的变化规律

流域的纬向平均 NDVI 变化规律（图 7-6）也体现了研究区植被覆盖“南高北低”的特征。整个流域 NDVI 自南向北的变化速率为-0.04/1°N，但是自南向北并非是逐渐降低的，而呈现为“台阶式”的骤然降低，转折区域位于 27°N ~29°N。27°N 以南和 29°N 以北的 NDVI 随着纬度的变化速率降低，而 27°N ~29°N 自南至北的变化速率达 0.13，明显高于平均变化速率。

“平高山低”是指海拔高和坡度缓的区域植被覆盖总体高于海拔低和坡度陡的区域，分别从高程和坡度 2 个方面分析澜沧江流域植被覆盖的地形分异特征。根据数据统计：<1000m、1000 ~ 2000m、2000 ~ 3000m、3000 ~ 4000m、4000 ~ 5000m、>5000m 这 6 个高程等级上的 10 年平均 NDVI 分别为 0.77、0.72、0.68、0.57、0.46 和 0.18；<20°、20° ~ 30°、30° ~ 40°、40° ~ 50°、>50°这 5 个坡度等级上的 10 年平均 NDVI 值分别为 0.60、0.57、0.52、0.51 和 0.44。这可能是由于随着高程和坡度的增大，流域的土地覆被类型逐步从林地向草地转变，植被覆盖也呈现出减少的趋势。

7.2.2 NDVI 动态变化时空分析

7.2.2.1 不同区域变化特征分析

如图 7-7（a）所示，近 10 年来澜沧江流域 NDVI 总体呈现增加趋势，平均以 0.02/a 的速度增加，2010 年 NDVI 值相比于 2001 年增加了 28.57%。2003 年流域的 NDVI 值是 10 年来最低值（0.50），之后 NDVI 值在波动中缓慢增加，2010 年达到最高值 0.70。

通过对上、中、下游地区的分区统计，分析近 10 年来各区植被覆盖变化规律的差异。从图 7-7（b）、~图 7-7（d）中可以发现，上、中、下游地区年平均 NDVI 值均呈现出增加趋势，植被变化规律基本相似，且与整个流域总体的变化规律保持一致。不同之处在于变化的速率与幅度：上游地区年 NDVI 均值增加速度最快，中游地区次之，植被覆盖度最高的下游地区年 NDVI 均值相对稳定，增加的速度最慢；对相对变化幅度分析发现上、中、下游地区年 NDVI 均值分别增加了 45.90%、33.87%、16.05%。上游地区植被覆盖状况改善明显，这与“退牧还草”、“三江源头保护” 等生态工程有一定的关系。

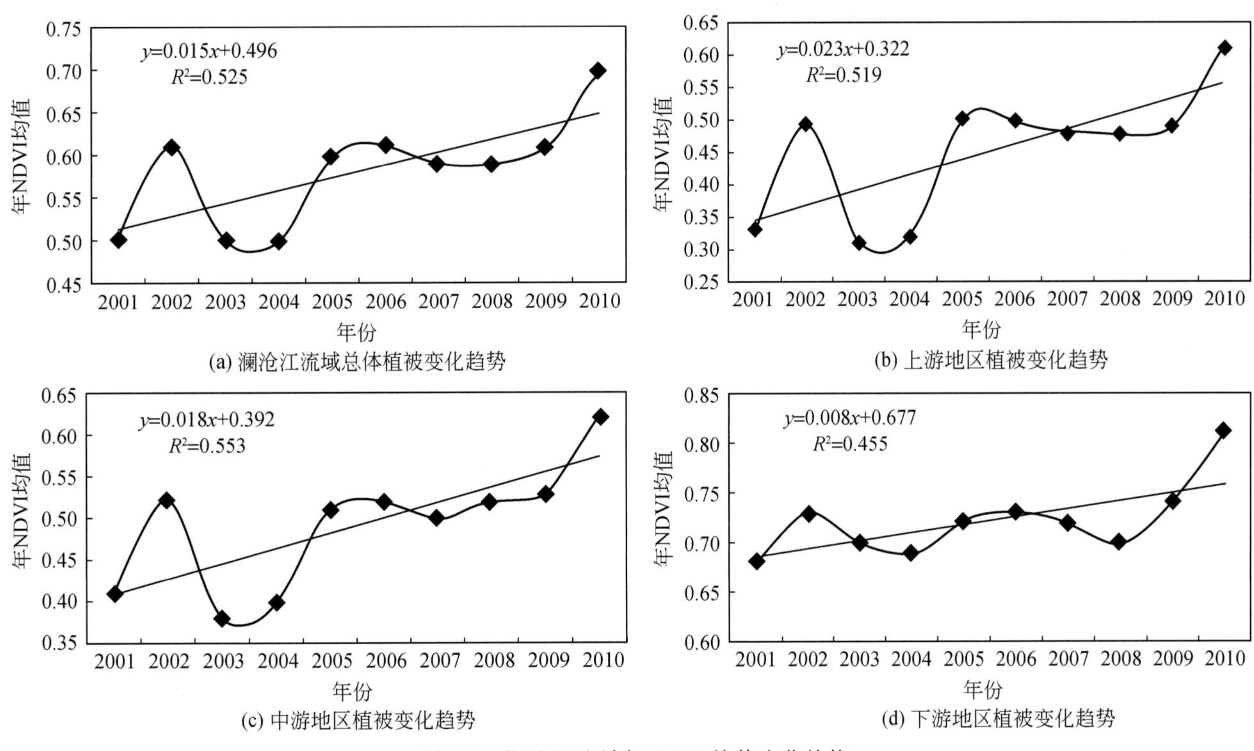

(a) 澜沧江流域总体植被变化趋势
(b) 上游地区植被变化趋势
(c) 中游地区植被变化趋势
(d) 下游地区植被变化趋势

图 7-7 澜沧江流域年 NDVI 均值变化趋势

7.2.2.2 植被覆盖变化趋势分析及持续性分析

基于一元线性回归分析原理及澜沧江流域 2001 ~ 2010 年的年 NDVI 均值合成数据，借助 ArcGIS 软件可视化澜沧江流域像元尺度上 NDVI 变化趋势空间格局。图 7-8 和表 7-7 为 10 年来澜沧江流域年最大

NDVI 值的变化趋势。

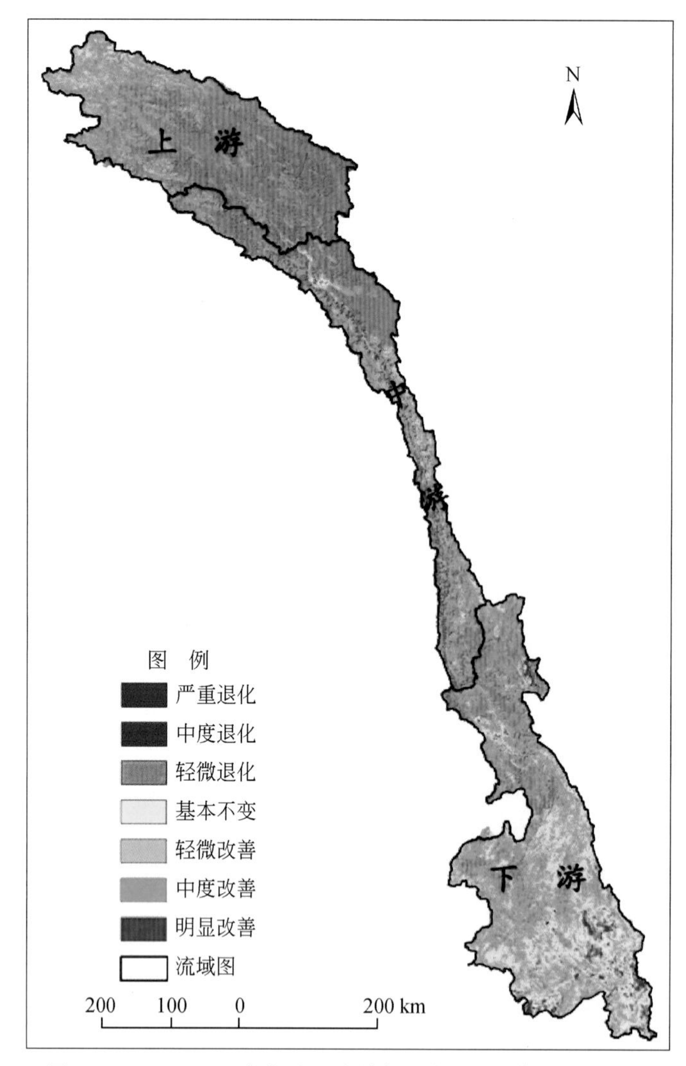

图 7-8 2001 ~2010 年澜沧江流域年最大 NDVI 值的变化趋势

表 7-7 2001 ~ 2010 年 MAX_{ndvi} 变化趋势结果统计

NDVI 变化趋势	程度	面积/km²	面积百分比/%
slope≤-0.009	严重退化	1 941.75	1.18
-0.009<slope≤-0.004 5	中度退化	5 172.50	3.15
-0.004 5<slope≤-0.001 0	轻微退化	8 665.63	5.27
-0.001 0<slope≤0.001 0	基本不变	6 936.38	4.22
0.001 0<slope≤0.004 5	轻微改善	15 407.63	9.37
0.004 5<slope≤0.009 0	中度改善	21 014.94	12.79
slope≥0.009 0	明显改善	105 223.44	64.02

从 MAX_{ndvi} 趋势分析的结果中可以看出：近 10 年来澜沧江流域地表植被覆盖整体得到改善的区域比退化的区域面积要大，得到改善的区域约占总面积的 86.18%，且其中明显改善的区域面积占总面积的 60% 以上；基本不变区域约占总面积的 4.22%；退化的区域约占总面积的 9.6%，且严重退化区在研究区分布极少，仅占整个流域面积的 1.18%。这也进一步证明了前面植被覆盖时间变化的分析结果。

上、中、下游地区的变化趋势与流域总体基本一致，但是变化程度上略有差别：上游和中游地区植被覆盖得到改善的区域均占到该区域的 90% 以上，而下游地区植被覆盖得到改善的区域仅占该地区的 74.5%。整个流域的植被退化区主要集中分布在下游地区，发生退化区域的面积约 13 486.75km^2，约占到了整个流域退化面积的 86.53%。植被退化区主要集中分布在西双版纳傣族自治州的勐腊、勐海、景洪、普洱市的景谷、镇沅及大理附近，这与人类活动有一定关系，部分地区的天然热带雨林遭到破坏，被具有经济价值的橡胶林取代。

根据澜沧江流域 2001 ~ 2010 年 10 年的 MAX_{ndvi} 数据集，计算出研究区 NDVI 的 Hurst 指数，可获得 NDVI 变化持续性空间分布图（7-9）。Hurst 值域为 0.09 ~ 1.00，均值为 0.70。因 Hurst 指数小于 0.5 的区域面积仅占流域总面积的 0.09%，表明该区 NDVI 的反持续性很弱，基本可以忽略，故将 Hurst 值域范围设定弱、中、强三个持续性区类型，阈值分别为<0.65、0.65 ~ 0.75、>0.75。从整个流域分析：强持续区的面积为 66 508.19 km^2，占流域总面积的 40.62%，其次为弱持续区约占总面积的 34%，中持续区约占总面积的 25%。从不同区域上分析：上、中、下游地区的平均 Hurst 指数分别为 0.74、0.70、0.67，上游的大部分区域 NDVI 呈中、强持续性特征，中游的北部区域呈现中持续性特征，到了中游的中部和南部部分区域呈现的是弱持续性，下游的大部分区域呈弱持续性特征，且 Hurst 指数空间分布复杂，这是由于受人类活动影响较大的地区其 Hurst 指数值往往偏低。

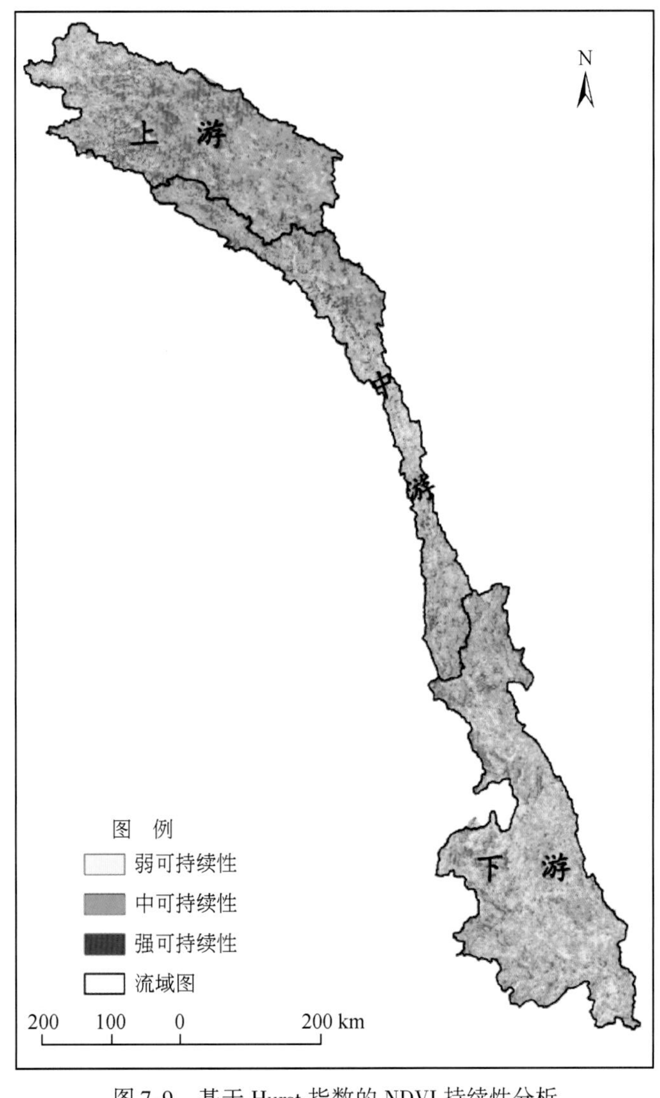

图 7-9 基于 Hurst 指数的 NDVI 持续性分析

为了进一步研究澜沧江流域 NDVI 的变化趋势及其可持续性，将一元线性回归分析的 slope 值与 Hurst 指数分析结果进行叠加分析，可以得到退化或改善趋势及其与可持续性的耦合信息，将耦合结果分为 9 种情形：①退化 & 弱可持续性；②退化 & 中可持续性；③退化 & 强可持续性；④不变 & 弱可持续性；⑤不变 & 中可持续性；⑥不变 & 强可持续性；⑦改善 & 弱可持续性；⑧改善 & 中可持续性；⑨改善 & 强可持续性。

从图 7-10 和表 7-8 可以看出植被覆盖变化以良性发展为主：其中，改善 & 强可持续性、改善 & 中可持续性、退化 & 弱可持续性在研究区的面积百分比分别为 36.48%、21.74%、3.78%，总计占流域总面积的 62%；不变区域占整个流域面积较少，且可持续性较差；退化 & 强可持续性和改善 & 弱可持续性区域值得关注，二者面积之和达 51 638.76 km^2，约占流域总面积的 32%。

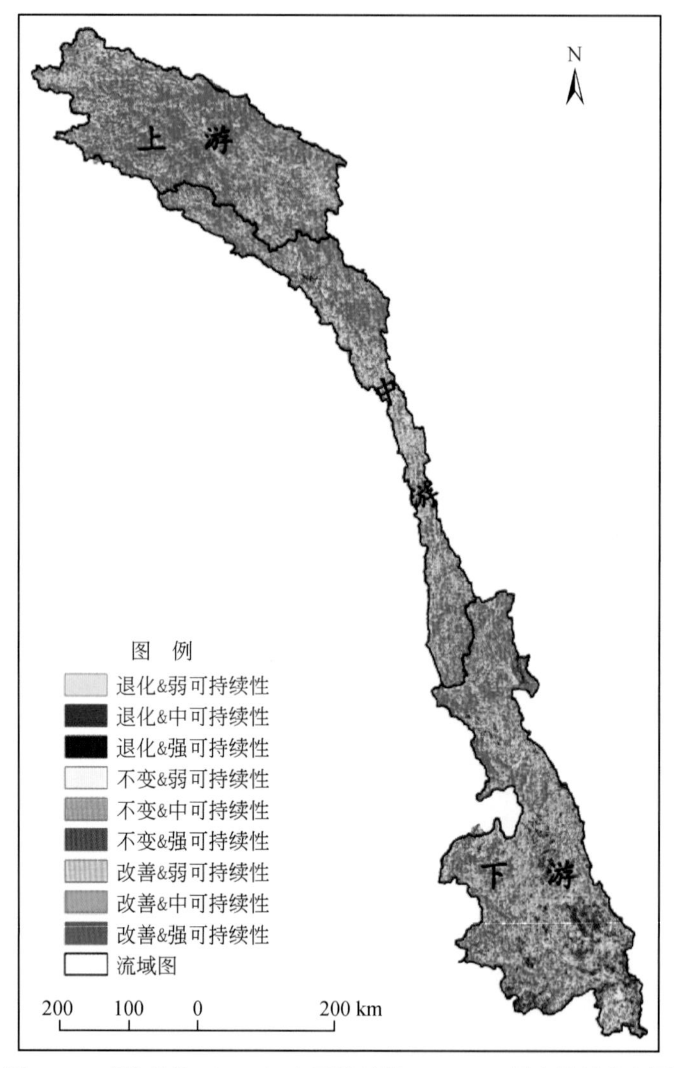

图 7-10 变化趋势（slope）与可持续性（Hurst）耦合结果分布图

表 7-8 变化趋势（slope）与可持续性（Hurst）耦合结果统计

类型	面积/km^2	面积百分比/%
退化 & 弱可持续性	6 194.69	3.78
退化 & 中可持续性	3 753.44	2.29
退化 & 强可持续性	5 771.13	3.52
不变 & 弱可持续性	4 488.44	2.74

续表

类型	面积/km²	面积百分比/%
不变 & 中可持续性	1 337.31	0.82
不变 & 强可持续性	999.19	0.61
改善 & 弱可持续性	45 867.63	28.01
改善 & 中可持续性	35 592.06	21.74
改善 & 强可持续性	59 734.69	36.48

为了进一步探讨和寻找退化 & 强可持续性和改善 & 弱可持续性两个区域的分布和发生原因，将该区的土地覆被和耦合后的 9 种情形叠加，进行分析（表 7-9）。从表中可以看出，退化 & 强可持续性区域的土地覆被类型主要为常绿阔叶林、落叶阔叶林、灌丛和典型草地，且主要分布在澜沧江流域的下游；改善 & 弱可持续性的区域也是在下游分布较广，中游其次，上游最少，这些区域的主要土地覆被类型按面积从大到小依次为：高寒草甸、灌丛、常绿阔叶林、落叶阔叶林等。查明植被退化且具有较强可持续性区域植被发生退化和未采取遏制退化措施的原因，可以为研究区植被保护提供依据和科学的方法，同时，对植被改善但可持续性较差区域影响植被恢复的干扰因素的探讨能够更有效地推动该区的植被保护和恢复工作。

表 7-9　不同土地覆被类型的耦合结果统计

地类	退化 & 弱可持续性	退化 & 中可持续性	退化 & 强可持续性	不变 & 弱可持续性	不变 & 中可持续性	不变 & 强可持续性	改善 & 弱可持续性	改善 & 中可持续性	改善 & 强可持续性
常绿针叶林	288.81	74.69	67.19	153.81	31.44	24.63	1847.19	1390.38	1778.50
常绿阔叶林	1944.31	1365.13	2177.69	1160.06	389.75	311.50	5799.69	2179.31	2600.88
落叶针叶林	15.50	8.38	4.56	13.13	3.00	1.63	433.50	617.50	909.94
落叶阔叶林	644.63	362.38	508.00	499.13	156.88	109.63	4909.69	2927.69	4890.00
针阔混交林	233.13	170.94	320.00	151.25	51.50	43.06	1516.56	798.81	973.50
灌丛	1504.75	990.06	1377.06	954.63	280.06	211.75	7186.56	4446.88	6151.88
草甸草地	58.94	31.19	31.56	48.13	13.38	7.44	1101.31	1092.63	1606.81
典型草地	570.94	316.81	514.56	435.06	130.88	94.31	5460.31	3172.44	5705.56
高寒草甸	211.81	73.13	93.75	336.81	78.44	58.13	8978.81	12698.06	24012.19
高寒草原	39.19	8.81	7.81	135.88	28.56	12.69	1040.63	676.44	1152.19
灌丛草地	5.31	1.75	1.69	4.19	1.63	0.69	111.13	109.38	227.06
水田	106.00	51.19	97.63	47.25	12.88	14.31	591.44	436.94	1009.06
农村聚落	1.06	0.75	0.13	0.69	0.06	0.19	7.19	5.31	2.63
水浇地	335.50	175.75	241.69	258.88	82.19	62.50	3608.06	2130.50	3986.56
旱地	9.19	4.56	9.94	2.50	1.13	0.88	16.81	10.94	29.56
城镇建设用地	7.94	4.56	7.31	2.63	0.88	1.00	28.69	20.19	40.44
沼泽	3.56	2.25	1.25	9.88	3.88	1.56	85.50	47.44	78.38
内陆水体	58.50	30.44	130.56	15.44	5.13	3.94	221.31	165.06	238.31
河湖滩地	0.06	0.00	0.06	0.44	0.19	0.06	5.25	5.00	37.00
冰雪	3.50	1.63	0.63	27.06	9.06	5.63	71.94	34.06	40.44
裸岩	78.44	19.81	12.19	170.13	34.50	16.63	2368.50	2269.31	3744.63
裸地	1.25	0.75	0.38	2.00	0.56	0.44	33.69	19.06	56.56
沙地	0.56	0.44	0.44	1.69	0.63	0.38	28.19	13.56	30.63

7.3 叶面积指数时空动态变化

7.3.1 LAI 空间格局

植被平均叶面积指数（LAI_ ave）和植被最大叶面积指数（LAI_ max）是表征大尺度植被生长背景状况的两个重要指标。本研究中计算的澜沧江流域 10 年平均最大叶面积指数是指 2001 ~2010 年遥感获取的逐年叶面积指数最大值的算术平均值，表征理想水热条件下的植被生长背景状况；澜沧江流域 10 年平均叶面积指数是指 2001 ~2010 年遥感获取的逐年平均叶面积指数的算术平均值，表征植被的光合作用能力。

2001 ~2010 年植被 10 年平均和最大 LAI 值的空间分布如图 7-11 所示，二者的空间格局基本一致，总体上呈现南高北低的特征，下游最高，中游次之，上游最低。澜沧江流域 10 年 LAI_ ave 的平均值为 2. 05，LAI_ max 的平均值为 3. 60。LAI_ ave 和 LAI_ max 的最高值均出现在下游的西双版纳地区，最低值则主要位于上游的杂多县。下游地区以亚热带常绿林为主要植被类型，其 10 年 LAI_ ave 和 LAI_ max 的平均值最高，分别达 2. 49 和 4. 78；中游地区的主要植被类型为灌丛，10 年 LAI_ ave 和 LAI_ max 的平均值次之，分别为 0. 69 和 2. 09；上游地区的主要植被类型为高山稀疏植被、高寒嵩草、杂类草草甸等，其 10 年 LAI_ ave 和 LAI_ max 的平均值最小，分别为 0. 42 和 1. 63。

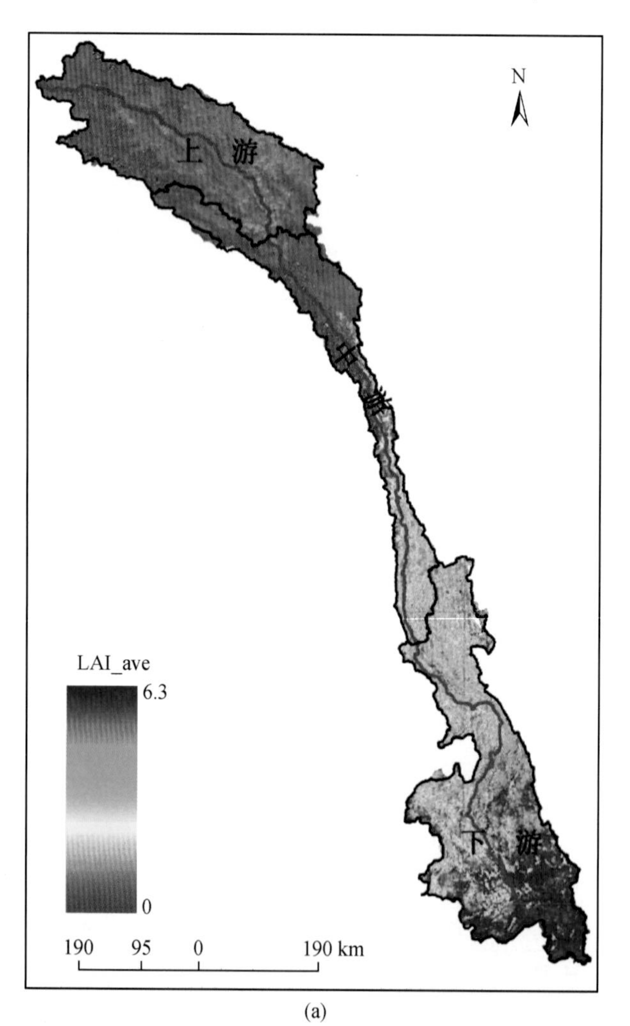

(a)

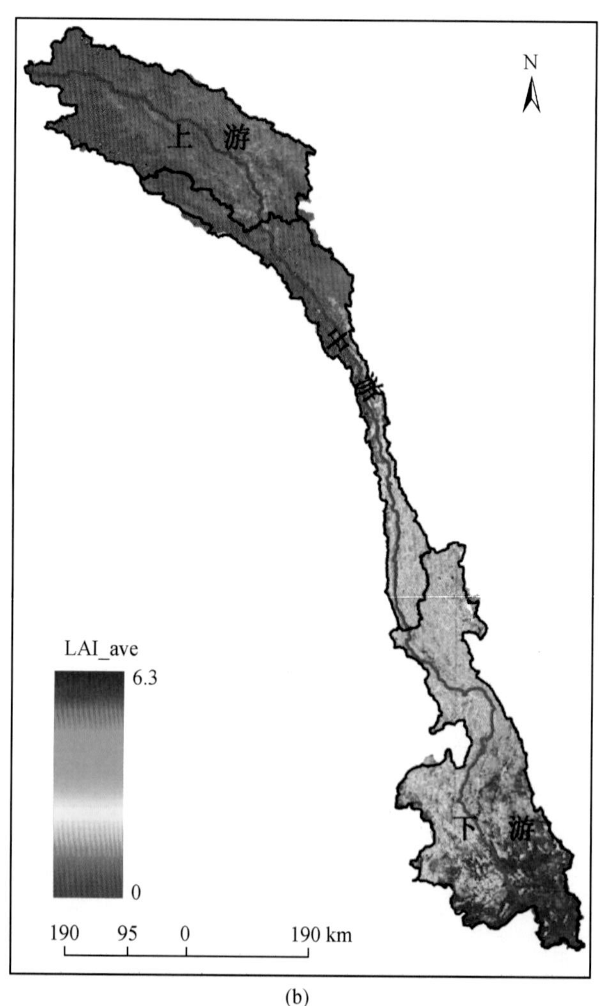

(b)

图 7-11　2001 ~2010 年澜沧江流域叶面积指数空间分布图

澜沧江流域 LAI 随着纬度的升高呈现出“阶梯式”的下降特征（图 7-12），明显可以分为三个台阶。第一台阶为 21°N ~ 25°N，从最南端的勐腊县一直到大理，LAI 随着纬度的升高呈波动式的下降，且下降速率较大，这与该区域的地形和地表植被有着密切的关系，该地区有大片的原始热带雨林，同时在小纬度范围内，地形复杂，高海拔区的 LAI 较低，因此出现 LAI 波动的现象；第二台阶为 25°N ~ 29°N，从下游的玉龙县到中游的左贡，该地区处于植被过渡带，由常绿向落叶、阔叶向针叶逐渐过渡，因此 LAI 呈现出平稳下降的趋势，下降速率较低；第三台阶为 29°N ~ 34°N，属于高纬度高海拔地区，LAI 随着纬度的升高无明显变化。该区域地表覆被主要为草甸或草地，LAI 基本维持在一个较低水平，约 0.5。

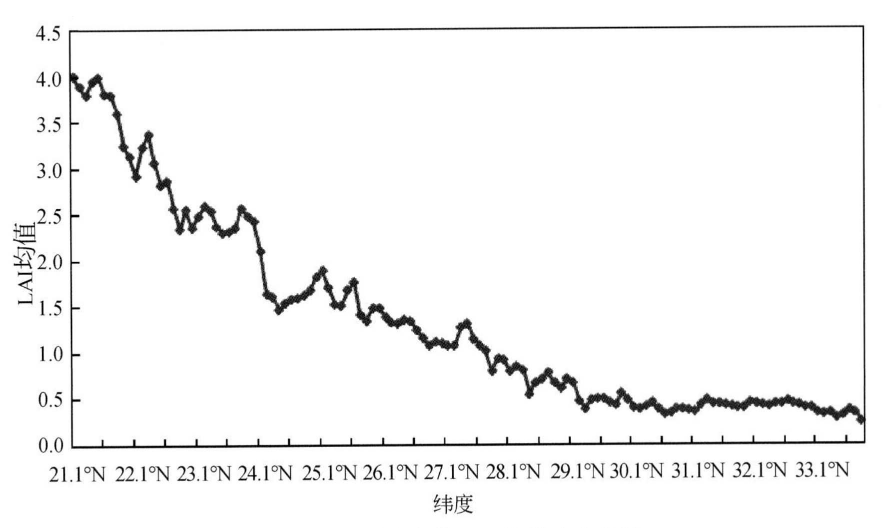

图 7-12　不同纬度带 LAI 均值变化曲线

从海拔和坡度两个地形因子分析 LAI 值的空间分布特征。将流域海拔和坡度分别分为 6 级和 5 级，分别为海拔<1000m、1000 ~ 2000m、2000 ~ 3000m、3000m ~ 4000m、4000 ~ 5000m、>5000m；坡度<20°、20° ~ 30°、30° ~ 40°、40° ~ 50°、>50°，不同等级上 LAI 统计结果如图 7-13 所示。可以看出，总体上 LAI 值随着海拔的升高而降低，在海拔 1000 m 以下的区域 LAI 均值最高，约为 3.6，海拔 1000m 以下的区域主要集中在勐腊和景洪，这里有分布着大量的热带雨林，森林覆盖率非常高，达 80%，是名副其实的“植物王国”；海拔大于 4000m 的区域 LAI 均值降到了 1 以下，高海拔区大部分在中游和上游地区，植被覆盖较低，且以针叶林和草地为主。LAI 均值在不同级别的坡度上变化不大，变化范围为 0.59 ~ 1.62。

根据澜沧江流域的土地覆被数据，研究区主要植被类型分为：常绿针叶林、常绿阔叶林、落叶针叶林、落叶阔叶林、针阔混交林、灌丛、草甸草地、典型草地、水田、旱地等类型，按植被类型分别统计 2001 ~ 2010 年 10 年 LAI 均值（表 7-10）。可以看出，森林的 LAI 均值（1.6945）均值最高，农田（1.6618）次之，草地（0.8911）最小。其中，常绿林的 LAI 均值高于落叶林，阔叶林和灌丛高于针叶林，常绿阔叶林的 LAI 均值最高，约 2.86。通过上述统计，可以看出 MODIS LAI 数据产品的统计值与先验知识一致，说明该数据在研究区具有一定的可信度。

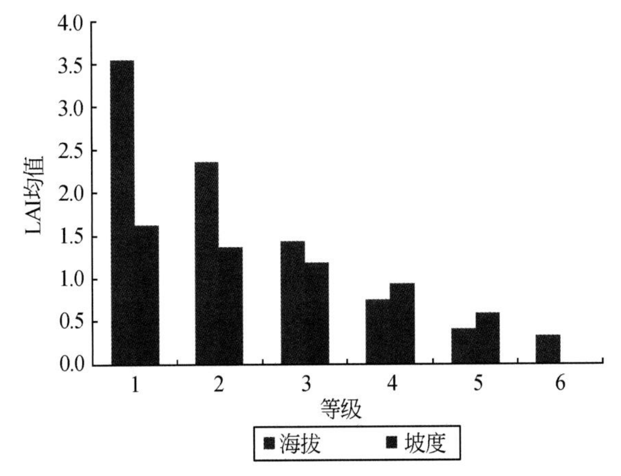

图 7-13　不同地形条件下 LAI 均值统计

表 7-10　不同植被类型的 LAI 均值统计表

植被一级类	植被二级类	LAI 均值
森林	常绿针叶林	0.6386
	常绿阔叶林	2.8633
	落叶针叶林	0.7198
	落叶阔叶林	1.9841
	针阔混交林	2.0119
	灌丛	1.9491
平均		1.6945
	草甸草地	0.5443
	典型草地	1.9478
草地	高寒草甸	0.4137
	高寒草原	0.3015
	灌丛草地	1.2482
平均		0.8911
	水田	2.2201
农田	水浇地	0.6457
	旱地	2.1196
平均		1.6618

7.3.2　LAI 动态变化时空分析

7.3.2.1　LAI 季节变化规律分析

根据澜沧江流域 2001～2010 年逐月 LAI 最大值数据，分别求出 10 年间逐月 LAI 最大值的算术平均值。澜沧江流域 9 月的月 LAI 最大值最高（2.67），12 月的 LAI 最大值最小（1.62），中游和下游地区的月 LAI 最大值也在 9 月，上游地区则是 7 月的 LAI 值达到最大，上游和下游地区的 LAI 值均是在 12 月降到最低，下游地区 6 月的 LAI 值最低（图 7-14，图 7-15）。不同流域 LAI 年内变化程度不同，上游地区 LAI 值年内变化程度最大，其最大值是最小值的 9.8 倍，其次是中游地区，LAI 最大值约是最小值的 3 倍，下游地区 LAI 值年内变化最小，其最大值仅是最小值的 1.5 倍。整个流域年内各月 LAI 平均值波动不大，最大值（2.67）与最小值（1.62）仅相差约 1。从图 7-14 可以看出，上游地区 LAI 值年内变化曲线呈“倒 V”年型，草甸和草地是上游地区主要植被类型，春季 3 月以后随着温度的升高草地进入返青期，LAI 开始增大，7 月达到最大值（约 1.64），之后进入枯黄期，LAI 逐渐减小，到冬季达到最低（约 0.16）。澜沧江中游沿江岸是干热的河谷生境，广泛分布着稀树灌木草丛或灌木草丛，其植被多为低矮、疏散的乔木和灌丛，但是从漫湾到大朝山，由于地形地貌原因，一些地段干热河谷气候被缓解，沿江两岸出现一种由落叶树木与常绿树木混交的森林植被，称之为常绿季节林，因此其 LAI 值高于上游而低于下游，中游 LAI 均值在 11 月到来年 3 月一直处于较低水平，4 月开始升高，且增幅较大，6～9 月的 LAI 均值基本上处于全年最高水平。下游的大部分地区属热带季雨林气候，日照充足，雨量充沛，一年内分干季和湿季，年平均气温在 21℃左右。干季从 11 月至翌年 5 月，湿季从 5 月下旬至 10 月下旬。主要植被类型有季雨林、橡胶林、农田等，云南的季雨林群落高度较矮，一般低于 25m，结构相对简单，乔木一般仅有 1～2 层，上层树种在干季落叶或上层及下层树种在干季都落叶，即有一个明显的无叶时期，因此下游的 LAI 在进入旱季后逐渐降低，6 月进入雨季后，LAI 逐渐增大。

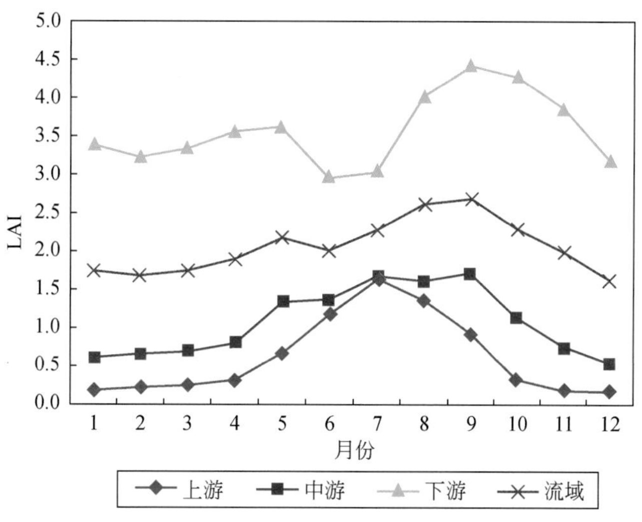

图 7-14　澜沧江不同流域各月 LAI 均值变化图

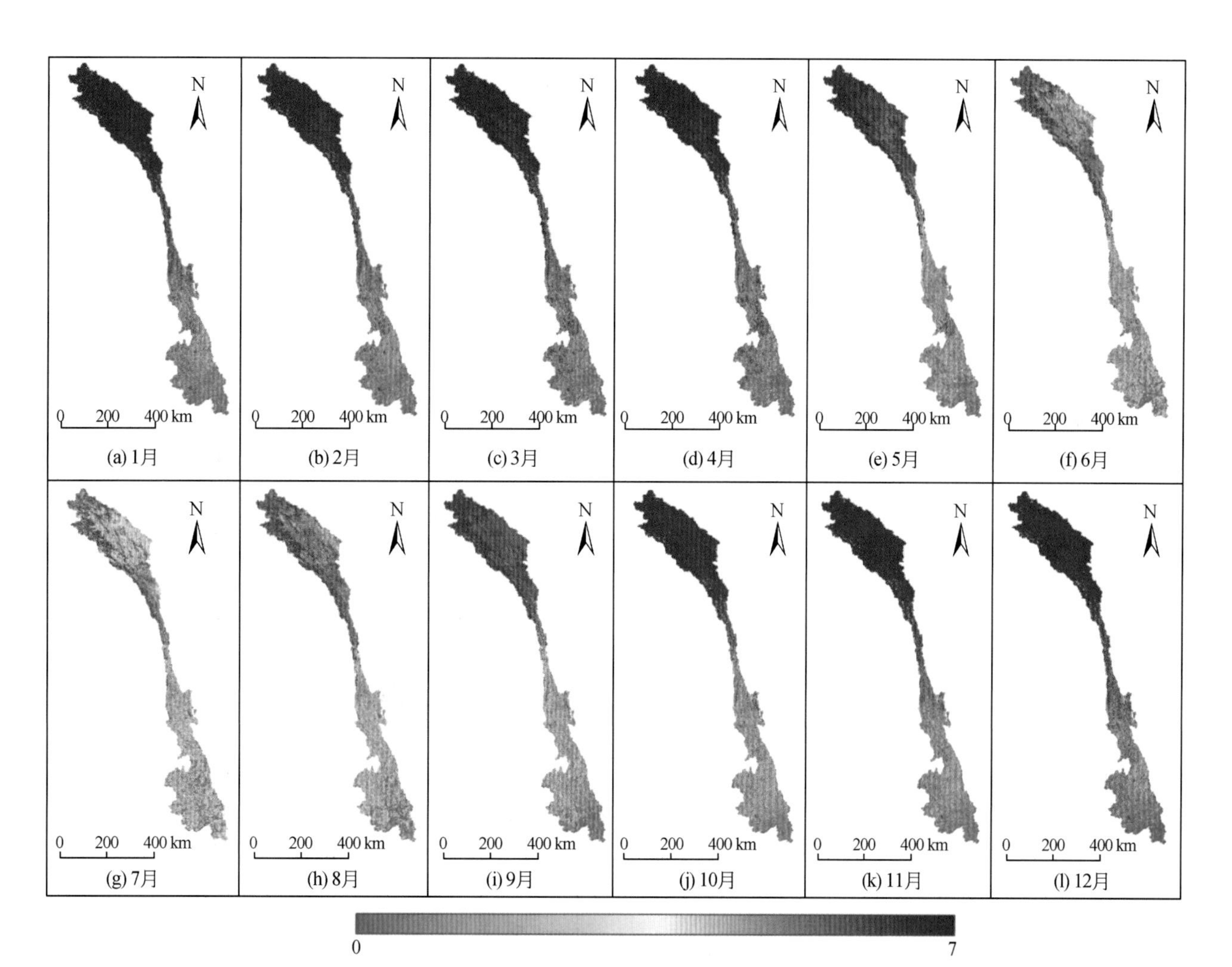

图 7-15　逐月澜沧江流域 LAI 空间分布

7.3.2.2 LAI 年际变化规律分析

根据变异系数（Cv）的计算公式，获得澜沧江流域每个栅格上 LAI 值的变异系数（图 7-16）。LAI 值年内变异系数范围为 0.07 ~ 3.46，变异系数从南向北逐渐降低，可以明显看出上游地区 LAI 年内波动较大，中游地区次之，下游地区最小，这与区域的植被类型密切相关，草地和落叶林地在不同季节植被 LAI 差别较大，其中高寒草原的变异系数最高，平均值约为 0.87，而常绿林地的 LAI 年内变化较小，常绿阔叶林的 LAI 变异系数均值仅为 0.32。

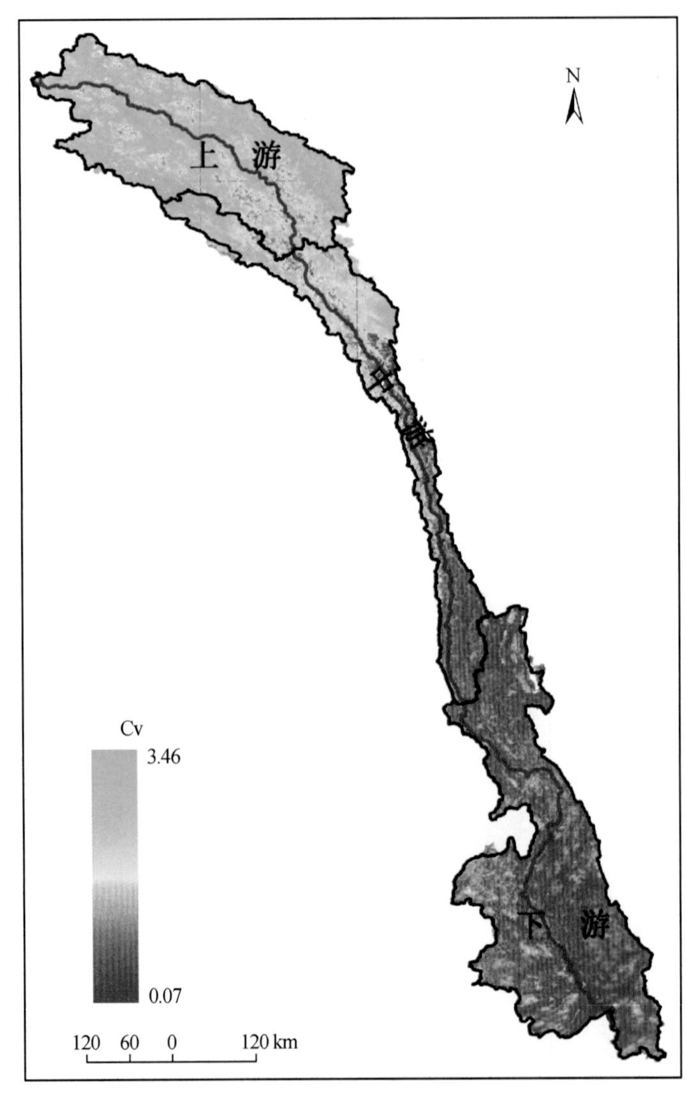

图 7-16 LAI 值年内变异系数空间分布

使用简单插值法对比分析澜沧江流域 2001 ~ 2010 年 10 年植被 LAI 的变化特征，以了解流域不同区域的变化规律。将 2010 年研究区 LAI 空间数据与 2001 年的 LAI 空间数据相减，得到 2001 ~ 2010 年 LAI 值的空间变化数据，并根据数据的直方图进行分级：<-1 为显著减少，-1 ~ 0.5 为略微减少，-0.5 ~ 0.5 为基本不变，0.5 ~ 1 为略微增加，>1 为显著增加，分级结果如图 7-17 所示。5 个等级的面积比分别为：3.71%、16.67%、53.84%、19.36%、6.42%，因此，10 年间澜沧江流域 LAI 大部分区域保持不变。

从图 7-17 可以看出 LAI 值变化的空间特征为：澜沧江流域上游大部分地区 LAI 值基本保持不变，上游东部有小部分地区 LAI 值有略微增加；中游的北部地区 LAI 值无明显变化，中游南部的德钦、维西和玉

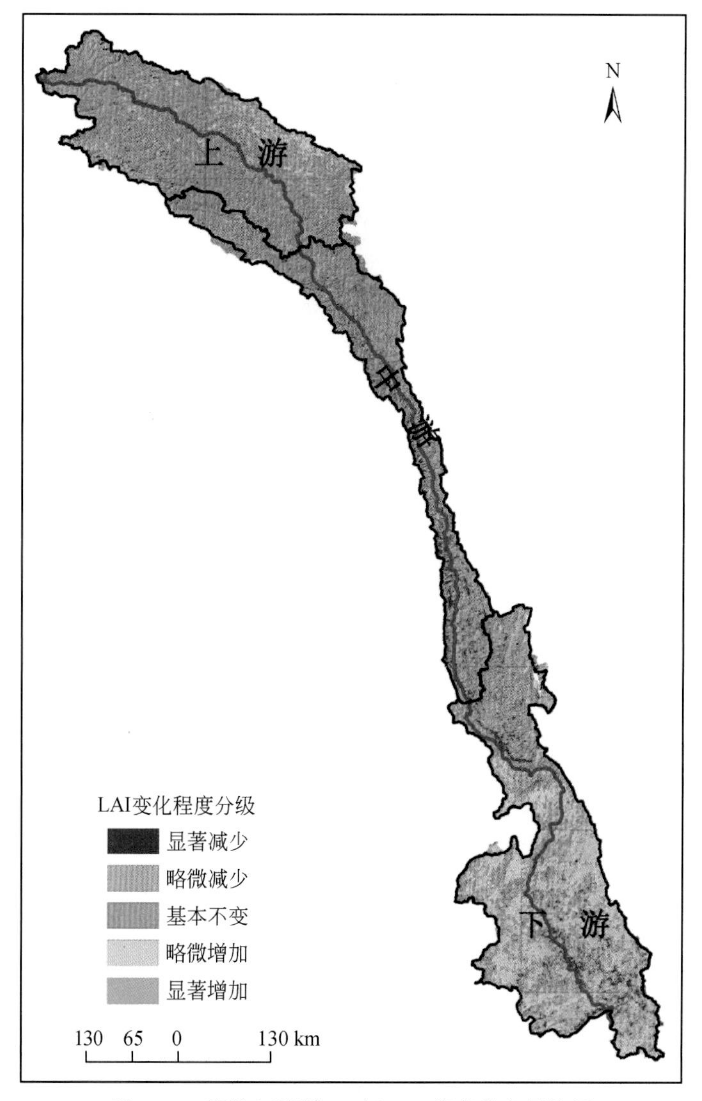

图 7-17 澜沧江流域 10 年 LAI 值变化空间特征

龙等地的 LAI 值减少，且有部分地区明显减少；下游北部的永平、洱源等地 LAI 值减少，下游的中部和南部地区则以 LAI 值增加为主。

7.3.2.3 LAI 变化趋势时空分析

本研究利用一元线性回归分析方法具体分析澜沧江流域不同地区植被年均 LAI 在 10 年中的变化趋势。利用一元线性回归分析原理及澜沧江流域 2001 ~ 2010 年的 LAI 数据，以 ArcGIS 软件为平台可视化澜沧江流域像元尺度上 LAI 变化趋势空间格局，其中，变化斜率 slope 值域范围为-0.41 ~ 0.3，如图 7-18 所示。

通过对澜沧江流域 LAI 10 年变化速率的直方图统计（图 7-19），发现变化速率主要集中在-0.05 ~ 0.05，这一区间的面积约占全流域总面积的 95% 以上，说明 2001 ~ 2010 年澜沧江流域植被 LAI 整体上保持不变，仅有极少部分地区的 LAI 有增加或减少的趋势，且 LAI 增加区域的面积大于减少的区域。LAI 值年际变化的区域主要集中分布在下游地区，说明下游地区的植被变化强度高于中游和上游地区，这与经济发展和人类活动有着直接的关系，下游地区经济发展相对较快，中游和上游地区交通闭塞，经济落后，受人类活动干扰相对较少。

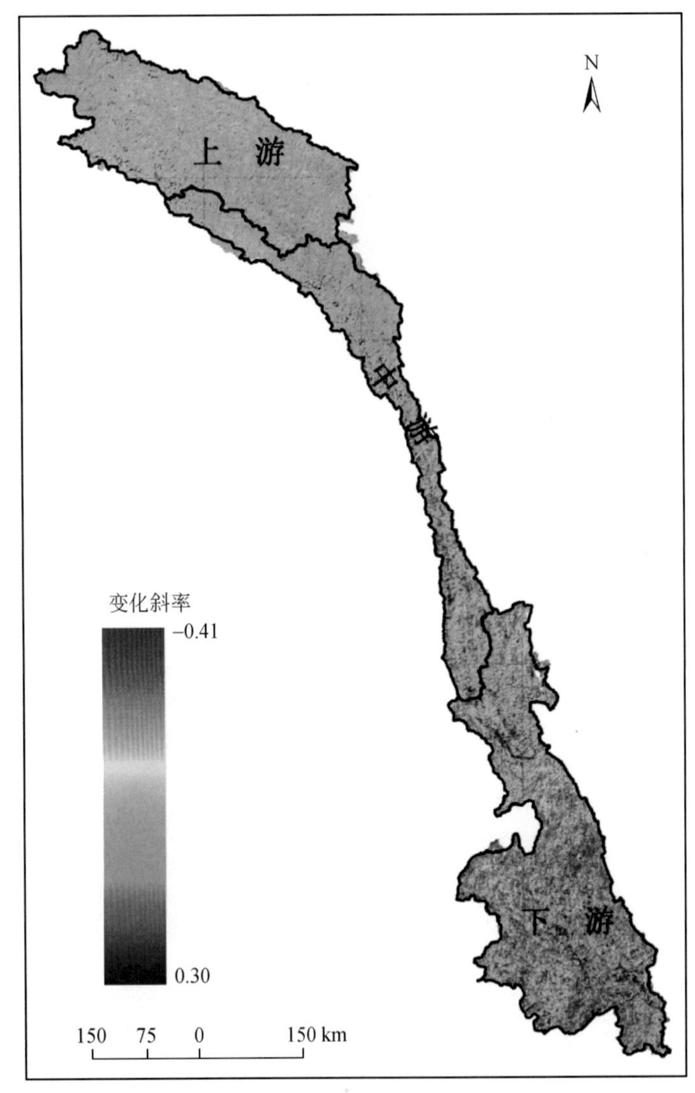

图 7-18 澜沧江流域 LAI 变化趋势空间分布特征

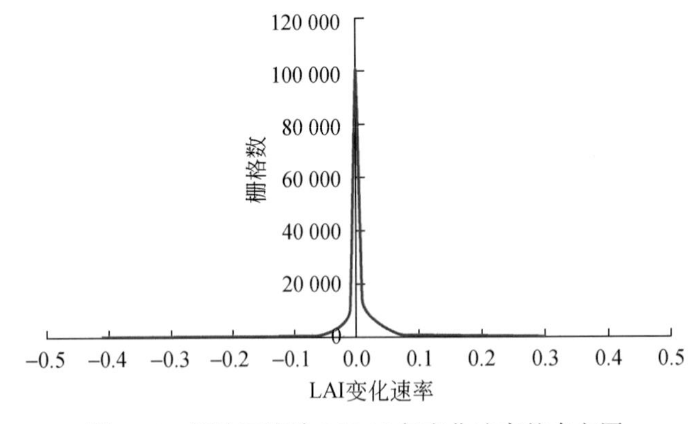

图 7-19 澜沧江流域 LAI 10 年变化速率的直方图

7.4 温度植被指数空间格局与动态变化时空分析

温度植被干旱指数（TVDI）与土壤湿度成反比，TVDI 越大，土壤湿度越小。因此，本研究在由月尺度数据生成年尺度数据时，采用最大值合成法，这样更能反映研究区受干旱的胁迫程度。

根据已有的研究，以 TVDI 值作为不同土壤湿度的分级指标，可将土壤湿度划分为 5 级，分别是：极湿润（0<TVDI<0. 2）、湿润（0. 2<TVDI<0. 4）、正常（0. 4<TVDI<0. 6）、干旱（0. 6<TVDI<0. 8）和极干旱（0. 8<TVDI<1）（王慧慧等，2013；齐述华等，2003）。

7. 4. 1 TVDI 空间分布特征

利用 2001～2010 年逐年最大 TVDI 图像合成 10 年平均状况（图 7-20）。澜沧江流域的多年 TVDI 均值为 0. 64，可知大部分地区年内均会出现干旱情况。通过对不同 TVDI 在研究区的频率统计，发现 TVDI 值的分布呈单峰，值域在 0. 4～0. 8 的像元频率高达 75% 以上（图 7-21）。说明研究区土壤湿度极端情况（极湿润和极干旱）情况较少发生。

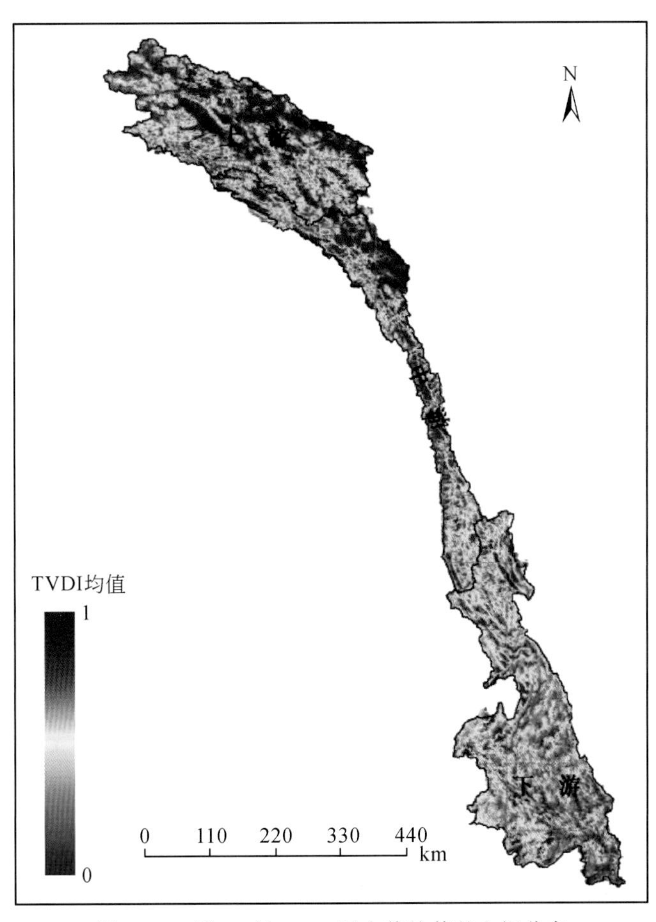

图 7-20 近 10 年 TVDI 最大值均值的空间分布

从空间上看，TVDI 值空间差异明显，下游地区 TVDI 值较高，说明下游大部分地区，特别是其南部地区，土壤湿度高，常年较少受干旱胁迫，但是勐海、耿马、临沧、保山等下游的西部和北部部分地区存在 TVDI 低值区；中游的北部及上游大部分地区的 TVDI 值较低，多属于 0. 6～0. 8 这个区间，说明其大部分地区年内受干旱影响较大，土壤湿度较低。

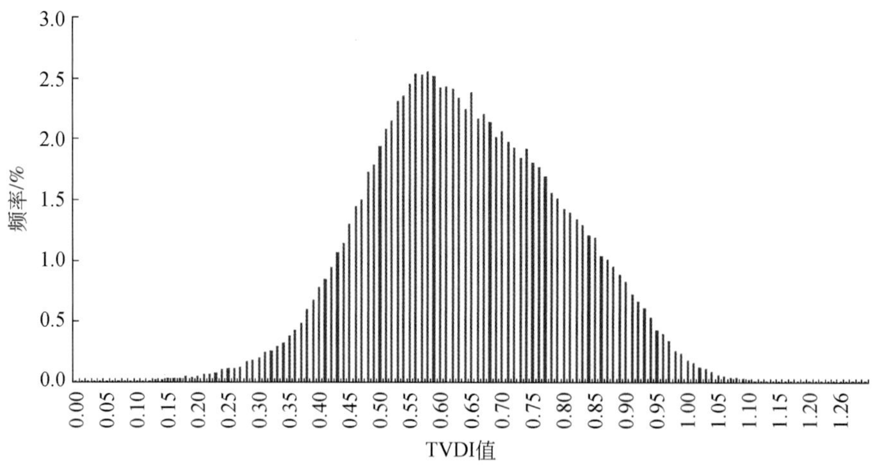

图 7-21 澜沧江流域多年平均 TVDI 值直方图

将纬度精确到 0. 1°N，统计其对应的多年 TVDI 均值（图 7-22）。TVDI 值随着纬度的升高呈波动增加的趋势，其中纬度小于 29. 5°N 的地区，土壤湿度基本属于正常级别，而高于 29. 5°N 的地区，TVDI 年最大值的多年平均基本高于 0. 6，说明这些区域近 10 年大部分年份内都有不同程度的干旱发生。

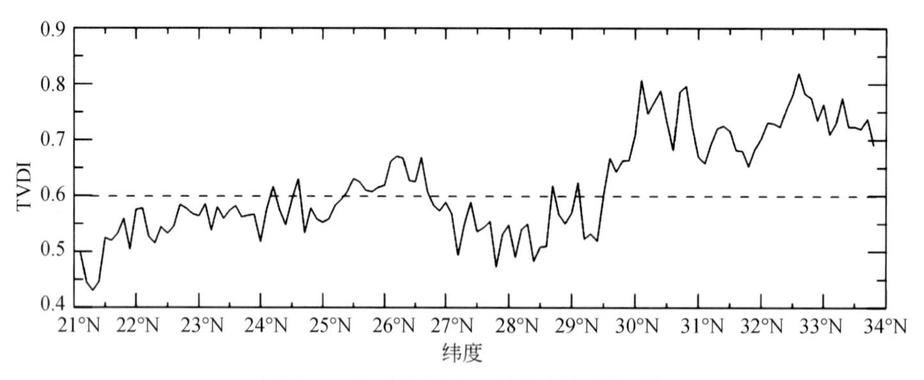

图 7-22 温度植被干旱指数纬向剖面图

TVDI 随着海拔升高呈明显的增加趋势，海拔每升高 1km，TVDI 值平均月增加 0. 01（图 7-23）。海拔低于 2000m 的地区，多年年最大 TVDI 的均值在 0. 4 ~ 0. 6，说明该区域近 10 年内土壤湿度基本正常，很少受到干旱的影响。海拔高于 2000m 的地区，多年年最大 TVDI 的均值高于 0. 6，说明该区域近 10 年内土壤湿度较低，年内常受干旱的影响，特别是海拔高于 5500m 的区域，其多年年最大 TVDI 值的均值高于 0. 8，属于极干旱情况，说明该区域常年受到干旱的胁迫，且干旱程度较高。

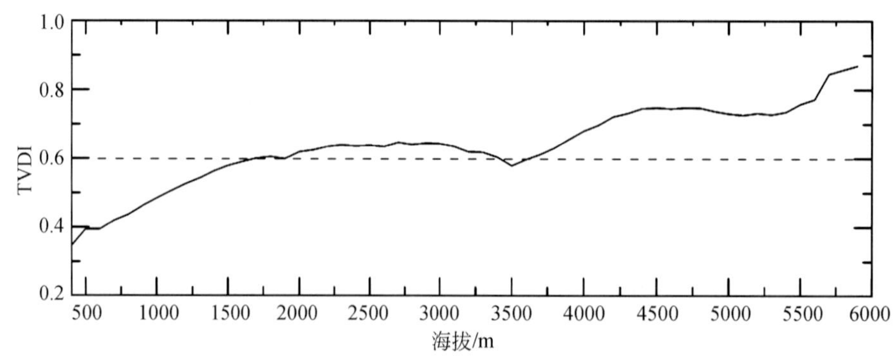

图 7-23 温度植被干旱指数随海拔变化曲线图

7.4.2 TVDI 动态变化时空分析

7.4.2.1 TVDI 时间序列总体变化特征

2001～2010 年逐年年最大 TVDI 特征值的统计见表 7-11。可以看出，近 10 年澜沧江流域年最大 TVDI 的逐年统计均值和标准差无明显的上升或下降趋势，在小范围内波动，这说明整个流域 TVDI 的统计值总体上无明显的变化趋势。其中，TVDI 统计均值为 0.63，值域范围为 0.6122（2008 年）～0.6631（2006 年），可见近 10 年 TVDI 均值变化较小。其标准差说明年 TVDI 在空间上的差异程度，逐年年最大 TVDI 的标准差波动范围为 0.1458（2005 年）～0.1818（2002 年），说明 2002 年年最大 TVDI 在空间上分布差异最大，2005 年最小。

表 7-11　逐年年最大 TVDI 合成数据的均值及标准差统计

年份	TVDI 均值	TVDI 标准差
2001	0.6492	0.1534
2002	0.6575	0.1818
2003	0.6251	0.1587
2004	0.6303	0.1591
2005	0.6220	0.1458
2006	0.6631	0.1737
2007	0.6471	0.1803
2008	0.6122	0.1653
2009	0.6434	0.1622
2010	0.6485	0.1646

2001～2010 逐年年最大 TVDI 所反映的年土壤湿度构成情况，可以从总体上反映研究区各年年内曾受干旱胁迫的最大面积（图 7-24）。可以看出，各年均不同程度地出现干旱情况，其中 2001 年曾受干旱胁迫的面积所占比例最高（62.04%），2008 年面积比例最小（51.15%），2002 年干旱和极干旱所占的面积比最大。与 TVDI 均值情况一样，从总体上分析，10 年最大 TVDI 所反映的各等级土壤湿度面积均有波动，但是无明显的变化趋势。

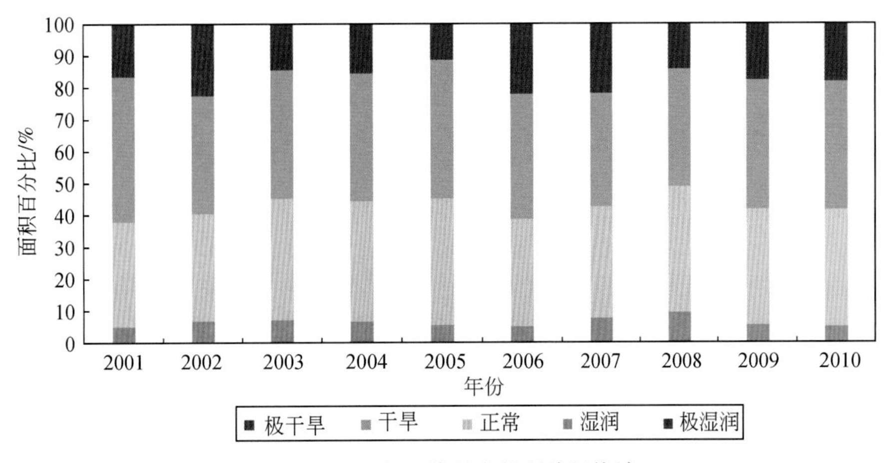

图 7-24　逐年土壤湿度状况分级统计

为研究月尺度上澜沧江流域土壤湿度的变化情况，本书根据近 10 年内逐月 TVDI 值（120 景 TVDI 栅格数据），统计其对应的干旱面积比，进行插值，制作等值线图（图 7-25）。

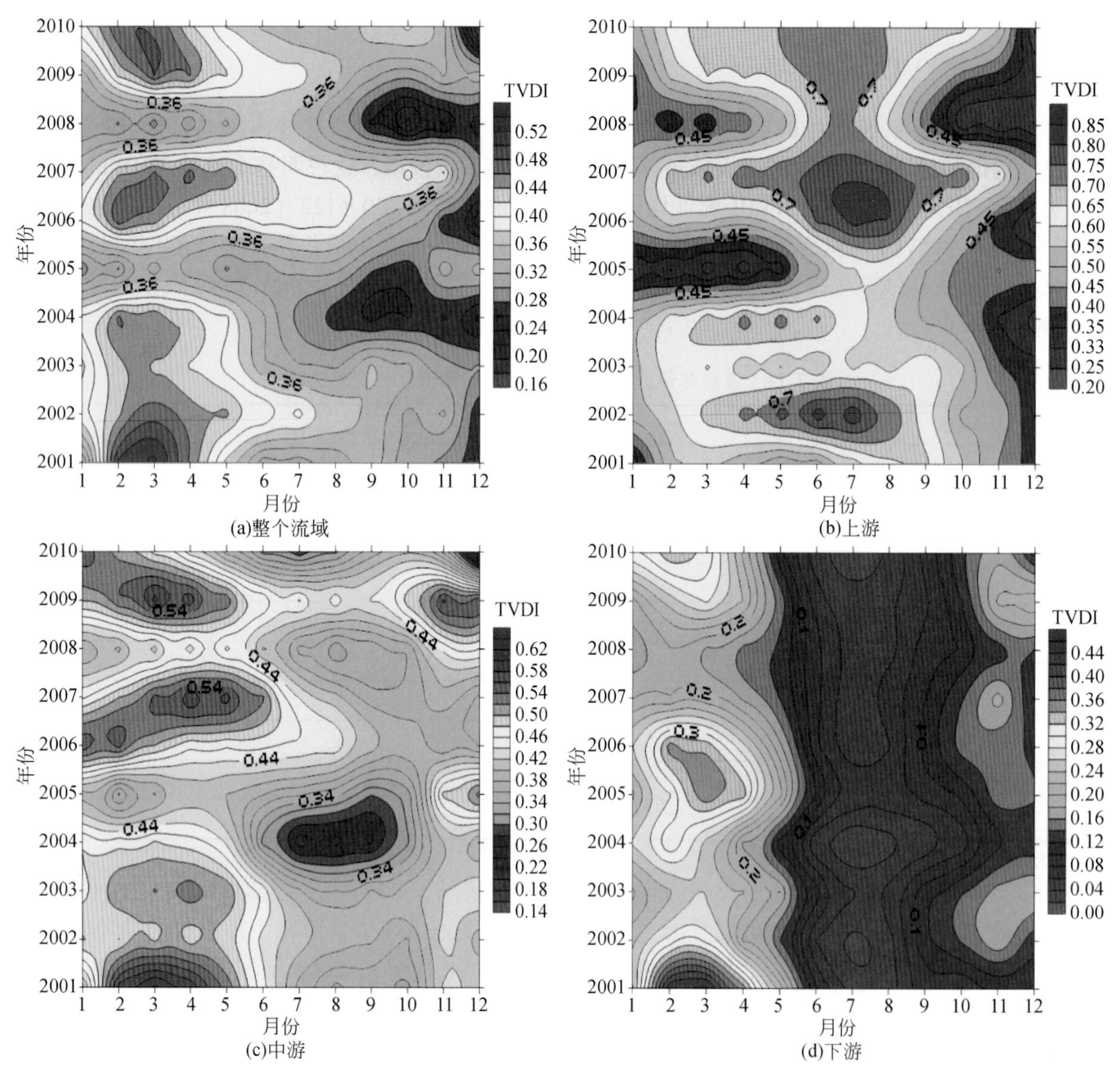

图 7-25　2001～2010 年澜沧江流域月时间序列干旱面积比变化等值线图

整个澜沧江流域近 10 年逐月干旱面积比值范围为 0.16～0.52，季节变化规律显著，冬季最低，春季最高；4 月随着降雨量的增加，干旱面积比逐渐降低，受春旱胁迫逐渐减弱，夏季虽然降雨量大，但是其蒸发也较强，因此夏季干旱面积比高于冬季［图 7-25（a)］。从时间序列上看，不同年份相同月份的 TVDI 有明显波动，其中 2005 年和 2008 年春季 TVDI 值高于多年平均状况，这两年春季土壤湿度增加，其春旱程度明显低于其他年份。上游的部分地区属于高原温带气候，年降雨量较低，地势复杂，干旱情况较复杂，其年内土壤湿度明显低于中游和下游地区［图 7-25（b)］。除了春旱外，夏季 7 月、8 月的 TVDI 值也会受干旱的影响，这是由于上游地区地表植被覆盖度低，夏季温度高，蒸发量较大，导致其土壤湿度低。一般情况，上游 7 月、8 月的干旱面积比最大，冬季最低。其年际变化上也是 2005 年和 2008 年有较大波动。中游地区近 10 年中干旱面积比值域范围为 0.14～0.62，春旱现象突出，即一般春季干旱面积最大［图 7-25（c)］。下游地区干旱面积比最小，其年内呈典型的单峰现象，春季最高，夏季最低，年内干旱面积变化幅度最小［图 7-25（d)］。

7.4.2.2 TVDI 空间变化特征

标准差可以反映一个数据集的离散程度，本书通过计算年际间逐像元的标准差，可以反映每个像元 TVDI 值在该时间段内的波动情况。年际 TVDI 的标准差平均值为 0.045 [图 7-26 (a)]，年内 TVDI 标准差的平均值为 0.057 [图 7-26 (b)]。二者标准差的直方图均呈显著的“单峰”，其中 TVDI 年际标准差的高频率区（频率大于 1%）值域范围为 0.024 ~ 0.610，TVDI 年内标准差的高频率区值域范围为 0.027 ~ 0.750，可见年内标准差的高频率区不仅跨度范围大且标准差较高。这说明对整个研究区来讲，年内 TVDI 值的波动较大，年际 TVDI 的波动相对小。近 10 年年际土壤湿度波动小，年内波动较大，这符合客观实际，同时与 7.4.2.1 节的 TVDI 时间序列总体变化特征吻合。气候是影响 TVDI 值的主要因素，2001 ~ 2010 年时间跨度短，年际间降雨、温度等会发生变化，但是变化程度一般不大，因此年际 TVDI 变动较小。而年内 TVDI 变化与区域气候年内变动密切相关，全流域属西南季风气候，干、湿两季分明，85% 以上的降水量集中在湿季，而又以 6 ~ 8 月为最集中，因此其年内波动也较大。

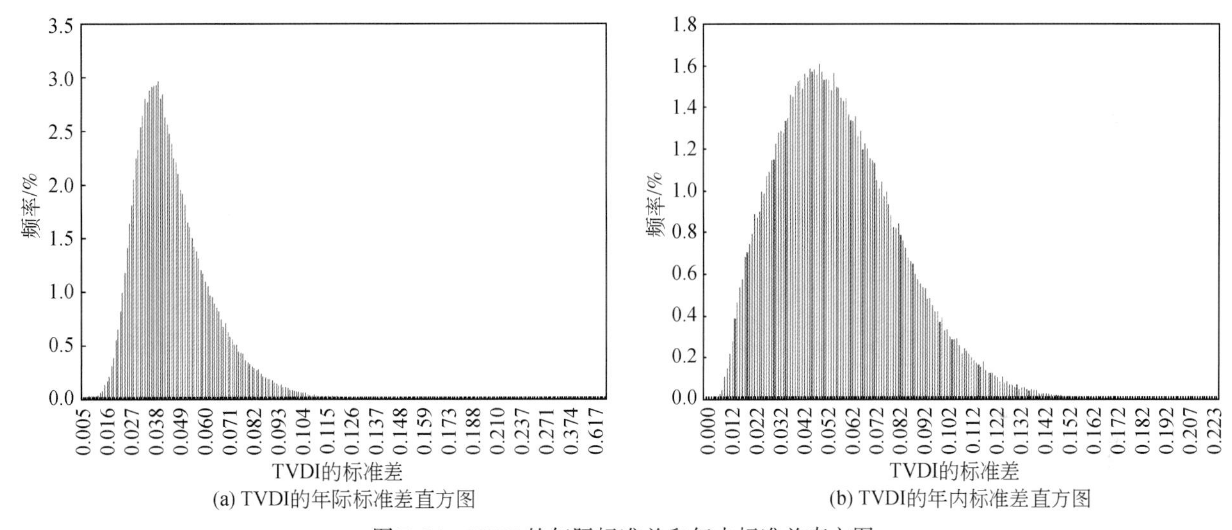

图 7-26 TVDI 的年际标准差和年内标准差直方图

澜沧江流域 TVDI 的年际标准差和年内标准差空间分布变异较大（图 7-27）。上游地区的年际 TVDI 标准差明显高于其他区域，其标准差平均值为 0.055，中游和下游地区的标准差平均值则分别为 0.044、0.397，可见上游地区土壤湿度的年际波动要高于中、下游地区。年内各月 TVDI 的标准差空间分布规律与年际的空间分布规律有明显差异，其空间呈现两极情况，即南北两端标准差较高，中间低，其上、中、下游地区的标准差平均值分别为 0.055、0.043、0.066。这说明年内上游地区和下游地区土壤湿度变动比较大，中游地区则相对较小。

将纬度精确到 0.1°N，统计其 TVDI 年际和年内标准差的平均值，可进一步分析二者在空间上的分布特征（图 7-28）。27°N 的 TVDI 年际标准差基本在 0.04 上下波动，之后有小幅度的升高，31°N 左右有个显著增加趋势，可见高纬度地区 TVDI 的年际波动明显高于中低纬度区域。26.5°N 以南和 32°N 以北地区的年内 TVDI 标准差在一个较高水平（0.05，0.08）波动，中纬度地区标准差较低，进一步说明年内标准差空间分布的“两极性”，即南北两端高、中间低。年内 TVDI 的标准差在 27°N 以南和 31°N 以北地区基本高于年际 TVDI 的标准差，说明这两个区域年内土壤湿度变化较大。

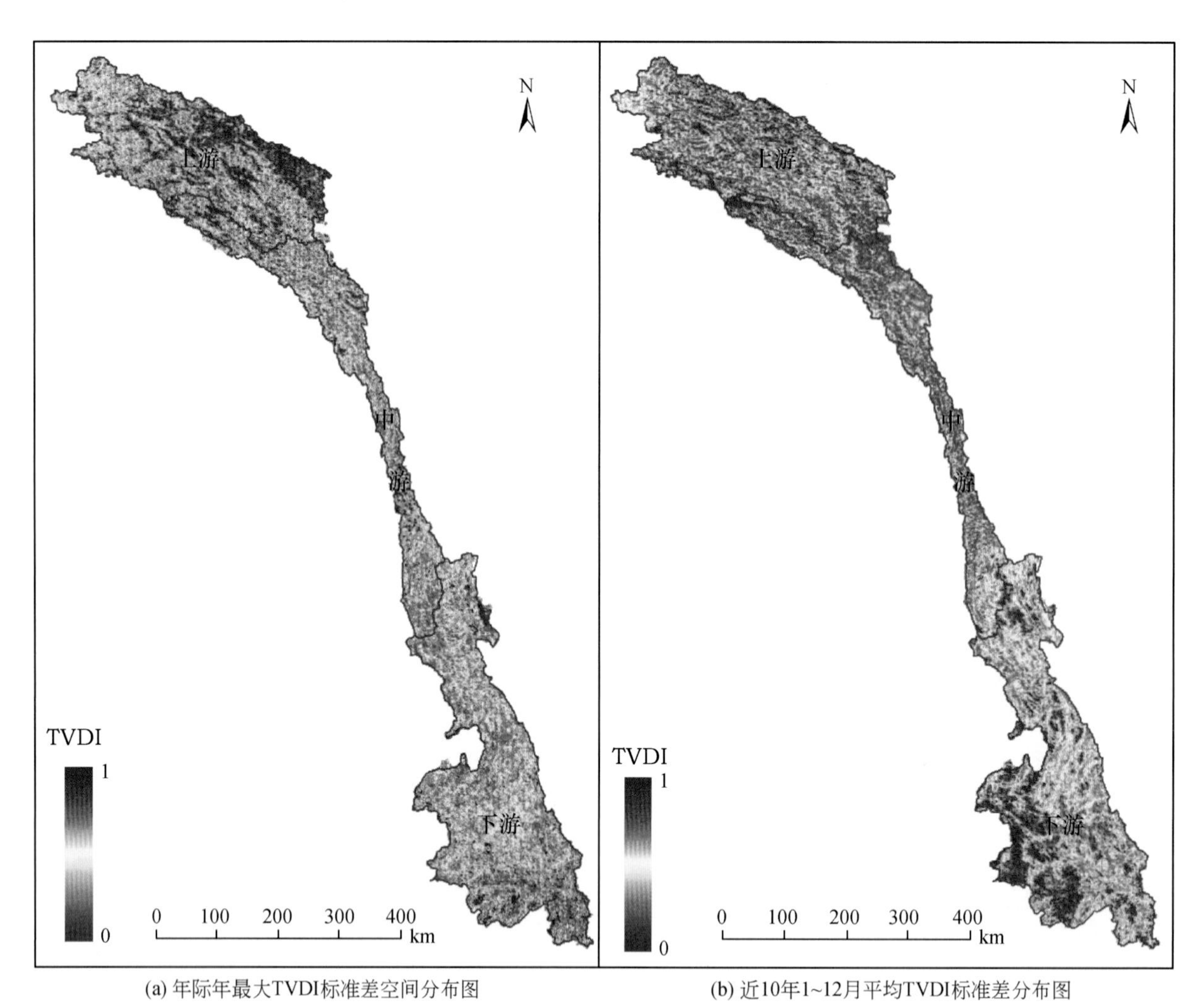

(a) 年际年最大TVDI标准差空间分布图　　(b) 近10年1~12月平均TVDI标准差分布图

图 7-27　澜沧江流域平均 LST 的标准差空间分布

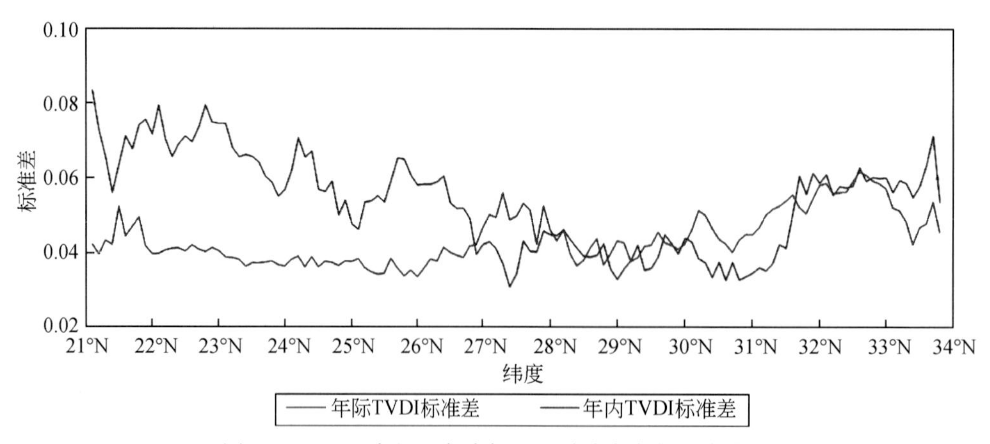

图 7-28　TVDI 年际和年内标准差随纬度变化规律分析

7.4.2.3　TVDI 变化趋势时空分析

2001 ~2010 年澜沧江流域年际 TVDI 的变化斜率阈值为（-0.07，0.08），其中 slope 小于 0 的像元占研究区总像元个数的比例为 50.96%，大于 0 的像元比例为 49.04%，且像元分布主要集中在-0.001 ~

0.009，约占93.91%（图7-29）。这说明澜沧江流域约有50.96%的区域土壤湿度呈增加趋势，49.04%的区域土壤湿度会减少，且无论是增加还是减少的程度均较低。

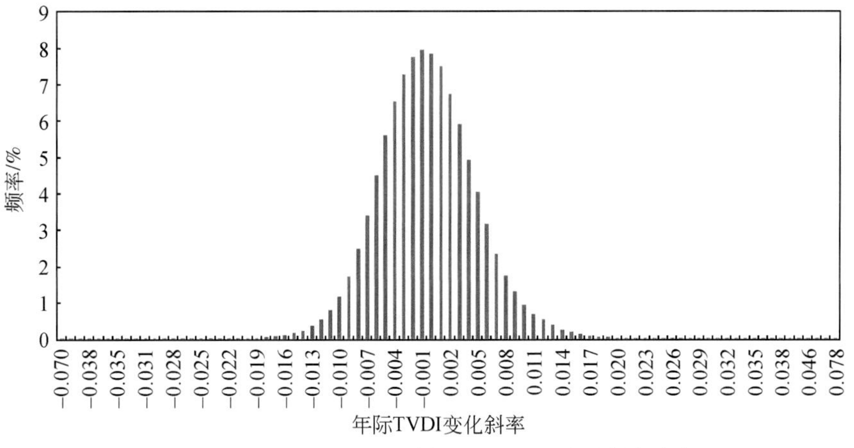

图 7-29　近 10 年澜沧江流域年际 TVDI 的变化斜率直方图

TVDI 升高，表明土壤湿度降低，干旱将加剧，将会影响区域的农业生产和植被生长，研究区约有一半地区属于该情况，因此对土壤湿度变化趋势的研究具有较强的现实意义。近 10 年年际澜沧江流域上游的大部分地区、中游南部的维西、德钦等及流域最南端的景洪、勐腊、江城等 TVDI 呈增加趋势，即土壤湿度降低，受干旱胁迫加剧。通过统计，上、中、下游地区 TVDI 值呈增加的区域面积分别约为 4.02 万 km^2、1.56 万 km^2、1.96 万 km^2，可见上游 TVDI 增加区域的面积最大，占该子流域总面积的65.78%，虽然下游地区 TVDI 增加区域面积仅占该子流域面积的 26.74%，但是分布集中，主要分布在下游的南端地区，因此未来上游地区和下游的南部地区受干旱影响将会加重，需对这一变化引起重视。

将纬度精确到0.1°N，统计其 TVDI 值升高和降低的面积比，进一步分析 TVDI 变化趋势在空间上的变化规律（图7-30），可以看出，以 26.5°N 为分界点，以南地区 TVDI 降低为主要趋势，即土壤湿度增加；以北地区则以土壤湿度升高为主要趋势。另外，21.1°N～22.7°N 地区 TVDI 升高区域的面积也较大，占到30%以上，部分地区超过一半。这也进一步说明研究区北部和南部的土壤湿度减少趋势明显，需加以关注，需制定合理的措施应对可能出现的干旱情况。

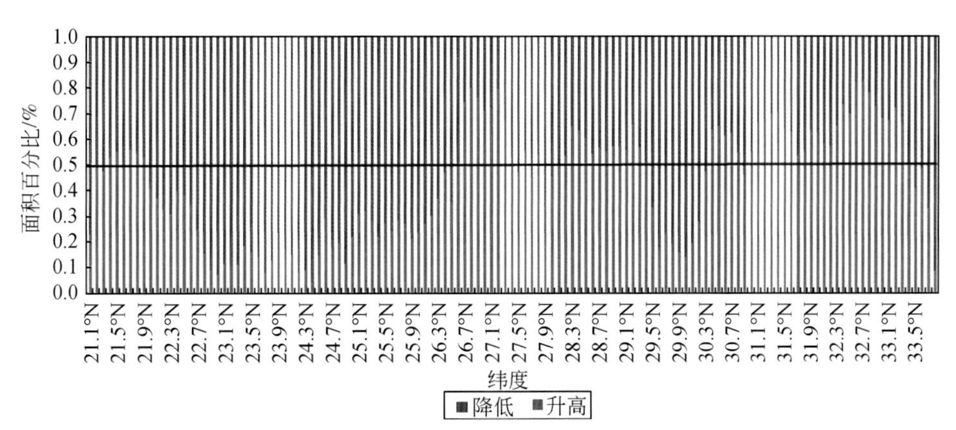

图 7-30　各纬度带 TVDI 增加和减少区域面积比统计

变化斜率可以表明 TVDI 的变化趋势，但是无法说明变化趋势的程度，可以通过 *F* 检验，判断其变化趋势的强弱。图 7-31（b）是将 TVDI 的变化斜率与其经过 *F* 检验后的结果进行叠加，对变化趋势的分级结果成图，分级统计结果见表 7-12。可以看出，TVDI 变化斜率通过显著性检验的区域面积较小，约为 27.59%，大部分地区 TVDI 增加或减少的趋势不显著。其中，显著升高的区域面积约 7300km^2，且主要分布在流域南部的景洪、勐腊地区，中游的维西和兰坪也有少量的分布，上游地区达到显著或极显著升高的区域非常小，仅丁青和杂多的中部有极少区域分布。因此，流域南部区域未来土壤湿度减少的趋势最强，其受干旱影响增加的可能性也最大。

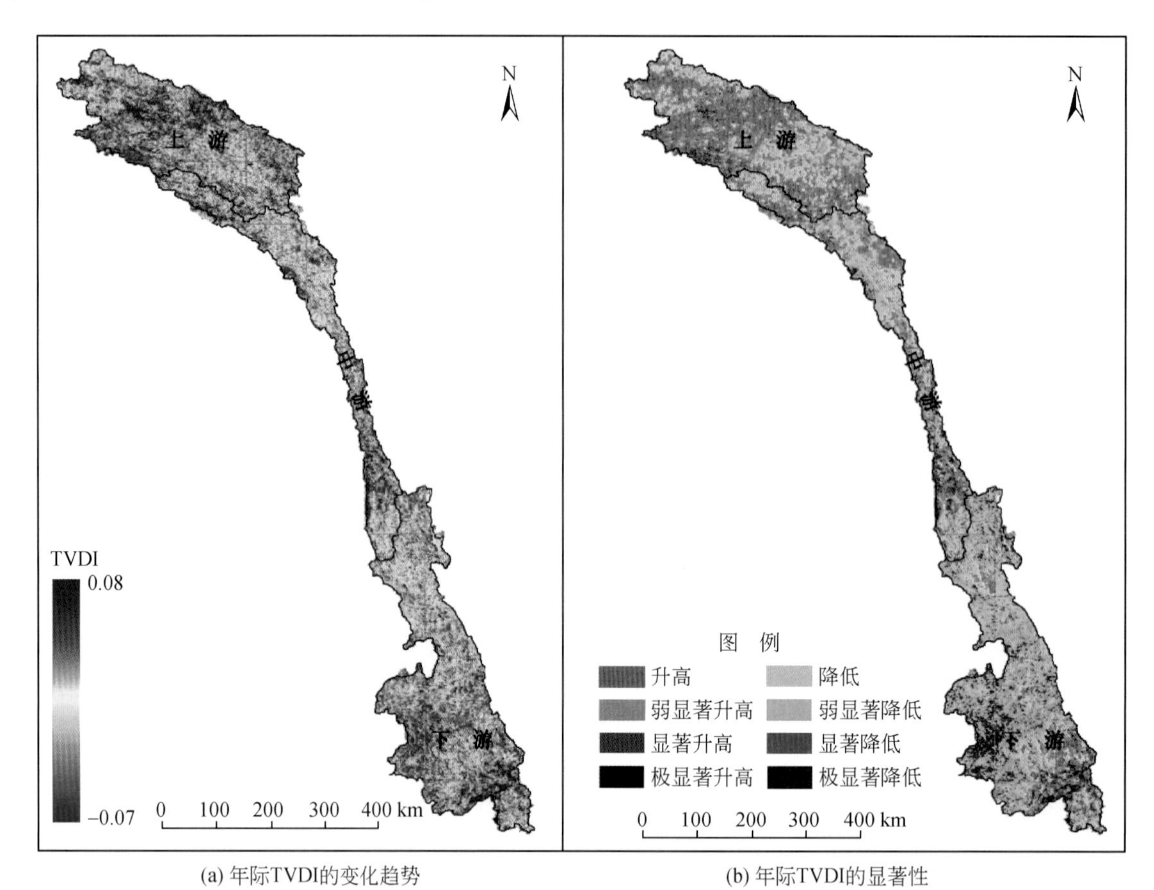

(a) 年际TVDI的变化趋势　　(b) 年际TVDI的显著性

图 7-31　近 10 年澜沧江流域年际 TVDI 的变化趋势及显著性

表 7-12　TVDI 变化斜率的分等级面积统计　（单位：$\times10^3km^2$）

降低趋势 降低分级	面积	升高趋势 升高分级	面积
降低	63. 2	升高	59. 52
弱显著降低	13. 54	弱显著升高	8. 21
显著降低	10. 42	显著升高	4. 85
极显著降低	4. 14	极显著升高	2. 44

基于 R/S 分析的原理，利用 Matlab 软件实现澜沧江流域 TVDI 的 Hurst 指数的逐像元的空间计算。图 7-32 为 Hurst 指数的直方图，其值域范围是 0 ~ 0. 81，流域的 Hurst 指数平均值为 0. 57，反持续性序列比重和持续序列比重分别为 21. 06% 和 78. 94% 。可见年尺度温度植被干旱指数未来大部分区域将持续当前的发展趋势，但是仍有 1/4 的地区会出现反向发展趋势，需结合 TVDI 的 slope 值具体判定这些区域干旱情况会缓解还是加重。

从 TVDI 的 Husrt 指数空间分布图［图 7-33（a）］也可以看出，澜沧江流域 Hurst 指数偏高，整体上具有较好的可持续性，TVDI 将保持当前的变化趋势。但是上游地区，尤其是上游和中游交界处，TVDI 具有反向持续性特征，未来该区域的土壤湿度将与当前趋势相反。将 Hurst 指数与 TVDI 的变化斜率叠加分析后发现［图 7-33（b）］：持续增加和持续减少的区域面积比分别是 34. 10% 和 43. 27% ，持续增加区域主要分布在上游的丁青、杂多和下游的景洪、勐腊，且分布集中，说明这些区域未来土壤湿度将持续降低，干旱情况将进一步加重。TVDI 由增加转为降低和由降低转为增加两种情况的区域面积比分别为 11.01%、11.62%。第一种情况说明土壤湿度增加，这些区域干旱情况有所缓解，主要分布于上游南部靠近中游地区的囊谦、昌都、玉树等地。第二种情况在全流域均有分布，且大部分在上游和下游地区，由于其空间分布呈零星散状，因此在图上不如第一种情况明显，但实际其面积大于第一种情况，这说明研究区这部分地区的土壤湿度降低，受干旱威胁程度增加。

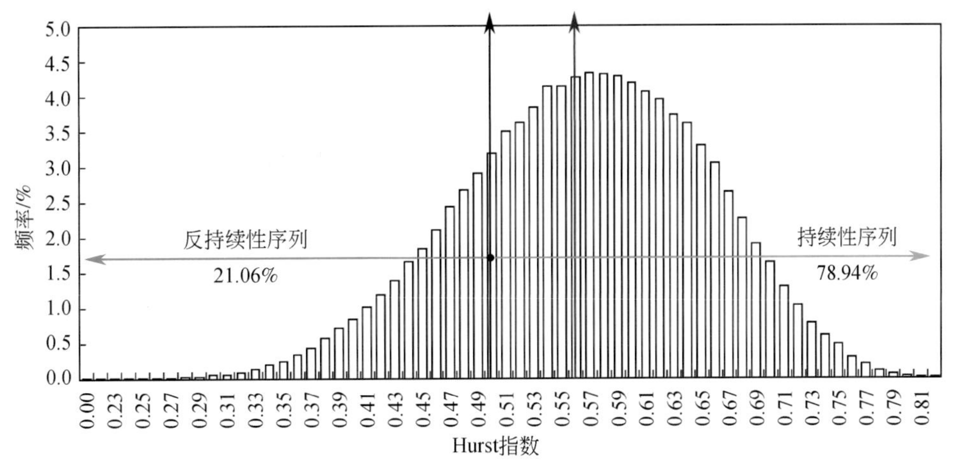

图 7-32 澜沧江流域年尺度 TVDI 的 Hurst 指数频率分布图

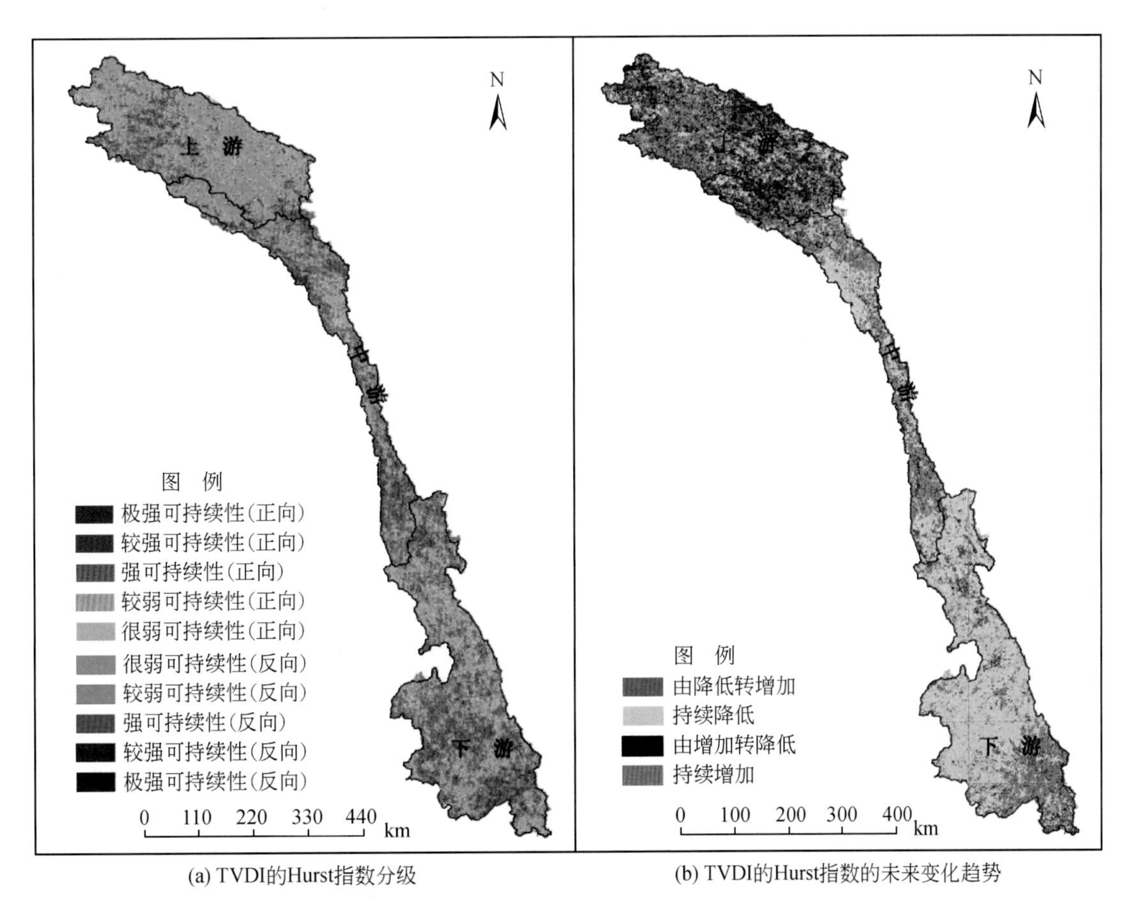

图 7-33 澜沧江流域 TVDI 的 Hurst 指数分级与未来变化趋势

根据 Hurst 指数分级标准，统计不同等级对应区域的面积比，可以进一步预测研究区 TVDI 未来变化方向及特征（表 7-13）。从整个流域看，未来研究区大部分区域 TVDI 发展趋势与当前一致，且约有 40% 的区域达到了强持续性。下游地区正向可持续区域所占面积比最大（79.52%），但是中游达到强持续性级别的面积比最高（47.26%），即未来上游和中游 3/4 以上区域的 TVDI 与当前变化规律一致，且中游地区的持续性更强。下游地区约有 36.40% 区域 TVDI 的 Hurst 指数小于 0.5，这说明下游地区 TVDI 时间序列具有反持续特征，即下游约 40% 的地区未来 TVDI 的发展趋势与当前相反，升高转为降低和降低转为升高两种情况并存，其中第二种情况的面积略大于第一种情况，因此，上游地区受干旱威胁的潜在区域会增加。

表 7-13　年 TVDI 的 Husrt 指数分级情况统计　　（单位：%）

Hurst 指数分级	澜沧江	上游	中游	下游
极强可持续性（反向）	0.00	0.00	0.00	0.01
较强可持续性（反向）	0.13	0.27	0.05	0.04
强可持续性（反向）	3.27	6.77	1.43	1.14
较弱可持续性（反向）	6.60	11.68	4.09	3.42
很弱可持续性（反向）	12.63	17.68	9.23	9.90
很弱可持续性（正向）	18.80	19.55	16.64	19.18
较弱可持续性（正向）	21.34	17.68	21.27	24.52
强可持续性（正向）	31.51	22.96	37.92	35.83
较强可持续性（正向）	5.70	3.39	9.34	5.96
极强可持续性（正向）	0.02	0.00	0.01	0.01

7.5　净初级生产力/生物量时空动态分析

7.5.1　NPP 空间分布特征

为了分析澜沧江流域 NPP 的空间分布特征，利用 2001 ~ 2010 年逐年的 NPP 值，计算获得流域多年年平均 NPP，如图 7-34 所示，可以看出 NPP 空间分布呈明显的南高北低。澜沧江流域近 10 年年 NPP 均值为 534.64gC/（m^2・a），其中 NPP 最高值分布在流域的南部，流域南部热带雨林地区不仅太阳总辐射丰富，水热条件也适合于植物生长，因此该地区是流域植被年 NPP 最大的地区。

从整个流域来看，年 NPP 总量主要集中在 300 ~ 400gC/（m^2・a），约占总面积的 13.06%。上游地区年 NPP 主要集中在 0 ~ 400gC/（m^2・a），其中年 NPP 小于 200gC/（m^2・a）的区域面积最大。中游地区的年 NPP 略高于上游地区，主要集中 0 ~ 400gC/（m^2・a），同样是 NPP 小于 200gC/（m^2・a）的区域面积最大。下游地区年 NPP 明显高于其他两个子流域，大部分地区年 NPP 大于 500gC/（m^2・a），其中全流域大于 1000gC/（m^2・a）的区域集中分布于此（表 7-14）。

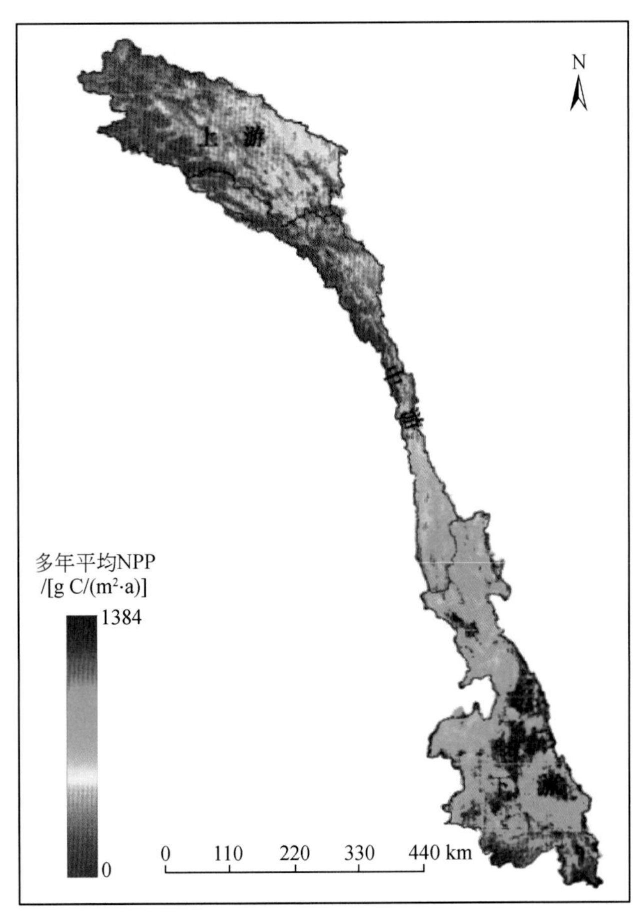

图 7-34 近 10 年年 NPP 均值空间分布

表 7-14 澜沧江流域近 10 年年 NPP 分级统计

年 NPP/ [gC/ (m² · a)]	流域/%	上游/%	中游/%	下游/%
<200	15. 80	30. 66	21. 71	0. 25
200 ~ 300	11. 55	23. 51	13. 76	0. 24
300 ~ 400	13. 06	24. 93	16. 51	1. 25
400 ~ 500	10. 78	16. 54	12. 60	4. 98
500 ~ 600	8. 37	4. 19	10. 72	10. 85
600 ~ 700	11. 42	0. 17	9. 88	21. 81
700 ~ 800	7. 82	0. 00	7. 78	14. 56
800 ~ 900	8. 36	0. 00	4. 27	17. 47
900 ~ 1000	2. 18	0. 00	1. 75	4. 25
>1000	10. 66	0. 00	1. 02	24. 35

统计不同纬度带内年 NPP 均值，制作年 NPP 随纬度变化的曲线图，如图 7-35 所示。可以看出年 NPP 纬度地带性非常强，以 29°N 为分界线，29°N 以南地区随着纬度的升高下降趋势明显，29°N 以北地区植被类型单一，且覆盖度小，其年 NPP 基本在 200 ~ 400gC/ (m² · a) 波动，无下降趋势。

澜沧江流域海拔跨度非常大，通过统计不同高程年 NPP 均值，发现年 NPP 海拔地带性也较强（图 7-36）。从图 7-36 可以看出，澜沧江流域年 NPP 随着海拔的升高呈明显的下降趋势，海拔每升高 100m，年 NPP 约降低 13gC/（m²·a）。在 3500m 以下，NPP 下降速率较大，之后虽然也呈下降趋势，但是下降幅度明显低于之前。这一规律与不同海拔带植被的分布和降雨、太阳辐射密切相关。

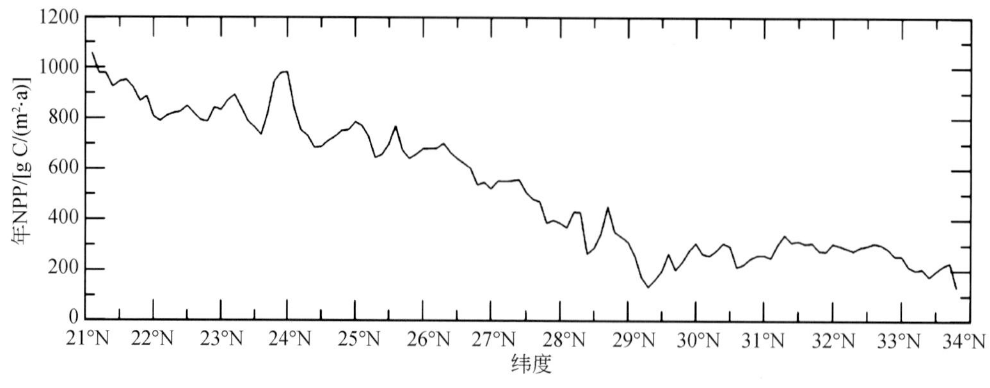

图 7-35　年 NPP 随纬度变化规律

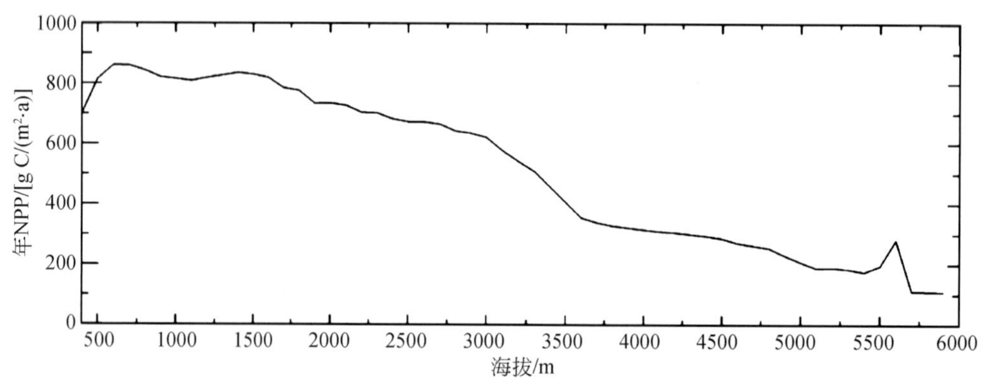

图 7-36　年 NPP 随海拔变化规律

7.5.2　NPP 动态变化时空分析

7.5.2.1　NPP 时间序列变化特征

为了分析近 10 年年 NPP 的总体变化特征，本书统计了 2001～2010 年澜沧江流域年 NPP 的均值和标准差（表 7-15）及不同等级 NPP 的面积比（图 7-37）。可以发现，近 10 年中，2004 年年 NPP 均值最大［548.21gC/（m²·a）］，2006 年年 NPP 均值最小［517.14gC/（m²·a）］，从时间序列上看年 NPP 均值有小幅度的增加趋势，但是趋势不显著。标准差可以反映年 NPP 在空间上的差异，2001 年年 NPP 标准差最大，2003 年年 NPP 标准差最小，且相差不大，这说明从时间序列上看年 NPP 均值的空间差异无明显变化。近 10 年不同等级 NPP 面积比同上述统计值一样，无明显的变化。总之，代表研究区年 NPP 平均状况的统计指标近 10 年无明显变化趋势。

表 7-15　2001～2010 年年 NPP 研究区的均值和标准差统计　［单位：gC/（m²·a）］

年份	均值	标准差
2001	536.86	334.06
2002	528.37	331.73
2003	530.76	306.12
2004	548.21	314.66

续表

年份	均值	标准差
2005	525. 22	320. 95
2006	517. 14	329. 64
2007	533. 87	320. 14
2008	538. 82	336. 84
2009	542. 49	320. 56
2010	544. 65	310. 43

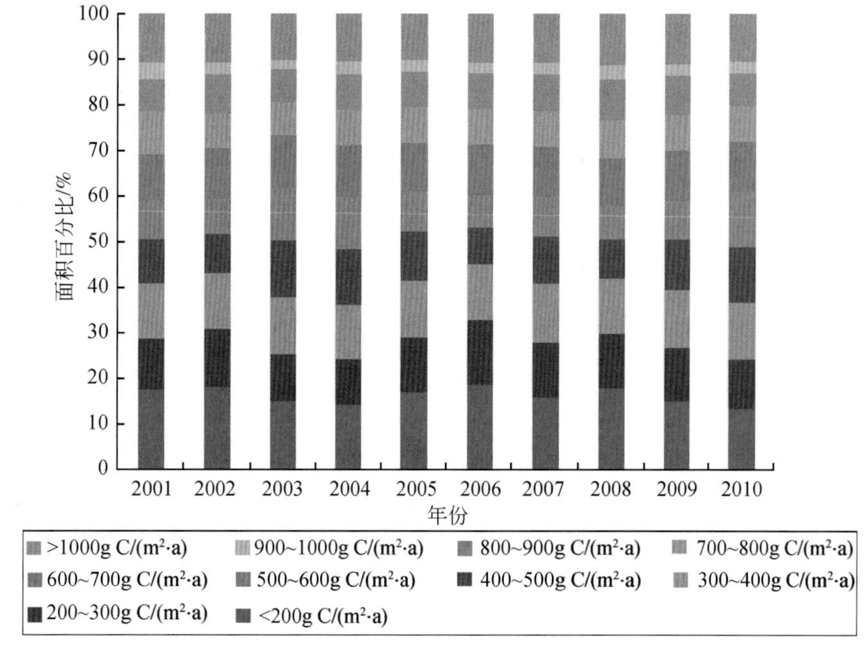

图 7-37　逐年年 NPP 分级面积比

统计澜沧江流域、上、中、下游地区 2001 ~ 2010 年 1 ~ 12 月的逐月 NPP，制作其等值线图，进一步分析研究区 NPP 在长时间序列的总体变化特征（图 7-38）。

从图 7-38 可以看出，澜沧江流域 NPP 年内变化季相差异明显，这是由于气候条件的差异对植被生长的影响造成的。不同区域月 NPP 的显著差异，除了与气候条件有关，还受植被类型的影响。近 10 年澜沧江流域月尺度 NPP 的波动范围是 15 ~ 85gC/m^2，冬季大多数植被停止生长，NPP 非常低，进入春季，随着温度的升高，植被逐渐进入萌芽期，NPP 缓慢增长，一直到夏季（6 月、7 月、8 月）NPP 达到最高，随后植被逐步进入落叶期，光合作用减弱，植被 NPP 降低，到冬天（11 月、12 月、1 月）NPP 降到最低［图 7-38（a）］。近 10 年，澜沧江流域逐月 NPP 的等值线较平滑，这说明同一月份 NPP 的值变化不大，仅 2005 年春季各月 NPP 略微低于其他年份同期 NPP，这可能由当年的气象条件变化所引起的。上游地区 NPP 年内变化季节性最强，NPP 值域范围是 0 ~ 85gC/m^2，其变化规律同流域一致，且可以看出上游植被的生长季明显低于其他地区，其 NPP 大幅升高开始于 5 月底，而其他地区基本是进入 3 月以后，NPP 就有明显的增长［图 7-38（b）］。中游 NPP 值域变化范围是 5 ~ 75gC/m^2，其变幅低于上游地区，也具有明显的季节变化，同期 NPP 波动较小，且同期 NPP 高于上游地区［图 7-38（c）］。下游地区同期 NPP 明显高于其他地区，值域范围在 35 ~ 100 gC/m^2。其年内季节波动规律同上，但是其波动幅度明显低于其他区域，年内等值线分布均匀。与其他区域的生长季长度相比，下游地区生长季长度较长，且 NPP 较高，5 ~ 8 月 NPP 均保持在一个较高水平，说明这一时期植被的光合作用一直较强，固碳能力好［图 7-38（d）］。

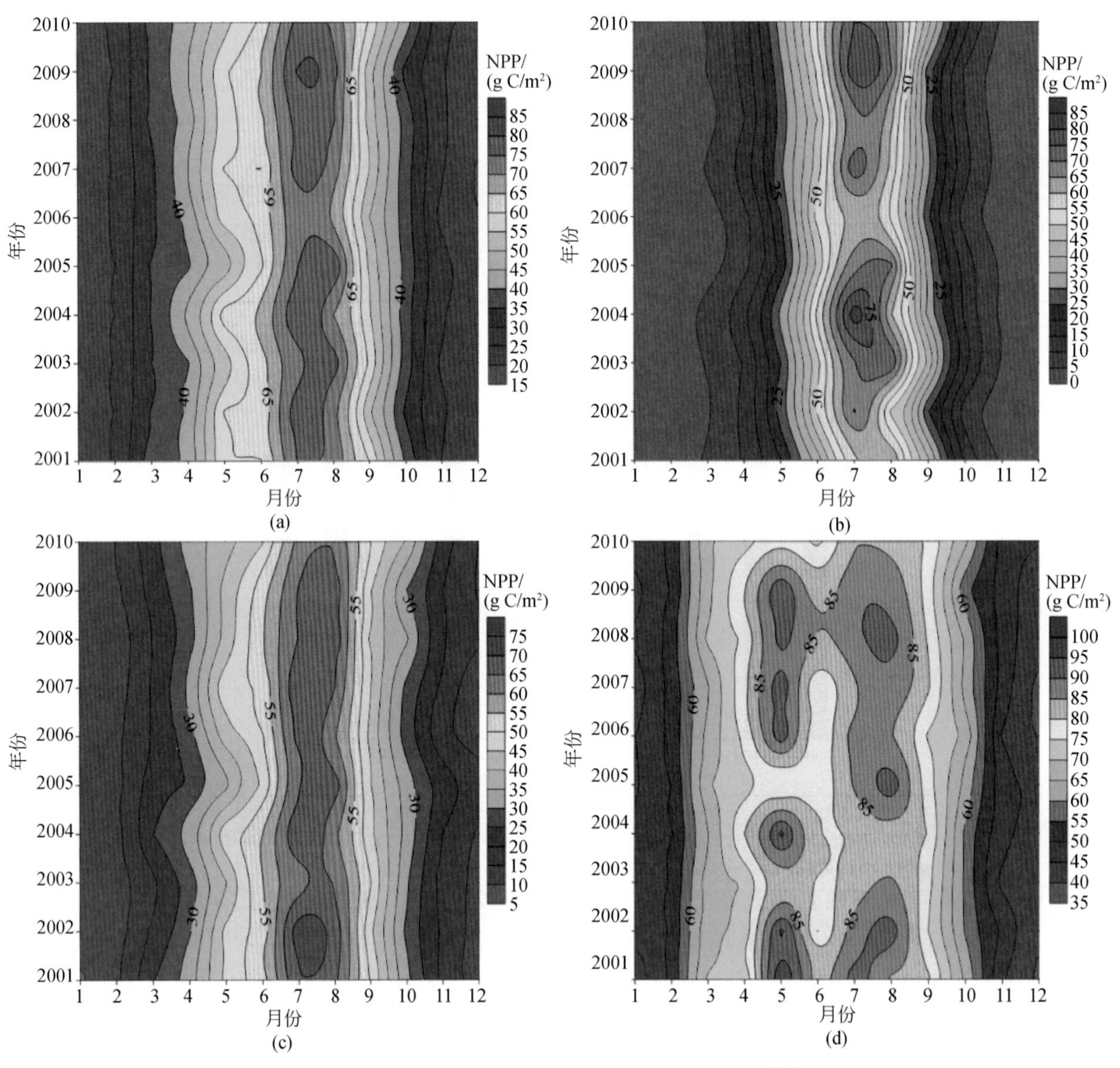

图 7-38 近 10 年澜沧江流域及各子流域逐月 NPP 变化等值线图

7.5.2.2 NPP 空间变化特征

根据标准差计算公式，使用 Matlab 编程获得了逐像元 NPP 的标准差。年际 NPP 的标准差和年内月平均 NPP 的标准差可以反映不同年份（年际）和不同月份（年内）NPP 数据的波动情况。

2001～2010 年年际 NPP 标准差值域范围为 0～317gC/（m^2·a），均值为 42.26gC/（m^2·a），且主要集中分布在 18～60gC/（m^2·a），这说明年际 NPP 总体上波动较小（图 7-39）。从其空间分布上看，整体上不同区域的年际 NPP 标准差差别不大，上、中、下游地区的年际 NPP 标准差的平均值分别为 36.99gC/（m^2·a）、38.19gC/（m^2·a）、48.11gC/（m^2·a）。下游的年际 NPP 标准差略高于中游和上游地区［图 7-40（a）］。根据近 10 年 1～12 月各月的平均 NPP，计算获得的年内月 NPP 的标准差值域范围是 0～60gC/m^2，平均值为 21.97gC/m^2，由于近 10 年 7 月的平均 NPP 仅为 76.52gC/m^2，可见年内 NPP 波动较大，这是由气候年内变化引起植被光合作用强度在不同月份的差异所造成的［图 7-40（b）］。月 NPP 标准差主要集中 7～37gC/m^2，约占总面积的 90%。月 NPP 的标准差空间差异显著，从图 7-40（a）可以明显看出上游地区的 NPP 标准差较高，且子流域内差异也较显著，上、中、下游地区的 NPP 标准差均值分别为 25.63gC/m^2、20.4gC/m^{2}和 20.10gC/m^2·这不仅与年内气候变化有关，与植被类型也相关，上游地区以草地生态系统为主，年内 NPP 具有显著的季节变化，而下游地区则以森林生态系统为主，且常绿阔叶林为优势类型，年内 NPP 季节波动较小。

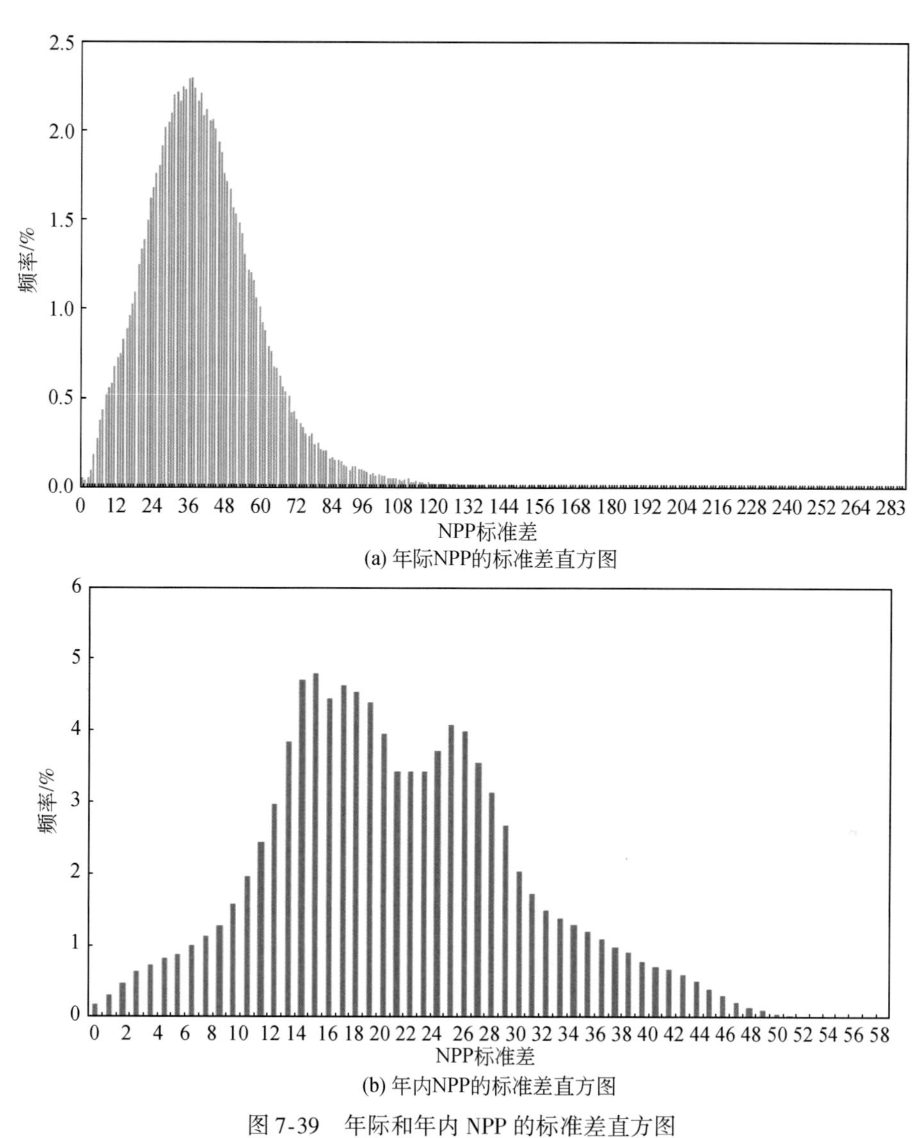

图 7-39　年际和年内 NPP 的标准差直方图

年际和年内 NPP 的标准差随着纬度变化的规律可以进一步说明不同区域 NPP 的波动情况（图 7-41）。年际和年内 NPP 随纬度无明显的升高或下降区域，大约以 29°N 为分界线，以北地区年际 NPP 标准差在 40～60gC/（m^2·a）波动，年内 NPP 标准差在 18～25gC/（m^2·a）波动。NPP 年际标准差在 29°N 以南地区明显下降，在一个相对低值区域内波动，这说明高纬度区年际 NPP 的波动较小。NPP 年内各月的标准差在 29°N 以南地区则明显升高，在一个较高值区域内波动，这说明高纬度区年内 NPP 的波动较大。

7.5.2.3　NPP 变化趋势时空分析

基于一元线性回归模型，逐像元计算了研究区年 NPP 的变化斜率，即年 NPP 的变化趋势。当 slope<0 时，说明年 NPP 减少，反之年 NPP 则增加。澜沧江流域年 NPP 增加和减少区的面积分别是 9.67 万 km^{2}和

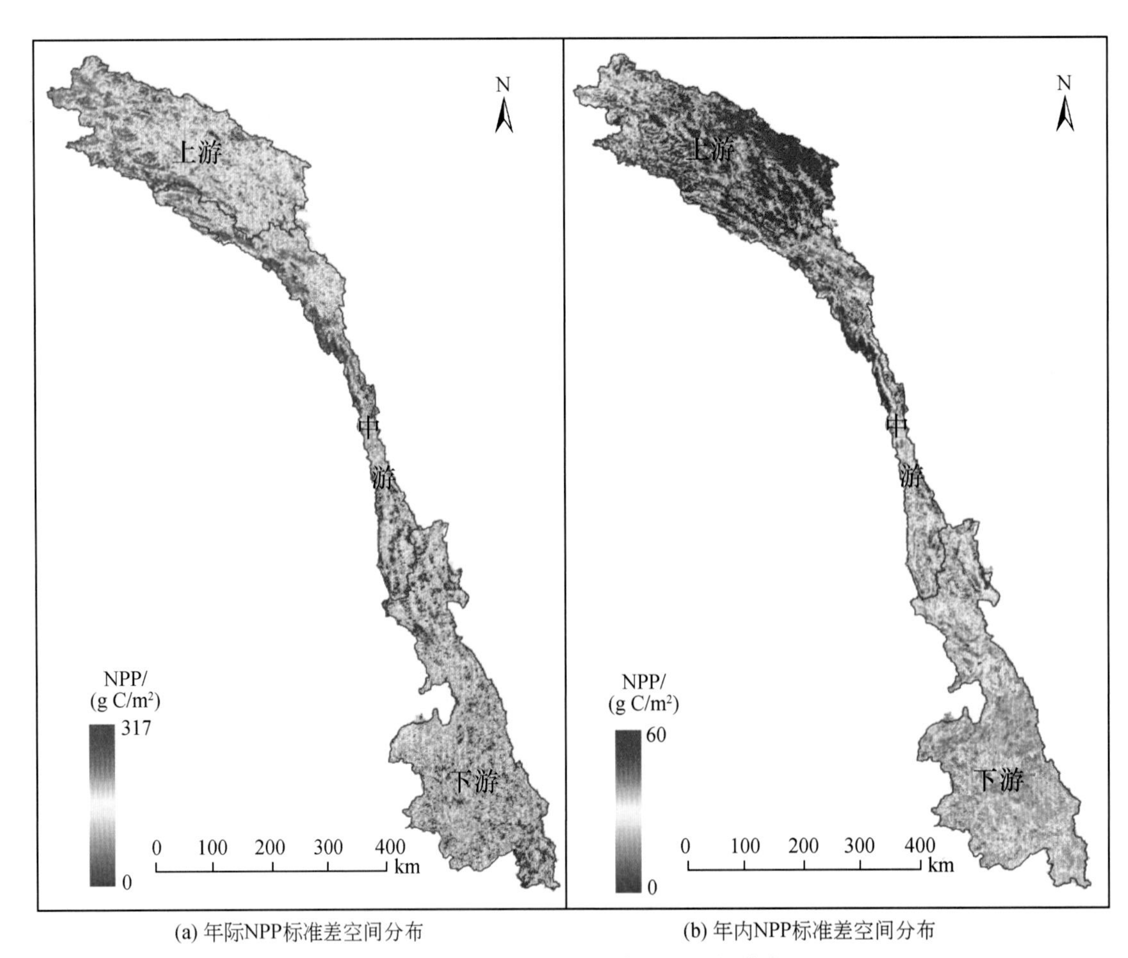

(a) 年际NPP标准差空间分布　　(b) 年内NPP标准差空间分布

图 7-40　年际和年内 NPP 标准差空间分布

6.96 万 km^2，约占流域面积的 58.14% 和 41.86%，虽然年 NPP 增加区域的面积占到了流域一半以上，但是 NPP 减少区域的面积也较大，不容忽视［表 7-16，图 7-42（a）］。从图 7-42（a）可以看出，年 NPP 变化趋势在空间分布上差异显著，上游大部分地区的变化斜率大于零，即 NPP 以增加为主，而中、下游地区 slope<0 的面积较大，NPP 减少区域面积占到中、下游地区的 50% 以上，从侧面反映了中、下游地区植被有一定程度的退化，这与植被指数 EVI 的变化趋势相似。

表 7-16　澜沧江流域年 NPP 不同变化方向面积比统计　　（单位:%）

变化方向	澜沧江	上游	中游	下游
slope>0	58.14	77.95	43.98	47.83
slope<0	41.86	22.05	56.02	52.17

为了进一步分析 NPP 变化趋势在空间上的差异，本研究对不同纬度带内 NPP 增加和减少的区域面积进行统计，并计算其面积比，结果如图 7-43 所示，从图中可以看出，31°N 以南地区，大部分纬度带内 NPP 减少的面积比大于增加面积比，31°N 以北地区则以 NPP 增加为主要趋势，尤其是 32°N 以北地区 NPP 增加的面积比超过了 70%，说明近 10 年上游地区由于一些生态保护措施的实施，生态环境有所改善，部分植被得到恢复，而中、下游地区由于经济的发展，生态环境受人为干扰大，植被破坏严重，大部分地区的 NPP 呈减少趋势。

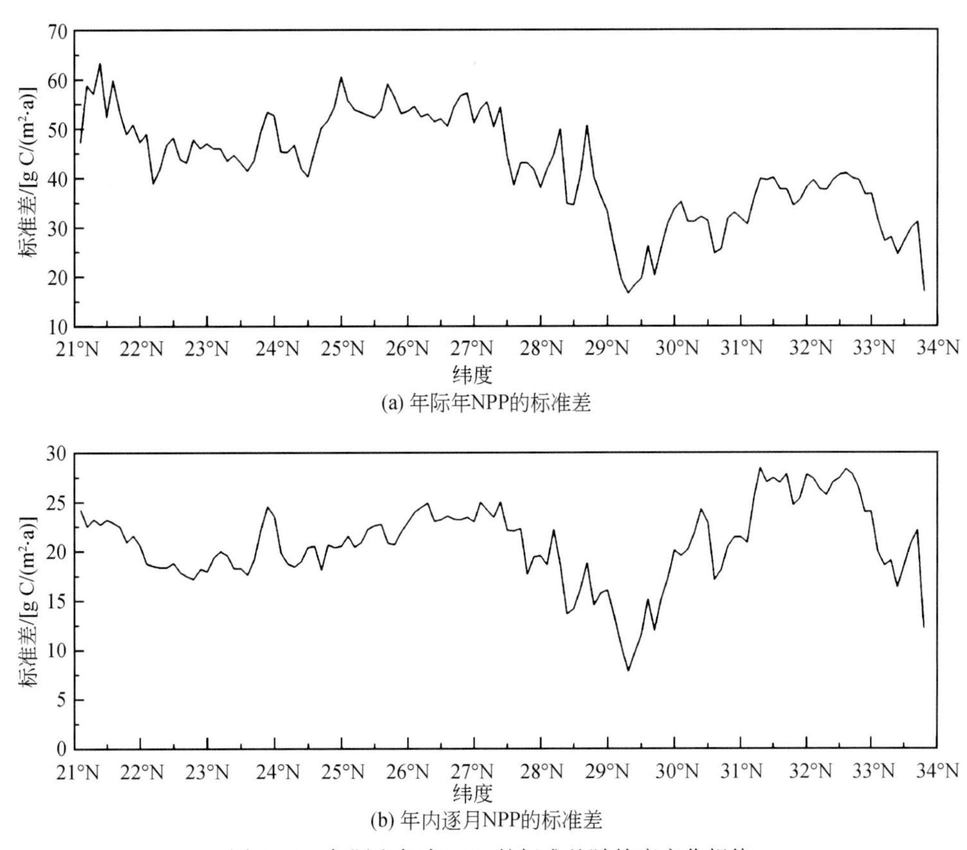

(a) 年际年NPP的标准差

(b) 年内逐月NPP的标准差

图 7-41　年际和年内 NPP 的标准差随纬度变化规律

为了说明 NPP 变化趋势的程度，可以通过 F 检验，判断其变化趋势的强弱，NPP 变化斜率通过显著性检验（$\alpha=0.1$）的区域面积约为 6. 14 万 km^2，约占流域总面积的 40%，说明大部分地区的 NPP 变化趋势较显著。研究区 NPP 变化趋势分等级统计结果见表 7-17，其中通过显著性检验的年 NPP 增加和减少的区域面积分别为 3. 95 万 km^2 和 2. 18 万 km^2，显著增加的区域主要位于上游北部源头地区的杂多和巴青等地，显著减少的区域则主要位于下游南端的景洪、勐腊和普洱等地，以及中上游交界处的昌都、察雅等地，这些区域与其周边县市相比，经济水平相对高，人类活动集中，因此对环境的干扰大，植被破坏较严重，植被 NPP 则呈显著的减少趋势。

表 7-17　NPP 变化斜率的分等级面积统计　（单位：万 km^2）

降低趋势 降低分级	面积	升高趋势 升高分级	面积
降低	4. 77	升高	5. 71
弱显著降低	0. 96	弱显著升高	1. 61
显著降低	0. 79	显著升高	1. 52
极显著降低	0. 43	极显著升高	0. 82

根据澜沧江流域年 NPP 的 Hurst 指数栅格数据，将 Hurst 指数保留两位小数，统计像元频率，如图 7-44所示。年 NPP 的 Hurst 指数平均值为 0. 60，值域范围为 0 ~ 0. 82，其中 Hurst 指数大于 0. 50 的像元个

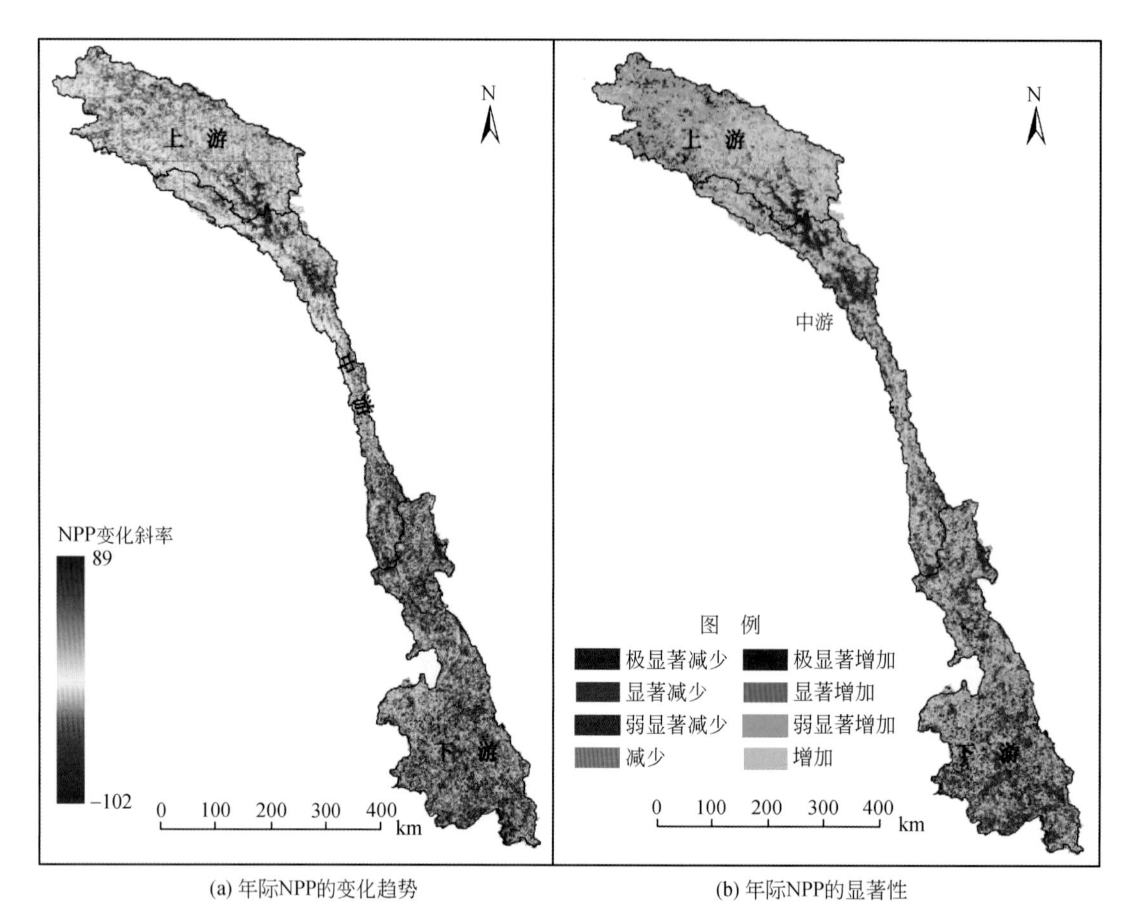

(a) 年际NPP的变化趋势　　(b) 年际NPP的显著性

图 7-42　近 10 年澜沧江流域年际 NPP 的变化趋势及显著性

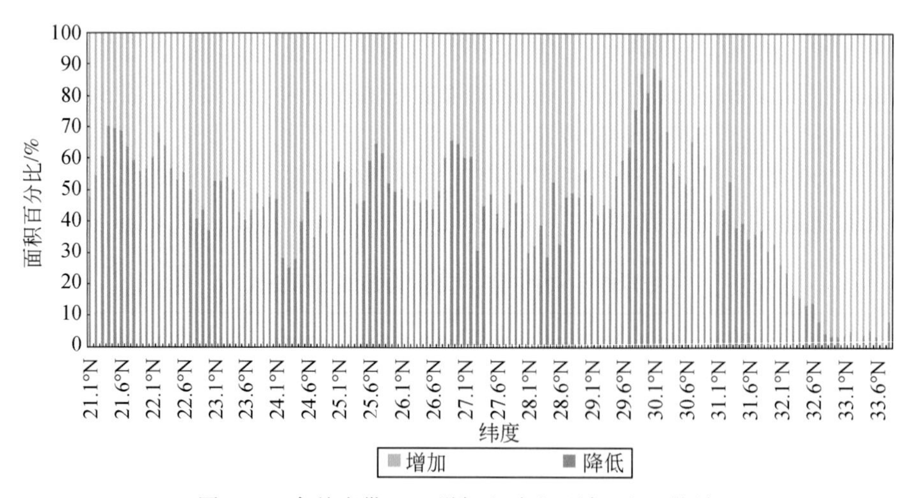

图 7-43　各纬度带 NPP 增加和减少区域面积比统计

数占流域的 84.54%，这说明研究区大部分地区的 NPP 变化趋势具有较强的可持续性；反持续性序列比重仅为 15.46%，可见年 NPP 仍有小部分区域未来变化趋势与当前相反，具体表现是植被恢复还是退化需结合年 NPP 的变化斜率才能判定。

澜沧江流域年 NPP 的 Hurst 指数空间分布及其与变化斜率图的叠加结果，如图 7-45 所示。整个流域的 Hurst 指数以正向可持续性为主，且达到强及以上可持续级别的区域占流域总面积的 48.86%，这说明未来澜沧江流域大部分地区 NPP 的发展规律将与当前保持一致。虽然反向可持续区域面积较小，

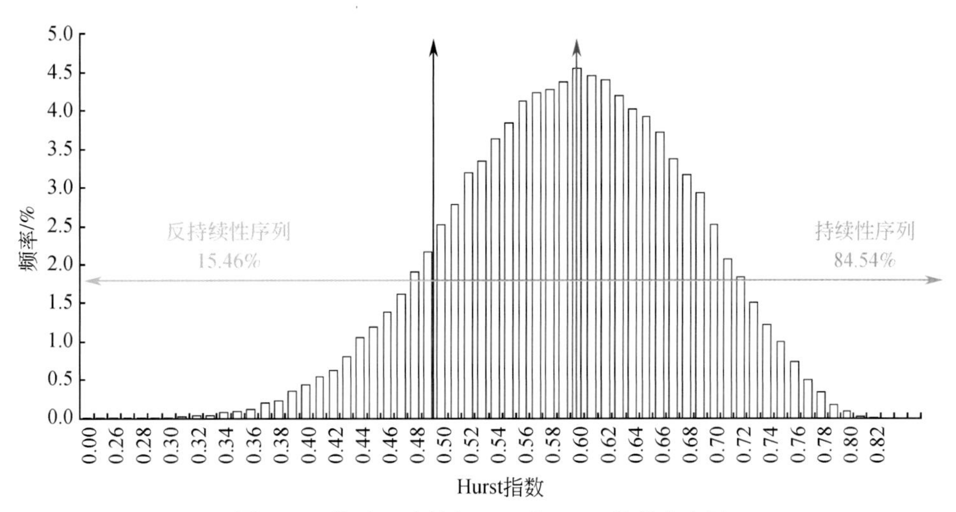

图 7-44　澜沧江流域年 NPP 的 Hurst 指数直方图

但是分布分散，几乎在全流域都有分布。从不同子流域看，下游地区的正向可持续性最强，其面积比约为 86.99%，到强及以上的区域面积比达 53.96%，上游的反方向可持续性区域面积最大，但是其中大部分区域都处于弱或者较弱级别，因此未来下游地区的 NPP 发展趋势基本与当前保持一致（表 7-18）。

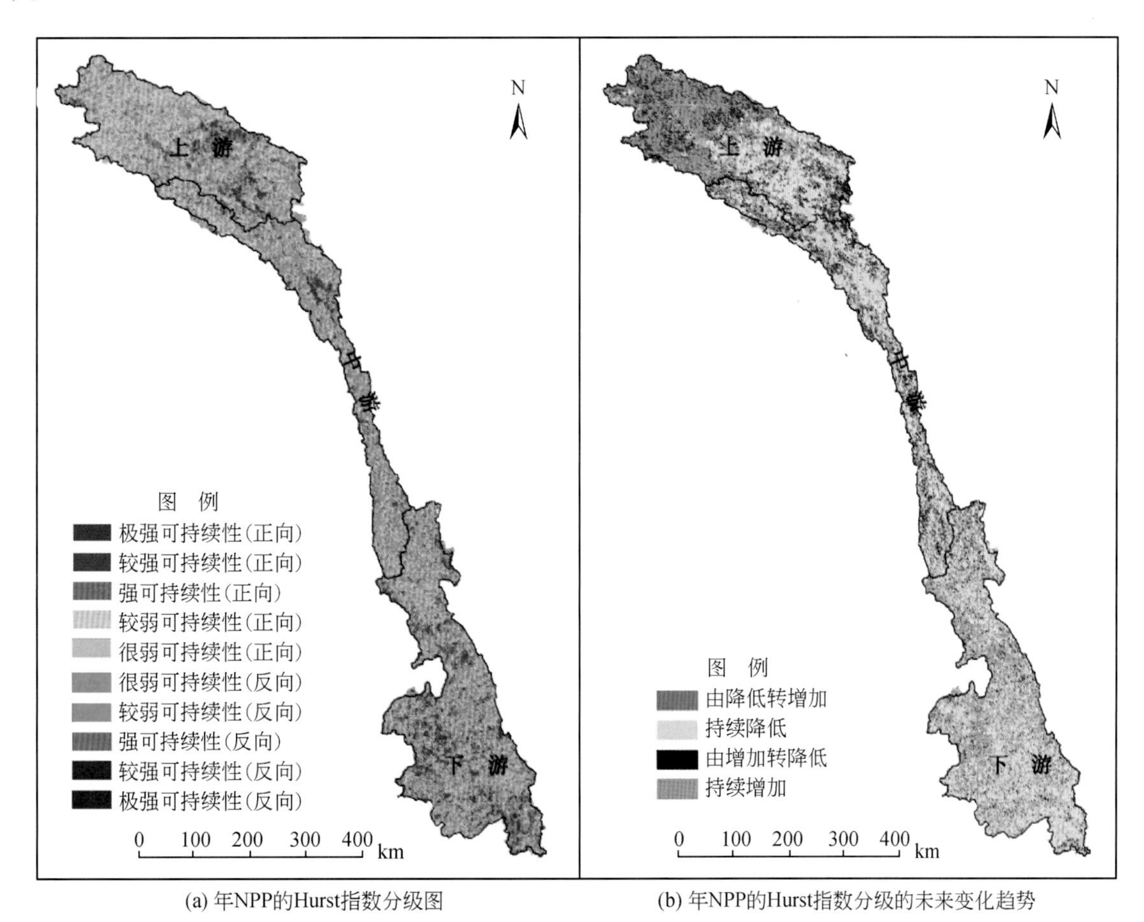

(a) 年NPP的Hurst指数分级图　　(b) 年NPP的Hurst指数分级的未来变化趋势

图 7-45　澜沧江流域年 NPP 的 Hurst 指数分级与未来变化趋势

表 7-18　澜沧江及其子流域年 NPP 不同等级的 Hurst 指数面积比统计　　（单位：%）

Hurst 指数分级	澜沧江	上游	中游	下游
极强可持续性（反向）	0.01	0.01	0.00	0.01
较强可持续性（反向）	0.02	0.00	0.06	0.03
强可持续性（反向）	1.39	0.79	2.91	1.19
较弱可持续性（反向）	3.83	2.76	6.49	3.50
很弱可持续性（反向）	8.93	8.22	11.60	8.28
很弱可持续性（正向）	16.06	17.93	16.24	14.37
较弱可持续性（正向）	21.29	25.87	18.53	18.66
强可持续性（正向）	37.75	39.10	33.65	38.53
较强可持续性（正向）	10.65	5.31	10.47	15.33
极强可持续性（正向）	0.06	0.01	0.05	0.11

对澜沧江流域年 NPP 的 Hurst 指数与 slope 叠加结果进行统计，结果显示：NPP 持续增加和持续减少的面积分别为 8.38 万 km^2、5.89 万 km^2，由降低转为增加和由增加转为降低两种情况在研究区分布较少，面积分别为 1.07 万 km^2、1.29 万 km^2，说明未来澜沧江流域 NPP 约有一半区域的 NPP 会持续增加，这些区域主要分布在上游地区，约有 40% 的区域 NPP 将会持续减少，主要分布于人类活动相对较多的地方，如下游的南端和中游的昌都地区。这种情况需引起关注，如果植被持续退化，将会导致生态环境恶化，带来一系列的环境问题，而且澜沧江流域生态环境脆弱，一旦破坏生态恢复比较困难。

7.5.3　生物量格局与变化

以已建立的生态环境参数数据集为数据源，应用生物量的估算模型（表 7-6）对澜沧江流域 2000 年和 2010 年的生物量进行计算，估算结果见表 7-19。2000 年澜沧江流域的生物量总量为 53 200.65 万 t/a，2010 年澜沧江流域的生物量总量为 92 400.18 万 t/a，增长了近 1 倍；从各子流域来看，下游地区生物量最大，中游地区次之，上游地区最低，这一方面与流域内的植被分布有关，另一方面也受流域面积的影响。

表 7-19　不同流域生物量统计　　（单位：万 t/a）

流域	2000 年	2010 年
上游	1 837.85	4 521.58
中游	12 216.50	24 287.60
下游	39 146.30	63 591.00
合计	53 200.65	92 400.18

图 7-46 反映了澜沧江流域生物量的空间分布特征，将从整个流域的变化规律和各子流域内部格局对比两方面进行空间特征分析。从整个流域来看，生物量随着纬度的升高，在波动中下降（图 7-47）。上游地区生物量格局内部差异较小，这是由于上游地区植被类型单一，以草地和沼泽湿地为主；下游地区植被类型丰富，不同优势群落的生物量差别较大，因此从空间上看其生物量内部差异较大。

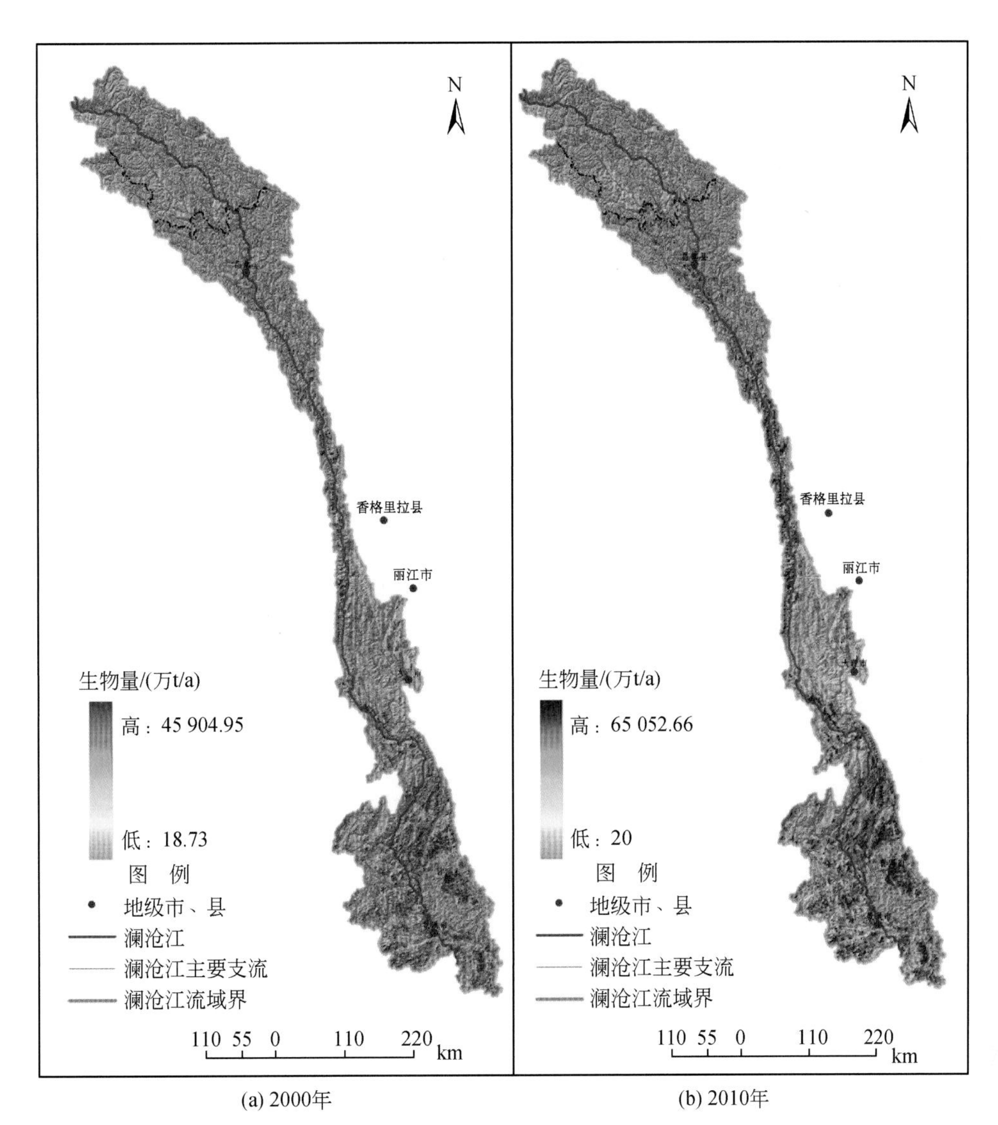

(a) 2000年　　(b) 2010年

图 7-46　澜沧江流域生物量空间分布

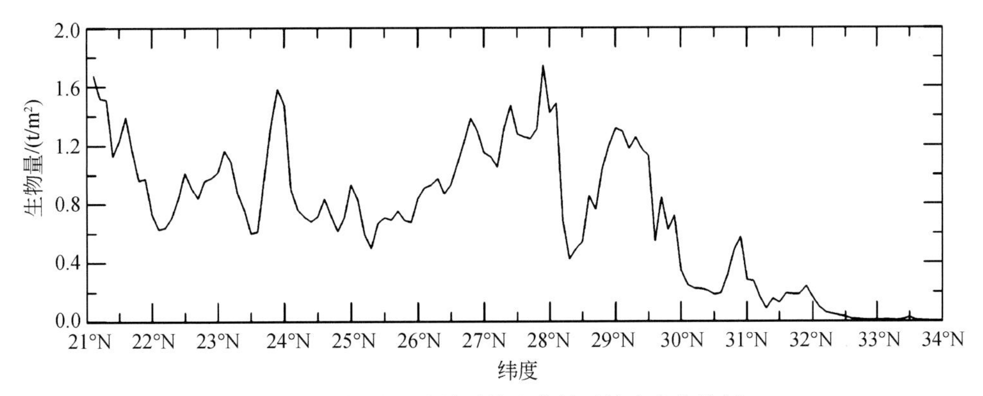

图 7-47　澜沧江流域平均生物量随纬度变化特征

7.6 小　　结

（1）植被覆盖度格局与变化

从空间上分析，澜沧江流域植被活动具有非常明显的区域差异，这种区域差异不仅表现在植被活动平均状态的南北差异，而且表现在植被活动平均状态的地形差异。南北差异主要表现为南高北低，但是自南向北并非逐渐降低，而是在27.6°N～27.2°N存在一个“急剧降低”带；地形差异主要表现为：随着海拔和坡度的增高，NDVI值都有明显的下降趋势，且NDVI值随着海拔的升高而降低的趋势较明显，海拔大于5000m的区域NDVI平均值仅为0.18。从时间上分析，近10年澜沧江流域值被覆盖从总体上看存在显著上升趋势（R^2=0.52，P=0.02），同时上、中、下游3个地区的变化趋势与整体保持一致，但是变化速率和变化程度不尽相同。总的来说，上游的变化速率和变化程度均最大，中游次之，下游相对稳定。

2001～2010年澜沧江流域植被覆盖整体得到改善的区域面积大于退化区域。改善的区域约占总面积的86.18%，基本不变区域约占总面积的4.22%，退化的区域约占总面积的9.6%。基于Hurst指数分析表明，整个流域几乎不存在反持续性现象，中、强持续性区域占整个流域面积的66%以上。变化趋势和持续性进行综合分析，表明该区植被覆盖变化以良性发展为主，但也存在强持续性的退化区和弱持续性的改善区域，这些区域值得关注。

（2）叶面积指数格局与变化

整个流域范围植被LAI表现出明显的空间异质性，总体上呈现南高北低的特征，随着纬度的升高呈现出“阶梯式”的下降特征。LAI值年内变异系数范围为0.07～3.46，变异系数从南向北逐渐降低，上游地区LAI年内波动较大，中游地区次之，下游地区最小。

近10年澜沧江流域上游大部分地区LAI值基本保持不变，上游东部有小部分地区LAI值有略微增加；中游的北部地区LAI值无明显变化，中游南部的德钦、维西和玉龙等地的LAI值减少，且有部分地区明显减少；下游北部的永平、洱源等地LAI值减少，下游的中部和南部地区则以LAI值增加为主。

（3）温度植被指数格局与变化

澜沧江流域多年年最大TVDI均值为0.64，大部分地区年内都出现干旱情况。其空间分布特征复杂，上游地区较高，中下游地区TVDI空间匀质性差，勐海、耿马、临沧、保山等下游的西部、北部地区和中游的北部地区TVDI值明显高于子流域内其他地方。年际干旱面积无明显变化趋势，年内干旱面积比季节规律明显，上、中、下游地区均有明显的春旱现象，上游地区夏季干旱面积也较大。年际TVDI和年内TVDI的标准差差异小，二者空间变化均较大，二者的空间分异显著，年际TVDI变化南高北低，年内标准差南北两端高，中间低。

从年际变化看，TVDI上游增加区域面积最大，下游增加区域面积小，但较集中，主要位于下游的南端。F检验结果显示，TVDI显著升高地区分布在流域南部的景洪和勐腊及中游的维西和兰坪，流域南部区域土壤湿度减少的趋势最强，其受干旱影响的面积和程度有增大趋势。从整个流域看，未来研究区大部分区域TVDI发展趋势与当前一致，且中游地区的持续性更强。

（4）净初级生产力格局与变化

近10年研究区NPP均值为534.64gC/（m^2·a），澜沧江流域NPP也表现为南高北低，纬度地带性强，以29°N为分界线，以南地区随着纬度的升高下降趋势明显，29°N以北地区植被类型单一，年NPP基本在200～400gC/（m^2·a）波动。年NPP随着海拔的升高呈明显的下降趋势，海拔每升高100m，年NPP约降低13gC/（m^2·a）。年际NPP波动不大，年内NPP具有显著的季节变化，上游地区年内NPP波动更为显著。

从年际变化看，近10年上游地区NPP变化主要呈增加趋势，中、下游地区NPP减少的区域面积较大。NPP显著增加的区域主要位于上游北部源头地区的杂多和巴青等地，显著减少的区域主要位于下游南端的景洪、勐腊和普洱等地，以及中上游交界处的昌都、察雅等地。

Husrt 指数结果显示未来澜沧江流域大部分地区 NPP 的发展规律与当前保持一致。与变化趋势叠加结果表明，未来澜沧江流域约有一半区域的 NPP 会持续增加，NPP 增加区域主要分布在上游地区，仍有约 40% 的区域 NPP 将会持续减少，主要分布于人类活动相对较多的地区，如下游的南端和中游的昌都地区。

第8章 澜沧江流域生态系统服务功能

8.1 引 言

流域是一条河流或水系的集水区域，河流或水系由这个集水区域上获得水量补给（邓红兵等，1998）。作为一种特殊的区域，流域具有多种重要的功能，如灌溉农田、净化环境、提供航运通道以及水能发电等。因此，流域开发日益受到人们的重视，许多国家和地区越来越把以流域为单元作为整治环境和发展经济的一个重要途径（吴刚和蔡庆华，1998）。然而流域又经常面临着很多的问题，如洪水、干旱、山地灾害、水资源短缺和生态退化等，因此流域的综合管理成为重要的研究课题。

在此背景下，有学者认为流域由多种生态系统组成，如森林、草地、耕地和湿地等，它们不仅维持着生物多样性，还提供了一系列产品和服务，因而提出了流域服务（watershed service）一词，即人类从流域内生态系统中所获得惠益，改变各生态系统类型的组成和分布就会影响其所提供的流域服务（Smith et al.，2008）。美国农业部（United States Department of Agriculture，USDA）认为，健康的森林和湿地生态系统提供一系列流域服务，包括水质净化、地下水和地表水调节、控制侵蚀以及边坡稳固等，并认为相对于投资兴建相关基础设施来说，如果在生态系统管理和保护中进行投资则显得更为有效且低价（引自美国农业部网站：http：//www. fs. fed. us/ecosystemservices/watershed. shtml）。Pattanayak（2004）认为流域服务包括控制侵蚀、提高土壤质量、增加总产水量、维持径流分布的稳定性以及控制径流泥沙5个方面。Smith等（2008）则根据MA的框架，列举了4类13项服务，对其属性以及评价指标进行了详细描述，并根据MA的结果总结了土地覆盖类型与其所提供的流域服务的简单关系（表8-1）。

表8-1 土地覆被类型与其所提供流域服务的简单关系

流域服务		土地覆被类型					
		草地	森林	耕地	河流	湖泊	沼泽
供给服务	水供给	中	中	负	强	强	低
	食物供给	高	低	高	低	高	高
	非食物产品	低	高	低	低	低	中
	水电生产	中	低	负	高	高	低
调节服务	径流调节	中	低	中	高	高	高
	减缓灾害	中	低	中	低	高	高
	土壤保持	中	高	负	中	中	中
	水质净化	中	低	负	低	低	高
支持服务	野生物生境	中	低	中	高	高	高
	水环境	中	高	负	高	高	高
文化服务	美学娱乐	中	低	中	高	高	低
	遗产	中	低	低	高	高	低
	精神宗教	中	高	中	高	高	低

注：作者根据各土地覆被类型提供服务的能力，分为高、中、低、负4个级别

资料来源：Smith et al.，2008

鉴于全球变暖是环境和政治问题而越来越引起各国政府和人们的广泛关注（查同刚等，2008），陆地生态系统作为重要的碳汇，其碳蓄积（carbon storage）功能已成为当前生态学以及相关学科的研究热点和前沿。由于过分强调经济发展，忽视了对生态环境的保护，致使中国水资源紧缺、水土流失及生物多样性丧失等生态问题突出，而陆地生态系统具有重要的水源涵养、土壤保持和生物多样性保育等功能，正因此，本章重点介绍澜沧江流域生态系统碳蓄积、水源供给、土壤保持及生物多样性保育等服务的研究成果，以期为流域资源利用、产业布局及流域可持续发展等战略决策提供科学数据支撑。

8.2 方　法

8.2.1 水源供给

本章水源供给量的估算采用 InVEST 模型中的 water yield 模块来计算，其考虑的参数如图 8-1 所示。其基本原理为根据 Budyko（1974）假设，即多年平均尺度流域的蓄水变量可以忽略不计，因此，年平均实际蒸散发可由降水及潜在蒸散发估算；具体则采用 Zhang 等（2001）根据全球 250 多个流域的观测数据所建立的公式，即式（8-1）。整个模块的计算过程如图 8-1 所示。

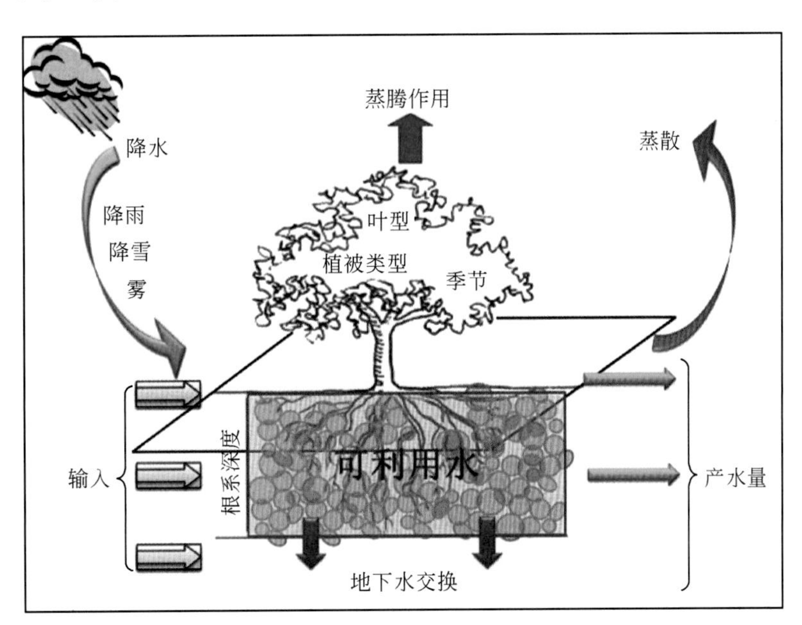

图 8-1　水量平衡模型示意图

注：灰色部分为模型忽略参数

$$Y_{jx} = \left(1 - \frac{\mathrm{AET}_{xj}}{P_x}\right) \times P_x \tag{8-1}$$

$$\frac{\mathrm{AET}_{xj}}{P_x} = \frac{1 + \omega_x R_{xj}}{1 + \omega_x R_{xj} + \dfrac{1}{R_{xj}}} \tag{8-2}$$

$$\omega_x = Z \frac{\mathrm{AWC}_x}{P_x} \tag{8-3}$$

$$R_{xj} = \frac{K_{xj} \cdot \mathrm{ET}_{o_x}}{P_x} \tag{8-4}$$

式中，Y_{jx}为生态系统类型j上栅格单元x的年供水量（m^3）；AET_{xj}为生态系统类型j上栅格单元x的实际年平均蒸散发量（mm）；P_x为栅格单元x的年均降雨量（mm）；AET_{xj}/P_x是由Zhang等（2001）在Budyko曲线基础上提出的近似算法；ω_x为表征自然气候-土壤性质的非物理参数，无量纲；R_{xj}为土地利用类型j上栅格单元x的Budyko干燥指数，无量纲，定义为潜在蒸散量与降雨量的比值（Budyko，1974）；Z系数为季节性因子，由降雨的季节分布决定，取值为1～10；AWC_x为植物可利用水含量；K_{xj}为生态系统类型j在栅格单元x的蒸散系数；ET_{o_x}为潜在蒸散量（mm）。

该模型参数计算所需数据及其来源具体如下。

降雨量（P）：由流域内及其周边共37个气象站点1960～2010年的平均值计算所得，数据来源于中国气象局气象中心。

潜在蒸散发量（ET_o）：采用FAO（1998a）给出的修正Penman-Monteith方程计算所得，同样采用37个气象站点1960～2010年的气象数据，来源于中国气象局气象中心。

1∶25万土地类型覆被图（LC）：由地球系统科学数据共享网提供。

澜沧江流域（watershed）与子流域（subwatershed）由ArcSWAT工具基于DEM数据提取后根据实际情况进行矫正。1km栅格DEM数据从美国地球资源观测与科技中心（Earth Resources Observation and Science Center，EROS）下载，网址为http://eros.usgs.gov/#/Find_Data/Products_and_Data_Available/gtopo30/hydro。

土壤厚度（soil depth）首先根据土壤类型图得到流域所包含的土壤亚类，然后从中国土壤数据库中选择云南、西藏和青海的同种土壤亚类的土壤剖面数据，共得到62种土壤类型的218个剖面数据，取其平均值作为各土壤类型的厚度，数据由中国科学院资源环境科学数据中心提供。

植被可利用水（AWC）数据由周文佐（2003）提供。

蒸散系数（K）来自FAO（1998b）和Tallis等（2011）。

根系深度（root depth）来自于Canadell等（1996）。

Z系数（Z），与文献中数据验证（仇国新，1996；何大明，1995）结果表明，在该流域取值为1时误差较小。

相关参数的提取和计算结果如图8-2所示。

8.2.2 土壤保持

土壤保持服务用生态系统防止土壤侵蚀量以及保持土壤养分量来评估。其中，土壤保持量用潜在土壤侵蚀量和现实土壤侵蚀量之差计算；土壤养分主要考虑N、P、K三种营养元素，且不考虑可溶态流失部分。在计算得到各生态系统保持土壤量的基础上，通过不同类型土壤中全N、全P、全K的含量，可计算得到生态系统保持土壤养分量。计算公式分别为

$$A_C = A_p - A_r \tag{8-5}$$

$$A_r = R \times K \times LS \times C \times P \tag{8-6}$$

$$A_p = R \times K \times LS \tag{8-7}$$

$$W_{N、P、K} = \sum_{i=1}^{n} A_{ci} \times C_{Ni、Pi、Ki} \tag{8-8}$$

式中，A_c 为土壤保持量［t/（hm² · a）］；A_r 为现实土壤侵蚀量［t/（hm² · a）］；A_p 为潜在土壤侵蚀量［t/（hm² · a）］；R 为降雨侵蚀力因子［（MJ · mm）/（hm² · h · a）］；K 为土壤可蚀性因子［（t · hm² · h）/（hm² · MJ · mm）］；LS 为坡长坡度因子，无量纲；C 为地表植被覆盖因子，无量纲；P 为土壤保持措施因子，无量纲；$W_{N、P、K}$ 分别为 N、P、K 三种营养元素的年保持量（t/a）；$C_{Ni、Pi、Ki}$ 分别为 N、P、K 三种元素在 i 土壤类型中的含量（%），由中国土壤数据库得到。

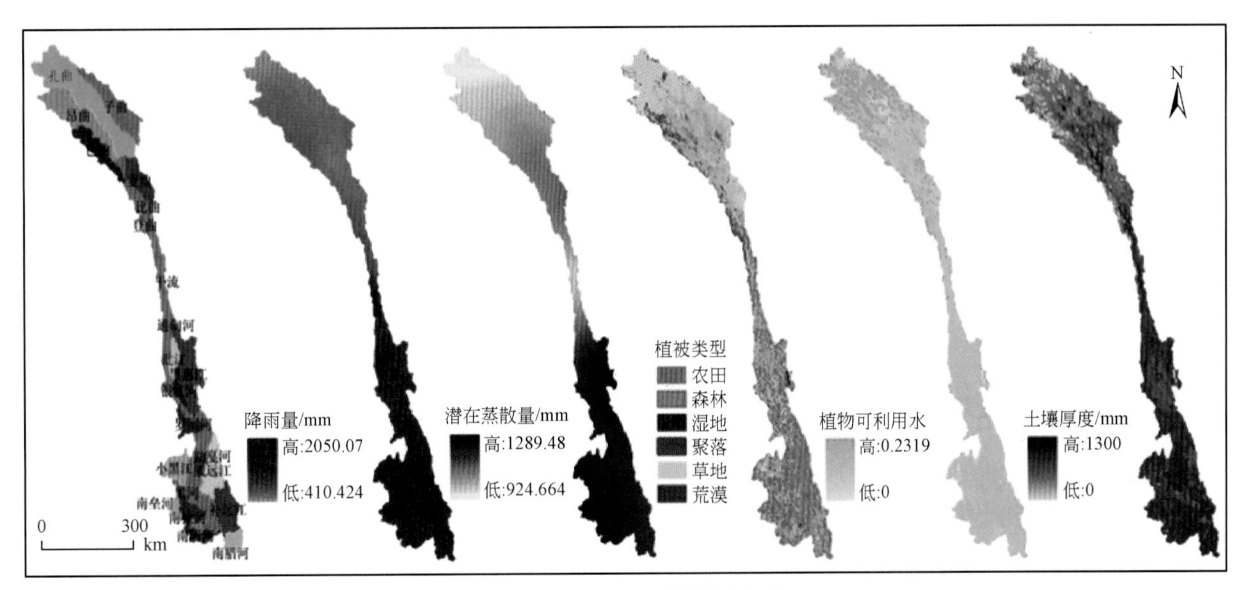

图 8-2　模型相关参数栅格图

在评估土壤侵蚀和土壤保持量时，统一各因子的栅格单元为 100m×100m，利用 ArcGIS 的空间分析功能计算并分析。下面是模型中具体参数详细的核算方法。

（1）降雨侵蚀力因子（*R*）

降雨侵蚀力因子反映了降雨因素对土壤的潜在侵蚀作用，是导致土壤侵蚀的主要动力因素。这里采用 Wischmeier（1965）的月尺度计算公式：

$$R = \sum_{i=1}^{12} \left(1.735 \times 10^{\left(1.5\lg\frac{P_i^2}{P} - 0.8188\right)}\right) \tag{8-9}$$

式中，P 为平均年降水量（mm）；P_i 为月降水量（mm）。计算出的 R 单位为（100ft · t · in）/（ac · h · a），换算为国际单位（MJ · mm）/（hm² · h · a）需乘以系数 17.02。

首先利用 Kriging 普通插值方法对流域内站点的月降雨量进行插值。所生成的月降雨栅格图经过投影转换，再根据式（8-9）计算出流域内年降雨侵蚀力栅格图。

（2）土壤可蚀性因子（*K*）

土壤可蚀性因子用于反映土壤对侵蚀的敏感性，或土壤被降雨侵蚀力分离、流水冲刷和搬运的难易程度。目前，我国确定大多数土壤类型的可侵蚀性因子，仍需借助于土壤可蚀性与土壤性质参数建立的关系（师长兴，2008）。这里采用 Williams 和 Arnold（1997）建立的土壤可蚀性与土壤机械组成和有机碳含量的计算公式：

$$K = 0.1317\{0.2 + 0.3\exp[-0.0256 \times \mathrm{SAN} \times (1 - \mathrm{SIL}/100)]\}\left(\frac{\mathrm{SIL}}{\mathrm{CLA} + \mathrm{SIL}}\right)^{0.3}$$
$$\left(1.0 - \frac{0.25C}{C + \exp(3.72 - 2.95C)}\right)\left(1.0 - \frac{0.7\mathrm{SN1}}{\mathrm{SN1} + \exp(-5.51 + 22.9\mathrm{SN1})}\right) \tag{8-10}$$

式中，K 为土壤可蚀性因子［（t · hm² · h）/（MJ · hm² · mm）］；SAN、SIL、CLA 和 C 为砂粒（0.05 ~ 2mm）、粉粒（0.002 ~ 0.05mm）、黏粒（<0.002mm）和有机碳含量（%）；SN1 = 1 − SAN/100；0.1317

为美制单位转换为国际单位的系数。由于土壤数据库土壤质地采用的标准为国际制，而式（8-10）要求为美国制，因此需进行粒径转换，本研究在 Matlab 中采用 3 次样条插值程序实现其转换。

（3）坡长坡度因子（LS）

坡长坡度因子 LS 也称地形因子，反映地形地貌特征对土壤侵蚀的作用。在坡面尺度上，可通过实测坡度和坡长来计算，然而在小流域和区域尺度上，该因子只能通过 DEM 来提取。本书采用由 Van Remotel（2001）根据 RUSLE 模型中计算 LS 因子的方法编写的 AML 代码从 DEM 中提取 LS 因子。由于美国耕地坡度 RUSLE 大多小于 20 %（11. 3°），而澜沧江流域坡度大于 25°的区域占 1/4，因此借鉴刘宝元等（2000，1994）对坡度在 9 % ~55 % 的陡坡土壤侵蚀的研究对上述代码进行改进。计算公式为

$$L = (\lambda/22.1)^{\alpha} \tag{8-11}$$

$$S = \begin{cases} 10.8\sin\theta + 0.03, & \theta < 5° \\ 16.8\sin\theta - 0.05, & 5° \leqslant \theta < 14° \\ 21.91\sin\theta - 0.96, & \theta \geqslant 14° \end{cases} \tag{8-12}$$

$$\alpha = \beta/(1 + \beta) \tag{8-13}$$

$$\beta = (\sin\theta/0.089)/[3.0\sin\theta^{0.8} + 0.56] \tag{8-14}$$

式中，L 为坡长因子；S 为坡度因子；θ 为 DEM 提取的坡度值；α 为坡度坡长指数；β 为细沟侵蚀和面蚀的比值。

（4）植被覆盖和经营管理因子（*C*）

植被覆盖和经营管理因子是指在其他条件相同情况下，某一特定作物或植被覆盖的土壤流失量与裸地的土壤流失量的比值，反映了植被或作物管理措施对土壤流失量的影响，其值在 0 ~ 1。由于 C 值与植被覆盖度之间具有良好的相关性，因此，本书利用 NDVI 值计算出流域内覆盖度，根据蔡崇法等（2000）建立的覆盖度与 C 值的关系来计算 C 值。计算公式为

$$f_c = (\mathrm{NDVI} - \mathrm{NDVI}_{min})/(\mathrm{NDVI}_{max} - \mathrm{NDVI}_{min}) \tag{8-15}$$

$$C = \begin{cases} 1, & 0 \leqslant f_c < 0.1\% \\ 0.6508 - 0.3436\lg(f_c), & 0.1\% \leqslant f_c < 78.3\% \\ 0, & f_c \geqslant 78.3\% \end{cases} \tag{8-16}$$

式中，f_c 为覆盖度（%）；C 为植被覆盖和经营管理因子；NDVI 为归一化植被指数值；NDVI_{max}、NDVI_{min} 分别为研究区域 NDVI 的最大值和最小值。

（5）土壤保持措施因子（*P*）

P 为土壤保持措施因子，是采取水保措施后，土壤流失量相对于顺坡种植时土壤流失量的比例。参考前人研究成果（许月卿和蔡运龙，2006；何兴元等，2005；马超飞等，2001），对不同土地覆盖类型的 P 值进行赋值（表 8-2），综合土地覆盖图得到 P 值的栅格图。

表 8-2　不同土地覆盖类型 *P* 值

土地覆被类型	森林	草地	水田	旱地	居民点、建设用地	湿地	裸岩、沙漠	裸地
P	1	1	0.15	0.4	0	0	0	1

土壤保持估算基础数据及其来源具体如下。

流域内及其周边共 37 个气象站点 1960 ~2010 年的月降雨数据，来源于中国气象局气象中心；1 : 100 万中国土壤数据库，由中国科学院资源环境科学数据中心提供；DEM 从美国地球资源观测与科技中心下

载，网址为 http：//eros. usgs. gov/#/Find_ Data/Products_ and_ Data_ Available/gtopo30/hydro；NDVI 由地表反射率反演而得，其数据产品 MOD09Q1 下载网址为 https：//lpdaac. usgs. gov/lpdaac/products/modis_ products_ table/surface_ reflectance/8_ day_ l3_ global_ 250m/mod09q1；1：25 万土地覆盖图，由地球系统科学数据共享网提供。

各因子的计算结果空间分布如图 8-3 所示。

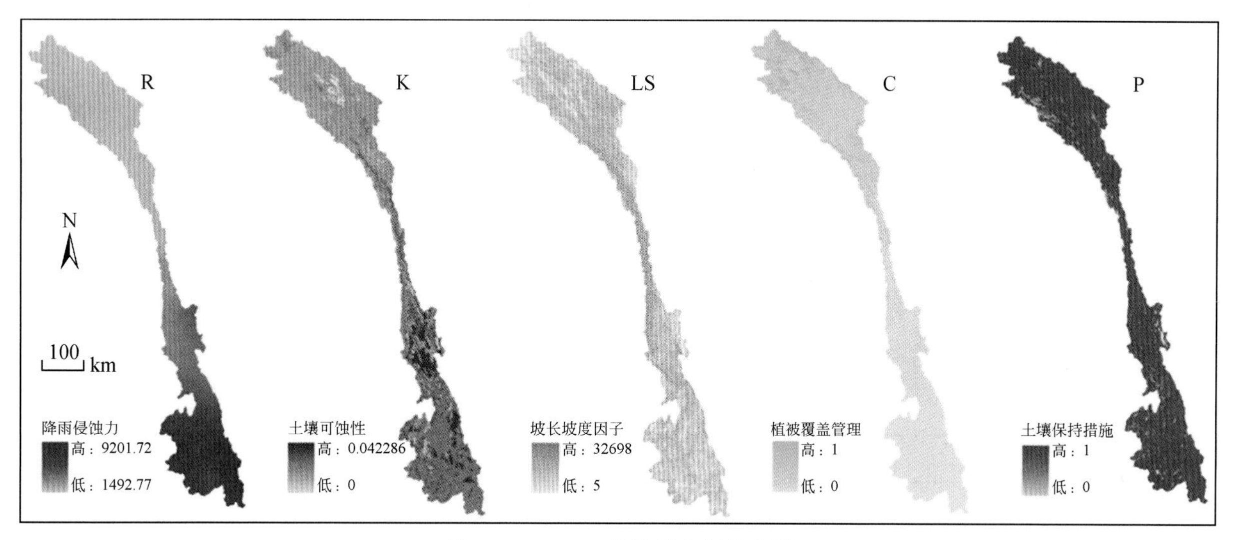

图 8-3 RUSLE 各因子空间分布图

8.2.3 碳蓄积

8.2.3.1 植被层

（1）森林

为充分利用森林二调数据，本书将森林划分为普通乔木林、灌木林与疏林地、经济林和竹林四部分进行碳蓄积的估算，下面为各部分所用研究方法。

a. 乔木林

国家或区域尺度森林生物量的推算大多使用森林资源清查资料，本书主要采用“生物量换算因子连续函数法”。方精云等（2007）认为林分的蓄积量可以综合反映林龄、立地、林分密度和林分状况等要素，并用倒数方程来表示其与生物量换算因子（biomass expansion factor，BEF）的关系［式（8-17）］，通过 758 组实测资料建立了全国 21 种森林类型蓄积量与生物量之间的关系，对全国碳储量及动态进行了研究。其在区域尺度上的基本公式可以表示如下：

$$\mathrm{BEF} = a + \frac{b}{V} \tag{8-17}$$

$$B = \sum \mathrm{BEF} \times V_i \times A_i = a \sum V_i \times A_i + bA \tag{8-18}$$

式中，B 为总生物量；BEF 为生物量换算因子；V_i为 i 树种平均蓄积量；A_i为 i 树种面积；a 和 b 为常数，当蓄积量很大时（成熟林），BEF 趋向恒定值 a；蓄积量很小时（幼龄林），BEF 很大。式（8-18）可以非常简单地实现由样地调查向区域推算的尺度转换，其详细推算过程见方精云等（2002）。

本书基于该理论，考虑到西南地区生物量与全国尺度有较大差别，通过西南地区 500 组生物量实测资料，重新建立了适用于该区域蓄积量与群落总生物量之间的参数（表 8-3），可以看出所有森林类型均显著相关，除常绿落叶阔叶混交林 P 值小于 0.01 外，其余 P 值均小于 0.001。部分树种由于缺乏资料，采用方精云等（1996）的参数。对于少数未获得森林资源清查数据的区县，利用考察所获森林分布图得到各植被类型面积，然后由研究区相近地区同森林类型的平均值乘以其面积进行估算。

表 8-3　西南地区主要森林类型生物量和蓄积量模型转换参数

森林类型	a	b	n	r
云冷杉	0.3809	62.8917	122	0.9123
柏木	0.5137	31.0518	12	0.9855
常绿落叶阔叶混交林	0.6011	97.3843	9	0.8287
华山松、高山松	0.4758	26.6772	31	0.9594
落叶松	0.6433	6.8686	22	0.9619
马尾松林	0.6404	7.3645	14	0.9995
热带雨林、季雨林	1.1243	18.5632	12	0.9946
山地杨桦林	0.5671	48.0016	21	0.8641
杉木	0.4634	30.3323	36	0.8344
亚热带常绿阔叶林	0.8879	29.0708	158	0.9366
硬叶常绿阔叶栎林	0.5363	84.7126	9	0.9254
云南松、思茅松	0.7685	1.5945	44	0.9955
桤木	1.0054	4.4856	10	0.9994
桦木*	1.0687	10.2370	9	0.9770
桉树*	0.8873	4.5539	20	1.0000
樟*、楠木、青冈、槠	1.0357	8.0591	17	0.9100
铁杉*、柳杉	0.4158	41.3318	21	0.9400
杨树*	0.4754	30.6034	10	0.9290

*引自方精云等，1996

b. 灌木林与疏林地

灌木林的相关研究较少，本书采用在研究区范围内野外实地调查所获 50 组灌木生物量数据，取平均值为 28.312 t/hm^2，对灌木林及疏林地的生物量进行估算，统一计为灌木林。

c. 经济林与竹林

经济林主要包括油料林、果树林、药材树以及原料树等，该类型生物量研究相对较少，采用平均生物量 23.7 t/hm^2 对其进行估算（方精云等，1996）。根据聂道平（1994）的研究，竹林采用 0.0225 t/株进行估算。

d. 区域特色树种

为更准确地估算研究区植被的碳蓄积功能，对大面积种植的特色树种，如橡胶和茶树进行单独估算，但统计时归入经济林。橡胶林生物量随林龄增加而迅速增长，唐建维等（2009）根据实测资料建立了林龄与生物量的关系：$y=-0.136x^2+13.12x-65.86$（$R^2=0.983$，$P<0.001$），其中 y 为单株橡胶树生物量，x 为林龄；本书根据上式对研究区橡胶林生物量进行估算。茶树则根据尤雪琴（2008）的研究结果进行整理，以 22.7 t/hm 进行估算。

（2）草地

对于草地生物量的估算，首先通过中国草地资源图获取研究区各草地类型的种类，然后查找《中国草地资源数据》中所记载的青海、西藏以及云南的相应草地类型单位面积产草量（中华人民共和国农业部畜牧兽医司，1994）对各省份分别进行计算。其中，地上部分的生物量（干物质含量）为产草量除去风干草中的含水量，风干草含水量取 15 %（方精云等，1996）；地下生物量则根据文献公开发表的根茎比例系数进行估算（朴世龙等，2004）。研究区共涉及 11 大类 129 种草地类型，各省份对应的每种草地类型产草量以及根茎比见附表。

（3）其他植被类型

由于农作物收获期短，周转快，不考虑其碳蓄积功能（Pacala et al.，2001）；荒漠生物量按 0.2 t/hm^2计，沼泽按 40 t/hm^2计（方精云等，1996）。

碳含量在不同植物间变化不大，因此，为方便同前人研究比较，本书采用 0.45 对植被碳储量进行计算（Crutzen and Andreae，1990）。最后以乡镇为单位进行汇总。

8.2.3.2 土壤层

植被生态系统还包括土壤部分，然而土壤碳的测定数据较少，很难对其进行较为准确的评估，也是陆地碳库估算的最大误差来源，如王绍强等（2000）对中国土壤碳库的估算值与方精云等（1996）相差1倍，因此，这里仅对其进行估算，不做重点讨论。首先根据土壤类型图得到流域所包含的土壤亚类，然后从中国土壤数据库中选择云南、西藏和青海的同种土壤亚类的土壤剖面数据，共得到 62 种土壤类型的 218 个剖面数据，根据其记载的土壤剖面深度以及碳含量来推算土壤碳储量，碳含量通过有机质含量乘以 Bemmelen 换算系数（即 0.58 g C/g SOC）获得（Sarkhot et al.，2007）。则研究区总土壤碳蓄积量可由下式计算（王绍强等，2000）：

$$C = \sum 0.58 S_i H_i O_i W_i \tag{8-19}$$

式中，i 为土壤类型，C 为土壤总蓄积量，S_i为第 i 种土壤类型分布面积，H_i为第 i 种土壤类型的平均厚度，O_i为第 i 种土壤类型的平均有机质含量，W_i为第 i 种土壤类型的平均容重（g/cm^3）；0.58 为 Bemmelen 换算系数。

碳蓄积评估基础数据及其来源具体如下。

研究中森林部分所采用的基本资料是第七次全国森林资源清查资料（2004-2008），以小班为单位进行计算，对于缺乏该数据的部分区县（主要为西藏部分），先对其森林分布图进行数字化，然后采用相近地区相同森林类型的平均值乘以其面积进行估算，以上清查资料和大比例尺森林分布图由当地林业局提供；建立模型所用 500 组西南地区实测资料主要来源于罗天祥（1996）博士论文、课题组野外实测数据以及其他公开发表文献（付洪和陈爱国，2004）。灌木部分来源于课题组野外实测数据。草地部分所用数据有《中国草地资源数据》以及 1：100 万中国草地资源图，来源于中国科学院地理科学与资源研究所。土壤部分所用数据主要有中国土壤数据库以及 1：100 万中国土壤图，由中国科学院资源环境科学数据中心提供。

8.2.4 生物多样性

8.2.4.1 群落尺度物种多样性

通过文献搜集和实地野外调查两种方式获取研究区样地的相关数据，所采集信息包括样地所属植被类型、植被亚型以及群落类型；乔木层物种构成及各树种的株数、平均高度以及平均胸径；灌木层和草本层的物种构成以及盖度和多度；样地所属地、面积、经纬度坐标、海拔、坡度和坡向等。对于部分文献中未记录经纬度坐标的样地，对其研究区植被图进行数字化，然后参照样地所记录的群落类型、海拔和坡度等信息对其空间位置进行标示，最终获取其经纬度坐标。共获取 12 大植被类型、35 植被亚型、234 群落类型的 354 个样地，样地空间位置如图 8-4 所示，来源见表 8-4。

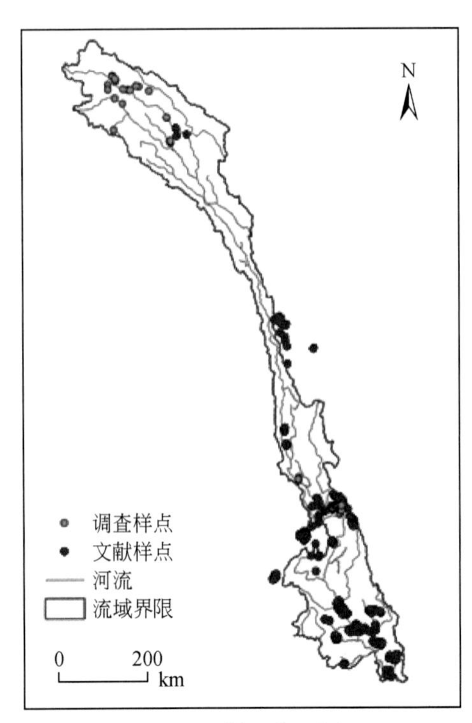

图 8-4　样地位置图

表 8-4　样地数据来源

样点区位	样地数量/个	数据来源
杂多、囊谦等，上游源区	45	实地调查
白马雪山保护区，流域中游	24	云南省林业厅，2003
云龙天池保护区，流域中游	14	内部资料
永平宝台山保护区，流域下游	10	实地调查
无量山保护区，流域下游	19	云南省林业厅，2004
澜沧江保护区，流域下游	53	王娟等，2010
永德大雪山保护区，流域下游	25	内部资料
南滚河保护区，流域下游	18	杨宇明，2004
糯扎渡保护区，流域下游	31	云南省林业厅，2004
菜阳河保护区，流域下游	20	云南省林业厅，2003
纳版河保护区，流域下游	9	云南省环境保护局，2006
西双版纳保护区，流域下游	64	西双版纳国家级自然保护区管理局和云南省林业调查规划设计院，2006
迪庆州，流域中游	3	于洋等，2003
西双版纳州，流域下游	10	朱华和蔡琳，2004
西双版纳州，流域下游	6	李宗善等，2005
囊谦县，流域上游	3	何友均等，2007

对所有样地计算常用的 α 多样性指数，包括 Gleason 丰富度指数（G）、Shannon-Wiener 多样性指数（H）、Pielou 均匀度指数（E）以及 Simpson 优势度指数（D），其计算公式分别为

$$G = S/\ln A \tag{8-20}$$

$$H = \sum P_i \ln P_i \tag{8-21}$$

$$E = H/\ln S \tag{8-22}$$

$$D = \sum P_i^2 \tag{8-23}$$

式中，S 为物种总数；A 为样地面积；P_i采用重要值计算，表达的意义更为全面，具体算法为：乔木层重要值=（相对高度+相对显著度+相对多度）/3，相对高度=某个种的高度/所有种的总高度；相对显著度=某个种的基径断面积/所有种的基径断面积之和；相对多度=某个种的株数/所有种的总株数。灌草层的重要值=（相对盖度+相对多度）/2，相对盖度=某个种的盖度/所有种的总盖度。群落多样性指数为3个层次的加和。

通过以上数据分析群落尺度上乔木层、灌草层和群落整体在纬度梯度和海拔梯度上的变化。

8.2.4.2 区域尺度物种多样性

研究区拥有大量自然保护区，相对人为干扰较少，且一般都有详细的物种调查资料，适于研究自然状态下物种多样性的变化。本书选取流域所含全部或部分的国家级和省级自然保护区17个（表8-5）。统计其所含种子植物的科属种数目、特有属种数、区系成分、所含各级植被类型数目等物种信息以及保护区面积、所在纬度、海拔高差、年均降雨和年均温等基本信息。从物种丰富度、物种密度和特有属比例等方面讨论区域尺度下物种多样性的变化情况。

表8-5 区域物种数据来源

编号	保护区名称	保护级别	面积/hm^2	中心纬度	所属地	文献来源
1	三江源*	国家级	3 740 000	32.13°N	青海	李迪强和李建文，2002
2	类乌齐马鹿	国家级	120 615	31.37°N	西藏	类乌齐信息网**
3	芒康滇金丝猴	国家级	185 300	29.23°N	西藏	综合考察报告***
4	梅里雪山	非保护区	34 600	28.43°N	云南	欧晓昆等，2006
5	白马雪山	国家级	281 640	28.00°N	云南	云南省林业厅，2003
6	苍山洱海	国家级	79 700	25.72°N	云南	段诚忠，1995
7	云龙天池	国家级	14 475	25.63°N	云南	综合考察报告***
8	永平金光寺	省级	9 584	25.17°N	云南	刘大昌等，1991
9	无量山	国家级	31 313	24.60°N	云南	云南省林业厅，2004
10	临沧澜沧江	省级	75 186	24.20°N	云南	王娟等，2010
11	永德大雪山	国家级	17 541	24.10°N	云南	综合考察报告***
12	南滚河	国家级	50 887	23.27°N	云南	杨宇明，2004
13	威远江	省级	7 704	23.20°N	云南	保护区总规***
14	糯扎渡	省级	21 679	22.68°N	云南	云南省林业厅，2004
15	菜阳河	省级	14 892	22.53°N	云南	云南省林业厅，2003
16	纳板河	国家级	26 660	22.18°N	云南	云南省环境保护局，2006
17	西双版纳	国家级	242 510	21.95°N	云南	西双版纳国家级自然保护区管理局和云南省林业调查规划设计院，2006

*仅指澜沧江流域部分；**引自西藏类乌齐县信息网 http://www.xzlwq.gov.cn/lwq/；***为内部资料

8.2.4.3 植被类型多样性

植被类型的丰富程度同样是生物多样性的重要方面，可以认为是生态系统层次的多样性。通过以上区域资料，统计各保护区所含植被类型数、植被亚型数以及群落类型数，对其进行对比分析。

8.2.4.4 流域生物多样性

由综述可知，NDVI与生物多样性指数之间存在较好的相关性，因此，本书对流域尺度生物多样性的研究主要基于前述群落尺度样地的物种多样性信息，利用遥感技术，通过遥感影像数据提取样地所对应的 NDVI 值，并与物种多样性指数建立关系，继而得到全流域的生物多样性概况。由于所用样地大多位于保护区内，几乎不受人为干扰，可以认为近几年内变化不大，研究采用 2002 年 MOD09 的 8 天反射率产品，提取得到该年度的 NDVI 数据。

8.2.4.5 生物多样性与生态系统服务

基于前述碳蓄积、水源供给、土壤保持以及生物多样性的研究结果，利用 ArcGIS 的空间分析功能统计流域内各乡镇生态系统服务能力与生物多样性的状况，并进行相关性（Pearson）分析。在此基础上，以生态系统服务和生物多样性最丰富的 10% 的乡镇（30 个）作为热点区域（Bai et al. , 2011；Egoh et al. , 2009），对各项服务以及生物多样性热点区域的空间一致性进行分析（表 8-6）。

表 8-6 各森林类型乔木层生物多样性指数

植被类型	植被亚型	丰富度指数	多样性指数	均匀度指数	优势度指数
稀树灌草丛	暖温性稀树灌草丛	0.5539	1.0499	0.9556	0.3630
	暖热性稀树灌草丛	3.4744	1.9729	0.7116	0.2527
	平均	2.0141	1.5114	0.8336	0.3079
温性针叶林	寒温性针叶林	0.6735	0.6498	0.3854	0.6722
	温凉性针叶林	1.5083	1.2303	0.5720	0.4807
	暖温性针叶林	1.9712	1.9985	0.7951	0.1696
	平均	1.0364	0.9621	0.4830	0.5624
暖热性针叶林	暖热性针叶林	1.7363	1.6845	0.7307	0.3166
	暖温性针叶林	0.6710	0.6453	0.3127	0.6895
	平均	1.2234	1.2487	0.5554	0.4730
	落叶阔叶林	1.0835	1.1546	0.5645	0.4971
硬叶常绿阔叶林	寒温山地硬叶常绿阔叶林	0.6908	0.7634	0.6718	0.5842
常绿阔叶林	半湿润常绿阔叶林	2.4350	2.0311	0.7403	0.2286
	季风常绿阔叶林	2.8261	2.2519	0.7782	0.1807
	山地苔藓常绿阔叶林	1.5856	1.7434	0.7735	0.2282
	山顶苔藓矮林	1.4729	1.5173	0.7153	0.3019
	苔藓常绿阔叶林	3.5552	2.9542	0.9067	0.0643
	中山湿性常绿阔叶林	2.5261	2.2569	0.7947	0.1553
	平均	2.5124	2.1608	0.7751	0.1880
季雨林	半常绿季雨林	3.7487	3.0815	0.9194	0.0723
	落叶季雨林	2.2055	1.9797	0.7373	0.2477
	石灰山季雨林	2.7979	2.3146	0.7947	0.1675
	平均	2.6050	2.2226	0.7784	0.1961
热带雨林	季节雨林	4.6526	2.9050	0.8522	0.1024
	山地雨林	5.8585	3.0484	0.8513	0.0935
	平均	5.2269	2.9725	0.8518	0.0990
竹林	寒温性竹林	0.6514	0.5527	0.5031	0.7031
	热性竹林	2.0322	1.8448	0.7486	0.2467
	温凉性竹林	0.7600	1.2230	0.9854	0.5718
	平均	1.5233	1.5961	0.8433	0.3767

8.3 水源供给

8.3.1 水源供给服务空间分布格局

澜沧江流域水源供给服务结果见表 8-7，该流域年均水源供给量达 7.61×10^{10} m^3/a。从空间分布来看，上游年均水源供给量为 119.41 亿 m^3/a，贡献率为 15.68%；中游年均水源供给量为 132.98 亿 m^3/a，贡献率为 17.46%；下游年均水源供给量为 509.10 亿 m^3/a，贡献率高达 66.86%。单位面积水源供给能力上、中、下游地区分别为 2251.25 m^3/hm^2、3614.62 m^3/hm^2 和 6982.37 m^3/hm^2。从图 8-5 可以看出，流域水源供给能力由上游至下游呈明显递增趋势。

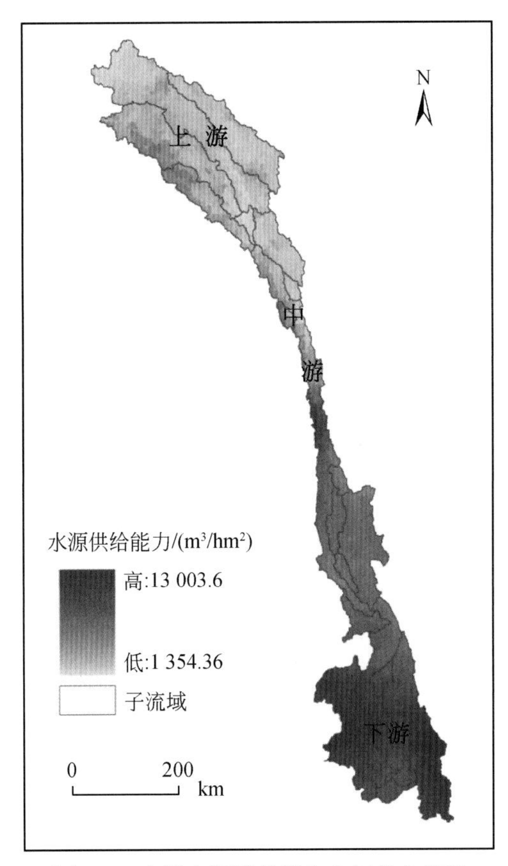

图 8-5　流域水源供给服务空间分布状况

表 8-7　流域上、中、下游水源供给量

地区	面积 /hm^2	面积百分比 /%	单位面积供给量 /（m^3/hm^2）	水源供给总量 /（亿 m^3/a）	水源供给贡献率 /%
上游	5 303 300	32.63	2 251.25	119.41	15.68
中游	3 677 940	22.63	3 614.62	132.98	17.46
下游	7 270 180	44.74	6 982.37	509.10	66.86

对澜沧江流域集水面积大于 1000km^2 的主要一级支流进行提取，对其子流域的水源供给服务进行分

析。其中，澜沧江干流水源供给量为 1.79×10^{10} m^3/a，贡献率为23.51%；而支流水源供给量为 5.82×10^{10} m^3/a，贡献率为76.49%。各支流计算结果如图8-6所示，其中以补远江最高，为 7.35×10^9 m^3/a，贡献率达到9.66%，其次为黑惠江（7.81%）和威远江（7.61%）。从单位面积来看，补远江最高，达到9326.73 m^3/hm^2，其次为南垒河和黑河，分别为9027.59 m^3/hm^2 和8832.37 m^3/hm^2。

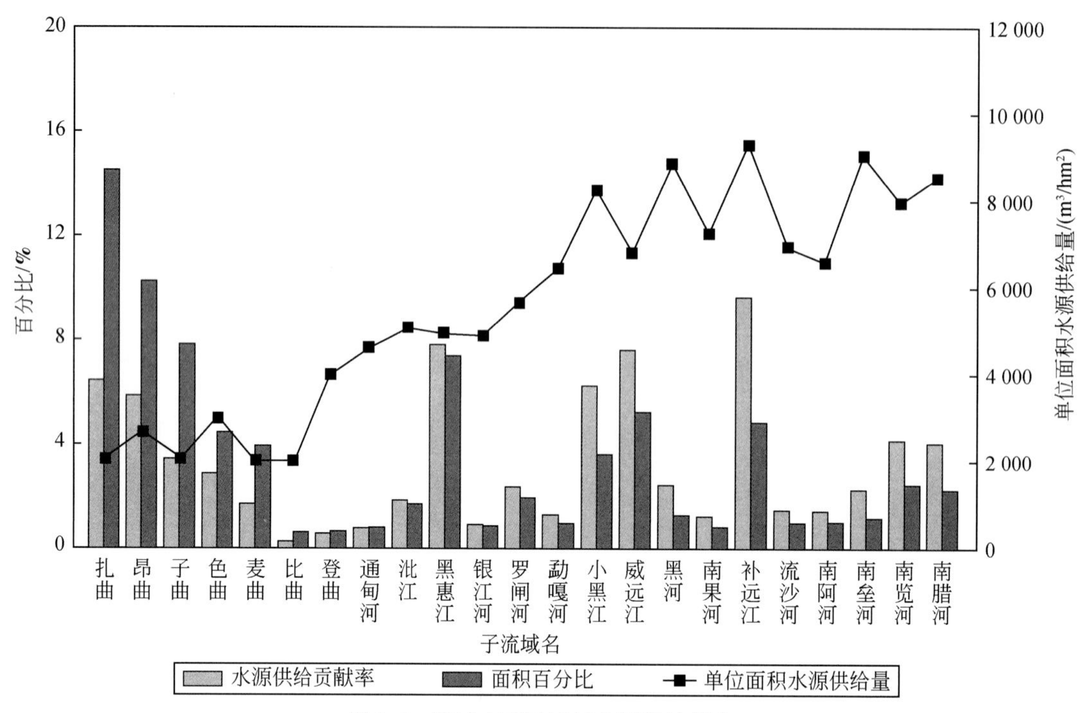

图8-6 流域主要子流域水源供给能力

8.3.2 坡度对水源供给服务的影响

对不同坡度等级水源供给能力进行分析，结果见表8-8。可以看出各等级坡度水源供给量百分比与面积百分比近似，呈一致性变化，说明流域内水源供给量受坡度影响不大，其中8°~25°的坡度范围内水源供给量总和为482.89亿 m^3/a，贡献率占63.42%，为主要部分。单位面积水源供给能力呈先增加后减少的单峰趋势，其中8°~15°最高，平均为5021.19 m^3/hm^2。

表8-8 流域不同坡度水源供给量

坡度	面积/hm^2	面积百分比/%	单位面积供给量/（m^3/hm^2）	水源供给总量/（亿 m^3/a）	水源供给贡献率/%
0°~5°	1 290 176	7.86	4 576.32	58.07	7.63
5°~8°	1 211 668	7.38	4 849.75	58.00	7.62
8°~15°	3 962 386	24.14	5 021.19	197.06	25.88
15°~25°	5 961 237	36.32	4 829.03	285.83	37.54
25°~35°	3 101 863	18.90	4 154.29	128.10	16.83
>35°	885 587	5.40	3893.00	34.30	4.51

8.3.3 海拔对水源供给服务的影响

对流域内不同海拔等级水源供给量进行分析，结果见表8-9。水源供给量在1000～2000m最高，贡献率达46.43%；其次为4000～5000m，贡献率为18.99%，5000m以上贡献率最低，仅为2.85%。从单位面积水源供给量可以看出，流域内水源供给能力随海拔梯度的增高而递减，1000m以下最高，为7843.79 m^3/hm^2，最低为4000～5000m，为2360.08 m^3/hm^2，5000m以上又略有升高；总体上，海拔每升高1000m，水源供给能力平均下降15.14%。

表8-9 流域不同海拔水源供给量

海拔/m	面积/hm^2	面积百分比/%	单位面积供给量/(m^3/hm^2)	水源供给总量/(亿 m^3/a)	水源供给贡献率/%
<1000	992 061	6.04	7 843.79	78.44	10.30
1000～2000	4 888 461	29.78	7 273.82	353.52	46.43
2000～3000	2 183 782	13.30	5 353.82	115.74	15.20
3000～4000	1 399 065	8.52	3 409.33	47.41	6.23
4000～5000	6 185 613	37.68	2 360.08	144.55	18.99
>5000	766 683	4.67	2 951.87	21.72	2.85

8.3.4 典型生态系统类型水源供给服务

研究区以草地生态系统和森林生态系统为主，分别占流域总面积的42.96%和42.13%，因此，主要针对这两类生态系统的水源供给能力进行统计分析，结果如图8-7所示。

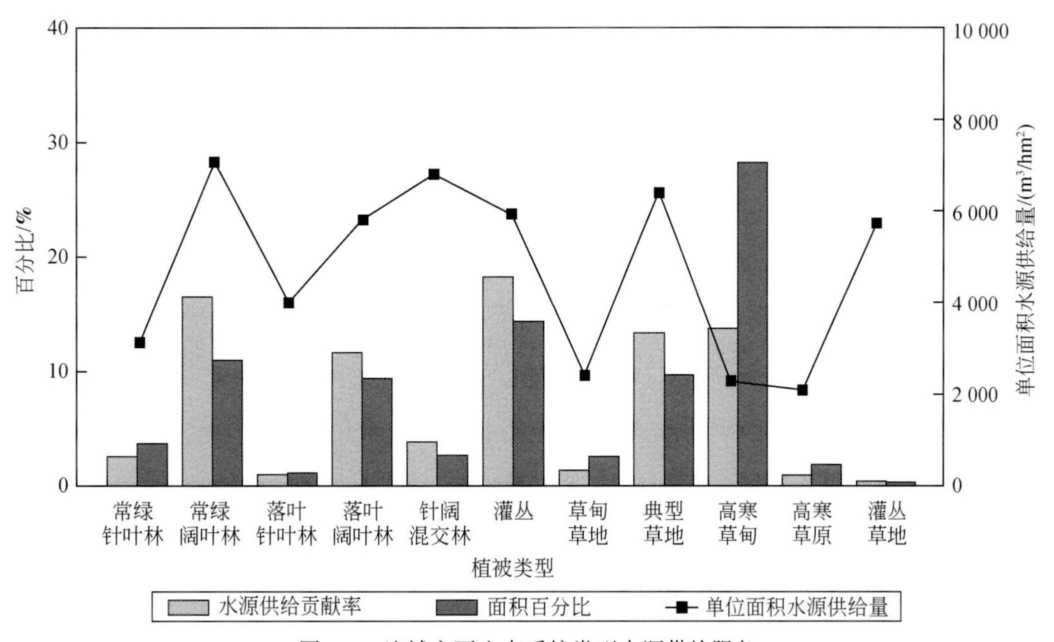

图8-7 流域主要生态系统类型水源供给服务

草地生态系统水源供给总量为 2.26×10^{10} m^3/a，贡献率为29.75%；其中高寒草甸由于面积最大，广泛分布于上游和中游，其水源供给量也最高，为 1.05×10^{10} m^3/a，贡献率为 13.78%；而典型草地虽然面积仅有高寒草甸的1/3，但广泛分布于中下游，水源供给能力较强，因此贡献率仅略低，与高寒草甸相当，为 13.34%；灌丛草地少量分布于中游，水源供给量最低，贡献率仅为 0.42%。而从单位面积来看，草地生态系统平均供给量为 3238.88 m^3/hm^2，其中典型草地由于广泛分布于中下游，降雨充沛，因此，单位面积水源供给能力最高，为 6399.04 m^3/hm^2；其次为灌丛草地和草甸草地，分别为 5726.84 m^3/hm^2 和 2427.54 m^3/hm^2；高寒草原最低，为 2102.95 m^3/hm^2。

森林生态系统水源供给总量为 4.09×10^{10} m^3/a，贡献率为 53.73%。其中，灌丛在全流域都有分布，面积为所有生态系统类型之最，因此，水源供给量也最高，为 1.39×10^{10} m^3/a，贡献率为 18.22%；其次为常绿阔叶林和落叶阔叶林；分别为 16.55% 和 11.67%；而落叶针叶林由于面积最少，水源供给量也最低，贡献率仅为 0.95%。森林生态系统单位面积供给量为 5963.32 m^3/hm^2，其中常绿阔叶林在下游广泛分布，单位面积水源供给能力也最高，为 7061.68 m^3/hm^2；其次为针阔混交林和灌丛，分别为 6790.95 m^3/hm^2 和 5937.35 m^3/hm^2；常绿针叶林最低，为 3144.81 m^3/hm^2。

从植被组成结构来看，针阔混交林单位面积水源供给能力最高，平均为 6790.95 m^3/hm^2，其次为针阔混交林和灌木林，平均分别为 6500.10 m^3/hm^2 和 5932.44 m^3/hm^2，针叶林较低，为 3338.28 m^3/hm^2；草地水源供给能力最低，平均为 3218.81 m^3/hm^2。

不同盖度的生态系统水源供给能力趋势如图 8-8 所示，可以看出，50% 及以下盖度的生态系统水源供给能力总体变化不大，略呈递减趋势，平均为 2542 m^3/hm^2；而 50% 盖度以上水源供给能力则呈线性增加，平均盖度每增加 10%，水源供给能力平均提升 26.61%。

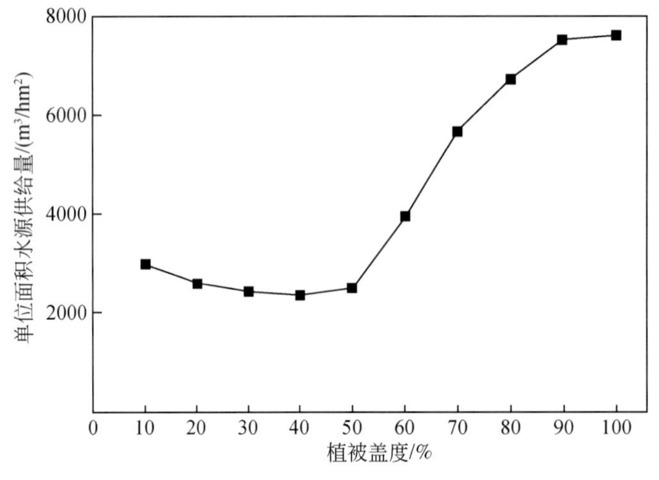

图 8-8　不同盖度生态系统水源供给能力

运用 InVEST 模型的 water yield 模块，在区域尺度上对澜沧江流域的水源供给服务进行研究，得到的主要结论有：①澜沧江流域年均水源供给量达 7.61×10^{10} m^3/a，从上游至下游呈明显递增趋势。支流中总量和单位面积水源供给都以补远江流域最高。②流域水源供给能力总体上与坡度关系不大，其中 8°～25°的坡度范围为水源供给量的主要部分；而单位面积水源供给能力呈先增加后减少的单峰趋势，以 8°～15°最高，在此坡度范围内要注意耕地与林地和草地的协调利用。③水源供给与海拔关系较为密切，流域近半的水源供给量集中于 1000～2000m，水源供给能力随着海拔梯度的增高而递减。④从不同植被结构水源供给能力来看，针阔混交林>阔叶林>灌木林>针叶林>草地。⑤流域水源供给能力与生态系统盖度密切相关，50% 及以下盖度水源供给能力变化不大；而 50% 以上则随盖度呈线性增加，这对该区域水源供给林等的建设和管理具有重要的借鉴意义。

8.4 土壤保持

8.4.1 潜在土壤侵蚀量

澜沧江流域潜在土壤侵蚀总量为 2.47×10^{10} t/a，潜在土壤侵蚀模数为 4224.65 t/hm²。由其空间分布可以看出（图 8-9），潜在土壤侵蚀量由上游至下游递增。其中，上游潜在侵蚀总量为 3.12×10^{9} t/a，中游为 4.95×10^{9} t/a，下游为 1.67×10^{10} t/a；潜在土壤侵蚀模数则分别为 588.32 t/hm²、1344.55 t/hm²、2291.78 t/hm²。

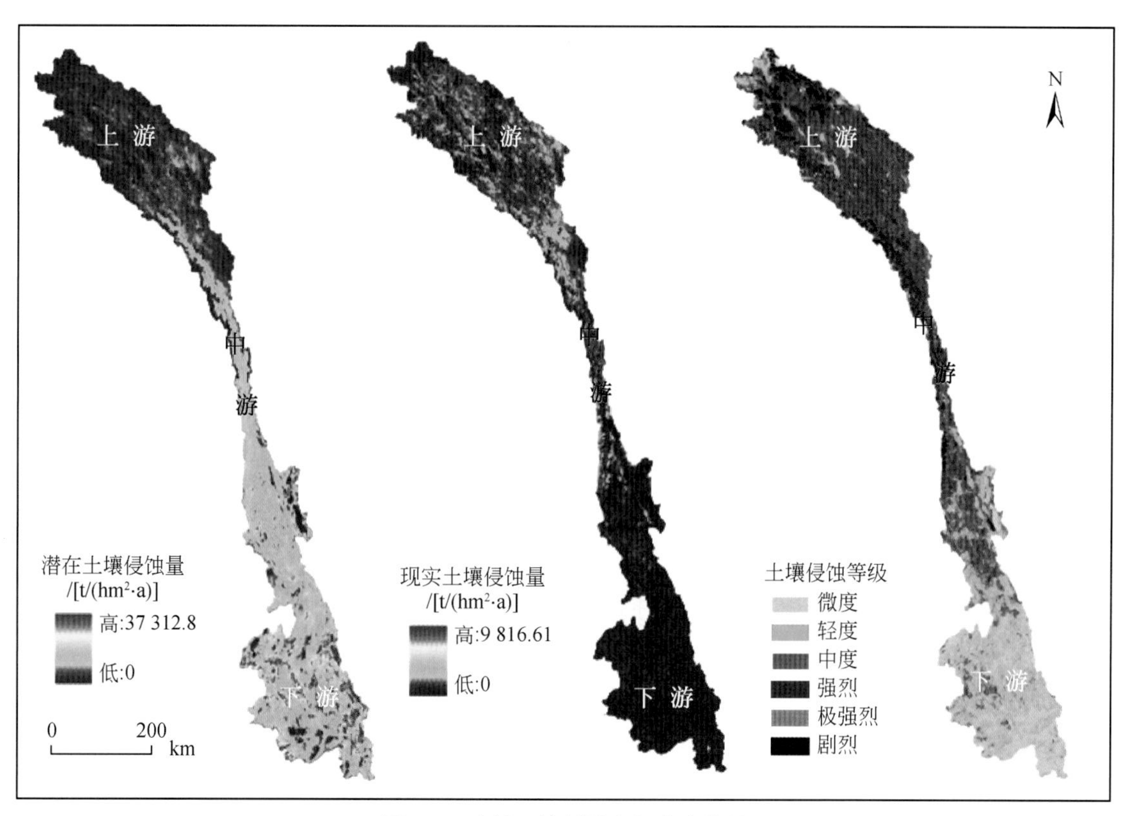

图 8-9 流域土壤侵蚀空间分布状况

8.4.2 现实土壤侵蚀量

8.4.2.1 土壤侵蚀空间分布格局

澜沧江流域现实土壤侵蚀量结果见表 8-10；并根据水利部《土壤侵蚀分类分级标准》（SL 190—2007）对其进行分级统计，空间分布图如图 8-9 所示。流域内年侵蚀总量达 1.13×10^{9} t/a，平均土壤侵蚀模数为 68.63 t/hm²，属强烈侵蚀。从侵蚀等级所占面积来看，微度侵蚀，即在可容忍范围内的土壤流失面积占 39.14%，而 60.86% 面积的区域存在着不同程度的侵蚀，其中剧烈侵蚀面积仅占 11.27%，侵蚀总量却占到 62.97%，说明澜沧江流域土壤侵蚀主要表现为部分区域内的剧烈土壤侵蚀。而从图 8-9、图 8-10和表 8-11 可以更直观地看出剧烈土壤侵蚀主要分布在中上游，共占流域总侵蚀量的 90.07% 之多，这主要是由中上游的地形所造成的，二者剧烈侵蚀都占其面积的20%左右，其中上游平均侵蚀模数为114.98 t/hm²，中游平均侵蚀模数为107.48 t/hm²，均属极强烈侵蚀。相比较而言，下游平均侵蚀模数仅为15.23 t/hm²，平均属轻度侵蚀，其中61.59%在可允许流失范围，剧烈侵蚀仅占1.21%。

表 8-10　流域各侵蚀等级土壤侵蚀状况

土壤侵蚀等级	侵蚀标准 /（t/hm²）	面积 /hm²	面积百分比 /%	平均侵蚀模数 /（t/hm²）	侵蚀总量 /（万 t/a）	侵蚀量百分比 /%
微度	<5	6 425 360	39.14	0.48	310.34	0.28
轻度	5 ~ 25	2 717 562	16.55	13.81	3 753.53	3.33
中度	25 ~ 50	1 988 870	12.12	36.71	7 301.21	6.48
强烈	50 ~ 80	1 587 621	9.67	63.85	1 0137.40	9.00
极强烈	80 ~ 150	1 846 787	11.25	109.47	20 216.10	17.94
剧烈	>150	1 849 465	11.27	383.57	70 940.10	62.97

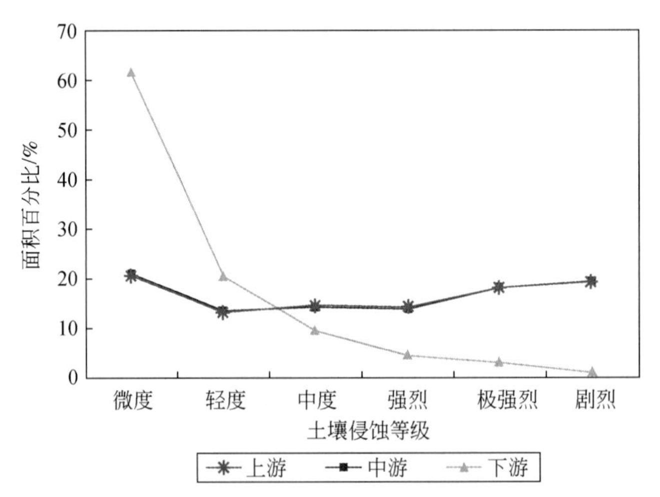

图 8-10　流域上、中、下游各侵蚀等级面积百分比

表 8-11　流域上、中、下游土壤侵蚀量

地区	面积/hm²	面积百分比/%	平均侵蚀模数/（t/hm²）	侵蚀总量/（万 t/a）	侵蚀量百分比/%
上游	5 303 300	32.63	114.98	60 975.40	54.65
中游	3 677 940	22.63	107.48	39 528.80	35.43
下游	7 270 180	44.74	15.23	11 076.40	9.93

流域内主要支流的土壤侵蚀量状况如图 8-11 所示，同样可以看出，位于中上游的几条支流侵蚀情况严重，其中扎曲侵蚀量所占比重最高，为24.94%，其次为昂曲和子曲，分别为18.00%和11.70%，下游的南阿河仅占0.05%；平均侵蚀模数则以登曲最高，为172.98 t/hm²，其次为色曲和昂曲，分别为131.47 t/hm²和120.59 t/hm²，下游的南阿河仅为3.51 t/hm²。

8.4.2.2　坡度对土壤侵蚀的影响

根据水利部《土壤侵蚀分类分级标准》（SL 190—2007）将流域坡度分为6个等级（表 8-12），并统计各等级坡度的土壤侵蚀状况。可以看出，流域内土壤侵蚀强度与坡度密切相关，坡度每增加一个等级，

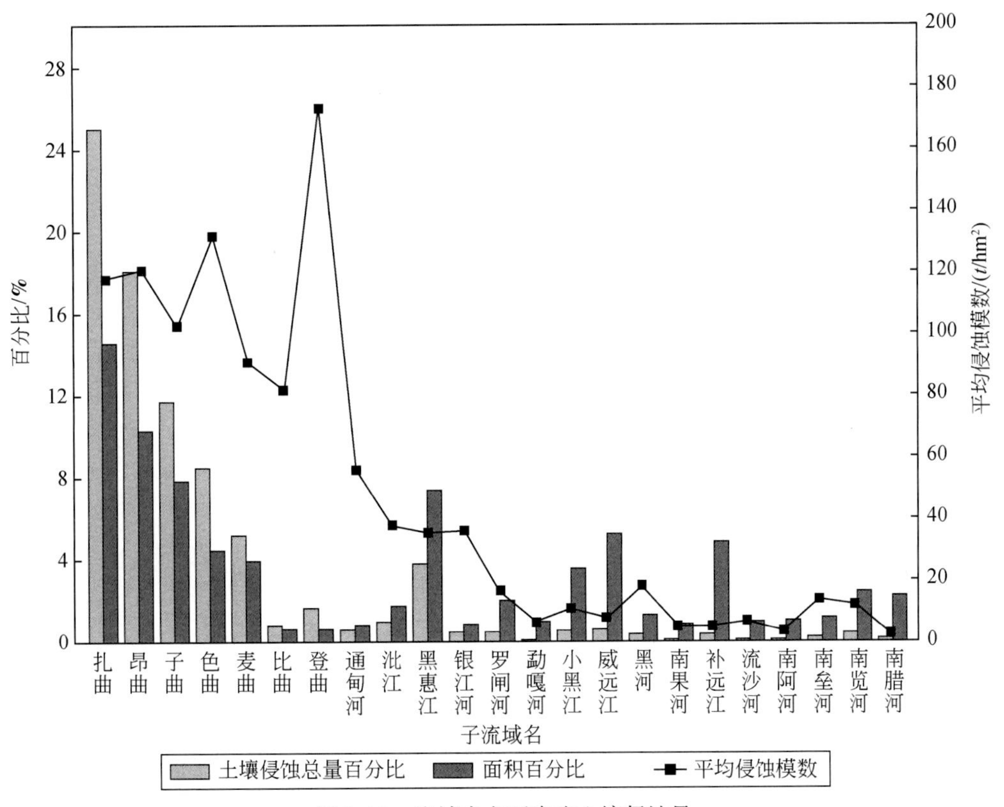

图 8-11 流域内主要支流土壤侵蚀量

土壤侵蚀模数平均增加 33. 34 t/hm^2。其中，0°~5°和 5°~8°平均土壤侵蚀模数分别为 7. 99 t/hm^{2}和 18. 21 t/hm^2，属轻度侵蚀；8°~15°属中度侵蚀；15°~25°属强烈侵蚀；25°~35°属极强烈侵蚀；35°以上则属于剧烈侵蚀。流域内土壤侵蚀主要发生在 15°~35°的坡度内，占侵蚀总量的 71. 37%，是防治土壤侵蚀的重要区域。从不同坡度侵蚀等级构成来看（图 8-12），不同土壤侵蚀等级在不同坡度带上的分布有较大差异。总体而言，微度侵蚀所占比例随坡度的升高而下降，在 0°~5°坡度带上接近 70%，在 35°以上则下降到 25. 96%；而剧烈侵蚀则呈相反趋势，在 0°~5°坡度带上仅占 0. 46%，在 35°上则迅速增加到 32. 08%。进一步说明了流域内土壤侵蚀与坡度的关系。由结果也可以看出，坡度分级标准较为合理，可明显区分出不同等级的土壤侵蚀。

表 8-12 流域内不同坡度等级土壤侵蚀量

坡度	面积/hm^2	面积百分比/%	平均侵蚀模数/（t/hm^2）	侵蚀总量/（万 t/a）	侵蚀总量百分比/%
0°~5°	1 290 176	7. 86	7. 99	1 030. 82	0. 92
5°~8°	1 211 668	7. 38	18. 21	2 206. 05	1. 96
8°~15°	3 962 386	24. 14	34. 19	13 548. 80	12. 03
15°~25°	5 961 237	36. 32	68. 53	40 857. 60	36. 27
25°~35°	3 101 863	18. 90	127. 46	39 536. 20	35. 10
>35°	885 587	5. 40	174. 71	15 471. 60	13. 73

8. 4. 2. 3 海拔对土壤侵蚀的影响

根据海拔分布情况，将流域按表 8-13 所示分为 6 个等级。可以看出，流域内土壤侵蚀与海拔也具有密切关系，随着海拔的上升，土壤侵蚀呈几何级加剧，平均每升高 1000m，土壤侵蚀程度加重 2. 3 倍。海

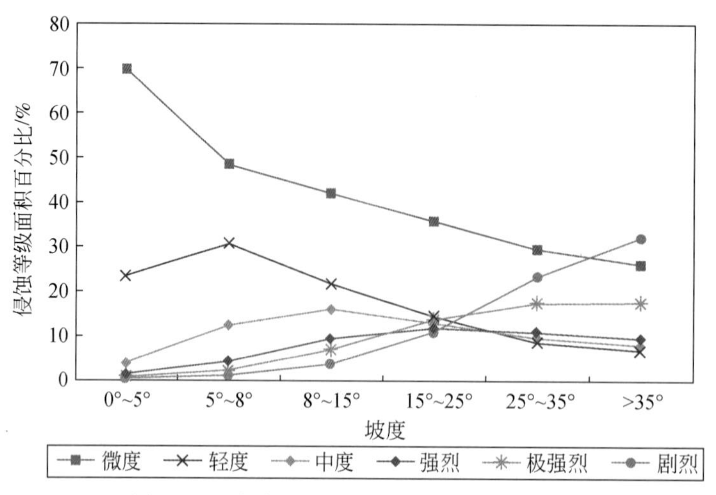

图 8-12　流域不同坡度土壤侵蚀面积百分比

拔 1000m 以下平均土壤侵蚀模数仅为 3. 87 t/hm²，基本不存在土壤侵蚀；1000 ~ 2000m 平均土壤侵蚀模数为 13. 70 t/hm²，属轻度侵蚀；2000 ~ 3000m 平均土壤侵蚀模数为 33. 58 t/hm²，属中度侵蚀；3000 ~ 4000m 和 4000 ~ 5000m 平均土壤侵蚀模数分别为 89. 91 t/hm² 和 107. 73 t/hm²，属极强烈侵蚀；而 5000m 以上平均土壤侵蚀模数达到 248. 22 t/hm²，属剧烈侵蚀。流域内土壤侵蚀主要发生在 3000m 以上，占总侵蚀量的 87. 21%。从不同海拔的土壤侵蚀等级分布情况来看（图 8-13），各海拔等级分布曲线不同，在 3000m 以下，从微度到剧烈侵蚀呈递减趋势，主要以微度和轻度侵蚀为主；而在 3000 ~ 5000m，各等级呈直线型均匀分布；而 5000m 以上则呈 U 形的两极分化趋势，以微度侵蚀和剧烈侵蚀为主，主要是由于 5000m 以上冰雪覆被和裸岩分布逐渐增多，导致微度侵蚀所占面积增加。

表 8-13　流域不同海拔土壤侵蚀量

海拔/m	面积/hm²	面积百分比/%	平均侵蚀模数/（t/hm²）	侵蚀总量/（万 t/a）	侵蚀总量百分比/%
<1000	992 061	6. 04	3. 87	383. 59	0. 34
1000 ~ 2000	4 888 461	29. 78	13. 70	6 696. 87	5. 94
2000 ~ 3000	2 183 782	13. 30	33. 58	7 333. 94	6. 51
3000 ~ 4000	1 399 065	8. 52	89. 91	12 579. 60	11. 17
4000 ~ 5000	6 185 613	37. 68	107. 73	66 634. 30	59. 15
>5000	766 683	4. 67	248. 22	19 030. 40	16. 89

8. 4. 3　土壤保持服务

8. 4. 3. 1　土壤保持服务空间分布

澜沧江流域土壤保持服务计算结果见表 8-14，空间分布状况如图 8-14 所示。可以看出流域土壤保持服务与潜在土壤侵蚀分布呈相反状况，共计年均保持土壤 236. 25 亿 t/a，单位面积保持土壤 1453. 72 t/hm²。从上游到下游土壤保持服务递增，其中上游年均保持土壤 25. 20 亿 t/a，单位面积保持土壤 475. 17 t/hm²；中游保持土壤 45. 54 亿 t/a，单位面积保持土壤 1238. 19 t/hm²；下游保持土壤 165. 51 亿 t/a，单位面积保持土壤 2276. 56 t/hm²。从结果来看，下游占土壤保持总量的 70. 06%，这是由于下游相对中上游年降雨量丰富，降雨侵蚀量因子远高于中上游，潜在土壤侵蚀量高；另外，下游植被覆盖度较好，以常绿阔叶林等为主的森林生态系统具有相当强的土壤保持能力。因此，下游土壤保持量远高于中上游。

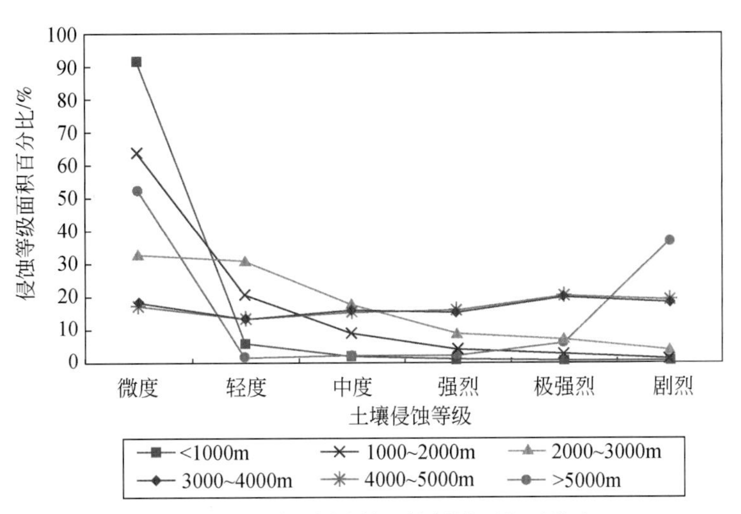

图 8-13　流域不同海拔土壤侵蚀面积百分比

表 8-14　流域上、中、下游土壤保持量

地区	面积/hm^2	面积百分比/%	单位面积土壤保持量/（t/hm^2）	保持总量/（亿 t/a）	保持量百分比/%
上游	5 303 300	32. 63	475. 17	25. 20	10. 67
中游	3 677 940	22. 63	1 238. 19	45. 54	19. 28
下游	7 270 180	44. 74	2 276. 56	165. 51	70. 06

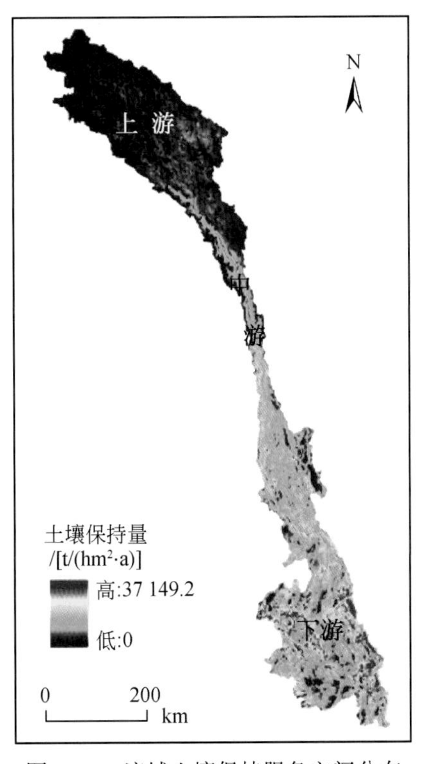

图 8-14　流域土壤保持服务空间分布

流域内主要支流土壤保持量如图 8-15 所示，可以看出，位于下游的威远江土壤保持量最高，为 2.42×10^9t/a，占总量的 10.23%，补远江和黑惠江其次，分别为 2.21×10^9t/a（9.36%）和 2.13×10^9t/a（9.93%），

登曲仅为 7.77×10^7 t/a（0.33%）；而单位面积土壤保持能力则以黑河最高，为 2925.60 t/hm²，其次为补远江和威远江，分别为 2841.45 t/hm² 和 2806.06 t/hm²，上游扎曲最低，仅为 433.63 t/hm²。

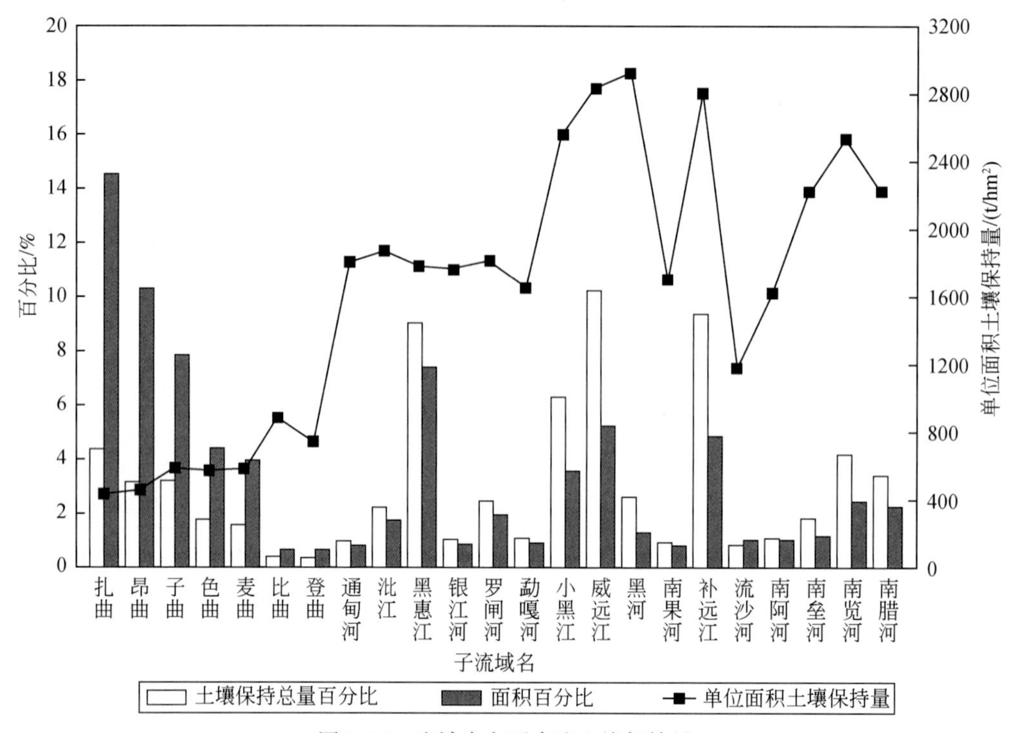

图 8-15　流域内主要支流土壤保持量

8.4.3.2　不同生态系统土壤保持服务

流域不同生态系统类型土壤保持服务见表 8-15 和图 8-16，可以看出，流域以森林和草地生态系统为主，土壤保持量共占 89.94%。在主要生态系统类型中，灌丛生态系统土壤保持量最高，为 4.89×10^9 t/a，占总量的 20.54%，这与其有较大面积有关，其次为常绿阔叶林和典型草地，分别为 4.69×10^9 t/a（19.72%）和 3.38×10^9 t/a（14.19%）。而单位面积土壤保持量则以常绿阔叶林最高，为 2614.05 t/hm²，其次为针阔混交林和灌丛草地，分别为 2358.10 t/hm² 和 2145.24 t/hm²。整体来看，同一类型生态系统内部的土壤保持能力相差较大，如同为森林生态系统，阔叶林土壤保持能力平均要高出针叶林 2 倍，针叶林土壤保持能力甚至低于一些草地和灌丛生态系统，这可能与生态系统内部结构组成相关。农田也具有一定的土壤保持能力，其中旱地高达 1930.73 t/hm²，甚至高于针叶林和草地。总体而言，森林>草地>农田>人居>荒漠。

表 8-15　流域一级生态系统类型土壤保持服务

类型	面积/hm²	面积百分比/%	单位面积土壤保持量/（t/hm²）	保持总量/（亿 t/a）	保持量百分比/%
森林	6 896 920	42.02	2 163.01	149.18	62.69
草地	7 053 975	42.98	919.47	64.86	27.26
农田	1 378 082	8.40	1 711.83	23.59	9.91
人居	16 424	0.10	295.87	0.05	0.03
湿地	126 672	0.77	0	0	0
荒漠	941 558	5.74	26.56	0.25	0.12

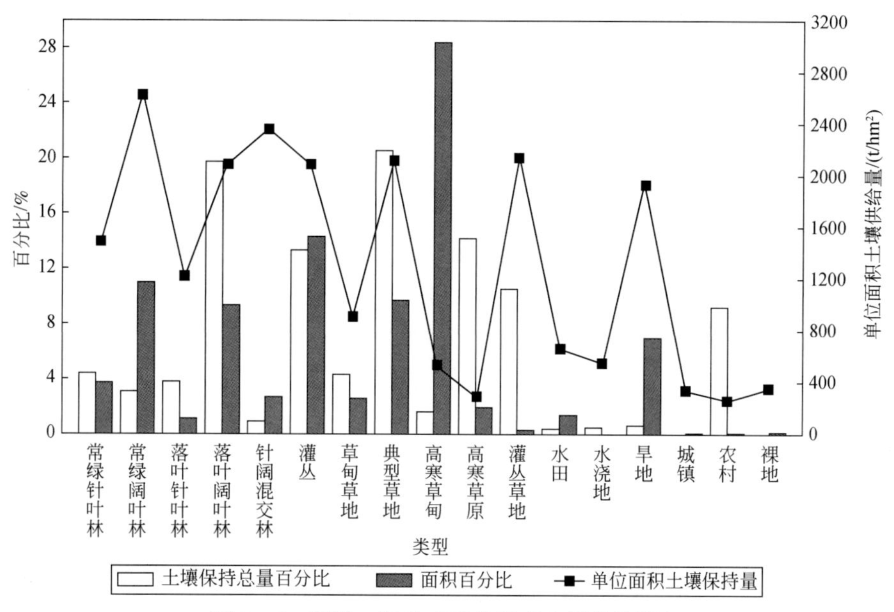

图 8-16　流域二级生态系统类型土壤保持服务

不同盖度生态系统土壤保持能力如图 8-17 所示，植被盖度对生态系统的土壤保持能力具有非常显著的影响，在 90% 以下时，生态系统的土壤保持能力随着盖度的增加呈线性上升；然而值得注意的是，在 90% 以上时，土壤保持能力反而有所下降，这可能是由于数据精度不一，在计算时产生误差以及 NDVI 在植被高覆盖区容易饱和，产生植被指数被压缩的现象，另外也可能是受其他因素如降雨、土壤性质和坡度的影响。总体来说，生态系统保持土壤的能力随盖度的增加呈线性增长，植被盖度每增加 10%，土壤保持能力平均增加 35.28%。因此，合理增加植被盖度是防治土壤流失的重要措施。

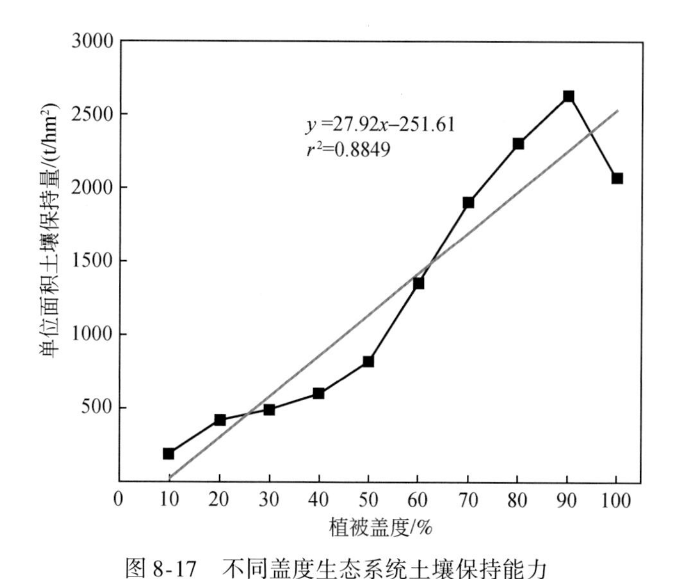

图 8-17　不同盖度生态系统土壤保持能力

8.4.3.3　流域土壤养分保持量

经计算，流域保持土壤 N 元素 5.74×10^{7} t/a，P 元素 3.07×10^{7} t/a，K 元素 3.75×10^{8} t/a。各营养元素保持量空间分布如图 8-18 所示。可以看出，各营养元素保持量与土壤保持量几乎呈一致分布，整体上从上游到下游呈递增趋势。其中，N 元素保持量的高值区出现在中游的横断山区，而 P 元素和 K 元素则出现在下游，除了土壤保持量以外，主要与不同地区土壤类型的营养元素组成不同有关。

流域主要生态系统类型保持土壤养分功能见表8-16。其中，N元素保持量以灌丛生态系统最高，为1059.57万t/a，占总量的18.47%；其次为常绿阔叶林和高寒草甸，分别为927.11万t/a（16.16%）和853.44万t/a（14.87%）。而单位面积保持量则以针阔混交林最高，为6.60 t/hm^2；其次为常绿针叶林和常绿阔叶林，分别为6.22 t/hm^2和5.16 t/hm^2。P元素保持量以常绿阔叶林最高，为633.54万t/a，占总量的20.66%，其次为灌丛和典型草地，分别为611.45万t/a（19.94%）和431.53万t/a（14.07%）。单位面积保持量则以常绿阔叶林最高，为3.53 t/hm^2，其次为针阔混交林和落叶阔叶林，分别为3.47 t/hm^2和2.78 t/hm^2。K元素保持量以灌丛最高，为7120.12万t/a，占总量的18.98%，其次为常绿阔叶林和落叶阔叶林，分别为6438.24万t/a（17.16%）和5324.03万t/a（14.19%）。而单位面积保持量则以针阔混交林最高，为38.12 t/hm^2，其次为灌丛草地和常绿阔叶林，分别为37.92 t/hm^2和35.87 t/hm^2。

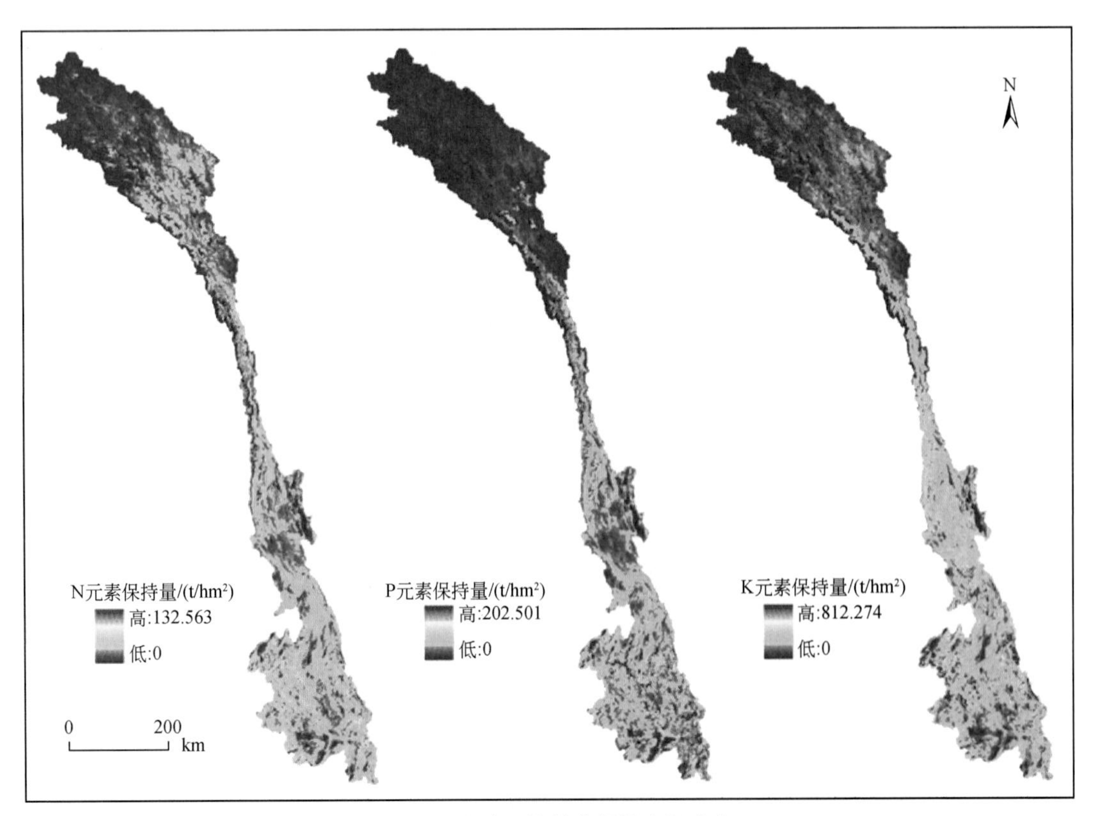

图8-18　流域土壤养分保持空间分布

表8-16　流域主要生态系统土壤养分保持量

生态系统类型	N			P			K		
	保持总量/（万t/a）	百分比/%	单位面积保持量/（t/hm^2）	保持总量/（万t/a）	百分比/%	单位面积保持量/（t/hm^2）	保持总量/（万t/a）	百分比/%	单位面积保持量/（t/hm^2）
常绿针叶林	377.43	6.58	6.22	165.01	5.38	2.72	1564.99	4.17	25.78
常绿阔叶林	927.11	16.16	5.16	633.54	20.66	3.53	6438.24	17.16	35.87
落叶针叶林	82.99	1.45	4.51	34.13	1.11	1.86	409.68	1.09	22.28
落叶阔叶林	777.38	13.55	5.09	425.64	13.88	2.78	5324.03	14.19	34.83
针阔混交林	286.57	4.99	6.60	150.78	4.92	3.47	1655.57	4.41	38.12
灌丛	1059.57	18.47	4.51	611.45	19.94	2.60	7120.12	18.98	30.33

续表

生态系统类型	N			P			K		
	保持总量/（万 t/a）	百分比/%	单位面积保持量/（t/hm²）	保持总量/（万 t/a）	百分比/%	单位面积保持量/（t/hm²）	保持总量/（万 t/a）	百分比/%	单位面积保持量/（t/hm²）
草甸草地	150.25	2.62	3.54	57.52	1.88	1.35	703.38	1.87	16.56
典型草地	720.49	12.56	4.51	431.53	14.07	2.70	5096.87	13.59	31.93
高寒草甸	853.44	14.87	1.83	258.10	8.41	0.55	5048.42	13.46	10.84
高寒草原	22.82	0.40	0.72	12.07	0.39	0.38	203.94	0.54	6.43
灌丛草地	28.09	0.49	4.99	14.08	0.46	2.50	213.64	0.57	37.92
水田	26.79	0.47	1.15	18.05	0.59	0.78	220.74	0.59	9.48
水浇地	0.81	0.01	1.80	0.29	0.01	0.65	4.54	0.01	10.01
旱地	414.30	7.22	3.63	251.35	8.19	2.20	3445.72	9.19	30.21
城镇	0.44	0.01	0.56	0.29	0.01	0.36	3.86	0.01	4.90
农村	0.40	0.01	0.47	0.25	0.01	0.29	3.22	0.01	3.76
裸地	1.26	0.02	0.99	0.41	0.01	0.32	9.33	0.02	7.32

8.5 碳 蓄 积

8.5.1 流域植被碳蓄积功能基本特征及空间分布规律

计算结果表明，流域涉及 326 个乡镇的植被碳蓄积总量为 300.32 Tg，碳密度在 0.09 ~ 90.40 Mg/hm²，平均为 18.89 Mg/hm²，其中青海部分占总量的 6.56%，西藏部分占 21.85%，而云南部分则占 71.59%，详细结果见表 8-17。对不同学者的研究进行统计，中国陆地植被碳库（森林和草地）在 4.77 ~ 6.42 Pg（方精云等，2007；朴世龙等，2004；王效科等，2001），则研究区的碳蓄积总量占全国的 4.68% ~6.29%，而面积仅为 1.67% 。

表 8-17 流域各级别行政区域碳蓄积和碳密度

省/自治区	州/市/地区	区县	涉及乡镇数	面积/万 hm²	碳储量/Tg	碳密度/（Mg/hm²）	面积百分比/%	碳储量百分比/%
青海省	玉树州	囊谦县	10	120.70	4.94	4.09	7.59	1.64
		玉树县	3	70.71	2.52	3.56	4.45	0.84
		杂多县	8	356.55	12.25	3.43	22.42	4.08
	小计		21	547.96	19.70	3.60	34.46	6.56
西藏自治区	昌都地区	察雅县	13	79.79	10.61	13.30	5.02	3.53
		昌都县	15	104.39	25.81	24.72	6.57	8.59
		丁青县	8	30.86	0.51	1.65	1.94	0.17
		贡觉县	4	3.96	0.14	3.60	0.25	0.05
		江达县	5	32.85	1.61	4.91	2.07	0.54
		类乌齐县	10	57.52	11.06	19.23	3.62	3.68
		芒康县	11	47.61	11.71	24.60	2.99	3.90
		左贡县	6	15.53	3.72	23.98	0.98	1.24

续表

省/自治区	州/市/地区	区县	涉及乡镇数	面积/万 hm^2	碳储量/Tg	碳密度/(Mg/hm^2)	面积百分比/%	碳储量百分比/%
西藏自治区	那曲地区	巴青县	1	16.46	0.43	2.61	1.04	0.14
	小计		73	388.97	65.61	16.87	24.46	21.85
云南省	保山市	昌宁县	8	13.49	2.00	14.82	0.85	0.67
		隆阳区	3	3.75	0.91	24.18	0.24	0.30
	大理州	大理市	11	7.64	0.81	10.64	0.48	0.27
		洱源县	12	21.07	2.77	13.17	1.33	0.92
		鹤庆县	1	1.92	0.20	10.17	0.12	0.07
		剑川县	7	17.58	2.82	16.02	1.11	0.94
		南涧县	6	9.04	1.04	11.45	0.57	0.34
		巍山县	8	21.30	2.70	12.65	1.34	0.90
		漾濞县	11	13.95	2.18	15.62	0.88	0.73
		永平县	8	32.62	11.22	34.40	2.05	3.74
		云龙县	10	36.22	7.41	20.46	2.28	2.47
	迪庆州	德钦县	4	21.37	8.17	38.23	1.34	2.72
		维西县	8	29.41	13.57	46.13	1.85	4.52
	临沧市	沧源县	7	10.11	3.59	35.52	0.64	1.20
		凤庆县	13	14.74	3.81	25.84	0.93	1.27
		耿马县	4	9.35	3.60	38.47	0.59	1.20
		临翔区	5	6.16	2.01	32.64	0.39	0.67
		双江县	6	14.61	4.65	31.83	0.92	1.55
		永德县	1	1.40	0.29	20.44	0.09	0.10
		云县	11	18.87	4.84	25.62	1.19	1.61
	怒江州	兰坪县	8	35.49	9.06	25.52	2.23	3.02
	普洱市	江城县	1	7.26	0.85	11.69	0.46	0.28
		景东县	5	12.00	2.21	18.44	0.75	0.74
		景谷县	11	52.59	16.76	31.87	3.31	5.58
		澜沧县	19	51.73	18.87	36.49	3.25	6.28
		孟连县	4	4.89	0.91	18.58	0.31	0.30
		宁洱县	4	11.80	2.00	16.96	0.74	0.67
		思茅区	4	16.97	6.57	38.72	1.07	2.19
		镇沅县	5	14.64	2.78	19.00	0.92	0.93
	西双版纳州	景洪市	8	58.24	31.17	53.51	3.66	10.38
		勐海县	10	22.56	12.52	55.49	1.42	4.17
		勐腊县	9	60.33	32.75	54.28	3.79	10.90
	小计		232	653.11	215.01	32.92	41.08	71.59
总计			326	1590.04	300.32	18.89	100.00	100.00

流域植被碳蓄积和碳密度的空间分布状况如图8-19所示，可以看出，从北到南基本呈递增趋势，为了更进一步地揭示植被碳密度随纬度的变化趋势，以各乡镇中心点纬度为横坐标，其植被碳密度为纵坐

标作图（图 8-20），发现流域植被碳密度呈三段式阶梯状上升。第一阶梯为从源头到昌都的上游，属于高纬度、高海拔地区，植被以草地为主，碳密度较低，一般在 10Mg/hm² 以下，到 32°N 的昌都地区时出现第一个小高峰，原因是云杉、圆柏以及灌木林开始增多，平均碳密度最高可达 38Mg/hm²。第二阶梯为昌都以南的芒康县到滇西北迪庆州的德钦县、维西县的横断山脉地区，分布有大量高生物量的云冷杉，平均碳密度在 20～30 Mg/hm²，在维西县的巴迪乡达到最高，为 56.74Mg/hm²。从 27°N 以南的大理开始进入第三阶梯，植被慢慢具有热带性质，碳密度几乎呈线性增长，在滇西南的西双版纳州达到最顶峰，其面积仅占全流域的 9%，而碳蓄积总量达到 76.43Tg，占研究区 1/4 多，而平均碳密度为 54.16 Mg/hm²，是流域平均水平的近 3 倍，其中勐腊县尚勇镇的平均碳密度甚至达到 90.40 Mg/hm²。总体来说，植被碳蓄积主要集中于下游地区，三段阶梯的平均碳密度分别为 8.29 Mg/hm²、24.28 Mg/hm² 和 32.45 Mg/hm²。

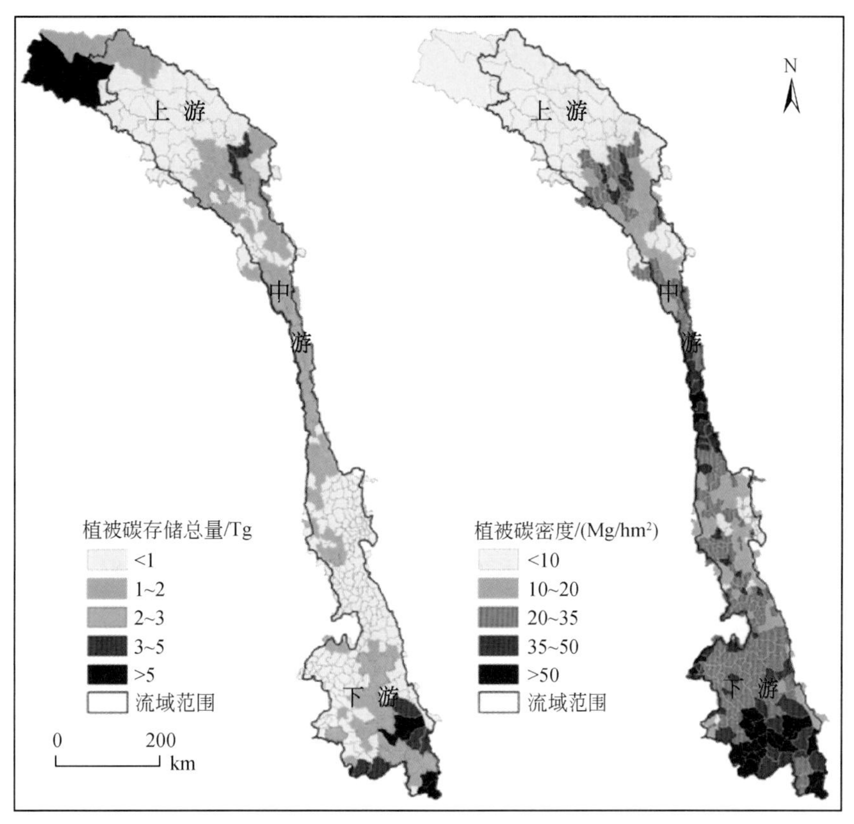

图 8-19 流域各乡镇植被碳存储总量和碳密度空间分布图

8.5.2 流域主要植被类型碳蓄积特征

对流域主要植被类型的碳蓄积总量和碳密度进行统计，结果见表 8-18。可以看出，森林是最主要的碳库，其总量为 276.27 Tg，占总量的 92.13%，平均碳密度为 37.09 Mg/hm²。分省份来看，青海、西藏、云南三省（区）的碳蓄积比例约为 1∶22∶73，大部分在下游的云南境内；而平均碳密度则三省份相差不大，而西藏的乔木林碳密度甚至高于云南，主要是由于其分布有大量的云冷杉。从森林类型看，普通乔木林最高，其蓄积总量分别是灌木林、经济林和竹林的 10 倍、22 倍和 75 倍；碳密度则以竹林最高，为 64.57 Mg/hm²，甚至高于乔木林，是经济林的 3 倍之多，与方精云等（1996）的结果相比，高于其全国平均水平（32.96 Mg/hm²），却低于其云南水平（90.31 Mg/hm²）；同杨清等（2008）等对竹类的研究比较，与版纳甜龙竹（63.72 Mg/hm²）近似，而高于其他竹类，因此，就碳蓄积功能来说，竹林存在巨大潜力；而普通乔木林的碳密度为 47.95 Mg/hm²，高于 2000 年的全国平均水平（41 Mg/hm²）（方精云等，2007）。

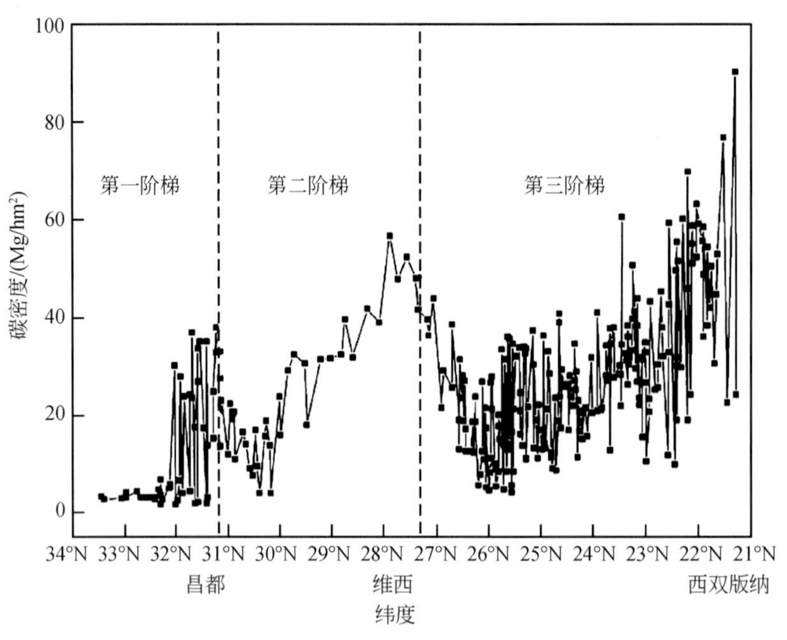

图 8-20 流域植被碳密度随纬度变化趋势

表 8-18 流域各植被类型碳蓄积和碳密度

植被类型		青海		西藏		云南		总计	
		碳蓄积量/Tg	碳密度/（Mg/hm²）	碳蓄积量/Tg	碳密度/（Mg/hm²）	碳蓄积量/Tg	碳密度/（Mg/hm²）	碳蓄积量/Tg	碳密度/（Mg/hm²）
森林	乔木林	2.00	41.97	50.23	59.23	186.41	45.67	238.64	47.95
	灌木林	0.87	12.97	11.76	12.97	11.18	12.97	23.81	12.97
	经济林	—	—	—	—	10.64	19.86	10.64	19.86
	竹林	—	—	—	—	3.17	64.57	3.17	64.57
	小计	2.88	24.99	61.99	35.00	211.40	38.01	276.27	37.09
草地	高寒草甸	13.94	3.02	3.15	2.27	0.04	3.47	17.13	2.85
	高寒草原	0.13	1.12	—	—	0.00	0.00	0.13	1.12
	山地草甸	0.34	1.99	0.29	2.73	0.54	4.48	1.17	2.94
	暖性灌草丛	—	—	0.01	7.74	0.13	3.15	0.14	3.22
	温性草甸草原	—	—	0.01	3.26	—	—	0.01	3.26
	温性草原	—	—	0.07	1.16	—	—	0.07	1.16
	沼泽类草丛	—	—	0.04	9.43	—	—	0.04	9.43
	干热稀树灌草丛	—	—	—	—	0.03	4.96	0.03	4.96
	暖性草丛	—	—	—	—	0.16	3.01	0.16	3.01
	热性草丛	—	—	—	—	1.63	4.20	1.63	4.20
	热性灌草丛	—	—	—	—	0.60	4.04	0.60	4.04
	小计	14.41	2.94	3.57	2.29	3.12	4.07	21.10	2.92
荒漠		0.03	0.09	0.05	0.09	0.01	0.09	0.09	0.09
沼泽		2.39	18.00	—	—	0.01	18.00	2.40	18.00

草地的碳蓄积量为 21.10 Tg，占总量的 7.04%，平均碳密度为 2.92 Mg/hm²，低于全国平均水平

(3.46 Mg/hm^2)(方精云等，2007)，也具有不可忽视的作用。分省份来看，青海草地分布广泛，其总量为14.41 Tg，占草地总量的68.29%，西藏与云南相近；而由于云南的草地偏热性，因此其碳密度最高，为4.07 Mg/hm^2，也高于全国的平均水平。从草地类型来看，研究区以高寒草甸为主，占草地总量的80%以上，占绝对优势；而碳密度方面，沼泽类最高，为9.43 Mg/hm^2，除此之外，碳密度则随高寒—温性—暖性—热性渐呈递增趋势。

8.5.3 优势树种碳蓄积功能特征

从以上分析可以看出，森林在碳蓄积功能方面发挥着主体作用，这里进一步分析其优势树种碳蓄积和碳密度的特征，分析所用数据为迪庆州、保山市、临沧市、普洱市以及西双版纳的16个县的近20 000个小班数据，从滇西北到滇西南呈连续分布，碳蓄积结果由森林清查数据计算所得，具有良好的代表性和准确性，同时记载有详细的植被结构和地形因子信息，非常有利于进行科学分析。下面对植被结构和地形因子的相关分析同样采用该数据源。

由表8-19可以看出，优势树种以栎类占优势，在16个区县均有分布，总蓄积量最高，为55.23 Tg；思茅松分布也较为广泛，其碳蓄积量仅次于栎类，为23.95 Tg；由于橡胶林具有很高的经济价值，在滇西南广泛种植，且密度较高，其碳蓄积量也较为可观，为9.34 Tg。碳密度方面，栎类同样最高，为63.26 Mg/hm^2，高于方精云等(1996)的全国平均水平(40.71 Mg/hm^2)，云杉和冷杉碳密度仅次于栎类，分别为62.37 Mg/hm^{2}和60.52 Mg/hm^2，均低于方精云数值(70.49 Mg/hm^{2}和84.22 Mg/hm^2)。进一步分析发现，栎类与云杉和冷杉均具有较高的碳密度值，然而其原因却不同，栎类是由于具有较高的生物量/材积比，而云杉和冷杉则是由于单位面积森林蓄积量高，即可以认为一个是由于木材质地硬(物理密度高)，而另一个则是因为长得高。而桉树碳密度仅有4.47 Mg/hm^2，低于方精云等的全国平均水平(8.18 Mg/hm^2)，均远远低于其他树种，可能与其作为速生树种，多为人工幼龄林有关。

表 8-19 优势树种碳蓄积量与碳密度

树种	碳蓄积量/Tg	生物量/材积比	碳密度/(Mg/hm^2)	树种	碳蓄积量/Tg	生物量/材积比	碳密度/(Mg/hm^2)
落叶松	0.16	0.69	42.97	桦木	0.66	1.26	33.41
高山松	0.40	0.74	33.32	桉树	0.25	—	4.47
冷杉	6.92	0.71	60.52	杨树	0.15	0.78	31.56
云杉	2.09	0.69	62.37	栲类	0.79	1.15	35.49
华山松	0.61	0.79	30.61	桤木	1.80	1.08	31.57
柏木	0.17	1.45	21.21	木荷	0.16	1.41	26.85
杉木	0.17	1.21	22.40	铁刀木	0.02	1.73	25.67
铁杉	0.59	0.66	50.83	团花	0.02	1.91	21.48
云南松	7.82	0.79	26.60	柚木	0.03	—	37.57
思茅松	23.95	0.79	31.32	橡胶	9.34	—	22.57
栎类等	55.23	1.34	63.26				

8.5.4 流域植被结构对碳蓄积功能的影响

植被的组成结构对碳蓄积功能有着重要的影响，下面从龄组、起源、群落构成以及林业工程等几方面进行探讨。

从表 8-20 可以看出，各森林类型随着林龄的增加，其碳密度基本呈线性增长，其中普通乔木林在中龄林到近熟林增长速度最快，之后开始放缓；经济林同样在产前期到初产期增长速度最快，到盛产期达到顶峰，之后反而开始出现下降；竹林的增长速度最快，到老龄竹甚至可以达到 86.81 Mg/hm^2。在蓄积总量方面，普通乔木林以幼龄林和中龄林为主；而经济林以盛产期为主；竹类则以壮龄竹和老龄竹为主。由此可以看出，该区域具有巨大的碳汇潜力，按照林业清查龄组间隔平均为 10 ~ 20 年计，未来碳蓄积潜力分别为：普通乔木林 29.24 Tg；经济林为 2.06 Tg；竹类为 0.83 Tg。由前述分析可知，就森林类型来说，各地平均碳密度相差不大，因此，将这个结果推算到全流域是可行的，假设未来 10 ~ 20 年土地利用类型未发生变化，即在自然生长的情况下，森林的碳蓄积将增加 78.57 Tg，相当于目前森林总碳蓄积量的 28.44%，按 15 年计，年均碳汇量为 5.24 Tg/a；届时森林碳密度将达到 47.64 Mg/hm^2，而普通乔木林碳密度将达到 61.58 Mg/hm^2，远高于目前水平（37.09 Mg/hm^2 和 47.95 Mg/hm^2）。

表 8-20　各龄组森林类型碳蓄积量与碳密度

森林类型	龄组	面积/万 hm^2	碳蓄积量/Tg	碳密度/（Mg/hm^2）
普通乔木林	幼龄林	70.20	22.63	32.24
	中龄林	103.82	44.39	42.76
	近熟林	24.67	15.05	60.99
	成熟林	13.59	9.01	66.25
	过熟林	2.16	1.69	78.23
经济林	未达幼	4.50	0.24	5.45
	产前期	16.98	1.86	10.96
	初产期	6.45	1.76	27.31
	盛产期	14.98	5.20	34.72
	衰产期	1.14	0.29	25.12
竹类	幼龄竹	0.06	0.01	22.02
	壮龄竹	2.11	1.02	48.40
	老龄竹	1.14	0.99	86.81

森林起源与林业工程的碳蓄积量与碳密度结果见表 8-21 和表 8-22，由于二者存在密切关系，因此对其进行综合分析。研究区无论是面积还是蓄积总量，都以天然林占绝对优势，其碳密度是人工林的 2.67 倍。这个结果在林业工程中也有所反映，自然保护区工程和天保工程以天然林为主，其碳密度也高；而退耕还林和速生丰产工程则以人工林为主，其碳密度远低于自然保护区工程，其中退耕还林工程实施 10 余年，面积已达到 4 万余公顷，但大多仍处于幼龄林，因此，具有十分可观的碳蓄积潜力。

表 8-21　天然林及人工林碳蓄积量与碳密度

森林起源	面积/万 hm^2	碳蓄积量/Tg	碳密度/（Mg/hm^2）
天然林	259.10	124.20	47.93
人工林	83.84	15.06	17.96

表 8-22　各林业工程碳蓄积量与碳密度

工程类别	面积/万 hm^2	碳蓄积量/Tg	碳密度/（Mg/hm^2）
天保工程	58.51	27.71	47.36
自然保护区工程	15.16	11.52	75.99
澜沧江防护林工程	0.56	0.24	42.64

续表

工程类别	面积/万 hm^2	碳蓄积量/Tg	碳密度/（Mg/hm^2）
退耕还林工程	4. 34	0. 46	10. 59
速生丰产工程	0. 05	0. 01	18. 74
其他工程	21. 57	5. 71	26. 50
非工程	158. 83	54. 43	34. 27

林业清查中按群落构成将森林分为完整型、复杂型和简单型。完整型为具有乔木层、下木层、草本层和地被物层 4 个完整层次的森林；复杂型指具有乔木层和其他 1 ~2 个植被层的森林；简单型则只有乔木 1 个植被层。由表 8-23 可以看出，随着群落结构的复杂，碳蓄积量和碳密度都大幅增加。

表 8-23　各群落构成类型森林碳蓄积量和碳密度

群落构成	面积/万 hm^2	碳蓄积量/Tg	碳密度/（Mg/hm^2）
简单型	5. 76	2. 19	37. 96
复杂型	27. 50	11. 69	42. 51
完整型	60. 79	35. 92	59. 10

8. 5. 5　流域地形因子对碳蓄积功能的影响

这里从海拔、坡度、坡向和坡位等几个方面分析地形因子对流域植被碳蓄积功能的影响。森林在所选研究区的海拔 300 多米到近 5000m 呈连续分布，非常适宜进行相关的分析。每间隔 100m，对森林碳蓄积量进行统计，同时计算其平均碳密度，所得结果如图 8-21 所示，可以看出碳蓄积总量总体呈单峰变化，主要分布在海拔 2000m 以下，占总量的 81. 29%，在 1200m 时最多，这个海拔段的面积最大，主要分布于滇西南的西双版纳和普洱市。而从碳密度来看，呈现出两个高峰，第一个高峰出现在海拔 1100m 时，同碳蓄积总量的趋势吻合，平均碳密度为 49. 57 Mg/hm^2，因为这个区域水热条件非常好，分布有大量的热带山地雨林、季雨林以及亚热带常绿阔叶林。之后开始下降，在海拔 2000m 左右，平均碳密度下降到 33. 06 Mg/hm^2，这个区域主要包括临沧市和普洱市的高海拔地区，由于水热条件下降，阔叶树种蓄积量降低，而针叶树种则以碳密度较低的思茅松和云南松为主。此后开始上升，在海拔 3600m 时达到最高峰，碳密度为 57. 72 Mg/hm^2，主要分布于迪庆州的德钦县和维西县，很显然，这里分布的大量云冷杉是主因。在越过林线（3800 ~4000m）后，碳密度开始迅速下降，到 4500m 以上时，碳密度稳定于 12. 74 Mg/hm^2，这是灌木林的平均碳密度，此时已无乔木林分布。

对坡度按进行分级并统计其碳蓄积量和碳密度（图 8-22），发现碳蓄积量大部分位于 15° ~35°，平坡和缓坡很少有森林分布，碳密度除 5° ~8°外，几乎呈线性增长趋势，最可能的原因为坡度平缓的地区受人类影响严重，大部分已被开发，所剩少数为碳密度较低的人工林，反而坡度较陡的区域森林保存较好，碳蓄积和碳密度都较高。

不同坡向坡位的碳蓄积量和碳密度统计结果如图 8-23 和图 8-24 所示，无坡向的平地无论是蓄积总量还是碳密度都为最低，从另一个角度说明研究区平地极少，多为山地。除此以外，在坡向方面，东坡和西坡略低于其他坡向，但也无明显差异。坡位方面，碳蓄积总量大部分集中于山坡上，多位于中坡位，而碳密度则无明显差异。因此，对研究区整体来说，坡向和坡位对碳蓄积无太大影响。

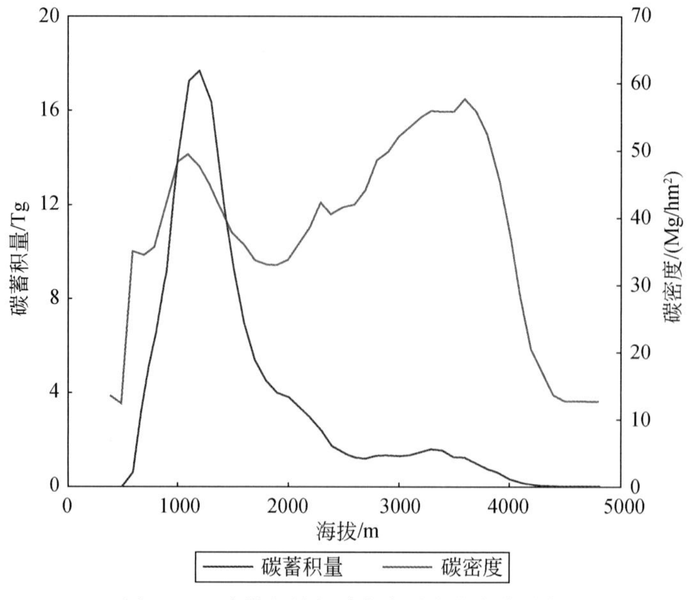

图 8-21 碳蓄积量与碳密度随海拔变化趋势

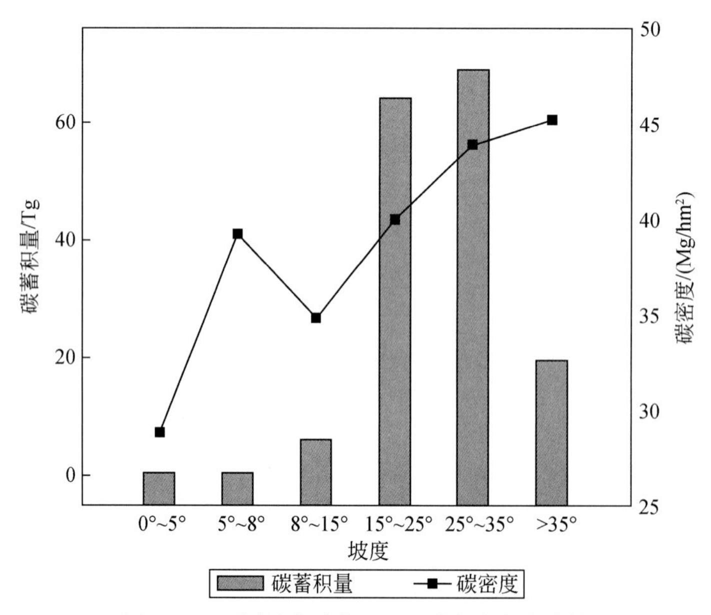

图 8-22 不同坡度碳蓄积量和碳密度变化趋势

8.5.6 土壤碳蓄积

对流域土壤碳蓄积总量的计算结果见表 8-24，总蓄积量为 3.14Pg，占全国总量的 1.7% ~3.4%，是流域植被碳蓄积总量的 10 倍之多。碳密度为 191.35 Mg/hm^2，分别是植被、森林和乔木平均碳密度的 10 倍、5 倍和 4 倍，可见土壤蓄积量在整个生态系统中的地位。与其他地区相比，方精云等（1996）计算的全国平均水平远高于其他区域，可能与其所用剖面样本数量较少有关（725 个，王绍强等为 2473 个，本研究为 218 个），而一般来说，全国水平处于 100 ~ 120 Mg/hm^2，流域平均水平几乎是全国平均水平的 2 倍，略高于大理州。究其原因，流域上游处于青藏高原，有机质分解速率缓慢；而下游温度降水适宜，森林覆盖率高，人为干扰较少，植被生长旺盛，地表枯落物丰富，相应有机碳密度也高。从这些特点也可以看出，如果保护不当，流域内土壤碳库一旦遭到破坏，短时间内很难恢复。

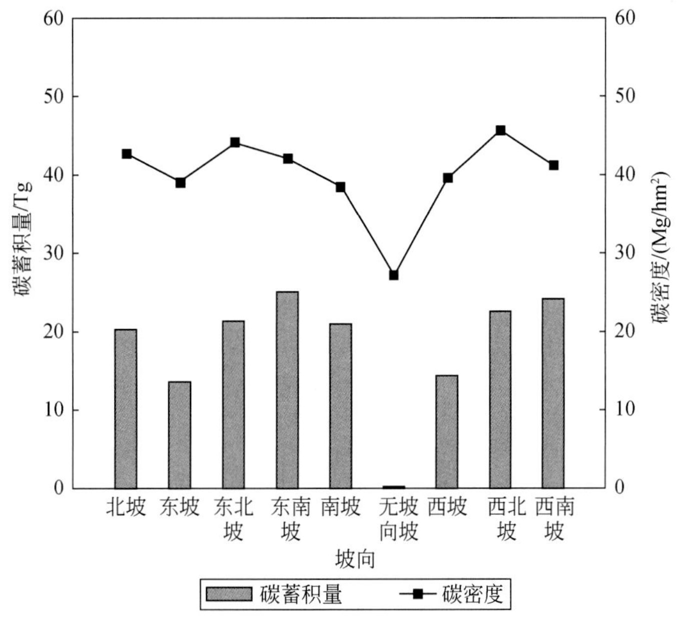

图 8-23 不同坡向碳蓄积量与碳密度

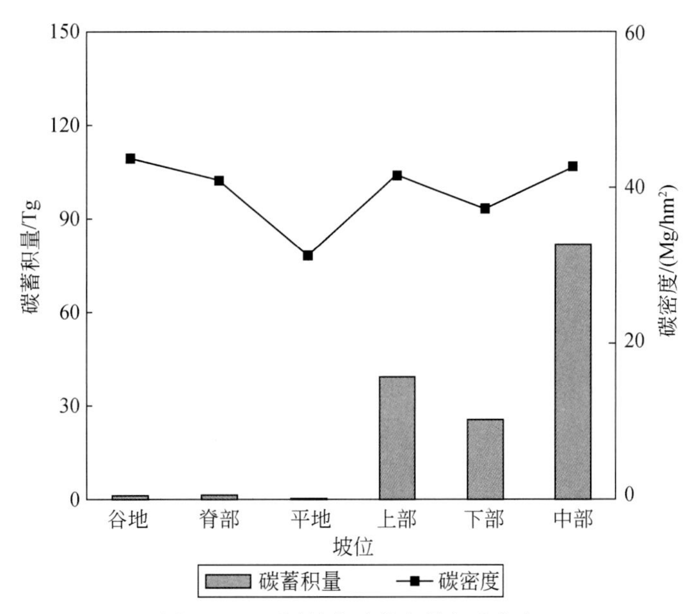

图 8-24 不同坡位碳蓄积量与碳密度

表 8-24 流域内与其他地区土壤碳蓄积量与碳密度的对比

研究区域	面积 1×10^6 hm^2	剖面数量	平均厚度/cm	平均碳密度/（Mg/hm^2）	碳蓄积量/Tg	来源
中国	877.63	2 473	87	105.3	92 418	王绍强等，2000
中国	944.86	725	86.2	203	185 690	方精云等，1996
澜沧江流域	16.43	218	82.41	191.35	3 143.5	本研究
辽河流域	5.23	实测	100	102.8	538	于成广等，2011
东北平原	23	实测	100	129	2 978	奚小环等，2010
长江三角洲	7.28	实测	100	113	823	许乃政等，2010
大理州	2.63	158	100	178.8	471	许祯等，2010

8.5.7 误差分析

下面从研究区域和计算方法对估算的误差进行讨论。

研究区域上，青海和西藏除杂多县和类乌齐县外，基本采用的是平均值法，而李文华等（1998）则采用当地详细的森林清查资料、实测数据以及大量草地数据对青藏高原的生物量进行了估算，并分县进行了统计，其准确度较高，将本书青海和西藏相关县的计算结果与之比较发现，青海3县的碳蓄积量相差11%（本研究19.7 Tg，李文华等为17.53 Tg），西藏误差仅为1.5%（本研究为65.61 Tg，李文华等为64.63 Tg），总体相差3.7%，因此，对该区域的估算相对较准确。云南除大理州外，对占大部分碳蓄积量的乔木林，利用森林清查数据，采用本地化的参数进行计算，而森林清查数据的误差在我国约为5%（Fang et al.，2001），因此，该部分的估算也是较为准确的。

计算方法上，由于同类研究较少，对灌木林、经济林、竹林以及荒漠和沼泽等采用的是平均数据，而不同种类不同地区差异较大，因此可能存在较大误差，但这些植被类型的生物量或分布面积较小，总体影响不大。对草地的估算采用的是该地区草类清查数据，地上碳量的估算相对准确，在10%以内（中华人民共和国农业部畜牧兽医司，1994），但对地下生物量采用的是比值法估算，误差相对较大。另外，森林清查对针叶树种分类详细，而对阔叶林则相对粗糙，尤其是在滇西南的热带雨林季雨林地区，阔叶种类繁多，在分类较粗的情况下误差也较大。对土壤碳库的估算是误差最大的部分，本书仅对其进行粗略的估计，该部分也是未来研究的难点和重点。

总体来说，由于采用了多源数据，不但工作量巨大，研究结果也不可避免地会产生这样那样的误差，本书对碳蓄积的主体部分——乔木林进行了较为准确的估算，同时通过多种手段，力争将其他部分的误差降到最低，以保证研究区生态系统整体碳蓄积的估算精度。

8.6 生物多样性

8.6.1 群落尺度物种多样性

8.6.1.1 物种多样性基本特征及空间分布格局

(1) 乔木层

对各植被类型乔木层多样性指数的计算结果见表，可以看出不同森林类型物种多样性指数差异明显，其中，热带雨林主要分布在滇南的西双版纳，水热条件好，无明显的旱季，物种繁多，层次复杂，竞争激烈，分布均匀（E=0.8518），没有显著的优势种类（D=0.099），因此，各种多样性指数都明显优于其他植被类型，其在1500m^{2}的面积内，乔木种数可以达到30～70种。季雨林则具有明显的干湿季交替，其旱季落叶成分增多，生物多样性低于热带雨林，1500m^{2}面积内平均乔木树种为20种，但高于其他森林类型，其中半常绿季雨林与热带雨林仍非常接近。常绿阔叶林是具有热带至温带之间过渡性质的森林类型，物种多样性指数与季雨林近似，其中苔藓常绿阔叶林明显高于其他亚型，与热带雨林接近。落叶阔叶林主要为桤木、山地杨桦林等，是温带的地带性森林，物种多样性指数要明显差于常绿阔叶林，其在500m^{2}的表现面积内平均乔木树种为7种。而针叶林群落往往由少数建群种构成，因此，在群落水平上，其优势度指数较高，而多样性指数则普遍较低，与阔叶林差距较大，而暖性针叶林略强于温性针叶林，其中寒温性针叶林在400m^{2}内平均物种仅为4种，建群种如云冷杉等往往占据绝对优势。对于稀树灌草丛和竹林来说，不同植被亚型之间差异较大，与其所处地区气候有很大关系，往往热性大于温性。总体来说，区域内物种多样性，阔叶林优于针叶林，常绿阔叶林优于落叶阔叶林，暖热性大于温凉性。

(2) 灌丛和草甸

灌丛和草甸植被类型生物多样性指数计算结果见表8-25。对灌丛来说，除栎类萌生灌丛生物多样性指数较高外，其他亚型之间相差不大。而草甸类型中高寒草甸丰富度指数较高，而其他指数各亚型之间相差也不大。其中，沼泽化草甸由于样本数量较少，因此，其结果可能并不具有普遍意义。

表8-25 各灌丛和草甸类型生物多样性指数

植被类型	植被亚型	丰富度指数 *G*	多样性指数 *H*	均匀度指数 *E*	优势度指数 *D*
灌丛	高山灌丛	1.0184	0.7925	0.7512	0.7770
	寒温性灌丛	1.9883	1.4554	0.7421	0.3127
	栎类萌生灌丛	3.9269	2.0582	0.7010	0.2328
	暖温性灌丛	1.2848	1.4314	0.6884	0.3491
	亚高山杜鹃灌丛	1.4476	1.4581	0.8330	0.2937
	平均	1.3703	1.0677	0.7533	0.6094
草甸	高寒草甸	6.5958	2.3356	0.6887	0.1667
	寒温草甸	4.6144	2.3043	0.7965	0.1681
	亚高山草甸	3.0401	2.4693	0.7953	0.1438
	沼泽化草甸	3.9087	2.3555	0.8149	0.1439
	平均	5.5838	2.1108	0.7710	0.1881

8.6.1.2 纬度梯度分布格局

(1) 乔木层多样性

从图8-25可以看出，虽然流域内地形复杂，但是在群落尺度上，乔木层物种多样性仍呈现出明显的纬度梯度，即各指数从高纬度到低纬度呈明显的增加趋势（优势度指数是对物种集中性的度量，为多样性的反面），这与大多数研究结果是一致的（Qian，1999；谢晋阳等，1994；Malyshev et al.，1994；Currie and Paquin，1987）。研究区上游森林分布较少，主要为大果圆柏或川西云杉，建群种单一，乔木层生物多样性极低。到中游虽然存在横断山脉以及滇西北等公认的生物多样性热点区域，但群落尺度上，主要建群种仍是云冷杉或栎类等硬阔树种，在乔木层上并不具有高的物种多样性，原因是在较小的取样尺度下（群落样方调查面积一般不超过3000m^2），气候因子如温度等可能是影响物种数目的主要因子（冯建孟等，2009）。而滇西南的西双版纳地区水热条件良好，拥有热带雨林季雨林等热带植被，其多样性指数要明显高于其他地区。

(2) 灌草层多样性

如图8-26所示，灌木层多样性变化趋势与乔木层相近，随纬度下降而呈上升趋势。草本层多样性则完全不同，其丰富度指数随纬度下降而下降，而多样性指数则呈现出更复杂的S形，这主要是由于草本层影响因素众多，其中乔灌层对其起着抑制作用，因此，在源区无乔灌层的地区，以草甸为主，多样性较高，随着乔灌木的出现，由于受到抑制，其多样性开始下降，而当这种抑制作用达到最大以后，由于水热条件越来越好，其多样性又有所增加。而在29°N～31°N有一个样地的空白地带，也是造成草本层丰富度指数和多样性指数在源区略有差别的重要原因。

(3) 群落多样性

从群落的多样性指数趋势来看（图8-27），多样性基本呈现出随纬度下降而上升的趋势，其中丰富度指数则有较大不同，呈先降低后上升的U形趋势，除了上述样带空白区的原因外，另一个重要原因是上游主要为草甸，种数丰富，而调查面积却较小，往往只有几平方米，与中下游调查面积相差巨大，而丰富度指数的计算虽然采用了除以面积对数的形式，也不能完全消除这种作用，结果造成丰富度指数结果

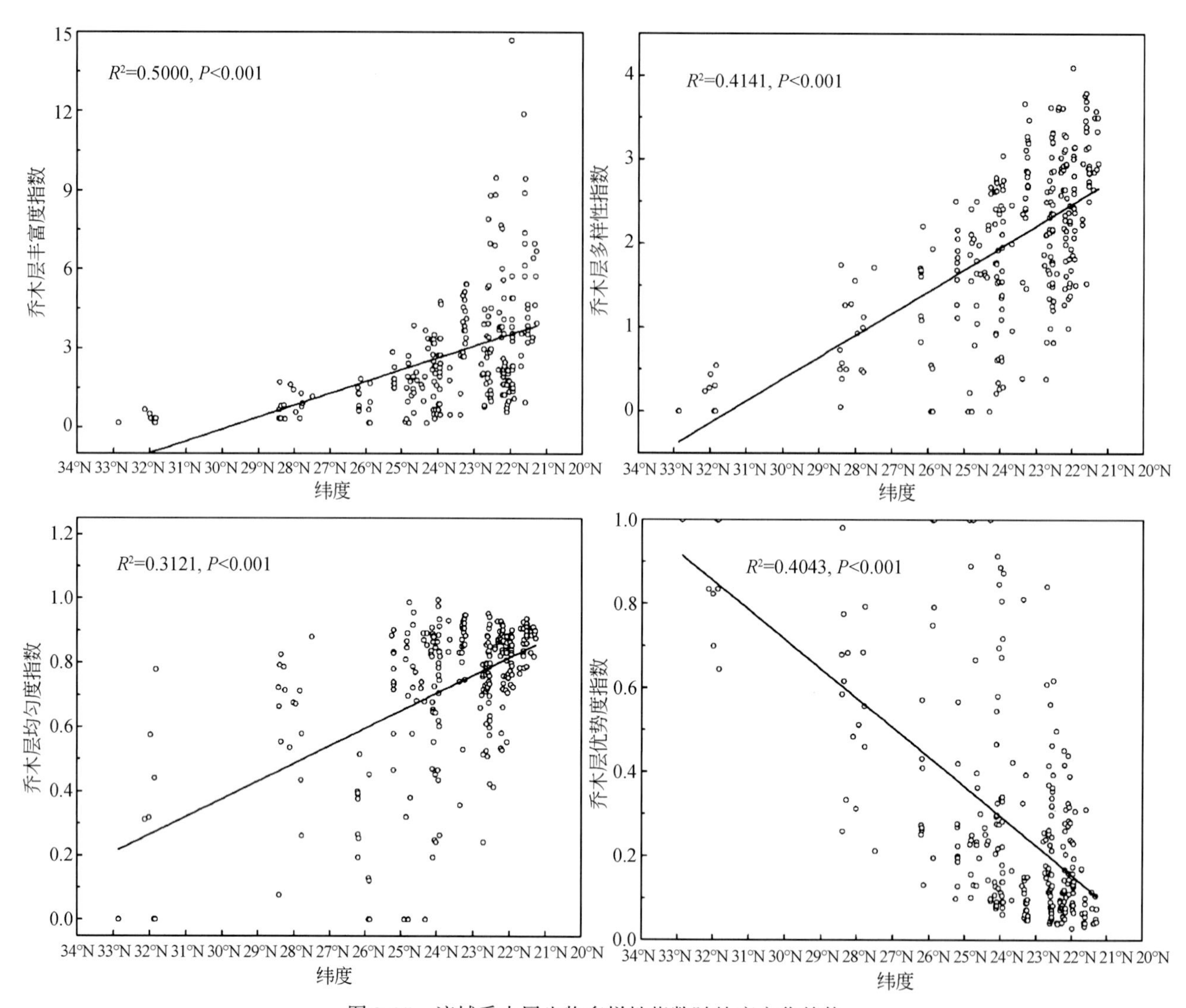

图 8-25　流域乔木层生物多样性指数随纬度变化趋势

偏大。实际上，如果不考虑上游的样地，即从 29°N 开始，群落尺度上的多样性随纬度下降呈现出明显的上升趋势，与多样性指数是相同的。从另一个角度反映出 Gleason 丰富度指数在消除面积影响方面的作用有限，因此，在实际应用中应尽量避免用其对比面积差异过大的区域。

8.6.1.3　海拔梯度分布格局

（1）乔木层多样性

森林乔木层多样性指数随海拔梯度的分布格局如图 8-28 所示，可以看出，各指数随海拔的上升呈明显下降趋势，与纬度的趋势基本相同，也是最普遍的情况（唐志尧和方精云，2004），很多山脉都有类似的分布，如喜马拉雅山地区（Yoda，1967）、肯尼亚/乌干达的埃尔贡山地区（Hamilton and Perrott，1981）、澳大利亚大雪山地区（Mallen-Cooper and Pickering，2008）和长白山地区（郝占庆等，2002）。而海拔每升高 1000m，气温约降低 6℃，相当于沿纬度往北递进 500～750km（Holdridge，1967），同时由于澜沧江为南北向河流，流域内海拔与纬度具有较大关系，因此，多样性随海拔的分布趋势基本与纬度趋势相同，总体上受热量因子影响较大。

（2）灌草层多样性

在海拔梯度上，灌木层与乔木层近似，丰富度指数与多样性指数都呈明显下降趋势（图 8-29）。而同

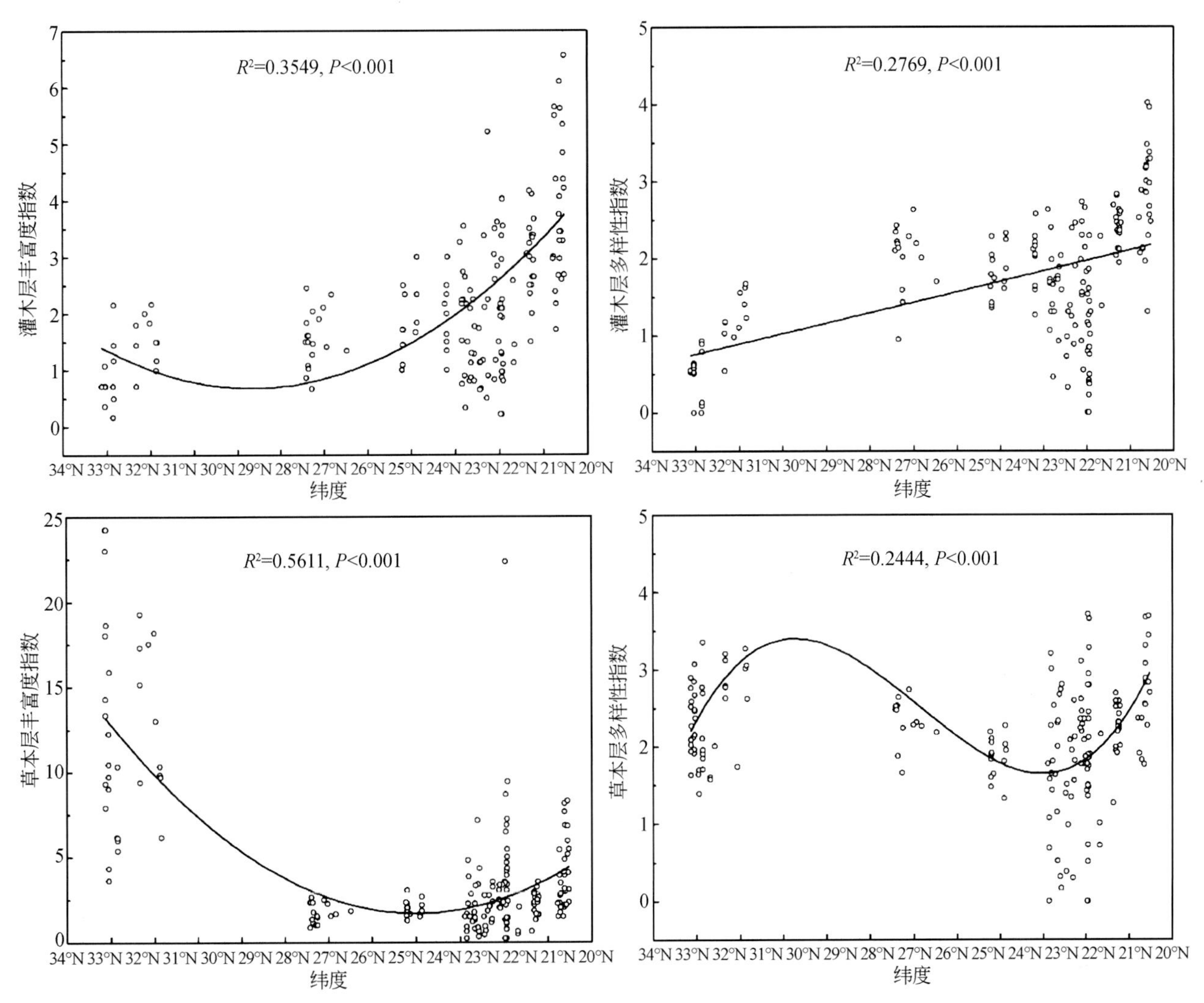

图 8-26　流域灌草层生物多样性指数随纬度变化趋势

样由于影响草本植物的因素较多，其多样性指数随海拔变化的关系比较复杂，在 2500m 以下时呈略微下降，而在 3000m 以上随海拔上升呈明显增加；而丰富度指数的变化趋势很明显，呈增长趋势。这种与海拔在一定程度上（范围）呈正相关可能是由于随着海拔的升高，群落盖度降低而光照增加，导致草本层种类增多，多样性上升。草本层的总体表现说明，在海拔梯度上，其受乔灌层的抑制作用很明显，在 3000m 以上这种作用慢慢减弱后，其多样性开始显著增加。

（3）群落多样性

在群落水平上，整体而言多样性随海拔上升呈下降趋势，然而丰富度指数却呈现出 U 形的趋势（图 8-30），与在纬度梯度上的趋势类似，即在中海拔地区多样性反而最低，这与部分研究的“中间高度膨胀”（mid-altitude bulge）的效应“相反”，该理论认为木本植物多样性随海拔增高而减少，草本植物在中度海拔地方最高，而在海拔较低处，由于乔木林的抑制，草本层多样性最低，两种趋势组合的结果使得最大多样性出现在中海拔中生条件的森林中，第二高峰才出现在海拔最低处（Whittaker，1960）。丰富度指数之所以表现“异常”，除了在纬度分析中提到的原因外，另一重要原因是本书研究范围为流域，区域相对较大，而上述“中间高度膨胀”理论则一般为单体山脉的调查，实际上，在流域内，很多山脉的多样性是符合该理论的，如欧晓昆等（2006）对梅里雪山地区海拔 2438 ~ 4350m 范围内群落物种多样性的研究发现，丰富度指数在海拔 2700 ~ 3500m 的中间地带最高。而刘洋等（2007）的研究表明白马雪山、无量山以及西双版纳等都呈现中间海拔物种多样性最丰富的现象，同时研究还发现最高值所出现的海拔

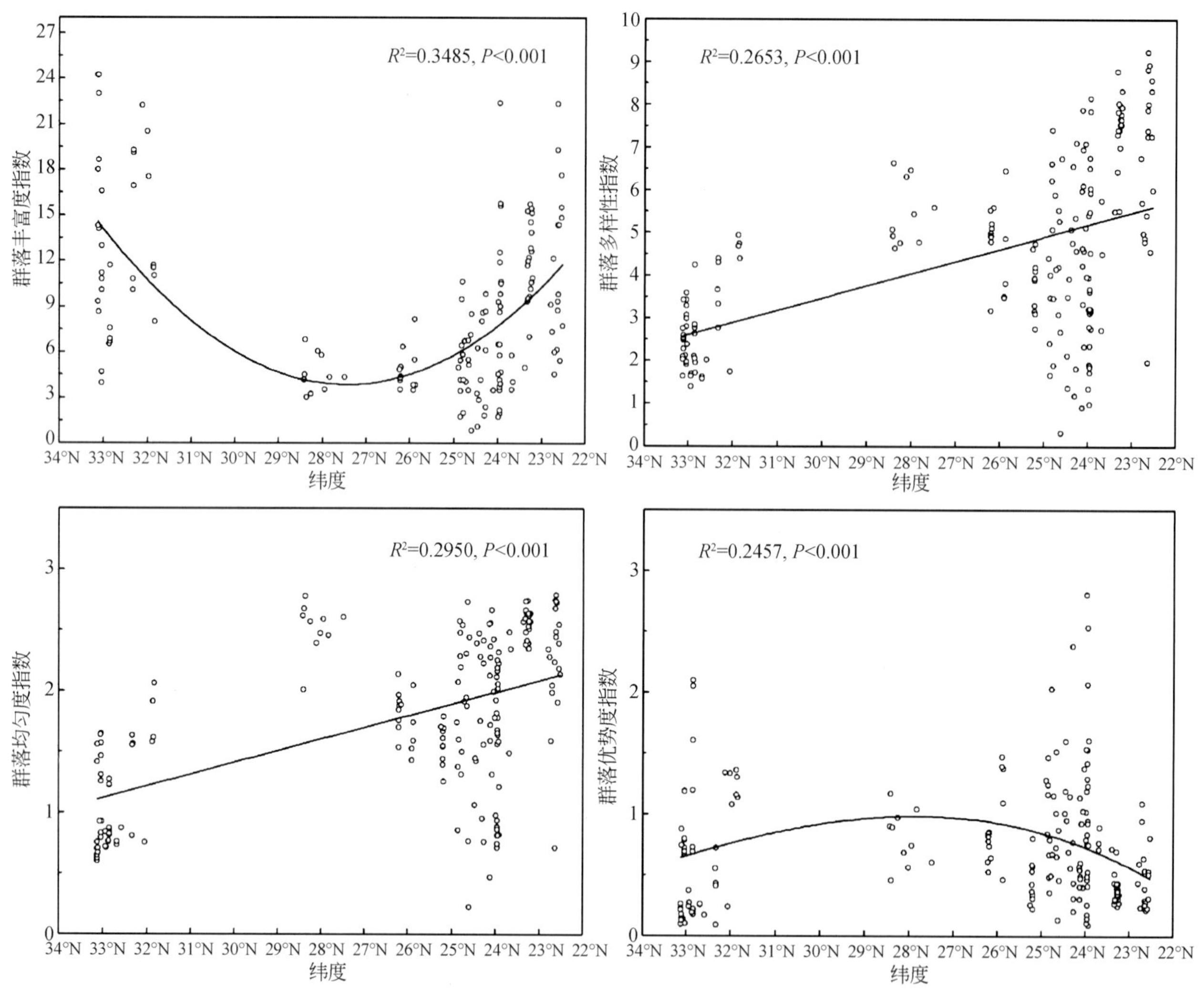

图 8-27　流域群落生物多样性指数随纬度变化趋势

区域有随纬度增加而升高的趋势，如西双版纳出现在海拔 900m 左右，无量山为 1500m 左右，而到白马雪山则升高至 3000m 左右，由该结果可以看出二者其实并不矛盾。由于流域下游中低海拔分布面积较广，对高海拔的物种多样性有着“稀释”作用，如海拔 2500m 在中游的白马雪山为中海拔，物种多样性较高，但在面积广大的下游却相对为高海拔，物种多样性较低，总体则显得很低；而海拔 3000m 以上有大幅升高则是由于纬度分析中所提到的调查面积的原因。相对丰富度指数而言，多样性指数和均匀度指数表现一致，随海拔上升基本呈下降趋势。

总体而言，乔木层和灌木层的变化趋势简单，随纬度和海拔的上升而下降；草本层的丰富度指数变化与乔木层相反，多样性指数变化则较为复杂。群落的变化趋势除丰富度指数外与乔木层基本相同。对于多样性空间分布格局形成的机制，有多种假说，但在纬度梯度和海拔梯度格局的形成机制上，能量—多样性假说越来越得到广泛支持（贺金生和马克平，1997），即物种丰富性是由每个物种所分配到的能量所决定，本书的结果与之相符，当然，这种假说也依赖于一定的研究尺度。

对众多指数而言，多样性指数与均匀度指数表现基本一致，优势度指数在群落尺度上趋势不明显，而丰富度指数在局部表现甚至相反。因此，本书所采用重要值计算的 Shannon 多样性指数综合考虑了树高、多度以及显著度，所反映信息最全面，效果也最好，这也是其应用最为广泛的原因之一。而丰富度指数是物种多样性测度中较为简单且生物学意义明显的指数，其优点最为直观，缺点是没有利用物种相对多度的信息，不能全面地反映群落的多样性水平，且受面积影响较大，如马克平（1997）等认为如果

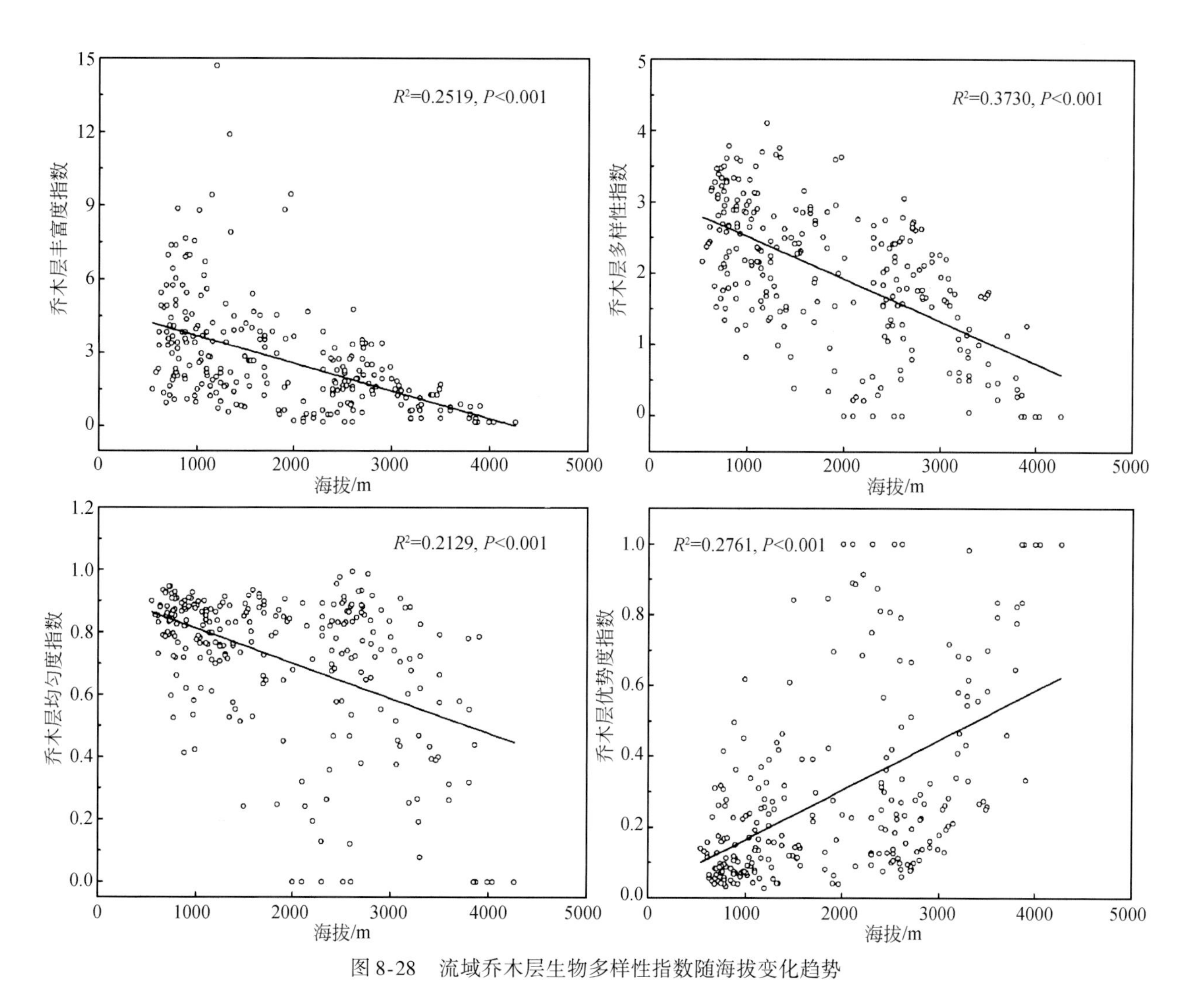

图 8-28 流域乔木层生物多样性指数随海拔变化趋势

研究区或样地面积是确定或可控制的，则其会提供很有用的信息，否则几乎是没有意义的，因为物种丰富度不但与面积相关，而且两者之间没有确定的函数关系，这也是丰富度指数在本研究应用效果较差的主要原因。

8.6.2 区域尺度物种多样性

8.6.2.1 物种丰富度

根据保护区中心纬度的位置，将其从北到南依次排列，各区域物种的科属种丰富度信息如图 8-31 所示，随着纬度的下降，各区域种子植物区系组成中温带成分也逐渐下降，最北的三江源保护区（1）为 95.72%，而最南端的西双版纳保护区（17）仅为 14.27%，相反的则为热带成分逐渐上升，表明流域中各区域的植物组成基本与其所处纬度密切相关。在科丰富度上，“高纬度”的三个区域科的数量在 100 以下，数量较少；而无量山保护区（9）最高为 201 科，其余保护区相差不大。在属丰富度上，与科不同的是出现了几个“高点”，即白马雪山（5）、苍山洱海（6）、无量山（9）、南滚河（12）和西双版纳（17），南滚河和西双版纳最高，为 921 属，可以看出，这几个区域在属的分化水平上都较高（图 8-31）。其余保护区属的数量基本随纬度下降而缓慢上升。在种丰富度上，“高点”在属的基础上又增加了三江源保护区（1），西双版纳保护区（17）最高，为 2518 种。从物种密度来看（物种数目与区域面积对数的比

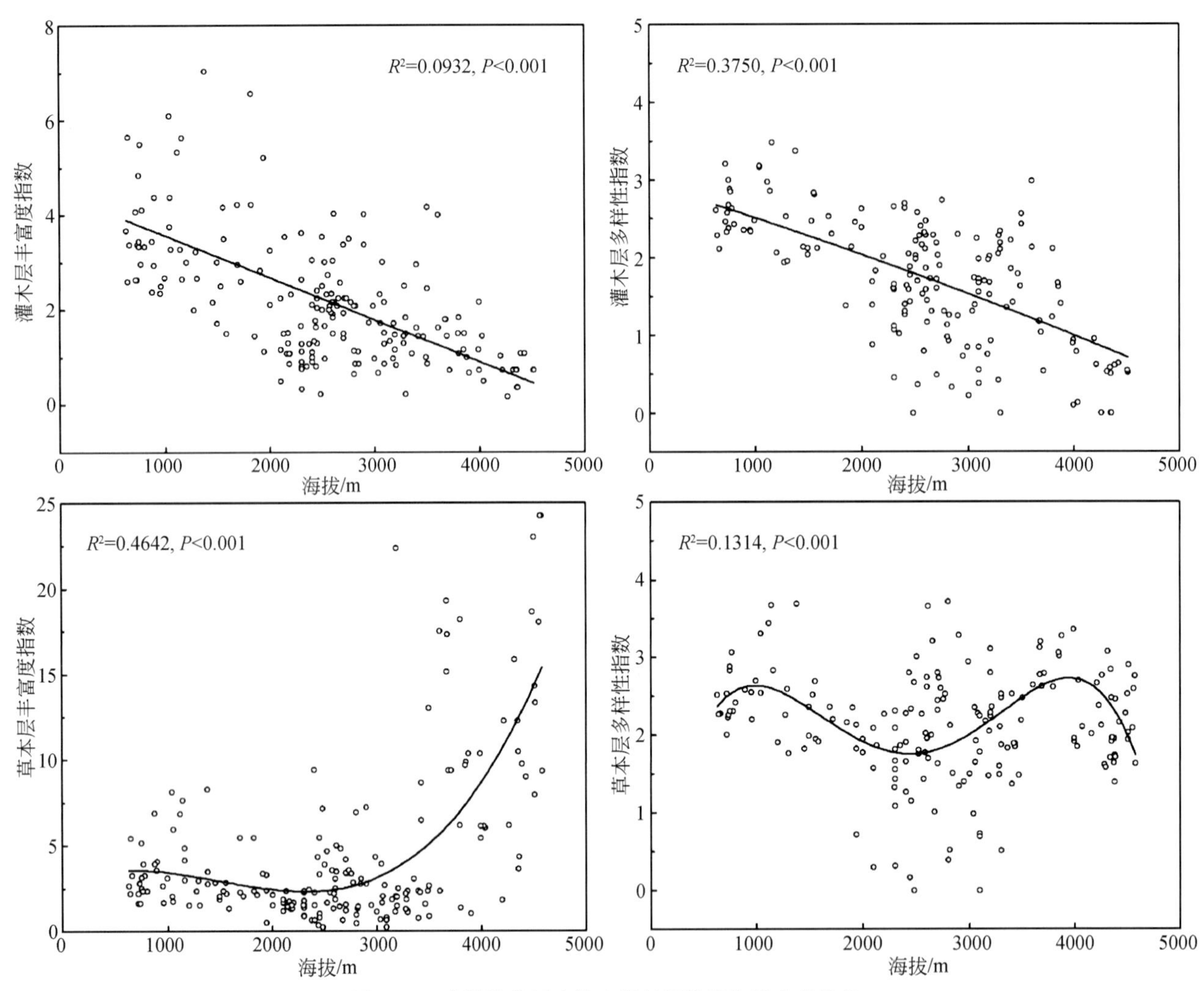

图 8-29　流域灌草层生物多样性指数随海拔变化趋势

值)，其趋势与物种丰富度趋势近似（图 8-31）。

整体来看，区域尺度上物种丰富度虽然有着随纬度降低而上升的趋势，但由于若干“高点”区域的存在，这种趋势已经不是很明显，在此对这几个区域做必要的分析。①三江源保护区，该区域虽然在科水平上丰富度较低，但由于属和种的分化程度最高（图 8-32），分别为 5.49 和 4.46，因此种一级水平丰富度较高，而这可能是由于面积的原因。其面积为无量山保护区的 120 倍，种数才与其相当，可见其物种数相对是很匮乏的，因此其物种密度相对较低。②白马雪山——苍山，该区域地处滇西北横断山脉，为低纬度亚热带高山地区，自然环境复杂，导致属和种的分化程度都较高（大于 3），是全球生物多样性热点区域之一，苍山的物种数目甚至与西双版纳保护区相当，而物种密度甚至更高。③无量山保护区，地处无量山北部，是众多植物区系的交错过渡地段，因此种类繁多。④南滚河保护区，为横断山脉余脉，与缅甸交界，特殊的地形使其具有热带低山河谷向亚热带中山山地过渡的性质，属的分化程度非常高(5.20)，造就了较高的物种丰富度。⑤西双版纳保护区，具有多种地貌环境，气候湿热兼备，热带森林植被保存较完整，因而物种繁多，同样是全球生物多样性热点区域之一。其面积仅为我国总面积的 0.026%，而种子植物总数却占 10%，可见其丰富程度。总体而言，复杂的地形地貌打破了纬度的限制，较群落尺度上而言，流域内物种多样性在区域尺度上表现更为复杂。

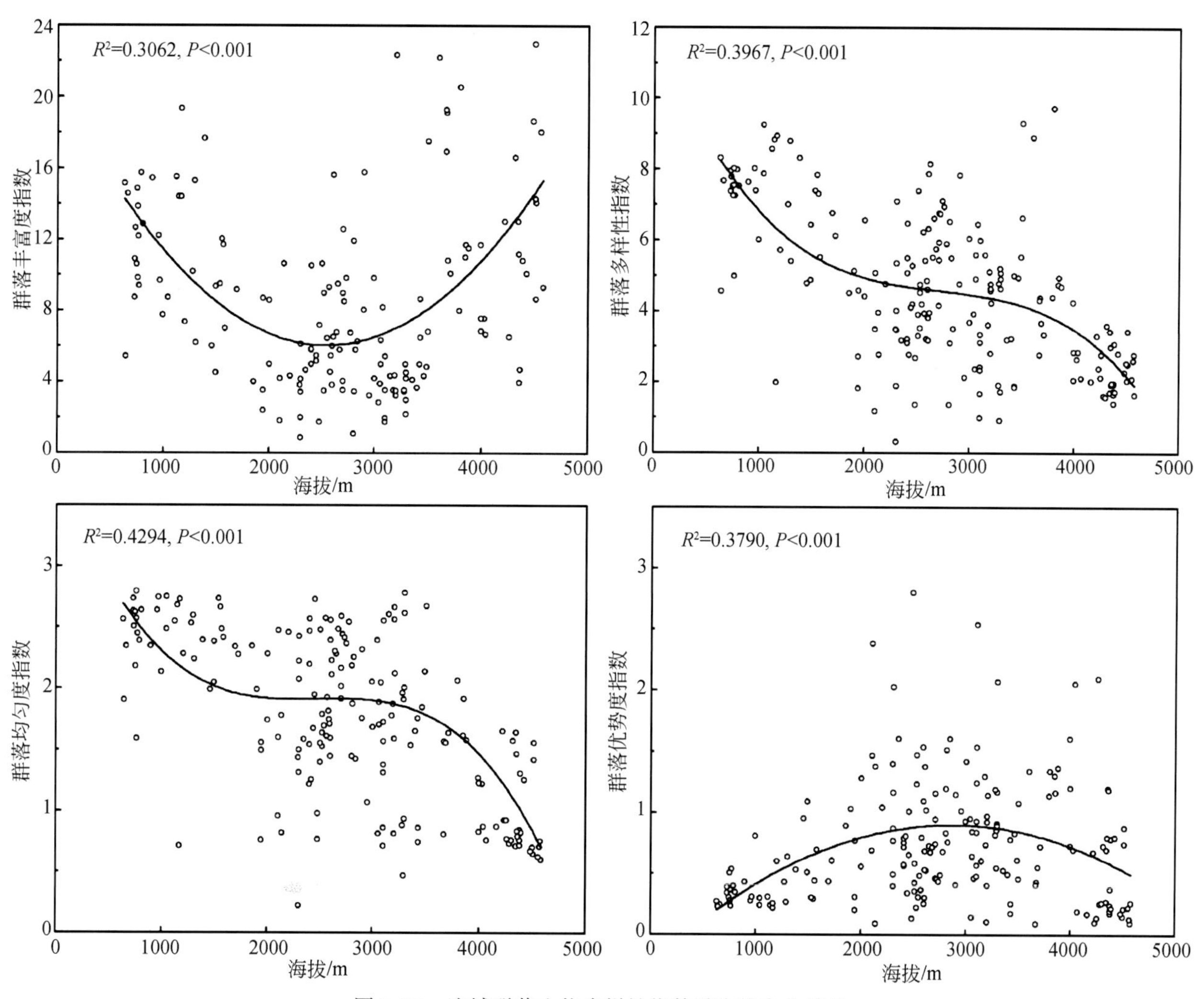

图 8-30　流域群落生物多样性指数随海拔变化趋势

8.6.2.2　特有属比例

各保护区中国特有属比例的统计结果如图 8-33 所示，与物种多样性不同，其随纬度下降而呈阶梯状，可以看出，虽然三江源保护区（1）物种丰富度一般，但特有性最高，其特有属比例为 4.08%，其次是白马雪山保护区（5）为 3.27%，丰富度较高的南滚河保护区（12）最低，为 0.32%，而物种丰富度最高的西双版纳保护区（17）也仅为 0.76%。这与其他研究结果类似，即在云南，中国特有属比例的最小值出现在滇南和滇西南的热带地区，而最大值出现在滇西北横断山区（陈圣宾等，2011；朱华，2008）。具体分析可知，三江源地处青藏高原，受其地理位置影响，该区域与其他地区相对隔离，其特殊的生态因子，如高寒、低压缺氧等可能成为某些类群的分化中心，因此，特有属种比例很高，大部分为青藏高原所特有。白马雪山保护区位于横断山脉腹地，整个山脉呈南北走向，使其成为南北物种汇集和扩散的通道，许多物种在迁移过程中产生分化，形成特有属种。其特有种比例高达 51.8%，其中保护区特有种就有 11 种，由此可以看出该保护区的重要意义。而西双版纳保护区与南滚河保护区位于边境，已处于热带边缘，热带性质植物成分都在 80% 以上，与中国内地和东亚植物区系联系很少，因此，中国特有属种比例极低，与该区域非常高的物种丰富度形成极大反差，在讨论中将进一步分析。

综合以上指标，可以发现，流域内高生物多样性区域包括源区青藏高原部分、滇西北的横断山脉至无量山地区和下游的西双版纳地区。源区主要特征是物种特有性比例极高且生境十分脆弱；滇西北的物

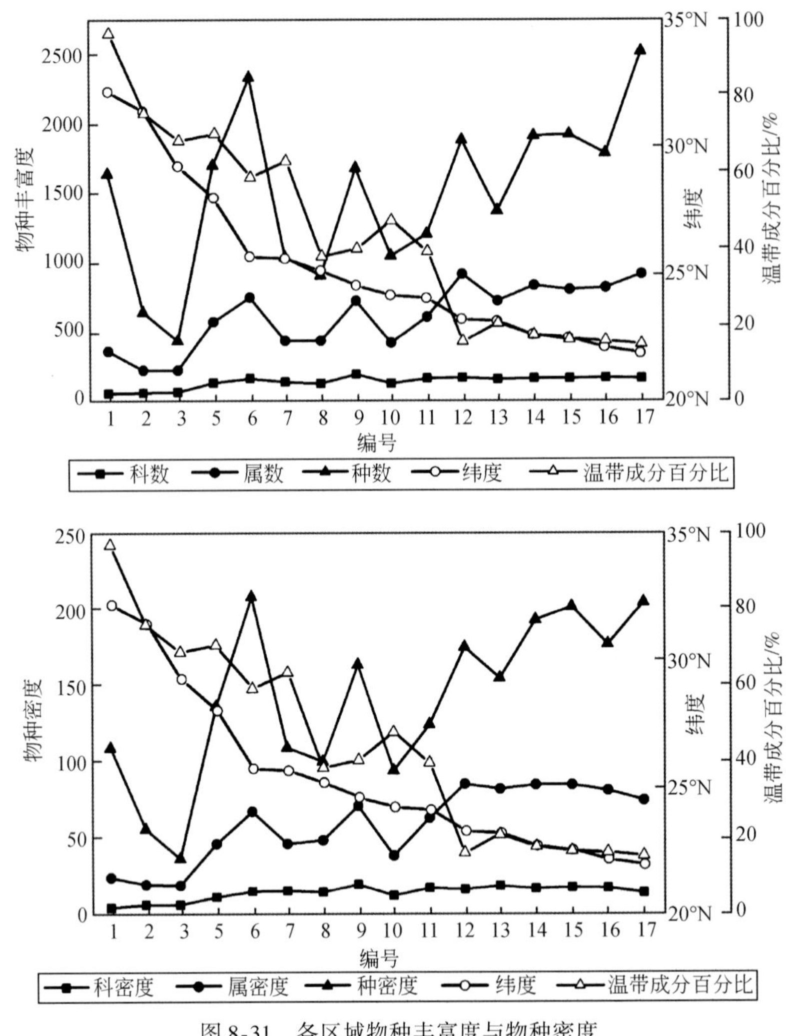

图 8-31 各区域物种丰富度与物种密度

注：区域编号见表 8-5，下同

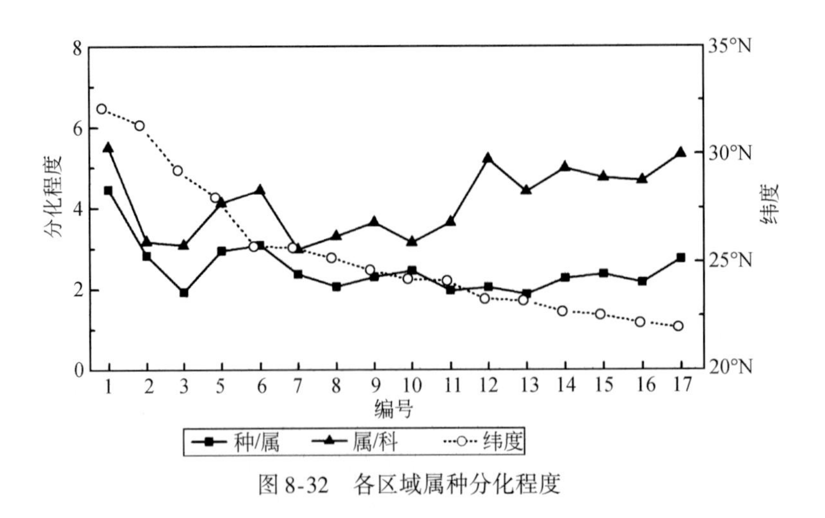

图 8-32 各区域属种分化程度

种丰富度和物种特有性两项指标都位于前列，因此也被认为是具有全球意义的生物多样性热点区域；西双版纳则拥有最丰富的物种库，被誉为“植物王国”而备受瞩目；对这些区域的保护具有重要的意义。

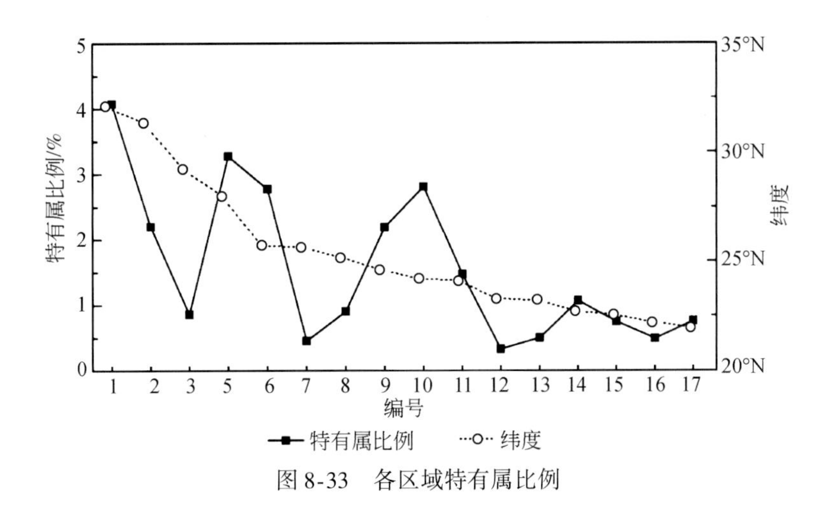

图8-33　各区域特有属比例

8.6.3　植被类型多样性

对保护区植被类型、植被亚型以及群落种类数进行统计，结果表明，植被类型和植被亚型差异不大，而群落类型数差异较大（图8-34），其中白马雪山保护区（5）最为丰富，拥有41种群落类型；西双版纳保护区（17）拥有5个片区37种群落类型，仅次于白马雪山；而临沧澜沧江保护区（12）散落分布在5个县，群落类型也较多，有36种；威远江保护区（13）面积最小，群落类型也最少，仅为9种。可以看出，群落类型数与纬度无明显关系，而与地形关系较大，如位于横断山区的白马雪山和梅里雪山（4），山高谷深，海拔高差分别达到3500m和4700m，具有完整的植被垂直带谱，群落类型非常丰富；而威远江保护区和菜阳河保护区（15），海拔高差仅为900m和600m，群落类型匮乏。

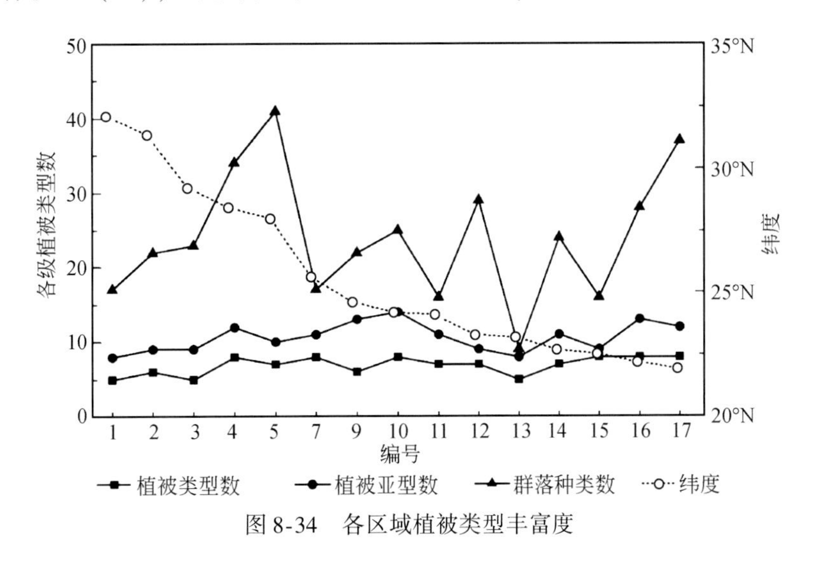

图8-34　各区域植被类型丰富度

8.6.4　流域尺度生物多样性

将群落样地的所有物种多样性指数与对应NDVI值进行相关分析，结果见表8-26，可以看出均与NDVI呈显著相关，其中Shannon多样性指数相关性最高，利用其与NDVI建立回归关系：$H=4.799\ 8\times \text{NDVI}-1.777\ 63$（$R^2=0.2441$，$P=0$），继而得到全流域生物多样性指数分布图（图8-35）。可以看出，从上游至下游，生物多样性基本呈递增趋势。由于生物多样性自身以及流域内部地形的复杂性、遥感技术的局限性，该图所反映的局部物种多样性精度是有限的，然而在流域尺度上可以提供有用的信息，主要用于下一步生物多样性与典型生态系统服务之间的关系研究以及流域生态功能分区。

表 8-26　NDVI 与各物种多样性指数的 Pearson 相关系数

项目	物种数目	丰富度指数	多样性指数	均匀度指数	优势度指数
NDVI	0.4075*	0.4266*	0.4941*	0.3926*	-0.4013*

*极显著相关

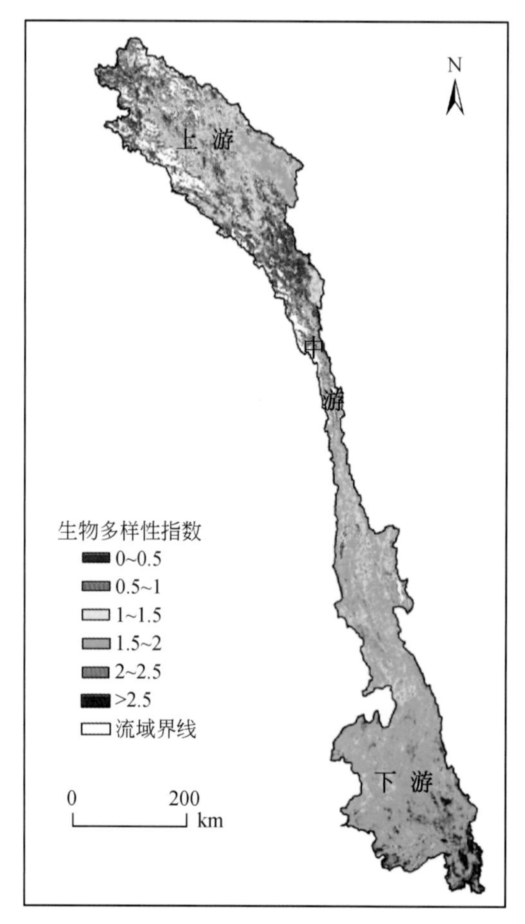

图 8-35　流域生物多样性指数

8.6.5　生物多样性与生态系统服务

Pearson 相关系数表明（表 8-27），生物多样性与碳蓄积、水源供给以及土壤保持呈显著正相关，与 Bai（2011）等对白洋淀的研究结果一致。其中，与水源供给相关性最高（0.810），土壤保持其次（0.785），碳蓄积最低（0.563）。这是由于水源供给和土壤保持能力与植被类型、植被组成结构关系较大，而复杂的植被结构一般生物多样性较高。碳蓄积能力整体与生物多样性呈正相关，但个别植被类型，如以云冷杉等为建群种的暗针叶林，其生物多样性虽不高，但碳密度却较高，碳蓄积能力也强，这也是其与生物多样性相关性较低的原因。除此之外，各服务之间，水源供给与土壤保持相关性也较高（0.778），而与碳蓄积较低（0.498），这与上述状况较为类似。

表 8-27　生物多样性与生态系统服务相关性

项目	生物多样性	碳蓄积	水源供给	土壤保持
生物多样性	1	—	—	—
碳蓄积	0.563*	1	—	—
水源供给	0.810*	0.498*	1	—
土壤保持	0.785*	0.666*	0.778*	1

*极显著相关

对各服务热点区域空间一致性的研究表明（表 8-28），虽然生物多样性与碳蓄积整体相关性较低，但热点区域一致性却最高，30 个乡镇中有 14 个相同，全部位于滇西南西双版纳州。土壤保持与水源供给热点区一致性也较高，为 36.67%，与整体表现一致，主要位于普洱市的东部、西部和临沧市的南部。生物多样性与水源供给和土壤保持热点区一致性都为 30%，主要位于西双版纳。而碳蓄积与水源供给和土壤保持热点区的关系较低，仅仅在西双版纳个别乡镇保持一致性。

表 8-28　生物多样性与生态系统服务相同热点区域比例　（单位：%）

项目	生物多样性	碳蓄积	水源供给	土壤保持
生物多样性	100	—	—	—
碳蓄积	46.67	100	—	—
水源供给	30	20	100	—
土壤保持	30	13.33	36.67	100

8.7 小　　结

澜沧江流域以其地形极为复杂、生态系统服务极为重要、生物多样性极为丰富的特点，备受全球关注，是相关科学研究的理想区域。本书在对该流域大规模考察的基础上，利用样地调查数据、考察收集数据、文献数据以及遥感数据等多源数据，对流域的典型生态系统服务以及生物多样性进行评估，主要研究结果如下。

（1）水源供给服务

基于 InVEST 模型对流域水源供给服务进行了评估，主要结论有：①流域年均水源供给量为 $7.61\times10^{10}\ m^3/a$，从上游至下游呈明显递增趋势；②坡度为 8°～25°的范围为水源供给量的主要部分，而海拔则集中于 1000～2000m；③不同植被结构的水源供给能力，针阔混交林>阔叶林>灌木林>针叶林>草地；④水源供给能力与生态系统盖度密切相关；50% 及以下盖度水源供给能力变化不大，而 50% 以上则随盖度呈线性增加。

（2）土壤保持服务

基于 RUSLE 模型对流域土壤保持服务进行了估算，主要结论有：①流域年均保持土壤 2.36×10^{10} t/a，从上游至下游呈递增趋势；②土壤侵蚀强度与坡度和海拔密切相关，主要发生于海拔 3000m 以上坡度为 15°～35°的范围内；③不同植被结构的土壤保持能力，森林>草地>农田>人居>荒漠；④土壤保持能力随生态系统盖度呈线性增加，平均 10% 的盖度可以提升 35.28% 的土壤保持能力。

（3）碳蓄积服务

利用森林和草地清查资料、地面调查数据、文献数据以及中国土壤数据库对流域碳蓄积量进行了估算。主要结论有：①流域生态系统（植被和土壤）总碳蓄积量为 3.43 Pg，占全国总量的 1.79%～3.54%。其中，植被碳蓄积总量为 300.32 Tg，占全国总量的 4.68%～6.29%；②碳密度随纬度下降呈三段式阶梯状上升，平均碳密度分别为 8.29Mg/hm²、24.28Mg/hm²、和 32.45 Mg/hm²；③预计在未来 10～

20 年，森林碳蓄积将增加 28.44%，年均碳汇量约为 5.24 Tg/a，表明流域具有巨大的碳汇潜力；④碳蓄积总量随海拔呈单峰变化趋势，在 1200m 时为顶峰；而碳密度则呈双峰，在 1100m 和 3600m 时为两个高峰；⑤流域土壤碳蓄积总量约为 3.14Pg，占全国总量的 1.7% ~3.4%，具有很大的不确定性；⑥流域内碳蓄积服务受损较为严重，典型区域如西双版纳州因橡胶种植损失的碳蓄积量为 6.79% ~16.43%。

（4）生物多样性服务

基于大量文献样地资料和实测样地资料，利用传统方法和遥感方法对流域生物多样性及其空间分布格局进行了研究，主要结论有：①群落尺度上，物种多样性总体随纬度和海拔的上升呈下降趋势，但草本层相反；②区域尺度上，物种丰富度随纬度上升呈阶梯状下降；而特有属比例却呈相反趋势；③NDVI 值与物种多样性指数均呈显著相关，利用其与 Shannon 多样性指数建立了回归关系，进行了物种多样性制图；④生物多样性指数与各服务均呈显著正相关，而各服务的热点区域也呈现空间一致性，相互之间存在密切的关系。

第9章 澜沧江流域生态功能区划

9.1 引言

生态功能区是指在特定历史条件下，主要提供水源涵养、水土保持、防风固沙、洪水调蓄、生物多样性维护等某类生态服务功能，对维护生态系统完整性、确保人类物质支持系统的可持续性、保障国家或区域生态安全具有重要意义的区域（国务院，2001）。生态功能区的概念源于其承载的生态系统服务功能，区域主要生态系统服务决定其生态功能区的类型和基本属性（洪富艳，2010）。生态系统服务功能是指生态系统与生态过程所形成及维持的人类赖以生存的自然环境条件与效用（Daily，1997）。随着生态系统服务功能概念的提出及生态区划的发展，生态功能区划应运而生。

自1976年美国生态学家贝利（Bailey）提出了美国生态区域的等级系统，并按地域（domain）、区（division）、省（province）和地段（section）4个等级对美国进行真正意义上的生态区划分以来（Bailey，1976）。各国生态学家，对生态区划的原则、依据及区划的指标、等级和方法等进行了大量的研究和讨论，并在不同尺度上的各种生态区划成果斐然（Box，1995；Schultz，1995；Prentice et al，1992；Bailey，1989；Matthews，1983）。例如，在大量实际调查研究的基础上，贝利等编制了世界各大陆的生态区域图（Bailey，1986），并在此基础上于1989年编制了北美和美国范围内的陆地生态区域图和海洋生态区域图（Bailey，1989）。在加拿大生态地区委员会的支持下，Wiken等于1996年进一步完成了加拿大陆地和海洋的生态区域划分，该方案以生态地带（ecozone）、生态地区（ecoregion）、生态区（ecodistrict）、生态地段（ecosection）、生态地点（ecosite）和生态元素（ecoelement）6个等级将加拿大划分为5个海洋生态地带、15个陆地生态地带，并详细描述了各地带的动植物、气候、地形、土壤等生态要素特征（Wiken et al.，1996）。在全球尺度上，1992～1995年俄罗斯生态学家与美国生态学家合作，共同对世界生态区域图进行了修订。由于长期从事生态区划研究，在提出生态系统地理学的概念后，Bailey于1996年利用生态系统地理学的方法成功完成了对全球的陆地和海洋生态地域的划分，编制出了全球陆地和海洋的生态区划图（Bailey，1996）。中国于20世纪80年代初开始生态区划研究与实践，最初的区划基本是农业生态区划（侯学煜，1988）。此后不少学者相继开展生态区划的理论与实践研究（傅伯杰等，1999；杨勤业和李双成，1999；黄兴文和陈百明，1999；刘国华和傅伯杰，1998）。但国内外的生态区划缺乏系统分析人类活动在自然生态环境变化中的作用和影响，尤其是忽略了对生态资产、生态服务功能、生态脆弱性和敏感性等指标的研究（傅伯杰等，1999）。傅伯杰等在对区域生态因子相互关系进行研究并考虑人类影响的基础上，完成了《中国生态区划方案》（傅伯杰等，2001）。但全国生态区划方案尚未反映生态系统的功能差异，其结果不能直接用于生态保护和生态建设，亟须进行生态功能区划。

生态功能区划是依据区域生态因子、生态系统类型、生态系统受胁迫过程与效应、生态环境敏感性、生态服务功能重要性等空间分异规律而进行的地理空间分区，其目的是明确区域或国家生态安全重要地区，分析区域可能的生态环境问题与生态环境脆弱区，为资源开发、产业布局、生态环境保护与建设规划提供科学依据，为实施区域生态环境分区管理提供基础和前提，实现资源、环境和社会经济的可持续发展（罗怀良等，2006；贾良清等，2005）。中国在生态功能区划方面已开展了不少区域及全国尺度的研究，其中影响最大的为欧阳志云等进行的全国尺度的中国生态功能区划（中国生态功能区划方案 http：//www.ecosystem.csdb.cn/ecoass/ecoplanning.jsp，2011）。然而，该区划打破行政界限，致使分区结果难以与以县为行政单元统计的社会经济数据更好地融合，从而不利于生态管理的实施。

本研究依托科学技术部基础性工作专项“澜沧江中下游与大香格里拉地区科学考察”中的“生态系统本底与生态系统功能考察”课题，以乡镇为最小区划单元，在综合分析各区县主要生态因子、生态系统类型、生态环境敏感性、生态服务功能重要性等空间异质性的基础上，依据区划原则、方法和体系，形成了乡镇尺度按生态地区、生态区和生态功能区三级单元的澜沧江与香格里拉地区生态功能区划方案，旨在明确澜沧江与香格里拉地区生态系统结构、生态过程、生态功能及其空间分异规律，明确不同区域的主导生态功能，为区域资源开发、产业布局与生态环境保育提供决策依据，实现流域生态环境综合整治。

9.2 方　　法

9.2.1 三级分区系统与分区指标

采用三级分区系统，一级区体现研究区地貌分异规律，即充分考虑研究区高程、地貌特征及乡镇界限完整性的基础上，以各乡镇主要地貌特征进行区域划分；二级区体现区域气候、主导生态系统和地貌的空间分异与组合规律；三级区划从保障区域生态安全出发，依据区域主导服务功能、生态问题及国家级及省市级自然保护区分布等数据进行区划。

9.2.2 区划原则

主导因素原则：区域生态系统的形成过程及其结构、功能极其复杂，受到多种因素的影响，是各因素综合作用的结果。但在众多因素中，必然有一两个因素起主导的、决定性的作用，其他因素只起调节、修正或协同的作用。本区划一级区、二级区和三级区的主导因子分别为地貌、气候和生态系统及主导服务功能。

生态保护优先原则：区域生态功能区划的重要目的之一就是为区域生态环境保育提供科学借鉴，以实现区域资源、环境和社会经济的可持续发展。鉴于澜沧江流域上游属青藏高原高寒生态脆弱区，中游为西南纵向岭谷生态脆弱区，而下游由于人类干扰范围和强度历史空前，下游生态系统及其结构变化剧烈，故该区域面临的主要任务是生态环境保护与建设。在此区划中，将国家、省市级自然保护区所涉及的乡镇定位为生物多样性保护功能区。

便于生态管理原则：生态区划的目的是促进区域资源的合理利用与开发，增强区域社会经济发展的生态环境支撑能力，实现区域可持续发展。故本区划坚持便于生态管理原则，各级生态分区的边界保持与乡镇界的一致。

9.2.3 分区方法

各等级生态功能区的划分采用的具体方法为：一级区自上而下综合应用地理要素空间叠置法和主导标志法。二级区和三级区分区主要采用空间叠置法，其中二级区主要基于区域气候类型、生态系统的空间异质规律；而三级区主要基于区域主导生态系统服务功能、生态问题及自然保护区分布等数据对区域生态功能进行科学定位。

9.2.4 功能区命名

本研究采用生态地区、生态区和生态功能区三级区划系统进行分区与命名，其中一级区名称由“区位名称+生态地区”构成；二级区名称由“气候类型+生态系统类型+生态区”构成；三级区名称由“地名+主导服务功能+功能区”构成。

9.2.5 数据源

本研究用到的数据来源如下：①青海气象数据来自李含英（1993）编著的《青海森林》；西藏气候数据来自张谊光和黄朝迎（1981）编著的《西藏气候带的划分问题》；云南气象数据来自王宇等（1990）编著的《云南省农业气候资源及区划》。②植被数据主要来自第 3 章研究得到的澜沧江流域生态系统分布数据，同时参考了张新时（2007）编著的《中国植被地理格局与植被区划：中华人民共和国植被图集（1∶100 万）》。国家级自然保护区部分数据来源于中国林业科学研究院中国林业科学数据中心（http://www.cfsdc.org），其余有关保护区的数据来自野外科学考察收集的电子、纸质等文献数据。③地貌、海拔及行政等数据来自来源于中国科学院地理科学与资源研究所中国自然资源数据库（http://www.data.ac.cn/index.asp）。④主要生态系统服务数据来自第 8 章研究成果。⑤云南境内的地名数据主要来自《云南省地图册》（温军武等，2010），西藏境内的地名数据主要来自《西藏自治区地图册》（陈振国等，2009），青海境内的地名数据主要来自野外科学考察收集的《青海三江源国家级自然保护区总体规划》。

9.3 区划结果

根据上述生态分区的原则、依据、指标体系和命名方法，结合研究区域的自然地理特点、生态系统类型、主要区域生态问题和自然保护区等要素，采用自上而下逐级划分、定量分析与空间叠置的定性分析相结合的方法进行三级生态区划，最终得到 3 个一级区，即澜沧江上游宽广河谷生态地区、澜沧江-金沙江高山峡谷生态地区和澜沧江下游中低山宽谷生态地区，在此基础上，再逐级划分出 8 个生态区、85 个生态功能区。

9.3.1 生态地区

生态地区是澜沧江与大香格里拉地区特有的地形地貌和气候植被地带性决定的地域相对完整的生态单元。基于澜沧江上游、中游及香格里拉地区和澜沧江下游典型地貌分别为宽广河谷、高山峡谷和中低山宽谷，以及澜沧江上、中游及香格里拉地区和澜沧江下游典型植被分别为高寒草甸草原、常绿暗针叶林、常绿阔叶林（含热带雨林、季雨林）。本区划将研究区域划分成澜沧江上游宽广河谷生态地区、澜沧江-金沙江高山峡谷生态地区和澜沧江下游中低山宽谷生态地区 3 个一级区，其中以澜沧江-金沙江高山峡谷生态地区乡镇数和面积最大，分别约占总数的 47.49% 和 42.50%，其余两个生态地区面积相差不大，但澜沧江下游中低山宽谷生态地区乡镇数约占总乡镇数的 42.74%。3 个生态地区的基本概况及其空间分布见表 9-1 和图 9-1。

表 9-1 生态地区概况

生态地区	范围概述	乡镇		面积	
		数量/个	百分比/%	面积/万 km^2	百分比/%
澜沧江上游宽广河谷生态地区	杂多、囊谦全县、类乌齐县大部分以及巴青县、丁青县及玉树的部分乡镇	35	9.78	6.76	28.77
澜沧江-金沙江高山峡谷生态地区	流域内西藏的其余县及云南的迪庆州及大理州的部分市县所涉及的乡镇以及四川的稻城县、乡城县和得荣县所有乡镇	170	47.49	9.99	42.50

续表

生态地区	范围概述	乡镇		面积	
		数量/个	百分比/%	面积/万 km^2	百分比/%
澜沧江下游中低山宽谷生态地区	云龙县和大理市各一个乡镇、永平县大部分、保山市和漾濞县的部分乡镇	153	42.74	6.75	28.73
总计	—	358	100.00	23.50	100.00

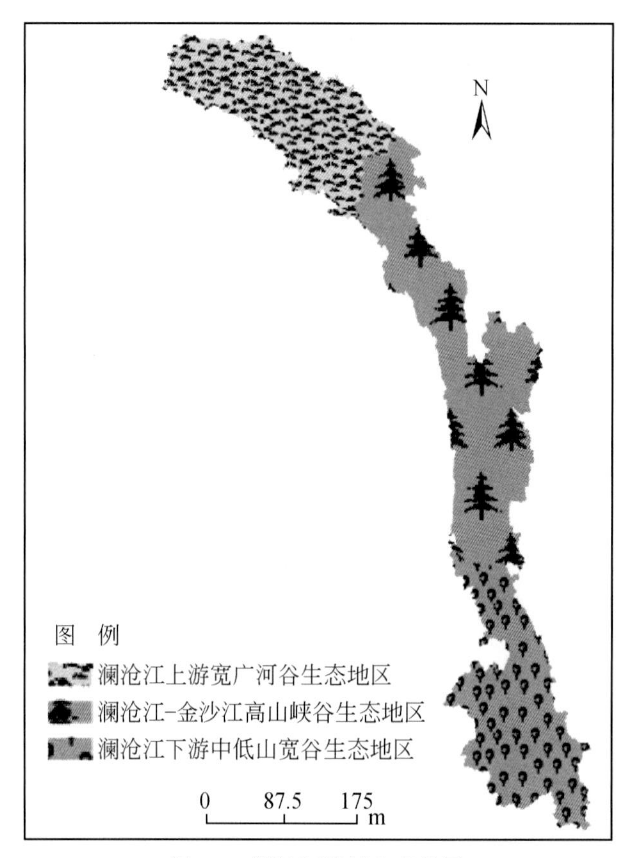

图 9-1　澜沧江流域生态地区

9.3.2　生态区

生态区可以看成是由气候和植被类型主导的相对独立的生态区域单元，采用空间叠置法，依据气候类型和植被类型的空间异质性，同时兼顾地貌、河流、保护区等单元的完整性，将生态地区进一步划分成 8 个生态区（图 9-2 和表 9-2），其中，澜沧江上游宽广河谷生态地区仅高原寒温带湿润山地草甸生态区 1 个生态区，澜沧江-金沙江高山峡谷生态地区包含 4 个，即高原温带常绿硬阔暗针叶林生态区、中温带常绿落叶阔叶针叶混交林生态区、南温带常绿落叶阔叶针叶混交林生态区和北亚热带常绿阔叶针叶林生态区，澜沧江下游中低山宽谷生态地区包含 3 个，即中亚热带常绿阔叶针叶林生态区、南亚热带常绿阔叶林生态区和北缘热带热带雨林、季雨林生态区。生态区内部具有类似的气候、原生植被和栽培植被，可以作为生态功能保护和生态系统管理的目标区域。

表 9-2　生态区概况

生态地区	生态区	乡镇数/个	面积/万 km²
澜沧江上游宽广河谷生态地区	高原寒温带湿润山地草甸生态区	35	6.76
澜沧江-金沙江高山峡谷生态地区	高原温带常绿硬阔暗针叶林生态区	81	7.16
	中温带常绿落叶阔叶针叶混交林生态区	23	1.01
	南温带常绿落叶阔叶针叶混交林生态区	34	1.13
	北亚热带常绿阔叶针叶林生态区	32	0.69
	小计	170	9.99
澜沧江下游中低山宽谷生态地区	中亚热带常绿阔叶针叶林生态区	32	0.84
	南亚热带常绿阔叶林生态区	79	3.05
	北缘热带热带雨林、季雨林生态区	42	2.86
	小计	153	6.75

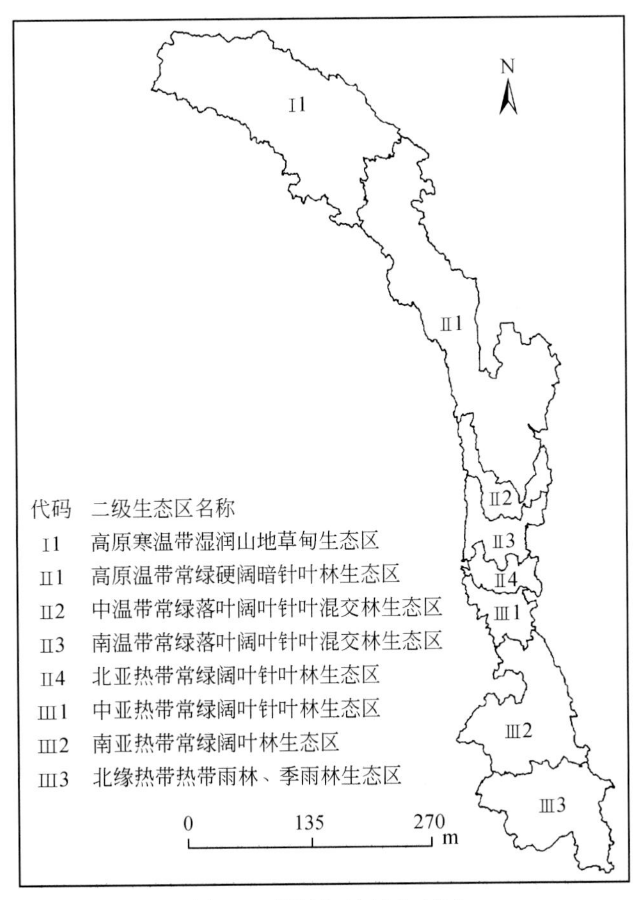

图 9-2　澜沧江流域生态区

9.3.2.1 高原寒温带湿润山地草甸生态区

该区主要地貌为高山、宽广河谷，河流密布，属高原寒温带气候；地势高、气温低、降水量少，年平均气温为-3～3℃，最热月平均气温为6～12℃，年降水量为400～800mm。主要土壤亚类有草毡土、黑毡土、寒冻土和沼泽土等，其中以草毡土面积最大，分布最广；植被以高原草甸草原为主，主要优势种有独一味（*Lamiophlomis rotata*）、白苞筋骨草（*Ajuga lupulina*）、粘毛蒿（*Artemisia mattfeldii*）、珠芽蓼（*Polygonum viviparum*）、狼毒（*Stellera chamaejasme*）、棘豆（*Oxytropis* SPP.）等，主要森林类型为大果圆柏（*Sabina tibetica*），主要灌木优势种有山生柳（*Salix oritrepha*）、栒子（*Cotoneaster horizontalis*）、沙棘（*Hippophae rhamnoides*）、锦鸡儿（*Caragana sinica*）、金露梅（*Potentilla fruticosa*）等。此外，还有众多野生动植物及药用植物。该区既是生物多样性保护功能区，也是畜牧产品供给功能区，还是源区水源涵养功能区。

9.3.2.2 高原温带常绿硬阔暗针叶林生态区

该区主要地貌为高山峡谷，属高原温带气候，气温由北至南递增，并有明显的垂直变化，海拔3000m以下的河谷，气候干旱，年平均气温为10℃，最热月气温达18℃以上，如盐井镇。海拔3000～3500m地带，最热月平均气温为15～18℃，海拔为3500～4000m地带，年降水量为400～800mm，山区潮湿，河谷干燥。主要土壤亚类有黑毡土、草毡土、棕黑毡土、褐土性土、暗棕壤、棕色针叶林土及寒冻土等，其中以黑毡土分布面积最大；该区域分布着大面积的常绿暗针叶林和常绿硬叶阔叶灌木林，主要乔木优势种有铁杉（*Tsuga dumosa*）、长苞冷杉（*Abies georgei*）、油麦吊云杉（*Picea brachytyla*）、高山松（*Pinus densata*）、云南松（*P. yunnanensis*）、大果红杉（*Larix potaninii*）等。灌木树种有川滇高山栎（*Quercus aquifolioides*）、黄背栎（*Q. pannosa*）、棕背杜鹃（*Rhododendron alutaceum*）、大叶杜鹃（*R. faberi*）等。该区既是水土保持功能区，也是生物多样性保护功能区和畜牧林产品供给功能区。

9.3.2.3 中温带常绿落叶阔叶针叶混交林生态区

该区主要地貌依然是高山峡谷，属山地温带气候，本带气候冷凉，光照和雨量均处于中等水平。年平均气温为7～12℃，≥10℃年积温为1600～3200℃，最冷月平均气温为0～2℃，极端最低气温多年平均值为-8～10℃，年日照时数约为2000h，年降水量约为1000mm。霜期一般在5个月以上。土壤类型以棕壤、暗棕壤、黄棕壤和中性紫色土为主。主要有玉米、薯类、高粱等。冬季气温低，农业生产以一年一熟为主，大春作物以旱粮为主，主要有玉米、薯类、高粱、荞子等。小春季节冬小麦、蚕豆大多不适宜生长，只能种植较耐寒的燕麦、豌豆等。本带海拔高，植被垂直变化明显，如玉龙雪山：2000～2900m主要为云南松林；2900～3100m主要为高山松（*P. densata*）、栎针阔叶混交林；3100～4500m主要为高山灌丛草甸，其中4100m以下主要为由多种垫状或匍匐状杜鹃组成的高山灌丛草甸；4100～4350m仅见零散分布的高山流石滩植物。主要乔木树种有云南松（*P. yunnanensis*）、丽江云杉（*P. likiangensis*）、大果红杉和冷杉（*Abies fabri*）等；药用植物有虫草、雪茶、雪莲、麻黄（*Ephedra* spp.）、三分三（*Anisodus acutangulus*）、贝母（*Fritillaria* spp.）、茯苓（*Poria cocos*）、木香（*Dolomiaea* spp.）等。漆树（*Toxicodendron vernicifluum*）、核桃（*Juglans regia*）等耐寒经济林木可以生长，用材林也有发展前途，此外高山草场面积广阔，可以发展畜牧业。但由于该区地处高山峡谷区，峡谷深切，故该区域的功能定位为以水土保持功能区为主，并兼有生物产品供给和生物多样性保护功能。

9.3.2.4 南温带常绿落叶阔叶针叶混交林生态区

该区主要地貌为高山峡谷，属山地温带气候，气候温凉，年平均气温为12～14℃，≥10℃年积温为3200～4200℃，最冷月平均气温为2～6℃，极端最冷月气温多年平均值为-5～8℃，年日照时数为2000～2500h，年降水量为900～1000mm。主要土壤亚类有紫色土、棕壤、红壤、黄棕壤、暗棕壤、紫色土等；该区植被垂直变化明显，如碧罗雪山上，3500m以上为草山岩石，2800～3500m为松、杉等针叶林，2800m以下为混交林和灌木林。粮食作物有水稻、玉米、小麦、蚕豆、薯类等，经济作物有烤烟、油菜等，一年两熟是该区主要耕种制度。温带水果如苹果、梨等生长良好，林业、畜牧业在本带占有较大的比重。由于该区域有多条支流，又是高山峡谷区，故该区既是水源涵养功能区，也是重要的水土保持功能区。

9.3.2.5 北亚热带常绿阔叶针叶林生态区

该区主要地貌为高山峡谷，属山地北亚热带气候，气温由北至南递增，并有明显的垂直变化。该区冬无严寒，夏无酷暑，热量条件尚好，日照充足，雨量中等。年平均气温为14～16℃，≥10℃年积温为4200～5000℃，最冷月平均气温为6～8℃，极端最低气温多年平均值为-5～3℃，霜期长达4～5个月，年日照时数为2000～2400h，年降水量为900～1000mm。该区为一年两熟，适应小叶茶、烤烟等经济作物及苹果、桃、李等水果生长。主要土壤亚类有紫色土、黄棕壤、红壤、中性紫色土、水稻土等；该区域植被类型丰富，垂直变化明显，地带性植被为常绿阔叶林，但也分布着大面积的暖温性针叶林、温凉性针叶林、寒温山地硬叶常绿阔叶林及少量的寒温性灌丛、寒温性针叶林、山顶苔藓矮林及亚高山草甸等植被，主要优势种有云南松、旱冬瓜（*A. nepalensis*）、多变石栎（*L. variolosus*）、壶斗石栎（*L. echinophorus*）、腋花杜鹃（*Rhododendron racemosum*）、白穗石栎（*L. craibianus*）、苍山冷杉（*A. delavayi*）、露珠杜鹃（*R. irroratum*）等。该区既是重要的生物多样性保护区，也是重要的水源涵养区。

9.3.2.6 中亚热带常绿阔叶针叶林生态区

该区主要地貌为中山宽谷地貌，属山地中亚热带气候。该区日照充足，雨量中等，大多数地区年日照时数≥2000h，年降水量为900～1000mm。该区热量条件好，年平均气温为16～18℃，≥10℃年积温为5000～6000℃，最冷月平均气温为8～10℃，极端最低气温多年平均为-3～0℃，热量条件适应喜温、喜凉型各种作物生长，但不能满足热带作物的生长需求，年霜期为3～4个月。该区适宜烤烟、茶叶、甘蔗、柑橘等经济作物和亚热带水果的生长。主要农作物有水稻、茶叶、甘蔗、柑橘、玉米、小麦、蚕豆、油菜等。主要土壤亚类有紫色土、红壤、黄壤和黄棕壤等，其中以紫色土分布面积最大；该区地带性植被为中山湿性常绿阔叶林，主要乔木优势种有元江栲（*Castanopsis orthacantha*）、多变石栎、硬斗石栎（*Lithocarpus hancei*），此外，云南樟（*Cinnamomum glanduliferum*）、楠（*Phoebe* spp.）、毛尖树（*Actinodaphne forrestii*）、润楠（*Machilus* spp.）、银木荷（*Schima argentea*）、木莲（*Mongllietia* spp.）等木兰科植物也常见。该区既是重要的生物多样性保护功能区，也是生物产品供给区及水源涵养功能区。

9.3.2.7 南亚热带常绿阔叶林生态区

该区主要地貌为中低山宽谷，属山地南亚热带气候。该区热量富裕，年平均气温为18～20℃，≥10℃年积温为6000～7500℃，最冷月平均气温为10～15℃，多年平均极端最低气温为0～3℃，无霜期约330天。该区日照时数为2200～2500h，但降雨量地区间差异较大。该区可种植双季稻，有些地方还可以一年三熟。主要经济及水果作物有咖啡、橡胶、菠萝、芒果等。主要土壤亚类有赤红壤、红壤、紫色土、黄棕壤等，其中以赤红壤、红壤分布面积最大；该区地带性植被为亚热带常绿阔叶林。主要优势种有红皮水锦树（*Wendlandia tinctoria*）、高山栲（*C. delavayi*）、元江栲、木果石栎（*L. xylocarpus*）、水青树（*Tetracentron sinense*）、红花木莲（*M. insignis*）等。该区既是重要的生物多样性保护功能区，也是重要的生物产品供给区和水源涵养功能区。

9.3.2.8 北缘热带热带雨林、季雨林生态区

该区主要地貌为低山宽谷，属北缘热带气候，气温由北至南递增。热量丰富，光照充足，年平均气温在20℃，≥10℃年积温在7500℃以上，最冷月平均气温≥15℃，多年平均极低温在3℃以上。全年基本无霜期，作物大多一年三熟。年降水量为1400～1800mm，年干燥度为0.7～0.9，年日照时数为1800～

2000h。主要作物有水稻、咖啡，经济作物有橡胶、油棕、胡椒，热带水果有香蕉、芒果、菠萝、荔枝、龙眼等。主要土壤亚类有赤红壤、砖红壤、黄色赤红壤、紫色土等，其中以赤红壤分布面积最大；该区域分布着大面积的山地热带雨林、季雨林，是名副其实的“动物王国”和“植物王国”。该区既是重要的生物多样性保护功能区，也是重要的农林生物产品供给区及众多支流水源涵养与水土保持功能区。

9.3.3 生态功能区

综合分析研究区域生态问题、生态系统服务重要性及面临的主要生态问题后，采用空间叠置分析进行生态功能区单元划分，最终得到87个生态功能区，即31个水源涵养功能区、13个水土保持功能区、11个生物产品供给功能区和32个生物多样性保护功能区。生物多样性保护功能区总面积最大，约为10.50万 km^2，约占区域总面积的44.68%，水源涵养功能区次之，面积达6.09万 km^2，约占区域总面积的25.91%，生物产品供给功能区面积最小，仅占区域总面积的14.26%（表9-3）。各类生态各功能区概况及分布如图9-3～图9-6和表9-4所示。生态功能区内部具有类似的主导功能或面临相似的生态问题，同时具有相似的典型植被和栽培作物，可为区域功能定位、生态建设及生物多样性保育提供科技支撑。

表9-3 不同类型生态功能区基本特征

生态功能区类型	类型代码	生态功能区数量/个	乡镇数/个	面积/万 km^2	面积百分比/%
水源涵养	A	31	117	6.09	25.91
水土保持	B	13	53	3.56	15.15
生物产品供给	C	11	63	3.35	14.26
生物多样性保护	D	32	125	10.50	44.68
总计	—	87	358	23.50	100.00

表9-4 澜沧江流域生态功能区划方案

一级区	二级区	三级区			面积/万 km^2
		代码	名称	类型	
澜沧江上游宽广河谷生态地区	高原寒温带湿润山地草甸生态区	Ⅰ1-1	澜沧江江源当曲果宗木查湿地生态保护功能区	D	2.96
		Ⅰ1-2	澜沧江江源昂赛森林灌木保护功能区	D	0.44
		Ⅰ1-3	子曲东北侧高寒草甸畜牧生产与水源涵养功能区	C	0.60
		Ⅰ1-4	他念他翁山西麓高寒草甸畜牧生产与水源涵养功能区	C	0.85
		Ⅰ1-5	澜沧江江源白扎野生动物保护功能区	D	1.00
		Ⅰ1-6	澜沧江江源野生动物、川西云杉林保护功能区	D	0.34
		Ⅰ1-7	昂曲下游水源涵养功能区	A	0.17
		Ⅰ1-8	类乌齐马鹿生物多样性保护功能区	D	0.40

续表

一级区	二级区	三级区			面积/万 km²
		代码	名称	类型	
澜沧江–金沙江高山峡谷生态地区	高原温带常绿硬阔暗针叶林生态区	Ⅱ1-1	盖曲高寒草甸畜牧生产与水源涵养功能区	C	0.48
		Ⅱ1-2	扎曲水源涵养与水土保持功能区	A	0.28
		Ⅱ1-3	热曲水土保持功能区	B	0.32
		Ⅱ1-4	昂曲水源涵养与水土保持功能区	A	0.14
		Ⅱ1-5	上游河谷深切水土保持功能区	B	0.14
		Ⅱ1-6	色曲水土保持功能区	B	0.23
		Ⅱ1-7	史曲水土保持功能区	B	0.10
		Ⅱ1-8	勇曲水土保持与水源涵养功能区	B	0.15
		Ⅱ1-9	麦曲下游水土保持功能区	B	0.09
		Ⅱ1-10	昌曲水源涵养与水土保持功能区	A	0.30
		Ⅱ1-11	玉曲水土保持与水源涵养功能区	A	0.25
		Ⅱ1-12	澜沧江中游干旱河谷水土保持功能区	B	0.27
		Ⅱ1-13	芒康山畜牧生产与水土保持功能区	C	0.06
		Ⅱ1-14	金沙江上游干旱河谷稀疏灌丛水土保持功能区	B	0.74
		Ⅱ1-15	嘎宗曲水源涵养与水土保持功能区	A	0.20
		Ⅱ1-16	芒康滇金丝猴保护与水土保持功能区	D	0.57
		Ⅱ1-17	定曲水源涵养与水土保持功能区	A	0.40
		Ⅱ1-18	海子山生物多样性保护功能区	D	0.29
		Ⅱ1-19	硕伊河水土保持功能区	B	0.31
		Ⅱ1-20	怒山东麓干旱河谷水土保持功能区	B	0.25
		Ⅱ1-21	稻城亚丁生物多样性保护功能区	D	0.36
		Ⅱ1-22	白马雪山东麓滇金丝猴生物多样性保护功能区	D	0.43
		Ⅱ1-23	普朗永尼汝河水源涵养与水土保持功能区	A	0.39
		Ⅱ1-24	小中甸河水土保持与水源涵养功能区	B	0.31
		Ⅱ1-25	哈巴雪山生物多样性保护功能区	D	0.10
	中温带常绿落叶阔叶针叶混交林生态区	Ⅱ2-1	白马雪山西麓滇金丝猴生物多样性保护功能区	D	0.29
		Ⅱ2-2	玉龙山水源涵养与水土保持功能区	A	0.21
		Ⅱ2-3	里马河水源涵养与水土保持功能区	A	0.21
		Ⅱ2-4	玉龙雪山拉市海生物多样性保护功能区	D	0.05
		Ⅱ2-5	通甸河水源涵养与水土保持功能区	A	0.11
		Ⅱ2-6	冲江河水源涵养与水土保持功能区	A	0.13
	南温带常绿落叶阔叶针叶混交林生态区	Ⅱ3-1	碧罗雪山东麓干旱河谷水土保持功能区	B	0.40
		Ⅱ3-2	丽江坝水林生产与古城保护功能区	C	0.14
		Ⅱ3-3	泚江上游水源涵养与水土保持功能区	A	0.12
		Ⅱ3-4	玉石河水源涵养与水土保持功能区	A	0.10
		Ⅱ3-5	丰产沟水源涵养与水土保持功能区	A	0.09
		Ⅱ3-6	弥苴河水源涵养与水土保持功能区	A	0.14
		Ⅱ3-7	黑惠江水源涵养与水土保持功能区	A	0.13
	北亚热带常绿阔叶针叶林生态区	Ⅱ4-1	云龙天池野生鱼类保护与水土保持功能区	D	0.20
		Ⅱ4-2	顺濞河水源涵养与水土保持功能区	A	0.21
		Ⅱ4-3	苍山洱海生物多样性保护与农林水保功能区	D	0.18
		Ⅱ4-4	洱海东麓农业生产与水土保持功能区	C	0.10

续表

一级区	二级区	三级区			面积/万 km^2
		代码	名称	类型	
澜沧江下游中低山宽谷生态地区	中亚热带常绿阔叶针叶林生态区	Ⅲ1-1	怒山东侧高山坝谷农林生产与水保功能区	C	0.26
		Ⅲ1-2	漾濞江水源涵养与水土保持功能区	A	0.24
		Ⅲ1-3	博南山-云台山河谷农林生产与水保功能区	C	0.13
		Ⅲ1-4	滇西金光寺半湿润常绿阔叶林保护与农林水保功能区	D	0.12
		Ⅲ1-5	五道河生物多样性保护与农林水保功能区	D	0.09
	南亚热带常绿阔叶林生态区	Ⅲ2-1	无量山生物多样性保护与农林水保功能区	D	0.15
		Ⅲ2-2	小湾-黄竹岭生物多样性保护与农林水保功能区	D	0.23
		Ⅲ2-3	大丙山生物多样性保护与水土保持功能区	D	0.06
		Ⅲ2-4	老别山河谷坝子丘陵农林生产与水保功能区	C	0.14
		Ⅲ2-5	万明山-大钟山生物多样性保护与农林水保功能区	D	0.04
		Ⅲ2-6	勐片河水源涵养与水土保持功能区	A	0.07
		Ⅲ2-7	临沧大雪山生物多样性保护与农林水保功能区	D	0.09
		Ⅲ2-8	勐统河水源涵养与水土保持功能区	A	0.10
		Ⅲ2-9	景谷河水源涵养与水土保持功能区	A	0.17
		Ⅲ2-10	邦骂大雪山生物多样性保护与水土保持功能区	D	0.22
		Ⅲ2-11	澜沧江下游干旱河谷农业生产与水保功能区	C	0.34
		Ⅲ2-12	威远河水源涵养与水土保持功能区	A	0.19
		Ⅲ2-13	南滚河东麓热带动物保护与农林生产功能区	D	0.13
		Ⅲ2-14	小黑江中山宽谷盆地农林生产与水保功能区	C	0.25
		Ⅲ2-15	大青山生物多样性保护与农林水保功能区	D	0.11
		Ⅲ2-16	小黑江水源涵养与水土保持功能区	A	0.33
		Ⅲ2-17	威远江生物多样性保护与水土保持功能区	D	0.08
		Ⅲ2-18	黑河水源涵养与水土保持功能区	A	0.27
		Ⅲ2-19	猛先河水源涵养与水土保持功能区	A	0.09
	北缘热带热带雨林、季雨林生态区	Ⅲ3-1	莱阳河生物多样性保护与农林生产功能区	D	0.25
		Ⅲ3-2	糯扎渡生物多样性保护与农林生产功能区	D	0.16
		Ⅲ3-3	曼老江水源涵养与水土保持功能区	A	0.10
		Ⅲ3-4	南垒河水源涵养与水土保持功能区	A	0.13
		Ⅲ3-5	南拉河水源涵养与水土保持功能区	A	0.31
		Ⅲ3-6	勐养子生物多样性保护与热带农林生产功能区	D	0.44
		Ⅲ3-7	勐海曼搞子生物多样性保护与农林生产功能区	D	0.22
		Ⅲ3-8	磨者河水源涵养与水土保持功能区	A	0.18
		Ⅲ3-9	勐仑子生物多样性保护与热带农林生产功能区	D	0.10
		Ⅲ3-10	南览河水源涵养与水土保持功能区	A	0.27
		Ⅲ3-11	南阿河水源涵养与农林生产功能区	A	0.25
		Ⅲ3-12	勐腊子生物多样性保护与热带农林生产功能区	D	0.29
		Ⅲ3-13	勐腊尚勇子生物多样性保护与农林生产功能区	D	0.18

注：A 为水源涵养功能区；B 为水土保持功能区；C 为生物产品供给功能区；D 为生物多样性保护功能区

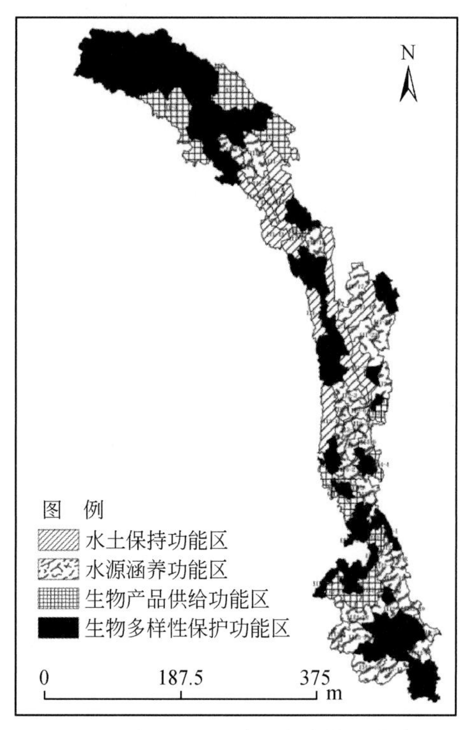

图 9-3　澜沧江流域生态功能区分类

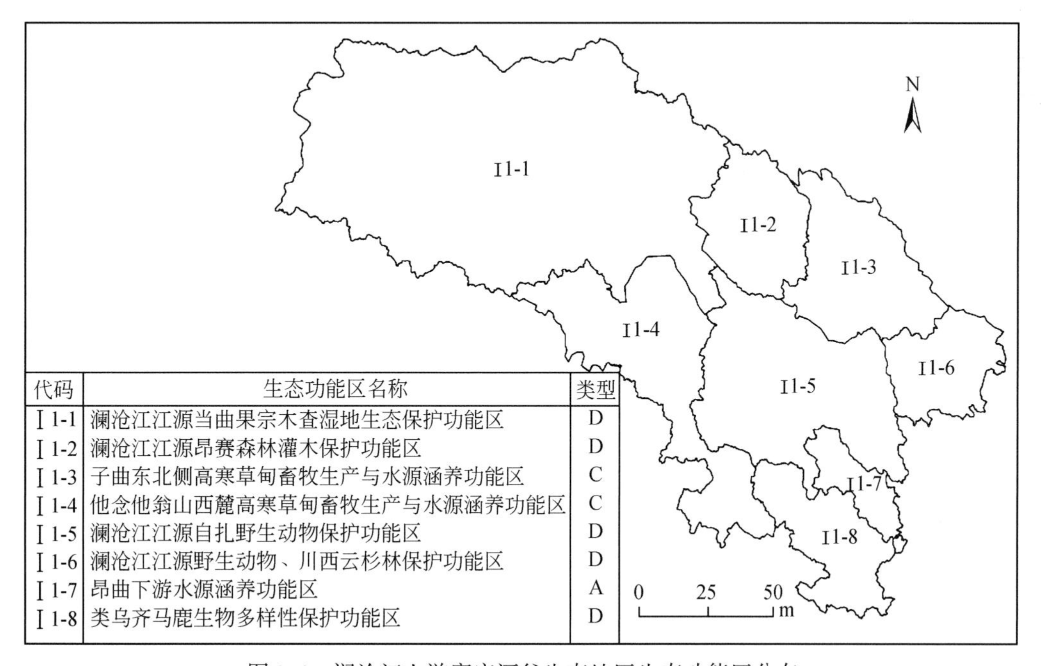

代码	生态功能区名称	类型
Ⅰ1-1	澜沧江江源当曲果宗木查湿地生态保护功能区	D
Ⅰ1-2	澜沧江江源昂赛森林灌木保护功能区	D
Ⅰ1-3	子曲东北侧高寒草甸畜牧生产与水源涵养功能区	C
Ⅰ1-4	他念他翁山西麓高寒草甸畜牧生产与水源涵养功能区	C
Ⅰ1-5	澜沧江江源自扎野生动物保护功能区	D
Ⅰ1-6	澜沧江江源野生动物、川西云杉林保护功能区	D
Ⅰ1-7	昂曲下游水源涵养功能区	A
Ⅰ1-8	类乌齐马鹿生物多样性保护功能区	D

图 9-4　澜沧江上游宽广河谷生态地区生态功能区分布

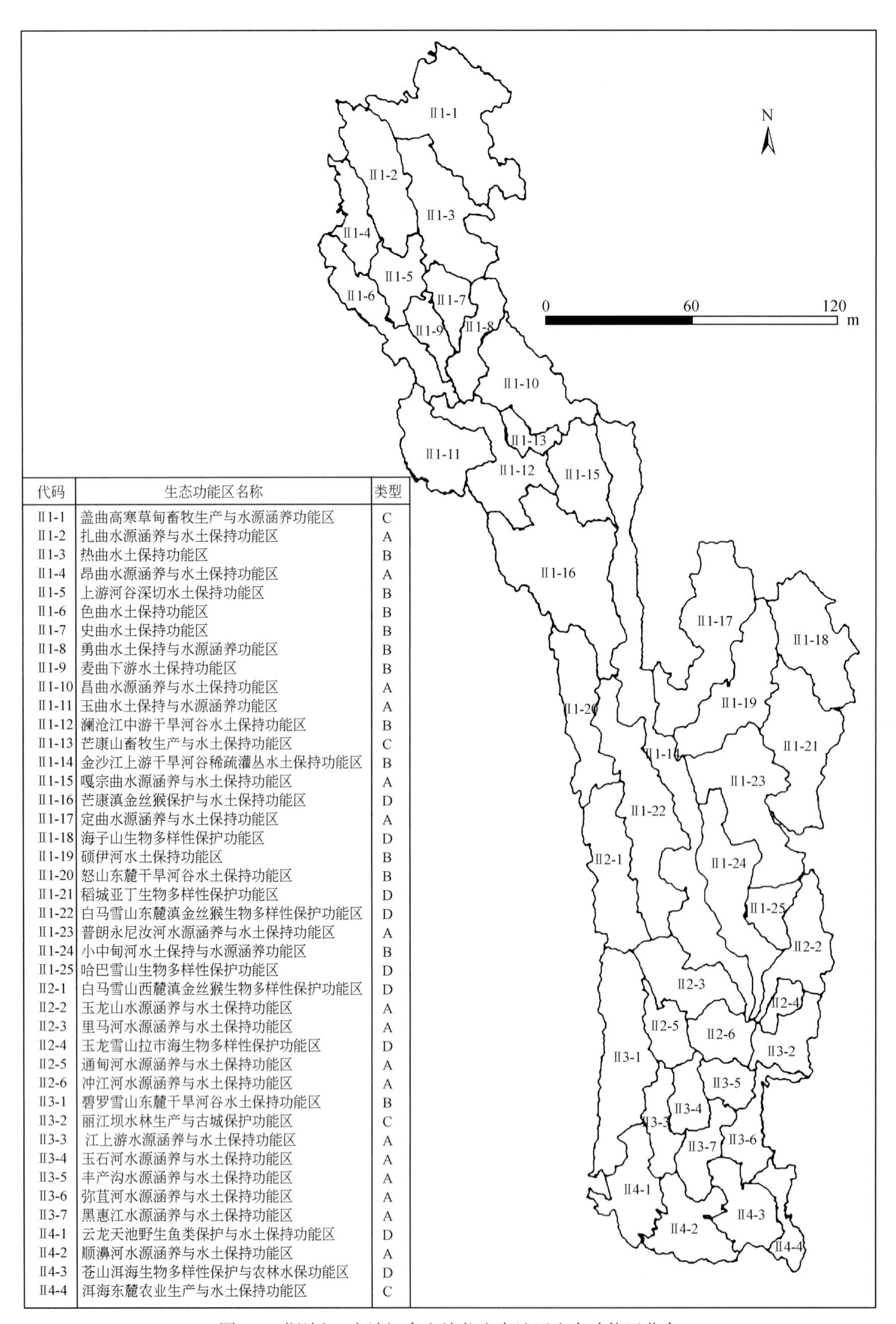

代码	生态功能区名称	类型
Ⅱ1-1	盖曲高寒草甸畜牧生产与水源涵养功能区	C
Ⅱ1-2	扎曲水源涵养与水土保持功能区	A
Ⅱ1-3	热曲水土保持功能区	B
Ⅱ1-4	昂曲水源涵养与水土保持功能区	A
Ⅱ1-5	上游河谷深切水土保持功能区	B
Ⅱ1-6	色曲水土保持功能区	B
Ⅱ1-7	史曲水土保持功能区	B
Ⅱ1-8	勇曲水土保持与水源涵养功能区	B
Ⅱ1-9	麦曲下游水土保持功能区	B
Ⅱ1-10	昌曲水源涵养与水土保持功能区	A
Ⅱ1-11	玉曲水土保持与水源涵养功能区	A
Ⅱ1-12	澜沧江中游干旱河谷水土保持功能区	B
Ⅱ1-13	芒康山畜牧生产与水土保持功能区	C
Ⅱ1-14	金沙江上游干旱河谷稀疏灌丛水土保持功能区	B
Ⅱ1-15	嘎宗曲水源涵养与水土保持功能区	A
Ⅱ1-16	芒康滇金丝猴保护与水土保持功能区	D
Ⅱ1-17	定曲水源涵养与水土保持功能区	A
Ⅱ1-18	海子山生物多样性保护功能区	D
Ⅱ1-19	硕伊河水土保持功能区	B
Ⅱ1-20	怒山东麓干旱河谷水土保持功能区	B
Ⅱ1-21	稻城亚丁生物多样性保护功能区	D
Ⅱ1-22	白马雪山东麓滇金丝猴生物多样性保护功能区	D
Ⅱ1-23	普朗永尼汝河水源涵养与水土保持功能区	A
Ⅱ1-24	小中甸河水土保持与水源涵养功能区	B
Ⅱ1-25	哈巴雪山生物多样性保护功能区	D
Ⅱ2-1	白马雪山西麓滇金丝猴生物多样性保护功能区	D
Ⅱ2-2	玉龙山水源涵养与水土保持功能区	A
Ⅱ2-3	里马河水源涵养与水土保持功能区	A
Ⅱ2-4	玉龙雪山拉市海生物多样性保护功能区	D
Ⅱ2-5	通甸河水源涵养与水土保持功能区	A
Ⅱ2-6	冲江河水源涵养与水土保持功能区	A
Ⅱ3-1	碧罗雪山东麓干旱河谷水土保持功能区	B
Ⅱ3-2	丽江坝水林生产与古城保护功能区	C
Ⅱ3-3	江上游水源涵养与水土保持功能区	A
Ⅱ3-4	玉石河水源涵养与水土保持功能区	A
Ⅱ3-5	丰产沟水源涵养与水土保持功能区	A
Ⅱ3-6	弥苴河水源涵养与水土保持功能区	A
Ⅱ3-7	黑惠江水源涵养与水土保持功能区	A
Ⅱ4-1	云龙天池野生鱼类保护与水土保持功能区	D
Ⅱ4-2	顺濞河水源涵养与水土保持功能区	A
Ⅱ4-3	苍山洱海生物多样性保护与农林水保功能区	D
Ⅱ4-4	洱海东麓农业生产与水土保持功能区	C

图 9-5　澜沧江–金沙江高山峡谷生态地区生态功能区分布

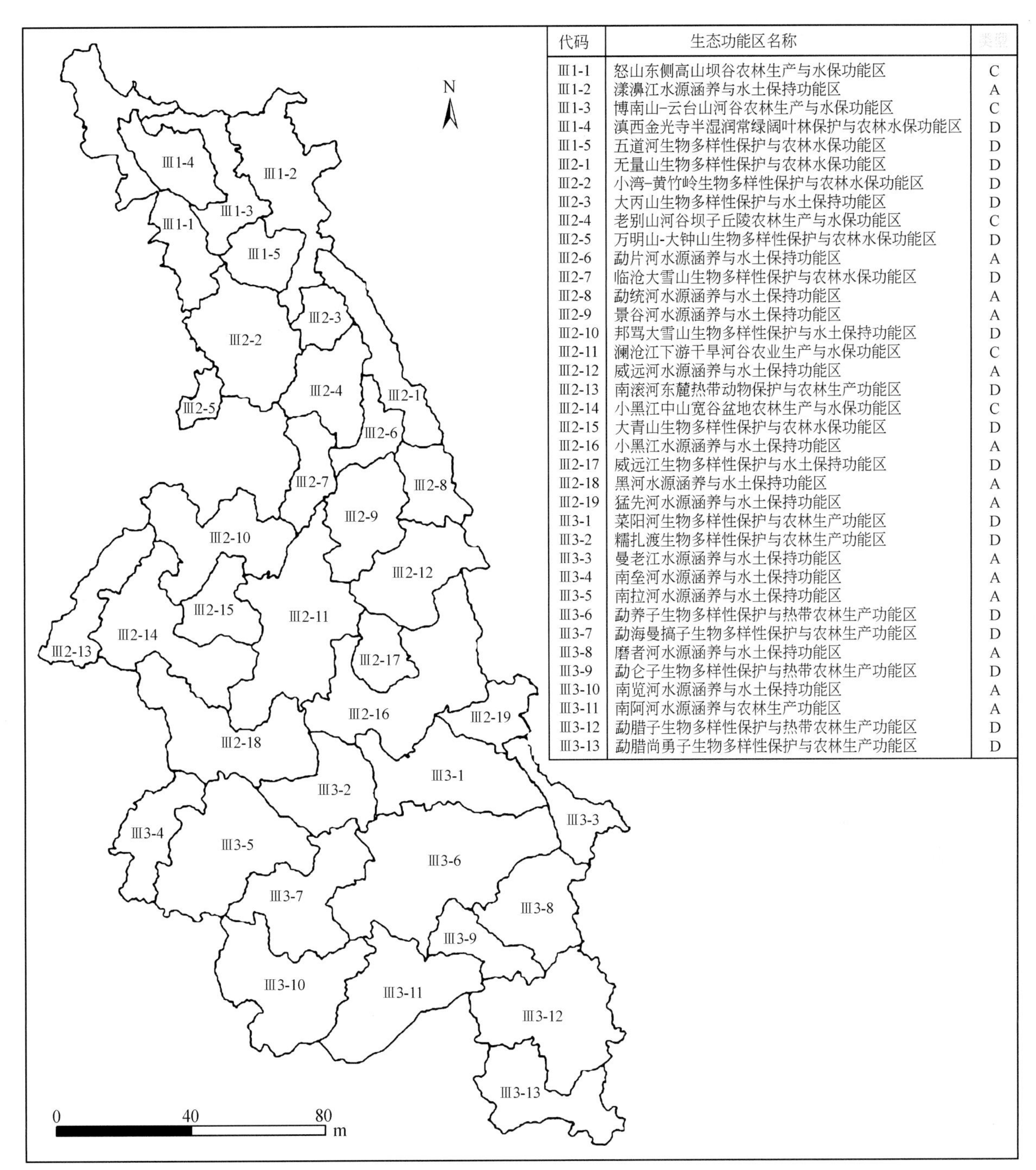

代码	生态功能区名称	类型
Ⅲ1-1	怒山东侧高山坝谷农林生产与水保功能区	C
Ⅲ1-2	漾濞江水源涵养与水土保持功能区	A
Ⅲ1-3	博南山-云台山河谷农林生产与水保功能区	C
Ⅲ1-4	滇西金光寺半湿润常绿阔叶林保护与农林水保功能区	D
Ⅲ1-5	五道河生物多样性保护与农林水保功能区	D
Ⅲ2-1	无量山生物多样性保护与农林水保功能区	D
Ⅲ2-2	小湾-黄竹岭生物多样性保护与农林水保功能区	D
Ⅲ2-3	大丙山生物多样性保护与水土保持功能区	D
Ⅲ2-4	老别山河谷坝子丘陵农林生产与水保功能区	C
Ⅲ2-5	万明山-大钟山生物多样性保护与农林水保功能区	D
Ⅲ2-6	勐片河水源涵养与水土保持功能区	A
Ⅲ2-7	临沧大雪山生物多样性保护与农林水保功能区	D
Ⅲ2-8	勐统河水源涵养与水土保持功能区	A
Ⅲ2-9	景谷河水源涵养与水土保持功能区	A
Ⅲ2-10	邦骂大雪山生物多样性保护与水土保持功能区	D
Ⅲ2-11	澜沧江下游干旱河谷农业生产与水保功能区	C
Ⅲ2-12	威远河水源涵养与水土保持功能区	A
Ⅲ2-13	南滚河东麓热带动物保护与农林生产功能区	D
Ⅲ2-14	小黑江中山宽谷盆地农林生产与水保功能区	C
Ⅲ2-15	大青山生物多样性保护与农林水保功能区	D
Ⅲ2-16	小黑江水源涵养与水土保持功能区	A
Ⅲ2-17	威远江生物多样性保护与水土保持功能区	D
Ⅲ2-18	黑河水源涵养与水土保持功能区	A
Ⅲ2-19	猛先河水源涵养与水土保持功能区	A
Ⅲ3-1	菜阳河生物多样性保护与农林生产功能区	D
Ⅲ3-2	糯扎渡生物多样性保护与农林生产功能区	D
Ⅲ3-3	曼老江水源涵养与水土保持功能区	A
Ⅲ3-4	南垒河水源涵养与水土保持功能区	A
Ⅲ3-5	南拉河水源涵养与水土保持功能区	A
Ⅲ3-6	勐养子生物多样性保护与热带农林生产功能区	D
Ⅲ3-7	勐海曼搞子生物多样性保护与农林生产功能区	D
Ⅲ3-8	磨者河水源涵养与水土保持功能区	A
Ⅲ3-9	勐仑子生物多样性保护与热带农林生产功能区	D
Ⅲ3-10	南览河水源涵养与水土保持功能区	A
Ⅲ3-11	南阿河水源涵养与农林生产功能区	A
Ⅲ3-12	勐腊子生物多样性保护与热带农林生产功能区	D
Ⅲ3-13	勐腊尚勇子生物多样性保护与农林生产功能区	D

图 9-6　澜沧江下游中低山宽谷生态地区生态功能区分布

9.4 小　　结

生态功能区划是在分析研究区域生态特征、生态系统服务功能、生态问题等空间分异规律的基础上，根据主要生态环境因子、生态系统服务和生态问题的重要程度在不同区域的异质性和相似性，将研究区域划分为不同生态功能区的过程。随着人口的膨胀、经济迅猛发展和城市化建设的快速推进，人类活动对澜沧江与大香格里拉地区的干扰规模和强度空前。本研究旨在明晰澜沧江与大香格里拉地区不同单元的生态功能定位，保障区域主要生态资源的生态安全，为区域战略决策、生态资源保育等提供科学依据。

基于此，为明晰该区域不同地区的生态功能定位，本区划以澜沧江与大香格里拉地区各乡镇为基本区划单元，运用现代生态学理论、区划理论以及 GIS 技术手段，综合分析该区域主要生态因子、生态系统类型及其生态系统服务、主要生态问题及自然保护区等空间数据，在确定分区方法、分区原则、分区依据和指标的基础上，将研究区域划分成3 个生态地区，即澜沧江上游宽广河谷生态地区、澜沧江-金沙江高山峡谷生态地区和澜沧江下游中低山宽谷生态地区，8 个生态区（高原寒温带湿润山地草甸生态区、高原温带常绿硬阔暗针叶林生态区、中温带常绿落叶阔叶针叶混交林生态区、南温带常绿落叶阔叶针叶混交林生态区、北亚热带常绿阔叶针叶林生态区、中亚热带常绿阔叶针叶林生态区、南亚热带常绿阔叶林生态区和北缘热带热带雨林、季雨林生态区）和 87 个生态功能区，并根据各区生态特征、主要生态问题和主导生态功能对其生态功能进行科学定位。

第10章 澜沧江下游人工林扩展存在的问题与对策

10.1 引　言

近年来，澜沧江流域生态系统急剧变化，其主要特征是城市化发展加快、天然林退化、橡胶林、桉树林、思茅松等人工林发展迅速。尤其是下游的西双版纳地区，大面积热带雨林、季雨林被橡胶林和桉树林所取代，水土流失、地力衰退、生物多样性丧失等生态问题突出，本章重点介绍澜沧江下游的西双版纳地区橡胶林和桉树林生态系统管理中存在的问题与对策。

天然橡胶是当代重要的工业原料和战略物资。而且，橡胶产业是国民经济中重要的基础产业之一，也是一个潜力巨大的轻工产业。中国是世界上最大的天然橡胶消费国和进口国，每年的消费量和进口量也在不断增大。由于橡胶林三叶橡胶树（*Hevea brasiliensis*）原产于南美洲亚马孙河流域热带雨林，生长环境要求全年具有充足的热量（气温为24～28℃）和水分（降水量为1600～2000mm）条件，大致分布于赤道南、北纬10°范围内，分布区的海拔一般不超过600m。我国的橡胶林主要种植区分布在北纬18°～24°的海南、云南、广东等省份，国外权威认为中国的橡胶种植区属于“植胶禁区”的热带北缘地区，由于受其特殊的地域分布限制，天然橡胶可以说是资源约束型产业。但橡胶林却是中国热区最为成功、最为典型的人工生态林之一（安锋等，2010；曹建华等，2007）。

云南是橡胶种植的主要区域，橡胶林遍及滇南、滇西南等地。西双版纳是我国热带雨林主要分布地区，也是具有国际意义的生物多样性的关键地区和全球25个优先重点保护的生物多样性热点地区之一，该区也是我国最适宜的橡胶树种植区。近年来，随着国际胶价的持续走高，橡胶树开发种植规模迅速扩大，目前橡胶林已成为西双版纳最主要的森林生态系统之一。西双版纳日益成为各领域关注的焦点地区，也引发了生态学研究者对于雨林保护和橡胶林生态系统的关注（周会平等，2012）。

桉树是桃金娘科（Myrtaceae）桉树属（*Eucalyptus*）的总称，共有945个种和变种，原产澳大利亚（王豁然，1999）。由于桉树具有适生面积广、品种多、生长快、产量高、轮伐期短且耐贫瘠干旱等特点，为当地带来了巨大的经济效益及一定的生态效益，使得桉树成为世界各国引种和推广的速生树种。自1890年，我国引种桉树至今已有120多年的历史，主要分布在我国华南地区：广东、广西、海南、云南、福建、四川等地。目前，桉树已成为华南地区速生丰产林的首选树种，广东、广西、云南等地正以前所未有的速度与规模对其进行大面积的种植。

云南特殊的地理位置和气候条件为桉树的生长提供了优越的条件和场所，桉树林发展迅速。随着桉树大面积的种植与栽培，由此引起的生物多样性降低、土壤板结、耗水量大等生态环境问题的出现（徐大平和张宁南，2006；王震洪等，1998），引起了广泛关注，本章旨在对前人桉树的相关研究中出现的问题，以及提出的对策进行归纳总结，从而对当前云南省速生桉树林发展中可能存在的问题提出建议，以保护生物多样性和生态环境。

10.2 云南橡胶林、桉树林的发展概况

云南是中国林业大省，《云南省2011年环境状况公报》资料显示，2011年，云南省现有林地面积2476.11万hm^2，其中森林面积1817.73万hm^2，占林地面积的73.41%，森林覆盖率47.5%。活立木总蓄积17.12亿m^3，其中森林蓄积15.54亿m^3。2011年，全省乔木林面积、森林面积、森林覆盖率持续增

长，活立木蓄积、森林蓄积有所增加，林木生长量明显大于消耗量，森林资源总体上继续保持持续增长的态势。云南省林业厅资料显示，云南省人工林所占比重也在持续增加，2007 年人工林（包括有林地、疏林地、灌木林地、未成林造林地）面积为 329.65 万 hm^2，2012 年为 420.35 万 hm^2，5 年间增加了 90.70 万 hm^2。

10.2.1 橡胶林发展概况

1904 年云南省引种橡胶树，是我国最早引种橡胶树的地区（杨焰平，2008）。新中国成立后，逐渐在热区推广种植，先后在河口县海拔 300m 以下、金平县 650m 以下、文山县海拔 350m 以下哀牢山以东区域以及哀牢山以西的西双版纳、普洱市（原思茅区）海拔 900m 以下、临沧县 800m 以下、德宏州 950m 以下区域广泛种植。

资料显示云南省橡胶种植面积在逐年扩大，2007 年云南省天然橡胶种植总面积为 36.2 万 hm^2，占全国天然橡胶林总面积的 44%，投产面积为 17.5 万 hm^2，占全国的 35.21%，干胶总产量为 29.1 万 t，占全国的 49.74%，平均亩①产干胶 111kg。单位面积产量自 20 世纪 80 年代以来，均处于国内领先地位，成为我国最好的土壤橡胶生产基地（杨焰平，2008）。来自云南省林业调查规划院的森林资源连续清查资料显示，2007 年全省橡胶林成林面积为 40.78 万 hm^2，2012 年橡胶林成林面积为 66.23 万 hm^2，5 年中净增加胶林面积 25.45 万 hm^2，年增幅为 12.5%。

目前，云南省橡胶林的面积以西双版纳州为最大，据调查显示，截至 2006 年，西双版纳州天然橡胶种植面积达到 312.2 万亩，占到全省种植面积的 62%（杨为民和秦伟，2009）。

西双版纳州地处北回归线以南，橡胶林人工群落是西双版纳地区的又一大景观，20 世纪 60 年代初期开始，由于对天然橡胶的迫切需要，我国在西双版纳地区进行了大规模的橡胶种植工作，西双版纳景洪、勐腊是我国橡胶林最适宜的造林区，也是发展我国制胶业的重点地区，本区的气候、土壤、水分条件十分适合橡胶树生长，产胶量不但高于我国海南省，在世界范围内也比较高（江爱良，1987）。

政策以及科学技术的同步发展，对橡胶林的发展产生了重要影响。1985 年原农业渔牧部（现国家林业局）出台了《橡胶树栽培技术规程》，1995 年 9 月农业部重新颁发了该规程，包含了从 1985 年以来我国天然橡胶生产和植胶科学技术的新发展。针对云南省以抗寒植胶为前提，夺取速生高产和改善生态环境为目标，2003 年 1 月 30 日云南省农垦总局出台了《橡胶树栽培技术规程实施细则》，要求严格做到环境、品种、措施三对口，切实加强保水、保土、保肥为中心的抚育管理措施，这些措施有力地保障了云南省橡胶产业的稳定发展。

但是，近几年随着国际胶价的不断抬升，西双版纳和普洱垦区已有部分种植区推进到 1100m 海拔；不按规程规定的不合理开发时有发生；出现胶农技术参差不齐，民营橡胶生产管理技术水平迫切需要提高、干胶产量不稳定等问题。

10.2.2 桉树林发展概况

云南是我国引种桉树最早的省份之一，最初于 1896 年引种蓝桉（*E. glopulus*）于昆明，新中国成立前，云南省计引种桉树 6～7 种。根据张荣贵等（2007）的研究，云南省桉树的发展大体可分出 3 个阶段，第一阶段是 1964 年以前，主要是以观赏为主；以美化绿化环境为主要目的的第二阶段（1964～1982 年）；而第三阶段主要是 1982 年后，由于商业化的带动，开始有目的、有步骤的生产性发展经营阶段。尤其是开展了一系列桉树的试验研究，积累了一些较好的试验结果，云南省桉树引种速度加快，推动了

① 1 亩≈666.7m^2。

桉树在云南山地大面积种植。

云南省桉树种植面积仅次于广东、广西、海南地区，位居全国第四，至 2005 年云南省桉树林面积达 23.60 万 hm^2，占全省人工林面积的 9.4%（张荣贵等，2007）。根据云南省森林资源连续清查最新资料显示，至 2007 年云南省桉树成林面积为 24.00 万 hm^2，截至 2012 年，云南省桉树成林面积已达 38.88 万 hm^2，5 年内云南省桉树人工林面积增长了 14.88 万 hm^2，增长速率及幅度如此之大，说明桉树人工林的种植对云南省经济及生态效益有明显作用，因此对于大面积种植桉树人工林将会产生的生态效益及其存在的问题，以及如何使云南省桉树人工林实现可持续发展成为当前急需解决的问题。目前，在云南不同气候带中种植较多、表现较好的桉树树种有蓝桉、直杆蓝桉（*E. maideni*）、史密斯桉（*E. smithii*）、双肋桉（*E. bicostata*）、尾叶桉（*E. urophylla*）、巨桉（*E. grandis*）、亮果桉（*E. nitens*）、赤桉（*E. camaldulensis*）、细叶桉（*E. tereticornis*）、邓思桉（*E. dunnii*）、樟脑桉（*E. camphora*）、多枝桉（*E. viminalis*）等 10 多种以及一些杂交种（张荣贵等，2007）。

10.3 橡胶林和桉树林的生态价值与经济价值

从云南省橡胶林的发展历史来看，它是一种取代热带天然林和荒山荒地之后形成的人工林生态系统。因此，它具有一般人工林的生态问题，如生物群落结构简单、土壤肥力下降、长期高生产力难以维持等。不过由于近几年橡胶的发展都是以集约化经营为主，大量的施肥灌溉等措施弥补了一些土壤肥力的损失。另外，橡胶林的经济寿命周期比较长（一般为 20～30 年），经过长期的发展以及发展胶园间作等生态工程（吴兆录，2001），橡胶林的生态效益也得到明显提升。

10.3.1 橡胶林

10.3.1.1 橡胶林的生态经济效益

橡胶林生态经济效益比较突出。西双版纳橡胶林生态系统服务单位面积年服务价值为 38 107 元/（$hm^2 \cdot a$）（夏体渊等，2009），远大于中国热带森林的平均价值［16 056 元/（$hm^2 \cdot a$）］，而该值接近于海南省农垦橡胶的生态系统服务价值［38 798 元/（$hm^2 \cdot a$）］（彭宗波，2006）。夏体渊等（2009）的研究还指出，从单项生态服务价值来看，西双版纳橡胶林直接经济产出为 19 961 元/（$hm^2 \cdot a$），与彭宗波等（2006）在海南省农垦的经济服务功能价值［20 473.66 元/（$hm^2 \cdot a$）］较接近。

彭宗波（2006）用环境经济学的计算方法，以海南省农垦的橡胶人工林和天然林为例，计算 1951～2003 年天然林的生态价值转移成橡胶林的社会经济与生态价值的比值是 1∶21.25，即海南省农垦的天然橡胶产业是牺牲 1 份天然林的服务功能换来 21.25 倍的经济和社会服务功能。

综上可知，橡胶林生态经济效益明显，尤其是直接经济价值突显，同时也提供了较好的社会和生态服务价值。

10.3.1.2 人工橡胶林与热带天然林的生态效益比较

橡胶林由于经过几十年的发展，已经形成了相对稳定、多样的生态系统，所以在涵养水源、固碳释氧、保持土壤养分、减少土壤侵蚀等方面与热带天然林的差异不大（邓燔等，2007；彭宗波，2006；张一平等，1997），甚至其生态功能还优于其他一些人工林和农作物（张一平等，2003）。

（1）橡胶林的水文生态效益明显，具有较好的水土保持能力和水源涵养能力

橡胶林冠层结构较天然林简单，其林冠截留能力比不上天然林，但与其他农作物和人工林相比，橡胶林具有较高的林冠截留率、树干径流率和水源涵养能力，可有效减少雨滴对林地土壤的击溅作用，并有利于增加林内养分（秦钟等，2003；张一平等，2003）。有研究表明，橡胶人工林具有接近于次生天然林的水源涵养与土壤保持的功能（安锋等，2010）。每年因胶乳带出胶林生态系统的水分相对于蒸腾作用来说是微不足道的，一次不到10mm的降水足以补充胶乳全年带走的水量。实际上，通过收取胶乳而移走的水分比其他作物，特别是蔬菜、水果、短轮伐期且全株砍伐的桉树等因收获而带走的水分要小得多。因此，那种认为橡胶树不但没有蓄水功能，反而大量耗水，一棵橡胶树就是一台小型抽水机的说法显然是错误的。

（2）减少土壤侵蚀

从橡胶林减少土壤侵蚀方面来看，橡胶地的水力侵蚀以轻度侵蚀为主，对土壤侵蚀的影响相对较小；另外，橡胶林的水力侵蚀面积占区域总侵蚀面积的比例也较少，因此橡胶种植与土壤侵蚀的关联也并不明显（张佩芳等，2006）。

（3）养分周转快

与天然林相比，橡胶林保持养分效益较低，仅约为天然林的47%，致使橡胶林要进行人工施肥才能维持橡胶的快速生长及正常的产胶，而天然林每年因凋落物以及各种动植物残体等归还土壤大量养分而不需使用化肥。橡胶树一般都生长在高温多雨的热带亚热带地区，胶园土壤富铝化作用强烈，硅铝比一般为1.5～1.8，土壤多为强酸性，盐基成分大量淋失，使得土壤肥力偏低，土壤养分的有效性也较低（曹建华等，2007）。与天然林相比，橡胶林下由于湿度和有效养分较低，林下枯落物的分解速率较快，造成了林下生物量与积累量相对较低，养分循环速率较高（任泳红等，1999）。

（4）橡胶林下植被多样性低下，种类组成也比较单一

周会平等（2012）对西双版纳热带橡胶林下植被多样性进行了调查研究，结果显示西双版纳橡胶林下植被Shannon-Winner指数范围为1.224～3.517，植物类型主要为不足1m高的浅根系的草本植物以及少量小灌木。这些植被还不足够起到良好的截持雨水、涵养水分、固土保土、促进养分循环的作用。这也是当前橡胶林生态系统出现水土流失、土壤肥力下降等问题的主要原因之一。安锋等（2010）也指出从生物多样性保护和涵养水源方面，橡胶人工林与天然林是无法比拟的。

10.3.2 桉树林

10.3.2.1 碳汇功能

森林是陆地生态系统的重要部分，也是重要的碳库。通过营造人工林和良好的管护是获得新增碳汇的重要途径。桉树人工林在南方广泛种植，也发挥着巨大的碳汇能力。

桉树人工林生长快，生长量大，碳汇功能较强。桉树人工林生态系统的碳储量为40.77～294.18 t/hm^2，其中土壤层碳储量为36.91～233.51 t/hm^2（向仰州，2012）。桉树人工林中，土壤是最重要的碳库，其贡献率也是最大的，占到桉树人工林生态系统总碳库的一半以上（向仰州，2012；陶玉华等，2012），并且碳储量均随土层深度增加呈减少趋势（梁关锋，2011；张苏峻，2010）。乔木层碳储量也比较突出，而且其碳储量随林龄的增加有增大的趋势，因为乔木层碳汇潜力巨大（陶玉华等，2011，2012；张琼，2005）。相比之下，桉树人工林的林下植被及枯落物碳库相对较小，但也不容忽视。

桉树林土壤碳储量巨大，主要是受到土壤理化性质、立地环境等因子的影响。土壤有机碳密度和土壤各理化性质间存在密切关系，土壤理化性质可通过影响微生物活动和有机碳的矿化速率来间接影响土壤有机碳密度（王红等，2008；黄耀等，2002），尤其是土壤氮的富集可促进土壤有机碳的积累（何智斌等，2006；许信旺等，2005）。桉树土壤有机碳还与坡向有密切关系，坡向偏北，光照时间短，湿度大，有机质分解速率较低，有机碳含量就越高（张鹏等，2009；程先富等，2004）；另外，短周期桉树林有机碳密度还表现出下坡（8.24kg/m^2）显著高于中坡（6.59kg/m^2）和上坡（5.63kg/m^2）的规律。

总之，桉树人工林中全球碳循环发挥着重要作用，且有机碳含量不低，其碳汇功能明显，但为了桉树林有机碳的积累，需考虑在保证木材生产的基础上适当延长轮伐期，并注重土壤施肥的需求，对于短期轮伐桉树林在种植时可考虑坡向及坡位等因素，使其在满足木材需求的同时发挥其碳汇功能。

10.3.2.2 生态经济效益

近年来，越来越多的专家学者对人工林的生态效益价值开始关注，桉树人工林作为重要的人工林之一，其生态经济效益更加值得大家关心。

刘华和李建华（2009）利用模糊数学的方法，对茂名小良桉树人工林进行生态效益的分析，作者挑选了 30 个对小良桉树林生态经济影响较大的因子，建立了评价因子指标体系和好、较好、一般、较差、差 5 个评价等级，采用两个层次的综合评价模型对其经济效益进行定量的综合评价（评价结果见表 10-1）。因为其研究背景为该区域的桉树人工林占全站总面积的 70% 以上，故该研究结果具有代表性。

表 10-1　小良桉林生态经济效益专家评判统计（20 人）

指标因子	指标内容	权重	指标因子评语				
			好	较好	一般	较差	差
生态效益（A_1 = 0.26）	涵养水源	0.0873	0.0800	0.0900	0.3700	0.4300	0.0300
	保持土壤	0.0866	0.0800	0.0900	0.4100	0.3900	0.0300
	净化环境	0.0952	0.3400	0.4600	0.1000	0.0700	0.0300
	生物多样性	0.0750	0.0800	0.0900	0.3700	0.4300	0.0300
	土壤持续性	0.0752	0.0800	0.1900	0.3600	0.3400	0.0300
	防风固沙	0.0990	0.2000	0.3000	0.2500	0.2300	0.0200
	生态稳定性	0.0880	0.1500	0.3500	0.300	0.1500	0.0500
	防治病虫害	0.0981	0.0800	0.2900	0.3700	0.2300	0.0300
	降低温度	0.0992	0.1800	0.3200	0.3000	0.1300	0.0700
	水分消耗	0.0976	0.0300	0.1000	0.2700	0.3200	0.2800
	林分抗逆性	0.0988	0.0800	0.0900	0.3800	0.4200	0.0300
经济效益（A_2 = 0.42）	林业收入	0.0973	0.0800	0.2900	0.3700	0.2300	0.0300
	运营成本	0.0966	0.0800	0.0900	0.3100	0.4900	0.0300
	林木生长	0.0952	0.1400	0.4600	0.3000	0.0700	0.0300
	土地耕作	0.0850	0.0800	0.0900	0.3700	0.4300	0.0300
	土壤侵蚀	0.0852	0.0800	0.1900	0.3600	0.3400	0.0300
	林地灌排	0.0800	0.1300	0.2300	0.2900	0.3300	0.0200
	土壤施肥	0.0880	0.0500	0.2500	0.3000	0.3500	0.0500
社会效益（A_3 = 0.32）	技术应用	0.0981	0.0800	0.2900	0.3700	0.2300	0.0300
	优良品种	0.0992	0.1800	0.3200	0.3000	0.1300	0.0700
	直接价值	0.0966	0.0300	0.3900	0.2900	0.2600	0.0300
	间接价值	0.0788	0.0800	0.0900	0.3800	0.4200	0.0300
	环境健康	0.0760	0.2800	0.3900	0.2300	0.0700	0.0300
	增加收入	0.1590	0.3200	0.2800	0.2600	0.1000	0.0400
	美化环境	0.1000	0.2800	0.3900	0.2300	0.0700	0.0300
	木材需求	0.1790	0.3600	0.3200	0.2600	0.0400	0.0200
	增加林地	0.1500	0.2800	0.3900	0.2300	0.0700	0.0300
	荒地利用	0.1730	0.3800	0.3000	0.2600	0.0300	0.0300
	旅游科考	0.0630	0.0500	0.2700	0.3300	0.3000	0.0500
	综合效益	0.1000	0.0800	0.2300	0.3700	0.2900	0.0300

资料来源：刘华和李建华，2009

桉林生态经济效益的综合因子中生态效益因子的评价为一般，经济效益因子的评价为一般，社会效益因子的评价为较好（表 10-1）。而总体综合评价表明该地桉树林生态经济效益综合评价为一般。由此表明该区域桉树林生态经济效益的状况介于一般和良好之间。

邓燔等（2007）对海南省热带天然林、桉树林和橡胶林生态效益进行研究分析，进行比较的指标体系包括涵养水源（物质量）、固定 CO_2、释放氧气、保持养分、减少土壤侵蚀 5 部分，其生态效益比较结果见表 10-2。由表可知，桉树林与天然林的生态效益相差较大，整体来说桉树林的生态效益最差，尤其在涵养水源和减少土壤侵蚀方面的效益相对来说较差。这主要是因为桉树林基本上属于粗放经营，但橡胶林是进行施肥浇水等相对集约化的经营，故此对地表径流和土壤地力影响很大，使得桉树林的生态效益显得较小。但杨民胜等（2003）对桉树及其人工林的生态效益进行了总结，指出若将桉树发展为生态林，则其带来的涵养水源、调节径流、防风固沙、净化空气、固定 CO_2、水土保持等生态效益也是不可小觑的。

表 10-2　海南省天然林、橡胶林和桉树林生态效益比较

项目	面积 /hm^2	涵养水源 /[m^3/(hm^2·a)]	固定 CO_2 /[t/(hm^2·a)]	释放氧气 /[t/(hm^2·a)]	保持养分 /[t/(hm^2·a)]	减少土壤侵蚀 /[t/(hm^2·a)]
天然林	65.90	8431.49	5.33	3.87	0.95	14.15
橡胶林	85.46	4636.20	3.28	2.37	0.45	11.36
桉树林	16.67	2051.48	2.34	1.69	0.81	4.48
天然林与橡胶林比值	—	1.82	1.63	1.63	2.11	1.25
天然林与桉树林比值	—	4.11	2.28	2.29	1.17	3.16

注：面积以 2003 年第四次全国森林资源清查资料为主

资料来源：邓燔等，2007

这也说明桉树人工林的生态经济要走上可持续的健康发展道路，还需针对桉树林存在的潜在问题及主要因素的动态发展采取相应的科学措施，提高桉树人工林的生态效益。由于其带来的经济效益及社会效益已经很显著，因此目前必须提出科学可行的管理方法并及时实施，以保证桉树人工林的可持续发展。

10.4　生态系统管理存在的问题与对策

10.4.1　橡胶林生态系统

10.4.1.1　问题

橡胶林多由荒山荒地、刀耕火种地、灌木林地、次生天然林地和少量原生天然林地转化而来，它是以生产胶乳和木材为主要目的的人工林生态系统。近年来，由于国家对天然橡胶发展扶持政策的不断落实、中国天然橡胶需求量的大幅增加和经济利益的驱使，胶民对种植橡胶树积极性不断提高，而橡胶宜种区逐步减少，橡胶树已被引种和扩种到了高海拔的次适宜种植区，橡胶树的生长状况、产胶期和产量都受到了极大的影响（李国华等，2009；Ziegler et al.，2009；Qiu，2009）。

问题的焦点来源于：由于直接经济效益的突显，胶农对橡胶林生态效益，以及砍伐热带季雨林替代橡胶人工林后产生的一系列生态持续性问题的认识不足。

1）不断扩大高海拔种植面积，影响到橡胶树的生长及干物质的积累。海拔从低到高，地上生物量和干生物量都呈降低趋势，可能是受到不同海拔间气温的差异造成的（贾开心等，2006）。同时，干胶产量处于波动状态。由于受到橡胶林生态系统养分循环的影响，致使橡胶林长期高生产力难以维持，而大量化肥的施用不仅增大成本，还引发林地土壤板结、面源污染等生态问题（曹建华等，2007）。

2）胶园土壤表层死皮加剧，土壤肥力状况令人担忧。橡胶林中，林分结构简单，大多为橡胶形成的单优林分，林内土壤侵蚀严重，尤其是幼龄林和单优种林分，土壤养分流失严重，致使土壤肥力下降、地力衰退明显（Abraham et al.，2001；Awet et al.，1987）。

3）橡胶林直接经济产出远远大于热带雨林，热带雨林保护令人堪忧。夏体渊等（2009）指出橡胶林生态经济价值仅为热带雨林及次生植被的一半左右，砍伐热带雨林种植橡胶林从区域生态经济价值总量来看不可取，不利于区域自然资产增值，更不利于当地社会、经济和生态的可持续发展。

10.4.1.2 对策

针对这些问题，业界也提出了一系列的观点和措施。

首先，需要做好区域规划，避免在不适宜种植橡胶的区域推广种植。政府部门应做好合理规划，引导胶农科学合理种植，尤其要注意保护好水源涵养地区。由于橡胶林的水源涵养能力比热带雨林较低，不适宜成片种植于生态功能规划为涵养水源的地区（夏体渊等，2009）。

其次，改变单层林结构，间作套种多种功能植物和经济林木等人为构建乔灌草多层次橡胶林群落结构，提高了胶林的生物多样性。在大面积推广的同时向复合农林的方向发展，变单层单种为多层多种，以充分利用光、热、水等资源，改善胶林的林分环境。大力推广橡胶-咖啡、橡胶-茶、橡胶-砂仁复合生态群落、橡胶-香根草种植模式，均能增大橡胶林的经济效益、生态效益和社会效益（王岳坤等，2004；周再知和郑海水，1997；陈鸣史，1991）。另外，要改变传统的橡胶林种植管理方式，减少人为因素对林下生物多样性的破坏，使橡胶林下植被的生态作用得以充分发挥（周会平等，2012）。

再次，要加强橡胶林的管护，提高胶林的保肥能力以及病虫害防治能力。通过穴施、覆盖等施肥手段，促进养分的高效利用，多使用绿肥或其他化肥混施，改良土壤，以促进胶树高产（曹建华等，2007；刘俊良等，2006）。

还有一些关于加强保护热带雨林的政策性问题，如夏体渊等（2009）建议采取生态补偿等环境经济政策对热带雨林进行综合保护，并提高补偿标准（邓燔等，2007）。也有人提到改革产权制度，减少毁林开荒的发生（邓燔等，2007）。

总之，云南省天然橡胶林的持续发展迫切需要解决这些生产中的重大问题。

10.4.2 桉树林生态系统

10.4.2.1 问题

（1）生态系统多样性降低

大面积连片栽培的人工林对生物多样性存在负面影响（Whittaker et al.，1975）。云南地处山区，大部分桉树种植在荒山荒地、农田轮歇地、疏林地或杂木林地，原生植被本身较少，桉树人工林的大面积营建后，成片的桉树人工林取代了一些农田、灌丛和杂木林，故使区域景观多样性降低。

与自然林相比，桉树林存在初级生产力水平低、树种单一、区域景观多样性降低、群落结构简单等问题。营造的桉树人工林大多为人工纯林，树种单一，尤其是推广了无性系育苗后，将导致桉树的遗传基因窄化，同时由于营造林技术的改进，能在很短时间内营造大面积桉树林，导致成片的桉树林为 1 个品种，甚至为同一品系的同龄林（孙云霄和刘建锋，2004）。单一种组成的桉树人工林的生态系统功能相对较低，生态系统多样性大幅度降低，同时桉树林的抗逆性减弱，抵御病虫害、风寒、干旱等自然灾害的能力下降；若遇台风或大旱气候，将导致桉树成片死亡，而病虫害一旦发生，极易迅速蔓延扩散开来，将导致成片林木发病或死亡，其带来的经济损失及对生态环境的破坏是不可估量的。

桉树作为速生树种，具有较强的资源竞争能力及较大的资源需求量，在群落形成早期就能迅速占领群落的最上层郁闭成林，使林下植被的生长受到抑制，进而降低林下植被的生物多样性（吴钿等，2003；余雪标等，1999a，1999b），导致其生态系统的稳定性也较弱。

桉树人工林的林下植被多样性一般低于其他自然林分。陈薇（2007）发现，与相同环境条件件的原生林分相比，桉树林的生物多样性比较低，尤其是在滇南相同环境其他自然林分的丰富度比桉树样地普遍偏高，自然林分的 Shannon-Winner 和 Simpson 指数要显著高于桉树林分；尤其在滇南的自然林分中丰富度最大的是 54 种物种，比相应桉树林多 41 个物种。说明种植桉树林后导致物种多样性下降。

桉树人工林的多样性还受到栽培时间的影响，不同栽培时间下，桉树林林下植被的多样性变化较大。温远光等（2005）以定位监测与时空互代相结合的方法，对不同连栽代数的桉树工业人工林多样性动态变化的研究发现，在一个经营周期（6 年）内，第 2 代桉树林样地中出现的物种数仅为第 1 代林分的一半左右。从其他几个多样性指标上看，第 1 代桉树群落的植物个体数、丰富度指数、Shannon-Winner 指数、Simpson 指数、种间相遇几率、Pielou 的均匀度指数等指标也高于第 2 代群落。余雪标等（1999a，1999b）研究也获得了相同的结论，桉树人工林的多样性随着连栽代数的增加而减少。

桉树为满足自身快速生长的需求而与其他树种竞争水、肥、阳光等资源，并通过化感作用排挤、影响周围物种，导致生物多样性降低。许多生产实践表明，桉树属的某些树种无法与其他树种混交或间种，如在广东惠州发现柠檬桉（*E. citriodora*）和荔枝（*Litchichinensis*）间种，造林两年后，荔枝开始枯萎，3 年后，荔枝大量死亡（刘小香等，2004）。而从一些控制试验看，桉树叶子的提取液对其他树种的正常生长发育与繁殖产生明显的抑制作用，主要是影响根、茎的正常发育，影响种子的萌发，影响根、茎的正常发育（方碧真，2008）。越来越多的研究表明桉树具有较强的化感作用，桉树会释放某些化学物质以抑制林内其他植物的生长，从而导致林内群落结构简单，林下灌木和草本植物稀少（彭少磷和向言词，1999；骆世明等，1995）。

当然，也有少量研究认为，桉树林对维持林下植被多样性有一定作用。由于桉树人工林的种植大多选在荒山荒坡上，从某种程度上讲，大面积人工桉树林的栽植增加了某一区域的物种多样性，该区域由原来的荒地变为林地，不仅增加了物种多样性，还起到了防风固沙、截流降水量、减少地表径流，从而减少水土流失的发生。吴炳其（2007）认为桉树人工林对下层植物的影响在很大程度上取决于林地的过去和现在的生态系统以及人为活动的干扰情况，同时指出福建省的桉树人工林与其他树种一样林下植被相当丰富。洪长福等（2003）的研究结果也表明桉树人工林林下植被较为丰富。

（2）地力衰退

a. 土壤养分缺乏引起林地力衰退

在我国，林地土壤养分缺乏现象相当普遍。从整体来看，相对其他树种特别是速生树种，生产相同的生物量，桉树所消耗的养分量是很低的（表 10-3）（吴炳其，2007）。但是，由于桉树是速生种，生长快，故而生长量大，作为纸浆材进行轮伐期甚至是超短轮伐期经营，木材利用率提高，采伐移走的木材量增大，在单位时间、单位面积上必须产生更多的生物量，林地养分流失也加快。

表 10-3 3 年生桉树人工林对养分的吸收量及利用效率

树种	养分吸收量/［kg/（hm^2·a）］			养分利用率/（kg/t）		
	N	P	K	N	P	K
巨尾桉	94.99	8.83	74.86	4.16	0.39	3.28
尾叶桉	97.06	11.09	48.99	4.89	0.56	2.47
粗皮桉	95.50	5.79	81.81	5.07	0.31	4.34
木麻黄（5 年）	59.64	4.69	34.80	6.53	0.52	3.81

资料来源：吴炳其，2007

再者，随着连栽代数的增加，林地土壤理化性质不断恶化。余雪标等（1999a，1999b）的研究表明，土壤表层（0～60cm）的土壤密度随着连栽代次增加而逐年增加，尤其是 20～40cm 层次土壤，从次生林的 1.29g/cm^3 上升到第 4 代桉树林的 1.72g/cm^3，毛管持水量随着代次增加而逐渐下降，造成土壤板结。而且，随着代次增加，桉树林的凋落物现存量减少，养分归还量也较小，致使土壤养分损失严重（余雪标等，1999c）。

桉树林对雨水的拦截量较少，仅为 10% ~25%（郭翔等，2005）。较小的林冠拦截，增大了林地土壤流失的可能性，再加上桉树林地土壤的不易湿润性和疏水性促使土壤流失加剧，引起养分的流失，导致土壤肥力下降，进而影响林地的生产力。桉树的枝叶等枯落物本身不易分解，相对其他人工林来说土壤肥力相对较低，加之某些地区将其枝叶作为薪柴全部拾走，使得桉树林下地表裸露，加剧了水土流失，也影响了养分的循环。

b. 炼山与全垦整地引起林地力衰退

目前，云南省大部分地区还是采用炼山或全垦的方式进行整地。许生明（2012）发现，采用炼山造林能有效促进桉树人工林的生长，但是炼山后林地土壤容重变大，毛管孔隙、最大持水量与毛管持水量减小，对土壤的理化性质及水源涵养能力都造成影响，同时相对于不炼山的林分，林下植被多样性也较低。

机耕也对土壤的养分造成间接影响，它不但破坏了林地原有的土壤结构，还使得地表凋落物量及林下植被覆盖减小，容易引起地表板结，地表径流增加，土壤和养分流失加剧，林地的水土保持和水源涵养效果降低。全垦后第 1 年土壤流失量为 13t/（hm^2·a）左右，流失量较大（徐大平和张宁南，2006）。

c. 掠夺式采伐引起林地力衰退

桉油是桉树的重要副产品，经济价值较大。桉树造林后的第 2 年年底开始，每年采集桉叶 1 次蒸馏桉油，一般产桉叶 7000 kg/（a·hm^2），连续采叶 3 ~4 年，修叶量一般为树冠长度的 1/3（张荣贵和蒋云东，1999）。然而，受到经济利益驱使，部分地区对桉树进行的是超强度掠夺式经营方式，为了获取桉油每年在同一株树上采叶 1 ~2 次，而且采叶量超过 80%，有的甚至还将顶稍砍下，连落叶也收走炼油，致使桉树林的养分循环受限，同时由于大量采摘，又不能根据桉树的生长每年进行追肥，必然导致地力衰退（曹嘉相等，2008）。

另外，桉树作为纤维用材，生长量大，轮伐期短（6 ~7 年），未到成熟期就将其采伐，经多年轮伐，且高强度收获，有些地区又不能及时进行施肥和补充土壤养分，必定使林地养分逐渐消耗而使地力衰退。

（3）水分影响

林木对林地的水分影响主要表现在水分利用率、蓄水功能以及对地下水的吸收能力等方面（郭国华，2001）。桉树作为耐旱树种，具有生长快、生长量大等特点，相同条件下需要比其他物种消耗更多的水分来满足自身生长。相比其他树种，桉树生产相同生物量，所消耗水分最少，因而桉树水分的利用率也是最高的。

叶面积指数和叶片粗糙程度直接影响着林分的水分截流能力。一般认为桉树人工林林冠截流相对较小，一般不超过降雨量的 20%。由于我国桉树叶面积指数较小，桉树的林冠截流可能更少（徐大平和张宁南，2006）。

而作为阔叶树，桉树林仍具有很强的水源涵养功能（吴炳其，2007）。徐大平和张宁南（2006）在雷州的河头和纪家桉树林的水分平衡研究表明，桉树人工林对地下水的补给作用明显，在该地区发展桉树人工林不会降低地下水位，以及影响到雷州半岛的水分供给。而曹嘉相等（2008）在保山地区的研究指出，大面积的桉树林春旱期间会出现地下水位下降情况，小面积桉树林对地下水位的影响是微弱的。进入雨季地下水位会得到迅速恢复，并不会因种植桉树而造成永久性的地下水位下降。

（4）病虫害

由于遗传基因的窄化，削弱了桉树人工林控制病虫害的机制，桉树林对病虫害的抵御能力下降（张樟德，2008）。近几十年来，桉树人工林的快速发展，尤其是桉树纯林种植面积的不断扩大，使得桉树病虫种类和危害程度呈上升趋势。黄咏槐和黄焕华（2006）指出，截至 2001 年，我国桉树害虫种类达 285 种，病害有 80 种以上。桉树虫害主要表现在：①根部（地下）害虫，也是目前最重要的虫害类群，主要为白蚁；②叶部害虫，危害严重的有尺蠖类、卷蛾类、袋蛾类等；③干部害虫，有天牛类、吉丁虫类、木蜂类、木蠹蛾类、小蠹类、长蠹类等，以木蠹蛾危害较为严重。桉树病害较虫害种类少，但危害面较大，防治也困难，目前病害种类不断增多。通常以苗期、幼林被害最为严重，如青枯病、灰腐病、焦枯病等常造成极大危害，严重阻碍桉树人工林的发展。

由于速生丰产林的推广，人们对防治病虫害的认识有进一步的提高，但由于实施力度不够，或认识不够全面而疏于管理，使得桉树林病虫害仍在继续发展。云南省种植的蓝桉、直杆桉普遍存在肿枝病，有的甚至没有主干，使桉树质量降低。曹嘉相等（2008）调查发现少数群众造林时对柱干害虫认识不足，未进行地下病虫害防治，发生小蠹虫危害，迫使造林失败。近年来，云南楚雄市桉树人工林区遭受小粒材小蠹害，导致树势衰退，枯死等现象。因此，预防和控制桉树病虫害成为速生丰产林培育的重要措施之一。

10.4.2.2 对策

(1) 合理规划林地资源，遵循适地适树原则

目前，大部分经营者只关注桉树林带来的巨大经济和社会效益，却忽视了桉树林的生态效益。经营者为了获取经济利益在土地利用上不顾种植地的选择，无论是山地、平原或沟谷，只要是能利用的土地都征地用于栽植，未考虑该区域的条件是否适宜种植桉树人工林，该选用何种桉树品种进行栽植，种植后是否会加剧当地水土流失等问题，存在较大的盲目性。经营者在选择合适地区后，应在种植前进行良种认定并进行相应扩大试种，以保证栽植该树种的可行性。

(2) 提高桉树人工林稳定性栽培技术

在对桉树人工林进行无性系造林时，不能进行大面积纯林的栽植，应加快优良无性系开发速度，进行良种选育。由于桉树纯林种植一定时间后会使物种多样性退化，因此可以考虑几种优良无性系种源相结合进行混合造林，也可营造混交林，不仅可以增加物种多样性，也可培肥地力，增加林分下层灌木及草本的种类及数量，以形成多样稳定的群落结构，增强对外界不良环境（如病虫害）的抵抗能力。目前，在我国有些地区，混交林的营造面积已达造林总面积的20%左右，并取得了明显的经济效益（沈国舫和翟明普，1997）。目前，在云南，蓝桉与麻栎（*Quercus acutissima*）、藏柏（*Cupressus torulosa*）、山樱桃（*Prunus conradinae*）、圣诞树（*Acacia dealbata*）、毛叶合欢（*Albizia mollis*）等树种混种，都已取得较好效果（周蛟和张兆国，2000；林清锦，1999；翁启杰等，1994；何克军等，1988）。但在桉树混交林树种的选择上还存在一定的盲目性，桉树与哪些树种混交可使效益最大化还有待进一步研究。

(3) 合理科学的经营管理方式

桉树在生长过程中，尽量避免使用炼山或全垦的整地方式，以保留种植区域周围的原生植被，适当发展林下植被，并要加强对其养分的供给，进行合理有效的施肥，否则将会影响桉树的生长质量并引起地力的衰退。适当延长桉树的轮伐期，培育大中径材，可减少土壤肥力损失及防止地力的衰退；改变全树利用或掠夺式采伐的方式，保留林下枝叶等枯落物，不仅能通过自身分解为土壤提供养分，还能减小水土流失强度。目前，很多桉树林仍以粗放型经营为主，忽视了管理、抚育等措施的作用，致使林分生长发育不正常，抵抗能力较弱，增加了病虫害发生的几率。因此，新时代的桉树林管理应大力推广高度集约的经营方式，合理配置种植密度，提高树种抗逆性，加强对中幼林的抚育，统一管理，结合林浆纸一体化项目，发展优质、高产的速生丰产林。

(4) 建立完善的病虫害防治措施

在林木病虫害防治上，要加强专业技术人员指导，提高病虫害防治意识，加强检疫与管理，减少病虫害入侵的机会，发现疫情时应马上采取措施，控制病虫害的蔓延。

桉树病虫害中，白蚁是位于根部的较严重的害虫，其危害直接影响桉树造林成败，这也是发展桉树林中急需突破的一个关键技术。桉树最容易受白蚁危害，在一些省区，很多桉树幼林遭受白蚁危害的死亡率达20%～50%，有些甚至可达80%以上（袁仉才，2007）。针对白蚁虫害，选择造林地前踏勘清查是必须的，尽量避开白蚁危害区域，特别是对前作是易危害树种（如杉树、松树、樟树等）的山场。另外，在造林栽植前，可喷洒药物作为预防，在后期可针对不同地区采用不同药剂喷杀或其他措施防治白蚁危害。

（5）提高桉树林的利用途径

桉树生长快，成材时间短，再加上桉树良好的经济效益，是潜力极大的树种。桉树提供了较好的木材和副产品桉油。我国是对浆纸材的需求量巨大的国家，因此浆纸材的来源成为解决纸质需求的根本。云南省桉树人工林主要用于桉叶炼油及纤维用材，根据云南省的自然条件和纸浆生产的需要，在纸浆工业原料林树种规划中，桉树占有较大的比例（云南森林编写委员会，1986）。实施纸业和林业相结合，优化产业结构，提高两个产业的经济效益，保证造纸原料供应和森林资源可持续发展。云南省桉树人工林可向林浆纸一体化产业发展，不但提高了其利用途径，还会产出更大的经济效益。

目前，桉树人工林木片在我国木片加工和出口行业中占据着相当大的份额（殷亚方等，2001）。由于桉树原木径级普遍较小，树木生长应力大等特点，据此桉树可以做成芯板。此外，使用桉树和相思树木材为原料还可制成质量较好的中纤板。再者，由于桉树干形好，强度大，其原木可做结构材或建设用材（如：电杆、桥梁、顶木等）。当然，在充分利用桉树时，还应考虑到桉树易皱缩，易变形、开裂，耐腐性较弱，有节疤等缺陷，最终对桉树进行合理的多途径开发利用。

桉树人工林的发展目前仍存在很多争论，但其带来巨大的经济效益和社会效益是不可忽视的。由于现阶段巨大的需求量，我国造纸纤维原料短缺严重，木材紧缺，大力发展桉树人工林可以让这些问题得到缓和，同时还能减轻天然林、水源林的压力。

随着国家天然林保护工程和林业分类经营战略的实施，桉树人工林及产业将会得到大规模发展。至于桉树人工林带来的一系列生态问题，目前已通过大量实验证明，只要合理规划林地资源，科学栽培，建立合理科学的经营管理模式，政府部门加强规划引导、监管，就能使桉树人工林充分发挥其经济、社会及生态效益，最终健康、可持续的发展。

参 考 文 献

哀牢山自然保护区考察团 . 1998. 哀牢山自然保护区综合考察报告集 . 昆明：云南民族出版社.
安成邦，陈发虎，冯兆东. 2002. 甘青地区中晚全新世植被变化与人类活动. 干旱区地理，25（2）：160-164.
安锋，陈秋波，谢贵水，等 . 2010. 橡胶人工林的水文生态效应 . 中国农学通报，26（22）：359-365.
包维楷，吴宁 . 2003. 滇西北德钦县高山、亚高山草甸的人为干扰状况及其后果 . 中国草地，25（2）：2-9.
包维楷，吴宁，和绍春，等 . 2001. 澜沧江上游德钦县亚高山、高山草地群落类型及其特点 . 山地学报，19（3）：226- 230.
鲍雅静，李政海，马云花，等 . 2008. 橡胶种植对纳板河流域热带雨林生态系统的影响 . 生态环境，17（2）：734-739.
蔡崇法，丁树文，史志华，等 . 2000. 应用 USLE 模型与地理信息系统 IDRISI 预测小流域土壤侵蚀量的研究 . 水土保持学报，14（2）：19-24.
曹嘉相，丁光俊，俞新水 . 2008. 保山市桉树产业发展情况 . 桉树科技，25（1）：57-60.
曹建华，蒋菊生，赵春梅，等 . 2007. 橡胶林生态系统养分循环研究进展 . 热带农业科学，27（3）：48-54.
曹善寿 . 2003. 糯扎渡自然保护区 . 昆明：云南科学技术出版社 .
陈国南 . 1987. 用迈阿密模型测算我国生物生产量的初步尝试 . 自然资源学报，2：270-278.
陈宏伟，郭立群，李江，等 . 2007. 云南热区的森林地理分区及其评述 . 西北林学院学报，22（2）：62-71.
陈利军，刘高焕，励惠国 . 2002. 中国植被净第一性生产力遥感动态监测 . 遥感学报，6：129-135.
陈灵芝，钱迎倩 . 1997. 生物多样性科学前沿 . 生态学报，17（6）：3-10.
陈灵芝 . 1999. 对生物多样性研究的几个观点 . 生物多样性，7（4）：308-311.
陈龙，谢高地，裴厦，等 . 2012a. 澜沧江流域生态系统土壤保持功能及其空间分布 . 应用生态学报，23（8）：2249-2256.
陈龙，谢高地，张昌顺，等 . 2012b. 澜沧江流域土壤侵蚀的空间分布特征 . 资源科学，34（7）：1240-1247.
陈龙，谢高地，张昌顺，等 . 2013. 澜沧江流域典型生态功能及其分区 . 资源科学，34（4）：816-823.
陈鸣史 . 1991. 咖啡-橡胶人工生态群落栽培初步调查 . 热带作物科技，11（3）：45-48.
陈圣宾，欧阳志云，方瑜，等 . 2011. 中国种子植物特有属的地理分布格局 . 生物多样性，19（4）：414-423.
陈薇 . 2007. 桉树人工速生工业原料林生物多样性研究及评价 . 昆明：西南林学院硕士学位论文 .
陈章和，张宏达，王伯荪，等 . 1993. 广东黑石顶常绿阔叶林生物量及其分配的研究 . 植物生态学与地植物学学报，17（4）：289-298.
陈振国，张振文，杜秀忠，等 . 2009. 西藏自治区地图册 . 北京：星球地图出版社.
陈仲新，张新时 . 2000. 中国生态系统效益的价值 . 科学通报，45（1）：17-22.
程先富，史学正，于东升，等 . 2004. 兴国县森林土壤有机碳库及其与环境因子的关系 . 地理研究，23（2）：211-217.
程用谦 . 1982. 中国植物志 . 北京：科学出版社 .
仇国新 . 1996. 云南省澜沧江流域环境规划研究 . 昆明：云南环境科学出版社 .
党承林，谷中福 . 1994. 云南中甸长苞冷杉群落的生物量和净生产量研究 . 云南大学学报（自然科学版），16（3）：214-219.
党承林，王宝荣 . 1997. 西双版纳沟谷热带雨林的种群动态与稳定性 . 云南植物研究，19（S9）：77-82.
党承林，吴兆录 . 1991a. 云南松林的生物量研究 . 云南植物研究，13（1）：59-64.
党承林，吴兆录 . 1991b. 云南松林的净第一性生产量研究 . 云南植物研究，13（2）：161-166.
邓燔，陈秋波，陈秀龙 . 2007. 海南热带天然林 按树林和橡胶林生态效益比较分析 . 华南热带农业大学学报，13（2）：19-23.
邓红兵，王庆礼，蔡庆华 . 1998. 流域生态学——新学科 新思想 新途径 . 应用生态学报，9（4）：443-449.
邓晓保 . 1987. 热带胶茶林群落中土壤动物的初步调查 . 生态学杂志，6（2）：18-20
丁斗 . 2001. 东亚地区的次区域经济合作 . 北京 . 北京大学出版社 .
丁涛，杜凡，王娟，等. 2006 澜沧江自然保护区中山湿性常绿阔叶林生活型特征研究. 西南林学院学报，2：19-23.
董丹，倪健 . 2011. 利用 CASA 模型模拟西南喀斯特植被净第一性生产力 . 生态学报，31：1855-1866.
董得红 . 2006. 封山育林是三江源森林培育的有效途径 . 林业资源管理，（2）：28-30.
杜国祯，覃光莲，李自珍，等 . 2003. 高寒草甸植物群落中物种丰富度与生产力的关系研究 . 植物生态学报，27（1）：125-132.
杜灵通，田庆久 . 2011. 宁夏回族自治区 NDVI 的时空变化特征研究 . 水土保持通报，31：208-214.
段敏杰，高清竹，郭亚奇，等 . 2011. 藏北高寒草地植物群落物种多样性沿海拔梯度的分布格局 . 草业科学，28（10）：

1845-1850.
范春梅，孙长忠，许喜明，等. 2006. 放牧对黄土高原丘陵沟壑区林草地土壤特性的影响. 西北农业学报，15（1）：24-28.
范娜，谢高地，张昌顺，等. 2012. 2001 年至 2010 年澜沧江流域植被覆盖动态变化分析. 资源科学，34（7）：1222-1231.
方碧真. 2008. 尾叶桉化感作用的实验研究. 广州：中山大学博士学位论文.
方精云，陈安平. 2001. 中国森林植被碳库的动态变化及其意义. 植物学报，43（9）：967-973.
方精云，陈安平，赵淑清，等. 2002. 中国森林生物量的估算：对 Fang 等 Science 一文（Science，2001，291：2320-2322）的若干说明. 植物生态学报，26（2）：243-249.
方精云，郭兆迪，朴世龙，等. 2007. 1981 ~ 2000 年中国陆地植被碳汇的估算. 中国科学 D 辑：（地球科学），37（6）：804-812.
方精云，刘国华，徐嵩龄. 1996a. 中国陆地生态系统的碳循环及其全球意义//王庚辰，温玉璞. 温室气候浓度和排放监测及相关过程. 北京：中国环境科学出版社.
方精云，刘国华，徐嵩龄. 1996b. 中国陆地生态系统的碳库//王庚辰，温玉璞. 温室气候浓度和排放监测及相关过程. 北京：中国环境环学出版社：109-128.
方精云，杨元合，马文红，等. 2010. 中国草地生态系统碳库及其变化. 中国科学：生命科学，40（7）：566-576.
方瑞征. 1999. 中国植物志（57 卷（1））. 北京：科学出版社.
方瑞征，闵天禄. 1981. 喜马拉雅山脉的隆升对杜鹃属区系形成的影响. 云南植物研究，3（2）：147-157.
方瑞征，闵天禄. 1995. 杜鹃属植物区系的研究. 云南植物研究，17（4）：359-379.
方文培，张泽荣. 1984. 中国植物志. 北京：科学出版社.
冯建孟，董晓东，徐成东，等. 2009. 取样尺度效应对滇西北地区种子植物物种多样性纬度分布格局的影响. 生物多样性，17（3）：266-271.
冯建孟，毛光权，李珍贵. 2012. 澜沧江流域（云南段）种子植物区系成分的纬度分布格局. 生态环境学报，21（12）：1928-1934.
冯险峰. 2005. GIS 支持下的中国陆地生物量遥感动态监测研究. 西安：陕西师范大学硕士学位论文.
冯险峰，刘高焕，陈述彭，等. 2004. 陆地生态系统净第一性生产力过程模型研究综述. 自然资源学报，19：369-378.
冯耀宗. 2003. 物种多样性与人工生态系统稳定性探讨. 应用生态学报，14（6）：853-857.
冯永忠，杨改河，白登忠. 2007. 江河源区水文生态系统构成要素特征分析. 西北农林科技大学学报（自然科学版），35（3）：157-162.
冯玉龙，王跃华，刘元元，等. 2006. 入侵物种飞机草和紫茎泽兰的核型研究. 植物研究，26（3）：356-360.
符淙斌，董文杰，温刚，等. 2003. 全球变化的区域响应和适应. 气象学报，61：245-249.
付洪，陈爱国. 2004. 云南省自然休闲地与桤木休闲地地上部分生物量与养分蓄积量的研究. 生态学报，24（2）：209-214.
付永能，崔景云，陈爱国，等. 2000. 热带地区橡胶林和旱谷地户级水平农业生物多样性评价. 云南植物研究，（1）：91-101.
傅伯杰，陈利顶，刘国华. 1999. 中国生态区划的目的、任务及特点. 生态学报，19（5）：591-595.
傅伯杰，刘国华，陈利顶，等. 2001. 中国生态区划方案. 生态学报，21（1）：1-6.
傅伯杰，周国逸，白永飞，等. 2009. 中国主要陆地生态系统服务功能与生态安全. 地球科学进展，24（6）：571-576.
甘淑. 2001. 澜沧江流域云南段山区土地覆盖及其遥感监测技术研究. 水土保持学报，15（1）：126-128.
甘淑，何大明，袁建平. 1998. 澜沧江流域自然生态环境背景与土地资源. 土壤侵蚀与水土保持学报，S1：20-24.
郭国华. 2001. 再论桉树与环境问题——与冼柏琪先生商榷. 桉树科技，（1）：21-24.
郭立群. 2004. 云南三江并流区森林地理分区（一）. 西部林业科学，33（2）：10-15.
郭漫. 2007. 世界国家地理. 北京：航空工业出版社.
国务院. 2001. 全国生态环境保护纲要. 国务院公报，（3）：15-25.
韩发，贲桂英，师生波. 1993. 不同放牧强度下高寒灌丛植物的生长特点. 植物生态学与地植物学学报，7（4）：331-338.
郝占庆，于德永. 2002. 长白山北坡植物群落 α 多样性及其随海拔梯度的变化. 应用生态学报，13（7）：785-789.
何大明. 1995. 澜沧江-湄公河水文特征分析. 云南地理环境研究，7（1）：58-74.
何大明，冯彦，胡金明，等. 2007. 中国西南国际河流水资源利用与生态保护. 北京：科学出版社.
何克军，郑海水，黄世能. 1988. 桉树薪炭林混交林实验. I：不同密度不同比例混交实验初报. 林业科学研究，1（6）：671-676.
何兴元，胡志斌，李月辉，等. 2005. GIS 支持下岷江上游土壤侵蚀动态研究. 应用生态学报，16（12）：2271-2278.

何友均，杜华，邹大林，等. 2004. 三江源自然保护区澜沧江上游种子植物区系研究. 北京林业大学学报，26（1）：21-29.
何友均. 2005. 三江源自然保护区主要林区种子植物多样性及其保护研究. 北京：北京林业大学博士学位论文.
何友均. 2008. 三江源自然保护区森林植物多样性及其保护研究. 北京：中国林业出版社.
何智斌，赵文智，刘鹄，等. 2006. 祁连山青海云杉林斑表层土壤有机碳特征及其影响因素. 生态学报，26（8）：2572-2577.
和兆荣，王崇云，朱维明，等. 2001. 梅里雪山地区植被概况. 生态学杂志，20（增刊）：42-51.
贺金生，陈伟烈. 1997. 陆地植物群落物种多样性的梯度变化特征. 生态学报，17（1）：93-101.
贺金生，马克平. 1997. 物种多样性//蒋志刚，马克平，韩兴国. 保护生物学. 杭州：浙江科学技术出版社.
洪长福. 2003. 尾巨桉人工林林下植被多样性研究. 桉树科技，63（2）：1-10.
洪富艳. 2010. 中国生态功能区治理模式研究. 长春：吉林大学博士学位论文.
侯碧清，刘克旺，周光辉. 2004. 株洲市郊天然植物群落的调查与分析. 中南林学院学报，24（4）：97-103.
侯学煜. 1982. 中国植被地理及优势植物化学成分. 北京：科学出版社.
侯学煜. 1988. 中国自然生态区划与大农业发展战略. 北京：科学出版社.
侯学煜. 2001. 中国植被图集（1：100 万）. 北京：科学出版社.
侯英雨，柳钦火，延昊，等. 2007. 我国陆地植被净初级生产力变化规律及其对气候的响应. 应用生态学报，18：1546-1553.
胡琳贞，方明渊. 1994. 中国植物志（57 卷（2））. 北京：科学出版社.
胡上序，焦力成. 1994. 人工神经元计算导论. 北京：科学出版社.
胡淑萍，余新晓，岳永杰，等. 2008. 北京百花山森林枯落物层和土壤层水文效应研究. 水土保持学报，22（1）：146-150.
黄春梅，杨龙龙. 1998. 西双版纳热带雨林环境变化对蝗虫区系成分和物种多样性的影响. 生物多样性，6（2）：122-131.
黄兴文，陈百明. 1999. 中国生态资产区划的理论与应用. 生态学报，19（5）：602-606.
黄耀，刘世梁，沈其荣，等. 2002. 环境因子对农业土壤有机碳分解的影响. 应用生态学报，13（6）：709-714.
黄咏槐，黄焕华. 2006. 我国桉树主要病虫害现状及控制策略初探. 广东林业科技，22（1）：83-85.
贾桂康，薛跃规. 2011. 紫茎泽兰和飞机草在广西的入侵生境植物多样性分析. 生态环境学报，20（5）：819-823.
贾开心，郑征，张一平. 2006. 西双版纳橡胶林生物量随海拔梯度的变化. 生态学杂志，25（9）：1028-1032.
贾良清，欧阳志云，赵同谦，等. 2005. 安徽省生态功能区划研究. 生态学报，25（2）：254-260.
贾亚娟. 1980. 羊草草原不同放牧强度植物功能群多样性和生产力的研究. 呼和浩特：内蒙古农业大学硕士学位论文.
江爱良. 1987. 云南西双版纳的生态气候和植物. 自然资源，（2）：32-36.
江田汉，邓莲堂. 2004. Hurst 指数估计中存在的若干问题——以在气候变化研究中的应用为例. 地理科学，2（24）：177-182
江振蓝，荆长伟，李丹，等. 2011. 运用 Mann-Kendall 方法探究地表植被变化趋势及其对地形因子的响应机制——以太湖苕溪流域为例. 浙江大学学报（农业与生命科学版），06：684-692.
姜汉侨. 1980a. 云南植被分布的特点及其地带规律性. 云南植物研究，2（1）：22-32.
姜汉侨. 1980b. 云南植被分布的特点及其地带规律性（续）. 云南植物研究，2（2）：142-151.
姜昀，高吉喜，欧晓昆. 2006. 澜沧江流域云南段土地利用格局变化及环境影响分析. 环境科学研究，19（3）：46-51.
蒋延玲，周广胜. 1999. 中国主要森林生态系统公益的评估. 植物生态学报，23（5）：426-432.
金振洲，欧晓昆. 1997. 西双版纳热带雨林植被的植物群落类型多样性特征. 云南植物研究，19（S9）：1-30.
金振洲，欧晓昆. 2000. 元江、怒江、金沙江、澜沧江干热河谷植被. 昆明：云南科技出版社.
金振洲，欧晓昆，周跃. 1987. 云南元谋干热河谷植被概况. 植物生态学与地植物学学报，11（4）：308-317.
靳长兴，周长进. 1995. 关于澜沧江正源问题. 地理研究，14（1）：44-49.
孔宪武，王文采. 1989. 中国植物志 64 卷（2）. 北京：科学出版社.
赖庆奎，晏青华. 2011. 澜沧江流域主要混农林业类型及其评价. 西南林业大学学报，31（2）：38-44.
雷蕾，刘贤德，王顺利，等. 2011. 祁连山高山灌丛生物量分配规律及其与环境因子的关系. 生态环境学报，20（11）：1602-1607.
黎基松，王耀辉. 1986. 森林生态知识. 北京：中国林业出版社.
李长友，吴文平. 2011. 宗教信仰对生态保护法治化的贡献——青藏高原世居少数民族生态文化的诠释. 吉首大学学报（社会科学版），32（3）：106-115.
李春丽，严世孝. 2001. 西双版纳橡胶园养分变化. 云南热作科技，24（1）：1-6.
李代琼，梁一民，侯喜禄，等. 2014. 沙棘改善环境的生态功能及效益试验研究. 国际沙棘研究与开发，2（2）：6-11.
李迪强，李建文. 2002. 三江源生物多样性——三江源自然保护区科学考察报告. 北京：中国科学技术出版社.

李芳兰，包维楷，刘俊华，等. 2006. 岷江上游干旱河谷海拔梯度上白刺花叶片生态解剖特征研究. 应用生态学报，17（1）：5-10.
李芳兰，包维楷，吴宁. 2009. 白刺花幼苗对不同强度干旱胁迫的形态与生理响应. 生态学报，29（10）：5406-5416.
李国发，杨宝山，孔祥合. 2001. 通天河及澜沧江上游流域主要乔灌木资源及保护利用. 青海农林科技，（3）：32-33.
李国华，田耀华，倪书邦，等. 2009. 橡胶树生理生态学研究进展. 生态环境学报，18（3）：1146-1154.
李海涛，王姗娜，高鲁鹏. 2007. 赣中亚热带森林植被碳储量. 生态学报，27（2）：693-704.
李含英. 1993. 青海森林. 北京：中国林业出版社.
李江. 2011. 思茅松中幼龄人工林生物量和碳储量动态研究. 北京：北京林业大学博士学位论文.
李婧梅，蔡海，程茜，等. 2012. 青海省三江源地区退化草地蒸散特征. 草业学报，21（3）：223-233.
李凯辉，胡玉昆，王鑫，等. 2007. 不同海拔梯度高寒草地地上生物量与环境因子关系. 应用生态学报，18（9）：2019-2024.
李凯辉，王万林，胡玉昆，等. 2008. 不同海拔梯度高寒草地地下生物量与环境因子的关系. 应用生态学报，19（11）：2364-2368.
李立科. 2011. 云南澜沧江流域植被时空动态及对区域气候变化的响应. 上海：华东师范大学硕士学位论文.
李丽娟，李海滨，王娟. 2002. 澜沧江水文与水环境特征及其时空分异. 地理科学，01：49-56.
李明杰，侯西勇，应兰兰，等. 2011. 近十年黄河三角洲 NDVI 时空动态及其对气温和降水的响应特征. 资源科学，02：322-327.
李明锐，沙丽清. 2005. 西双版纳不同土地利用方式下土壤氮矿化作用研究. 应用生态学报，16（1）：54-58.
李宁云，田昆，陆梅，等. 2006. 澜沧江上游典型退化山地土壤酶活性研究. 西南林学院学报，26（2）：29-32，51.
李庆辉，朱华，王洪，等. 2007. 云县罗扎河下游落叶季雨林的群落生态学研究. 云南植物研究：29（6）：687-693.
李胜功，赵哈林，何宗颖，等. 1999. 不同放牧压力下草地微气象的变化与草地荒漠化的发生. 生态学报，19（5）：109-116.
李世英，王金亭，李渤生，等. 1984. 关于横断山区植被地带划分的若干问题. Journal of Integrative Plant Biology，26（5）：532-538.
李树刚. 1987. 中国植物志（60 卷（1））. 北京：科学出版社.
李文华，王启基，罗天祥，等. 1998. 青藏高原生态系统生物生产量//李文华，周兴民. 青藏高原生态系统及优化利用模式. 广州：广东科技出版社：686-697.
李锡文. 1996. 中国种子植物区系统计分析. 云南植物研究，18（4）：363-384.
李晓东，李凤霞，周秉荣，等. 2012. 青藏高原典型高寒草地水热条件及地上生物量变化研究. 高原气象，31（4）：1053-1058.
李一锟. 2001. 从橡胶人工林生态系统与生态环境探讨热区土地资源持续利用. 热带农业工程，（1）：1-4.
李以康，韩发，冉飞，等. 2008. 三江源区高寒草甸退化对土壤养分和土壤酶活性影响的研究. 中国草地学报，30（4）：51-58.
李以康，林丽，张法伟，等. 2010. 小嵩草群落——高寒草甸地带性植被放牧压力下的偏途顶极群落. 山地学报，28（3）：257-265.
李英年，王勤学，古松，等. 2004. 高寒植被类型及其植物生产力的监测. 地理学报，59（1）：40-48.
李英年，赵新全，王勤学，等. 2003. 青海海北高寒草甸五种植被生物量及环境条件比较. 山地学报，21（3）：257-264.
李英年，周兴民，王启基，等. 1997. 地温影响高寒草甸牧草产量的效应分析. 草地学报，5（3）：168-174.
李玉媛. 2003. 莱阳河自然保护区定位监测. 昆明：云南大学出版社.
李宗善，唐建维，郑征，等. 2004. 西双版纳热带山地雨林的植物多样性研究. 植物生态学报，28（6）：833-843.
梁关锋，王纪杰，俞元春，等. 2011. 不同林龄桉树人工林土壤有机碳的变化. 贵州农业科学，39（9）：92-95.
梁关锋，王纪杰，俞元春，等. 2011. 不同树龄桉树人工林地有机碳的变化. 贵州农业科学，39（9）：92-95.
梁益同，刘可群，周守华，等. 2008. EOS-MODIS 数据监测暴雨洪涝灾害的技术方法. 暴雨灾害，27：64-67.
林清锦. 1999. 黑荆树巨尾桉混交造林与效益分析. 福建林业科技，26（2）：44-48.
刘闯，葛成辉. 2000. 美国对地观测系统（EOS）中分辨率成像光谱仪（MODIS）遥感数据的特点与应用. 遥感信息，3：45-48.
刘国华，傅伯杰. 1998. 生态区划的原则及其特征. 环境科学进展，6（6）：67-72.
刘华，李建华. 2009. 茂名小良桉树人工林生态经济效益分析与评价. 生态环境学报，18（6）：2237-2242.
刘华训. 1981. 我国山地植被的垂直分布规律. 地理学报，36（3）：267-279.

刘纪远，徐新良，邵全琴 . 2008. 近30年来青海三江源地区草地退化的时空特征 . 地理学报，64（4）：364-376.
刘俊良，刘建云，罗微，等 . 2006. 橡胶园施肥穴胶树营养根分布规律研究初报 . 热带作物学报，27（3）：5-10.
刘克旺，苏勇，侯碧清 . 2004. 乐昌含笑群落特征及其种群动态 . 中南林学院学报，24（4）：47-50.
刘伦辉，余有德，张建华 . 1984. 横断山自然植被垂直带的划分 . 云南植物研究，6（2）：205-216.
刘伦辉，余有德，张建华 . 1985. 横断山地区植被分布规律的探讨 . 云南植物研究，7（3）：323-335.
刘敏超，李迪强，栾晓峰，等 . 2005. 三江源地区生态系统服务功能与价值评估 . 植物资源与环境学报，14（1）：40- 43.
刘其霞，常杰，江波，等 . 2005. 浙江省常绿阔叶生态公益林生物量 . 生态学报，25（9）：2139-2144.
刘强，殷寿华，兰芹英 . 2011. 流苏石斛（*Dendrobium fimbriatum*）迁地保护种群的数量动态 . 生态学杂志，30（12）：2770-2775.
刘青泉，李家春，陈力，等 . 2004. 坡面流及土壤侵蚀动力学Ⅱ：坡面侵蚀 . 力学进展，34（4）：493-506.
刘尚武 . 1996. 青海植物志（第2卷）. 西宁：青海人民出版社.
刘尚武 . 1999. 青海植物志（第3卷）. 西宁：青海人民出版社 .
刘世梁，富伟，崔保山，等。2009 基于 RV 指数的道路网络干扰效应空间分异研究——以云南省纵向岭谷区为例 . 地理与地理信息科学，25（2）：50-54.
刘世梁，温敏霞，崔保山 . 2007. 不同道路类型对澜沧江流域景观的生态影响 . 地理研究，26（3）：485-490.
刘文杰，张一平，刘玉洪，等 . 2003. 热带季节雨林和人工橡胶林林冠截留雾水的比较研究 . 生态学报，23（11）：2379-2396.
刘小香，谢龙莲，陈秋波，等 . 2004. 桉树化感作用研究进展 . 热带农业科学，224（2）：54-58.
刘洋，张一平，何大明，等 . 2007. 纵向岭谷区山地植物物种丰富度垂直分布格局及气候解释 . 科学通报，52（S2）：43-50.
刘玉洪，张克映，马友鑫，等 . 1996. 哀牢山（西南季风山地）空气湿度资源的分布特征 . 自然资源学报，11（4）：347-354.
鲁如坤，等 . 1998. 土壤-植物营养学原理和施肥 . 北京：化学工业出版社 .
陆德福 . 2004. 世界江河防洪与治理（下册），郑州：黄河水利出版社 .
路安民，陈书坤 . 1986. 中国植物志 73 卷（1）. 北京：科学出版社 .
吕晓涛，唐建维，何有才，等 . 2007. 西双版纳热带季节雨林的生物量及其分配特征 . 植物生态学报，31（1）：11-22.
罗朝光，虞富莲 . 2006. 云南茶树种质资源的多样性及其利用 . 中国茶叶，5：16-17.
罗怀良，朱波，刘德绍，等 . 2006. 重庆市生态功能区的划分 . 生态学报，26（9）：3144-3151.
罗天祥 . 1996. 中国主要森林类型生物生产力格局及其数学模型. 北京：中国科学院研究生院（国家计划委员会自然资源综合考察委员会）博士学位论文 .
骆世明，林象联，曾任森 . 1995. 华南农区典型植物的他感作用研究 . 生态科学，（2）：114-127.
马超飞，马建文，哈斯巴干，等 . 2001. 基于 RS 和 GIS 的岷江流域退耕还林还草的初步研究 . 水土保持学报，15（4）：20-24.
马继雄，王文颖，杜军华 . 2001. 草地在陆地生态系统中的作用分析 . 青海草业，（1）：29-32.
马克平. 1997. 生态系统多样性//蒋志刚，马克平，韩兴国 . 保护生物学 . 杭州：浙江科学技术出版社 .
马克平，米湘成，魏伟，等 . 2002. 生物多样性研究中的几个热点问题 . 中国生物多样性保护与研究进展——第五届全国生物多样性保护与持续利用研讨会论文集 .
马少杰，付伟章，李正才，等 . 2010. 泰山南北坡植物物种多样性垂直梯度格局的比较 . 生态科学，29（4）：367-374.
马世雯 . 1994. 西南少数民族传统宗教特征简论 . 宗教学研究，（4）：46-50.
马树洪 . 2008. 东南亚问题探索 . 昆明：云南民族出版社 .
马友鑫 . 1994. 胶茶人工群落胶带内增热效应的研究 . 生态学报，14（1）：9-15.
玛耀宗，汪汇海，张家和，等 . 1982. 巴西橡胶-云南大叶茶人工植物群落的实验生态学研究 . 植物学报，24（2）：164-172.
闵庆文，谢高地，胡聃，等 . 2004. 青海草地生态系统服务功能的价值评估 . 资源科学，26（3）：56-60.
闵天禄，方瑞征 . 1979. 杜鹃属（*Rhododendron* L. ）的地理分布及其起源问题的探讨 . 云南植物研究，1（2）：17-28.
闵天禄，方瑞征 . 1982. 点苍山的植被与杜鹃属植物的分布 . 云南植物研究，4（4）：383-391.
闵天禄，方瑞征 . 1990. 杜鹃属的系统发育与进化 . 云南植物研究，12（4）：353-365.
欧晓昆 . 2010. 纵向岭谷区生态系统多样性变化与生态安全评价 . 北京：科学出版社 .
欧晓昆，张云春 . 1992. 长穗高山栎萌生灌丛优势种群分布格局及群落生物量的初步研究 . 云南大学学报：自然科学版，14（002）:198-201.

欧晓昆，张志明，王崇云，等．2006．梅里雪山植被．北京：科学出版社．
欧阳志云．2007．中国生态功能区划方案//欧阳志云．中国生态建设与可持续发展（中国可持续发展总纲（第11卷））．北京：科学出版社：32-43．
欧阳志云，王效科，苗鸿．1999．中国陆地生态系统服务功能及其生态经济价值的初步研究．生态学报，19（5）：19-25．
庞家平．2009．西双版纳橡胶林碳储量及其分配格局．北京：中国科学院研究生院硕士学位文．
彭剑峰，勾晓华，陈发虎，等．2010．坡向对海拔梯度上祁连圆柏树木生长的影响．植物生态学报，34（5）：517-525．
彭景涛，李国胜，傅瓦利，等．2012．青海三江源地区退化草地土壤全氮的时空分异特征．环境科学，33（7）：2490-2496．
彭明俊，郎南军，温绍龙，等．2005．金沙江流域不同林分类型的土壤特性及其水源涵养功能研究．水土保持学报，19（6）：108-109．
彭少磷，向言词．1999．外来物种对生态系统的影响．生态学报，19（4）：560-569．
彭宗波．2006．海南农垦橡胶产业生态服务功能价值转移及生态进化规律研究．儋州：华南热带农业大学硕士学位论文．
朴世龙，方精云，贺金生，等．2004．中国草地植被生物量及其空间分布格局．植物生态学报，28（4）：491-498．
齐述华，王长耀，牛铮．2003．利用温度植被旱情指数（TVDI）进行全国旱情监测研究．遥感学报，7：420-427．
秦钟，周兆德，陶忠良．2003．橡胶林水分的分配特征．热带作物学报，24（2）：6-10．
青海森林编辑委员会．1993．青海森林．北京：中国林业出版社．
青海省地方志编纂委员会．2000．长江黄河澜沧江源志．郑州：黄河水利出版社．
曲艺．2011．青海省三江源地区生物多样性保护规划研究．北京：北京林业大学硕士学位论文．
冉琼，张增祥，张国平，等．2005．温度植被干旱指数反演全国土壤湿度的 DEM 订正．中国水土保持科学，3：32-36．
饶良懿，朱金兆，毕华兴．2005．重庆四面山森林枯落物和土壤水文效应．北京林业大学学报，27（1）：33-37．
仁青吉，崔现亮，赵彬彬．2008．放牧对高寒草甸植物群落结构及生产力的影响．草业学报，17（6）：134-140．
任泳红，曹敏，唐建维，等．1999．西双版纳季节雨林与橡胶多层林凋落物动态的比较研究．植物生态学报，23（5）：418-425．
沈国舫，翟明普．1997．混交林种植研究．北京：中国林业出版社．
盛海彦，李松龄，曹广民．2008．放牧对祁连山高寒金露梅灌丛草甸土壤微生物的影响．生态环境，17（6）：2319-2324．
盛海彦，张春萍，曹广民，等．2009．放牧对祁连山高寒金露梅灌丛草甸土壤环境的影响．生态环境学报，18（3）：1088-1093．
师长兴．2008．长江上游输沙尺度效应研究．地理研究，27（4）：800-810．
疏玉清，许光祥，王云祥．1997．澜沧江流域的水土流失与森林覆盖率．重庆交通学院学报，16（2）：99-102，134．
苏文华，彭鉴，王宝荣，等．1992．长穗高山栎萌生灌丛地上部分生物量及净初级生产量的研究．云南大学学报（自然科学版），14（2）：185-190．
苏文苹，杨宇明，杜凡，等．2007a．澜沧江自然保护区云南铁杉林种子植物区系特征研究．西部林业科学，36（2）：80-85．
苏文苹，杨宇明，郭辉军，等．2007b．澜沧江自然保护区云南铁杉群落特征研究．西南林学院学报，27（1）：1-4．
孙德勇，李云梅，乐成峰，等．2008．南京市区土地覆被及生态环境遥感动态监测．地球信息科学，10：338-343．
孙云霄，刘建锋．2004．桉树病虫害的发生现状及防治策略．中国森林病虫，23（5）：36-38．
唐海行．1999．澜沧江-湄公河流域资源环境与可持续发展．地理学报，S1：101-109．
唐建维，庞家平，陈明勇，等．2009．西双版纳橡胶林的生物量及其模型．生态学杂志，28（10）：1942-1948．
唐建维，张建候，宋启示，等．2003．西双版纳热带人工雨林生物量及净第一性生产力的研究．应用生态学报，14（1）：1-6．
唐志尧，方精云．2004．植物物种多样性的垂直分布格局．生物多样性，12（1）：20-28．
陶玉华，冯金朝，马麟英，等．2011．广西罗成马尾松、杉木、桉树人工林碳储量及其动态变化．生态环境学报，20（11）：1608-1613．
陶玉华，冯金朝，马麟英，等．2012．柳州市短周期桉树人工林生态系统碳储量研究．中国农学通报，28（7）：80-84．
田昆，莫剑锋，陆梅，等．2004．澜沧江上游山地典型区不同利用方式的土壤肥力性状．山地学报，22（1）：87-91．
汪汇海，李德厚．2003．胶茶人工群落在改善山地土壤生态环境上的作用．山地学报，21（3）：318-323．
王斌，杨校生．2009．4 种典型地带性植被生物量与物种多样性比较．福建林学院学报，29（4）：345-350．
王长庭，龙瑞军，王启基，等．2005．高寒草甸不同海拔梯度土壤有机质氮磷的分布和生产力变化及其与环境因子的关系．草业学报，14（4）：15-20．
王长庭，龙瑞军，王启兰，等．2008．放牧扰动下高寒草甸植物多样性、生产力对土壤养分条件变化的响应．生态学报，28

(9)：4144-4152.
王长庭，王启基，龙瑞军，等. 2004. 高寒草甸群落植物多样性和初级生产力沿海拔梯度变化的研究. 植物生态学报，28 (2)：240-245.
王佃来，刘文萍，黄心渊. 2013. 基于Sen+Mann-Kendall的北京植被变化趋势分析. 计算机工程与应用，05：13-17.
王桂钢，周可法，孙莉，等. 2010. 近10年新疆地区植被动态与R/S分析. 遥感技术与应用，25：84-90.
王国祥. 1993. 利用民族文化开发澜沧江. 云南社会科学，(3)：8-16.
王红. 1997. 澜沧江流域水土流失及防治对策. 水土保持通报，17 (2)：41-43，65.
王红，范志平，邓东周，等. 2008. 不同环境因子对樟子松人工林土壤有机碳矿化的影响. 生态学杂志，27 (9)：1469-1475.
王慧慧，周廷刚，杜嘉，等. 2013. 温度植被旱情指数在吉林省干旱监测中的应用. 遥感技术与应用，02：324-329.
王豁然. 1999. 桉树遗传资源与引种驯化. 湛江：第十四届全国桉树学术会议论文.
王娟，崔保山，姚华荣，等. 2008a. 纵向岭谷区澜沧江流域景观生态安全时空分异特征. 生态字报，28 (4)：1681-1690.
王娟，崔保山，刘杰，等. 2008b. 云南澜沧江流域土地利用及其变化对景观生态风险的影响. 环境科学学报，28 (2)：269-277.
王娟，杜凡，杨宇明，等. 2010. 中国云南澜沧江自然保护区科学考察研究. 北京：科学出版社.
王军邦，刘纪远，邵全琴，等. 2009. 基于遥感-过程耦合模型的1988～2004年青海三江源区净初级生产力模拟. 植物生态学报，33：254-269.
王慷林，薛纪如. 1993. 西双版纳竹类植物分布及其特点. 植物研究，13 (1)：80-92.
王慷林，薛纪如. 1994. 西双版纳竹类地理分布及类型的初步研究. 广西植物，14 (2)：144-150.
王堃，洪绂曾，宗锦耀. 2005. "三江源"地区草地资源现状及持续利用途径. 草地学报，13 (S1)：28-31，47.
王灵恩，何露，成升魁，等. 2012. 澜沧江流域旅游资源空间分异与发展模式探讨. 资源科学，34 (7)：1266-1276.
王满莲，冯玉龙. 2005. 紫茎泽兰和飞机草的形态、生物量分配和光合特性对氮营养的响应. 植物生态学报，29 (5)：697-705.
王启基，王文颖，邓自发. 1998. 青海海北地区高山嵩草草甸植物群落生物量动态及能量分配. 植物生态学报，22 (3)：31-34，36-39.
王启基，周兴民，张堰青，等. 1991. 青藏高原金露梅灌丛的结构特征及其生物量. 西北植物学报，11 (4)，333-340.
王瑞永，刘莎莎，王成章，等. 2009. 不同海拔高度高寒草地土壤理化指标分析. 草地学报，17 (5)：621-628.
王绍强，陈育峰. 1998. 陆地表层碳循环模型研究及其趋势. 地理科学进展，17 (4)：64-72.
王舒. 2012. 环境变化下澜沧江流域植被与水文相互作用机制研究. 青岛：中国海洋大学硕士学位文.
王孙高，袁睿佳，王宝荣，等. 2008. 澜沧江（西藏段）流域种子植物区系研究. 云南大学学报（自然科学版），30 (S2)：377-383.
王卫斌，曹建新，杨德军. 2009. 云南西双版纳普文山地雨林植物区系研究. 福建林业科技，36 (2)：52-57.
王效科，冯宗炜，欧阳志云. 2001. 中国森林生态系统的植物碳储量和碳密度研究. 应用生态学报，12 (1)：13-16.
王鑫，胡玉昆，热合木都拉·阿迪拉，等. 2008. 高寒草地主要类型土壤因子特征及对地上生物量的影响. 干旱区资源与环境，22 (3)：196-200.
王宇，等. 1990. 云南省农业气候资源及区划. 北京：气象出版社.
王岳坤，蒋菊生，林位夫，等. 2004. 新植胶园中香根草绿篱的水土保持作用研究初报. 热带农业科学，24 (5)：5-9.
王战强，熊云翔. 2006. 西双版纳国家级自然保护区. 昆明：云南教育出版社.
王震洪，段昌群，起联春，等. 1998. 我国桉树林发展中的生态问题探讨. 生态学杂志，17 (6)：64-68.
王正兴，刘闯. 2003. 植被指数研究进展：从AVHRR—NDVI到MODIS—EVI. 生态学报，23：979-987.
王志恒，陈安平，朴世龙，等. 2004. 高黎贡山种子植物物种丰富度沿海拔梯度的变化. 生物多样性，12 (1)：82-88.
韦直. 1994. 中国植物志（40卷）. 北京：科学出版社.
魏红. 2010. 放牧对贝加尔针茅草原群落植物多样性和生产力的影响. 内蒙古草业，22 (3)：25-30.
魏文超，何友均，邹大林，等. 2004. 澜沧江上游森林珍稀草本植物生态位研究. 北京林业大学学报，26 (3)：7-12.
温军武，任树敬，乔予民，等. 2010. 云南省地图册. 北京：星球地图出版社.
温璐，董世魁，朱磊，等. 2011. 环境因子和干扰强度对高寒草甸植物多样性空间分异的影响. 生态学报，31 (7)：1844-1854.
温远光，刘世荣，陈放，等. 2005. 桉树工业人工林植物物种多样性及动态研究. 北京林业大学学报，27 (4)：17-22.

翁启杰，郑海水，黄世能，等 . 1994. 桉树薪炭林混交林实验 . IV：尾叶桉和大叶相思或青氏相思混交实验 . 林业科技通讯，（12）：13-15.
吴邦兴 . 1985. 西双版纳热带雨林植物区系组成初步分析 . 云南植物研究，7（1）：25-47.
吴炳其 . 2007. 福建省桉树人工林发展概况与生态环境问题 . 青海农林科技，（2）：34-36.
吴钿，刘新田，杨新华 . 2003. 雷州半岛桉树人工林林下植物多样性研究 . 林业科技，28（4）：10-13.
吴刚，蔡庆华 . 1998. 流域生态学研究内容的整体表述 . 生态学报，18（6）：575-581.
吴宁，刘照光 . 1998. 青藏高原东部亚高山森林草甸植被地理格局的成因探讨 . 应用与环境生物学报，4（3）：290-297.
吴仁润，张德银，卢欣石 . 1984. 紫茎泽兰和飞机草在云南省的分布、危害与防治 . 中国草原，（2）：17-22.
吴绍洪，张一平，李双成 . 2010. 纵向岭谷区特殊环境格局与生态效应 . 北京：科学出版社.
吴玉虎 . 2009. 澜沧江源区种子植物区系研究 . 武汉植物学研究，27（3）：277-289.
吴玉虎，梅丽娟 . 2001. 黄灌源区植物资源及其环境 . 西宁：青海人民出版社 .
吴兆录，党承林 . 1994a. 滇西北油麦吊云杉林生物量的初步研究 . 云南大学学报：自然科学版，16（3）：230-234.
吴兆录，党承林 . 1994b. 滇西北油麦吊云杉林净第一性生产力的初步研究 . 云南大学学报：自然科学版，16（3）：240-244.
吴兆录，党承林 . 1994c. 滇西北高山松林生物量的初步研究 . 云南大学学报：自然科学版，16（3）：220-224.
吴兆录，党承林 . 1994d. 滇西北黄背栎林生物量和净第一性生产力的初步研究 . 云南大学学报：自然科学版，16（3）：245-249.
吴兆录，党承林，王崇云，等 . 1994. 滇西北高山松林净第一性生产力的初步研究 . 云南大学学报（自然科学版），16（3）：225-229.
吴兆录，杨正彬 . 2001. 西双版纳橡胶种植的正负影响和改进途径 . 曲靖师范学院学报，20（6）：64-69.
吴征镒 . 1980. 中国植被 . 北京：科学出版社 .
吴征镒 . 1985. 西藏植物志（第二卷）. 北京：科学出版社 .
吴征镒，李锡文 . 1977. 中国植物志 65 卷（2）. 北京：科学出版社 .
武建双，李晓佳，沈振西，等 . 2012. 藏北高寒草地样带物种多样性沿降水梯度的分布格局 . 草业学报，21（3）：17-25.
西藏自治区林业勘察设计研究院 . 2000. 西藏芒康滇金丝猴国家级自然保护区自然资源综合科学考察报告 .
西藏自治区土地管理局，西藏自治区畜牧局 . 1994. 西藏自治区草地资源 . 北京：科学出版社.
西南林学院，云南省林业调查规划设计院，云南省林业厅 . 1995. 高黎贡山国家自然保护区 . 北京：中国林业出版社 .
西双版纳国家级自然保护区管理局，云南省林业调查规划设计院 . 2006. 西双版纳国家级自然保护区 . 昆明：云南教育出版社 .
西双版纳自然保护区综合考察团 . 1987. 西双版纳自然保护区综合考察报告集 . 昆明：云南科技出版社 .
夏体渊，吴家用，段昌琼，等 . 2009. 西双版纳橡胶林生态经济价值初探 . 华东师范大学学报，3（2）：21-27.
向仰州 . 2012. 海南桉树人工林生态系统生物量和碳储量时空格局 . 北京：中国林业科学研究院博士学位论文 .
谢高地，曹淑艳，鲁春霞，等 . 2010. 中国的生态服务消费与生态债务研究 . 自然资源学报，25（1）：43-51.
谢高地，鲁春霞，冷允法，等 . 2003a. 青藏高原生态资产的价值评估 . 自然资源学报，18（2）：179-186.
谢高地，鲁春霞，肖玉，等 . 2003b. 青藏高原高寒草地生态系统服务价值评估 . 山地学报，21（1）：50-55.
谢高地，张钇锂，鲁春霞，等 . 2001. 中国自然草地生态系统服务价值 . 自然资源学报，16（1）：47-53.
谢晋阳，陈灵芝 . 1994. 暖温带落叶阔叶林的物种多样性特征 . 生态学报，14（4）：337-344.
谢寿昌，刘文耀，李寿昌，等 . 1996. 云南哀牢山中山湿性常绿阔叶林生物量的初步研究 . 植物生态学报，20（2）：167-176.
徐成东，冯建孟，王襄平，等 . 2008. 云南高黎贡山北段植物物种多样性的垂直分布格局 . 生态学杂志，27（03）：323-327.
徐大平，张宁南 . 2006. 桉树人工林生态效益研究进展 . 广西林业科学，35（4）：179-187.
徐凤翔 . 1981. 西藏亚高山暗针叶林的分布与生长 . 南京林产工业学院学报，1（1）：70-80.
徐建华. 2002. 现代地理学中的数学方法 . 北京：高等教育出版社.
徐新良，刘纪远，邵全琴，等 . 2008. 30 年来青海三江源生态系统格局和空间结构动态变化 . 地理科学，27（4）：829-838.
徐永椿 . 1987. 西双版纳自然保护区综合考察报告集 2. 昆明：云南科学技术出版社 .
徐增让，成升魁，邹秀萍，等 . 2014. 澜沧江流域民族聚居区生态景观及生态文化的作用初探 . 资源科学，36（2）：224-232.
许建初，张佩芳，王雨华 . 2003. 云南澜沧江流域土地利用和覆盖变化 . 云南植物研究，25（2）：145-154.
许生明 . 2012. 炼山对桉树人工林生态效益的影响研究 . 安徽农学通报，18（9）：141-142.
许信旺，潘根兴，侯鹏程 . 2005. 不同土地利用对表层土壤有机碳密度的影响 . 水土保持学报，19（6）：193-197.

许月卿，蔡运龙 . 2006. 贵州省猫跳河流域土壤侵蚀量计算及其背景空间分析 . 农业工程学报，22（5）：50-54.
许再富，陶国达 . 1988. 西双版纳热带野生花卉 . 北京：农业出版社 .
阎丽春，朱华，王洪，等 . 2004. 西双版纳勐宋热带山地雨林种子植物区系的初步研究 . 热带亚热带植物学报，12（2）：171- 176.
杨彪 . 1999. 澜沧江流域云南段水土流失及其防治措施 . 云南林业调查规划设计，24（4）：34-36.
杨大荣 . 1998. 西双版纳片断热带雨林蝶类群落结构与多样性研究 . 昆虫学报，41（1）：48-55.
杨德军，张劲峰，邱琼，等 . 2009. 2 种西南桦人工林与同地 2 种天然次生林的林分生物量对比研究 . 西部林业科学，18（1）：77-82.
杨殿林，韩国栋，胡跃高，等 . 2006. 放牧对贝加尔针茅草原群落植物多样性和生产力的影响 . 生态学杂志，25（12）：1470-1475.
杨帆 . 2006. 世界自然遗产：三江并流 . http：//www. people. com. cn/GB/wenhua/1087/2530269. html [2013- 5- 29] .
杨吉华，张永涛，孙明高，等 . 2000. 石灰岩丘陵土壤旱作保水技术的研究 . 水土保持学报，14（3）：62-66.
杨利民，韩梅，李建东 . 2001. 中国东北样带草地群落放牧干扰植物多样性的变化 . 植物生态学报，25（1）：110-114.
杨龙龙，吴燕如 . 1998. 西双版纳热带森林地区不同生境蜜蜂的物种多样性研究 . 生物多样性，6（3）：197-204.
杨民胜，吴志华，陈少雄 . 2003. 桉树的生态效益及其生态林经营 . 桉树科技，23（1）：32-39.
杨期和，叶万辉，邓雄，等 . 2002. 我国外来植物入侵的特点及入侵的危害 . 生态科学，12（3）：269-274.
杨钦周 . 2007. 岷江上游干旱河谷灌丛研究 . 山地学报，15（1）：1-32.
杨勤业，李双成 . 1999. 中国生态地域划分的若干问题 . 生态学报，19（5）：596-601.
杨为民，秦伟 . 2009. 云南西双版纳发展橡胶对生态环境的影响分析 . 生态经济（学术版），（1）：336-339.
杨效东，佘宇平，张智英，等 . 2001. 西双版纳傣族“龙山”片断热带雨林蚂蚁类群结构与多样性研究 . 生态学报，21（8）：1321-1328.
杨焰平 . 2008. 云南天然橡胶产业发展思路 . 在第五届上海衍生品市场论坛——橡胶国际研讨会上的发言（内部资料）.
杨宇明 . 2004. 中国南滚河国家级自然保护区 . 昆明：云南科技出版社 .
杨宇明，杜凡 . 2002. 中国南滚河国家级自然保护区 . 昆明：云南科技出版社 .
杨元合，饶胜，胡会峰，等 . 2004. 青藏高原高寒草地植物物种丰富度及其与环境因子和生物量的关系 . 生物多样性，12（1）：200-205.
杨忠实，文传浩 . 2005. 民族文化与生态环境的互动关系 . 思想战线，31（5）：83-89.
姚春生，张增祥，汪潇 . 2005. 使用温度植被干旱指数法（TVDI）反演新疆土壤湿度 . 遥感技术与应用，19：473-478.
姚华荣，崔保山 . 2006. 澜沧江流域云南段土地利用及其变化对土壤侵蚀的影响 . 环境科学学报，16（8）：1362-1371.
姚华荣，杨志峰，崔保山 . 2005. 云南省澜沧江流域的土壤侵蚀及其环境背景 . 水土保持通报，25（4）：5-10，14.
姚华荣，杨志峰，崔保山 . 2006. GIS 支持下的澜沧江流域云南段土壤侵蚀空间分析 . 地理研究，25（3）：421-429.
姚永慧，张百平，韩芳，等 . 2010. 横断山区垂直带谱的分布模式与坡向效应 . 山地学报，28（1）：11-20.
殷亚方，姜笑梅，吕建雄，等 . 2001. 我国桉树人工林资源和木材利用现状 . 木材工业，15（5）：3-5.
尤雪琴 . 2008. 田间条件下茶树地上部生物量累积和养分需求规律的研究 . 杭州：中国农业科学院茶叶研究所硕士学位论文 .
于海英，许建初 . 2009. 气候变化对青藏高原植被影响研究综述 . 生态学杂志，28（4）：747-754.
余雪标，白先权，徐大平，等 . 1999a. 不同连栽代次桉树人工林的养分循环 . 热带作物学报，20（3）：60-66.
余雪标，莫晓勇，龙腾，等 . 1999c. 不同连栽代次桉树林枯落物及其养分组成研究 . 海南大学学报（自然科学版），17（2）：140-144.
余雪标，钟罗生，杨为东，等 . 1999b. 桉树人工林林下植被结构的研究 . 热带作物学报，20（1）：66-72.
余有德，刘伦辉，张建华 . 1989. 横断山区植被分区 . 山地研究，6（1）：47-55.
俞德浚 . 1974. 中国植物志（36 卷）. 北京：科学出版社 .
俞德浚 . 1985. 中国植物志（37 卷）. 北京：科学出版社 .
袁仇才 . 2007. 桉树的主要病虫害及其防治 . 江西林业科技，（1）：40-41.
岳彩荣 . 2011. 香格里拉县森林生物量遥感估测研究 . 北京：北京林业大学博士学位论文.
云南森林编写委员会 . 1986. 云南森林 . 昆明：云南科技出版社 .
云南省林业厅，德钦藏族自治州人民政府，白马雪山国家级自然保护区管理局，等 . 2003. 白马雪山国家级自然保护区 . 昆明：云南民族出版社．
云南省林业厅，中荷合作云南省 FCDDP 办公室，云南省林业调查规划院．2004. 无量山国家级自然保护区．昆明：云南科技出版社．
云南植被编写组．1987. 云南植被．北京：科学出版社.
张昌顺，谢高地，包维楷，等．2012. 地形对澜沧江源区高寒草甸植物丰富度及其分布格局的影响．生态学杂志，31（11）：2767-2774.
张长芹，高连明，薛润光，等．2004. 中国杜鹃花的保育现状和展望．广西科学，11（4）：354-359，362.
张翀，任志远．2011. 黄土高原地区植被覆盖变化的时空差异及未来趋势．Resources Science，33.
张峰，周广胜，王玉辉．2008. 基于 CASA 模型的内蒙古典型草原植被净初级生产力动态模拟．植物生态学报，32（4）：786-797.
张国成，施济普，周仕顺，等．2006. 西双版纳勐养山地雨林群落生态学研究．应用与环境生物学报，12（6）：761-765.
张国华，田耀华，倪书邦，等．2009. 橡胶树生理生态学研究进展．生态环境学报，18（3）：1146-1154.
张国英，陈建伟．2012. 西双版纳 中国最大的热带雨林．森林与人类，（12）：102-109.
张洪江，程金花，余新晓，等．2003. 贡嘎山冷杉纯林枯落物储量及其持水特性．林业科学，39（5）：147-151.
张骏．2008. 中国中亚热带东部森林生态系统生产力和碳储量研究．杭州：浙江大学博士学位论文.
张克映，张一平，刘玉洪，等．1994. 哀牢山降水垂直分布特征．地理科学，14（2）：144-151.
张墨谦，周可新，薛达元．2007. 种植橡胶林对西双版纳热带雨林的影响及影响的消除．生态经济，（2）377-378.
张佩芎，许建初，王茂新，等．2006. 西双版纳橡胶种植特点及其对热带森林景观影响的遥感研究．国土资源遥感，69（3）：51-55.
张鹏，张涛，陈年来．2009. 祁连山北麓山体垂直带土壤碳养分布特征及影响因素．应用生态学报，20（3）：518-524.
张琼．2005. 桉树工业原料林生态系统生物量和碳贮量初步研究．福州：福建农林大学硕士学位论文．
张荣贵，蒋云东．1999. 云南桉树引种、发展及丰产栽培技术简介．桉树科技，（2）：24-28.
张荣贵，李思广，蒋云东．2007. 云南的桉树引种及对其发展状况的剖析．西部林业科学，36（3）：97-102.
张荣祖．1992. 横断山区干旱河谷．北京：科学出版社．
张荣祖，郑度，杨勤业，等．1997. 横断山区自然地理．北京：科学出版社．
张仕艳，原海红，陆梅，等. 2011 澜沧江上游不同植被类型土壤微生物特征研究. 水土保持研究，18（4）：179-182.
张苏俊，黎艳明，周毅，等．2010. 粤西桉树人工林土壤有机碳密度及其影响因素．中国林业科技大学学报，30（5）：22-28.
张新时．2007. 中国植被地理格局与植被区划：中华人民共和国植被图集（1：100 万）．北京：地质出版社．
张一平，王馨，王玉杰，等．2003. 西双版纳地区热带季节雨林与橡胶林林冠水文效应比较研究．生态学报，23（12）：2653-2665.
张一平，张克映，马友鑫，等．1997. 西双版纳热带地区不同植被覆盖地域径流特征．土壤侵蚀与水土保持学报，3（4）：25-30.
张谊光，黄朝迎．1981. 西藏气候带的划分问题．气象，4（2）：6-8.
张镱锂，丁明军，张玮，等．2007. 三江源地区植被指数下降趋势的空间特征及其地理背景．地理科学，26（3）：500-507.
张樟德．2008. 桉树人工林的发展与可持续经营．林业科学，44（7）：97-102.
张振明，余新晓，牛健植，等．2005. 不同林分枯落物层的水文生态功能．水土保持学报，19（3）：139-143.
张志华，王连春，罗俊贤，等．2011a. 滇西北云南松单木生物量模型研究．山东林业科技，4：4-6.
张志华，王连春，郑东瑞，等．2011b. 滇西北云南松人工林林分生物量研究．安徽农业科学，39（31）：19203-19205.
赵纯厚，朱振宏，周端庄．2000. 世界江河与大坝．北京：中国水利水电出版社．
赵景学，陈晓鹏，曲广鹏，等．2011. 藏北高寒植被地上生物量与土壤环境因子的关系．中国草地学报，33（1）：59-64.
赵世伟，周印东，吴金水．2002. 子午岭北部不同植被类型土壤水分特征研究．水土保持学报，16（4）：119-112.
郑国，杨效东，李枢强．2009. 西双版纳地区六禾中林型地表蜘蛛多样性比较研究．昆虫学报，52（8）：875-884.
郑伟，董全民，李世雄，等．2012. 放牧强度对环青海湖高寒草原群落物种多样性和生产力的影响．草地学报，20（6）：1033-1038.
中国科学院青藏高原综合科学考察队．1985. 西藏森林．北京：科学出版社．
中国科学院青藏高原综合科学考察队．1988. 西藏植被．北京：科学出版社．
中国科学院西部地区南水北调综合考察队，林业土壤研究所．1966. 川西滇北地区的森林．北京：科学出版社.

中国科学院云南热带植物研究所 . 1984. 西双版纳植物名录 . 昆明：云南民族出版社 .
中国植被编辑委员会 . 1980. 中国植被 . 北京：科学出版社 .
钟补求，杨汉碧 . 1979. 中国植物志 67 卷（2）. 北京：科学出版社 .
周长进，关志华 . 2001. 澜沧江（湄公河）正源及其源头的再确定 . 地理研究，20（2）：184-190.
周光武，李一锟 . 1991. 云南胶园多层栽培的功能与效益 . 云南热作科技，14（3）：7-10.
周广胜，张新时 . 1995. 自然植被净第一性生产力模型初探 . 植物生态学报，19：193-200.
周广胜，郑元润，陈四清，等 . 1998. 自然植被净第一性生产力模型及其应用 . 林业科学，34（5）：2-11.
周华坤，周立，赵新全，等 . 2002. 金露梅灌丛地下生物量形成规律的研究 . 草业学报，11（2）：59-65.
周华坤，周立，赵新全，等 . 2006. 青藏高原高寒草甸生态系统稳定性研究 . 科学通报，51（1）：63-69.
周会平，岩香甩，张海东，等 . 2012. 西双版纳热带橡胶林下植被多样性调查研究 . 热带作物学报，33（8）：1444-1449.
周蛟，张兆国 . 2000. 玉溪大栗园人工混交林混交模型初步研究 . 云南林业科技，92（3）：9-11.
周科松，吴健平，张胜茂，等 . 2008. 一种新的时间序列特征指标：简单线性回归系数 SLC. 地理与地理信息科学，24：14-16.
周仕顺，王洪，朱华 . 2007. 澜沧江糯扎渡季雨林厚皮树+家麻树群落的研究 . 广西植物，27（3）：475 -481.
周文佐 . 2003. 基于 GIS 的我国主要土壤类型土壤有效含水量研究 . 南京：南京农业大学硕士学位论文.
周兴民 . 2001. 中国嵩草草甸 . 北京：科学出版社.
周兴民 . 2009. 生态系统的服务功能Ⅱ生态系统服务项目与价值 . 青海环境，19（4）：167-171，178.
周兴民，王启基，张堰青，等 . 1987. 不同放牧强度下高寒草甸植被演替规律的数量分析 . 植物生态学与地植物学学报，11（4）：276-285.
周兴民，王质彬，杜庄 . 1986. 青海植被 . 西宁：青海人民出版社.
周再知，郑海水 . 1997. 橡胶—砂仁复合系统生物产量，营养元素空间格局的研究 . 生态学报，17（3）：225-233.
朱华 . 1990. 西双版纳的热带雨林植被 . 热带地理，10（3）：233-240.
朱华 . 1992. 西双版纳望天树林的群落生态学研究 . 云南植物研究，14（3）：237-258.
朱华，蔡琳 . 2004. 澜沧江流域植被：从热带雨林到“地中海”荒漠 . 昆明：云南教育出版社.
朱华，蔡琳 . 2006. 澜沧江植被：从热带到寒温带 . 森林与人类，（11）：76-87.
朱华，王洪，李保贵，等 . 1998. 西双版纳热带季节雨林的研究 . 广西植物，18（4）：370-383.
朱华，闫丽春 . 2009. 云南哀牢山种子植物 . 昆明：云南科技出版社 .
朱华 . 1993. 西双版纳青梅林的群落学研究 . 广西植物，13（1）：48-60.
朱守谦 . 1987. 贵州部分森林群落物种多样性初步研究 . 植物生态学与地植物学学报，11（4）：286-296.
朱文泉，陈云浩，徐丹，等 . 2005. 陆地植被净初级生产力计算模型研究进展 . 生态学杂志，24：296-300.
庄平 . 2002. 杜鹃花迁地保存今昔概谈 . 植物杂志，166（2）：22-22.
邹大林 . 2005. 三江源自然保护区森林植物多样性及其重点保护植物评价 . 北京：北京林业大学硕士学位论文.
1：1000000 中国草地资源图编制委员会. 1992. 1：1000000 中国草地资源图编制规范.
Abraham J，Philip A，Punoose K I. 2001. Soil nutrient status during the immature phase of growth in a Hevea plantation. Indian Journal of Natural Rubber Research，14（2）：170-172.
Alexandrov G，Oikawa T，Yamagata Y. 2002. The scheme for globalization of a process-based model explaining gradations in terrestrial NPP and its application. Ecological Modelling，148：293-306.
Awet A O. 1987. Physical and nutrient status of soil sunder rubber（Heveabrasiliensis）of different ages in South Western Nigeria. Agricultural Systems-Ub，23（1）：63-72.
Bai Y，Zhuang C，Ouyang Z，et al. 2011. Spatial characteristics between biodiversity and ecosystem services in a human-dominated watershed. Ecological Complexity，8（2）：177-183.
Bailey R G. 1976. Ecoregins of the united states map（scale 1：7，500，000）. US department of agriculture，forest service，intermountain region，Ogden，Utah.
Bailey R G. 1986. Explanatory supplement to ecoregions map of the continents. Environmental Conservation，16（4）：307-309.
Bailey R G. 1996. Ecosystem geography. New York：Springer-Verlag.
Bailey R G，Hogg H C. 1989. A world ecoregions map for resource reporting. Environmental conservations，13（3）：195-202.
Bandaru V，West T，Ricciuto D. 2011. Estimating cropland NPP using national crop inventory and MODIS derived crop specific param-

eters. AGU Fall Meeting Abstracts, 04. 12/2011 #B44C-04

Barbosa H , Huete A , Baethgen W. 2006. A 20-year study of NDVI variability over the Northeast Region of Brazil. Journal of Arid Environments, 67 (2): 288-307.

Becker-Reshef I , Vermote E , Lindeman M, et al. 2010. A generalized regression-based model for forecasting winter wheat yields in Kansas and Ukraine using MODIS data. Remote sensing of Environment, 114: 1312-1323.

Begum F, Bajracharya R M, Sharma S, et al. 2010. Influence of slope aspect on soil physico-chemical and biological properties in the mid hills of central Nepal. International Journal of Sustainable Development and World Ecology, 17 (5): 438-443.

Box E. 1995. Factors determining distributions of tree species and plant functional types. Vegetatio, 121 (1-2): 101-116.

Budyko M I. 1974. Climate and Life. International Geophysics Series 18. New York: Academic Press.

Camberlin P, Martiny N, Philippon N, et al. 2007. Determinants of the interannual relationships between remote sensed photosynthetic activity and rainfall in tropical Africa. Remote sensing of Environment, 106 (2): 199-216.

Campbell I C. 2012. Biodiversity of the Mekong Delta//Renaud F G, Kuenzer C. Interdisclplinary analyses of a River Delta. springer environmental science and Engineering: 293-313.

Canadell J, Jackson R B, Ehleringer J B, et al. 1996. Maximum rooting depth of vegetation types at the global scale . Oecologia, 108 (4):583-595.

Cao M, Zhang J. 1997. Tree species diversity of tropical forest vegetation in Xishuangbanna, SW China. Biodiversity & Conservation, 6 (7): 995-1006.

Chang-Le M, Moseley R K, Wen-Yun C, et al. 2007. Plant diversity and priority conservation areas of Northwestern Yunnan, China. Biodiversity and Conservation, 16 (3): 757-774.

Chaplin G. 2005. Physical geography of the Gaoligong Shan area of southwest China in relation to biodiversity. Proceedings of the California Academy of Sciences, 56 (28): 527-556.

Chen L, Xie G D, Zhang C S, et al. 2011. Modelling ecosystem water supplyservices across the Lancang River Basin. Journal of Resources and Ecology, 2 (4): 322-327.

Chen J M, Black T A. 1992. Defining leaf area index for non-flat leaves. Plant, cell and Environment, 15 (4): 421-429.

Cramer W, Kicklighter D , Bondeau A , et al. 1999. Comparing global models of terrestrial net primary productivity (NPP): overview and key results. Global change biology, 5 (S1): 1-15.

Crutzen P J , Andreae M O. 1990. Biomass burning in the tropics: impact on the atmospheric chemistry and biogeochemical cycles. Science, 250: 1669-1678.

Currie D J, Paquin V. 1987. Large-scale biogeographical patterns of species richness of trees. Nature, 329: 326-327.

Daily G C. 1997. Nature's services: societal dependence on natural ecosystems. Washington: Island Press.

Dona A J, Galen C. 2007. Nurse effects of alpine willows (Salix) enhance over-winter survival at the upper range limit of fireweed, Chamerion angustifolium. Arctic Antarctic and Alpine Research, 39 (1): 57-64.

Donmez C, Berberoglu S, Curran P J. 2011. Modelling the current and future spatial distribution of NPP in a Mediterranean watershed. International Journal of Applied Earth Observation and Geoinformation, 13 (3): 336-345.

Egoh B, Reyers B, Rouget M, et al. 2009. Spatial congruence between biodiversity and ecosystem services in South Africa . Biological Conservation, 142 (3): 553-562.

FAO. 1998a. Crop Evapotranspiration: Guidelines for Computing Crop Requirements . Italy: Food & Agriculture Org.

FAO. 1998b. Guidelines for computing crop water requirements - FAO Irrigation and drainage paper 56. Rome: FAO.

Field C B, Behrenfeld M J, Randerson J T, et al. 1998. Primary production of the biosphere: integrating terrestrial and oceanic components. Science, 281 (5374): 237-240.

Gao Q Z, Li Y, Wan Y, et al. 2009a. Dynamics of alpine grassland NPP and its response to climate change in Northern Tibet. Climatic Change, 97 (3-4): 515-528.

Gao Q Z, Li Y, Wan Y F, et al. 2009b. Significant achievements in protection and restoration of alpine grassland ecosystem in Northern Tibet, China. Restoration Ecology, 17 (3): 320-323.

Gao Q Z, Wan Y F, Xu H M, et al. 2010. Alpine grassland degradation index and its response to recent climate variability in Northern Tibet, China. Quaternary International, 226 (1): 143-150.

Golo H J, Padoch C, Coffey K, et al. 2002. Economic development, land use and biodiversity change in the tropical mountains of

Xishuangbanna, Yunnan, Southwest China. Environmental Science & Policy, 5 (6): 471-479.

Goward S N , Xue Y , Czajkowski K P . 2002. Evaluating land surface moisture conditions from the remotely sensed temperature/vegetation index measurements: an exploration with the simplified simple biosphere model. Remote sensing of Environment, 79 (2-3): 225-242.

Guo Q F, Berry W. 1998. Species richness and biomass: dissection of the hump-shaped relationship. Ecology, 79 (7): 2555-2559.

Hamilton A C , Perrott R A. 1981. A study of altitudinal zonation in the montane forest belt of Mt. Elgon, Kenya/ Uganda . Vegetatio, 45 (2): 107-125.

Herrmann S M, Anyamba A, Tucker C J. 2005. Recent trends in vegetation dynamics in the African Sahel and their relationship to climate. Global Environmental Change, 15 (4): 394-404.

Hicke J A , Asner G P , Randerson J T , et al. 2002. Satellite-derived increases in net primary productivity across North America, 1982-1998. Geophysical Research Letters, 29 (10): 61-69.

Holdridge L R. 1967. Life zone ecology. Costa Rica, San Jose: Tropical Science Center.

Hurst H E. 1951. Long-term storage capacity of reservoirs. Trans. Amer. Soc. Civil Eng. , 116: 770-808.

Imhoff M L, Bounoua L, Ricketts T, et al. 2004. Global patterns in human consumption of net primary production. Nature, 429: 870-873.

Jong R , Bruin S , Wit A , et al. 2011. Analysis of monotonic greening and browning trends from global NDVI time-series. Remote Sensing of Environment, 115 (2): 692-702.

Justice C , Townshend J , Vermote E , et al. 2002. An overview of MODIS Land data processing and product status. Remote sensing of Environment, 83 (1-2): 3-15.

Justice C O , Vermote E , Townshend J R , et al. 1998. The Moderate Resolution Imaging Spectroradiometer (MODIS): Land remote sensing for global change research. Geoscience and Remote Sensing, IEEE Transactions on, 36 (4): 1228-1249.

Kaufman Y J, Herring D D , Ranson K J , et al. 1998. Earth Observing System AM1 mission to earth. Geoscience and Remote Sensing, IEEE Transactions on, 36 (4): 1045-1055.

Li J, Dong S, Peng M, et al. 2012. Vegetation distribution pattern in the dam areas along middle-low reach of Lancang-Mekong River in Yunnan Province, China. Frontiers of Earth Science, 6 (3): 283-290.

Li S, Zhang Y J, Sack L, et al. 2013. The Heterogeneity and Spatial Patterning of Structure and Physiology across the Leaf Surface in Giant Leaves of Alocasia macrorrhiza. PloS One, 8 (6): 1-10.

Lin L, Comita L S, Zheng Z, et al. 2012. Seasonal differentiation in density- dependent seedling survival in a tropical rain forest. Journal of Ecology, 100 (4): 905-914.

Liu H M, Xu Z F, Xu Y K, et al. 2002. Practice of conserving plant diversity through traditional beliefs: a case study in Xishuangbanna, southwest China. Biodiversity & Conservation, 11 (4): 705-713.

Lv X, Yin J, Tang J. 2010. Structure, tree species diversity and composition of tropical seasonal rainforests in Xishuangbanna, southwest China. Journal of Tropical Forest Science, 22 (3): 260-270.

Mallen-Cooper J, Pickering C M. 2008. Linear declines in exotic and native plant species richness along an increasing altitudinal gradient in the Snowy Mountains, Australia . Austral Ecology, 33 (5): 684-690.

Malyshev L, Nimis P L , Bolognini G. 1994. Essays on the modeling of spatial floristic diversity in Europe: BritishIsles, West Germany, and East Europe . Flora, 189 (1): 79-88.

Martínez B , Gilabert M A. 2009. Vegetation dynamics from NDVI time series analysis using the wavelet transform. Remote sensing of Environment, 113: 1823-1842.

Matthews E. 1983. Global vegetation and land use: New high-resolution data bases for climate studies. Journal of Climate and Applied Meteorology, 22 (3): 474-487.

Mcnaughton S J. 1983. Seregenti grassland and ecology: the role of composite environmental factors and contingency in community organization. Ecological Monographs, 53 (3): 291-320.

Milich L , Weiss E. 2000. GAC NDVI interannual coefficient of variation (CoV) images: ground truth sampling of the Sahel along north-south transects. International Journal of Remote Sensing, 21 (2): 235-260.

Min C, Huabin H, Liming L. 2001. Biodiversity management and sustainable development: Lancang- Mekong River in the New Millennium. Beijing: China Forestry Publishing House.

Pacala S W, Hurtt G C, Baker D, et al. 2001. Consistent land- and atmosphere- based US carbon sink estimates . Science, 292 (5525):2316-2320.

Pang X Y, Bao W K, Wu N. 2011. The effects of clear-felling subalpine coniferous forests on soil physical and chemical properties in the eastern Tibetan Plateau. Soil Use and Management, 27 (2): 213-220.

Pattanayak S K. 2004. Valuing watershed services: concepts and empirics from southeast Asia . Agriculture, Ecosystems & Environment, 104 (1): 171-184.

Prentice I C, Cramer W, Harrison S P, et al. 1992. A global biome model based on plant physiology and dominance, soil properties and climate. Journal of Biogeography, 19 (2): 117-134.

Qiu J. 2009. Where the rubber meets the garden. Nature, 457: 246-247.

Redmann R E. 1975. Production ecology of grassland plant communities in western North Dakata. Ecological Monographs, 45 (1): 83-106.

Ruimy A , Saugier B , Dedieu G. 1994. Methodology for the estimation of terrestrial net primary production from remotely sensed data. Journal of Geophysical Research: Atmospheres (1984-2012), 99: 5263-5283.

Sawada H. 2007. Forest environments in the Mekong river Basin. Japan: Shinano Inc.

Schultz J. 1995. The Ecozones of the World: The Ecological Divisions of the Geosphere. Berlirl: Springer-Verlag Press.

Schweinfurth U. 1992. Mapping mountains: vegetation in the Himalaya. GeoJournal, 27 (1): 73-83.

Shi J, Zhu H. 2009. Tree species composition and diversity of tropical mountain cloud forest in the Yunnan, southwestern China. Ecological research, 24 (1): 83-92.

Sidari M, Ronzello G, Vecchio G, et al. 2008. Influence of slope aspects on soil chemical and biochemical properties in a Pinus laricio forest ecosystem of Aspromonte (Southern Italy) . European Journal of Soil Biology, 44 (4): 364-372.

Smith D D. 1941. Interpretation of soil conservation data for field use. Agricultural Engineering, 22 (5): 173-175.

Smith M, de Groot D, Perrot- Maîte D, et al. 2008. Pay- Establishing payments for watershed services . Gland, Switzerland: IUCN. Reprint, Gland, Switzerland: IUCN.

Smith T M, Cramaer W P. 1993. The global terrestrial carbon cycle. Water, Air, and soil pollution, 70: 19-37.

Stow D A , Hope A , McGuire D , et al. 2004. Remote sensing of vegetation and land- cover change in Arctic Tundra Ecosystems. Remote Sensing of Environment, 89 (3): 281-308.

Tallis H T, Ricketts T, Guerry A D, et al. 2011. InVEST 2. 0 beta User' s Guide. Stanford: The Natural Capital Project.

Turner D P, Ritts W D , Cohen W B, et al. 2006. Evaluation of MODIS NPP and GPP products across multiple biomes. Remote Sensing of Environment, 102 (3-4): 282-292.

Wang Y C, Bao W K, Wu N. 2011. Shrub island effects on a high-altitude forest cutover in the eastern Tibetan Plateau. Annals of Forest Science, 68 (6): 1127-1141.

Weiss E , Marsh S , Pfirman E. 2001. Application of NOAA-AVHRR NDVI time-series data to assess changes in Saudi Arabia′s rangelands. International Journal of Remote Sensing, 22: 1005-1027.

Wheeler B D, Shaw S C. 1991. Aboveground crop mass and species richness of the principal types of herbaceous rich-fen vegetation of lowand England and Wales. Journal of Ecology, 79 (2): 285-301.

Whittaker R H, Nierzng W A. 1975. Vegetation of the Santa Catalina Mountain, Arizona. V: Biomass, production, and diversity along the elevation gradient. Ecology, 56 (4): 771-790.

Whittaker R H. 1960. Vegetation of the Siskiyou Mountains, Oregon and California. Ecological Monographs, 30 (3): 279-338.

Whittaker R H. 1966. Forest dimensions and production in the Great Smoky Mountains. Ecology, 47 (1): 103-121.

Wiken E, Gauthier D, Marshall I, et al. 1996. A perspective on Canada's ecosystems: an overview of the terrestrial and marine ecozones. Canadian council on ecological areas occasional paper no. 14. Ottawa: CCEA.

Williams J R, Arnold J G. 1997. A system of erosion--sediment yield models. Soil Technology, 11 (1): 43-55.

Wu C Y, Raven P H. 1999. Flora of China. Vol. 4. Cycadaceae through Fagaceae. Beijing : Science Press; St. Louis : Missouri Botanical Garden Press.

Wu C Y, Raven P H. 2006. Flora of China. Vol. 22. Poaceae. Beijing : Science Press; St. Louis : Missouri Botanical Garden Press.

Wu C Y, Raven P H. 2010. Flora of China. Vol. 23. Poaceae. Beijing : Science Press; St. Louis : Missouri Botanical Garden Press.

Wu Z L, Liu H M, Liu L Y. 2001. Rubber cultivation and sustainable development in Xishuangbanna, China. The International Journal of Sustainable Development & World Ecology, 8 (4): 337-345.

Xu J, Wilkes A. 2004. Biodiversity impact analysis in northwest Yunnan, southwest China. Biodiversity & Conservation, 13 (5): 959-983.

Xu Z, Liu H. 1994. Palm Leaves Buddhism Sutra culture of Xishuangbanna Dai and plant diversity conservation. Chinese Biodiversity, 3 (3): 174-179.

Yan J, Zhang Y, Yu G, et al. 2013. Seasonal and inter- annual variations in net ecosystem exchange of two old- growth forests in southern China. Agricultural and Forest Meteorology, 182-183: 257-265.

Yang J C, Huang J H, Pan Q M, et al. 2004a. Long-term impacts of land-use change on dynamics of tropical soil carbon and nitrogen pools. Journal of Environmental Sciences, 16 (2): 256-261.

Yang Y, Tian K, Hao J, et al. 2004b. Biodiversity and biodiversity conservation in Yunnan, China. Biodiversity & Conservation, 13 (4): 813-826.

Yang J, Huang J, Pan Q, et al. 2005. Soil phosphorus dynamics as influenced by land use changes in humid tropical, Southwest China. Pedosphere, 15 (1): 24-32.

Yi Z F, Cannon C H, Chen J, et al. 2014. Developing indicators of economic value and biodiversity loss for rubber plantations in Xishuangbanna, southwest China: A case study from Menglun township. Ecological Indicators, 36: 788-797.

Yoda K. 1967. A preliminary survey of the forest vegetation of eastern Nepal. Journal of Art and Science. Chiba University National Science series, 5 (1): 99-140.

Zhang Y, Ding M, Zhang W, et al. 2007. Spatial characteristic of vegetation change in the source regions of the Yangtze River, Yellow River and Lancang River in China. Geographical Research, 26 (3): 500-507.

Zhu H, Ma Y X, Yan L C, et al. 2007. The relationship between geography and climate in the generic-level patterns of Chinese seed plants. Acta Phytotaxonomica Sinica, 45 (2): 134-166.

Zhu H. 2004. Biogeographical implications of some plant species from A tropical montane rain forest in Southern Yunnan. Chinese Geographical Science, 14 (3): 221-226.

Ziegler A D, Fox J M, Xu J. 2009. The rubber juggernaut. Science, 324 (5930): 1024-1025.

Zobel K, Lirra, J. 1997. A scale- independent approach to the richness vs. biomass relationship in ground- layer plant comminites. Oikos, 80 (2): 325-332.

附录　研究区各草地种类产草量及根茎比

草地种类		产草量/（kg/hm²）			根茎比
		青海省	西藏	云南	
高寒草甸类	黄总花、嵩草、杂类草	—	979	—	7.92
	矮生嵩草	857	704	831	
	矮生嵩草、杂类草	1199	505	—	
	藏北嵩草	908	—	—	
	川滇剪股颖	—	—	1088	
	粗喙苔草、线叶嵩草	861	861	—	
	大花嵩草	—	727	727	
	甘肃嵩草	862	—	—	
	高山风毛菊、高山嵩草	—	448	—	
	高山嵩草	599	398	—	
	高山嵩草、矮生嵩草	746	420	—	
	高山嵩草、苔草	877	454	—	
	高山嵩草、异针茅	767	313	—	
	高山嵩草、圆穗蓼	1073	736	809	
	高山嵩草、杂类草	827	450	901	
	高山早熟禾、高山嵩草	1108	527	—	
	高山早熟禾、杂类草	1187	527	—	
	黑褐苔草、杂类草	1038	923	—	
	华扁穗草、嵩草	—	798	1134	
	具杜鹃的黑褐苔草	1201	1201	—	
	具杜鹃的线叶嵩草	535	—	—	
	具高山柳的黑褐苔草	1237	1237	—	
	具高山柳的紫羊茅	—	—	1133	
	具灌木的矮生嵩草	—	829	829	
	具灌木的高山嵩草	786	718	786	
	具灌木的圆穗蓼	—	741	—	
	具金露梅的矮生嵩草	—	598	—	
	具金露梅的黑褐苔草	—	—	1037	
	具金露梅的珠芽蓼	—	1167	—	
	毛囊苔草、四川嵩草	717	717	—	
	苔草	—	598	915	
	西藏嵩草	979	1490	—	
	线叶嵩草	1306	—	—	
高寒草甸类	线叶嵩草、杂类草	1156	745	—	7.92
	线叶嵩草、珠芽蓼	1346	449	—	
	玉龙嵩草	—	—	853	
	圆穗蓼	—	956	—	
	圆穗蓼、高山嵩草	711	518	—	
	珠芽蓼	1124	755	—	
高寒草原类	紫花针茅	383	—	—	4.25
	紫花针茅、杂类草	570	—	—	
暖性草丛类	白健杆	—	—	1640	4.42
	稳序野古草	—	—	1045	
	云南知风草、西南委陵菜	—	—	1094	
暖性灌草丛类	具灌木的穗序野古草	—	—	1187	4.42
	具灌木的须芒草	—	835	—	
	具松的穗序野古草	—	—	1187	
	具云南松的白健杆	—	—	1426	

续表

草地种类		产草量/（kg/hm²）			根茎比
		青海省	西藏	云南	
热性草丛类	飞机草、白茅	—	—	4284	4.42
	芒箕、细柄草	—	—	4185	
	紫茎泽兰、野古草	—	—	2023	
	白茅	—	—	2517	
	白茅、芒	—	—	2150	
	白茅、细柄草	—	—	2142	
	白茅、野古草	—	—	2833	
	臭根子草	—	—	3701	
	刺芒野古草	—	—	1640	
	地毯草	—	—	2227	
	刚莠草	—	—	2336	
	旱茅	—	—	1463	
	红裂稃草	—	—	1850	
	黄背草	—	—	2529	
	菅	—	—	1905	
	金茅	—	—	1413	
	类芦	—	—	2510	
	类芦、大菅	—	—	2510	
	马陆草	—	—	2180	
	芒	—	—	2392	
	矛叶荩草	—	—	1473	
	密序野古草	—	—	2116	
	扭黄茅	—	—	2129	
	雀稗	—	—	1862	
	蜈蚣草	—	—	2055	
热性草丛类	细柄草	—	—	1768	4.42
	野古草	—	—	3853	
	野古草、芒	—	—	3153	
	竹节草	—	—	2165	
热性灌草丛类	具灌木的白茅	—	—	2478	4.42
	具灌木的白茅、细柄草	—	—	706	
	具灌木的金茅	—	—	1661	
	具灌木的桔草	—	—	2068	
	具灌木的类芦	—	—	1192	
	具栎灌的扭黄茅、芸香草	—	—	1652	
	具坡柳的扭黄茅	—	—	2271	
	具乔木的白茅	—	—	3807	
	具乔木的矛叶荩草	—	—	1230	
	具乔木的扭黄茅	—	—	2162	
	具乔木的四脉金茅	—	—	2281	
	具乔木的蜈蚣草	—	—	1512	
	具乔木的野古草	—	—	3083	
	具松的红裂稃草	—	—	1790	
	具松的细柄草	—	—	1374	
	具松的棕茅	—	—	963	
	具云南松的金茅、白茅	—	—	1909	